普通高等教育农业农村部"十三五"规划教材
全国高等农林院校"十三五"规划教材
全国高等农业院校优秀教材
中国农业教育在线数字课程配套教材

# 兽医病理学

马学恩　王凤龙　主　编

中国农业出版社

北　京

## 内容简介

本书是普通高等教育农业农村部"十三五"规划教材和全国高等农林院校"十三五"规划教材，是国家级精品课程"家畜病理学"配套教材，是17所高等院校二十余位专家、教授集体劳动的成果。

兽医病理学是动物医学专业一门重要的专业基础课，具有很强的理论性和实用性，与基础兽医学、预防兽医学、临床兽医学各门课程间有着广泛而紧密的联系，作为一门桥梁性课程，是学习兽医临床课程的重要基础。同时，运用兽医病理学的知识和技能，通过动物尸体剖检、病理组织学检查和动物实验等又可直接参与兽医临床实践，解决生产实际问题。

本教材以基础病理学、系统病理学和疾病病理学3篇构建理论框架，共包括27章。其中，基础病理学介绍常见而重要的基本病理过程，分为14章；系统病理学介绍一些重要系统的常见疾病和病理过程的病理变化和发生机理，分为7章；疾病病理学介绍常见、多发、重要的传染病、寄生虫病与其他疾病的病理变化及其发生发展的特殊规律，分为6章。

本书结构严谨，内容翔实，图文并茂，重视传统内容与新进展的结合、理论与实践的结合、形态与机能的结合，较好地反映出我国目前在兽医病理学领域的实际水平和研究工作进展，具有系统性、科学性、先进性和实用性等特点，既能适应高等院校兽医等专业师生的教学需求，也可供有关科研、生产、检验检疫等单位科技人员参考。

# 编审人员名单

**主　编**　马学恩（内蒙古农业大学）
　　　　　王凤龙（内蒙古农业大学）
**参　编**　（按姓名拼音排序）
　　　　　鲍恩东（南京农业大学）
　　　　　高　丰（吉林大学）
　　　　　韩克光（山西农业大学）
　　　　　贺文琦（吉林大学）
　　　　　贾　宁（甘肃农业大学）
　　　　　简子健（新疆农业大学）
　　　　　刘思当（山东农业大学）
　　　　　刘永宏（塔里木大学）
　　　　　罗军荣（江西农业大学）
　　　　　马国文（内蒙古民族大学）
　　　　　么宏强（内蒙古农业大学）
　　　　　宁章勇（华南农业大学）
　　　　　彭　西（四川农业大学）
　　　　　石火英（扬州大学）
　　　　　王金玲（内蒙古农业大学）
　　　　　许益民（扬州大学）
　　　　　杨鸣琦（西北农林科技大学）
　　　　　张书霞（南京农业大学）
　　　　　赵德明（中国农业大学）
　　　　　郑明学（山西农业大学）
　　　　　郑世民（东北农业大学）
**主　审**　陈怀涛（甘肃农业大学）
**审　稿**　程国富（华中农业大学）

## 《家畜病理学》
## 第一版编审人员

**主　编**　张荣臻

**副主编**　毛鸿甫

**编写人**　毛鸿甫　邓普辉　王树信　巴西门仓
　　　　　冯泽光　朱坤熹　曲鸿章　刘凤翔
　　　　　李普霖　李建唐　陈汉程　陈万芳
　　　　　陈玉汉　狄伯雄　张荣臻　张中荣
　　　　　林　曦　郝先谱　高齐瑜　赵振华

**审稿人**　毛鸿甫　邓普辉　巴西门仓　卢景良
　　　　　冯泽光　朱宣人　朱坤熹　曲鸿章
　　　　　刘凤翔　李普霖　李建唐　陈汉程
　　　　　陈万芳　陈玉汉　狄伯雄　张荣臻
　　　　　张中荣　林　曦　秦礼让

# 《家畜病理学》
# 第二版修订者

**主　　编**　张荣臻（内蒙古农牧学院）

**副主编**　毛鸿甫（华南农业大学）

**编写者**　张荣臻、林曦、刘凤翔、马学恩、巴西门仓、
　　　　　郝先谱、赵振华（内蒙古农牧学院）

　　　　　张远钰、李普霖（中国人民解放军兽医大学）

　　　　　朱坤熹（江苏农学院）

　　　　　毛鸿甫、陈玉汉、邝明智（华南农业大学）

　　　　　邓普辉、苏忠（新疆八一农学院）

　　　　　徐福南、陈万芳、朱普智（南京农业大学）

　　　　　曲鸿章（东北农学院）

　　　　　冯泽光（四川农业大学）

　　　　　王树信、高齐瑜（北京农业大学）

　　　　　罗庆芳（广东省家禽科学研究所）

　　　　　陈汉程（江西农业大学）

**审稿者**　张荣臻、林曦、刘凤翔、郝先谱、赵振华（内蒙古农牧学院）

　　　　　李普霖（中国人民解放军兽医大学）

　　　　　毛鸿甫、陈玉汉（华南农业大学）

　　　　　邓普辉（新疆八一农学院）

　　　　　冯泽光（四川农业大学）

　　　　　秦礼让（华中农业大学）

## 《家畜病理学》
## 第三版修订者

主　编　林　曦（内蒙古农牧学院）
编　者　林　曦（内蒙古农牧学院）
　　　　马学恩（内蒙古农牧学院）
　　　　陈玉汉（华南农业大学）
　　　　邓普辉（新疆农业大学）
　　　　冯泽光（四川农业大学）
主审人　范国雄（中国农业大学）
审稿人　梅文辉（内蒙古畜牧科学院）

## 《家畜病理学》
## 第四版修订者

主　　编　马学恩（内蒙古农业大学）
副主编　　孔小明（华南农业大学）
编　　者　（以姓氏笔画为序）
　　　　　马国文（内蒙古民族大学）
　　　　　马学恩（内蒙古农业大学）
　　　　　王凤龙（内蒙古农业大学）
　　　　　孔小明（华南农业大学）
　　　　　孔宪刚（中国农业科学院哈尔滨兽医研究所）
　　　　　冯泽光（四川农业大学）
　　　　　刘思当（山东农业大学）
　　　　　刘胜旺（中国农业科学院哈尔滨兽医研究所）
　　　　　许益民（扬州大学）
　　　　　杨鸣琦（西北农林科技大学）
　　　　　张书霞（南京农业大学）
　　　　　郑世民（东北农业大学）
　　　　　郑明学（山西农业大学）
　　　　　赵德明（中国农业大学）
　　　　　贺文琦（吉林大学）
　　　　　贾　宁（甘肃农业大学）
　　　　　高　丰（吉林大学）
　　　　　崔恒敏（四川农业大学）
　　　　　简子健（新疆农业大学）
　　　　　鲍恩东（南京农业大学）
主　　审　陈怀涛（甘肃农业大学）
审　　稿　林　曦（内蒙古农业大学）

# 《家畜病理学》
## 第五版修订者

主　编　　马学恩（内蒙古农业大学）
　　　　　王凤龙（内蒙古农业大学）
参　编　　（按姓氏拼音排序）
　　　　　鲍恩东（南京农业大学）
　　　　　高　丰（吉林大学）
　　　　　韩克光（山西农业大学）
　　　　　贺文琦（吉林大学）
　　　　　贾　宁（甘肃农业大学）
　　　　　简子健（新疆农业大学）
　　　　　刘思当（山东农业大学）
　　　　　刘永宏（塔里木大学）
　　　　　罗军荣（江西农业大学）
　　　　　马国文（内蒙古民族大学）
　　　　　么宏强（内蒙古农业大学）
　　　　　宁章勇（华南农业大学）
　　　　　彭　西（四川农业大学）
　　　　　石火英（扬州大学）
　　　　　王金玲（内蒙古农业大学）
　　　　　许益民（扬州大学）
　　　　　杨鸣琦（西北农林科技大学）
　　　　　张书霞（南京农业大学）
　　　　　赵德明（中国农业大学）
　　　　　郑明学（山西农业大学）
　　　　　郑世民（东北农业大学）
主　审　　陈怀涛（甘肃农业大学）
审　稿　　程国富（华中农业大学）

# 前　言

《家畜病理学》于1981年由农业出版社出版，该教材是1977年国家恢复高考招生全国兽医教育的统编教材，之后为了适应教学发展和改革的需要，在各个时期对教材内容及时更新和补充，相继修订出版了《家畜病理学》第二版（1987年）、第三版（1999年）、第四版（2007年）和第五版（2016年）。《家畜病理学》的配套教材《家畜病理学实验指导》（1990年）、动物病理学网络课程（2003年）分别由农业出版社和高等教育出版社出版，《兽医病理学》数字资源于2017年在中国农业教育在线运行。现已建成纸质教材、网络课程与数字教学资源有机结合的教材体系。该教材在全国高等农林院校使用已近40年，反映良好，成为全国兽医教育中的经典教材，是生产实践中动物疾病诊断、动物性食品卫生检验检疫的重要参考书。《家畜病理学》第五版于2017年荣获全国高等农业院校优秀教材奖，主编单位内蒙古农业大学的家畜病理学课程于2009年获批国家级精品课程。

《家畜病理学》的疾病病理学部分包括牛、羊、猪等家畜的疾病病理，也有鸡、鸭、鹅等家禽的疾病病理，原书名中的"家畜"已不能涵盖教材中涉及的多种动物，具有局限性，故将原书名《家畜病理学》调整为《兽医病理学》以期能更准确、全面地反映教材的内容，并与动物医学专业课程体系中课程名称对应和衔接。《家畜病理学》第一版、第二版、第三版的附图均为黑白印刷，不能形象、客观地展示眼观和显微镜下器官与组织的病理变化，影响读者对病理变化的认识；第四版、第五版的彩色附图在书后，使用者普遍反映病理变化的文字描述与图片分离造成阅读不便，影响学习效果。

基于以上原因，将新修订的教材更名为《兽医病理学》，双色印刷出版，并结合现阶段的数字化手段，用二维码的形式将彩色图片与正文内容对应。新教材在编排风格和内容上基本沿用了《家畜病理学》（第五版），但本次采用双色印刷，并将彩色附图全部插到正文中相应的位置，做到插图紧跟文字、图文并茂，以使读者学习时图文对应，便于病变的观察、理解和掌握。

本教材力求结构严谨、内容翔实、图文并茂，修订时重视传统内容与新进展的结合、理论与实践的结合、形态与机能的结合，具有系统性、科学性、先进性和实用性，但由于编者水平有限，书中不足和错误在所难免，诚恳广大师生和同行专家批评指正，以便再版时改进和完善。

本教材的出版得益于《家畜病理学》第一版至第五版各位主编、全体参编人员与审稿人员倾注的辛勤工作而打下的良好基础，编写和出版过程得到了中国农业出版社的大力支持，出版社的相关编辑和审稿人员为教材的编写和出版做了大量工作，内蒙古农业大学教务处和兽医学院对教材编写和出版高度重视并给予了多方面支持，在此一并致以诚挚的谢意。

编　者

2019年11月

# 《家畜病理学》第一版前言

根据目前兽医专业教学计划的安排，本教材应包括病理生理学和病理解剖学两个部分。因此在编写上要全面反映两门学科的内容，并力求把现象提到理论的高度加以认识；同时，为了适应各院校的要求，本教材内容又必须反映全国各地畜牧生产上存在的主要兽疫情况。

病理学是研究疾病基本理论的科学，近年来由于生物科学各个领域的发展以及研究手段的改进，促进了家畜病理学进一步的提高。本教材力图反映国内、外病理科学方面的先进水平，这方面在本书各个课题的有关内容上都已作了一些介绍。

我们主观上是尽了最大的努力，但由于水平有限，经验不足，加以参考资料不全，时间也比较仓促，因此，本书无论在内容的安排、理论的阐述、文笔的格调以及图表的取舍上都难免存在缺点和错误，我们诚恳希望各兄弟院校及有关的病理工作同志们提出指正，以便今后作进一步修改。

在本教材拟订编写大纲的会议上，除了全国 31 所高等农业院校家畜病理学教研组代表 42 人参加外，还邀请了上海农业科学院畜牧兽医研究所袁昌国、哈尔滨兽医研究所李金章和内蒙古畜牧研究所梅文辉等同志参加。教材初稿写成后，曾寄发全国各兄弟院校征求意见，部分初稿曾请上海农业科学院畜牧兽医研究所袁昌国、许绶太、刘瑞三、史天卫等同志审阅；在此基础上还特别邀请甘肃农业大学朱宣人、华中农学院秦礼让、哈尔滨兽医研究所卢景良等同志参加审稿。为此，我们主、副编两校和执笔者对以上各单位和为本教材的编写给予帮助的同志们致以衷心的感谢！

在最后的定稿工作中，又邀请了朱坤熹同志参加审阅，部分章节曾请李普霖同志修改审阅，林曦、陈玉汉两同志鼎力相助；此外，主、副编两校病理组的同志们都对本书编写的成功贡献了不少力量，在此均应特别致谢！

编 者
1979 年 5 月 9 日

# 《家畜病理学》第二版前言

　　《家畜病理学》试用教材（第一版）自 1981 年出版发行以来，在全国各高等农业院校使用已 5 年多。为了使教材内容得到更新和完善，尽快编写出高质量、高水平的教学用书，农牧渔业部提出了修订教材的要求。根据（84）农（教）字第 105 号文件《关于 1984 年再修订二十门农业通用教材的通知》的精神，我们于 1985 年 4 月成立了《家畜病理学》第二版编审组，在征求全国各农业院校对第一版教材的意见和根据本学科近年来进展的基础上，订出了新的教学大纲，然后组织分工，对原教材进行全面的修订。

　　本书新版共列 29 章，并附尸体剖检。其中总论 13 章，各论 16 章。新增的有第七章应激反应，第十三章先天性缺陷和遗传病理，第二十一章皮肤病理，第二十二章肌肉骨骼系统病理和第二十三章内分泌系统病理；新编的传染病病理有：猪痢疾、兔伪结核病、败血霉形体感染、伪狂犬病、猪传染性胃肠炎、牛病毒性腹泻、牛传染性鼻气管炎、痒病、传染性腔上囊病、禽脑脊髓炎、鸡传染性喉气管炎、鸡传染性支气管炎和阿留申病；新编的寄生虫病病理有：组织滴虫病和鸡卡氏白细胞虫病。对原第一版有些章节作了删减、调整或补充，如删去疾病概论、营养和代谢病理两章，弥散性血管内凝血和休克的内容补充修订后在总论中独立列为两章，另毒物中毒病理集中编为一章。多数章节，特别是总论各章和系统病理，都作了较大的修改，普遍增添了新内容。

　　《家畜病理学》第二版编审组是由内蒙古农牧学院的张荣臻、林曦、刘凤翔、郝先谱、赵振华，华南农业大学的毛鸿甫、陈玉汉和新疆八一农学院的邓普辉八人组成，并邀请中国人民解放军兽医大学李普霖教授、华中农业大学秦礼让教授和四川农业大学冯泽光副教授为书面审稿人。本教材的修订，原则上由原编写人按照新的教学大纲要求首先进行修改，部分章节的编写人做了必要的调整。教材初稿经审稿人审阅、编审组讨论、修改后定稿。由于全体编写人和审稿人的共同努力，使本书的修订任务得以完成。特别应提出的是李普霖教授出席教材审定会议，为本书修订做了大量工作和提供了许多有益的意见；林曦副教授受主编委托，在本教材编审过程中代替主编做了许多实际工作，为本书修订的成功付出了辛勤的劳动；佟程浩同志按编审组要求制作大量插图和照片；各兄弟院校病理教研室的老师们提供的许多宝贵意见和建议，对教材修订工作的帮助很大。在此谨向上述同志致以衷心的感谢。

　　本书修订中我们虽尽了很大努力，但由于时间仓促，水平有限，书中缺点和错误仍难避免，诚恳希望各兄弟院校的教师和学生们，以及广大读者提出指正，以便今后修订时再改进。

编　者<br>
1987 年 2 月

# 《家畜病理学》第三版前言

《家畜病理学》教材的第二版出版以来，在全国各高等农业院校使用已6年多。为了及时补充和更新教材内容，以适应教学改革的需要，根据农业部（1994）农（教高）字第104号文件"关于下达1994年修订教材计划的通知"的要求，我们及时成立了《家畜病理学》第三版编写组，并在征求全国各农业院校对第二版教材的意见和参考各校使用的教学大纲的基础上，结合本学科近年来的进展，讨论、确定了第三版教材修订大纲，于1995年春开始修订与改编工作。

第三版《家畜病理学》教材的内容，是根据我国当前4年制本科兽医专业的整个课程设置来安排的。由于本版编写字数有严格规定，其篇幅仅为第二版的50%左右，故必须正确处理更新内容、保证深度与限制篇幅的矛盾，注意避免与相关学科内容的重复，努力做到突出重点，兼顾一般，删繁就简，文字精练。为此在第二版基础上作了较大的删减、调整、修改和充实，其主要更动如下：总论列6章，即血液循环障碍、水代谢及酸碱平衡紊乱、细胞和组织的损伤、适应与修复、炎症、肿瘤，其中第一章内容扩大，纳入了弥散性血管内凝血和休克的基本内容，第三章增加了细胞超微结构的基本病变一节；各论共13章，依次为心脏血管系统病理、造血系统病理、呼吸系统病理、消化系统病理、泌尿系统病理、生殖系统病理、神经系统病理、营养与代谢性疾病病理、毒物中毒病理、细菌性传染病病理、霉形体性传染病病理、病毒性传染病病理、寄生虫病病理，其中营养与代谢性疾病病理章为新增内容，第七、九、十、十一章中分别安排一节心功能不全、呼吸功能不全、肝功能不全和肾功能不全，第十八章中增加了禽流感、包涵体肝炎、鸭病毒性肝炎和兔出血症4个病毒性传染病，猪水肿病扩写为大肠杆菌病，传染病病理中保留30个病而删去18个病，寄生虫病病理中保留6个病而删去4个病。

这次修订和编写工作是一次新的尝试，全书内容的覆盖面、重点和深度是否完全适应教学的需要，尚需通过教学实践的检验。由于主编的水平有限，书中缺点和错误在所难免，恳请各校教师和读者批评指正，以便今后改进和提高。

在本书编写过程中，各兄弟院校病理教研室的老师们提供了许多宝贵意见、建议和资料，在此向他们致以衷心的感谢。本书还采用了第二版教材中的一些插图和附图，谨向第二版《家畜病理学》的有关作者表示深切的谢意。

编　者<br/>1997年7月

# 《家畜病理学》第四版前言

林曦教授主编的《家畜病理学》第三版自 1999 年 5 月出版迄今已逾 7 载，经全国高等农业院校使用，反映良好，但为了及时补充和更新部分内容，以适应目前的教学需要，中国农业出版社决定进行修订，并由马学恩教授担任《家畜病理学》第四版及其配套教材的主编。2004 年 7 月在内蒙古农业大学召开了编写会议，对编写大纲进行了充分讨论，对配套教材的编写做了安排，并根据各院校参编人员的科研特长和教学经验，确定、分配了编写任务。2006 年 1 月在山西农业大学召开审稿会，会后主编对全部书稿进行了仔细修改，有些内容做了改写或重写。然后陈怀涛教授、林曦教授先后两次对文稿进行了认真审阅。根据审稿人的意见，主编又对各章节内容做了不同程度的增减，重写各章内容提要，精选附图和插图。至此完成了第四版的修订工作。

依据各院校教学的实际需求和学科发展，《家畜病理学》第四版与第三版相比，在编写体系和内容上均做了较大调整和增补：由原来的总论、各论两篇扩展为基础病理学、系统病理学、疾病病理学 3 篇；由原来 19 章扩展为 25 章，即新增弥散性血管内凝血、休克、缺氧、发热、细胞信号转导与增殖分化障碍等 5 章；将水代谢及酸碱平衡紊乱一章分解为水与电解质代谢障碍、酸碱平衡紊乱 2 章；把支原体性（属原核生物）传染病病理归入细菌性传染病病理，而把真菌性（属真核生物）传染病病理单列一章。同时对各章节内容进行了较大的调整，使内在联系更加紧密，结构更趋合理。疾病病理学中涉及的传染病和寄生虫病，基本覆盖了世界动物卫生组织和我国农业部所列的家畜法定报告疫病的重要病种。为方便学生理解与掌握，每章都有内容提要，书后有参考文献和附图。本次修订力求在理论框架、编写风格、形态与机能结合、传统与进展结合等方面有所创新和突破。但由于水平所限，书中的不足之处仍在所难免，恳请专家和读者不吝指正，以便今后修改。

《家畜病理学》第一版、第二版主编张荣臻教授，多次参与本教材编写、审稿的李普霖教授、秦礼让教授、王树信教授、巴西门仓教授、卢景良研究员等，已不幸辞世。他们为我国家畜病理学科建设和教材编写做出的巨大贡献将永远令后人敬仰和缅怀。

在本版《家畜病理学》修订过程中，内蒙古农业大学、华南农业大学、山西农业大学教务处给予许多指导和帮助；内蒙古农业大学林曦教授、赵振华教授曾多次参与讨论、审定附图；内蒙古农业大学和华南农业大学兽医病理学科的老师佟程浩、于立新、顾玉芳、于博、宁章勇等及在读博士和硕士研究生做了大量具体工作；德国柏林 Humboldt 大学 HerbertLaubvogel 提供部分资料；内蒙古师范大学王人侠教授等协助绘图；李玉和等同志提供部分照片；本书还采用了第二版、第三版的部分插图和附图。特此说明，一并致以谢忱。

编　者

2007 年 1 月

# 《家畜病理学》第五版前言

  为了做好《家畜病理学》第五版的修订编写工作，我们对本书使用情况和修改意见在全国有关院校内广泛进行了征集，陆续收到贵州大学许乐仁教授、吉林大学高丰教授、南京农业大学张书霞教授、扬州大学许益民教授、内蒙古民族大学马国文教授、福建农林科技大学祁保民教授、山西农业大学郑明学教授、新疆农业大学简子健教授、沈阳农业大学吴长德副教授、江西农业大学罗军荣副教授、华南农业大学宁章勇副教授、塔里木大学刘永宏副教授、辽宁医学院畜牧兽医学院杨新艳讲师等的意见和建议。

  家畜病理学内容广泛，涉及疾病种类繁多，加之我国幅员辽阔，各地畜禽疾病分布有所不同，作者的科学研究也各有侧重。基于这些考虑，我们组建了《家畜病理学》第五版编写组，聘约审稿人员，由17所院校、二十余位教授（个别副教授、博士）组成，其中么宏强、王金玲两位学术秘书协助主编处理一些具体事务。《家畜病理学》第五版各章节的修订，基本上仍由第四版原作者承担，有些章节根据需要对作者做了调整。

  在广泛调研的基础上并结合我们的教学实践体会，几经讨论、修改，形成了《家畜病理学》第五版修订大纲。第五版仍然保持基础病理学、系统病理学、疾病病理学三篇的理论框架，共分为27章。在第一篇增列疾病概论、败血症两章；第二篇删去了法氏囊炎、扁桃体与黏膜淋巴组织病变两节，增加卵巢囊肿一节；第三篇删去了牛栎树叶中毒、氟中毒、贫血、梭菌病、住白细胞虫病、猪冠尾线虫病、组织滴虫病等，增加了山羊传染性胸膜肺炎、小反刍兽疫、猪血凝性脑脊髓炎、犬细小病毒病、犬病毒性肝炎、猪麦角中毒、重金属中毒等疾病。在修订工作中力求做到：内容准确，文字精练，语言流畅，控制篇幅，以利于本科生阅读、理解和掌握；同时对家畜病理学领域一些比较成熟的重要新进展，如分子发病机理，也有适度反映。

  甘肃农业大学陈怀涛教授、华中农业大学程国富教授在审稿中提出了许多重要而具体的修改意见。这次教材修订工作得到了内蒙古农业大学教务处的大力支持，兽医学院赵振华教授审阅了部分初稿，兽医病理学教研室的于立新、丁玉林等做了不少实际工作；华南农业大学宁章勇副教授协助处理部分附图；吉林大学赵魁、南京农业大学吕英军、扬州大学王小波、华南农业大学王衡等老师，在相关章节初稿编写方面做了一些基础性工作；中国科学院深圳先进技术研究院医药所张键研究员提供支持，在此对上述单位和老师致以诚挚的感谢。

在本版教材付印之际，我们对《家畜病理学》第四版副主编、华南农业大学孔小明教授不幸辞世表示沉痛哀悼。

在教材修订过程中，我们主观上虽做了很大努力，数易其稿，但不足之处仍难以完全避免，热切欢迎使用本书的师生和其他读者提出批评意见，以便不断提高教材质量。

编　者

2015 年 10 月

# 目 录

前言  
《家畜病理学》第一版前言  
《家畜病理学》第二版前言  
《家畜病理学》第三版前言  
《家畜病理学》第四版前言  
《家畜病理学》第五版前言  

绪论 ······································································································· 1

## 第一篇　基础病理学

### 第一章　疾病概论 ······················································································ 7
第一节　疾病的概念 ···················································································· 7  
第二节　病因学 ························································································· 8  
第三节　发病学 ························································································· 9  

### 第二章　局部血液循环障碍 ········································································· 12
第一节　充血 ···························································································· 12  
　　一、动脉性充血 ···················································································· 12  
　　二、静脉性充血 ···················································································· 13  
第二节　出血 ···························································································· 14  
第三节　血栓形成 ····················································································· 15  
第四节　栓塞 ···························································································· 18  
第五节　局部缺血 ····················································································· 19  
第六节　梗死 ···························································································· 20  

### 第三章　弥散性血管内凝血 ········································································· 22
第一节　弥散性血管内凝血的概念 ································································· 22  
第二节　DIC 的发生原因和机理 ···································································· 23  
第三节　DIC 的分期和分型 ········································································· 24  
第四节　DIC 对机体的主要影响 ··································································· 25

## 第四章　休克 ............................................................................................ 28
### 第一节　休克的概念、发生原因及分类 ........................................................ 28
### 第二节　休克的发生机制及其发生、发展过程 ................................................ 29
### 第三节　休克对机体的主要影响 ................................................................ 34

## 第五章　水和电解质代谢障碍 ................................................................ 36
### 第一节　水、钠代谢障碍 ........................................................................ 36
一、水肿 ................................................................................................ 37
二、水中毒 ............................................................................................ 42
三、盐中毒 ............................................................................................ 43
四、脱水 ................................................................................................ 43
### 第二节　钾代谢障碍 ................................................................................ 45
一、低钾血症 ........................................................................................ 45
二、高钾血症 ........................................................................................ 47
### 第三节　镁代谢障碍 ................................................................................ 48
一、低镁血症 ........................................................................................ 48
二、高镁血症 ........................................................................................ 49

## 第六章　细胞与组织的损伤 .................................................................... 50
### 第一节　细胞与组织损伤的原因及发生机理 ................................................ 50
### 第二节　萎缩 .......................................................................................... 51
一、全身性萎缩 .................................................................................... 51
二、局部性萎缩 .................................................................................... 52
三、结局和对机体的主要影响 ............................................................ 53
### 第三节　变性 .......................................................................................... 53
一、细胞水肿 ........................................................................................ 53
二、脂肪变性 ........................................................................................ 54
三、透明变性 ........................................................................................ 55
四、黏液样变性 .................................................................................... 56
五、淀粉样变性 .................................................................................... 57
### 第四节　病理性色素和钙盐沉积 ................................................................ 57
### 第五节　坏死 .......................................................................................... 59
### 第六节　细胞凋亡 .................................................................................... 62
### 第七节　细胞的超微病变基础 .................................................................... 63
一、细胞膜的病变 ................................................................................ 63
二、细胞质的病变 ................................................................................ 64
三、细胞核的病变 ................................................................................ 67

## 第七章　适应与修复 ................................................................................ 69
### 第一节　适应 .......................................................................................... 69
一、肥大 ................................................................................................ 69
二、化生 ................................................................................................ 70
三、代偿 ................................................................................................ 71

## 第二节 修复
一、再生 ......................................................................................................................... 72
二、肉芽组织 ................................................................................................................. 75
三、创伤愈合 ................................................................................................................. 77
四、骨折愈合 ................................................................................................................. 79
五、机化 ......................................................................................................................... 80

# 第八章 炎症
## 第一节 炎症的概念及原因
一、炎症的概念 ............................................................................................................. 82
二、炎症发生的原因及影响因素 ................................................................................. 83
## 第二节 炎症介质
一、细胞源性炎症介质 ................................................................................................. 83
二、血浆源性炎症介质 ................................................................................................. 86
## 第三节 炎症局部的基本病理变化
一、组织损伤 ................................................................................................................. 88
二、血管反应 ................................................................................................................. 89
三、细胞增生 ................................................................................................................. 96
## 第四节 炎症过程中的全身反应 ......................................................................................... 96
## 第五节 炎症的类型
一、变质性炎症 ............................................................................................................. 98
二、渗出性炎症 ............................................................................................................. 99
三、增生性炎症 ........................................................................................................... 102
## 第六节 炎症的结局及生物学意义 ................................................................................... 103

# 第九章 败血症 ............................................................................................................. 105

# 第十章 酸碱平衡紊乱 ................................................................................................. 109
## 第一节 酸碱平衡的调节及检测指标
一、酸碱平衡的调节及pH计算公式 ......................................................................... 109
二、酸碱平衡的检测指标 ........................................................................................... 111
## 第二节 酸中毒
一、代谢性酸中毒 ....................................................................................................... 112
二、呼吸性酸中毒 ....................................................................................................... 114
三、酸中毒对机体的主要影响 ................................................................................... 115
## 第三节 碱中毒
一、代谢性碱中毒 ....................................................................................................... 116
二、呼吸性碱中毒 ....................................................................................................... 118
三、碱中毒对机体的主要影响 ................................................................................... 119
## 第四节 混合性酸碱平衡紊乱 ........................................................................................... 119

# 第十一章 缺氧
## 第一节 缺氧的概念及常用的检测指标 ........................................................................... 121
## 第二节 缺氧的类型、原因、发生机理及主要特点 ....................................................... 122

| 一、低张性缺氧 | 122 |
| 二、血液性缺氧 | 123 |
| 三、循环性缺氧 | 124 |
| 四、组织性缺氧 | 125 |
| 第三节　缺氧对机体的主要影响 | 125 |

## 第十二章　发热　129

第一节　发热概述　129
第二节　发热的原因及发生机理　130
　一、发热的原因　130
　二、发热的发生机理　131
第三节　发热的分期及对机体的主要影响　134

## 第十三章　细胞信号转导与增殖分化障碍　136

第一节　细胞信号转导障碍　136
　一、细胞信号转导概述　136
　二、细胞信号转导障碍与疾病　139
第二节　细胞增殖分化障碍　143
　一、细胞增殖分化概述　143
　二、细胞增殖分化障碍与疾病　146

## 第十四章　肿瘤　148

第一节　肿瘤概述　148
　一、肿瘤的形态　148
　二、肿瘤的结构和异型性　149
　三、肿瘤组织的代谢　150
　四、肿瘤的生长和转移　151
　五、肿瘤和机体的关系　152
　六、良性肿瘤与恶性肿瘤的鉴别　153
　七、肿瘤的命名和分类　153
第二节　肿瘤的病因及发病机理　155
　一、肿瘤发生的外在因素　155
　二、肿瘤发生的内在因素　156
　三、肿瘤的发病机理　157
第三节　动物常见的肿瘤　158
　一、良性肿瘤　158
　二、恶性肿瘤　161

# 第二篇　系统病理学

## 第十五章　心血管系统病理　169

第一节　心内膜炎　169
第二节　心肌炎　170

第三节　心包炎 …… 172
　　第四节　心功能不全 …… 174
　　第五节　脉管炎 …… 177
　　　一、动脉炎 …… 177
　　　二、静脉炎 …… 178
　　　三、淋巴管炎 …… 178
　　[附]动脉瘤 …… 178

## 第十六章　造血与免疫系统病理 …… 180
　　第一节　脾炎 …… 180
　　第二节　淋巴结炎 …… 183
　　第三节　骨髓炎 …… 185

## 第十七章　呼吸系统病理 …… 187
　　第一节　肺炎 …… 187
　　第二节　肺气肿与肺萎陷 …… 191
　　　一、肺气肿 …… 191
　　　二、肺萎陷 …… 192
　　第三节　呼吸功能不全 …… 193

## 第十八章　消化系统病理 …… 196
　　第一节　肠炎 …… 196
　　第二节　肝炎 …… 198
　　第三节　肝硬化 …… 199
　　第四节　肝功能不全 …… 201
　　第五节　黄疸 …… 203
　　　一、胆色素的正常代谢 …… 204
　　　二、黄疸的分类 …… 205
　　　三、对机体的主要影响 …… 206
　　第六节　胰腺炎 …… 206

## 第十九章　泌尿系统病理 …… 208
　　第一节　肾炎 …… 208
　　　一、肾小球肾炎 …… 208
　　　二、间质性肾炎 …… 210
　　　三、化脓性肾炎 …… 212
　　[附]肾病 …… 213
　　第二节　肾功能不全 …… 214
　　　一、急性肾功能不全 …… 214
　　　二、慢性肾功能不全 …… 216
　　第三节　尿毒症 …… 217

## 第二十章　生殖系统病理 …… 219
　　第一节　子宫内膜炎 …… 219

第二节　睾丸炎及附睾炎 ………………………………………………………… 221
   第三节　乳腺炎 …………………………………………………………………… 222
   第四节　卵巢囊肿 ………………………………………………………………… 226

## 第二十一章　神经系统病理 …………………………………………………………… 228
   第一节　脑的基本病理变化 ……………………………………………………… 228
   第二节　脑炎 ……………………………………………………………………… 232
   第三节　神经炎 …………………………………………………………………… 234

# 第三篇　疾病病理学

## 第二十二章　细菌性传染病病理 ……………………………………………………… 239
   第一节　炭疽 ……………………………………………………………………… 239
   第二节　巴氏杆菌病 ……………………………………………………………… 241
   第三节　沙门菌病 ………………………………………………………………… 244
   第四节　猪传染性萎缩性鼻炎 …………………………………………………… 248
   第五节　大肠杆菌病 ……………………………………………………………… 249
   第六节　嗜血杆菌病 ……………………………………………………………… 252
   第七节　坏死杆菌病 ……………………………………………………………… 253
   第八节　链球菌病 ………………………………………………………………… 254
   第九节　李氏杆菌病 ……………………………………………………………… 256
   第十节　猪丹毒 …………………………………………………………………… 258
   第十一节　猪钩端螺旋体病 ……………………………………………………… 260
   第十二节　猪痢疾 ………………………………………………………………… 261
   第十三节　放线菌病 ……………………………………………………………… 262
   第十四节　葡萄球菌病 …………………………………………………………… 263
   第十五节　结核病 ………………………………………………………………… 265
   第十六节　布氏杆菌病 …………………………………………………………… 269
   第十七节　副结核病 ……………………………………………………………… 271
   第十八节　鼻疽 …………………………………………………………………… 272
   第十九节　附红细胞体病 ………………………………………………………… 275
   第二十节　禽衣原体病 …………………………………………………………… 276
   第二十一节　猪支原体肺炎 ……………………………………………………… 277
   第二十二节　山羊传染性胸膜肺炎 ……………………………………………… 278
   第二十三节　牛传染性胸膜肺炎 ………………………………………………… 278
   第二十四节　鸡支原体病 ………………………………………………………… 279

## 第二十三章　真菌性传染病病理 ……………………………………………………… 281
   第一节　流行性淋巴管炎 ………………………………………………………… 281
   第二节　念珠菌病 ………………………………………………………………… 282
   第三节　曲霉菌病 ………………………………………………………………… 283

# 第二十四章　病毒性传染病病理 ... 285

　第一节　痘病 ... 286
　第二节　猪瘟 ... 288
　第三节　猪传染性水疱病 ... 289
　第四节　猪传染性胃肠炎 ... 290
　第五节　猪繁殖与呼吸综合征 ... 291
　第六节　猪血凝性脑脊髓炎 ... 292
　第七节　狂犬病 ... 293
　第八节　伪狂犬病 ... 294
　第九节　牛恶性卡他热 ... 295
　第十节　流行性乙型脑炎 ... 296
　第十一节　口蹄疫 ... 298
　第十二节　牛病毒性腹泻/黏膜病 ... 300
　第十三节　牛传染性鼻气管炎 ... 300
　第十四节　牛海绵状脑病 ... 301
　　[附]　绵羊痒病 ... 302
　第十五节　蓝舌病 ... 302
　第十六节　绵羊进行性肺炎 ... 303
　第十七节　绵羊肺腺瘤病 ... 305
　第十八节　羊传染性脓疱 ... 305
　第十九节　小反刍兽疫 ... 306
　第二十节　新城疫 ... 307
　第二十一节　鸭瘟 ... 310
　第二十二节　鸭病毒性肝炎 ... 311
　第二十三节　小鹅瘟 ... 312
　第二十四节　马立克病 ... 313
　第二十五节　禽白血病 ... 315
　第二十六节　禽网状内皮组织增生病 ... 316
　第二十七节　鸡传染性法氏囊病 ... 317
　第二十八节　禽脑脊髓炎 ... 318
　第二十九节　禽流感 ... 319
　第三十节　传染性支气管炎 ... 319
　第三十一节　传染性喉气管炎 ... 320
　第三十二节　鸡包涵体肝炎 ... 321
　第三十三节　马传染性贫血 ... 321
　第三十四节　兔出血症 ... 324
　第三十五节　水貂阿留申病 ... 325
　第三十六节　犬瘟热 ... 326
　第三十七节　犬细小病毒病 ... 327
　第三十八节　犬传染性肝炎 ... 328
　　[附]　戊型肝炎 ... 329

## 第二十五章 寄生虫病病理 ... 330

第一节 牛泰勒虫病 ... 330
第二节 球虫病 ... 332
第三节 弓形虫病 ... 334
第四节 分体吸虫病 ... 335

## 第二十六章 营养与代谢性疾病病理 ... 338

第一节 钙与磷缺乏症 ... 338
第二节 硒-维生素 E 缺乏症 ... 341
第三节 维生素 A 缺乏症 ... 344

## 第二十七章 中毒性疾病病理 ... 346

第一节 棉酚中毒 ... 346
第二节 疯草中毒 ... 347
第三节 黄曲霉毒素中毒 ... 348
第四节 镰刀菌毒素中毒 ... 349
第五节 猪麦角中毒 ... 350
第六节 重金属中毒 ... 351

**参考文献** ... 353

# 绪　　论

## （一）兽医病理学的任务、地位和基本内容

兽医病理学（Veterinary pathology）是兽医专业的一门重要专业基础课，其任务是以辩证唯物主义哲学思想为指导，通过研究疾病的原因、发病机理和患病机体所呈现的代谢、机能和形态结构的变化，阐明动物疾病发生、发展和转归的基本规律，为防病治病、后期临床课程的学习以及进行病理诊断奠定坚实的基础。例如，2005年在四川等省暴发的猪链球菌病，我国和很多国家迄今仍常发生的高致病性禽流感，欧洲、美洲、非洲、亚洲一些国家暴发或散发的牛海绵状脑病、口蹄疫等，2014年在我国多地发生的小反刍兽疫、在西非多国肆虐的埃博拉出血热，都对畜牧业的发展造成重大的打击，对人类健康产生巨大的危害。只有对上述疾病（多数是人兽共患病）病原的生物学特性、致病机理、病理变化规律、机体的免疫机理等有了准确而透彻的了解，才能科学有效地做好疾病的防控工作（包括疫苗的研制）。而这些问题的解决，都有赖于病理学及相关学科的深入研究。

在兽医专业的课程设置中，兽医病理学是连接基础兽医学科和临床兽医学科之间的一门桥梁性课程。一方面，它与动物解剖学、动物组织学与胚胎学、动物生物化学、分子生物学、动物生理学、兽医微生物学、兽医免疫学等课程有着紧密的联系，并运用这些学科的知识和技能来研究疾病的原因、发生发展过程、机能代谢和形态结构的改变以及对机体的影响。另一方面，它又与兽医临床诊断学、兽医内科学、兽医外科学、兽医产科学、兽医传染病学、兽医寄生虫学、动物性食品卫生学等课程有着密切的联系，是学习这些后期兽医临床课程的重要基础。兽医病理学工作者可通过畜禽尸体剖检、活体组织检查和动物实验等手段，直接参与兽医临床实践，在诊断和鉴别疾病、揭示疾病的发生发展规律、提高临床诊疗水平等方面发挥重要作用。

兽医病理学包括病理解剖学和病理生理学两部分内容，前者重点研究患病动物形态结构的改变，后者重点研究患病动物代谢机能的改变。本教材分为基础病理学、系统病理学和疾病病理学3篇，合计27章。其中，基础病理学介绍常见而重要的基本病理过程的概念、表现及其发生发展的一般规律，分为疾病概论、局部血液循环障碍、弥散性血管内凝血、休克、水和电解质代谢障碍、细胞与组织的损伤、适应与修复、炎症、败血症、酸碱平衡紊乱、缺氧、发热、细胞信号转导与增殖分化障碍、肿瘤，共计14章。系统病理学介绍动物一些重要系统的常见疾病和病理过程的病理变化和发生机理，分为心血管系统病理、造血与免疫系统病理、呼吸系统病理、消化系统病理、泌尿系统病理、生殖系统病理、神经系统病理，共计7章。疾病病理学介绍动物常见传染病、寄生虫病与其他疾病的病理变化及其发生发展的特殊规律，分为细菌性传染病病理、真菌性传染病病理、病毒性传染病病理、寄生虫病病理、营养与代谢性疾病病理、中毒性疾病病理，共计6章。

学习兽医病理学时，建议既要注意教学内容的系统性和完整性，更要强调本教材在兽医专业整体教学以及人才培养中的实际作用。在教学过程中，应当完成基础病理学内容的讲授和学习。系统病理学的内容也很重要，也应给予足够的重视。疾病病理学，特别是传染病病理中叙述的疾病较多，这是从本教材面向全国来考虑的，建议各校在教学中可根据教学大纲的要求和

本地畜禽疾病的实际情况选授其中的一些疾病，其余部分可作为参考资料让学生进行阅读，以扩大知识储备，增强今后对工作的适应性。

### （二）兽医病理学的研究和学习方法

兽医病理学是一门理论性和实践性都很强的课程，而且和基础兽医学科、预防兽医学科、临床兽医学科有着广泛的交叉。它所采用的研究方法简述如下。

**1. 尸体剖检** 尸体剖检（autopsy）是兽医病理学的一种基本研究方法和技术。它是运用病理学的基本知识，通过检查尸体的病理形态学变化，研究疾病发生、发展和转归的规律，为临床诊断和疾病防治提供科学依据。在实际工作中，尸体剖检的意义主要表现在三个方面：一是检验对疾病的诊治是否正确，及时总结经验，积累资料，不断提高诊疗工作的质量；二是对于一些群发性疾病，例如传染病、寄生虫病或营养代谢性疾病等，通过尸体剖检可以提示诊断方向，或能直接做出诊断，有利于及时采取有效的防控措施，保障动物健康和社会的稳定；三是根据具体需要，采取病料，为组织病理学诊断、病原分离鉴定、毒物分析、其他各项生理生化指标的检测做好准备。

**2. 活组织检查** 利用手术切除、穿刺（如肝穿刺、肾穿刺、细针穿刺）和搔刮等方法，从活体内获取病变组织，制备病理切片进行显微镜检查，称为活组织检查（biopsy）。此方法再结合冰冻切片技术，对疾病，特别是对肿瘤的临床快速诊断、手术治疗方案的选择，有着重要意义。

**3. 建立疾病动物模型** 利用实验动物或其他动物复制疾病模型（animal model of disease）（兽医病理学研究中常用的包括人工感染模型、营养代谢障碍模型、中毒模型、肿瘤模型等），在可控的条件下，对疾病的病因学、发病学、病理变化及转归进行系统的观察和研究。建立疾病动物模型对深入揭示发病机理具有重要价值。

**4. 病理组织学检查** 利用尸体剖检、活组织检查或从动物疾病模型获得的病料，制作病理切片，用光学显微镜观察组织和细胞的病理变化，称为病理组织学检查（histopathology）。石蜡切片的苏木素-伊红（haematoxylin-eosin，HE）染色是应用最广泛的常规染色方法。有时为了显示组织或细胞内某些特殊物质，或观察特殊的组织结构而采用一些特殊染色方法（如显示含铁血黄素颗粒的普鲁士蓝染色）。

**5. 临床病理学检查** 临床病理学检查（clinical pathology）是应用病理学以及其他相关的检验方法，研究发病动物各种病理指标的变化规律（包括血液学、化学、酶学、细胞学、免疫学、微生物学、寄生虫学、毒理学、器官功能指标测定等），为深入阐明发病机理与解决畜禽疾病的正确诊断和合理治疗，提供科学数据和治疗依据。

**6. 其他方法**

（1）电镜技术（electromicroscopy）：利用电子显微镜和超薄切片技术，研究细胞器水平的病理形态学变化和发生机理，也称为超微病理学（ultrastructural pathology）。

（2）免疫组织化学（immunohistochemistry，IHC）：利用标记的抗原（或抗体）在组织切片上检测与之对应的抗体（或抗原），可用于抗原定位、抗体检测等。

（3）流式细胞术（flow cytometry）：流式细胞仪和计算机相连接，在人的控制下按一定程序完成对细胞标本的分选或分析，此操作过程称为流式细胞术。可用于淋巴细胞及其亚群分类，以及白细胞分化抗原、细胞凋亡的检测等。

（4）组织和细胞培养（tissue and cell culture）：将某种组织或单个细胞用适宜的培养液和条件进行体外培养，可较精确地研究多种因素对组织、细胞病变发生、发展的影响。

（5）原位杂交（in situ hybridization）：在组织切片上，利用已知的标记探针检测与之互补的 DNA 或 RNA 片段，可用于特异性核酸分子的定位示踪（如病毒、胞内菌等）。

(6) 聚合酶链式反应（polymerase chain reaction，PCR）：是一种特定的 DNA 或 RNA 片段的快速体外扩增方法，可用于核酸序列分析、基因表达调控的研究，以及某些传染病、遗传病、肿瘤的诊断等。

此外，还有图像分析、放射免疫、生物芯片、Western blot 等技术。

在学习兽医病理学过程中应采取的方法，一是认真学习和掌握病理学的基础理论，包括基本概念、基本病理过程、不同疾病的病理变化、发病机理、转归等，为进一步参与实践教学和病理诊断奠定坚实的基础。二是积极参与病理学的实践教学，包括实验课、尸体剖检、科学实验活动等，把在课堂与书本上学到的病理学知识运用到实际中去，运用到后期临床课程的学习中去，在运用中加深对基础理论的理解并不断总结实践经验。三是在今后的临床实践中应用病理学的知识和技术，不断求索和创新，发现问题，解决问题。总之，在学习兽医病理学过程中，坚持"学习—实践—创新"的方法，大有裨益。

### （三）兽医病理学的发展简史和展望

兽医学是随着人类早期狩猎活动、畜禽养殖、农耕生产的出现而逐步产生和发展的，而有关兽医病理学的一些朴素的认知和经验，则随着兽医学、医学的进步而逐渐积累和丰富。在我国，夏商时期甲骨文中已有马病和其他人兽通用病名的记载；西周到春秋时期已设专职兽医负责诊疗兽病和兽疡；战国时期已出现专治马病的马医；秦汉时期已出现中国最早的畜牧兽医法规，即"厩苑律"，汉代已将针药并用治疗兽病；北魏贾思勰著《齐民要术》中已设畜牧兽医专卷；梁朝有《伯乐疗马经》问世；隋代有《疗马方》《伯乐治马杂经病》《治马经》《治马经目》《治马经图》《马经孔穴图》《杂撰马经》和《疗马牛骆驼经》等一批兽医学专著出现，太仆寺（专司畜牧的机构）设兽医博士官职；唐代李石著《司牧安骥集》是中国最早的兽医学教科书；宋朝已出现兽医院（牧养上下监）和家畜尸体剖检机构（皮剥所）；元代卞宝著《痊骥通玄论》，对家畜腑脏病理及常见病进行了系统总结；明代喻本元、喻本亨著《元亨疗马集（附牛驼经）》，对多种家畜的内脏结构、位置、疾病病因、诊断、治疗均有详细记载，流传广，影响大；清代李玉书、郭怀西分别对《元亨疗马集》进行改编、增补，傅述风著《养耕集》，对牛病诊疗、方剂均有记述。

虽然我们的先人对畜禽病理已有初步认识，但兽医病理学作为一门独立学科的出现，还是18世纪以后的事。其中具有里程碑意义的事件有：1761 年意大利医学家 Giovanni Battista Morgagni（1682—1771）出版《论疾病的部位和原因》，提出不同疾病是由相应器官病变（lesion）所致的观点，奠定了器官病理学（organ pathology）的基础；1854 年德国病理学家 Rudolf Virchow（1821—1902）出版《细胞病理学二十讲》，指出任何生命现象皆表现在细胞之中，疾病是异常的细胞事件，奠定了细胞病理学（cytopathology）的基础；法国生理学家 Claude Bernard（1813—1878）首先倡导并建立了以研究活体疾病为对象的实验病理学（experimental pathology），此即病理生理学的前身；1866 年中国广州博济医院附属医校开始设立解剖学和病理解剖学等课程；1904 年河北保定建立军马学堂（辛亥革命后改称为陆军兽医学校，新中国成立后改编为解放军兽医大学，现合并入吉林大学），在所开设的 30 多门课程中即有兽医病理学和兽医病理解剖学两门课程，开我国兽医病理学课程设置和教学之先；新中国成立后我国高等农业院校和一些综合性大学的兽医专业中都开设兽医病理学或兽医病理生理学、兽医病理解剖学的课程。

兽医病理学科的建立和发展是以一定的技术和方法作为依托的。在显微镜发明之前，人们用肉眼观察或用简单的测量工具来分析比较发病动物的大体病变，在此基础上建立了解剖病理学（anatomical pathology）；1665 年英国人 Robert Hooke（1635—1702）制造出第一台复合式显微镜，此后才可能创建组织病理学（histopathology）；1933 年德国科学家 Ernst Ruska

(1906—1988)设计制造出第一台电子显微镜，才可能建立超微病理学（ultrastructural pathology）。在20世纪末期和进入21世纪后，随着以分子生物学为代表的生命科学的繁荣进步，以及免疫组化、流式细胞仪、血气分析、图像分析、PCR、核酸杂交、生物芯片等多种技术的广泛采用，又建立起分子病理学（molecular pathology）、免疫病理学（immunopathology）、定量病理学（quantitative pathology）、环境病理学（environmental pathology）等新兴分支学科。将传统病理学方法与新兴技术相结合，将病理形态研究与机能代谢研究相结合，从更本质、更深入的层面揭示和阐明动物疾病和一些重要的人兽共患病的发生机理，为保护动物和人类健康、维护环境和动物性食品的安全做出新贡献，是现代兽医病理学的发展方向和面临的主要任务。

中华人民共和国成立以来，经过几代兽医病理学家和广大兽医病理工作者的不懈努力，我国兽医病理学科在人才培养、教材建设、科学研究、专著出版、实验室建设、服务于经济建设等方面，获得了长足进展，取得了不少成就。例如，已建立起比较完善的人才培养体系、科学研究体系、兽医病理学教材体系等；阐明了某些重要动物传染病和人兽共患病的发病机理，如马传染性贫血、牛传染性胸膜肺炎、口蹄疫、小鹅瘟、兔出血症、高致病性禽流感、猪链球菌病等；在弄清楚发病机理的基础上，采取有针对性的措施，消灭和控制重大疫病，为构建和谐社会和推动畜牧业经济的稳定发展发挥重要作用；在应对突发性公共卫生事件方面已有一定的人才储备、理论储备和技术储备。但是，我国在兽医病理学领域的原始性创新和具有重大影响的科技成果还不多，和社会进步、国民经济发展的需求以及与国际先进水平相比还有较大差距，仍需发奋图强，不断开创进取。

（马学恩）

# 第一篇

## 基础病理学

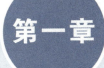

# 疾 病 概 论

**内容提要** 疾病是相对于健康而存在的一种生命现象，它是在一定条件下，由各种内、外因素作用于动物机体而产生的。外因包括生物性因素、理化因素、必需物质缺乏或过多、变应原及应激原的作用等，内因包括防御及免疫机能降低、遗传缺陷、神经内分泌机能改变等。疾病的发生涉及组织细胞机制、体液机制、神经机制、分子机制，而疾病的发展则与损伤与抗损伤、因果转化、病变局部与整体之间相互影响有关。疾病有完全康复、不完全康复、死亡3种结局。

## 第一节 疾病的概念

疾病是相对健康而言的，但二者之间并无绝对界限。健康（health）是指对环境有良好的适应性，在机体结构与机能上处于一种完好状态。疾病（disease）是指在一定条件下，由病因和动物机体相互作用而产生的一个损伤与抗损伤的斗争过程，这个过程在不同程度上妨碍了机体正常的生命活动，自稳调节（homeostasis）发生紊乱，机体出现一系列机能、代谢和形态结构的变化，表现出不同的症状和体征，患病动物的生产性能、运动机能和经济价值降低，是一个复杂的过程。例如高致病性禽流感、牛海绵状脑病、口蹄疫、狂犬病、布氏杆菌病、猪链球菌病、大肠杆菌病、弓形虫病、蛔虫病、肝片吸虫病、乳腺炎、子宫内膜炎等都属于疾病。疾病概念中涉及的损伤（injury）一般指病因引起机体的破坏性变化，抗损伤（anti-injury）则指机体针对损伤性变化所发动的反应性应答。有时损伤与抗损伤是很难截然分开的，它们既相互对立，又相互渗透、影响和转化。症状（symptom）指患病动物主观上的异常感觉（如疼痛、不适、畏寒、发热、无力、呼吸困难等），体征（sign）指兽医通过检查发现的机体异常（如血压高低、有无呼吸啰音、心杂音等）。通常在兽医临床工作中，症状和体征往往混用。

兽医学中有时用综合征（综合征候群的简称）来命名某些疾病。所谓综合征（syndrome）是指病因比较复杂，或确切的病因尚未明了，但临床上出现一些比较恒定的症状的一类疾病。例如猪应激综合征，猪产后无乳综合征，肉鸡腹水综合征，新生畜腹泻综合征，牛、羊、猪、肉鸡猝死综合征，母牛倒地不起综合征等。随着研究工作的深入，有些综合征的病因已经阐明，如猪繁殖与呼吸综合征、鸡产蛋下降综合征、猫获得性免疫缺陷综合征等。

在病理学中很重视学习和研究基本病理过程。基本病理过程（pathological process），也称典型病理过程（classic pathological process），是指在各种疾病中，不同器官、系统可能出现的共同病理变化。这些病理变化，既包括代谢机能方面的，又包括形态结构方面的（如水肿、脱水、发热、酸中毒、缺氧、炎症、充血、出血、弥散性血管内凝血等）。一种疾病往往是由多种基本病理过程组成的，但并不是这些基本病理过程简单的累加，其间又相互颉颃、相互作用，在临床上表现出各式各样的症状和体征，使任何一种具体疾病的发展过程既有规律可循，又充满着变数。学习和掌握基本病理过程的概念、发生原因和机理、主要影响等，对认识疾病本质、解释临床表现、正确诊断治疗，并采取有针对性的防控措施等都是非常重要的。

## 第二节 病因学

病因学（etiology）是研究疾病发生原因和条件的科学。任何一种疾病的发生都是由特定的原因及条件所引起的，没有原因的疾病是不存在的。现代病因学认为，一切疾病都是原因和条件综合作用于动物个体的结果。引起疾病的原因很多，概括起来可分为两大类，一类是存在于外界环境中的致病因素，即外因；另一类是机体内部与疾病发生有关的因素，即内因。此外，不同的社会条件和自然条件对大多数疾病的发生常起到一定的促进或抑制作用。某些作用于病因或机体后能促进疾病发生的因素称为诱因（precipitating factor）。

### （一）疾病发生的外因

**1. 生物性因素** 包括各种病原微生物（如细菌、病毒、支原体、螺旋体等）及寄生虫等，它们可以引起传染病、寄生虫病、中毒病和肿瘤等许多疾病。生物性因素是目前引起畜禽养殖业重大损失和发生人兽共患病的最主要的病因。世界动物卫生组织（法文 Office International des Epizooties，缩写 OIE，英文 World Organization for Animal Health）和我国农业农村部确定的法定报告的疫病以及人兽共患病，全都是由生物性因素引起的。生物性致病因素是兽医临床上最常见、最重要的致病因素。

**2. 理化因素** 机械力、高温、低温、电流、噪声、辐射、大气压改变等物理性因素，达到一定强度或作用时间时，都可引起机体发生物理性损伤；强酸、强碱、化学毒物（如氢氰酸）、重金属盐类等化学性致病因素，以及动物、植物、微生物产生的毒性物质（如蛇毒、棘豆属植物中含的多种生物碱、肉毒梭菌毒素等），均可引发疾病。

**3. 必需物质缺乏或过多** 对维持生命活动的必需物质过多或缺乏皆可致病，例如二氧化碳过多（呼吸性酸中毒）、水过多（水中毒）、某种微量元素过多（如氟中毒），或动物缺乏某些营养物质（如营养不良性贫血）、常量元素（如骨软症）、微量元素（如白肌病）等。

**4. 变应原的作用** 具有过敏体质的动物首次接触某种变应原（allergen）时可被致敏，此时机体产生的IgE抗体吸附在嗜碱性粒细胞和肥大细胞表面；致敏的个体再次接触同一变应原时可发生变态反应性疾病。因变应原与IgE结合后引起细胞脱颗粒，颗粒中含有的组胺、5-羟色胺、缓激肽等生理活性物质，能引起血管扩张（血压下降）、支气管平滑肌痉挛（哮喘）、胃肠道平滑肌痉挛（腹痛、腹泻）。

**5. 应激原的作用** 应激（stress）是指机体在受到各种强烈因素（即应激原，stressor）刺激时，所出现的以交感神经兴奋（儿茶酚胺分泌增多）和下丘脑-腺垂体-肾上腺皮质轴活动增强（促肾上腺皮质激素分泌增加，导致血液中糖皮质激素等增多）为主的一系列神经内分泌反应，并由此引起多种机能和代谢的改变，以适应外环境的改变和维持内环境的稳定。任何刺激只要达到一定的强度，都可成为应激原，例如创伤、烧伤、冻伤、感染、发热、出血、缺氧、手术、疼痛、饥饿、中毒、放射线、环境过冷（热）、噪声等。这些应激原除引起与刺激因素直接相关的特异性变化以外，还可引起一组与刺激因素的性质无关的全身性非特异性反应，即应激反应。正常的应激反应对维持机体的生命活动是很重要的，但强烈和持久的应激原作用能引发应激性疾病。

## （二）疾病发生的内因

**1. 防御机能降低** 机体的外部屏障（如皮肤、黏膜等）或内部屏障（如由母体子宫内膜和胎儿胎盘构成的胎盘屏障，由脑部血管等构成的血-脑屏障等）完整性遭到破坏时，或机体单核-巨噬细胞系统的吞噬能力降低、肝解毒机能降低、肾和肺等器官的排出机能降低时，皆可导致非特异性防御机能减弱，从而引发某些疾病。

**2. 免疫机能降低** 机体的免疫机能降低时，可引起或促进疾病的发生。例如体液免疫机能降低容易发生细菌感染，特别是化脓菌的感染；而细胞免疫机能降低易导致病毒、真菌和某些细胞内寄生菌的感染，还容易引发肿瘤。

**3. 遗传缺陷** 遗传物质的改变，可引起多种遗传性疾病。遗传性疾病指由于基因突变或染色体畸变，导致动物机体某些结构或代谢产生缺陷而引起的疾病。例如，一些遗传基因的改变可引起牛的短腿、唇裂和斜视，马的血友病，猪的肛门闭锁等。

**4. 神经内分泌机能改变** 动物神经内分泌机能的改变也可引起某些疾病。例如，大鼠发生冷应激时，可引起应激性胃溃疡。因应激导致交感神经兴奋使儿茶酚胺分泌增多，内脏血流减少造成胃黏膜缺血，胃黏膜上皮细胞不能产生足够的碳酸氢盐和黏液使胃黏膜屏障遭到破坏，氢离子从胃内进入胃黏膜造成损伤，引发溃疡。再如，犬胰岛B细胞分泌胰岛素减少能引起犬的糖尿病。

**5. 其他** 动物的种属、品种、年龄、性别、营养状况等的差异，对各种致病因素的反应性和疾病的发生也有不同程度的影响。

## （三）疾病发生的条件

**1. 疾病发生的社会条件** 社会条件包括社会制度、科学水平、生产生活水平和社会环境等诸多方面，其对疾病的发生有一定程度的影响。如中华人民共和国成立前，由于社会动荡，科技落后，防控疫病的能力低下，造成人畜疫病流行猖獗。例如，1938—1941年间，四川、甘肃、青海等地大面积流行牛瘟，病死牛达百余万头，损失惨重。中华人民共和国成立后，政府高度重视兽医及公共卫生事业，颁布了多种畜禽疫病防控条例及检疫规程，开展疫病防控工作，很快扭转了疫病流行的局面，1954年在全国消灭了牛瘟，此后又逐渐控制了牛肺疫、羊痘、马传染性贫血等疫病。随着疫苗的研制、大面积使用和采取综合性防控措施，许多传染病得到了有效控制。

**2. 疾病发生的自然条件** 自然条件包括季节、气候、地理位置及自然环境等许多方面，其对疾病的发生也有很大影响。例如，夏季环境温度、湿度较高，易发生消化道疾病、日射病及热射病等；冬季气温较低，易发生呼吸系统疾病，如流感、猪气喘病；湿地环境若生存大量椎实螺，有利于肝片吸虫病的播散；由于水系分布广泛和病原的存在，我国南方地区血吸虫病多发；而北方某些地区因存在土壤缺硒带，常引发相关微量元素缺乏病；森林地区由于存在某种传染源、传播媒介及病原体传播的自然条件，可发生森林脑炎等自然疫源性疾病。自然条件对疾病的发生有重要作用，但有些自然条件是可以改变和控制的，只要加以积极干预，保护好自然环境，就能减少动物疾病的发生。

# 第三节 发病学

发病学（pathogenesis）是研究疾病发生、发展和转归的基本机制和规律的科学。发病学所要回答的问题是：疾病是如何发生的，疾病在机体内发生发展的基本规律，疾病的最终结局如何（转归）。

## (一) 疾病发生的一般机制

病因作用于动物机体后一般通过以下几个机制引起疾病的发生。

**1. 组织细胞机制** 致病因子直接作用于靶细胞、靶器官（如高温引起的烧伤、低温引起的冻伤；强酸、强碱作用于皮肤组织引起的损伤）或其进入体内后选择性作用于靶细胞、靶器官（如猪瘟病毒引起毛细血管内皮细胞损伤；牛分枝杆菌作用于肺、淋巴结等组织引起结核；马传染性贫血病毒选择性作用于骨髓）而进一步引起组织、细胞的结构损伤，功能和代谢发生障碍，产生一系列的病理改变，导致疾病的发生。

**2. 体液机制** 体液是维持机体内环境稳态的重要因素。致病因子引起体液的数量发生改变（如水肿、脱水、失血）或性质发生改变（如酸中毒、碱中毒、高血钾、氧分压降低、激素水平改变、细胞因子浓度的增减），引起机体出现一系列机能代谢和形态结构的变化，继而引起疾病。

**3. 神经机制** 神经系统在动物生命活动的调控中发挥主导作用。致病因子可引起神经调节的不同环节发生障碍（如构成反射弧的五个基本环节，即感受器、传入神经、神经中枢、传出神经、效应器，不论哪一环节受到致病因素的作用，均会引起神经调节机能障碍）或病因直接损害神经组织细胞（如禽脑脊髓炎病毒、乙型脑炎病毒引起非化脓性脑炎），而导致疾病。

**4. 分子机制** 蛋白质和核酸是细胞生命过程中最主要的分子基础。当致病因子引起核酸分子、蛋白质分子、免疫分子等的结构或数量发生改变时，进而可引起疾病的发生。

## (二) 疾病发展的一般规律

疾病作为一种客观存在的事物，其发生、发展过程中存在一些基本规律，其中主要有以下三条。

**1. 损伤与抗损伤的矛盾斗争贯穿于疾病发展的始终** 疾病过程中损伤与抗损伤作用同时存在，二者之间的矛盾斗争是推动疾病发展的基本动力，也是构成疾病中各种临床症状的根本原因。通常病因造成的损伤对机体是有害的（如食欲减退、呼吸困难、尿量减少、细胞变性、坏死等），而抗损伤对机体是有利的（如适度发热、细菌感染引起血液中白细胞数量增多、单核-巨噬细胞吞噬功能增强、抗体生成增多、组织细胞的再生与修复等），双方力量的强弱对比决定着疾病发展的方向。但损伤与抗损伤又可以互相转化。例如，发生细菌性痢疾时，初期通过腹泻可排出病原微生物及病理产物，对机体相对有利；但持续和大量的腹泻，可引起脱水、代谢性酸中毒，对机体产生有害的影响。因此，在分析某种疾病或病理过程时，应学会应用辩证的思维、动态的观点，对具体情况做具体分析。

**2. 疾病中的因果转化** 在疾病发生发展过程中，原始的病因造成一定的结果，此结果又可成为引起其他变化的原因，引发新的结果，如此因果相循，交替不已，形成一种链式发展过程（例如，急性大失血可引起动脉血压降低，动脉血压降低又可引起大脑缺血，大脑缺血到一定程度可抑制心血管运动中枢而引起循环衰竭）。有时在因果转化中可形成恶性循环，使疾病向着恶化的方向发展（如上例中，大脑缺血与循环衰竭之间互为因果，可形成恶性循环，如果得不到及时救治，病情恶化可导致动物迅速死亡）。因此，在分析某种具体疾病或病理过程时，应学会抓住主要矛盾，切断恶性循环，采取针对性措施，使疾病向好的方向发展（如上例中应及时止血、输血或输液、强心，切断恶性循环，使患病动物转危为安）。

**3. 病变局部与整体之间相互制约** 任何疾病都是机体整体性的复杂反应，其局部病变往往是整体疾患的一个组成部分，既受整体状况的影响，又可影响整体，局部与整体之间存在密不可分的联系。例如，局部化脓灶，当机体整体抵抗力强时，可形成结缔组织包囊使感染局限化，并通过细胞吞噬作用和组织再生而清除化脓灶；但当机体抵抗力弱、病原毒力强、数量多时，化脓菌则可突破包围向周围组织扩散，甚至引起脓毒败血症而危及生命。所以，应明确局部与整体间的关系，对疾病进行全面的分析。

### （三）疾病的结局

疾病的结局（outcome）也称为疾病的转归（prognosis），可分为完全康复、不完全康复和死亡三种形式。兽医临床上，正确的诊断、治疗和采取适宜的防控措施，往往可使疾病的转归向好的方向发展。

**1. 完全康复** 病因的作用停止或消失后，对机体造成的损伤完全消失，机体的自稳调节机能得以重新建立，受损的组织得到修补而恢复正常，此种结局称为完全康复（complete rehabilitation）。但完全康复并不等同于又回到病前状态，由于机体的机能状态重新改建，在抵抗有害因素的能力和机体的反应性方面会有所改变。例如，患过某些传染病之后，可在一定时间内获得对该病的不易感性，即产生免疫。

**2. 不完全康复** 疾病造成的损伤得到控制，主要症状消失，但机体的机能、代谢、形态结构未完全恢复正常，甚至遗留某些损伤残迹或持久性改变，机体需依靠代偿才能维持生命活动，此种结局称为不完全康复（incomplete rehabilitation）。例如，慢性猪丹毒可造成房室孔狭窄，只有通过心脏代偿才能维持正常的搏血功能。

**3. 死亡** 死亡（death）是指动物生命活动的永久性停止。动物死亡的过程一般要经历以下三个阶段。

（1）濒死期：机体各器官、系统的生理功能趋于衰竭，脑干以上的神经中枢功能处于严重抑制或丧失状态，表现为意识和反应逐渐消失，呼吸和脉搏减慢、减弱，能量生成减少，酸性产物堆积等。

（2）临床死亡期：此时中枢神经系统的抑制过程由大脑皮质扩散至皮质下部，延髓也处于深度抑制状态，各种反射消失，心跳和呼吸停止，但多种组织细胞仍有短暂而微弱的代谢活动。

（3）生物学死亡期：是死亡过程的最后和不可逆阶段。此时整个中枢神经系统和机体各器官的新陈代谢相继终止，但少数对缺氧耐受性高的器官如皮肤、结缔组织等仍保有低水平的代谢活动，随后其代谢活动完全停止。

随着科学技术的进步，近年来提出判断死亡的另一概念，即脑死亡。脑死亡（brain death）是指全脑功能不可逆性地永久性停止。判定脑死亡的标准是：动物出现不可逆昏迷；自主呼吸停止；瞳孔扩大或固定；脑干神经反射（如瞳孔对光反射、角膜反射、吞咽反射）消失；脑电波消失；脑部血液循环完全停止。脑死亡概念的提出并通过立法逐渐付诸医疗实践，对于尊重生命、开展器官移植、促进比较医学的发展和节约医疗资源等，均具有重要的科学意义和实践意义。

（么宏强）

# 第二章 局部血液循环障碍

**内容提要** 局部血液循环障碍主要包括：组织或器官内循环血量异常，血量增多引起充血，血量减少则出现缺血；血管壁完整性或通透性改变，使血液成分逸出管外而导致出血和水肿；血液内出现异常物质，血液固有成分析出形成血栓；不溶于血液的物质阻塞局部血管造成栓塞，并进一步引起局部组织缺血甚至梗死。

## 第一节 充 血

组织和器官血量增多的状态称为充血（hyperemia），包括动脉性充血和静脉性充血两种。

### 一、动脉性充血

#### （一）概念

由于小动脉扩张而流入局部组织或器官中的血量增多，称为动脉性充血（arterial hyperemia），又称主动性充血（active hyperemia），简称充血（hyperemia）。充血可见于生理和病理情况下。当组织器官的机能活动增强时，如采食后胃肠道、运动时骨骼肌和妊娠子宫的充血等，均属于生理性充血；而在病理因素作用下引起的充血属于病理性充血。本节重点介绍病理性充血。

#### （二）原因与发生机理

能引起动脉性充血的原因很多，包括机械、物理、化学、生物性因素等，只要达到一定强度都可引起充血。

充血的发生机理包括神经反射和体液因素两方面。

（1）神经反射：引起充血的病因作用于局部组织器官感受器时，可反射性地引起小动脉缩血管神经兴奋性降低，或者同时舒血管神经兴奋性增高，导致血管扩张，组织器官充血。充血的发生还与轴突反射有关，即来自各种局部刺激的冲动，沿传入神经的分支不传入脊髓就直接传导到传出神经，引起小动脉扩张。

（2）体液因素：一些使血管扩张的活性物质，如组胺、5-羟色胺、激肽、补体裂解产物等直接作用于血管壁，使小动脉扩张而致局部充血。

此外，局部组织或器官受压，当压力突然解除时，小动脉可发生反射性扩张，引起充血，称为减压后充血或贫血后充血。

### （三）病理变化

充血时，眼观组织或器官体积轻度增大，局部色泽鲜红，在活体充血部位的温度升高。镜检时，充血组织的小动脉和毛细血管扩张，管腔内充满血液。如果充血发生于急性炎症过程，在充血组织中还可见渗出的浆液、纤维素和中性粒细胞，以及局部实质细胞的变性和坏死等病理变化（图2-1，二维码2-1）。

二维码2-1

图2-1 动脉性充血和静脉性充血示意图
1. 正常血流状态　2. 动脉性充血时，小动脉和毛细血管扩张，血流加快
3. 静脉性充血时，小静脉和毛细血管扩张，血流减慢

### （四）结局和对机体的主要影响

充血一般为暂时性血管反应，病因消除后充血消散。如果病因持续作用，由充血可能转变为淤血，甚至引起水肿和出血等变化。充血是机体的一种防御适应性反应，通过充血能使局部组织或器官的代谢、机能和抗病能力增强；充血也有不利的影响，如充血发生在脑组织或脑膜可使颅内压升高而引起神经症状，在硬化的小动脉充血常导致血管破裂而出血。

## 二、静脉性充血

### （一）概念

由于静脉血液回流受阻而引起局部组织或器官中血量增多，称为静脉性充血（venous hyperemia），又称为被动性充血（passive hyperemia），简称淤血（congestion）。

### （二）原因与发生机理

**1. 静脉受压迫**　静脉受到压迫，因其管腔狭窄或闭塞导致静脉血液回流受阻而淤积在相应的组织或器官。例如肠扭转或肠套叠时，肠系膜静脉受压引起相应的肠系膜和肠管淤血；肿瘤、囊肿或胎儿压迫静脉引起相应部位出现淤血；绷带包扎过紧导致的淤血；当胸内压升高时，可造成静脉血液回流障碍而致的全身淤血等。

**2. 静脉管腔阻塞**　静脉内血栓形成、栓塞或静脉血管壁增厚时，使管腔狭窄或阻塞而淤血。

**3. 心力衰竭**　心力衰竭时，心输出血量减少，血液滞留于心腔阻碍了静脉血液回流，进一步使静脉血液淤滞在组织器官的小静脉和毛细血管中而呈现淤血。左心衰竭时，由于肺静脉血液回流受阻，可导致肺淤血，而右心衰竭可导致体循环血液回流障碍，引起全身组织器官的淤血。

**4. 胸腔和肺的疾病** 如胸膜炎引起胸腔积液、胸壁穿刺伤发生的气胸等，均可使胸内压升高，腔静脉受压静脉血液回流障碍；在肺水肿、肺炎等肺疾病时，使肺动脉和支气管动脉进入肺的阻力增加，血液在右心淤积，并进一步引起全身淤血。

### （三）病理变化

淤血的组织或器官肿胀，质量增加，因血液的氧含量降低，脱氧血红蛋白增多，呈暗红色甚至蓝紫色，切面多血，活体淤血局部温度降低。淤血发生在可视黏膜或无毛和少毛的皮肤时，淤血部位呈蓝紫色，此变化称为发绀（cyanosis）。镜检见淤血的组织内小静脉和毛细血管扩张，充满血液，时间较长的淤血常伴有组织器官水肿、出血、萎缩和变性等变化。

临床上肺淤血和肝淤血较常见，现将其病变特征分述于下。

二维码 2-2

**1. 肺淤血** 左心衰竭可引起肺淤血。眼观，肺膨胀，回缩不良，呈暗红色或暗紫色，在水中呈半沉浮状态。切面常有暗红色血液流出，支气管内有灰白色或淡红色泡沫样液体。镜检，肺泡壁毛细血管和小静脉扩张，充满血液，肺泡腔内出现水肿液和红细胞，水肿液内因含蛋白质而均质红染（二维码 2-2）。长期肺淤血时，红细胞可通过肺泡壁毛细血管内皮细胞间隙和损伤的基底膜进入组织，肺泡腔内漏出的红细胞可被巨噬细胞吞噬，其溶解后，血红蛋白在巨噬细胞胞质内被分解转变为含铁血黄素，这种巨噬细胞称为心力衰竭细胞（heart failure cell）。含铁血黄素用苏木素-伊红（HE）染色时在光镜下为棕黄色颗粒，其中含有的高铁和亚铁氰化钾遇盐酸后呈现蓝色，即普鲁士蓝反应（prussian blue reaction）呈阳性。慢性肺淤血可进一步引起肺间质结缔组织增生，肺组织因被结缔组织取代而硬化，此时，如伴有大量含铁血黄素的沉积使硬化的肺组织呈棕褐色，则称为肺褐色硬化（brown induration of lung）。

二维码 2-3

**2. 肝淤血** 右心衰竭时，因肝静脉血液回流受阻常引起肝淤血。急性肝淤血时，肝肿大，呈暗紫色，切开时从切面流出多量暗红色血液。镜检，见肝小叶中央静脉、窦状隙以及叶下静脉扩张，充满血液（二维码 2-3）。慢性淤血时，在肝小叶中央静脉和窦状隙淤血的同时，肝小叶周边区肝细胞因淤血性缺氧而发生脂肪变性，以至肝切面形成暗红色淤血区和灰黄色脂变区相间的纹理，眼观似槟榔状花纹，故称为"槟榔肝"（nutmeg liver）（二维码 2-4）。长期肝淤血可导致肝细胞萎缩、坏死或消失，网状纤维胶原化和结缔组织增生，最终发生淤血性肝硬化。

二维码 2-4

### （四）结局和对机体的主要影响

淤血对机体的影响取决于淤血的范围、程度、发生器官、发生速度、持续时间，以及侧支循环建立的状况。淤血组织和器官的代谢和机能都发生障碍，全身淤血时影响多数器官的功能，局部性淤血则只影响相应局部的功能。淤血发生时，静脉系统可通过吻合支的及时扩张，建立侧支循环使血液回流，当淤血的程度超过侧支循环的代偿范围时，则淤血的组织和器官出现一系列的代谢、机能和结构的改变。例如，长期淤血的组织实质细胞萎缩、变性和坏死，其间质结缔组织增生，使淤血的组织器官变硬，即发生淤血性硬变（如淤血性肝硬化）。

## 第二节 出 血

### （一）概念

血液流出心血管之外，称为出血（hemorrhage）。血液流入组织间隙或体腔内，称为内出血；血液流出体外，称为外出血。消化道出血经口排出体外称为吐血或呕血，经肛门排出称便血；肺和呼吸道出血排出体外称咯血；肾和泌尿道出血随尿液排出称为尿血。

## （二）原因和类型

出血可分为破裂性出血和漏出性出血两种类型。

**1. 破裂性出血** 是指因心受损或血管壁破裂引起的出血。破裂性出血可发生在心、动脉、静脉或毛细血管。机械性损伤、恶性肿瘤和炎症对血管壁的侵蚀、血管发生动脉瘤和动脉硬化的基础上血压突然升高等，均可引起破裂性出血。

**2. 漏出性出血** 也称渗出性出血，是指由于血管壁通透性升高，红细胞通过内皮细胞间隙和损伤的血管基底膜漏出到血管外。感染（病毒、细菌等引起的急性传染病）、中毒（有机磷、砷、灭鼠药、蕨类植物等）、缺氧和淤血等因素对毛细血管的损伤，以及维生素C缺乏使内皮细胞连接分开、基底膜破坏和毛细血管周围胶原减少、血小板减少或血小板功能障碍、凝血因子减少所致凝血障碍等，均可导致漏出性出血。漏出性出血一般发生于毛细血管和毛细血管后静脉（微静脉和小静脉）。

## （三）病理变化

出血可发生于机体的各个组织和器官，其病变因出血的原因、受损血管的种类、局部组织特性的不同而异。破裂性出血时，较多量血液流入组织间隙，形成局限性血液团块，称为血肿（hematoma），血肿可发生在皮下、肌间、黏膜下、浆膜下及器官内（二维码2-5），其内血液常凝固呈紫红色，较大的血肿经时较久，其周围可形成结缔组织包囊；流出的血液进入体腔内，称为积血（hematocele），如胸腔积血、心包积血和腹腔积血。漏出性出血时，在皮肤、黏膜、浆膜和实质器官呈点状出血，称为出血点（petechia）（二维码2-6）；较严重时，呈斑块状出血，称为出血斑（ecchymosis）；在组织器官出现的弥散性出血称为出血性浸润（blood infiltration），见出血局部组织呈暗红色，红细胞弥漫的分布在组织间隙（二维码2-7）；当有全身性出血倾向时，称为出血性素质（hemorrhagic diathesis），表现为全身各组织器官出血；组织内的少量出血只能在镜检时发现。通常新鲜的出血呈红色，陈旧时变为暗红色，如果红细胞被巨噬细胞吞噬，其血红蛋白被降解形成含铁血黄素，则出血局部呈现棕黄色。有时，在血肿中心部出现一种金黄色小菱形或针状结晶，称橙色血质（hematoidin），其化学成分与胆红素相同。

二维码2-5

二维码2-6

## （四）结局和对机体的主要影响

轻度的出血，可通过受损的血管收缩和局部血栓形成而自行止血。小血肿或体腔小量积血，可被逐渐溶解吸收；较大血肿吸收不全时，常由结缔组织机化或包裹。

出血对机体的影响取决于出血量、出血部位、出血速度和持续时间。大血管的破裂性出血较迅速，其失血量达循环血量20%～25%，即可发生出血性休克。重要器官的出血，如心脏破裂出血、脑出血等，常引起严重后果，尤其是脑干出血因影响神经中枢机能可致动物死亡。长期持续的小出血常引起贫血。

二维码2-7

# 第三节 血栓形成

## （一）概念

在活体的心脏或血管内，血液凝固或血液中某些成分析出，黏集形成固体质块的过程，称为血栓形成（thrombosis），所形成的固体质块称为血栓（thrombus）。

## （二）血栓形成的条件和机理

**1. 心血管内膜损伤** 心血管内膜损伤是血栓形成的主要因素。这种损伤见于多种病因，一些病毒、细菌、寄生虫等病原体感染引起血管炎或心内膜炎，如疱疹病毒引起的血管炎、猪丹毒杆菌引起小动脉炎和心内膜炎、马圆形线虫感染引起的腹主动脉炎等；某些毒素、维生素或微量元素硒缺乏、静脉注射操作不当等损伤心血管内膜均可导致血栓形成。

心血管内膜的完整结构和正常功能，对保证血液的流体状态及防止血液凝固具有重要作用。完好的内皮细胞构成一层机械屏障，使血小板和凝血因子与内皮细胞下的胶原纤维隔离开。内皮细胞合成的前列环素（prostacyclin，即 prostaglandin $I_2$，$PGI_2$）、一氧化氮（NO）、二磷酸腺苷酶（ADP 酶）、膜相关肝素样分子（membrace-associated heparin-like molecules）、血栓调节蛋白（thrombomodulin）和组织纤维蛋白酶原激活物（tissue-type plasminogen activator，tPA）等物质，以及内膜表面含有的硫酸乙酯和 α-2 巨球蛋白，对抗凝血过程均具有重要作用。其中，$PGI_2$ 和 NO 能抑制血小板的凝集；ADP 酶能把 ADP 降解为具有抗凝集作用的腺嘌呤核苷酸；血栓调节蛋白与凝血酶结合激活蛋白 C，能灭活凝血因子 Ⅴa 和 Ⅷa；膜相关肝素样蛋白能灭活凝血酶。当心血管内膜损伤时，内皮下胶原纤维暴露，内皮细胞合成的抗凝血物质减少，同时裸露的胶原纤维与凝血因子 Ⅻ 接触，并激活凝血因子 Ⅻ，进而启动内源性凝血系统。受损的内皮细胞释放组织因子可启动外源性凝血系统，从而促进凝血过程。内皮下胶原纤维与血液接触时，在内皮细胞合成的威勒布兰德因子（von Willebromd factor，vWF）参与下，血小板表面的糖蛋白受体与胶原纤维连接，使血小板黏附于胶原纤维，激活的血小板脱颗粒并释放其内容物，如 ADP、$Ca^{2+}$、血栓素 $A_2$（thromboxane $A_2$，$TXA_2$）、纤维蛋白原、纤维连接蛋白、凝血因子 Ⅴ 和 Ⅷ 因子等物质。其中的 ADP 和 $TXA_2$ 两种介质对血小板的黏集起重要作用，二者促进血流中血小板不断黏着在损伤的内膜处，黏着的血小板又不断释放 ADP 和 $TXA_2$ 等物质，加剧血小板的黏着过程。血小板膜表面的血小板第 3 因子（platelet factor 3，$PL_3$）、各种凝血因子、凝血酶均可促进血小板的黏集，在血小板的黏集过程中伴有形态改变、收缩变小、形成伪足和相互融合的变化，使血小板逐渐黏集成不可复性的血小板黏集堆。

**2. 血流状态改变** 是指血流缓慢或产生涡流。正常血流中，红细胞、白细胞和血小板在中轴流动（轴流），血浆在周边流动（边流）。当血流速度减慢或产生涡流时，轴流与边流界限消失，血小板进入边流，与血管内膜接触和粘连的机会增加。血流缓慢引起的缺氧，可导致内皮细胞变性、坏死和脱落，其合成和释放抗凝因子（如 $PGI_2$、tPA）的功能丧失，内皮下胶原纤维暴露，从而吸附血小板，同时启动内源性和外源性凝血系统。血流缓慢和产生涡流时，激活的各种凝血因子易在局部达到凝血所需的浓度，为血栓形成创造了条件。据统计，静脉发生血栓比动脉发生血栓多 4 倍，血流缓慢是静脉血栓形成的重要条件，静脉瓣膜部的血流易产生涡流和静脉血液的黏稠性增加与静脉易形成血栓有关。心脏和动脉内的血流较快，不易形成血栓，但某些病理过程也会使血流缓慢和产生涡流，而导致血栓形成，如二尖瓣狭窄、动脉瘤时常引起血流状态改变，并发血栓形成。

**3. 血液凝固性增高** 是指血液呈现一种易于发生凝固的状态。通常由于血液中血小板增多或血小板黏性增加、凝血因子增加和凝血因子激活、抗凝血酶或抗凝血因子减少所致。例如，手术、创伤、妊娠和分娩前后，血液中血小板数量增多、黏性增加，同时凝血因子含量也增加，血液呈高凝状态；多种疾病过程中出现的弥散性血管内凝血，是由于大量促凝因子进入血液或内皮广泛性损伤，使体内凝血系统被激活，血液凝固性升高引起。

上述血栓形成的 3 个条件，往往同时存在、相互影响，在血栓形成的不同阶段其作用并不完全相同。

### （三）血栓形成的过程和形态

血栓形成主要包括血小板的黏附凝集和血液凝固两个过程（图 2-2）。首先是血小板自血流中析出并黏附于血管损伤处裸露的胶原纤维上，黏附的血小板被激活发生黏性变态和释放反应，即血小板肿胀、形成伪足样突起和变形，同时释放出 ADP 和 $TXA_2$ 等物质，ADP 和 $TXA_2$ 有很强的聚集血小板的作用，使血流中血小板不断地向局部黏集，形成血小板黏集堆。与此同时，内源性和外源性凝血系统启动，使凝血酶原转变为凝血酶，纤维蛋白原转变为纤维蛋白。纤维蛋白与内膜基质的粘连蛋白一起将黏附的血小板固定于血管内膜并将血小板彼此间连接牢固，不再散开，血小板黏集则变为不可逆过程。如此反复进行，血小板黏集堆不断增大，形成小丘状。这种由血小板为主要成分的血栓称为析出性血栓，因眼观为灰白色，故又称白色血栓；经一定时间时，其表面粗糙，有波纹，质硬，与血管壁紧密粘连（二维码 2-8、二维码 2-9）。光镜下为无结构、均匀一致的血小板团块；电镜下见血小板轮廓尚存，紧密接触，内部颗粒消失，其间存在少量纤维蛋白。在心脏和动脉内通常形成白色血栓，这是由于血液流速快，凝血因子在局部不需达到血液凝固的浓度，使血栓形成过程就此中止。而在静脉等血流缓慢之处，白色血栓

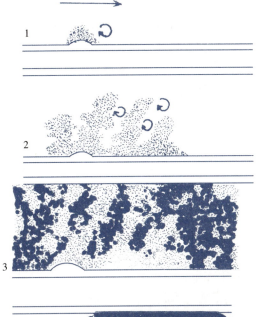

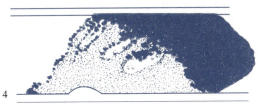

图 2-2 血栓形成过程示意图
1. 血管内膜损伤，血小板黏附沉积形成血小板丘
2. 血小板进一步沉积形成血小板梁，血流减慢并出现漩涡
3. 血小板梁之间血液凝固，纤维蛋白网络多量红细胞
4. 血管堵塞，血流停止并凝固

二维码 2-8

二维码 2-9

二维码 2-10

常成为血栓的起始部，即构成血栓的头部，血栓形成过程继续发展，使血栓头部增大，而且沿血流方向血小板进一步黏集，呈分支小梁状，形成血小板梁，其表面黏附许多白细胞。血小板梁之间血流速度逐渐变慢、流向紊乱，局部凝血因子浓度增高进而发生凝血过程。凝固的纤维蛋白在血小板梁之间形成网架，其中网络大量红细胞和少量白细胞。于是在已形成的白色血栓之后出现眼观为暗红色（红细胞）与灰白色（血小板梁）相间的形象，并呈层状结构（二维码 2-10），故称此部分血栓为混合血栓，其构成静脉延续性血栓的体部。此后，血栓的头体部进一步增大并顺血流方向延伸，当血管腔大部分或完全被阻塞后，则其下游血流近于停止，血液发生凝固，形成暗红色的血凝块，称之为红色血栓，构成静脉延续血栓的尾部。刚形成的红色血栓表面光滑、湿润、有弹性，与血管壁不粘连；以后随着其水分减少而逐渐变干燥，无弹性，表面粗糙。

此外，在微循环的小血管内也可形成由纤维蛋白构成的血栓，这种血栓只能在显微镜下观察到。镜检，见毛细血管内充满伊红染成红色、均质、无结构的团块或网状纤维蛋白，称为透明血栓。透明血栓主要见于弥散性血管内凝血，是微血栓的一种。

### （四）结局和对机体的主要影响

**1. 血栓的结局**

（1）软化、溶解和吸收：血栓内沉积的纤维蛋白溶酶被激活及中性粒细胞崩解后释入的蛋白水解酶，均可使纤维蛋白溶解为多肽，血栓软化变为颗粒状或脓样液体，最后由巨噬细胞吞

噬清除。小的血栓可被完全溶解吸收；较大的血栓多为部分软化，并可被血流冲击脱落形成血栓性栓子，随血流运行到其他器官堵塞血管后造成栓塞。

(2) 机化、再通：血栓形成后1～2 d，开始从血管壁向血栓内长入由内皮细胞和成纤维细胞组成的肉芽组织，并逐渐取代血栓，这一过程称为血栓的机化。已被机化的血栓与血管壁牢固粘连，不易脱落。在机化过程中，由于血栓干燥收缩及部分溶解，血栓内部或与血管壁之间可出现裂隙，当内皮细胞向其中间生长并被覆于表面后，即形成新的血管，血液通过后使血栓阻断的上下游血流得以部分沟通，此种现象称为血管的再通（recanalization）。

(3) 钙化：血栓形成后，如没有被溶解吸收或完全机化，在其中可发生钙盐沉积使血栓变为坚硬的钙化团块，称为血栓的钙化。如静脉中的血栓钙化后形成静脉石（phlebolith）。

**2. 对机体的主要影响** 血栓形成有堵塞血管破裂口，阻止出血的作用。但在大多数情况下，血栓形成会给机体造成不同程度的影响。

(1) 阻塞血管：动脉内血栓形成，其管腔不完全堵塞时，可引起局部缺血而使组织细胞发生变性或萎缩；如动脉管被完全阻塞又缺乏有效的侧支循环时，则引起局部的缺血性坏死（梗死），发生在重要器官可招致严重后果。静脉内血栓形成后，若未能建立有效的侧支循环，常引起局部淤血、水肿、出血，甚至发生坏死。

(2) 栓塞：血栓整体或部分脱落形成栓子，随血流运行引起栓塞。

(3) 引起心瓣膜病：心瓣膜上的血栓机化后，可引起瓣膜增厚、粘连、卷曲或皱缩，从而导致瓣膜口狭窄或瓣膜关闭不全。心瓣膜病严重时发生心功能衰竭。

(4) 全身性广泛出血和休克：微循环血管中由于微血栓广泛形成，使凝血因子和血小板大量消耗而引起全身性广泛出血，同时全身组织器官因微循环障碍发生缺血和坏死，最终导致动物休克，甚至死亡。

## 第四节 栓 塞

### (一) 概念

循环血液中出现不溶于血液的异常物质，随血流运行并阻塞血管腔的过程，称为栓塞（embolism）。阻塞血管的异常物质，称为栓子（embolus）。

### (二) 栓子运行的途径

栓子运行的途径一般与血流方向一致。栓塞部位与栓子的来源有关。来自肺静脉、左心和大循环动脉系统的栓子，随动脉血流运行，可在全身各器官的动脉分支处发生栓塞。来自大循环静脉系统和右心的栓子，可在肺动脉或其分支引起栓塞。来自门脉系统的栓子，引起肝内门脉分支的栓塞（图2-3）。此外，在房间隔或室间隔缺损时，心腔内的栓子可由压力高的一侧经缺损部进入另一侧心腔，再随血流引起相应动脉分支的栓塞。偶尔发生逆行性栓塞，如在剧烈咳嗽使胸腹腔内压骤增时，腔静脉内的栓子可逆行进入后腔静脉分支发生栓塞。

### (三) 栓塞的类型及其对机体的主要影响

**1. 血栓性栓塞** 是由脱落的血栓引起的栓塞，是栓塞中最常见的一种。其影响取决于栓子的大小、栓塞部位、栓塞持续时间长短以及能否建立有效的侧支循环。血栓性栓塞如果发生在肺动脉小分支时，由于肺具有肺动脉和支气管动脉双重血液供应，一般不会有严重影响。若肺已发生严重淤血，而侧支循环不能有效代偿，可导致局部肺组织的出血性梗死。如果栓子数量多，使肺动脉分支广泛栓塞；或者栓子较大，将肺动脉主干或大分支堵塞，则可导致患病动物

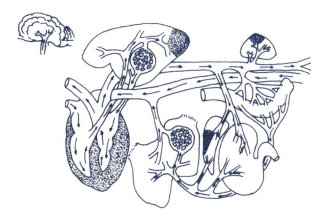

图 2-3 栓子运行示意图

栓子运行方向与血流一致，肺静脉、左心和大循环动脉系统的栓子在全身各器官形成栓塞；大循环静脉系统和右心的栓子在肺脏形成栓塞；门静脉系统的栓子在肝脏形成栓塞

呼吸困难、黏膜发绀、休克，甚至突然死亡。体循环动脉的血栓性栓塞可发生于全身各器官，在肾、脾和脑组织因其终末动脉供血缺乏侧支循环，栓塞容易导致局部缺血和梗死；肝有肝动脉和门静脉双重供血，血栓性栓塞引起的梗死较少。心和脑发生血栓性栓塞可导致严重的后果。

**2. 脂肪性栓塞**　是指脂肪滴进入血流并阻塞血管的过程。多见于长骨骨折、脂肪组织挫伤和脂肪肝挤压伤，此时脂肪细胞或脂变细胞破裂，释放出的脂滴经小静脉破裂口进入血流。此外，血脂过高也可在血液中形成脂肪滴。进入静脉的脂肪滴随血流运行可引起肺小静脉和毛细血管的栓塞；小脂滴也能通过肺泡壁毛细血管，经肺静脉和左心引起全身各器官的栓塞。肺少量脂肪栓塞时，脂肪栓子可被巨噬细胞吞噬而清除，一般对机体无明显影响。大量脂肪滴阻塞毛细血管则引起肺内循环血量减少，肺呈现水肿和出血，甚至导致急性右心衰竭。

**3. 气体性栓塞**　是指空气进入血液或溶解于血液内的气体迅速游离，在循环血液中形成气泡并阻塞血管。气体性栓塞多见于静脉破裂后空气的进入，或静脉注射不慎将空气带入血液。尤其是在前、后腔静脉内呈负压，气体易经其破裂口被吸入血流，形成气体栓子。少量气体进入血流后会溶解，一般不引起严重后果；若大量气体进入右心，随着心搏动，气体和血液搅拌混合，形成可压缩的泡沫状血液，并占据心腔不易排出，从而阻碍体循环静脉血回流到右心房和右心室向肺动脉输出血液，严重时导致急性心力衰竭使动物死亡。如果气体栓子进入肺动脉分支可造成肺的气体性栓塞。部分气泡通过肺泡壁毛细血管进入体循环，引起动脉系统分支的栓塞。

**4. 其他栓塞**　恶性肿瘤细胞侵蚀血管并进入血液随血流运行阻塞血管时，引起肿瘤细胞性栓塞，瘤细胞如在该部进一步增殖可形成转移瘤；某些寄生虫或虫卵进入血流可引起寄生虫性栓塞，例如圆形线虫幼虫、分体吸虫虫卵等，均可经门静脉血流进入肝形成栓塞；如感染病灶中的细菌团块或细菌与血栓性栓子混合物进入血流，则引起细菌性栓塞，细菌常常在栓塞部位繁殖形成新的感染灶，甚至引起败血症。

## 第五节　局部缺血

### (一) 概念和发生原因

由于动脉管腔狭窄或完全闭塞导致局部组织或器官血液供应不足或完全断绝，称为局部缺血 (ischemia)，又称局部贫血 (local anemia)。

引起缺血的主要原因是动脉痉挛、动脉管腔阻塞和动脉受到压迫。动脉在某些病因刺激下，可发生持续性痉挛，使局部组织发生缺血，当完全缺血时可引起梗死；血栓形成、栓塞、动脉血管炎等病因可导致动脉管腔狭窄甚至阻塞；动脉受到周围肿瘤、肿物或其他物体的压迫，也可引起狭窄或闭塞，造成缺血。

### (二) 病理变化

缺血的组织或器官因含血量减少，其红色减弱而呈现出原有色彩，如黏膜和皮肤缺血时呈苍白色，肺缺血时呈灰白色，肝缺血时呈褐色。缺血的组织体积变小，被膜因皱缩形成皱纹。在活体缺血的局部组织温度降低。

### (三) 结局和对机体的主要影响

局部缺血的结局和对机体的影响，取决于缺血发生的速度、严重程度、波及范围、持续时间、侧支循环状况以及组织对缺氧的耐受性。短暂轻度缺血，病因消除后可迅速恢复其机能；长期严重缺血则引起组织细胞萎缩、变性，甚至发展为梗死。机体各种组织对缺氧的耐受性不同，缺血对其影响也有较大差异，如皮肤、骨骼肌和结缔组织等对缺氧耐受性较强，而神经细胞对缺氧敏感。当局部组织器官缺血，而动脉血管的侧支循环难以建立时，常可引起梗死。

## 第六节 梗 死

### (一) 概念和发生原因

由于动脉血流断绝，局部组织或器官缺血而发生的坏死，称为梗死 (infarct)。

梗死的原因与局部缺血的原因是一致的。当动脉阻塞、动脉受压或动脉痉挛而引起动脉管腔闭塞时，如果在相应部位不能及时建立有效的侧支循环加以代偿，就会引起梗死。

### (二) 病理变化

梗死的基本病理变化是局部组织的坏死，因梗死发生的组织器官不同，其变化具有一定差异。

**1. 梗死灶的形状** 主要取决于该器官的血管分布。多数器官的血管呈锥形分布，故梗死灶呈锥形，如肾、脾和肺等器官的梗死灶多呈锥形，其切面呈扇面形或楔形，尖端位于动脉阻塞处，底部位于器官的表面 (图2-4)。心冠状动脉分支不规则，因而心肌梗死灶呈不规则形。肠系膜动脉分支呈扇形分布，故肠管的梗死灶呈节段状。

图2-4 肾梗死模式图

肾叶间动脉、弓形动脉和小叶间动脉阻塞 (左)，梗死灶大小不同 (右)

**2. 梗死灶的质地** 取决于坏死的类型。肾、脾、心肌等实质器官的梗死一般为凝固性坏死，梗死初期局部肿胀，略向表面隆起，以后随着水分减少而逐渐干燥、质硬、表面略下陷（二维码2-11）。镜检，见早期梗死灶的组织轮廓尚存在，细胞核浓缩、破碎或溶解，细胞质红染；后期则组织轮廓消失，细胞崩解呈颗粒状（二维码2-12）。中枢神经的梗死为液化性坏死，初期质地变软，以后逐渐溶解呈液状，即形成软化灶。

二维码2-11

**3. 梗死灶的颜色** 取决于含血量。含血量少颜色灰白，称为贫血性梗死（anemic infarct）或白色梗死（white infarct）。贫血性梗死多发生于血管吻合支少，组织结构较致密的实质器官，如肾、心肌等。这些器官的动脉分支闭塞时，由于侧支循环不充分，使相应部位缺血，红细胞含量减少，梗死灶内残留的红细胞溶解后，血红蛋白被吸收，其颜色变为灰白色。在梗死灶与正常组织之间常见暗红色充血、出血带，其中的红细胞被巨噬细胞吞噬后转变为含铁血黄素，后者呈黄褐色。如果梗死灶内含血量多，颜色暗红，称为出血性梗死（hemorrhagic infarct）或红色梗死（red infarct）。出血性梗死多发生于血管吻合支较多、组织结构疏松的器官，如肺、脾和肠道等，发生出血性梗死的器官常伴有明显的淤血过程。结构较疏松的组织，淤血时其组织间隙内可进入多量的漏出红细胞，当组织坏死而膨胀时，红细胞不能被挤出梗死灶外，梗死灶呈现红色，即出血性梗死。例如，肺梗死的发生除肺动脉分支阻塞外，还必须有肺严重的淤血过程。由于肺有肺动脉和支气管动脉双重血液供应，两者之间有丰富的吻合支，在肺循环正常的条件下，肺动脉分支栓塞不会引起梗死。但当肺高度淤血，肺静脉和毛细血管内压升高，使支气管动脉内压力难以克服肺静脉阻力时，则有效侧支循环不能建立，从而引起梗死。此时梗死灶淤积大量血液，红细胞漏出毛细血管进入肺泡腔和肺间质，梗死灶呈暗红色。脾梗死多见其边缘出现楔形、条索状的暗红色梗死灶。肠发生梗死时，梗死肠段也明显出血呈暗红色。

二维码2-12

**4. 梗死灶的大小** 与被阻塞动脉营养面积的大小相一致。较大的动脉被阻塞则梗死灶的范围大，而较小的动脉阻塞则梗死灶小。如肾发生的梗死，叶间动脉阻塞，梗死灶较大；阻塞发生在弓形动脉，梗死灶较小；小叶间动脉阻塞后引起的梗死灶更小。

### （三）结局和对机体的主要影响

**1. 结局** 较小的梗死灶，其中的坏死组织可被完全溶解吸收，缺损部分通过周围组织再生或肉芽组织增生而修复。较大的梗死灶，则不能被完全溶解吸收，常由增生的肉芽组织包裹，即形成包囊，其中的坏死组织也可发生钙化。脑脊髓梗死液化后常形成囊腔，其包囊由神经胶质细胞增生形成。出血性梗死灶内渗出的大量红细胞可被巨噬细胞吞噬后形成含铁血黄素，使局部增生的肉芽组织带黄褐色。

**2. 对机体的主要影响** 梗死对机体的影响取决于梗死灶的大小、发生部位和原因。一般器官的小梗死，通常对机体影响不大；如果梗死灶的范围较大而器官的代偿机能又不足，则会出现不同程度的功能障碍。心和脑是机体重要的组织器官，其梗死后常引起严重的机能障碍，甚至导致动物死亡。由细菌性栓塞引起的梗死，细菌在梗死灶组织中繁殖可形成新的感染灶。

（王凤龙）

# 第三章 弥散性血管内凝血

**内容提要** 弥散性血管内凝血（DIC）是一种全身性血液循环障碍。多种致病因素激活机体的凝血系统，产生大量凝血酶，机体处于高凝期，在微循环内形成广泛性微血栓。随后，由于凝血过程中消耗了大量凝血因子和血小板，同时又激活纤溶系统和其他抗凝机制，机体进入消耗性低凝期和继发性纤溶亢进期。发生DIC的动物导致出血、休克、多器官功能障碍、微血管病性溶血性贫血。DIC是引发动物传染性疾病急性死亡的重要原因之一。

## 第一节 弥散性血管内凝血的概念

在正常动物机体中，凝血系统、抗凝血系统和纤溶系统处于一种动态平衡状态，对于维持体内正常血流循环起着重要的作用。

弥散性血管内凝血（disseminated intravascular coagulation，DIC）是指在致病因素作用下，机体凝血系统被激活，在微循环中有大量微血栓或血小板团块形成；随后因凝血因子和血小板的大量消耗，使血液处于低凝状态，引起出血；最后由于激活纤溶系统和其他抗凝机制使纤维蛋白溶解，导致机体出现弥散性的微小出血。

微血栓（microthrombus）可发生于全身脏器，也可仅局限于某一器官的微循环内，多是由于全身血液处于高凝状态，在血液中有呈条束状的纤维蛋白形成并随血液流动，阻塞在微循环中所造成的。这实际上是纤维蛋白形成的一种栓塞，血管内皮一般并无损害。如果有微血管内皮损伤，则在损伤处引起微血栓形成。因此，DIC可起源于"栓塞"，也可起源于"血栓形成"，或两种情况同时存在。根据微血栓的组成成分，一般可分为3种：①透明血栓，主要由纤维蛋白构成（二维码3-1）；当混有少量细胞成分时呈半透明状（二维码3-2）；②血小板血栓，主要由血小板构成；③混合血栓，由纤维蛋白、血细胞和血小板构成。进行磷钨酸苏木素（phosphotungstic acid hematoxylin）染色时，微血栓呈紫色。

二维码 3-1

二维码 3-2

DIC不是一种独立性疾病，而是很多疾病发生过程中，凝血、抗凝血与纤溶机制的动态平衡遭到破坏所导致的一个病理过程；是一种在原发病基础上微血管内广泛的血栓形成，同时消耗了大量的凝血因子和血小板并伴以继发性纤溶为特征的获得性血栓-出血综合征。DIC在临床上主要表现为出血、休克、多器官系统功能障碍和微血管病性溶血性贫血。

## 第二节 DIC 的发生原因和机理

### （一）DIC 的发生原因

引起 DIC 的原发病很多，其中以感染、恶性肿瘤、产科疾病、广泛组织损伤较为多见（表 3-1）。

表 3-1 引起 DIC 的常见病因

| 分类 | 主要临床疾病或病理过程举例 |
| --- | --- |
| 传染病 | 猪瘟、猪丹毒、马传染性贫血、马立克病、鸡淋巴细胞性白血病 |
| 寄生虫病 | 牛泰勒虫病、猪附红细胞体病 |
| 产科病 | 难产、流产、羊水栓塞、宫内死胎 |
| 内科病 | 胃肠炎、急性肝炎、肝硬化、肾小球肾炎、急性心肌梗死 |
| 外科病 | 严重创伤、大面积挫伤或烧伤、大型手术 |
| 恶性肿瘤 | 转移性癌、肉瘤、淋巴瘤、恶性黑色素瘤、牛流行性白血病 |
| 其他 | 某些植物毒素或动物毒素、异型输血、缺氧、休克、酸中毒 |

### （二）DIC 的发生机理

DIC 发生、发展的机理十分复杂，许多方面至今仍未完全了解清楚。其关键是内源性和外源性凝血系统被激活，引起血管内凝血酶生成增加，导致血液凝固性增强。

**1. 血管内皮损伤** 机体在受到严重感染、创伤、内毒素血症、酸中毒、持续性缺血缺氧等因素作用时，血管内皮受到损伤，内皮下大量含负电荷的胶原纤维被暴露，与血液中无活性的凝血因子Ⅻ相接触，将其激活成为有活性的Ⅻa，从而启动内源性凝血系统，这种激活方式称为接触激活或固相激活。另外，凝血因子Ⅻ或Ⅻa 也可通过一些可溶性蛋白溶解酶（如激肽释放酶、纤溶酶、胰蛋白酶等）裂解成为几种大小和活性各不相同的碎片，称为凝血因子Ⅻf，Ⅻf 可使血浆中的激肽释放酶原激活成为激肽释放酶，激肽释放酶又将Ⅻ和Ⅻa 分解为Ⅻf，从而加速内源性凝血反应，这种激活方式称为酶性激活或液相激活。结果均使血液处于高凝状态。

**2. 组织损伤** 组织细胞损伤可释放组织因子（tissue factor，TF）。TF 也称为凝血因子Ⅲ，广泛存在于机体组织细胞中，以脑、肺、胎盘等组织的含量最为丰富。当机体组织或血管内皮受到损伤时，TF 从损伤细胞的内质网中释放进入血液，与血液中的凝血因子Ⅶ及 $Ca^{2+}$ 形成复合物，该复合物可使凝血因子Ⅹ活化为Ⅹa，从而启动外源性凝血系统。在临床上，严重创伤、大手术、烧伤、宫内死胎等均可促使 TF 大量进入血液循环，启动外源性凝血系统，这是 DIC 发生的重要途径之一。

**3. 血小板被激活** 血小板内含有丰富的促凝物质和血管活性物质，在 DIC 发生、发展的过程中起着重要的作用。由内毒素、抗原-抗体复合物等原因引起的血管内皮损伤，使胶原暴露，与血小板膜蛋白结合产生黏附作用，使血小板发生聚集。同时，血小板被激活释放出血小板第 3 因子（$PF_3$）、第 4 因子（$PF_4$）、第 2 因子（$PF_2$）等促凝物质，进一步促进血小板聚集，形成血栓。血小板内的血管活性物质如血栓素 $A_2$（thromboxane $A_2$，$TXA_2$）、ADP、5-羟色胺等可进一步激活血小板，形成聚合体，促进 DIC 的形成。

**4. 血细胞大量破坏**

（1）红细胞的破坏：当发生血型不合的输血等溶血性疾病时，造成红细胞大量破坏，释放出 ADP 和红细胞素。ADP 具有促进血小板聚集和释放 $PF_3$、$PF_4$ 的作用，可促进血栓形成。红细胞素是一种类似于 $PF_3$ 的促凝物质，可通过启动外源性凝血途径促进 DIC 形成。

（2）白细胞的破坏：白细胞中的单核细胞和中性粒细胞受到内毒素作用后，引起组织因子合成增加。而凝血因子Ⅶ和Ⅶa对内毒素激活的单核细胞具有较大的亲和力，当有 TF、因子Ⅶa 和 $Ca^{2+}$ 存在时，就能激活因子Ⅹ，从而触发凝血过程。

**5. 影响 DIC 发生、发展的诱因**

（1）单核-巨噬细胞系统功能受损：单核-巨噬细胞系统可清除血液循环中的凝血酶、组织因子、纤维蛋白原及其他促凝物质，也可清除纤溶酶、纤维蛋白降解产物（FDP）、内毒素等物质。所以该系统具有防止凝血并避免纤溶亢进的双重作用，如果其功能受到损害就会促进 DIC 的形成。例如，在内毒素引起的休克过程中，单核-巨噬细胞系统可能因为吞噬了大量坏死组织碎片、细菌或内毒素而使其功能减弱；严重的酮血症中，吞噬细胞因为吞噬大量的脂质而减弱其功能。在这些情况下，单核-巨噬细胞系统处于"封闭"状态，此时若有病因作用则易发生 DIC。

（2）肝功能障碍：肝能合成凝血因子Ⅰ、Ⅱ、Ⅴ、Ⅶ、Ⅷ、Ⅸ、Ⅹ 等，也能合成某些抗凝血物质，如抗凝血酶Ⅲ，还能将某些活化的凝血因子灭活，所以，肝是维持机体凝血、抗凝血和纤溶动态平衡的重要器官，肝功能障碍可促进 DIC 的发生。此外，肝细胞坏死可释放大量组织因子，启动外源性凝血系统；肝功能障碍引起解毒功能降低，某些毒素也能启动凝血过程，促进 DIC 的发生。

（3）纤溶系统功能障碍：过多使用6-氨基己酸、对羧基苄胺和氨甲环酸等抗纤溶药物时，纤溶酶的生成受到抑制，生成的纤维蛋白不能及时被清除，导致血栓形成，进而促进 DIC 的发生。

（4）血液高凝态：在某些生理或病理条件下，由于血液凝固性升高，造成有利于血栓形成的一种状态称为血液高凝态。

妊娠动物血液中血小板和凝血因子数量明显增加，而抗凝物质明显减少，机体表现为高凝血和低纤溶状态，这种状态随妊娠的发展会越来越严重。因此，当发生产科疾病时，极易诱发 DIC。

严重缺氧可引起机体发生酸中毒而损伤血管内皮细胞，启动凝血系统，这时肝素抗凝活性减弱，血小板聚集性增强，使血液处于高凝状态，可诱发 DIC 的发生。

（5）微循环障碍：休克等原因造成微循环严重障碍时，常有血细胞聚集性增强、血液淤滞甚至血液呈现淤泥状，局部被激活的凝血因子不易被清除；巨大血管瘤时毛细血管中血流极度缓慢，呈涡流状；微循环衰竭时，由于肝、肾等脏器处于低灌流状态，导致机体无法及时清除某些凝血或纤溶产物。这些因素都能促进 DIC 的发生和发展。

# 第三节 DIC 的分期和分型

## （一）DIC 的分期

根据 DIC 的发展过程和病理生理学特点，可分为以下3个时期。

**1. 高凝期（凝亢期）** 高凝期（hypercoagulable stage）指发病初期，由于各种病因作用，机体凝血系统被激活使凝血活性增高，各脏器微循环内出现不同程度的微血栓。临床检查症状常不明显，实验室检查可见凝血时间和血浆复钙时间缩短、血小板黏附性升高等。

**2. 消耗性低凝期（凝溶期）** 由于广泛的血管内凝血消耗了大量的凝血因子和血小板，使血液呈低凝状态并有出血现象发生，DIC 转入消耗性低凝期（consumptive hypocoagulable stage）。

此期以出血为主要症状，也可有休克或某些脏器功能障碍等临床表现。实验室检查可见血小板明显减少，凝血时间和血浆复钙时间明显延长，血浆纤维蛋白原含量降低等。

**3. 继发性纤溶亢进期**（凝衰期） 由于凝血系统激活、组织细胞损伤、纤维蛋白沉积等因素都能造成纤溶酶原激活物释放增多从而使纤溶酶生成增多，此时 DIC 的发展进入继发性纤溶亢进期（secondary hyperfibrinolytic stage）。纤溶酶可水解纤维蛋白、纤维蛋白原和其他一些凝血因子，形成纤维蛋白（原）降解产物（fibrinogen or fibrin degradation product，FDP），其具有强大的抗凝血作用，故本期血液凝固性更低，出血倾向更严重，常表现为严重的出血和渗血。实验室检查可见血小板、纤维蛋白原和其他凝血因子减少，纤溶酶原减少、凝血酶时间延长、FDP 增多和血浆鱼精蛋白副凝固试验（plasma protamin paracoagulation test，3P 试验）阳性（3P 试验是一种检测 FDP 的经典试验，原理是将鱼精蛋白加入血浆后，可与 FDP 结合，使血浆中原与 FDP 结合的纤维蛋白单体分离并彼此聚合、凝固，因这一凝固过程不需酶的参与，故称为副凝试验）。

### （二）DIC 的分型

**1. 按发生速度分型** 根据 DIC 的发生速度与临床经过，可分为急性型、亚急性型和慢性型。

（1）急性型：多见于严重的感染、创伤、休克、血型不合的输血等。由于大量促凝物质迅速入血，动物常在数小时至 1~2d 内发病。临床表现明显，以出血和休克为主，病情凶险，死亡率较高。

（2）亚急性型：多见于宫内死胎、急性白血病和恶性肿瘤转移等。促凝物质进入血液的速度较为缓慢，凝血物质虽有消耗但能得到部分补充，常在数天到数周内发病，病情发展较缓慢，出血不严重。

（3）慢性型：常见于恶性肿瘤、慢性溶血性疾病等。发病缓慢，病程可绵延数月，临床表现较轻或不明显。

**2. 按代偿情况分型** 在 DIC 发生、发展过程中，凝血因子和血小板不断被消耗，但同时存在一定的代偿性反应，如骨髓生成和释放血小板，肝产生纤维蛋白原和其他凝血因子等。根据凝血物质的消耗与代偿之间的关系，DIC 可分为失代偿型、代偿型和过度代偿型。

（1）失代偿型：主要见于急性型 DIC。凝血因子和血小板大量被消耗，机体来不及代偿。实验室检查可见纤维蛋白原含量明显降低，血小板计数明显减少，3P 试验阳性。

（2）代偿型：主要见于轻度 DIC。凝血因子和血小板的消耗量和生成量大致呈平衡状态，临床症状和实验室检查常无明显异常，可能有轻度出血或血栓形成的症状，诊断较为困难，故易被忽视，也可转化为失代偿型。

（3）过度代偿型：主要见于慢性型 DIC 或恢复期 DIC。一些凝血因子（纤维蛋白原、凝血因子 V、Ⅶ、Ⅷ、Ⅹ 等）经代偿后生成量大于消耗量，实验室检查纤维蛋白原等凝血因子暂时性升高，血小板计数减少不明显，出血及栓塞等临床症状也不明显。但若病因作用加强，也可转化为失代偿型。

## 第四节 DIC 对机体的主要影响

### （一）出血

出血是 DIC 最常见的表现之一，也是 DIC 诊断的一项重要依据。

**1. 临床特点**

（1）出血原因不能用原发病解释。

（2）发生率高，绝大部分 DIC 的发生以不同程度的出血为最初症状。

（3）出血形式多样，常表现为全身性出血倾向，尤其以皮肤、胃肠道、口腔、泌尿生殖道、创口等处最为常见，严重者多处大量出血，危及生命。

（4）普通止血药物治疗效果不佳。

**2. 发生机制**

（1）凝血物质大量消耗：在 DIC 发生、发展过程中，大量凝血因子和血小板被消耗，虽然肝和骨髓可以代偿性地生成增多，但是，如果肝和骨髓的生成量代偿不了消耗量，就会使凝血因子和血小板水平显著降低，使凝血功能障碍，导致出血。

（2）继发性纤溶功能增强：DIC 发生时，以下原因可使纤溶系统功能增强。

①当血液中凝血因子Ⅻ活化成为Ⅻa 时，激肽系统被激活产生激肽释放酶；激肽释放酶可以使纤溶酶原转化为纤溶酶，从而激活纤溶系统。

②子宫、前列腺、肺等组织器官中含有丰富的纤溶酶原激活物，当这些器官的微血管中形成大量微血栓时，可造成组织缺血、缺氧，引起变性、坏死，释放出大量的纤溶酶原激活物，从而激活纤溶系统。

③血管内皮细胞损伤时，纤溶酶原激活物释放增多，从而产生大量纤溶酶。纤溶酶能使纤维蛋白降解，还可以水解凝血因子Ⅴ、Ⅷ、Ⅻa 及凝血酶等。

（3）FDP 的形成：纤溶酶生成之后，可将纤维蛋白（原）水解，所产生的各种片段统称为纤维蛋白（原）降解产物（FDP）。FDP 具有强大的抗凝血作用。如片段 X、Y、D 能妨碍纤维蛋白单体聚合；片段 Y、E 具有抗凝血酶作用；大部分的片段还能和血小板膜结合，降低血小板的黏附、聚集和释放等功能。因此，纤溶系统的激活和 FDP 的形成是 DIC 患畜出血倾向进一步加重的一个重要原因。

（4）血管壁损伤：在 DIC 发生、发展过程中，各种病因引起的缺氧、酸中毒以及释放的细胞因子和自由基等，均可以造成血管壁损伤，引起出血。此外，由于 FDP、激肽等物质可以增强血管壁的通透性，从而使出血更加严重。

### （二）休克

DIC 与休克常互为因果，形成恶性循环。DIC 引起休克发生的主要机理有以下几个方面。

（1）机体发生 DIC 时，由于大量微血栓或血小板团块阻塞了微循环，特别是肺和肝的微循环被广泛阻塞，可造成严重淤血，使肺动脉压、门静脉压升高，从而导致回心血量大为减少。

（2）DIC 发生、发展过程中，凝血因子Ⅻ激活后，可以进一步激活激肽系统、补体系统和纤溶系统，从而产生激肽、某些补体成分（如 $C_{3a}$、$C_{5a}$ 等）和 FDP 等物质，其中 $C_{3a}$、$C_{5a}$ 可使嗜碱性粒细胞和肥大细胞脱颗粒并释放组胺。组胺和激肽能使微血管平滑肌舒张，通透性增强，这样使外周阻力降低，回心血量减少；FDP 还能加强这种作用。

（3）DIC 引起的广泛出血可造成血容量减少，导致急性循环衰竭，轻者表现为血压降低，重者则会引起失血性休克。

（4）纤溶过程中形成的纤维蛋白多肽 A 和多肽 B 能使肺血管收缩，增加右心负荷；心发生 DIC 时严重影响心肌的收缩力，可引起心源性休克。

（5）引起 DIC 的一些原发病可直接引起休克，如内毒素血症、严重烧伤等。

### （三）多器官系统功能障碍

DIC 发生时，由于微血栓的形成并阻塞微血管，造成脏器微循环血液灌流障碍，严重者因缺血坏死而导致功能衰竭。如肺内广泛微血栓形成，可引起肺淤血、出血、水肿甚至肺萎陷，出现呼吸困难、发绀和低氧血症等呼吸功能衰竭的症状；肾内广泛微血栓可引起两侧肾皮质坏死，导致急性肾衰竭，出现少尿、血尿和蛋白尿等临床症状；胃肠道黏膜及黏膜下小血管微血栓形成，可引起局部胃肠组织溃疡和缺血性坏死，出现呕吐、腹泻和消化道出血等症状；心微血栓可导致心功能障碍，表现为心肌收缩力减弱，心输出量降低；肝内微血栓形成可引起门静脉高压和肝功能障碍，出现消化道淤血、水肿，还可见黄疸等其他相关症状；神经系统病变则出现嗜睡、昏迷、惊厥等非特异性症状，这可能是因为脑组织淤血、充血、水肿、颅内压升高所致。

### （四）微血管病性溶血性贫血

DIC 发生时可出现一种特殊类型的贫血，称为微血管病性溶血性贫血（microangiopathic hemolytic anemia，MHA）。其特征是在血液涂片中可见到一些特殊的、形态各异的红细胞，称为裂体细胞（schistocyte）。裂体细胞外形呈新月形、盔形、星形等，其脆性高，极易破裂溶血。引起 MHA 的发生机理主要有以下几方面。

（1）微血管内有纤维蛋白性微血栓形成，纤维蛋白呈网状。当血流中的红细胞流过网孔时，可黏着、滞留或挂在网状的纤维蛋白丝上，随后受到血流的不断冲击而破裂。

（2）缺氧、酸中毒等病因使红细胞变形能力降低，在这种情况下，红细胞通过纤维蛋白网时更易受到机械性损伤。

（3）微血管内有纤维蛋白性微血栓形成，造成血流障碍，红细胞有可能通过毛细血管内皮间隙被挤压出血管之外，这种机械作用可能使红细胞扭曲、变形甚至破裂。

患病动物发生微血管病性溶血性贫血时，常表现出发热、黄疸、血红蛋白尿、少尿等溶血症状，以及皮肤黏膜苍白、无力等贫血症状。

（杨鸣琦）

# 第四章 休 克

**内容提要** 休克是机体一种危重的全身性血液循环障碍,以组织器官的微循环血液灌流量不足为特征。引起微循环灌流量减少的基本发病环节是微循环灌流压降低和微循环阻力增加。近年来休克发生的分子机制研究取得长足进展。休克可分为3期,即微循环缺血期(微循环改变特点是"少灌或无灌")、微循环淤血期(微循环改变特点是"灌大于流")、微循环凝血期(微循环改变特点是"大量微血栓形成")。休克可导致代谢障碍和主要器官功能障碍。

## 第一节 休克的概念、发生原因及分类

### (一) 休克的概念

休克(shock)是指机体在受到各种有害因子(如严重失血失液、感染、创伤等)作用下,所引起的以有效循环血量急剧减少、组织器官血液灌流严重不足为特征,并由此而导致生命重要器官和细胞功能代谢障碍及其结构损害的全身性病理过程。

休克动物的临床主要表现为:心跳加快、脉搏细弱和/或血压下降、可视黏膜苍白、皮肤湿冷、尿量减少或无尿、反应迟钝、甚至昏迷。

休克是英语shock的音译,原意为震荡或打击。人类对休克本质的认识不断深化,从最初的症状描述,到20世纪初认为是急性循环紊乱所致,而20世纪60年代以来创立的微循环学说以及在细胞分子水平开展的研究,将休克发生机理的研究带入了一个崭新阶段。但各型休克尤其是败血症性休克的发生机制,还存在许多有待阐明的问题。

### (二) 休克的发生原因

引起休克的原因很多,临床上常见的有以下几种。

**1. 血液和体液的丢失**

(1) 血液丢失:各种原因如外伤、胃溃疡、产科疾病所致的大失血(blood loss)等,均可引起失血性休克。一般在快速、大量(超过总血量的1/3以上)失血,又得不到及时补充时,易发生休克。当失血量超过总血量的1/2时,则往往导致动物死亡。

(2) 体液丢失:剧烈呕吐和腹泻、肠阻塞、大汗等均可引起大量体液丧失(fluid loss),导致有效循环血量锐减,曾称为虚脱(collapse),现在认为虚脱与失血性休克的本质和表现相似,都是由于低血容量所致。

**2. 严重创伤** 创伤严重或创伤面积较大时往往伴发休克，特别是当合并一定量失血或伤及生命重要器官时更易引发休克。

**3. 大面积烧伤** 严重的大面积烧伤，因血浆大量渗出，易并发休克。烧伤引起的休克早期与疼痛及低血容量有关，晚期可因继发感染而发展为败血症性休克。

**4. 感染** 革兰阴性菌、革兰阳性菌、立克次体、病毒及真菌等严重感染时，均可引起感染性休克。革兰阴性菌感染引起的休克，细菌内毒素起重要作用。静脉注入内毒素引起的休克，称为内毒素性休克。感染性休克常常伴有败血症，故又称败血症性休克。

**5. 心脏疾病** 心肌大面积急性梗死、急性心肌炎、急性心包填塞和严重心律失常等，均可因心脏输出量急剧减少而导致休克。

**6. 过敏** 有些变应原（如药物、血清制品或疫苗等）作用于某些个体可引起以小动脉和小静脉扩张、毛细血管通透性增高为主要病理特征的过敏性休克。此型休克属Ⅰ型变态反应，发生机理与肥大细胞、嗜碱性粒细胞脱颗粒有关。

**7. 强烈的神经刺激** 当剧烈疼痛、脊髓损伤时，由于血管运动中枢抑制，血管扩张，外周阻力下降，循环血量相对不足，可导致神经源性休克（neurogenic shock）。

### （三）休克的分类

**1. 按休克发生的原因分类** 根据引起休克的原始病因，可将休克分为：失血性休克（hemorrhagic shock）、创伤性休克（traumatic shock）、烧伤性休克（burn shock）、感染性休克（infectious shock）[包括内毒素性休克（endotoxic shock）和败血症性休克（septic shock）]、过敏性休克（anaphylactic shock）等。

**2. 按休克发生的始动环节分类** 根据引起休克的始动环节，可将休克分为以下三类。

（1）低血容量性休克（hypovolemic shock）：该型休克的始动发病环节是血液总量减少。常见于各种大失血及大量体液丧失，如大面积烧伤所致的血浆大量丧失，大量出汗及严重腹泻或呕吐等所引起的大量体液丧失，均可使血容量急剧减少而导致低血容量性休克。

（2）心源性休克（cardiogenic shock）：其始动发病环节是心脏输出量的急剧减少。常见于急性心肌梗死、弥散性心肌炎、严重的心律失常、急性心包填塞等。

（3）血管源性休克（vasogenic shock）：始动发病环节是外周血管（主要是微血管）扩张而致的血管容量扩大。特点是血容量和心脏泵功能基本正常，但由于外周小血管广泛性异常扩张和血管床扩大，使大量血液淤积在微血管中而导致回心血量显著减少。过敏性和神经源性休克属于此型。

## 第二节 休克的发生机制及其发生、发展过程

### （一）休克的发生机制

对休克的发生机制曾提出过多种学说，如神经机制学说、体液机制学说、细胞分子机制学说等。20世纪60年代，美国学者Lillehei等提出了休克的微循环障碍学说，认为休克是以急性微循环障碍为主的综合征，休克时交感-肾上腺髓质系统功能不是降低，而是强烈兴奋，儿茶酚胺合成及释放增加，外周阻力并非降低而是增高，导致组织器官血液灌流严重不足和细胞功能紊乱。

**1. 休克发生的微循环机制** 微循环（microcirculation）（图4-1）是指微动脉与微静脉之间的微血管的血液循环，是血液与组织进行物质交换的基本结构和功能单位，主要受神经体液的调节。典型的微循环包括：微动脉、后微动脉、毛细血管前括约肌、真毛细血管、微静脉和

小静脉，有的在微动脉和小静脉之间存在动静脉吻合支，后者的平滑肌受交感神经支配，以β受体占优势，通常一般不开放，无血液通过。微动脉、微静脉和小静脉的平滑肌也受交感神经支配，但以α受体占优势（骨骼肌和心脏的微血管平滑肌以β受体为主），故交感神经兴奋、儿茶酚胺、血管紧张素等使其收缩；组胺、激肽等使其舒张（有报道，组胺使肺微动脉和小静脉收缩）。后微动脉和毛细血管前括约肌只受体液因素调节，肾上腺素、去甲肾上腺素、血管紧张素使其收缩；组胺、激肽和局部代谢产物（如乳酸、腺苷等）使其舒张。真毛细血管的开放则由局部血管活性物质调节。

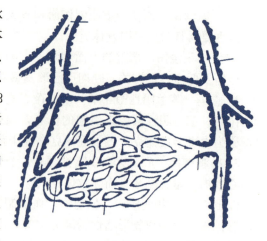

图 4-1 微循环结构模式图
1. 小动脉 2. 微动脉 3. 后微动脉
4. 毛细血管前括约肌 5. 真毛细血管
6. 微静脉 7. 小静脉 8. 动静脉吻合支
（引自潘世宬，休克，1982）

目前认为，虽然不同类型的休克，其发生原因和始动环节各异，但微循环障碍是各型休克发生发展的共同基础。按微循环障碍学说的观点，休克是有效循环血量减少所致的生命重要器官组织血液灌流严重不足和细胞功能代谢紊乱的病理过程。休克时，微循环灌流减少主要与微循环灌流压降低、微循环阻力增大或动静脉吻合支大量开放有关。

（1）微循环灌流压降低：微循环灌流压取决于有效循环血量和外周血管阻力。有效循环血量与血液总量和心输出量有关。因此，血液总量急剧减少，心输出量显著降低，血管容量明显增大均可引起微循环灌流量减少。

①血液总量减少：此为低血容量性休克发生的始动环节。如大失血或体液大量丧失时，由于血液总量急剧减少，有效循环血量下降，微循环灌流压降低，致使微循环灌流量减少，从而导致休克。

②心输出量降低：这是心源性休克发生的始动环节。如急性心肌炎，由于心肌收缩力减弱，心输出量急剧下降，有效循环血量减少，微循环灌流压降低。又如心包大量积液或严重心动过速时，由于心舒张受到限制或舒张期缩短，心输出量急剧降低，也可引起有效循环血量减少，导致休克。

③血管容量增大：为过敏性、神经性及某些感染性休克发生的始动环节，也是其他类型休克发展过程中的一个重要环节。如过敏性或感染性休克时，由于扩血管物质（如组胺、激肽等）增多，或因血管运动中枢抑制，血管紧张性降低，血管容量扩大，血量与血管容量比例失常，血管阻力降低，有效循环血量减少，从而发生休克。

内源性阿片样物质在休克发生中的作用受到重视。实验证明，休克时血液和脑组织中内源性阿片样物质增加，后者可经植物神经系统使血管紧张性下降，血压降低，使微循环灌流减少。给内毒素性和失血性休克动物注射纳洛酮（naloxone，阿片样物质阻断剂），可使血压回升；如若预先给动物注射纳洛酮，则可阻止内毒素性休克的发生。

（2）微循环阻力增大：微循环灌流量与血流阻力成反比，血流阻力越大，通过微循环的血量越少。微循环阻力由毛细血管前阻力和毛细血管后阻力组成。前者影响"灌"，而后者则影响"流"。只有"灌"与"流"协调一致，才能保证微循环和静脉回心血量的正常运行。当毛细血管阻力增大以及血液流变性改变时，均可导致微循环灌流量减少。

①毛细血管前阻力增大：毛细血管前阻力主要由小动脉、微动脉、后微动脉和毛细血管前

括约肌（统称为前阻力血管）的紧张性所构成。当血液总量减少和心肌收缩力降低时，心输出量减少，不仅使微循环灌流压降低，直接导致灌流量减少，而且可引起交感-肾上腺髓质兴奋，使小动脉、微动脉等前阻力血管收缩，毛细血管前阻力增加，引起微循环灌流量减少。此外，血管紧张素Ⅱ、血栓素 $A_2$（$TXA_2$）也具有强烈的缩血管作用。内毒素性休克的发生，与其引起交感神经兴奋使毛细血管前阻力血管收缩密切相关。

②毛细血管后阻力增大：毛细血管后阻力是由微静脉和小静脉（统称为后阻力血管）的紧张性所构成。交感神经兴奋和肾上腺髓质分泌增多，可使后阻力血管收缩，后阻力增加，致使血液淤积在微循环内，静脉回心血量减少。此外，DIC 时，在微静脉和小静脉内形成微血栓，也可导致毛细血管后阻力增加。

③血液流变性改变：病理情况下，如严重烧伤、创伤、感染等时，由于血细胞与血管壁和血细胞之间的黏附性加强，红细胞变形性降低，白细胞附壁和嵌塞，血小板黏附和聚集，血液浓缩，血液黏度增大等，致使血流阻力增加，血流缓慢，也可引起微循环灌流量减少。

综上所述，在休克发生、发展过程中，微循环灌流压降低和微循环阻力增大，是导致微循环灌流量减少的两个基本发病环节。

**2. 休克发生的细胞分子机制** 休克发生的细胞分子机制十分复杂，许多问题迄今尚未阐明。现根据已有的研究资料，仅从细胞损伤、炎症介质释放及细胞内信号转导通路活化三个方面做一简述。

（1）细胞损伤：休克时的细胞损伤，可以是微循环障碍所致的继发性变化，也可以是在微循环障碍之前或无血流变化情况下，由某些休克原始动因直接作用于细胞所引起的原发性改变。细胞损伤在休克发病学中具有重要作用。

①细胞膜的变化：缺氧、ATP 减少、$H^+$ 浓度升高、溶酶体酶释放、补体激活、自由基引起脂质过氧化以及内毒素的作用等，均可引起细胞膜的损伤。细胞膜损伤时，引起膜上离子泵功能障碍，膜通透性升高，离子平衡失调。细胞内 $Na^+$、$H_2O$、$Ca^{2+}$ 增多，引起细胞肿胀，是休克时最早出现的细胞功能紊乱之一。

②线粒体的变化：多种病因（缺氧、酸中毒、溶酶体酶释放、线粒体内 $Ca^{2+}$ 和游离脂肪酸增多、自由基对线粒体膜磷脂的脂质过氧化等），均可导致线粒体功能和结构改变。线粒体功能的改变，主要表现为线粒体呼吸功能抑制、线粒体酶活性降低和离子调节功能障碍，氧化磷酸化生成 ATP 的能力降低和能量储备减少。线粒体形态结构的改变，主要表现为线粒体肿胀、基质稀疏、嵴断裂或消失及外膜破裂。线粒体的破坏，预示细胞的死亡。细胞死亡是休克时细胞损伤的严重表现，也是生命重要器官功能衰竭的病理生理学基础。

③溶酶体的变化：由于缺氧、酸中毒、自由基对膜脂质的过氧化作用，以及某些休克原始动因如内毒素的直接作用，可引起溶酶体肿胀，溶酶体膜通透性增强，造成溶酶体的酶释放。溶酶体酶漏出进入细胞质，引起细胞自溶、死亡。另外，溶酶体酶进入血液循环后，不但能使微血管收缩，还可破坏血管平滑肌，消化基底膜，增强血管通透性，加重休克的微循环障碍，导致组织细胞损伤及多器官功能障碍，故在休克发生、发展中有重要作用。

（2）炎症介质释放：各种感染和非感染性因子在引起休克的同时，常可导致炎症反应，造成各种炎症介质的大量产生和释放。其中促炎介质有 TNF-α、IL-1、IL-2、IL-6、IL-8、IFN、LTs、PAF、TF、$TXA_2$ 等；抑炎介质有 IL-4、IL-10、IL-13、NO、$PGE_2$、$PGI_2$、脂氧素（lipoxin）、膜联蛋白-1（annexin-1）等。这两类介质在休克发生、发展的不同环节上相互作用、相互颉颃，形成复杂的调控网络。其中进入循环的炎症介质，可直接损伤血管内皮细胞，使血管通透性升高，引起血栓形成，损伤血管壁，对组织器官造成严重损伤，引发多器官功能障碍。

（3）细胞内信号转导通路激活：各种休克的原始病因，尤其是感染、创伤、缺血等，可通过不同方式，引起细胞内某些信号转导通路活化，例如丝裂原活化蛋白激酶信号通路、核因子-κB（nuclear factor-kappa B，NF - κB）信号转导通路的激活，引起炎症介质的表达和释放。目前认为，细胞内某些信号转导通路的激活，是休克发生的重要环节。但信号转导通路的激活在休克发生、发展过程中的详细机制还有待深入探讨。

（二）休克的发生、发展过程

根据休克时微循环的变化规律，可将休克的发生、发展过程人为地分为以下3期。

**1. 微循环缺血期**（microcirculatory ischemic stage） 是休克发展的早期阶段，又称为代偿期（compensatory stage）。不同原因引起的休克，其始动环节也不同，但机体的敏感性基本上是一致的，均可引起交感-肾上腺髓质系统的强烈兴奋，儿茶酚胺（catecholamines）分泌和释放增加。有研究报道，失血性休克动物血液中儿茶酚胺含量比正常动物高10～100倍。交感-肾上腺髓质系统兴奋、儿茶酚胺分泌增多，使血管外周总阻力增高和心输出量增加。但是，不同组织器官对儿茶酚胺的敏感性不同。脑血管含交感缩血管纤维较少，且α受体密度较稀；心的冠状动脉虽受α受体和β受体双重支配，但交感神经兴奋时，心活动加强，代谢水平提高及扩血管代谢产物增多，因此，交感-肾上腺髓质系统兴奋时，脑血管并不收缩，心冠状血管反而舒张。而皮肤、腹腔内脏器官的血管因富含交感缩血管纤维，且α受体占优势，因此，当交感神经兴奋、儿茶酚胺分泌增多时，皮肤和腹腔内脏器官的微动脉、后微动脉、毛细血管前括约肌、微静脉和小静脉均发生收缩，其中微动脉的交感缩血管纤维分布最密，毛细血管前括约肌对儿茶酚胺的敏感性最强，故两者收缩最为明显，结果毛细血管前阻力明显升高，微循环灌流量急剧减少，导致微循环呈现缺血现象。此外，交感神经兴奋和血容量的减少，还可激活肾素-血管紧张素-醛固酮系统，血管紧张素Ⅱ具有较强的缩血管作用；大量儿茶酚胺还可刺激血小板，使其释放$TXA_2$增多，而$TXA_2$也具有强烈的缩血管作用。这些缩血管物质的释放，引起血管外周总阻力升高，结果微循环灌流量急剧下降，开放的真毛细血管数量明显减少，毛细血管血压显著降低，血液经直捷通路和开放的真毛细血管缓慢流动，组织因而处于严重的缺血缺氧状态。同时，由于β受体受刺激，在某些器官中还可出现动静脉吻合支的大量开放，部分动脉血绕过毛细血管网直接流入微静脉，因而进一步加重组织的缺血缺氧。

微循环的上述变化也具有一定的代偿意义，主要表现在以下两个方面。

（1）增加回心血量和维持动脉血压：此期休克动物的动脉血压不降低，甚至略有升高。由于儿茶酚胺等缩血管物质的大量释放，微静脉和小静脉等血管发生收缩，从而使回心血量快速增加，即"自我输血"；由于儿茶酚胺还能兴奋β受体，使动静脉吻合支开放，动脉血可直接流入静脉，也可使回心血量增加；又由于毛细血管前阻力明显升高，毛细血管内流体静压降低，组织液进入毛细血管内增多，从而回心血量也增多。同时，交感神经兴奋和儿茶酚胺分泌增多，可使心率加快，心肌收缩力加强，心输出量增加。此外，交感神经兴奋时，由于肾小动脉痉挛，刺激肾小球旁器，引起肾素分泌增多，肾素-血管紧张素-醛固酮系统活性增强，致使$Na^+$、$H_2O$在体内潴留；血容量减少或有效循环血量降低时，也可刺激肾小球旁器或通过容量感受器，引起醛固酮和抗利尿激素分泌增多，又可使肾小管重吸收$Na^+$、$H_2O$增多。上述各种变化均有利于循环血量的恢复和动脉血压的维持。

（2）维持生命重要器官心、脑的血液供应：如前所述，本期内脑血管不发生收缩，而心冠状动脉不但不收缩反而舒张，同时动脉血压不下降或略有升高，故在全身循环血量减少的情况下，心、脑的血液供应基本上得到保证。显然，血液的重新分布，具有十分重要的代偿意义。

由于微循环缺血、组织缺氧及抗休克的代偿性反应，此期动物临床主要表现为：可视黏膜苍白，皮肤湿冷，尿量减少，心跳快而有力，血压正常或略有升高。

**2. 微循环淤血期**（microcirculatory stagnant stage） 是休克的中期阶段，又称为失代偿

期（decompensatory stage）。休克初期如未能进行及时正确的治疗，由于交感-肾上腺髓质系统持续兴奋，故血液中儿茶酚胺持续处于高水平，肝、肠、肺等内脏器官和皮肤等部位的小动脉、小静脉、微动脉、微静脉及毛细血管前括约肌，因持续性收缩或痉挛而处于越来越严重的缺血缺氧状态。这些部位细胞中糖的有氧氧化过程发生障碍，而无氧酵解过程增强，乳酸等酸性代谢产物在局部增多，引起酸中毒。动脉和静脉对酸性环境的耐受性不同。微动脉和毛细血管前括约肌对酸性环境的耐受性较差，因而对血液中儿茶酚胺等缩血管物质的反应降低，并开始舒张，毛细血管前阻力降低，微循环灌注量增多；而微静脉、小静脉对酸性环境的耐受性较强，继续保持对儿茶酚胺等缩血管物质的反应能力，故仍处于收缩状态或扩张不明显。同时，在血流缓慢的后阻力血管内出现红细胞聚集、白细胞附壁黏着，使毛细血管后阻力仍处于高水平，导致微循环血液流出受阻。以上结果使微循环处于灌大于流的状态，大量血液淤积在毛细血管中，从而出现微循环淤血。

此时，由于毛细血管前阻力降低，而后阻力增高，微血管内血液含量增多，有效循环血量及微循环灌流量减少；毛细血管内的淤血使毛细血管的流体静压增高，又由于组织细胞的严重缺氧和酸性代谢产物积聚，使微血管周围的肥大细胞释放组胺等血管活性物质，从而增加了毛细血管壁的通透性，于是大量血浆外渗。一方面使回心血量和心输出量显著减少，另一方面使血液浓缩，黏滞性增大，血流变慢，因而更进一步加重微循环障碍。组织严重缺氧和酸中毒，还能降低细胞溶酶体膜的稳定性，使其释放溶酶体酶类，引起细胞溶解和坏死，并可分解蛋白质形成激肽类物质，促进小血管舒张，加重微循环障碍。缺血缺氧和酸中毒，可使胰腺外分泌细胞的溶酶体破裂而释放出酶类（如 β-葡萄糖醛酸酶、组织蛋白酶等），这些酶作用于 $\alpha_2$ 球蛋白产生一种低分子肽，称为心肌抑制因子（myocardial depressant factor，MDF），可降低心肌收缩力，使心输出量、有效循环血量减少。

总之，微循环淤血导致酸中毒，而酸中毒又可加重微循环淤血，二者互为因果，使休克不断恶化。此外，在内毒素性、失血性、创伤性、脊髓性休克时，血流中内啡肽（endorphin）明显增加，对心血管系统产生抑制作用，心肌收缩力减弱，心率减慢，血管扩张和血压降低，因此认为内源性内啡肽在休克发生中可能具有重要作用。内毒素还可使凝血因子Ⅻ激活，活化的因子Ⅻ除启动凝血系统外，还可激活激肽释放酶原形成激肽释放酶，进而使激肽原变成激肽，激肽类有较强的扩张小血管和增加毛细血管壁通透性的作用；内毒素还能使中性粒细胞释放扩血管的多肽类活性物质，这些血管活性物质均可导致或加重微循环淤血。

由于微循环淤血、组织缺氧和酸中毒，此期动物临床主要表现为：可视黏膜发绀，皮温下降，心跳快而弱，血压降低，静脉萎陷，少尿或无尿，精神沉郁，甚至昏迷。

**3. 微循环凝血期**（microcirculatory coagulation stage） 是休克的后期阶段，又称为难治期（refractory stage），以微循环内广泛性 DIC 形成为标志。由于持续的微循环淤血，组织严重缺氧和酸中毒，可引起微静脉和小静脉麻痹和扩张，对血管活性物质的反应性降低，甚至丧失。微循环中血液浓缩，红细胞压积和纤维蛋白原浓度增加，血细胞聚集，血液黏滞性增高，血流速度显著变慢，血小板和红细胞易于聚集形成团块，有利于 DIC 的发生。缺氧和酸中毒进一步加重，使毛细血管内皮损伤，内皮细胞下胶原暴露，从而激活内源性凝血系统加速凝血过程，引起微血栓形成。由于组织缺氧、感染、内毒素、组胺释放以及补体系统被激活等因素，可促使血小板产生和释放 $TXA_2$ 增多；同时因血管内皮损伤，内皮细胞生成和释放前列环素（$PGI_2$）减少，结果 $TXA_2 - PGI_2$ 平衡失调，而促进血小板聚集和 DIC 的形成。

此期已进入休克的不可逆阶段，动物的临床表现为：心、脑血液供应发生障碍，机能出现严重紊乱，如倒地昏迷，血压明显下降、出血、贫血、甚至死亡。

休克的类型不同，DIC 形成的时间也不尽相同，如创伤性、烧伤性休克时，由于大量组织被破坏，感染性休克由于内毒素对血管内皮的直接损伤，因而 DIC 的发生较早；而失血性休克等则 DIC 发生较晚。休克过程中一旦发生 DIC，将促使病情恶化，并对微循环和各器官功能及预后产生严重的不良影响。

应当指出，休克发展的 3 个时期，既有区别又相互联系、交叉，在兽医临床实践中应根据实际情况做具体分析。

## 第三节　休克对机体的主要影响

### （一）代谢障碍

**1. 物质代谢的变化**　休克时，由于缺血、缺氧，糖的有氧代谢障碍，ATP 生成显著减少；糖无氧酵解过程增强，酸性产物生成明显增多；蛋白质、脂肪分解作用加强，血中非蛋白氮和脂肪酸含量增加。

**2. 水、电解质代谢异常**　休克时由于 ATP 生成不足，细胞膜上 $Na^+$-$K^+$-ATP 酶功能失调，造成细胞内 $Na^+$ 含量增加，而细胞外 $K^+$ 浓度则增高，因此导致细胞水肿和高钾血症。严重的高钾血症可引起心搏骤停。

**3. 酸碱平衡紊乱**　休克时由于物质代谢改变，使丙酮酸、乳酸、游离脂肪酸、氨基酸生成增加，而肝摄取转化酸性物质的能力下降，加之血液循环障碍，酸性物质及 $CO_2$ 排除减少，从而引发酸中毒。

### （二）主要器官功能障碍

**1. 心功能变化**　心功能不全是心源性休克的始动环节，其他类型休克的后期也常伴有心功能不全。休克时引起心功能不全的原因和机制主要有以下几方面。

（1）心肌缺血缺氧：休克时由于血压降低，可使冠状动脉血流量减少，造成心肌供血不足；休克时心率过快或心律失常，使心舒张期明显缩短，影响冠状动脉血液充盈；随着休克的发展，其他器官微循环障碍加重，有效循环血量及回心血量减少，冠状动脉血流量进一步减少，致使心肌缺血缺氧。

（2）心肌代谢障碍：由于心肌缺血缺氧，氧化磷酸化过程受阻，ATP 生成障碍，致使心肌收缩功能降低；由于缺氧，酸性代谢产物增多，引起代谢性酸中毒，酸中毒可抑制心肌线粒体酶类活性，加重代谢障碍；ATP 减少及酸中毒，导致心肌细胞膜 $Na^+$-$K^+$-ATP 酶活性降低，细胞内 $K^+$ 外移致高钾血症，心肌收缩力减弱；严重缺氧和酸中毒可导致溶酶体膜裂解，大量蛋白水解酶释放，引起心肌细胞溶解和坏死；心肌细胞代谢严重障碍时，由于酶类（如肉毒碱-软脂酰转移酶）活性降低，游离脂肪酸不能进入线粒体内氧化而积聚在心肌细胞内，严重影响心肌的活动，从而导致心功能不全。

（3）心肌抑制因子的作用：休克时因缺血、缺氧，胰腺外分泌细胞的溶酶体破裂而释放出一些酶，作用于 $\alpha_2$ 球蛋白产生心肌抑制因子（myocardial depressant factor, MDF），可促进心功能不全的发生。

（4）细菌毒素对心肌的抑制作用：感染性休克时，某些细菌毒素（如革兰阳性菌的外毒素、革兰阴性菌的内毒素）对心肌有直接的抑制作用，可促进心功能不全的发生。

**2. 肾功能变化**　肾脏是休克时血流量改变最显著的器官。休克时，尿量的改变常是临床观察患病动物病情的一个重要指标。休克早期肾小动脉强烈收缩，肾血流量下降，尿量减少，随病情继续发展，休克后期可因急性肾功能不全而呈现无尿。

休克时急性肾功能不全的发生机制，目前认为主要与肾皮质缺血而引起的肾小球滤过率显著降低有关。休克时由于交感-肾上腺髓质系统兴奋，入球小动脉收缩，肾小球血流量减少，肾小球毛细血管动脉压下降，滤过率降低，导致肾功能不全；肾血流减少，促进肾素释放，肾素使血管紧张素原转变为血管紧张素Ⅰ，后者在转化酶的作用下生成血管紧张素Ⅱ，使入球动脉收缩，从而引起肾小球滤过率降低；血容量减少，又可促进抗利尿激素（ADH）分泌，使尿液形成减少，从而促进肾功能不全的发生。随着休克的发展，血压逐渐降低，也是引起肾小球滤过压降低的因素之一。休克后期，由于缺血缺氧或内毒素等因素的作用，使肾小球毛细血管内皮细胞受损和肾小管上皮细胞变性、坏死，常可引发DIC形成和肾小管上皮脱落及其管型阻塞，均可加重肾功能不全。

**3. 肺功能变化** 休克时可出现急性肺功能不全，又称休克肺（shock lung）。表现为肺通气和换气障碍，动脉血氧分压降低。休克肺是休克致死的重要原因之一。肺脏病变的特点是：肺淤血、水肿、局部肺不张、微血栓及肺泡内透明膜形成等。透明膜（hyaline membrane）是指从毛细血管逸出并在肺泡表面凝固的蛋白质和类脂质构成的一层薄膜。

关于休克肺的发生机制尚不完全清楚，一般认为主要与肺微循环障碍和肺泡表面活性物质减少有关。

（1）肺微循环障碍：休克时，由于交感-肾上腺髓质系统兴奋和血管活性物质（如5-羟色胺、组胺等）增多，以及肺微血栓形成或肺微血管栓塞，可使肺微循环发生障碍；组胺、5-羟色胺等可使肺小静脉收缩和小血管通透性增高，从而引起肺毛细血管流体静压升高、肺淤血、水肿和透明膜形成，均可使肺泡的通气和换气过程发生障碍。此外，肺泡毛细血管缺氧还可使肺泡Ⅰ型上皮细胞和毛细血管内皮细胞肿胀，使肺泡壁增厚，从而影响气体交换。

（2）肺泡表面活性物质减少：正常时肺泡Ⅱ型上皮细胞分泌一种磷脂类肺泡表面活性物质，可降低肺泡表面张力，有利于肺泡的开放和扩张。休克时，由于肺组织缺血缺氧，Ⅱ型上皮细胞分泌表面活性物质减少，加之肺泡渗出液增多，使表面活性物质分解加速，故可引起肺泡塌陷，肺泡通气量减少和肺泡内压降低，既影响气体交换，又可促进肺水肿的发生。

**4. 脑功能变化** 休克早期，由于血液的代偿性重新分布，大脑血流量尚得以保证，故脑功能障碍不明显。而当休克进一步发展，心输出量减少和血压降低，不能维持脑的血液灌流量时，则可引起脑组织的缺氧。脑组织对缺氧非常敏感。脑微循环障碍伴有轻度缺氧时，中枢神经系统呈现兴奋，动物表现烦躁不安；随着缺氧的加重，脑细胞线粒体氧化磷酸化过程受阻，ATP生成障碍，酸性代谢产物积聚，可使中枢神经系统由兴奋转入抑制，反射活动减弱或消失，以至动物呈现昏迷。由于缺氧和ATP不足，脑细胞膜的钠泵转运功能障碍及毛细血管通透性增高，可引起脑水肿和颅内压升高，严重时动物因中枢功能障碍而致死。

**5. 肝及胃肠功能变化** 正常时肝及门脉系统血液灌流量较大。休克时，由于肝及胃肠道微循环障碍，一方面可加重全身其他器官的微循环障碍，另一方面因肝的解毒功能降低及胃肠道的屏障功能减弱，使肠道内有毒物质及微生物进入血液，容易引发机体中毒和继发感染，导致休克进一步恶化。

（郑世民）

# 第五章 水和电解质代谢障碍

**内容提要** 体液量和质的改变可引发多种疾病或病理过程。体液增多可引起水肿（等渗性体液增多）、水中毒（低渗性体液增多）、盐中毒（高渗性体液增多），其中以水肿最为常见，发生机理是组织液生成大于回流以及体内钠、水潴留。体液减少包括高渗性脱水、低渗性脱水、等渗性脱水，是由血浆中水和钠不同比例的丧失引起的。钾和镁是两种重要的电解质，血清钾和镁含量的升高或降低对机体产生重要影响，如严重高钾血症可引起心搏骤停，严重低镁血症能导致反刍动物的青草搐搦。

## 第一节 水、钠代谢障碍

构成动物机体的水分与溶解在其中的各种溶质的总称为体液（body fluid）。水和电解质是体液的主要成分，广泛分布于组织细胞内外。动物体液中电解质的含量是相对恒定的，部分动物血清钠、钾、镁的含量见表5-1。分布于细胞内的液体称细胞内液（intracellular fluid，ICF），它的容量和成分与细胞的代谢和生理功能密切相关；细胞外液（extracellular fluid，ECF）是动物机体的内环境，又可分为组织间液和血浆，其与沟通组织细胞之间和机体与外环境之间的物质交换关系密切。动物的新陈代谢是在内环境中进行的，因此为了保证新陈代谢的正常进行和各种生理功能的发挥，维持内环境相对稳定是必要的。

外环境的剧烈变化常会引起水和电解质代谢障碍，导致水的容量和分布异常，电解质浓度变化，如得不到及时纠正，常引起严重后果，甚至危及生命。纠正水和电解质平衡紊乱的输液疗法是临床上经常使用的一种重要治疗手段。

表5-1 部分动物血清中钠、钾、镁含量的正常参考值（mmol/L）

| 动物 | 钠 | 钾 | 镁 |
| --- | --- | --- | --- |
| 马 | 132.00～136.00 | 2.40～4.70 | 0.90～1.15 |
| 牛 | 132.00～152.00 | 3.90～5.80 | 0.49～1.44 |
| 绵羊 | 146.90±4.90 | 3.90～5.40 | 0.31～0.90 |
| 山羊 | 142.00～155.00 | 3.50～6.70 | 0.74～1.63 |
| 猪 | 110.00～154.00 | 3.50～5.50 | 0.49～1.52 |
| 犬 | 141.10～152.30 | 4.37～5.65 | 0.74～0.99 |
| 猫 | 147.00～156.00 | 4.00～4.50 | 0.82～1.23 |

资料来源：Mitruka B. M. and Rawnslev H. M., Clinical biochemical and hematological reference values in normal experimental animals, 1981; Coles E. H., Veterinary clinical pathology, 1980; 王小龙，兽医临床病理学，1995。

## 一、水　肿

水肿（edema）是指过多的液体在组织间隙或体腔中积聚。水肿是等渗液的积聚，一般不伴有细胞内液增多，细胞内液增多称为细胞水肿。液体积于体腔内，通常称为积水（hydrops），如心包积水、腹腔积水、胸腔积水等。水肿不是一种独立的疾病，而是多种疾病的一种共同病理过程。

水肿的分类：①按水肿发生的部位分为全身性水肿（anasarca）和局部性水肿（local edema），后者如脑水肿、肺水肿等。②按水肿发生的原因分为心性水肿、肾性水肿、肝性水肿、炎性水肿、淋巴性水肿等。

水肿液来自血浆，除蛋白质含量外，其余与血浆相同，其蛋白质含量主要取决于毛细血管壁的通透性和淋巴回流状况。当毛细血管壁通透性升高（如炎症），淋巴回流受阻时，水肿液中蛋白质含量升高，密度增加。通常将蛋白质含量高、密度大于 1.018 kg/L 的水肿液称为渗出液（exudate），而将蛋白质含量少，密度小于 1.012 kg/L 的水肿液称为漏出液（transudate）。

### （一）水肿的发生机制

正常动物组织间液容量是相对恒定的，这种恒定依赖于体内外液体交换的平衡和血管内外液体交换的平衡，一旦平衡失调，就可能导致水肿。体内外液体交换平衡的失调导致细胞外液总量增多，以致液体在组织间隙或体腔中积聚；血管内外液体交换失调导致组织液生成多于回流，从而使液体在组织间隙积聚。

**1. 血管内外液体交换平衡失调——组织液生成大于回流**　正常动物组织液生成和回流之间保持着动态平衡，即在毛细血管动脉端不断有组织液生成，而在静脉端又不断回流，不能回流的部分则进入毛细淋巴管，再进入血液循环。这种动态平衡的维持主要取决于有效流体静压、有效胶体渗透压、淋巴回流等因素（图 5-1）。

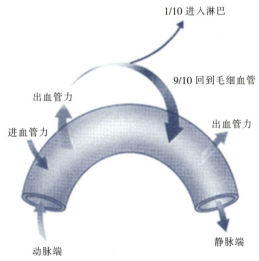

图 5-1　体液在血管内外的交换示意图
（引自陈怀涛、赵德明，兽医病理学，第二版，2013）

（1）促使组织液生成的力量是有效流体静压，即毛细血管血压减去组织间隙流体静压的值，毛细血管动脉端血压是 3.33 kPa，静脉端血压是 1.33 kPa，组织间隙流体静压为 -0.87 kPa，故在毛细血管动脉端有效流体静压=3.33 kPa-(-0.87 kPa)=4.2 kPa；在毛细血管静脉端有效流体静压=1.33 kPa-(-0.87 kPa)=2.2 kPa。

(2) 促使组织液回流至毛细血管内的力量是有效胶体渗透压，也即血浆胶体渗透压减去组织胶体渗透压的差（3.72 kPa－0.67 kPa＝3.05 kPa）。

(3) 在毛细血管动脉端，有效流体静压大于有效胶体渗透压，二者之差值为净外向力（4.2 kPa－3.05 kPa＝1.15 kPa），因此在毛细血管动脉端组织液不断生成。在毛细血管静脉端有效胶体渗透压大于有效流体静压，二者之差值为净内向力（3.05 kPa－2.2 kPa＝0.85 kPa），所以在毛细血管静脉端的组织液又不断回流至毛细血管内。正常组织液在动脉端的生成略大于静脉端的回流，剩余部分形成淋巴液。

(4) 淋巴回流，毛细血管动脉端滤出的液体约 9/10 从静脉端回到毛细血管内，其余约 1/10 进入淋巴管。淋巴回流的特点之一是具较强的代偿能力，如当组织间隙的流体静压为 －0.87 kPa 时，淋巴回流为每 100 g 组织 0.1 mL/h，当组织间隙流体静压增至 0 时，淋巴回流可增加 10～50 倍；另外，淋巴管壁的通透性较高，蛋白质容易通过，毛细血管滤出的蛋白质和细胞代谢产生的大分子物质等都可回吸收入血。

以下因素都可导致组织液过多积聚而形成水肿。

(1) 毛细血管流体静压升高：毛细血管流体静压升高可使有效流体静压升高，故组织液生成增多，当其超过淋巴回流的代偿能力时，便可引起水肿。常见原因是动脉充血（如炎症）和静脉压升高。引起静脉压升高的常见原因有心力衰竭引起的静脉回流障碍（如牛的创伤性心包炎），肝硬化导致的门静脉高压（如寄生虫性肝硬化），静脉阻塞（如血栓），静脉受压等。

(2) 有效胶体渗透压降低：有效胶体渗透压是血浆胶体渗透压减去组织胶体渗透压的值，这是促使组织液回流的力量，因此，当有效胶体渗透压降低时可引起水肿。

① 血浆胶体渗透压降低：血浆胶体渗透压主要取决于血浆蛋白尤其是白蛋白的含量，因此凡能引起血浆蛋白含量降低的因素均可导致血浆胶体渗透压下降。常见原因有：蛋白质合成不足，如营养不良，消化吸收障碍，严重肝病等；蛋白质丢失过多，见于肾病综合征患病动物，大量蛋白质从尿中丢失；蛋白质分解代谢增强，见于慢性消耗性疾病，如慢性感染、恶性肿瘤等；大量钠、水在体内潴留也可使血浆蛋白稀释。这类水肿液的特点是蛋白含量较低。

② 组织胶体渗透压升高：组织胶体渗透压升高的因素有：微血管壁通透性升高，使大分子物质滤出到组织液中，致组织胶体渗透压升高；局部组织细胞变性、坏死，组织分解加剧，使大分子物质分解为小分子物质，引起局部胶体渗透压升高。

(3) 毛细血管壁通透性升高：正常时，毛细血管壁只允许少量小分子蛋白质滤出，毛细血管壁通透性增加，使较多的蛋白质滤出到组织间隙中，一方面使组织胶体渗透压升高（有效胶体渗透压降低），另一方面使毛细血管静脉端和微静脉内的胶体渗透压下降，从而引起水肿。主要见于各种炎症和某些变态反应，包括感染、冻伤、化学伤以及昆虫咬伤等。这些因素可直接损伤微血管壁或通过炎症介质（血管活性胺类，如组胺、5-羟色胺；激肽类，如胰激肽、缓激肽等）使毛细血管壁的通透性升高。这类水肿液的特点是蛋白质含量较高。

(4) 淋巴回流受阻：淋巴管系统（lymphatic vessel system）是由毛细淋巴管逐渐集合成较大的集合淋巴管（图 5-2），这些淋巴管再汇聚而成的，最后经右淋巴导管和胸导管汇入前腔静脉。淋巴管的管壁很薄，尤其是毛细淋巴管，仅具一层内皮细胞，其通透性较毛细血管大，相邻的内皮细胞边缘呈叠瓦状互相覆盖，形成只向管内开放的单向活瓣，组织液可通过这种活瓣进入毛细淋巴管而不能倒流。组织液和毛细淋巴管内淋巴液的压力差是促进组织液进入毛细淋巴管的动力。此外，淋巴管中有瓣膜，集合淋巴管壁平滑肌的收缩活动和淋巴管腔内的瓣膜共同构成"淋巴管泵"。由于淋巴管的独特结构和淋巴回流的特点，使其具有较强的抗水肿作用，当淋巴回流受阻或不能代偿性加强回流时，含蛋白质较多的液体可在组织间隙中积聚，形成淋巴性水肿（lymph edema）。常见原因如下。

① 淋巴管阻塞：如丝虫病时淋巴管道被成虫阻塞，恶性肿瘤细胞等阻塞淋巴管，或肿瘤组

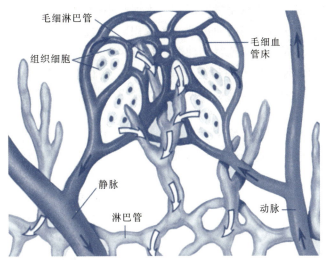

图 5-2 淋巴回流示意图

织、疤痕等压迫淋巴管，手术截断淋巴管干道等。

②淋巴管痉挛：可使淋巴回流受阻。

③淋巴管泵失去功能：在慢性水肿时，由于长期淋巴回流增多，使淋巴管被动扩张，管内瓣膜关闭失灵，降低了淋巴管泵在促使淋巴回流中的作用。

淋巴性水肿液的特点是蛋白质含量较高，可达 40～50 g/L。

**2. 体内外液体交换平衡失调——钠、水潴留**　动物对钠、水的摄入量和排出量通常保持动态平衡，从而维持体液量的相对恒定。这种平衡的维持是通过神经-体液的调节而实现的，其中肾的作用尤为重要。肾通过肾小球的滤过和肾小管的重吸收作用而维持钠、水的平衡（称肾小球-肾小管平衡或球-管平衡）。正常时，经肾小球滤出的钠、水只有0.5%～1%排出体外，99%～99.5%被肾小管重吸收。60%～70%由近曲小管主动重吸收，远曲小管和集合管对钠、水的吸收主要受ADH和醛固酮等激素的调节，这些调节因素保证了球-管的平衡，一旦球-管平衡失调，即可导致钠、水潴留，成为水肿发生的基础。球-管失衡通常表现为：肾小球滤过降低，肾小管重吸收不变；肾小球滤过正常，肾小管重吸收增多；肾小球滤过减少同时伴有肾小管重吸收增多（图 5-3）。

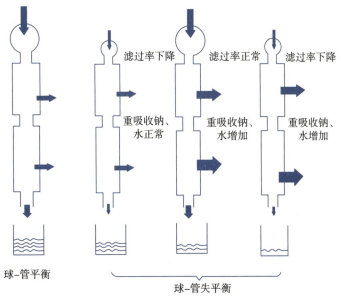

图 5-3　球-管失平衡基本形式示意图

（引自陈怀涛、赵德明，兽医病理学，第二版，2013）

(1) 肾小球滤过降低：肾小球滤过降低，而不伴肾小管重吸收相应减少时，会导致钠、水潴留。肾小球滤过常取决于滤过膜的通透性和总面积、有效滤过压以及肾血流量，当这些因素中的一个或几个发生障碍时，便可致肾小球滤过降低。

①肾小球滤过膜通透性降低或滤过总面积减少：广泛的肾小球病变，如急性肾小球肾炎时，炎性渗出物和内皮细胞肿胀，影响滤过；慢性肾小球肾炎时，肾单位严重破坏，肾小球滤过面积显著减少。

②肾血流量下降：有效循环血量减少，如失血、休克、心力衰竭等，可使肾血流量减少。另外，有效循环血量减少还可反射性地引起交感-肾上腺髓质系统和肾素-血管紧张素系统兴奋，使入球小动脉收缩，肾血流量进一步减少，肾小球滤过下降。

③有效滤过压降低：构成有效滤过压的3种力量中[有效滤过压＝肾小球毛细血管血压－（血浆胶体渗透压＋肾小球囊内压）]，任何一种力量的改变，都将影响肾小球的滤过。例如，肾小球毛细血管血压降低，肾具有自身调节血流量的机制，只有当全身动脉血压显著降低，交感神经高度兴奋，肾上腺素大量分泌，肾小球毛细血管血压才明显降低，造成有效滤过压下降；再如，肾小球囊内压增高，当肾盂或输尿管结石，肾外肿物压迫引起尿路不畅，尿液积聚时，肾小球囊内压升高，使有效滤过压下降。

(2) 近曲肾小管重吸收钠、水增多：当有效循环血量减少时，近曲肾小管对钠、水的重吸收增加，使肾排水减少。

① 肾血流重新分布：动物的肾单位有皮质肾单位和近髓质肾单位两种。皮质肾单位因髓袢短，不能进入髓质高渗区，对钠、水重吸收较少；近髓肾单位髓袢长，其肾小管深入髓质高渗区，对钠、水重吸收较多。正常时，肾血流大部分通过皮质肾单位，只有小部分通过近髓肾单位。但在某些病理情况下（如休克、心力衰竭等），肾血流重新分布，使大部分肾血流进入近髓肾单位，钠、水重吸收增加。

②心房钠尿肽（atrial natriuretic peptide，ANP）分泌减少：ANP是一种肽类激素，由心房肌细胞合成并储存，故又称心房肽（atriopeptin）。ANP通过与具有高度亲和力的靶细胞表面受体相互作用发挥效能。在哺乳动物组织内ANP有3种受体，即A受体（NPR-A）、B受体（NPR-B）和C受体（NPR-C）。ANP与受体结合激活鸟苷酸环化酶导致细胞内cGMP升高，从而发挥生物学效应。NPR-A主要存在大血管，NPR-B主要存在大脑，肾和肾上腺有NPR-A和NPR-B的分布。ANP的主要生物学作用是：强大的利尿、利钠作用，颉颃肾素-醛固酮系统的作用，抑制ADH的分泌。在有效循环血量明显减少时，心房的牵张感受器兴奋性降低，致使ANP分泌减少，近曲肾小管对钠、水的重吸收增加，从而导致或促进水肿的发生。

③ 肾小球滤过分数（filtration fraction，FF）增加：FF＝肾小球滤过率÷肾血浆流量，正常时约有20%的肾血浆流量经肾小球滤过。当心力衰竭时，肾血流量随有效循环血量减少而下降，但肾小球滤过率却相对增高，导致FF增高。同时由于血流量减少，流体静压下降，近曲小管对钠、水重吸收增加。

(3) 远曲肾小管和集合管重吸收钠、水增加：远曲肾小管重吸收钠、水主要受ADH和醛固酮两种激素的调节。

①醛固酮（aldosterone）分泌增加：醛固酮的作用是促进远曲肾小管和集合管对$Na^+$的主动重吸收，同时通过$K^+-Na^+$和$H^+-Na^+$交换促进$K^+$和$H^+$的排出。醛固酮的分泌主要受肾素-血管紧张素系统和血浆$Na^+$、$K^+$浓度的调节。引起醛固酮分泌增加的常见原因是：有效循环血量下降，或其他原因使肾血流减少时，肾血管灌注压下降，可刺激入球小动脉壁的牵张感受器，或当肾小球滤过率降低使流经致密斑的钠量减少时，均可使球旁细胞分泌肾素增加，肾素-血管紧张素-醛固酮系统被激活。临床上见于肝硬化腹水和肾病综合征。再者，机体对醛

固酮灭活能力下降时，也可引起醛固酮增多。醛固酮的灭活主要在肝中进行，当肝细胞有病变影响到对醛固酮的灭活作用，也可导致血中醛固酮含量升高。

②抗利尿激素（antidiuretic hormone，ADH）分泌增加：ADH 的作用是促进远曲肾小管和集合管对钠、水的重吸收，其分泌增多是引起钠、水潴留的重要原因之一。ADH 与集合管细胞基底膜侧的 ADH 受体（ADHR）结合，激活腺苷酸环化酶，使 cAMP 增多，激活 cAMP 依赖的蛋白激酶 A（protein kinase A，PKA），PKA 使集合管细胞胞质囊泡中的水通道蛋白磷酸化，促使水通道蛋白融合嵌入管腔膜，提高集合管对水的通透性，从而使水分的重吸收增加（图 13-3）。

水通道蛋白（aquaporins，AQP）是一组与水通透有关的细胞膜转运蛋白，在哺乳动物组织已鉴定的 AQP 至少有 13 种，每种 AQP 有其特异的组织分布。在肾分布的主要有 AQP1、AQP2、AQP3、AQP4 等。AQP1 位于近曲肾小管细胞的顶端及基底侧膜上及髓袢降支细段，AQP3 和 AQP4 均位于集合管主细胞的基底侧膜上，AQP2 是 ADH 对集合管水通透性进行调节的主要对象，主要位于集合管主细胞的顶端胞膜及细胞内囊泡，对水在肾的运输和通透发挥调节作用。

ADH 的分泌主要受细胞外液渗透压和血容量的调节，因此当细胞外液渗透压升高（如醛固酮分泌增加可促进肾小管对钠的重吸收增多，血浆胶体渗透压升高）或血容量减少时，均可引起 ADH 分泌增加。

以上是水肿发生的一般机制。在各种不同类型水肿的发生、发展过程中，通常是几种因素先后或同时发挥作用，各种因素所起作用的大小也不相同。关于炎性水肿、脑水肿、肺水肿、心性水肿、肾性水肿、肝性水肿的具体发生原因和机理将在有关章节介绍。

### （二）水肿的形态特点及对机体的影响

**1. 水肿的形态特点**

（1）皮下水肿的形态特点：皮下水肿是全身或局部水肿的重要体征。皮下组织结构较疏松，是水肿液容易积聚之处。当皮下组织有过多的液体积聚时，皮肤肿胀、弹性差、手指按压时可留有凹陷，此为显性水肿（frank edema）。实际上，全身性水肿的动物在出现明显水肿之前，组织液就已增多，但不为察觉，称为隐性水肿（recessive edema）。这主要是因为分布在组织间隙中的胶体网状物（主要成分是透明质酸、胶原和黏多糖等）对液体有强大的吸附能力和膨胀性。只有当液体的积聚超过胶体网状物的吸附能力时，才形成游离水肿液。当液体的积聚达到一定量时，用手指按压时游离的液体向周围散开，形成凹陷，稍后凹陷自然平复。

（2）全身性水肿的分布特点：心性水肿、肾性水肿、肝性水肿等全身性水肿时，水肿出现的部位各不相同。心性水肿首先出现在下垂部位，肾性水肿表现为眼睑部或面部水肿，肝性水肿则以腹水为多见。水肿的分布不同，主要与下列因素有关：①重力效应：毛细血管流体静压受重力影响，距心水平向下垂直距离越远的部位，毛细血管流体静压越高。因此，右心衰竭时，体静脉回流障碍，首先表现为下垂部位的静脉压增高与水肿。②组织结构特点：通常组织结构疏松，皮肤伸展度大的部位易容纳水肿液。组织结构致密的部位，如指（趾）部，皮肤伸展度小的部位不易发生水肿。因此，肾性水肿，由于不受重力的影响首先发生于组织疏松的眼睑部。创伤性心包炎动物，由于上述两种原因，以胸前和颌下水肿最明显。③局部血流动力学因素参与水肿形成：如肝硬化时，由于肝内广泛的结缔组织增生与收缩，以及再生肝细胞结节的压迫，肝静脉回流受阻，使肝静脉压和毛细血管流体静压增高，易伴发腹水的形成。

**2. 水肿对机体的影响**

（1）水肿的有利影响：炎性水肿有稀释毒素、运送抗体等抗损伤作用；肾性水肿的形成可减轻血液循环的负担；心性水肿液的生成可降低静脉压，改善心肌收缩功能等。

(2) 水肿的不利影响：

①器官功能障碍：水肿对器官组织功能活动的影响，取决于水肿发生的部位、程度、发生速度及持续时间。急性水肿比慢性水肿影响大。若为生命活动的重要器官，可造成严重后果，如心包积水妨碍心的泵血功能；喉头水肿可引起气道阻塞，严重者窒息死亡。持续的水肿可引起组织（如皮下）、器官（如肺）发生纤维化，难以恢复正常。

②细胞营养障碍：水肿可引起组织内压升高，使血液供应减少。同时，因水肿液的存在，使细胞与毛细血管间的距离增大，影响了营养物质在细胞间的交换。

## 二、水 中 毒

由于体内水过量引起的低钠血症，称为水中毒（water intoxication），又称稀释性低钠血症（dilutional hyponatremia）或高容量性低钠血症（hypervolemic hyponatremia）。其特点是细胞外液量增多，血钠浓度降低，细胞外液低渗。

### （一）原因

正常动物不会因摄水过多而引起水中毒，因为机体可通过调节排出过多的水分。但在下列情况下，可发生水中毒。

**1. 应激状态下输液过多（大量输入葡萄糖溶液）** 因创伤、手术等应激状态时，机体 ADH 分泌增加，抑制了水的排出，过多输入不含电解质的溶液，可发生水的潴留。

**2. 肾功能不全** 肾的稀释功能受到损伤，排水能力降低。

**3. 肾上腺皮质功能减退** 糖皮质激素对下丘脑分泌 ADH 有抑制作用，缺乏糖皮质激素则 ADH 分泌增加，如摄水（或输水）过量易发生水中毒。

### （二）对机体的主要影响

细胞外液容量增多、血液稀释和渗透压下降是水中毒的主要特点。

**1. 细胞内水肿** 细胞外液低渗，使水自细胞外转入细胞内，一方面可使细胞外液容量得以恢复；另一方面可造成细胞内水肿，严重者可引起脑细胞水肿和颅内压升高，出现中枢神经系统功能紊乱，如动物定向障碍、呕吐，甚至出现反射消失和昏迷。而细胞外液容量的增加则可通过压力感受器和容量感受器的调节使肾排水增加，对细胞外液容量和渗透压的恢复都有一定的作用（图 5 - 4）。

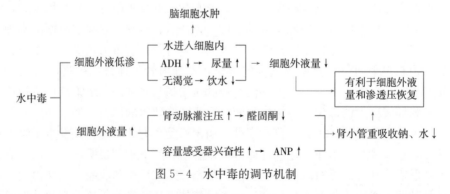

图 5 - 4 水中毒的调节机制

**2. 血液学变化** 表现为稀血症，血浆蛋白和血红蛋白浓度降低，单位体积血液中红细胞数减少，红细胞压积通常降低，但红细胞体积增大，严重的急性水中毒，可发生溶血。

**3. 尿液变化** 水中毒早期尿量增加（肾功能障碍除外），尿液的相对密度下降。

## 三、盐中毒

由于体内盐过量引起的高钠血症，称为盐中毒（salt intoxication），又称为高容量性高钠血症（hypervolemic hypernatremia）或高渗性体液容量过多（hypertonic fluid volume excess）。其特点是血容量和血钠含量均升高。

### （一）原因

**1. 盐摄入过多** 各种动物都可因盐摄入太多而发生盐中毒，其中猪对食盐最敏感，常因食入含盐量较高的泔水而突发神经症状。另外，在治疗低渗性脱水或等渗性脱水的患病动物时，没有严格控制高渗溶液的输入，如果导致缺水的原因是肾本身的疾患，患病动物将难以及时排出过多进入体内的水和钠，也有可能导致盐中毒。

**2. 原发性钠潴留** 原发性醛固酮增多症患病动物，由于醛固酮的持续超常分泌，导致远曲小管对$Na^+$、水的重吸收增加，常引起体内钠总量和血钠含量的增加，同时伴有细胞外液量的增多。

### （二）对机体的主要影响

细胞外液容量增多和渗透压升高是盐中毒的关键。高钠血症时，细胞外液高渗，水自细胞内向细胞外转移，导致细胞内脱水，严重者引起中枢神经系统功能障碍，镜检主要病变是脑血管周围嗜酸性粒细胞浸润（二维码5-1）。细胞外液容量增多，循环血量增多，回心血量增加，加重心的工作负荷。

二维码5-1

## 四、脱　水

细胞外液容量减少称为脱水（dehydration），伴有或不伴有血钠浓度的变化。

### （一）低渗性脱水

失钠多于失水，细胞外液容量和渗透压均降低，称为低渗性脱水（hypotonic dehydration），也称为低容量性低钠血症（hypovolemic hyponatremia）。

**1. 原因** 常见原因是肾内或肾外丢失大量液体后处理不当，如只补水而未补钠。

（1）经肾丢失：如慢性间质性肾疾患，可使肾髓质正常结构破坏，不能维持正常的渗透压梯度和髓袢升支功能受损等，使钠随尿排出增加；长期使用利尿剂，可抑制肾小管对钠的重吸收；肾上腺皮质功能低下时，由于醛固酮分泌不足，使肾小管对钠的重吸收减少。肾小管性酸中毒（renal tubular acidosis，RTA）是一种以肾小管排酸障碍为主的疾病，主要发病环节是集合管分泌$H^+$功能障碍，$H^+$-$Na^+$交换减少，导致$Na^+$随尿排出增加，或由于醛固酮分泌不足，也可导致$Na^+$排出增多。

（2）肾外丢失：经消化液丢失，如呕吐、腹泻导致大量含$Na^+$的消化液丢失，经皮肤丢失，如大量出汗、大面积烧伤后仅补充水而未补氯化钠；液体积聚在其他部位，如胸膜炎形成大量胸水，腹膜炎形成大量腹水等。

**2. 对机体的主要影响** 细胞外液容量减少和渗透压降低是低渗性脱水的两大特点，由此造成一系列后果。

（1）细胞外液容量减少，是低渗性脱水的主要特点，同时由于细胞外液的低渗，使水分从细胞外液向渗透压相对较高的细胞内转移，从而使本来已减少的细胞外液进一步下降，严重者导致外周循环衰竭，甚至发生低血容量性休克，患病动物出现血压下降、四肢厥冷、脉搏细速等症状。如水分进入脑细胞内，则引起脑细胞水肿，可出现神经症状。

（2）血浆渗透压降低，一般无渴觉，饮水减少，故机体虽缺水，但却难以经口补充液体。同时，由于细胞外液低渗，抑制渗透压感受器，使ADH分泌量减少，肾远曲小管和集合管对水的重吸收也相应减少，导致多尿，排水量增多。

由上可知，较轻的低渗性脱水通过自身的调节，一般可恢复；但在严重的低渗性脱水，如不及时治疗则可导致血容量的进一步下降或外周循环衰竭（图5-5）。

（3）血浆容量减少和渗透压降低，可使单位体积血液中红细胞数量增加、血红蛋白含量增多，红细胞压积显著增大。血容量减少，组织间液向血管内转移，使组织间液减少更明显，出现明显的失水体征，如皮肤弹性减退，眼球凹陷等。

（4）经肾失钠的患病动物，尿钠含量增多。如经肾外原因所致，则因低血容量所致的肾血流量减少而激活肾素-血管紧张素-醛固酮系统，使肾小管重吸收钠增多，结果导致尿钠含量减少。

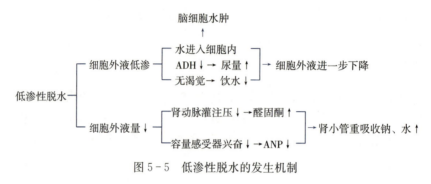

图5-5 低渗性脱水的发生机制

## （二）高渗性脱水

失水多于失钠，细胞外液容量减少、渗透压升高，称为高渗性脱水（hypertonic dehydration），又称低容量性高钠血症（hypovolemic hypernatremia）。

**1. 原因**

（1）进入体内水分不足：动物因得不到饮水（如水源断绝）或吞咽困难（如咽喉、食管疾病）等而导致缺水，但仍要通过不感蒸发和排尿而丢失体液。

（2）体内水分丢失过多：经胃肠道丢失，如呕吐、腹泻、胃扩张、肠阻塞、反刍动物瘤胃酸中毒等；经呼吸道或皮肤失水，如过度通气，汗腺不发达动物（如犬）夏季为调节体温而进行散热性喘息；炎热的气候、发热时的大出汗等；经肾丢失水分，如ADH分泌障碍或肾小管对ADH缺乏反应，静脉注射高渗葡萄糖溶液等。

**2. 对机体的主要影响** 细胞外液容量减少和渗透压升高是高渗性脱水的两个关键。

（1）细胞内液向细胞外转移：由于细胞外高渗，使细胞内液向细胞外转移，细胞外液得到部分恢复。但同时也引起细胞脱水，严重者发生脑细胞脱水，出现神经症状，如步态不稳、肌肉抽搐、嗜睡、甚至昏迷。

（2）口渴感和ADH分泌增加：细胞外液容量减少和渗透压升高，可通过渗透压感受器和渴觉中枢引起动物口渴；ADH分泌增加，使水的重吸收增多、尿量减少，尿钠浓度增高。

（3）血液学变化：血钠和血浆蛋白含量升高，单位体积血液中红细胞数升加，血红蛋白含量升高，但红细胞压积通常变化不大（红细胞体积缩小）。

通过以上调节，均可使细胞外液得到补充，既有助于渗透压回降，又使血容量得到恢复（图5-6）。

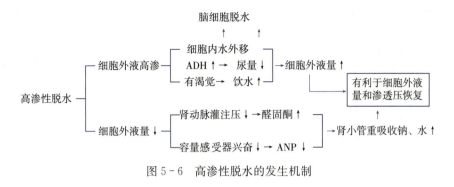

图 5-6 高渗性脱水的发生机制

（4）脱水热：细胞外液容量减少，使皮肤水分蒸发减少，影响散热；细胞内脱水可引起分解代谢的增强，以增加内生性水，但同时也使产热增加，产生脱水热（dehydration fever）。

### （三）等渗性脱水

体液中的钠与水按血浆中的比例丢失，其特点是细胞外液容量降低，渗透压不变，称为等渗性脱水（isotonic dehydration），又称为低容量血症（hypovolemia）。

**1. 原因**　等渗性脱水在动物临诊上极为普遍。呕吐、腹泻时大量消化液的丢失是最常见的原因，另外软组织损伤、大面积烧伤等也可丢失大量等渗性体液。

**2. 对机体的主要影响**

（1）细胞外液容量减少使回心血量下降，心输出量降低，严重者可引起血压降低，甚至休克。

（2）细胞外液容量减少而细胞内液量变化不大，使血液浓缩，单位体积血液中红细胞数增加，血红蛋白含量增高，红细胞压积增大。

（3）细胞外液容量减少可引起 ADH 和醛固酮的分泌，促进肾重吸收水和钠，使细胞外液量有所增加。

## 第二节　钾代谢障碍

钾是细胞内的主要阳离子，体内 90% 的钾存在于细胞内液，骨钾约占 7.6%，跨细胞液钾约占 1%，其余存在细胞外液中。各种动物的正常血钾浓度略有不同（表 5-1）。体内钾的主要生理功能是维持细胞新陈代谢、静息电位和参与细胞内外渗透压和酸碱平衡的调节。

钾代谢障碍主要是指细胞外液中 $K^+$ 浓度的异常变化，尤其是血清 $K^+$ 浓度的变化，包括低钾血症和高钾血症。

### 一、低钾血症

低钾血症（hypokalemia）是指血清钾浓度低于正常范围，缺钾（potassium depletion）则是指体内钾总量不足，二者是不同的概念。低钾血症和缺钾可同时发生，也可分别发生。

#### （一）原因

**1. 钾摄入不足**　动物饲料中一般不会缺钾，尤其是草食动物，但在吞咽困难、长期饥饿、消化吸收障碍等情况下，可引起缺钾。

**2. 钾丢失过多**　这是造成动物机体缺钾和低钾血症的主要病因。

（1）经消化道丢失：消化液富含钾，当严重的呕吐、腹泻、皱胃停滞、肠阻塞等丢失大量消化液时，可发生缺钾。另外，大量消化液丢失引起体液容量减少，还可导致继发性醛固酮分泌增多，促进肾排钾。

(2) 经肾丢失：肾是排钾的主要器官。肾远曲小管和集合管的上皮细胞一方面可主动分泌钾进入小管液中，另一方面可以通过 $Na^+$-$K^+$（或 $Na^+$-$H^+$）交换的形式，将 $K^+$ 交换入管腔中。在醛固酮原发性或继发性分泌增加时（如慢性心力衰竭、肝硬化等），$Na^+$-$K^+$ 交换增加，导致肾排钾增加；长期使用利尿剂、渗透性利尿（如输入高渗葡萄糖溶液），随着远曲小管内尿液流速加快，导致尿钾增多；镁缺乏常引起低钾血症，这和 $Na^+$-$K^+$-ATP 酶的功能障碍有关，因 $Mg^{2+}$ 是该酶的激活剂，缺镁时，细胞内 $Mg^{2+}$ 不足而使此酶失活，导致钾重吸收障碍，尿钾增加。

(3) 经汗液丢失：汗液含钾量为 5~10 mmol/L。一些汗腺发达的动物在高温环境中进行重役，可因大量出汗丢失较多的钾，若没有及时补充，可造成低钾血症。

**3. 钾在细胞内外分布异常**　某些原因引起低钾血症，但不引起缺钾。常见的有以下几类。

(1) 碱中毒：碱中毒时，一方面 $H^+$ 从细胞内外溢，为维持电荷平衡，伴有细胞外 $K^+$、$Na^+$ 进入细胞内，引起血钾浓度降低；另一方面，肾小管上皮细胞 $H^+$-$Na^+$ 交换减弱，而 $K^+$-$Na^+$ 交换增强，尿钠排出增多。

(2) 细胞内合成代谢增强：细胞内糖原和蛋白质合成加强时，钾从细胞外转移进细胞内，从而引起低钾血症。

(3) 某些毒物：如棉酚中毒，可特异地阻断钾通道，使钾由细胞内外流受阻。

### （二）对机体的主要影响

低钾血症对机体的影响，在不同的个体差异很大，临诊症状和体征取决于血钾降低的速度和程度。一般血钾浓度越低对机体的影响越大。慢性失钾，临诊症状可不明显。低钾血症对机体的主要影响是神经和肌肉的功能障碍。

**1. 对神经肌肉的影响**　可兴奋细胞的兴奋性是由静息电位与阈电位之间的差值决定的，差值越大，引起兴奋所需的刺激强度就越大，其兴奋性就越低。反之，差值越小，引起兴奋所需的刺激强度就小，兴奋性就高。静息电位很大程度上与细胞膜内外钾的浓度差有关。浓度差越大，钾外流越多，静息电位越大（负值增大）。因此，在低钾血症，尤其是急性低钾血症时，细胞外液中 $K^+$ 浓度急剧降低，使细胞内外 $K^+$ 浓度差显著增大，细胞内 $K^+$ 外流增多，从而导致静息电位负值增大，与阈电

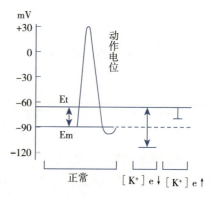

图 5-7　细胞外液钾浓度对骨骼肌细胞静息电位和阈电位的影响
（引自陈怀涛、赵德明，兽医病理学，第二版，2013）

位之差距变大，使可兴奋细胞的兴奋性降低（表 5-2）。通常把这种变化称之为超极化阻滞（图 5-7）。在不同的细胞，其表现不尽相同。

表 5-2　血钾浓度对神经肌肉兴奋性的影响

| 血钾浓度 | 膜电位 | 膜电位-阈电位差 | 神经-肌肉兴奋性 |
| --- | --- | --- | --- |
| 正常范围 | 正常 | 正常 | 正常 |
| 低　钾 | ↑（超极化） | ↑ | ↓（超极化阻滞） |
| 轻度高钾 | ↓（高于阈电位） | ↓ | ↑ |
| 重度高钾 | ↓↓（低于或等于阈电位） |  | 不易兴奋（去极化阻滞） |

(1) 对神经系统的影响：动物主要表现为反应淡漠、定向力弱、嗜睡甚至昏迷。

(2) 对肌肉的影响：急性低钾血症常引起肌肉无力，甚至麻痹；消化道平滑肌则常发生运动减弱，出现便秘、腹胀，严重的发生麻痹性肠阻塞。其发生机制为低钾血症引起消化道平滑肌细胞超极化阻滞，ATP 的产生和利用发生障碍，从而导致收缩力下降。

(3) 对心脏的影响：低钾血症对心肌细胞的兴奋性、自律性、传导性和收缩性均有影响。可引起心律失常，易发生异位节律。心电图的特征性表现是 T 波后出现明显 U 波，S-T 段压低。

**2. 对肾功能的影响** 低钾血症时，肾对尿的浓缩功能降低，表现为多尿和尿液相对密度降低。其机制可能是，低钾时，远曲小管和集合管对 ADH 的反应性降低，从而导致水重吸收障碍；另外尚可影响髓质高渗环境的形成，使尿液浓缩功能障碍。严重者还可损伤肾间质。

**3. 对酸碱代谢的影响** 严重的低钾血症容易诱发代谢性碱中毒，主要机制是低钾血症时 $H^+$ 向细胞内转移增多，同时肾小管上皮细胞 $K^+-Na^+$ 交换减少，$H^+-Na^+$ 交换增多，使肾排 $H^+$ 增多。因此，低钾血症时，常排出酸性尿，导致机体发生碱中毒。

## 二、高钾血症

血钾浓度高于正常范围称为高钾血症（hyperkalemia）。血钾浓度高不一定反映体内钾含量高。此外还需注意排除假性高钾血症，其原因是，血标本处理不当，发生了大量红细胞、白细胞、血小板的破坏，引起细胞内的钾离子大量释放入血清。

### （一）原因

高钾血症的主要原因是钾排出受阻和细胞内钾外移，而由于钾摄入过多引起的高钾血症则较为罕见。

**1. 肾排钾障碍**

(1) 在急性肾功能不全的少尿、无尿期，或慢性肾功能不全的后期，因肾小球滤过率下降或肾小管排钾功能障碍，往往发生高钾血症。

(2) 肾上腺皮质功能下降，醛固酮合成障碍或某些药物和疾病引起继发性醛固酮不足（如间质性肾炎），使钾的排出减少。

**2. 细胞内钾外移** 大量溶血和组织坏死，如严重创伤、烧伤等导致钾从细胞内大量释出，超过肾代偿能力，血钾浓度升高。组织缺氧，ATP 生成不足，细胞膜 $Na^+-K^+-ATP$ 酶功能障碍，非但细胞外的钾不能泵入细胞，而且细胞内的钾还大量外流，引起高钾血症。酸中毒时，一方面细胞外 $H^+$ 进入细胞内，使细胞内 $Na^+$ 和 $K^+$ 外移；另一方面肾小管上皮细胞 $H^+-Na^+$ 交换增多，$K^+-Na^+$ 交换减少，从而导致高钾血症。

### （二）对机体的主要影响

高钾血症对机体的影响主要表现在骨骼肌和心肌。

**1. 对骨骼肌的影响** 轻度高钾血症（血清钾浓度高于正常值 2.0 mmol/L 以内）时，细胞外液钾浓度升高，使细胞内外钾浓度差减小，膜电位降低（负值减小），相当于部分去极化，因而兴奋所需的阈刺激减小，肌肉的兴奋性增强，临床上可出现肌肉震颤。重度高钾血症（血清钾浓度高于正常值 2.0 mmol/L 以上）时，骨骼肌细胞膜电位过小，等于或低于阈电位，快 $Na^+$ 离子通道失活，难以形成动作电位，肌肉细胞不易被兴奋，兴奋扩布困难，这种状态称为去极化阻滞（表 5-2）。临床上动物可出现四肢软弱无力、腱反射消失，甚至出现麻痹。肌肉症状首先出现于四肢，然后向躯干发展。

**2. 对心脏的影响** 高钾血症可使心肌的兴奋性、自律性、传导性和收缩性降低，导致心律失常，甚至心搏骤停。

**3. 对酸碱平衡的影响** 高钾血症常伴发代谢性酸中毒，其机制为：①细胞外 $K^+$ 移入细胞内，细胞内 $H^+$ 移向细胞外；②肾小管上皮细胞 $K^+-Na^+$ 交换增多，$H^+-Na^+$ 交换减少，故此时排出碱性尿。

## 第三节 镁代谢障碍

镁是体内含量仅次于钠、钾、钙，居第4位的阳离子，而在细胞内，镁的含量仅次于钾，居第2位。镁参与体内多种酶促反应，具有广泛的生理功能。

### 一、低镁血症

各种动物血清镁含量略有差异（表5-1）。血清镁含量低于正常范围称为低镁血症（hypomagnesemia）。

**（一）原因**

**1. 镁摄入不足** 有些地区土壤中缺镁，植物中也缺镁，动物采食了这种牧草后，可发生低镁血症。慢性消化功能障碍，也可使镁吸收不足。

**2. 镁排出增多** 肾是体内排镁的主要器官，在肾脏疾病，如慢性肾小球肾炎、肾盂肾炎，镁的重吸收功能障碍，尿镁增多；应用利尿药，如呋塞米（速尿）和渗透性利尿剂，均可使肾排镁增多；高钙血症，可减少镁在近曲小管的重吸收，因钙和镁在肾小管被重吸收时有相互竞争作用；氨基糖苷类抗生素能引起可逆性肾损害，导致高尿镁和低血镁。此外，糖尿病可由于渗透性利尿，酮病可由于酸中毒排镁增多。

**3. 镁分布异常** 细胞外的镁进入细胞内，可引起转移性低镁血症。常见于骨骼修复过程中，镁可沉积于骨质中；碱中毒时，镁可进入细胞内。

**（二）对机体的主要影响**

**1. 对神经肌肉的影响** 低镁血症使神经-肌肉兴奋性增高，出现四肢肌肉震颤、强直、搐搦等症状，如反刍动物的青草搐搦（grass tetany），由于牛、羊放牧于幼嫩的青草地，采食了低镁土壤中生长的牧草而致。其主要机制为：①$Mg^{2+}$ 与 $Ca^{2+}$ 具有竞争进入突触前膜的作用，血镁浓度降低，$Ca^{2+}$ 进入增多，释放乙酰胆碱增多，导致肌肉兴奋。②镁影响肌细胞钙转运，低镁时，激发钙从肌浆网中释出，使肌肉收缩。③骨骼肌收缩需ATP供能，而能量产生和利用的一系列过程中酶的激活皆需 $Mg^{2+}$ 的参与，低镁可导致能量供应不足。镁对平滑肌也有抑制作用，低镁血症时胃肠道平滑肌兴奋，可引起呕吐或腹泻。

**2. 心律失常** 低镁血症可引起心律失常，以心室性心律失常为主，严重者由于室颤而猝死。低镁使 $Ca^{2+}$ 和 $Na^+$ 经慢通道进入心肌细胞加速，平台期缩短，有效不应期缩短，同时自律细胞自动去极化加快，导致心律失常。

**3. 对中枢神经系统的影响** 镁对中枢神经系统有抑制作用，血镁降低时，这种抑制作用减弱，可出现惊厥、昏迷等症状。其机制可能与低镁血症时，镁阻滞中枢兴奋性N-甲基-D天冬氨酸受体的作用减弱，以及钠泵活性和cAMP水平的异常改变等有关。

**4. 低镁可致低钾和低钙血症** 低钾的原因是低镁促进肾小管排钾；低钙的原因有：低镁时，骨镁释放而钙进入骨内；镁缺乏使腺苷酸环化酶活性下降，导致甲状旁腺分泌PTH减少，同时靶器官对 PTH 的反应性减弱，使钙的吸收和排出均发生障碍。

## 二、高镁血症

血清镁浓度高于正常范围称为高镁血症（hypermagnesemia）。

### （一）原因

**1. 肾排镁减少**　急、慢性肾衰竭，因肾小球滤过功能降低，使肾排镁减少。

**2. 镁分布异常**　严重糖尿病、酮病、烧伤、创伤等，可使细胞内镁释放至细胞外，引起高镁血症；酸中毒时，细胞内镁转移到细胞外，发生高镁血症。

**3. 过量应用镁制剂**　如口服泻药和用含镁药物灌肠，可引起高镁血症。

**4. 其他**　严重脱水伴少尿，排镁减少，可致高镁血症；甲状腺素可影响镁代谢，如甲状腺功能减退，可发生高镁血症。

### （二）对机体的主要影响

**1. 对神经-肌肉的影响**　高镁可使神经-肌肉接头处释放的神经递质（乙酰胆碱）减少，抑制了神经-肌肉接头处的兴奋传递，表现为骨骼肌弛缓性麻痹甚至瘫痪，吞咽困难，严重者可发生随意肌和呼吸肌麻痹。

**2. 对心肌的影响**　高镁可降低心肌兴奋性，延长窦房结、房室结传导，出现传导阻滞和心动过缓等，甚至使心脏停搏。

**3. 对消化系统的影响**　高血镁可抑制自主神经递质的释放，并直接抑制胃肠道平滑肌运动，表现为便秘、呕吐等。

**4. 对呼吸系统的影响**　严重高血镁可使呼吸中枢兴奋性降低和呼吸肌麻痹，导致呼吸停止。

（张书霞）

# 细胞与组织的损伤

**内容提要** 细胞与组织的损伤指致病因素引起细胞、组织的物质代谢障碍、机能活动改变与形态结构异常，是疾病时的基本病理变化。损伤的表现可因其原因和程度不同而异：较轻的即可逆性损伤，在形态上表现为萎缩（全身性萎缩、局部性萎缩）、变性（细胞水肿、脂肪变性、透明变性、淀粉样变性和黏液样变性）等；严重的即不可逆性损伤，则表现为坏死或细胞凋亡。病理性色素和钙盐沉积对组织细胞的代谢、形态造成不同影响。细胞损伤时其细胞膜、细胞器、细胞核都可出现一系列超微结构的改变。

## 第一节 细胞与组织损伤的原因及发生机理

### （一）缺血、缺氧性损伤

缺血、缺氧是细胞和组织损伤的常见原因。缺血、空气中氧分压低或通气障碍、血红蛋白异常、心肺功能衰竭、线粒体内呼吸障碍均可引起缺氧。细胞缺血、缺氧时，线粒体内生物氧化酶系统受到破坏，使三羧酸循环和氧化磷酸化过程发生障碍，ATP产生减少，细胞膜的钠钾泵、钙泵功能降低，导致细胞内钠离子和钙离子增多。同时，无氧酵解过程加强，产生较多的酸性物质，如乳酸、丙酮酸等，使细胞内pH下降，进而影响细胞内外离子交换，导致细胞内水分进入增多，细胞肿胀，水分进一步聚积在细胞器，出现线粒体肿大、内质网扩张、核糖体脱失和解聚、微绒毛消失等变化。较短时间的轻度缺氧、缺血，上述变化一般是可逆的。严重的或较长时间的缺氧、缺血，随着生物氧化磷酸化障碍的加剧，损伤性变化逐渐发展为不可逆过程，尤其是当溶酶体膜破裂时，释放出大量溶酶体酶，导致细胞自身消化溶解，称为自溶（autolysis）。

### （二）化学性损伤

多种化学物质能与组织或细胞发生化学反应而引起损伤，如强酸、强碱、农药、灭鼠药、重金属盐类、细菌毒素等。因化学物质不同，其对组织和细胞的损伤机制各不相同。有些毒物影响膜的运输、膜的通透性、酶的活性等，如氰化物作用于细胞色素氧化酶系统，使细胞内呼吸链中断而导致动物猝死；有些毒物或药物能抑制神经传导过程或体液活性物质的作用；有的破坏遗传物质及蛋白合成过程；也有的可影响血红蛋白功能，阻抑其运输氧的能力。

活性氧类物质（activated oxygen species，AOS）是引起损伤的一类重要化学物质，主要包括超氧负离子自由基（$O_2^-\cdot$）、羟自由基（$OH\cdot$）、脂质过氧化物自由基（$LOO\cdot$）等。自由基（free radical）是原子最外层偶数电子失去一个电子后所形成的具有强氧化活性的基团（包括原子、原子团、分子等），对机体既有益又有害。自由基主要是通过共价键的均裂、单电子丢失、单电子获得来形成的。生理状态下，机体产生的多余自由基可通过体内自由基清除系统被清除，如过氧化物酶、谷胱甘肽过氧化物酶、超氧化物歧化酶等均可清除 AOS。在多种致病因素作用下，AOS 生成增多，或其清除系统功能降低，均可导致细胞和组织的损伤。AOS 可引起生物膜、蛋白质、DNA 和 RNA 的损伤，也可加速和促进机体的衰老。

### （三）细胞质内高游离钙引起的损伤

细胞质内磷脂酶、蛋白酶和核酸内切酶能降解磷脂、蛋白质、DNA 等。这些酶的活化需要钙离子参与。胞质内游离钙离子与 ATP 依赖性钙转运蛋白结合，以蛋白结合钙形式储存于线粒体、内质网等钙库内。细胞膜的钙离子泵和钙离子通道对胞质内的钙离子浓度也有重要的调节作用。细胞质内适当的钙离子浓度可稳定酶的活性、保持细胞的正常结构和功能。缺氧、中毒和感染等使 ATP 产生减少时，导致钙离子与钙运转蛋白结合、钙离子泵功能障碍，继发性引起胞质内游离钙离子增多，从而使上述酶类活性升高，造成细胞的损伤。例如，蛋白酶活性升高能降解细胞骨架蛋白，磷脂酶活性升高可加速磷脂降解而破坏膜结构。

### （四）其他原因引起的损伤

除上述损伤因素外，物理因素、生物因素、免疫反应和遗传因素等也是细胞和组织损伤的重要原因。

物理因素主要包括机械因素、高温和低温、电离辐射、电流等。这些因素可通过各种途径对机体产生不同程度的损伤。如机械力能直接破坏细胞和组织的结构，高温使蛋白变性和烧伤。

生物因素有细菌（如巴氏杆菌、沙门菌）、病毒（如猪瘟病毒、鸡新城疫病毒）、真菌（如曲霉菌、念珠菌）、寄生虫（如球虫、线虫）等，可通过机械作用、产生的各种毒素和代谢产物引起组织损伤，也可通过炎症反应和变态反应引起损伤。

免疫反应异常时可出现变态反应，由变态反应可引发组织损伤，如风湿病、肾小球肾炎等。

遗传缺陷能造成细胞结构、功能和代谢等异常，引起多种疾病。

## 第二节 萎 缩

发育成熟的组织、器官或细胞体积缩小、功能减退的过程称为萎缩（atrophy）。萎缩不同于发育不全（hypoplasia）和不发育（aplasia），发育不全是指组织或器官没有发育到正常的大小，不发育是指某一组织或器官先天缺乏或只见其痕迹。

根据萎缩的原因和过程，可分为生理性萎缩和病理性萎缩两类。生理性萎缩是指动物在生命活动过程中，一些组织和器官发生的萎缩。例如老龄动物的全身组织和器官发生的萎缩、成年鸡法氏囊和胸腺的萎缩均属于生理性萎缩。病理性萎缩是指在致病因素作用下发生的萎缩，可分为全身性萎缩和局部性萎缩。

### 一、全身性萎缩

全身性萎缩（general atrophy）是指在病因作用下，全身各组织器官出现不同程度的萎缩。

## （一）病因

**1. 摄入营养不足** 由于动物长期缺乏充足的饲草料供给，机体的组织和器官逐渐发生萎缩。

**2. 慢性消化道疾病** 如慢性胃炎、慢性肠炎等导致胃肠道的运动、消化和吸收功能发生障碍，机体组织器官出现萎缩。

**3. 慢性消耗性疾病** 某些慢性传染病、寄生虫病和恶性肿瘤病等，消耗体内的大量营养物质和影响机体的物质代谢过程，患病动物的组织和器官发生不同程度的萎缩。

## （二）病理变化

发生全身性萎缩时，全身的组织和器官出现不同程度的萎缩，但萎缩的程度和时间具有一定规律：脂肪组织萎缩最早、最明显，其次是骨骼肌、肝、脾、淋巴结、胃、肠道、骨髓、肾等，最后是中枢神经（脑、脊髓）、心肌、肾上腺、甲状腺、垂体等。以下是几种常见的组织和器官发生萎缩时的病理变化。

二维码6-1

（1）脂肪：全身各部位的脂肪均可发生萎缩，如皮下、腹膜下、网膜、肠系膜、肾周围、心冠状沟和纵沟等部位的脂肪减少，严重时脂肪组织完全消失，脂肪存在部位的胶原纤维因吸收渗出的液体膨胀呈半透明胶冻样（二维码6-1）。

（2）骨骼肌：眼观骨骼肌变薄，色泽变淡，质地变软，弹性降低。镜检，肌纤维变细变小，肌浆减少，细胞核相对增多，严重时肌纤维消失，间质增宽并常出现黏液样变性（二维码6-2）。

二维码6-2

（3）肝：眼观肝体积变小、变薄，边缘变锐，色泽加深呈褐色，故称肝褐色萎缩。镜检，肝小叶体积变小变扁平，肝细胞减少、体积缩小。在肝细胞胞质内出现棕褐色颗粒，即脂褐素颗粒（二维码6-3）。脂褐素颗粒是由细胞内退化的细胞器与溶酶体结合形成自噬溶酶体，其中未被消化的细胞器碎片形成一种不溶性残留小体（residual bodies）。

（4）肾：眼观体积变小，有时色泽变深呈褐色，切面皮质变薄。镜检，肾小管变细，管腔变明显，肾小管上皮细胞体积变小，其胞质中也可见脂褐素颗粒。

二维码6-3

（5）脾：眼观变小，被膜增厚。切面红髓含血量减少，色彩变浅；白髓体积变小，严重时白髓明显减少，小梁相对增多。镜检，白髓体积缩小，其中淋巴细胞减少、分布疏松，严重时只残留少量淋巴细胞，白髓趋于消失；红髓髓窦红细胞减少，髓索淋巴细胞也减少。

（6）淋巴结：眼观体积变小，切面较湿润，皮质变薄。镜检，淋巴小结中淋巴细胞减少，分布疏松，生发中心不明显，髓质的淋巴细胞也减少。

（7）胃、肠：眼观胃壁、肠壁变薄，严重时呈灰白色、半透明，其弹性降低，管腔扩张。镜检，胃、肠上皮细胞体积缩小，小肠绒毛变短；腺体减少，固有层和黏膜下层水肿疏松，平滑肌细胞变细、变小。

## 二、局部性萎缩

局部性萎缩（local atrophy）是指由局部因素作用引起局部组织和器官发生的萎缩。按其发生原因分为以下几种类型。

**1. 废用性萎缩** 组织或器官因功能减退或活动受到限制，如持续较长时间，其逐渐发生萎缩，则称为废用性萎缩（disuse atrophy）。如动物的某肢体因骨折或关节疾病长期不能活动或活动减少，相应部位的肌肉发生萎缩。因为组织和器官的功能活动减少，其细胞的分解代谢和合成代谢降低，神经调节活动和血液供应减少，故组织细胞因营养代谢障碍而发生萎缩。

**2. 压迫性萎缩** 器官或组织因受到机械性压迫而引起的萎缩称为压迫性萎缩（compression atrophy）。肿瘤、积液、寄生虫包囊等病理产物压迫均可导致，如胸腔肿瘤压迫一侧肺组织发生萎缩（二维码6-4），脑包虫包囊压迫脑组织发生萎缩，肾盂积液压迫肾组织出现萎缩等。组织和器官只有受到长时间的压迫才发生萎缩，短暂压迫不会引起明显萎缩。

二维码6-4

**3. 缺血性萎缩** 因血液供应不足导致局部组织或器官发生的萎缩称为缺血性萎缩（anemic atrophy）。动脉硬化、血栓形成或血管壁受到压迫等均可引起局部组织或器官缺血，如缺血持续时间较长，相应部位可发生萎缩。

**4. 神经性萎缩** 由于神经组织受损，受其支配的组织或器官发生的萎缩称为神经性萎缩（neurogenic atrophy）。如鸡马立克病时，外周神经因受肿瘤细胞的侵袭和压迫，受其支配的相应部位的肢体可发生瘫痪和肌肉萎缩。

**5. 内分泌性萎缩** 由于内分泌功能低下或消失时，其激素所作用的靶器官或靶细胞发生萎缩，称为内分泌性萎缩（endocrine atrophy）。如动物去势后，生殖器官得不到性激素的刺激而发生萎缩。

## 三、结局和对机体的主要影响

萎缩的组织器官代谢降低，功能减退。萎缩常是一种可复性病理过程，病因消除后，萎缩的组织器官可逐渐恢复原状；但如病因持续作用，萎缩的细胞可逐渐消失。全身性萎缩具有一定的适应代偿意义，因为在某些疾病过程中，机体可通过萎缩相对次要的组织细胞，以保障重要组织和器官的功能活动。

## 第三节 变 性

变性（degeneration）是细胞和组织损伤时所发生的一类形态学变化，表现为细胞或间质中出现异常物质或正常物质增多。变性一般是可逆性过程。发生变性的细胞和组织其功能降低，严重的变性可发展为坏死。

## 一、细胞水肿

细胞水肿（cell swelling）是指细胞体积增大，细胞内水分增多，胞质内出现微细颗粒或大小不等的水泡的一种病理变化。细胞水肿又称为水变性（hydropic degeneration）。细胞水肿可分为颗粒变性和水泡变性。

### （一）颗粒变性

颗粒变性（granular degeneration）是一种常见的轻微的细胞变性，其特征是变性细胞体积肿大，胞质内出现细小颗粒。

**1. 病因及发生机理** 缺氧、中毒和感染等致病因素均可引起颗粒变性，常出现于急性病理过程中。上述致病因素可直接损伤细胞膜的结构，也可破坏线粒体氧化酶系统，使三羧酸循环和氧化磷酸化发生障碍，ATP生成减少，由于细胞膜上的钠泵因缺少足够的ATP而不能将钠离子运出细胞外，以及无氧酵解酶活性升高，在细胞内产生和蓄积大量的中间代谢产物，使细胞渗透压升高，水分进入增多而发生细胞肿大，较多水分进一步进入线粒体和内质网等细胞器，使其肿胀和扩张，甚至形成囊泡，即光镜下所见的细小颗粒。

**2. 病理变化** 颗粒变性多发于肝细胞、肾小管上皮细胞和心肌细胞。病变轻微时眼观病变不明显。严重时，见器官肿大，色泽变淡且无光泽，呈灰黄色或土黄色，质脆易碎，切面隆起，组织密度比正常降低。镜检，见变性的细胞肿大，胞质内出现细小颗粒，HE 染色呈淡红色。病变严重时，胞核也肿大，染色质淡染或溶解，核膜破裂而核消失（二维码 6-5、二维码 6-6）。电镜观察，变性细胞的线粒体肿胀，嵴变短减少；内质网和高尔基复合体扩张，粗面内质网脱颗粒；糖原减少，自噬体增多。肿胀的线粒体、扩张的内质网和高尔基复合体等即是光镜下所见的细小颗粒。

**3. 结局和对机体的主要影响**　颗粒变性是一种比较轻微的变性，是一种可复性变化。病因消除后，变性细胞可恢复正常的结构和功能。如果病因持续作用，可进一步发展为水泡变性，严重时导致细胞坏死溶解。发生颗粒变性的器官功能出现一定程度的降低。

### （二）水泡变性

水泡变性（vacuolar degeneration）一般由颗粒变性发展而来，因变性细胞内水分明显增多，在胞质中形成大小不等的水泡，细胞呈空泡状，故又称为空泡变性。

**1. 病因及发生机理**　与颗粒变性基本相同。这两种变性属同一疾病过程的不同发展阶段，病变较轻时呈颗粒变性，而严重时发生水泡变性。

**2. 病理变化**　水泡变性多见于被覆上皮细胞、肝细胞、肾小管上皮细胞和心肌细胞。此外，也见于神经节细胞、白细胞和肿瘤细胞等。实质器官的水泡变性眼观变化基本同颗粒变性，只是病变程度较重。被覆上皮发生严重的水泡变性时，在皮肤和黏膜能形成肉眼可见的水疱。镜检，见变性细胞肿胀，胞质染色变淡，并出现大小不等的水泡，有的同时存在细小颗粒（二维码 6-7）。严重的水泡变性，细胞肿胀明显，小水泡相互融合形成大水泡，胞质疏松呈空网状或几乎呈透明状，胞核肿大，淡染，出现空泡，或悬浮于中央，或偏于一侧，此时变性的细胞像充满气体的气球，故称为气球样变（ballooning degeneration）（二维码 6-8）。高度肿胀的细胞破裂崩解后，形成细胞碎片，同时水分进入间质。电镜观察，见细胞明显肿大，基质疏松变淡，线粒体高度肿胀，嵴变短甚至消失，严重时线粒体破裂，内质网极度扩张并破裂或呈囊泡状，扩张的粗面内质网伴有核糖体脱颗粒现象，高尔基复合体的扁平囊也发生扩张。

**3. 结局和对机体的主要影响**　变性轻微时，随着病因的消除可以恢复正常的结构和功能，变性严重的细胞可以坏死崩解。水泡变性的器官和组织发生不同程度的机能障碍。

## 二、脂肪变性

脂肪变性（fatty degeneration）是指细胞胞质内出现脂滴或脂滴增多。脂滴多为中性脂肪（三酰甘油），也可能是类脂质（磷脂、胆固醇等），或为两者的混合物。脂肪变性常见于急性病理过程。

### （一）病因及发生机理

引起脂肪变性的原因有感染、中毒（如磷、砷、四氯化碳和真菌毒素等）、缺氧（如贫血和慢性淤血引起的缺氧）、饥饿和缺乏必需的营养物质（如胆碱、蛋氨酸）等。上述各类病因引起脂肪变性的发病机理并不完全相同，但通常是由于细胞脂肪代谢障碍和结构脂肪破坏引起的。

肝是脂肪代谢的主要器官，最易发生脂肪变性。下面以肝细胞脂肪变性为例，具体分析其发生机理。肝脂肪变性的发生机理主要涉及以下几个方面。

**1. 中性脂肪合成过多**　常见于某些疾病（如营养不良、消化道疾病等）造成饥饿状态，或糖尿病动物对糖的利用障碍时。此时机体脂库中的脂肪大量分解，过多的脂肪酸进入肝，肝细胞合成的三酰甘油剧增，超过了肝细胞将其氧化分解和结合成脂蛋白通过高尔基复合体经细胞膜运出的能力，因而三酰甘油在肝细胞内蓄积，造成脂肪变性。同样，食入过多油脂，血浆中乳糜微粒增多，也可引起肝脂肪变性。

**2. 脂蛋白合成障碍** 在肝细胞内形成的三酰甘油，通过与载脂蛋白、磷酸、胆固醇及胆固醇酯等在内质网中合成脂蛋白，再输送出肝。当合成脂蛋白所必需的胆碱（组成磷脂的成分）或蛋氨酸（合成胆碱的原料）等物质缺乏，或因感染（细菌、病毒等）、中毒（四氯化碳、乙醇、真菌毒素等）、缺氧使其内质网结构破坏或酶活性抑制时，均可引起脂蛋白合成及组成脂蛋白的磷脂、载脂蛋白质合成障碍。肝不能及时将三酰甘油合成脂蛋白运输出去，从而导致肝细胞脂肪变性。

**3. 脂肪酸氧化障碍** 肝细胞中少量脂肪酸可在线粒体内进行氧化产生能量。缺氧、中毒等病因影响脂肪酸的氧化过程时，使其转向合成三酰甘油，并在细胞内堆积。

**4. 结构脂肪破坏** 磷脂等脂质可与蛋白质、糖类结合，形成细胞的膜结构（即结构脂肪）。在感染、中毒和缺氧等病因作用下，可引起细胞膜结构破坏，细胞的结构脂肪崩解，脂质析出形成脂滴。

### （二）病理变化

肝、肾和心肌容易发生脂肪变性。变性器官眼观肿大，表面光滑，呈黄红色或灰黄色，质地脆软，切面触之有油腻感。肝重度脂肪变性易继发肝破裂。肝慢性淤血同时发生脂肪变性时，淤血明显处呈暗红色，而变性部位呈灰黄色，其表面和切面形成红黄相间的纹理，形似槟榔切面的花纹，故称为"槟榔肝"。心发生脂肪变性时，在心内外膜下和心肌切面可见灰黄色条纹或斑点，与正常暗红色的心肌相间，呈虎皮状斑纹，故又称"虎斑心"。光镜下，脂肪变性细胞的脂滴在石蜡切片中被二甲苯等脂溶剂溶解而呈大小不等、圆形、轮廓较明显的空泡；冰冻切片，苏丹Ⅲ染色，脂滴呈橘红色，而苏丹Ⅳ将脂滴染成红色；锇酸固定的组织，在石蜡切片中脂滴不溶解，呈黑色。脂肪变性初期，可见脂变细胞轻度肿大，胞质内出现较少的小脂滴，脂变严重时，变性细胞肿胀明显，其胞质中脂滴增多，并可互相融合变大将细胞核挤向一侧（二维码6-9）。肝发生的脂肪变性，变性细胞在肝小叶可呈区域性或弥散性分布。中毒（有机磷中毒等）时，肝细胞脂肪变性多发生于肝小叶的边缘区（周边脂肪变性）；淤血引起的肝脂肪变性先发生于小叶中央区（中央脂肪变性）；严重中毒、感染和缺氧时，大部分肝小叶的肝细胞可发生弥散性脂肪变性。心肌脂肪变性时，细小的脂滴在肌原纤维之间常呈串珠状排列，有的也融合成大泡状。肾脂肪变性时，在肾小管上皮细胞，尤其是近曲小管上皮细胞内出现大小不一的脂滴，脂滴大部分集中在细胞的基底部（二维码6-10）。

二维码6-9

二维码6-10

### （三）结局和对机体的主要影响

脂肪变性是一种可复性过程，病因消除后，细胞的功能和结构通常可恢复正常，严重的脂肪变性可发展为细胞死亡。由于病因和变性程度不同，造成的影响也有差异，轻微脂变影响小，严重脂变可引起严重的后果。如肝脂肪变性，可导致肝糖原合成障碍和肝的解毒功能降低，鸡的严重脂肪变性还可导致肝破裂；心肌脂变时，由于心肌纤维疏松而收缩力减弱，可引起全身血液循环障碍等一系列变化。

## 三、透明变性

透明变性（hyaline degeneration）又称为玻璃样变性（vitreous degeneration），是指在间

质或细胞内出现均质、半透明的玻璃样物质的病理变化。透明变性仅是一个病理形态的概念，主要发生于血管壁、结缔组织、肾小管上皮细胞、浆细胞等，其病因、发生机理和半透明物质的化学性质都是不相同的。

### （一）血管壁的透明变性

二维码6-11

多见于小动脉壁。其发生可能是因小动脉持续痉挛，使内膜通透性升高，血浆蛋白经内皮渗入内皮细胞下，凝固成均质无结构玻璃样物质所致。光镜下，见小动脉管壁增厚，管腔变窄，甚至闭塞。其内皮细胞下出现均质、无结构、半透明物质，伊红或酸性复红染色呈鲜红色（二维码6-11、二维码6-12）。动物的血管壁透明变性可见于一些传染病、中毒病、血管病和慢性炎症，如慢性肾小球肾炎。

轻度的小动脉透明变性可以恢复，严重时则导致局部组织缺血和坏死。

### （二）结缔组织的透明变性

二维码6-12

常见于瘢痕组织、包囊、机化灶、纤维化的肾小球和硬性纤维瘤等。其发生机理还不完全清楚，有人认为是由于纤维瘢痕老化过程中，原胶原蛋白分子的交联增多，胶原原纤维互相融合，其间有较多糖蛋白积聚形成玻璃样物质。眼观，透明变性的结缔组织灰白色，半透明，质地变硬，失去弹性。镜检，见结缔组织中纤维细胞明显减少，胶原纤维膨胀并相互融合，形成片状或带状、均质、半透明、无纤维结构的物质。

结缔组织透明变性可使组织变硬，失去弹性，引起不同程度的机能障碍。

### （三）细胞内透明变性

二维码6-13

又称为细胞内透明滴状变，主要见于肾小管上皮细胞和浆细胞。在肾小球肾炎时，由于肾小球毛细血管的通透性升高，血浆蛋白大量滤出并进入肾小管，近曲小管上皮细胞吞饮了这些蛋白质，在胞质内形成玻璃样滴状物。滴状物大小不等、圆形、半透明、红染，较严重时充满胞质，甚至使细胞破裂而透明滴状物进入肾小管管腔（二维码6-13）。浆细胞的透明变性主要见于慢性炎性病灶中，镜检见浆细胞胞质内出现圆形或椭圆形、红染、均质的玻璃样小体，也称拉塞尔小体（Russell body，或称复红小体），胞核多被挤向一侧。电镜下，可见透明变性的浆细胞胞质中出现大量充满免疫球蛋白而扩张的粗面内质网。

肾小管上皮细胞的透明变性一般可恢复，有时也使细胞破裂，引起一定程度的肾功能障碍。浆细胞发生的透明变性是其免疫球蛋白合成旺盛的表现，为可复性变化。

## 四、黏液样变性

黏液样变性（mucoid degeneration）是指结缔组织中出现类黏液的积聚。类黏液（mucoid）是由结缔组织产生的蛋白质与黏多糖形成的复合物，黏稠呈弱碱性，HE染色为淡蓝色，阿新蓝染成蓝色，对甲苯胺蓝呈现异染性而染成红色。类黏液正常见于关节囊、腱鞘、滑膜和胎儿脐带。

结缔组织的黏液样变性常见于全身性营养不良、甲状腺功能低下和间叶性肿瘤等。眼观，见变性的结缔组织变成透明、黏稠的黏液样结构。镜检，结缔组织变疏松，出现大量淡蓝色类黏液物质，其中有一些呈星芒状或多角形的细胞，有时其突起相互连接。

黏液样变性在病因去除后可以消退，但如病变长期存在可引起纤维组织增生而导致硬化。

## 五、淀粉样变性

淀粉样变性（amyloid degeneration）是指一些器官的网状纤维、小血管壁与细胞之间出现淀粉样物质沉着。

淀粉样物质是一种结合黏多糖的蛋白质，电镜下是纤细原纤维相互交织成的网状结构。它遇碘呈褐色，再加 1％硫酸呈蓝色，与淀粉遇碘时的反应相似，故称为淀粉样物质。

**1. 病因及发生机理** 一般可分为继发性和原发性两种淀粉样变性。继发性淀粉样变性多发生于慢性炎症的疾病过程中，如慢性化脓性疾病、慢性浸润性结核病和慢性开放性鼻疽等。在这些疾病过程中，血清中可出现较高水平的 $α_1$ 球蛋白，也称为血清淀粉样蛋白 A（serum amyloid protein A，SAA），SAA 被巨噬细胞吞噬并通过溶酶体酶水解为淀粉样相关蛋白 A（amyloid associated protein，AA），AA 排出后可沉着于组织的网状纤维引起淀粉样变性。原发性淀粉样变性可见于恶性浆细胞瘤，其发生与免疫机能失调有关。研究表明，肿瘤性浆细胞可合成大量免疫球蛋白轻链及其片段，成为淀粉样轻链蛋白（amyloid light chain，AL）的前体，它们可随血液循环，经毛细血管壁进入组织间隙，继而由巨噬细胞吞噬、水解，最后形成 AL 沉着于组织。

**2. 病理变化** 淀粉样变性多发生于肝、脾、肾和淋巴结等器官。早期病变轻，只能在镜检时发现。

肝淀粉样变时，眼观肿大，呈灰黄色或棕黄色，质软易碎，有时伴有出血斑，严重时也可出现肝破裂。镜检，见淀粉样物质沉积在肝索与窦状隙之间的网状纤维，形成粗细不等的条索，肝细胞受压而逐渐萎缩，窦状隙变狭窄。大量淀粉样物质沉积时，大部分肝细胞萎缩消失并被淀粉样物质取代（二维码 6-14）。淀粉样物质在切片中 HE 染色呈淡红色，刚果红染成红色，对甲基紫出现异染性呈红色或紫红色。

二维码 6-14

脾淀粉样变性可分为局灶型和弥漫型。局灶型的淀粉样变，淀粉样物质沉着于白髓部位的中央动脉壁与淋巴滤泡的网状纤维上，时此脾的切面出现半透明灰白色颗粒状病灶，外观如煮熟的西米，俗称"西米脾"（sago spleen）。光镜下，淀粉样物质呈均匀粉红色条索或团块，局部固有细胞减少甚至消失，进而整个白髓完全被淀粉样物质取代。弥漫型的淀粉样变，淀粉样物质大量弥漫地沉着于脾髓细胞之间和网状纤维上，呈不规则的团块或条索，淀粉样物质沉着部位的淋巴组织萎缩消失，眼观脾切面出现不规则的灰白色区，与残留的固有暗红色脾髓互相交织呈火腿样花纹，故俗称"火腿脾"（bacon spleen）。

肾淀粉样变性时，淀粉样物质主要沉着于肾小球毛细血管基底膜内外两侧，使毛细血管管腔狭窄和局部细胞萎缩消失，严重时整个肾小球被取代。

淋巴结淀粉样变时，淀粉样物质主要沉着于淋巴小结和淋巴窦的网状纤维上，形成粉红色淀粉样物质条索和团块，淋巴结实质萎缩。

**3. 结局和对机体的主要影响** 轻度淀粉样变性一般是可以恢复的。继发于慢性炎症性疾病的淀粉样变性，其结局依原发性疾病的发展过程而定。重症淀粉样变性时，由于实质细胞和组织结构受损严重，不易恢复。发生淀粉样变性的器官出现一定程度的机能障碍。

## 第四节 病理性色素和钙盐沉积

### （一）病理性色素沉积

有色物质（色素）在细胞内外的异常蓄积称为病理性色素沉着（pathologic pigmentation）。沉着的色素包括体内生成的含铁血黄素、脂褐素、黑色素和胆红素，以及外源性色素如吸入的炭末等。

二维码 6-15

**1. 含铁血黄素** 组织内出血时，漏出血管外的红细胞被巨噬细胞吞噬并被溶酶体分解，释放出血红蛋白，其中的 $Fe^{2+}$ 与蛋白结合成铁蛋白微粒（铁蛋白中有部分 $Fe^{2+}$ 转变成高铁），若干铁蛋白微粒聚集成为光镜下可见的棕黄色、较粗大的折光颗粒，称为含铁血黄素（hemosiderin）；巨噬细胞破裂后，此色素可散布于组织间质中（二维码 6-15）。铁蛋白中的高铁，遇亚铁氰化钾及盐酸后呈蓝色（普鲁士蓝反应），故可与其他色素相鉴别。生理情况下在脾、肝、骨髓等组织内可形成少量含铁血黄素。含铁血黄素的病理性沉着多为局部性，提示有陈旧性出血。当大量红细胞被破坏，如出现溶性贫血时，见脾、肝、淋巴结和骨髓等组织有多量含铁血黄素沉积。

二维码 6-16

**2. 脂褐素** 脂褐素（lipofuscin）是蓄积于胞质内的黄褐色微细颗粒。它是由细胞内退化的细胞器与溶酶体结合形成自噬溶酶体，其中未被消化的细胞器碎片形成一种不溶性残留小体（residual bodies），即为光镜所见的脂褐素颗粒。在发生慢性消耗性疾病，患畜的肝细胞、心肌细胞、肾小管上皮细胞等萎缩时，其胞质内有多量脂褐素沉着，故此色素又称消耗性色素（二维码 6-16）。

二维码 6-17

**3. 黑色素** 黑色素（melanin）是由黑色素细胞生成的黑褐色微细颗粒。正常动物的皮肤、虹膜等处均有黑色素存在。黑色素细胞中的酪氨酸在酪氨酸酶的作用下，形成3,4-二羟苯丙氨酸（多巴），多巴进一步转变为二羟吲哚，并聚合成不溶性颗粒物，即黑色素。动物发生黑色素瘤时，胞质内可见大量黑色素（二维码 6-17）。脑垂体分泌的促肾上腺皮质激素（adrenocorticotrophic hormone，ACTH）和黑色素细胞刺激素（melanocyte-stimulating hormone，MSH）有促进黑色素形成的作用。因黑色素细胞内含有酪氨酸，遇多巴时出现与黑色素相似的物质，称为多巴反应阳性；相反，吞噬了黑色素的组织细胞，因不含酪氨酸，则呈多巴反应阴性。

**4. 炭末** 炭末沉积症（anthracosis）多因吸入大量的炭末所引起，主要见于肺及其附近的淋巴结。吸入肺内的炭末可被肺巨噬细胞（尘细胞）吞噬，并沉积在肺的间质，当随淋巴液进入淋巴结时，也可沉积其中。炭末沉积的肺和淋巴结眼观呈灰黑色，严重时呈黑色。

## （二）病理性钙盐沉积

机体只在骨骼和牙齿才有固体的钙盐沉积，而无固体钙盐沉积的组织称为软组织。在软组织中出现固体性钙盐的沉积，称为病理性钙化（pathological calcification）。沉积的钙盐通常是磷酸钙和碳酸钙。组织中有少量钙盐沉积时，眼观往往无明显的病理改变；但大量钙盐在局部组织中沉积，则沉积部可出现白色石灰样坚硬的颗粒或团块。由于机体对钙盐的吸收极为困难，使其长期存在，可刺激周围结缔组织增生形成包囊。临床 X 光检查时可见不透明高密度阴影。在 HE 染色的组织切片中，钙盐沉积区呈深蓝色颗粒状。

根据发生原因的不同，可将病理性钙化分为营养不良性钙化和转移性钙化两类。

二维码 6-18

**1. 营养不良性钙化** 营养不良性钙化（dystrophic calcification）是指固体性钙盐沉积在变性、坏死组织或病理产物中的钙化。例如，坏死灶（结核病时的干酪样坏死灶、胰腺炎时的坏死灶等）、血栓、死亡的寄生虫及虫卵、动脉管壁的变性平滑肌层、玻璃样变性的纤维组织等，常可发生营养不良性钙化（二维码 6-18）。

发生营养不良性钙化时机体并不存在全身性钙、磷代谢障碍，血钙的含量也不升高。有报道表明，局部组织中碱性磷酸酶的升高可导致有机磷酯水解，使局部磷酸根增多，引起磷酸钙沉淀的发生。碱性磷酸酶可由坏死细胞溶酶体释放而来，也可吸收周围组织液中的碱性磷酸酶。此外，营养不良性钙化还与局部组织的 pH 变化有关，坏死组织中往往缺乏游离碳酸，使局部组织环境偏碱性,这有利于促使组织液中的钙盐析出和沉淀。

**2. 转移性钙化** 转移性钙化（metastatic calcification）是动物机体在全身性钙、磷代谢障碍,血钙含量升高的情况下,固体性钙盐沉积在某些健康器官的基膜和弹性纤维上（如肾小管、肺泡、胃黏膜和动脉壁等）导致的钙化。

转移性钙化主要见于以下几种情况：①甲状旁腺功能亢进时,可促使磷酸盐从尿中排出和骨质脱钙,引起血磷降低和血钙升高,同时伴发骨质疏松。随着大量钙及磷酸盐从肾排出,使肾因钙盐沉积而受损,磷酸盐的排出也逐渐发生障碍,血磷的浓度也逐渐升高,进一步导致磷酸钙在各处组织中沉积。②骨质大量破坏时（如骨肉瘤）,也可导致转移性钙化的发生。③摄入超剂量维生素D时,可导致肠道对钙、磷吸收明显增加,引发转移性钙化。广泛的转移性钙化称之为钙化病（calcinosis）。

病理性钙化的结局和对机体产生的影响视具体情况而定。较小的钙化灶,可被单核-巨噬细胞系统缓慢吞噬、吸收、溶解掉,如小的鼻疽结节钙化灶；而较大的钙化灶,则难以完全被溶解、吸收而长时间存在于组织内。营养不良性钙化使病理性产物或坏死物质在不能被完全吸收时转变成稳定的固体物质,能有效限制病原微生物的扩散。如结核病灶的钙化,可限制分枝杆菌的扩散并使之丧失活力,促进病灶的愈合,是一种防御和修复性反应。而转移性钙化常引起相应组织或器官的功能降低或障碍,如血管壁发生钙化时则使血管失去弹性变脆,易引发破裂性出血。

## 第五节 坏 死

### （一）概念

活体内局部组织或细胞的死亡称为坏死（necrosis）。坏死组织、细胞的物质代谢停止,功能丧失,并出现一系列形态学改变。多数坏死是由组织、细胞变性逐渐发展来的,这种坏死称为渐进性坏死（necrobiosis）。有时由于致病因素强烈,坏死发生迅速,可无明显的细胞病变。组织、细胞坏死是严重的损伤变化,是一种不可逆的过程。

### （二）病因及发生机理

引起坏死的病因多种多样,包括缺氧、物理性因素、化学性因素、生物性因素等。任何损伤因子只要作用达到一定强度或持续一定时间,均可使受损组织和细胞代谢停止,即引起组织、细胞坏死。由于损伤因素的性质不同,引起细胞坏死的机理也不尽相同,如细菌毒素能破坏细胞内的酶系统,射线可引起DNA断裂,高温能使细胞内蛋白变性,四氯化碳可阻断蛋白合成,免疫细胞和炎性细胞释放的酶或细胞因子则对组织细胞有溶解及毒性作用等。

### （三）病理变化

细胞、组织的死亡是一个极复杂的过程,如果死亡很快,细胞病变多不明显；如为渐进性坏死,则细胞病变常很广泛,细胞和间质都可见到明显的病理变化。

**1. 细胞核的变化** 核的变化是细胞坏死的主要形态学标志,包括核浓缩、核碎裂和核溶解3种形式。细胞坏死初期,由于核液减少,染色质凝集成团块且嗜碱性增加,从而胞核体积缩小,染色加深,即核浓缩（karyopyknosis）。进一步发展,核膜破裂,染色质崩解成大小不等、染色深的碎片或细小的颗粒,即核破碎（karyorrhexis）。在DNA酶作用下,DNA被降解,核染色变淡,仅遗留核的轮廓,最后发生核溶解（karyolysis）（图6-1）。

**2. 细胞质的变化** 由于坏死细胞胞质内嗜碱性物质核糖体因解体而减少或消失,使胞质

图 6-1 坏死细胞的核变化示意图
1. 正常细胞　2. 坏死细胞核浓缩　3. 坏死细胞核破碎　4. 坏死细胞核溶解消失

与酸性染料伊红的结合增强，故胞质红染；以后胞质结构破坏崩解，而呈颗粒状；最后细胞破裂，整个细胞轮廓消失，变成一片红染的细颗粒状物质。有时单个细胞坏死后，胞质水分逐渐丧失，核破坏消失，胞质固缩深染伊红，整个细胞变成均质的红色小体，形成所谓嗜酸性小体，称为嗜酸性坏死。病毒性肝炎时可见到这种坏死变化，目前多认为它是肝细胞凋亡的一种表现。

**3. 间质的变化**　组织坏死后，间质变化较实质细胞晚。在致病因素和各种溶解酶的作用下，结缔组织的基质解聚，胶原纤维肿胀、断裂、崩解。在光镜下可见，间质变成境界不清的颗粒状或条团状无结构的红染物质。

### (四) 类型

根据坏死组织的形态变化特征，将坏死分为以下类型。

二维码 6-19

**1. 凝固性坏死**　坏死组织由于蛋白质凝固、水分减少而变成灰白色或黄白色比较坚实的凝固物，称为凝固性坏死 (coagulation necrosis)。眼观坏死组织凝固、较干燥坚实、色彩灰白，坏死区周围常有一暗红色充血、出血带与健康组织形成分界。光镜下，可见坏死区组织结构的轮廓仍保留，坏死细胞的核浓缩、核破碎、核溶解消失，胞质凝固红染，坏死后期细胞崩解形成无结构的颗粒状物。例如，局部缺血引起的肾贫血性梗死是典型的凝固性坏死，镜检梗死灶内肾小管和肾小球的基本轮廓依然可见，但肾小管上皮细胞的精细结构已破坏消失 (二维码 6-19)。

凝固性坏死还有两种特殊类型。

(1) 干酪样坏死 (caseous necrosis)：主要见于分枝杆菌引起的坏死。其特征是坏死组织崩解彻底，眼观灰黄色，质较松软易碎，如干酪样物质，因而称为干酪样坏死。光镜下，组织的固有结构完全破坏，其轮廓消失，形成一片无定形的颗粒状物质。干酪样坏死的发生，与分枝杆菌含有较多脂质，且抑制了溶酶体酶的溶蛋白作用有关。

二维码 6-20

(2) 蜡样坏死 (waxy necrosis)：是肌肉组织的凝固坏死。眼观坏死的肌肉干燥坚硬，混浊无光泽，呈灰白色，形似石蜡样，故称蜡样坏死。光镜下见肌纤维肿胀，横纹消失，胞核浓缩、破碎和溶解，胞质红染、均质无结构，坏死的肌纤维有的溶解或断裂，呈条索状或团块状物质 (二维码 6-20)。这种坏死常见于白肌病、犊牛口蹄疫的心肌和骨骼肌。

二维码 6-21

**2. 液化性坏死** (liquefactive necrosis)　以坏死组织迅速溶解成液体为特征。常发生于含磷脂和水分多、可凝固的蛋白质少的脑和脊髓。眼观坏死组织软化为糊状，或完全溶解液化呈液状，即软化灶或液化灶。光镜下，见神经组织液化疏松，呈筛网状，或进一步溶解为无结构的物质 (二维码 6-21)。例如，马镰刀菌毒素中毒、鸡维生素 E 或硒缺发症均可引起脑软化。此外，化脓性炎灶中，因大量中性粒细胞渗出及崩解释放的蛋白分解酶，将炎灶中的坏死组织分解液化并形成脓液，也属液化性坏死。

**3. 脂肪坏死** (fat necrosis)　是指脂肪组织的分解变质变化。常见的有胰性脂肪坏死和营养性脂肪坏死。

胰性脂肪坏死又称酶解性脂肪坏死，常见于胰腺炎或胰导管损伤时，胰液外溢并使胰腺周围脂肪组织分解为甘油和脂肪酸，甘油可被吸收，而脂肪酸与组织中的钙结合形成不溶性钙皂。胰性脂肪坏死主要见于胰腺周围和肠系膜、网膜等腹腔内的脂肪组织。眼观坏死部呈灰白色斑块或结节，质地较硬；光镜下脂肪细胞只遗留模糊的轮廓，内含粉红色颗粒状物质，并见深蓝色钙皂小球。

营养性脂肪坏死多见于患慢性消耗性疾病而呈恶病质状态的动物，可发生于全身各处脂肪，尤其腹腔内脂肪多见。眼观脂肪坏死部初期出现散在的白色细小病灶，以后逐渐增大并互相融合为白色坚硬的结节或斑块，经时较长时，其周围有结缔组织形成包囊。其发生机理可能与脂肪大量分解，使脂肪酸在局部蓄积有关。

**4. 坏疽**（gangrene） 是组织坏死后，受到外界环境的影响或腐败菌感染所引起的一种变化。坏疽组织眼观呈褐色或黑色，这是由于腐败菌分解坏死组织产生的硫化氢与血红蛋白中分解出来的铁结合，形成黑色的硫化铁的结果。坏疽可分为干性坏疽、湿性坏疽和气性坏疽3种类型。

（1）干性坏疽（dry gangrene）：多发生于体表皮肤，尤其是四肢末端、耳壳边缘和尾尖。如慢性猪丹毒、冻伤引起的皮肤和末端部分的干性坏疽，坏疽部干燥皱缩，呈黑褐色，与健康组织之间有明显的炎症分界线，经时较长后其间则形成裂隙。干性坏疽的发生是由于坏死组织暴露在外界，其水分较快蒸发，腐败菌不易大量繁殖而腐败过程轻微，坏死组织的自溶解过程也被阻抑，从而使坏死组织变干燥。

（2）湿性坏疽（moist gangrene）：主要发生在与外界相通的组织器官，如肺、肠、子宫和乳腺等，也可见于伴有淤血、水肿的肢体。由于这些坏死组织器官易被腐败菌感染，且水分含量较多，有利于腐败菌在其中大量生长繁殖，使坏死组织分解液化而形成湿性坏疽。眼观，坏疽组织为污灰色、暗绿色或黑色，质软脆呈糊粥样，甚至完全液化形成液体。腐败菌分解蛋白质产生吲哚、粪臭素等，故常发出恶臭。湿性坏疽发展较快，其周围炎症反应弱并且慢，故坏疽区与健康组织之间的分界不明显。坏死组织腐败分解的毒性产物和细菌毒素被吸收进入循环血液，可引起严重的全身中毒。

（3）气性坏疽（gas gangrene）：是湿性坏疽的一种特殊形式。多见于深部开放性创伤，如去势、穿刺创等，合并感染产气荚膜梭菌等厌氧菌时，细菌分解坏死组织产生大量的气体，使坏死组织内形成气泡呈蜂窝状，污棕黑色，触之有捻发音。气性坏疽发展迅速，其毒性产物被吸收后可引起全身中毒，甚至导致动物死亡。

### （五）结局和对机体的主要影响

**1. 结局**

（1）溶解吸收：小范围的坏死可通过来自坏死组织本身或中性粒细胞释放的蛋白分解酶分解、液化，随后由淋巴管或血管吸收，不能吸收的碎片由巨噬细胞吞噬和消化，缺损的组织由周围健康细胞再生或肉芽组织形成以修复。

（2）腐离脱落：皮肤或黏膜较大的坏死灶，由于不易完全吸收，其周围炎性反应带中渗出的大量白细胞释放蛋白溶解酶，将坏死组织边缘溶解液化使坏死灶与健康组织分离。皮肤和黏膜的坏死灶腐离脱落后留下的缺损，较浅的称为糜烂（erosion），较深的称为溃疡（ulcer）。糜烂和溃疡可通过周围健康组织的再生而修复。

（3）机化、包囊形成和钙化：坏死物不能完全被溶解吸收或腐离脱落时，则由新生的肉芽组织取代，最后形成瘢痕（也称疤痕），这个过程称为机化（organization）。如果坏死灶较大，不能完全被机化，则可由肉芽组织包裹，称为包裹形成（encapsulation）；其中的坏死物质可能出现钙盐沉积,即发生钙化(calcification)。

**2. 对机体的主要影响** 坏死对机体的影响取决于坏死的部位、范围,以及坏死所发生器官的再生和代偿能力。重要器官,如心肌、脑组织的坏死对机体影响严重,甚至威胁患病动物生命;坏死灶大,坏死细胞数量多,可引起严重后果。如坏死所在组织的再生能力强,则易使损伤修复和功能恢复。而代偿能力强的器官,如肾、肺等成对的器官,即使有较大范围的坏死,对机体不一定产生严重的影响。

## 第六节 细胞凋亡

细胞凋亡(apoptosis)是指细胞在基因调控下的自主有序的死亡,也称程序性细胞死亡(programmed cell death,PCD)。凋亡细胞在细胞形态和生化特征等方面出现一系列有规律的变化。

### (一) 原因

细胞凋亡的发生有生理因素和病理因素两方面的原因。在胚胎发育、成年动物细胞老化中均可出现细胞的凋亡过程,以保证组织器官的正常分化和发育,并使衰老细胞得到清除,这属于细胞的生理性凋亡;而射线照射(如紫外线、γ射线)、病原微生物感染(细菌、病毒等)、缺氧等病因,则可诱导细胞发生病理性凋亡。

### (二) 发生过程

细胞凋亡的过程可人为地分为诱导期、效应期、降解期和凋亡细胞清除期4个阶段。在诱导期,细胞凋亡因素作用于细胞,启动细胞凋亡的信号转导过程。在效应期,调控细胞凋亡的相关基因通过信号转导途径接受细胞凋亡信号,表达和合成细胞凋亡相关的各种酶和有关物质,并诱导核酸内切酶和半胱氨酸-天冬氨酸蛋白酶(cysteine aspartate-specific protease,Caspase)家族酶的联级反应。Caspase 激活通常包括2条通路,一条是通过膜受体通路激活 Caspase 8,另一条是通过线粒体细胞色素C释放途经激活 Caspase 9,Caspase 8 和 Caspase 9 二者均可激活 Caspase 3(Caspase 3 是执行凋亡效应的一种 Caspase 亚类)。在降解期,通过核酸内切酶在核小体 DNA 连接区进行切割,形成 180~200bp 或其整数倍的片段;同时 Caspase 3 可降解细胞的结构蛋白,使细胞解体。在清除期,凋亡细胞、凋亡小体可被周围巨噬细胞或其他非专职吞噬细胞识别、吞噬和分解。

### (三) 形态变化

凋亡细胞在不同时期呈现不同的形态变化特征。凋亡初期,细胞连接逐渐消失,与周围细胞脱离,细胞体积缩小,胞质浓缩,细胞表面微绒毛消失,包膜皱缩,细胞核染色质固缩并聚集在核膜下。凋亡后期,胞质浓缩进一步加剧,细胞质密度增加,核膜破裂,核染色质裂解成大小不等的碎片,细胞膜内陷或凸起形成小泡状。凋亡细胞最终由细胞膜分割并包裹形成大小不等的团块,其中包含细胞器、细胞质、核碎片等成分,这些由细胞膜包裹形成的细胞碎块称为凋亡小体(apoptotic body)。凋亡细胞的内容物不外溢,对其周围组织细胞的影响小,不引起炎症反应。细胞凋亡可用流式细胞术等方法进行检测。

细胞凋亡和细胞坏死是两种不同的细胞死亡形式,其在形态学变化和生物化学方面均有明显的不同。表 6-1 显示细胞凋亡与细胞坏死的具体区别。

表 6-1 细胞凋亡与细胞坏死的区别

| 特征 | 细胞凋亡 | 细胞坏死 |
| --- | --- | --- |
| 诱导因素 | 生理或病理性因素 | 病理性因素 |
| 分布和范围 | 散在分布 | 局灶或弥散分布 |
| 细胞体积 | 固缩变小 | 多肿胀变大 |
| 细胞膜 | 完整未破裂，细胞膜内层磷脂酰丝氨酸翻转到外层 | 通透性升高，破裂 |
| 细胞器 | 完整 | 受损 |
| 细胞核 | 固缩、片段化 | 固缩、碎裂或溶解 |
| 凋亡小体 | 有 | 无 |
| 炎症反应 | 无 | 多伴有炎症 |
| 生化特征 | DNA 降解为 180～200 bp 整倍数片段，电泳谱带呈条带状 | DNA 无序降解，电泳谱带无规则 |
| 基因调控 | 有 | 无 |

## 第七节 细胞的超微病变基础

细胞的超微病变是指在细胞器水平的病理形态学变化，即细胞超微结构的变化。研究细胞超微结构变化的科学称为超微结构病理学（ultrastructural pathology），简称超微病理学。本节主要介绍细胞膜、细胞质和细胞核的超微结构变化。

### 一、细胞膜的病变

细胞膜由双层脂质分子组成，其中镶嵌有蛋白质，在细胞表面有糖脂、糖蛋白等构成细胞被。细胞表面具有特化结构，如纤毛、微绒毛、细胞间连接等。多种致病因素和病理过程，均可使细胞膜发生病理变化。

**1. 细胞膜通透性改变** 细胞膜发生结构损伤或功能障碍时其通透性发生变化。感染、中毒、缺氧等病因可使细胞内 ATP 生成减少，导致细胞膜上的 $Na^+-K^+-ATP$ 酶功能发生障碍，造成细胞内 $Na^+$ 潴留，细胞内渗透压升高，水分被动地进入细胞内，细胞因水分增多肿胀。细胞肿胀时，细胞轮廓模糊，细胞膜上可出现外突小泡，同时线粒体、内质网、高尔基复合体等细胞器发生肿胀或扩张。在重度损伤和高度细胞水肿时，细胞表面的微绒毛变短、变少，甚至完全消失。过度膨胀的细胞膜可能破裂，胞质的内容物溢出到细胞外。

**2. 细胞膜的螺旋状卷曲** 细胞损伤较重时，细胞膜发生内陷，并逐渐层层卷叠形成同心圆层状结构，即出现所谓的髓鞘样结构。在细胞的微绒毛区或细胞膜有较深的内褶处，以及其他膜性结构（内质网、高尔基复合体等）受到损害时容易出现这种变化。

**3. 细胞被的改变** 细胞膜外侧的细胞被在疾病时也可发生改变，如沙门菌感染，引起肠黏膜上皮细胞的细胞被变薄或消失；旋毛虫感染，引起横纹肌细胞的细胞被明显增厚。

**4. 伪足形成和滴落** 细胞的运动活性升高或在吞噬过程与被吞噬物质接触时，细胞膜和胞质向细胞表面形成的突起称为伪足。当伪足向细胞表面不断延伸，并与细胞表面分离脱落，称为滴落。恶性肿瘤细胞在迁移过程，以及炎症病灶的吞噬细胞易形成伪足和出现滴落。

**5. 细胞膜内陷和吞噬体** 细胞将细胞外物质纳入细胞时，被纳入的物质先附着于细胞膜上，此处的细胞膜内陷包围该物质形成小泡，小泡逐渐与细胞膜分离，进入胞质，形成胞质内的膜包小泡，该过程称为入胞或内吞。

内吞较大的颗粒状物（如细胞碎片、细菌、尘粒等物）则称为吞噬，在胞质内形成膜包裹的吞噬泡称为吞噬小体或吞噬体；内吞液态物质时，称为胞饮或吞饮，吞饮小泡可融合为较大的液泡。

另外，细胞内自身的蛋白质分子、糖原颗粒、脂滴以及衰亡或受损的细胞器等也可由包膜包裹，称为自噬过程，形成的物体称为自噬体。自噬过程在细胞内物质代谢和细胞器衰亡更新过程中起着重要作用，在细胞萎缩等病理过程中，细胞的自噬过程增强，胞质内出现较多自噬体。

**6. 细胞游离面特化结构的变化** 细胞表面的特化结构主要包括微绒毛、纤毛等。多数细胞表面具有微绒毛，呼吸道、输卵管、输精管等处的黏膜上皮细胞具有纤毛。

在缺氧、缺血、感染、休克时，可引起细胞表面的微绒毛肿胀、变短、扭曲、减少或完全消失。

二维码6-22

物理性、化学性和生物性等致病因子损害黏膜上皮时，其上皮细胞的纤毛可出现不同程度的病理变化。在炎症过程中，纤毛可出现肿胀、变短、断裂、融合、倒伏等变化，严重时纤毛溶解消失（二维码6-22）。如慢性炎症和维生素A缺乏症时，呼吸道黏膜上皮常发生鳞状上皮化生，纤毛消失；胚胎性细胞和去分化细胞的纤毛数目增多；在某些疾病，纤毛结构发生异常，如由于遗传缺陷，呼吸道黏膜上皮细胞纤毛周边区二联微管的动力蛋白臂缺失，使纤毛丧失运动能力，黏膜纤毛装置功能失调导致分泌物潴留、支气管扩张和慢性鼻炎及鼻窦炎。

**7. 细胞间连接结构的改变** 在缺氧、低温、铅中毒、恶性肿瘤时，常见细胞间连接结构破坏而使细胞彼此分离。细胞连接包括桥粒、紧密连接、缝隙连接等。

（1）桥粒的改变：包括桥粒增多、减少、消失和移位。在皮肤角化棘皮瘤以及增生性滑膜炎时出现桥粒增多，桥粒增多与蛋白溶解和细胞外隙中钙离子浓度下降有关。桥粒减少多见于肿瘤组织，在肿瘤细胞转移扩散的过程，瘤细胞的桥粒减少乃至消失，瘤细胞互相分离，向周围侵袭性生长并发生转移。在某些皮肤病的皮肤棘细胞层松解时，局部棘细胞之间的桥粒消失。在一些病理状态下，桥粒也可移位于胞质内，例如再生和间变的表皮棘细胞、鳞状上皮肿瘤细胞、缺氧或受到细胞抑制剂毒性影响的心肌细胞，以及细胞融合形成的多核巨细胞等细胞，桥粒可移位到胞质内。

（2）紧密连接的改变：细胞间紧密连接增多，在坏死灶周围的细胞，由于受坏死组织蛋白溶解产物的影响，可使细胞间紧密连接增多。紧密连接松解，如恶性肿瘤细胞紧密连接松解时，瘤细胞容易脱离细胞群体，发生侵袭性生长和转移；炎症部位的血管内皮细胞紧密连接松解，血管壁通透性可升高。紧密连接间隙内黏合蛋白沉积，如红细胞生成障碍性贫血时，幼红细胞间隙内黏合蛋白沉积，使细胞黏合而不能彼此分离，形成许多异常的多核细胞，并在骨髓内或进入外周血流后迅即死亡，不能成熟，造成贫血。

（3）缝隙连接的改变：缝隙连接是相邻细胞间的沟通联合。缝隙连接通常为圆形。在低氧、缺氧及其他细胞损伤时，二价阳离子（$Ca^{2+}$）和细胞膜微孔蛋白携带的负电荷，使微孔蛋白集结为晶状封闭微孔，暂时中断细胞间的沟通联合。严重时，损伤细胞与组织脱离，坏死灶周围上皮细胞的缝隙连接微孔封闭，与坏死灶隔离，并获取分裂启动信号，转入有丝分裂。这一过程如发生紊乱，能引起细胞异常再生、恶性转化和肿瘤细胞转移等。

## 二、细胞质的病变

细胞质包含细胞器、胞质基质和包含物。细胞损伤时，细胞质的成分出现各种变化。

## （一）细胞器的变化

**1. 线粒体** 线粒体常见的病理变化主要有以下几种。

（1）线粒体肿胀：线粒体肿胀是伴随细胞肿胀发生的变化，多由缺氧、中毒和感染等病因引起。线粒体肿胀是因其中出现了多量的水分，使线粒体扩张肿大。其变化为肿大扩张，呈圆形，嵴变短甚至消失，核糖体脱落崩解，基质变淡。线粒体高度肿大时，呈囊泡状，甚至导致膜破裂（二维码6-23）。肿胀的线粒体即光镜下细胞颗粒变性时所见的细小颗粒。

二维码6-23

线粒体肿胀是可复的变化，较轻的肿胀在病因消除后可以恢复，严重肿胀可致线粒体破裂。

（2）线粒体肥大和增生：持续性缺血、缺氧和心功能障碍时，线粒体的电子传递和生物氧化偶联发生障碍，能量产生减少，可导致线粒体的肥大和增生。肥大的线粒体体积增大，嵴增多，表面不规则，基质出现颗粒，特别巨大的线粒体称为巨线粒体。在线粒体肥大的同时，线粒体的数量常常增多，即线粒体增生（二维码6-24）。线粒体的肥大和增生多见于肝细胞、肾小管上皮细胞和心肌细胞。

二维码6-24

（3）线粒体固缩：线粒体固缩时其体积变小，基质电子密度显著升高，嵴排列紧密、互相粘连、扭曲甚至形成髓鞘样结构。线粒体固缩常见于肿瘤细胞，如乳腺癌和肝癌的癌细胞；器官发生萎缩或退化时，其细胞的线粒体变小，数量也可减少，出现固缩现象。

（4）线粒体内的包含物：生理或某些病理状态下，线粒体内由于糖原、脂质、蛋白、盐类等物质的沉积而形成包含物。糖原、钙盐等沉积物呈无定形包含物；脂质沉积，形成大小不等的圆形脂滴性包含物；蛋白沉积物多呈晶状包含物，如肝细胞内的巨线粒体内、某些肌肉病（如进行性肌营养不良症）时出现晶状包含物；线粒体嵴膜变化时，可在线粒内形成髓鞘样向心层状包含物。

（5）线粒体坏死：重度损伤可导致线粒体坏死，其变化表现为高度肿胀、嵴溶解消失、基质溶解、无定形电子致密包含物的出现等。

**2. 内质网** 内质网包括粗面内质网和滑面内质网两种基本类型，粗面内质网主要合成蛋白质，滑面内质网参与糖类的代谢、脂类的合成和运送等。缺氧、中毒、感染、营养不良等病因均可引起内质网的变化。

（1）内质网扩张和囊泡形成：在细胞发生水肿时，内质网内聚集大量水分使其管径扩张，较严重时呈囊泡状，如果高度扩张的内质网裂解，可形成许多大小不等的囊泡，粗面内质网上的核糖体颗粒脱落（脱颗粒）。与此同时，病变细胞常常伴发线粒体肿胀和高尔基复合体的扩张。

（2）内质网的肥大与增生：

肥大：指内质网体积增大，如妊娠大鼠肝细胞内粗面内质网肥大，病毒性肝炎时肝细胞内滑面内质网肥大。

增生：指内质网数量增多，同时可伴有体积增大。如蛋白合成旺盛的细胞（如肝细胞、浆细胞）、吞噬活跃的细胞（如巨噬细胞）、肿瘤细胞等的粗面内质网增生，同时胞质中的核糖体也增多；在药物（如苯巴比妥）及其他毒性物质中毒时肝细胞滑面内质网增生，以适应解毒机能加强的需要；心肌患某些疾病时肌浆网也有不同程度的增生。

（3）内质网中的包含物：内质网中可形成蛋白、脂质等包含物。在某些病理情况下，粗面内质网池中合成的蛋白质聚集、浓缩，形成电子密度高的颗粒状或结晶状小体。如浆细胞粗面内质网内合成的免疫球蛋白聚集使内质网池扩张，其中可见巨大的电子致密小体，即光镜所见的拉塞尔小体；滑面内质网三酰甘油生成过多或载脂蛋白合成障碍，会引起三酰甘油增多，在内质网内见到有界膜的脂滴，这种情况见于四氯化碳中毒和脂肪肝时。病毒感染时，有时在内质网池中可见病毒颗粒形成的包涵体，如小鼠白血病的肿瘤细胞、仔猪轮状病毒感染的肠黏膜上皮细胞、鸡包涵体肝炎病毒感染的肝细胞。

(4) 同心性板层小体的形成：病毒感染和某些药物中毒时，粗面内质网和滑面内质网可形成同心性盘绕的结构，称为同心性板层小体。小体的中心部位可能含有胞质、脂滴甚至线粒体等成分，不带有核糖体和糖原颗粒的同心性板层小体称作髓鞘样小体。

**3. 高尔基复合体**　高尔基复合体由扁平囊、小泡、大泡构成，是内膜系统的组成部分。其功能主要对内质网运来的糖蛋白进行糖基化、形成溶酶体和蛋白分泌颗粒。高尔基复合体的变化包括肥大、萎缩、扩张和崩解等。

(1) 肥大：指高尔基复合体体积增大、数量增多的变化。主要见于分泌功能旺盛、酶合成增加、蛋白分泌障碍的细胞。高尔基复合体肥大时，其扁平囊、小泡和大泡体积增大和数量增多，有时小泡从高尔基复合体脱落下来。例如，巨噬细胞吞噬过程活跃时，高尔基复合体肥大、增生，并形成许多高尔基大泡；肝细胞发生分泌障碍时，分泌物聚积于高尔基复合体的大泡，大泡扩张。

(2) 萎缩：细胞萎缩时高尔基复合体同时发生萎缩，可见高尔基复合体变小，扁平囊、大泡减少或消失。

(3) 扩张和崩解：缺氧、感染、中毒等各种原因可引起高尔基复合体扁平囊扩张，严重时扁平囊、大泡、小泡发生崩解。高尔基复合体扩张和崩解时，同时伴有线粒体肿胀、内质网扩张和囊泡变等变化。

**4. 溶酶体**　溶酶体是含有多种酶的细胞器。它具有消化细胞内吞的大分子物质、清除细胞内退化的细胞器、参与巨噬细胞的抗原提呈等功能。溶酶体的基本病变包括溶酶体过载、残体增多、溶酶体酶释放和溶酶体酶缺陷等。

(1) 溶酶体过载：在某些病理情况下，溶酶体因摄入物质过多，被摄入物质不能由溶酶体酶充分消化分解，在溶酶体内大量蓄积，导致溶酶体体积变大，数量增加，这种变化称为溶酶体过载。例如，肾小球肾炎时，因肾小球的滤过性增加，蛋白质经肾小球进入肾小管腔，大量蛋白质被肾小管上皮细胞吞饮并与溶酶体融合形成次级溶酶体，其中的蛋白不能被完全消化而聚积在肾小管上皮细胞内，使次级溶酶体体积明显增大。这种变化在光镜下可见胞质内形成大小不一、圆形、半透明的滴状物，即肾小管上皮细胞的透明滴状变。

(2) 残体增多：次级溶酶体内不能被消化的物质称为残体。残体物质包括一些内源性未被消化的物质，如发生萎缩或老龄动物的某些细胞内的退化细胞器与溶酶体结合形成的自噬溶酶体，其膜结构降解形成的不溶性脂质物质残留在溶酶体中，这种物质即在光镜下所见的黄褐色颗粒（脂褐素）。残体也可来源于外源性物质，如硅酸盐、重金属化合物等物质，与溶酶体基质中的糖蛋白结合可长期存在于溶酶体内形成残体；出血后的红细胞或其崩解析出血红蛋白被巨噬细胞吞噬后，血红蛋白被溶酶体酶分解形成的含铁血黄素残留在溶酶体内，该物质也称含铁小体（iron storage compounds）。

(3) 溶酶体酶释放：有些因素可引起溶酶体膜的稳定性降低或发生破坏，释放出其中的酶，引起组织细胞损伤。例如，某些细菌毒素、病毒能引起溶酶体膜的通透性升高，其中的酶释放入细胞内，甚至溢出细胞外，导致组织细胞损伤；某些异物，如二氧化硅颗粒、草酸盐和尿酸盐结晶等，使溶酶体膜通透性升高或发生破坏，酶释放引起细胞死亡。

(4) 溶酶体缺陷：包括遗传性溶酶体缺陷病和后天性溶酶体缺陷病。遗传性溶酶体缺陷病是指溶酶体某种酶先天性缺乏或异常，这种酶的作用底物因不能被分解消化聚积在溶酶体内。例如，α-糖苷酶缺乏引起糖原沉积，β-半乳糖苷酶缺乏可引起含半乳糖的神经节苷脂储积。后天性溶酶体病见于动物长期喂饲某种有毒植物引起的中毒病，例如小花棘豆（醉马草）、黄花棘豆含有的苦马豆素能抑制溶酶体内的α-甘露糖苷酶活性，导致甘露糖在细胞内沉积。

### (二)胞质基质的改变及其包含物

胞质基质是指细胞质的无结构部分,包含物是指胞质内具有一定形态结构的各种代谢产物(糖原、脂质、蛋白质等)。在病理条件下,细胞基质发生改变,在细胞质内可能出现不同的包含物。

**1. 胞质基质的改变** 胞质基质的常见病变为含水量的改变。在细胞代谢障碍、细胞膜损伤时,常引起胞质基质含水量增多,细胞肿胀,胞质基质电子密度降低、透亮,各种细胞器和其他结构互相离散、肿胀。细胞脱水时,胞质基质内含水量降低时,细胞体积变小,胞质的电子密度增高。

**2. 胞质内的包含物**

(1) 糖原包含物:细胞中的糖原合成过多或糖原分解发生障碍,糖原在细胞内蓄积形成糖原包含物。电镜下,β糖原颗粒多呈单个电子致密颗粒,α糖原颗粒多聚集成簇状。糖尿病时,肝细胞和肾小管上皮细胞、关节软骨中蜕变的软骨细胞、衰老的中性粒细胞胞质内,均可见糖原颗粒形成的包含物。

(2) 脂肪包含物:脂质包含物多见于发生脂肪变性的细胞,如肝细胞、肾小管上皮细胞、心肌细胞发生脂肪变性时,其胞质中出现大小不等、圆形、无包膜、电子密度不均的脂质包含物。脂质包含物中不饱和脂肪酸与锇酸的亲和力强,其含量多时,包含物的电子密度变大。

(3) 蛋白包含物:电镜下蛋白包含物致密,有界膜,略呈絮状或呈晶状。蛋白包含物可来源于胞质基质,也可由线粒体、内质网和高尔基复合体等不同部位的包含物移入胞质基质形成。

## 三、细胞核的病变

**1. 核形状的改变** 在电镜下多数细胞核的外形不规则。核不规则的外形增加了核膜的面积,有利于核与胞质间的物质交换。核形状改变多呈现明显的不规则外形,核分节增多,核膜异常凸起或内陷,甚至形成较深的裂隙。例如,肿瘤细胞、平滑肌和横纹肌收缩时,核形状改变明显。

**2. 核体积的改变** 正常细胞核与细胞质比例在 1:(4~6)。在病理状态下,细胞核的体积可增大或缩小。恶性肿瘤细胞核明显增大,甚至出现巨核,且核膜呈明显的不规则形状。幼稚细胞或活化的细胞,其核的体积一般增大,核质由于水分增多和异染色质解螺旋而染色变淡。细胞核增大是细胞增殖和代谢活性升高的适应性反应,如果细胞处于增殖状态和物质代谢较长时间地持续增高,则细胞核的体积增大,甚至核出现多倍体化或多核。

细胞萎缩时,核缩小,核质水分减少,染色质浓缩。

**3. 核膜的改变** 核膜的变化主要表现为核膜增生和核孔数目改变。

核膜增生多发生于某些病毒感染的细胞,如疱疹病毒感染细胞时,病毒核衣壳在核内靠近核膜引起核膜内层增厚、折叠并包裹病毒,随后向外突出,并逐渐脱离核膜而进入胞质。

细胞核孔增多多见于肿瘤细胞,核孔减少见于代谢活性降低的细胞。

**4. 核仁的改变** 包括核仁的体积、数量、位置等变化。

(1) 核仁体积和数量变化:细胞蛋白合成增强时核仁增大和数目增多,如胚胎细胞、恶性肿瘤细胞、新生肉芽组织中的成纤维细胞,其核仁增大、数目增多。当细胞的蛋白合成减少或停止时,核仁体积缩小。

(2) 核仁边移:正常时核仁多位于核内中央。在生长迅速的细胞(如肿瘤细胞),核仁移动到核膜附近,称为核仁边移。

（3）核仁分离：是指核仁中混在一起的纤维成分和颗粒成分的彼此分离，且出现明显的界限。核仁分离多见于病毒感染、紫外线照射和某些药物（放线菌素 D、丝裂霉菌 C 和黄曲霉菌素）作用等。

**5. 染色质的变化**　染色质的变化主要表现为染色质边集、浓缩、碎裂和溶解。染色质聚集形成团块分布在核膜下的现象称为染色质边集，这种变化多见于坏死细胞早期。其后进一步引起染色质浓缩、碎裂和溶解消失。

**6. 核内包含物**　指核内出现正常成分以外的物质。核内包含物有的来自细胞内的胞质成分，也有来自细胞外的物质。

（1）胞质包含物：多由于核膜内陷将胞质成分包裹而嵌入核内形成，包含物成分包括细胞基质和各种退变的细胞器，有时见髓样结构和膜性结构的崩解碎片等。

（2）糖原包含物：核内出现不规则的糖原颗粒（多为 β 糖原颗粒）聚集，无明显界膜。糖原包含物多见于糖尿病、糖原积累症和传染性肝炎等疾病。

（3）脂质包含物：核内脂质包含物呈圆形或椭圆形，界膜不明显，可见于肿瘤细胞中。当胞质内出现大量脂滴时，脂滴经核膜孔进入核内也可形成核内脂质包含物。

（4）重金属包含物：在某些重金属中毒时（铅、铋、金等），在核内常可见细丝状或颗粒状包含物。

（5）病毒包涵体：DNA 病毒感染时，可在细胞核内形成病毒包涵体。病毒颗粒呈晶格状排列，细胞核常增大。

（王凤龙）

# 第七章 适应与修复

> **内容提要** 动物机体以及细胞、组织和器官，能对体内外环境的不断变化做出及时反应，表现为代谢、功能和形态结构的调整与改变，以维持其正常的生命活动，这种反应称为适应，包括肥大、化生、代偿等。当机体部分组织和细胞发生破坏后，机体对形成的缺损进行修补以及对病理产物改造的过程，称为修复，包括再生、肉芽组织的形成、创伤愈合、骨折愈合和机化等。肉芽组织是富含毛细血管的新生结缔组织，在组织损伤修复过程中具有重要意义。

## 第一节 适 应

适应（adaptation）是指细胞、组织、器官或机体对体内外环境改变或持续性有害刺激所做出的应答，这种应答一般是非损伤性的、可复性的。通过这种应答，细胞、组织和器官改变其自身的代谢、功能和结构，以构建对内外环境的新平衡。适应包括增生、化生、肥大和代偿等变化。

### 一、肥 大

组织或器官的体积增大并伴有功能增强，称为肥大（hypertrophy）。肥大主要是由于实质细胞的体积增大所致，同时可伴有细胞数量的增多。

肥大可分为生理性肥大和病理性肥大两种。生理性肥大是指在生理条件下，体内某一组织、器官为适应机体生理机能的需要而发生的肥大。例如，妊娠期子宫的肥大、泌乳期乳腺的肥大和赛马心脏的肥大等。而在有害因素作用下引起的组织或器官的肥大，称为病理性肥大。发生病理性肥大的组织或器官，往往是为适应病因造成的机能负担增加或代偿某器官机能的不足，因此也称为代偿性肥大。

动物代偿性肥大可见于多种情况：当心脏因某种病变（如慢性心瓣膜炎、主动脉瓣口狭窄、肺动脉瓣口狭窄、肺气肿等）使泵血受到阻碍时，心脏相应部

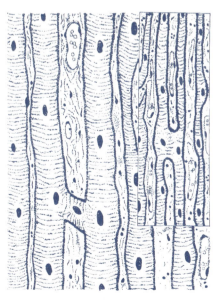

图 7-1 心肌纤维的代偿性肥大
心肌纤维体积明显增大，细胞核也变大
（右上图为正常心肌纤维）

分或整个心脏的心肌纤维发生肥大，以增强心肌的收缩力（图7-1）；消化道（如肠道、食管等）某段管腔狭窄时，位于狭窄处上部管壁的平滑肌纤维为克服阻力而发生肥大；当一侧肾因发育不全、手术摘除或其他原因导致功能受损时，另一侧肾为补偿受损肾的功能而发生肥大；肝局部受损时，病灶周围健康的肝细胞发生代偿性肥大来补偿受损细胞的功能。

目前认为，代偿性肥大的发生主要是通过神经反射机制来实现的。通过神经反射调节使相应细胞内细胞器的合成增多，细胞的合成功能增强，细胞发生肥大。就心脏肥大而言，目前认为至少有两种机理参与蛋白质合成的增加：一是心肌本身的机械性伸展，通过伸展受体刺激RNA和蛋白质合成；二是心肌细胞表面受体活化使某些收缩蛋白基因的表达发生改变，导致蛋白质合成的增加。

肥大的组织、器官内实质细胞的体积增大和功能增强，可使整个组织、器官的体积增大和功能加强。但假性肥大则不同。假性肥大是指器官内实质组织发生萎缩，而间质组织增生导致器官的外形增大。通常假性肥大时增生的间质主要是脂肪组织，故假性肥大也称为间质的脂肪浸润。例如，长期饲喂多量精饲料而又缺乏活动的动物，不仅在心冠状沟和纵沟内有多量脂肪，同时在心肌纤维之间也可有多量脂肪组织蓄积，而心肌纤维则萎缩。这种心虽然外观体积增大，功能却明显降低。

代偿性肥大的代偿作用是有限的，当负荷超过一定的限度就会导致代偿失调，使组织、器官的功能减弱。例如，严重心脏瓣膜病的后期，肥大的心肌逐渐因过度劳损而最终引发心力衰竭。

## 二、化　生

二维码7-1

已经分化成熟的组织为了适应环境条件的改变或理化刺激，在形态结构和功能上完全转变成为另一种成熟组织的过程，称为化生（metaplasia）。化生的过程并非是由一种成熟的细胞直接转变成另一种成熟的细胞，而是由较幼稚的、具有分裂增生能力的未分化的细胞（如上皮的储备细胞和结缔组织中未分化的间叶细胞）通过增生向另一方向分化而成。化生一般多发生在上皮细胞之间（图7-2，二维码7-1）或间叶组织细胞之间。

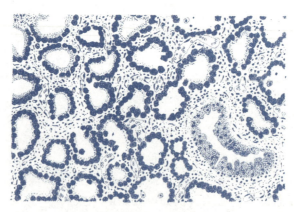

图7-2　间质性肺炎模式图
图中部分肺泡壁上皮细胞化生为立方状细胞，肺泡间隔增宽，炎性细胞浸润

### （一）上皮细胞的化生

在上皮细胞的化生中，鳞状上皮化生最常见。例如，支气管长期受到有害气体的刺激或慢性炎症的损伤时，支气管黏膜的假复层纤毛柱状上皮化生为复层鳞状上皮。肾盂结石时，肾盂黏膜的移行上皮化生为复层鳞状上皮。维生素A缺乏时，常导致支气管、鼻黏膜等组织发生

鳞状上皮化生。动物鳞状上皮化生是正常不存在鳞状上皮的组织、器官发生鳞状上皮癌的结构基础。例如，在猪鼻咽癌的发生过程中，大多先经过鼻黏膜上皮化生为复层鳞状上皮，然后才恶变为鳞状上皮细胞癌。

### （二）间叶组织的化生

例如，间叶组织中正常不形成骨的部分，在压力或骨化性肌炎等病因的作用下，间叶组织中的成纤维细胞可转变为成骨细胞或成软骨细胞，形成骨与软骨，称为骨或软骨化生。

化生往往是组织因环境条件的改变或刺激的一种适应性反应。化生的结果一般能使局部组织的抵抗力增强，表现出积极的机能适应作用。但是，化生后的组织失去原有组织的功能，也常引起一定的功能障碍。例如，骨化性肌炎中化生形成的软骨可导致局部肌肉运动障碍；支气管黏膜鳞状化生后，局部失去了黏液分泌和纤毛运动清除异物的功能，易发生感染。如诱发局部组织化生的刺激因素长期存在，还可导致局部组织细胞发生恶变。

上皮组织的化生，在病因或刺激消除之后可逐渐恢复正常。但是，骨或软骨化生通常是不可逆的。

## 三、代　　偿

在致病因素的作用下，动物体内某组织、器官的代谢、功能发生障碍或结构遭到破坏时，机体通过相应组织、器官的代谢改变、功能加强或形态结构的变化来进行替代、补偿的过程，称为代偿（compensation）。代偿可分为代谢性代偿、功能性代偿和结构性代偿3种形式。

**1. 代谢性代偿**　是指在疾病过程中，动物体内出现以物质代谢改变为主要表现形式的一种代偿。例如，在动物发生代谢性酸中毒时，机体可通过血液缓冲体系的调节以及肺、肾代谢改变来进行代偿，结果中和、排出过多的酸性产物，维持体内的酸碱平衡。再如，长期饥饿的动物，由于营养物质的缺乏，机体在较长时间内主要依靠增加分解脂库中的脂肪储备，以满足各器官系统的能量需要和维持机体的生存。

**2. 功能性代偿**　是指在疾病过程中，动物通过器官功能增强，来补偿体内出现的功能障碍和损伤的一种代偿方式。例如，在失血性休克的早期，机体可通过微静脉、小静脉、脾储血库的收缩，迅速增加回心血量，以利于维持血压。又如，一侧肾或肝的一部分因损伤而导致功能障碍时，另一侧肾或肝中的健康部分则可出现功能加强，来代偿受损一侧肾或局部肝的功能。在机体的代偿形式中，功能代偿是最常见的一种形式。

**3. 结构性代偿**　是以组织、器官体积增大（肥大）、功能增强来实现代偿的一种方式。结构性代偿是在功能性代偿的基础上进一步发展而来的。例如，动物心内膜炎后期导致的心脏肥大；肠管狭窄处前段肠壁肌层的增厚；患病一侧肾病变切除后导致的另一侧肾体积的增大等，均属结构性代偿。

动物机体有着完善的神经调节系统，并且各组织器官又有较强的储备力，故机体在疾病过程中表现出巨大的代偿能力。但这种代偿能力也是有限的，当损伤和障碍超出了机体能够代偿的限度时，则可导致相应的组织、器官出现失代偿或代偿失调。

机体的代谢性代偿、功能性代偿和结构性代偿，三者之间相互联系、相互促进，共同构成动物的整体性反应。通过代偿，可补偿致病因素所造成的障碍和损伤，使机体建立起新的动态平衡。但有时代偿可能掩盖疾病的真相，使患病动物表现出"健康"的假象，给临床诊断和治疗造成困难。此外在代偿过程中还可能导致其他病理过程的发生。例如，长期饥饿的动物主要依靠分解体内储备的脂肪来满足能量的需求，这是代偿的有利一面；当大量而持续的脂肪分解所产生的中间代谢产物超过机体组织所能利用的限度时，血中酮体含量增多，导致酮血症的发生，甚至引起酸中毒。因此，要充分认识和掌握代偿的规律，发挥代偿的积极作用，防止可能出现的不利影响。

## 第二节 修 复

修复（repair）是指组织损伤后的重建过程，包括机体对死亡的细胞、组织进行的修补以及对病理产物加以改造的过程。修复的主要表现形式有再生、肉芽组织形成、创伤愈合、机化、骨折愈合及钙化等。

### 一、再 生

组织器官的一部分遭受损伤后，由邻近健康的细胞分裂增殖来修复损伤组织的过程，称为再生（regeneration）。再生可分为生理性再生与病理性再生两种。

在正常生命活动中，有许多细胞不断衰老、死亡并被分裂新生的同种细胞所补充，以保持原组织的结构和功能，这种再生称为生理性再生（physiological regeneration）。例如，外周血液中血细胞出现衰老、凋亡，同时造血器官再生的血细胞又不断补充到血液中来；皮肤的表皮细胞不断衰老、凋亡、脱落，而表皮的基底细胞加以补充、更新，以保持皮肤的正常结构和功能。

病理性再生（pathological regeneration）是指组织器官在病因作用下发生损伤，由邻近健康细胞再生而修复的过程。病理性再生可根据再生的完善程度，分为完全再生和不完全再生两类。完全再生（complete regeneration）是指再生的组织在结构和功能上与原来的组织完全相同，即完全恢复了原组织的结构和功能。不完全再生（incomplete regeneration）指缺损的组织由结缔组织（肉芽组织）增殖来修复，不能完全恢复原组织的结构和功能，最终形成瘢痕，故也称为瘢痕修复。

家畜、家禽都是多细胞动物，是由周期性细胞（cycling cell；也称不稳定细胞，labile cell）、休眠细胞（dormant cell；又称稳定细胞，stable cell）、终末分化细胞（terminal differentiation cell；也称永久性细胞，permanent cell）所组成，它们的再生能力是不同的。一般来说，周期性细胞具有强大的再生能力；休眠细胞增殖现象不明显，但在受到病理性损伤的刺激时，则有较强的再生能力；终末分化细胞在机体出生之后就不再具有分裂增殖的能力，一旦遭受破坏则发生永久性缺失。再生的组织学基础是细胞增殖和分化，这一复杂的过程，与细胞间信号转导、相关基因的表达、多种细胞因子特别是生长因子的分泌有密切的关联。

**1. 被覆上皮的再生** 被覆上皮具有强大的再生能力。当皮肤的复层鳞状上皮缺损时，可由创缘或底部的基底层细胞分裂增殖，先形成单层上皮细胞，向缺损中心迁移，覆盖缺损；然后，继续增殖分化为复层鳞状上皮。黏膜的柱状上皮细胞受损时，由邻近的上皮细胞或残存腺上皮细胞分裂增殖来修补。新生的上皮细胞起初为立方形，以后逐渐增高成为柱状细胞，甚至还可向深部生长形成管状腺。

**2. 腺上皮的再生** 腺上皮具有较强的再生能力，但其再生情况依损伤的程度不同而异。如果损伤较轻，只有腺上皮的缺损，同时腺体的基底膜未被破坏，则由残存腺上皮分裂增殖补充，可完全恢复原来的腺体结构。如果损伤较重，腺上皮和基底膜（网状纤维支架）均遭破坏，则腺上皮不能完全再生。例如，当中毒等病因导致肾小管上皮细胞或肝细胞发生坏死，肾小管基底膜或肝小叶的网状支架依然保持完整时，可由存活的肾小管上皮细胞或肝细胞分裂增殖，使原有结构和功能得到完全的恢复（完全再生）。如果肝发生广泛坏死，原有网状支架也遭到破坏，此时肝细胞的再生不能重建肝小叶，而形成结构紊乱的肝细胞团块。再生的肝细胞大小不一，核大而浓染（二维码 7-2），间质结缔组织和小胆管大量增生，网状纤维胶原化，使肝的原有结构发生改变。同样，如果肾小管、肾小球和间质结缔组织同时遭到破坏，只能进行不完全再生，最终可导致肾固缩。

二维码 7-2

**3. 血细胞的再生** 血细胞具有极强的再生能力。动物在发生失血性贫血等疾病时，造血器官血细胞的再生明显增强，表现为造血机能亢进。初期，原有红骨髓中血细胞的分裂增殖大大增强，大量新生的血细胞进入血液循环。进一步，机体四肢管状骨的黄骨髓（脂肪性骨髓）转变成红骨髓，并可部分恢复造血机能。严重时（如中毒或传染性恶性贫血），造血器官遭到破坏，此时骨髓以外的肝、脾、肾和淋巴结等内出现新生的骨髓样造血组织，称为骨髓外造血或髓外化生。在红细胞再生增强时，外周血液网织红细胞明显增多，甚至可见晚幼红细胞。

**4. 血管的再生** 毛细血管的再生是以出芽方式来实现的。首先在蛋白分解酶作用下局部基底膜分解，该处原有毛细血管的内皮细胞分裂增殖，向外形成突起的幼芽。随着分裂增殖的不断进行，增殖的内皮细胞向前移动及后续细胞的不断增生而形成一条实心的细胞索。数小时后细胞条索中出现管腔，形成新生的毛细血管，进而彼此吻合构成毛细血管网（图7-3）。增生的内皮细胞在分化成熟过程中分泌Ⅳ型胶原、层粘连蛋白和纤维连接蛋白，形成基底膜的基板。周边的成纤维细胞可分泌Ⅲ型胶原及基质，组成基底膜的网板，其本身则转变为血管外膜细胞，从而完成毛细血管的构筑。新生的毛细血管

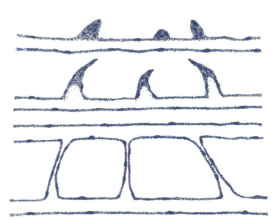

图7-3 毛细血管的再生
自上至下为：毛细血管内皮细胞分裂增殖形成幼芽；幼芽继续生长成实心的条索；条索中出现腔隙并互相连接

基底膜不完整，内皮细胞间空隙较大，通透性较高。为适应功能的需要，有些毛细血管还不断进行改建，逐渐演变为小动脉或小静脉。此时，血管外的未分化间叶细胞可进一步分化为平滑肌等，使管壁增厚。有的新生毛细血管也可因血液断流而关闭。

大血管断离后须手术吻合，吻合处两侧内皮细胞分裂增生，互相连接，逐渐恢复原来结构。但断离的肌层不能完全再生，而由结缔组织增生连接，形成瘢痕。

**5. 结缔组织的再生** 结缔组织具有强大的再生能力，不仅其本身损伤时能进行再生，而且在其他组织不能完全再生时，也由它来增殖修补。在机化和创伤愈合过程中均可见结缔组织的再生。这种再生开始于受损处成纤维细胞的分裂、增殖。成纤维细胞可由静止状态的纤维细胞转变而来，或由未分化的间叶细胞分化而来。当成纤维细胞停止分裂后，开始合成并分泌前胶原蛋白，在细胞周围形成胶原纤维，而细胞逐渐成熟，变成长梭形，胞质越来越少，核染色越来越深，转变为纤维细胞（详见肉芽组织）。

**6. 软骨组织与骨组织的再生** 软骨再生能力较弱。当软骨损伤轻微时，可由软骨膜内层的细胞分裂增殖，这些增殖的幼稚细胞形似成纤维细胞，以后逐渐变为成软骨细胞，并形成软骨基质，细胞被埋在软骨陷窝内而变为静止的软骨细胞。软骨组织缺损较大时由结缔组织来修补。

骨组织再生力强。骨折后通常可以完全再生修复（详见骨折愈合）。

**7. 肌肉组织的再生** 骨骼肌组织的再生能力很弱，其再生依肌膜是否完整及肌纤维是否完全断裂而表现不同。如果损伤较轻而肌膜未被破坏，肌原纤维仅部分发生坏死，此时中性粒细胞及巨噬细胞进入受损肌纤维内，吞噬清除坏死物质，残存部分肌细胞分裂，产生肌浆，分

化出肌原纤维，从而恢复正常骨骼肌的结构；如果肌纤维完全断开，断端肌浆增多，断端膨大，细胞核分裂，形成多核巨细胞样的肌芽，形如花蕾。但这时肌纤维断端不能直接连接，而靠纤维进行瘢痕愈合。如果整个肌纤维（包括肌膜）均被破坏，则难以再生，而由结缔组织增生来连接。

平滑肌有一定的再生能力，损伤不严重时，可由残存的平滑肌细胞再生修复。损伤严重时，则只能由结缔组织修复。

心肌再生能力极弱，破坏后只能进行瘢痕修复。

**8. 神经组织的再生**　成熟的神经细胞和中枢神经系统内的神经纤维不能再生，受损之后只能由神经胶质细胞进行修补，形成胶质疤痕。而外周神经的神经纤维受损后，只要神经细胞还存活，神经纤维的断端与发出纤维的神经细胞仍然保持联系，则可以完全再生。首先，断处远侧段的神经纤维髓鞘及轴突崩解，并被吸收；随后，近侧段的数个郎飞节（Ranvier node）神经纤维也发生同样变化。然后由两端的神经膜细胞（雪旺细胞）增生形成带状的合体细胞，将断端连接。与此同时，近端轴突逐渐向远端生长，穿过神经鞘细胞带，最后达到末梢鞘细胞，鞘细胞产生髓磷脂将轴索包绕形成髓鞘，再生过程完成并恢复传导功能（图7-4）。如果断离的两端相隔太远，或者两端之间有瘢痕或其他组织阻隔等，再生轴突则不能到达远端，而与增生的结缔组织混杂在一起，卷曲成团，形成创伤性神经瘤（traumatic neuroma），可引起顽固性疼痛。

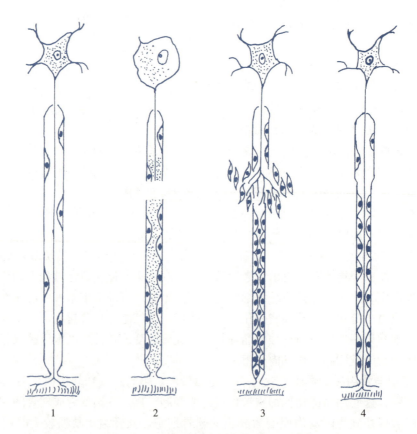

图7-4　外周神经损伤修复过程示意图

1. 正常的有髓外周神经　2. 神经被切断后部分中枢端和全部末梢端的髓鞘破坏瓦解，末梢端的轴突消失
3. 神经膜细胞增生，中枢端轴突生长出许多分支　4. 轴突的一支沿神经膜管向末梢端生长，直达效应器官，其余分支逐渐消失，两端神经膜连接

## 二、肉芽组织

肉芽组织（granulation tissue）是由毛细血管内皮细胞和成纤维细胞分裂增殖形成的幼稚的结缔组织。眼观，肉芽组织呈鲜红色颗粒状，表面湿润，易出血。镜下，肉芽组织中主要由大量成纤维细胞和新生的毛细血管组成（图7-5，二维码7-3）。毛细血管对着创面垂直生长，并以小动脉为轴心，在周围形成袢状弯曲的毛细血管网。此外，可见数量不等的炎性细胞，主要为巨噬细胞和中性粒细胞。

二维码7-3

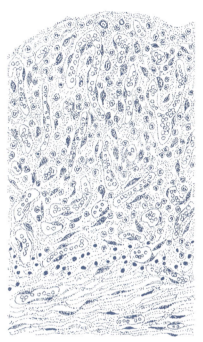

图7-5 肉芽组织结构模式图

### （一）肉芽组织的形成过程

肉芽组织来自损伤灶周围的毛细血管和结缔组织，在损伤后的3~5d内即可形成。最初是成纤维细胞和血管内皮细胞的增殖，随着时间的推移，逐渐形成纤维性瘢痕，这一过程包括：血管的新生；成纤维细胞的增殖和迁移；细胞外基质的积聚和纤维组织的重建。

**1. 血管的新生** 目前研究认为，肉芽组织中血管的新生包括血管生成和血管形成两种方式。血管生成（angiogenesis）是指组织中成熟的血管内皮细胞发生增殖和游走，逐渐形成小血管的过程。血管新生是以出芽（budding）方式来完成的。血管形成（vasculogenesis）是指由内皮祖细胞（endothelial progenitor cell，EPC，存在于血液中）或成血管细胞（angioblast）形成新血管的过程。血管形成由生长因子（如血管内皮生长因子，vascular endothelial growth factor，VEGF）、细胞和细胞外基质间的相互作用来调控。

**2. 成纤维细胞的增殖和迁移** 在毛细血管内皮细胞分裂增殖的同时，该部位的未分化间叶细胞肿大，逐渐转变为成纤维细胞并分裂增殖。在肉芽组织形成过程中，VEGF不仅促进血管生成，还能增加血管的通透性。血管通透性的升高导致血浆蛋白在细胞外基质中积聚，为生长中的成纤维细胞和内皮细胞提供临时基质。多种生长因子可启动成纤维细胞向损伤部位的迁移及随之发生的增殖。这些生长因子来源于血小板和各种炎性细胞以及活化的内皮细胞。幼稚的成纤维细胞胞体大，有突起，细胞呈椭圆形或星形，胞质丰富呈弱嗜碱性，胞核呈椭圆形，淡染、泡沫状，可见1~2个核仁。电镜下可见成纤维细胞胞质中有丰富的粗面内质网、核糖体和发达的高尔基复合体，表明其具有活跃的蛋白质合成功能。随着成纤维细胞的不断分裂增殖，并伴随新生的毛细血管一同向创面迁移。肉芽组织中不仅含有丰富的液体，也可见数量不等的中性粒细胞、巨噬细胞、淋巴细胞等炎性细胞，它们在清除细胞外碎片、纤维蛋白和其他外源性物质以及促进成纤维细胞的迁移和增殖中发挥重要作用。

**3. 细胞外基质的积聚**　当肉芽组织吸收清除了伤口内的坏死物质和填补了伤口后，随即开始其成熟过程。增生的成纤维细胞和内皮细胞的数量逐渐减少。成纤维细胞开始合成更多的细胞外基质并在细胞外积聚，尤其是分泌前胶原。前胶原在细胞外基质中经氨基端内切肽酶和羧基端内切肽酶作用，切除两端的肽链伸展部分，形成原胶原。原胶原进一步聚合形成胶原微纤维并进行交联，形成不溶性的胶原。许多调节成纤维细胞增殖的生长因子也同样可促进胶原的合成和细胞外基质的积聚。此外，胶原的积聚不仅与胶原合成的增加有关，还与这一过程中胶原降解抑制有关。

**4. 纤维组织的重建**　随着肉芽组织的成熟，成纤维细胞逐渐转变为纤维细胞，细胞呈长梭形，胞质越来越少，细胞核也缩小，核呈棒状，染色加深（图7-6）。肉芽组织的成熟过程通常从底部逐渐向表层发展。此时，肉芽组织中液体成分逐渐减少，炎性细胞渗出减少，胶原纤维不断形成和数量增多、变粗，并适应机能负荷的需要按一定方向排列成束。随后成纤维细胞不断减少和转变为纤维细胞，有的毛细血管逐渐萎缩、闭合、退化和消失，有的毛细血管管壁则可增厚而形成小动脉或小静脉。此时，肉芽组织逐渐转变为血管较少、呈灰白色、质地较硬的瘢痕组织。瘢痕组织中的细胞成分和血管可继续减少，胶原纤维相互融合和均质化，进一步可发生玻璃样变，成为均质半透明的组织，有时甚至形成瘤状突起，称为瘢痕疙瘩（keloid）。

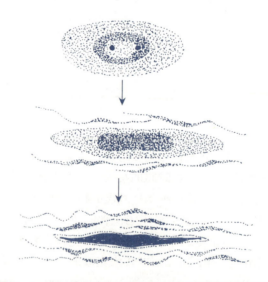

图7-6　成纤维细胞产生胶原并转化为纤维细胞示意图

肉芽组织转变为瘢痕的过程也包括细胞外基质的结构改建过程。基质金属蛋白酶（matrix metalloproteinase）是降解细胞外基质成分的关键酶。胶原和其他细胞外基质成分的降解可由锌离子依赖性的基质金属蛋白酶家族来完成。细胞外基质合成与降解的最终结果不仅导致了结缔组织的重构，而且又是慢性炎症和创伤愈合的重要特征。

### （二）肉芽组织中的肌成纤维细胞

肉芽组织中一些成纤维细胞的胞质中含有肌微丝，此种细胞除有成纤维细胞的功能外，还具有平滑肌细胞的收缩功能，称为肌成纤维细胞（myofibroblast），与肉芽组织形成和瘢痕收缩有密切关系。光镜下，肌成纤维细胞呈长梭形或星形，胞质呈嗜酸性，胞质内可见纵行的细胞纤维；胞核呈椭圆形或棒状，两端钝圆，核染色较淡。电镜下，其胞质中有发达的高尔基复合体和丰富的粗面内质网，大量多聚核糖体及线粒体等，并可见与细胞长轴平行的肌微丝。肌微丝多集中在细胞外周，尤其是细胞膜下的胞质中，甚至可伸出细胞膜附着在邻近的胶原纤维上，形成微肌腱，为细胞收缩提供支点。

### （三）肉芽组织和瘢痕组织的功能

肉芽组织在组织损伤修复过程中具有重要的作用：①抗感染及保护创面；②填补创口及其他组织缺损；③机化或包裹坏死物、血栓、炎性渗出物及其他异物。

瘢痕组织是肉芽组织经改建后成熟的纤维结缔组织。它对机体既有有利的一面，也有不利的一面。有利的一面表现为：可使创口或缺损长期填补并连接起来，保持组织器官的完整性；由于瘢痕组织中有大量胶原纤维，使修补及连接相对牢固，可使组织器官保持其坚固性。不利的一面表现为：瘢痕收缩，尤其是发生于关节和重要器官（如气管）的瘢痕，常常导致关节活动受限或器官机能受损（如通气障碍）；瘢痕性粘连，尤其是在器官之间或器官与体腔壁之间发生的纤维性粘连，常不同程度地影响其功能。

## 三、创伤愈合

创伤愈合（wound healing）是指创伤造成组织缺损的修复过程。这个过程以组织的再生和炎症作为基础。由于创伤的轻重、大小、创内病理产物的多少、有无感染和机体状态等条件的不同，创伤愈合的经过和表现也各不相同。现以皮肤创伤为例，说明其愈合的过程，根据损伤程度及有无感染，可分为以下两种类型。

### （一）创伤第一期愈合

创伤第一期愈合见于创缘整齐、组织出血和缺损少、无感染、经黏合或缝合后创面对合严密的伤口，如外科手术切口。由于这种伤口只有少量血凝块，炎症反应轻微。12～24 h后，创底和创缘的成纤维细胞和毛细血管开始向创口内生长，形成肉芽组织。3 d左右就可将伤口填满。约在48 h内表皮再生便可将伤口覆盖。5～7 d伤口两侧出现胶原纤维连接。此时，由于肉芽组织中毛细血管和成纤维细胞不断增生，胶原纤维不断积聚，局部呈鲜红色，略突出皮肤表面。随后水肿逐渐消退，炎性细胞减少，血管改建而数量减少，2～3周完成愈合，局部形成一条白色线状瘢痕。创伤第一期愈合的特点为愈合所需时间短，形成的瘢痕小（图7-7）。

### （二）创伤第二期愈合

创伤第二期愈合见于创缘不整、裂开、无法整齐对合，创内坏死组织较多、出血严重，并伴有感染和明显炎症反应的创伤，如开放性感染创。这种创伤的愈合与第一期愈合有所不同：由于坏死组织多，或由于感染，继发引起局部组织变性、坏死，炎症反应明显。只有当感染被控制、坏死组织被清除以后，再生才能开始；随着炎性渗出物和坏死物的清除，创缘表皮细胞开始向创面移动和分裂增殖，同时肉芽组织开始增生。由于创伤大，创口收缩明显，需要从创口底部及边缘长出多量的肉芽组织将伤口填平；肉芽组织填平创口后，逐渐成熟，形成瘢痕。瘢痕组织中通常缺乏毛囊、汗腺、皮脂腺和色素。第二期愈合的特点为愈合的时间较长，形成的瘢痕较大（图7-8）。

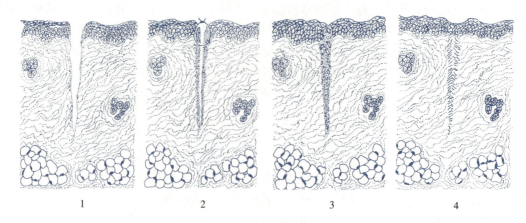

图 7-7 创伤第一期愈合示意图
1. 创缘整齐，组织破坏少　2. 经缝合后创缘对合，炎症反应轻微
3. 表皮再生，少量肉芽组织从伤口边缘长入　4. 愈合后仅有少量疤痕

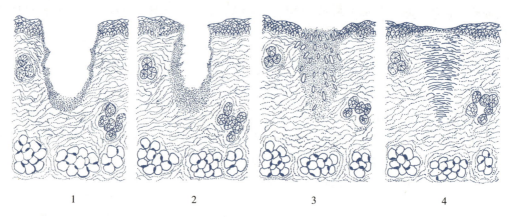

图 7-8 创伤第二期愈合示意图
1. 创口大，边缘不整齐，组织破坏多　2. 伤口收缩，炎症反应明显
3. 大量肉芽组织从伤口底部及边缘长入，将伤口填平，表皮再生　4. 愈合后在局部形成较大疤痕

### （三）影响创伤愈合的因素

创伤愈合的速度和完善程度受全身和局部因素的影响。

**1. 全身性因素**

（1）年龄：通常幼龄动物的组织再生过程较快而且完全，因此创伤愈合较好，而老龄动物的再生能力则相对较弱。这与幼龄动物体内合成代谢占优势及血液供应相对较好等有密切关系。

（2）营养：动物机体营养状况对其创伤愈合也有很大影响。长期营养不良和蛋白质缺乏可导致机体肉芽组织增生和胶原纤维合成被抑制，创伤愈合过程被迟滞或完全抑制。给动物饲喂含蛋氨酸或胱氨酸的蛋白质有助于改善这种状况。维生素 C 能促进脯氨酸生成羟基脯氨酸，赖氨酸生成羟基赖氨酸，有助于胶原的合成，因此，维生素 C 缺乏可导致成纤维细胞合成前胶原障碍，使胶原纤维合成减少，愈合延迟。锌是体内许多金属酶、DNA 和 RNA 聚合酶等的辅助因子，在细胞生长和蛋白质合成中发挥重要作用，缺锌可导致创伤愈合延缓或抑制。

（3）激素：在创伤修复过程中，激素也发挥着重要作用。有研究表明，肾上腺皮质激素对创伤修复有抑制作用，而甲状腺素、生长激素对创伤修复有促进作用。

**2. 局部性因素**

（1）局部血液循环状况：局部血液循环的正常进行能保证组织再生所需营养物质和氧气的供应，同时还可促进坏死组织的吸收和有效控制局部感染。因此局部血液循环良好，则再生修复完好；相反，局部血液循环障碍，则再生愈合受阻。

（2）组织损伤的程度：损伤范围小，组织破坏少，再生修复较好；而损伤范围较大，组织破坏严重，尤其是支架组织破坏时，再生不完全，常由瘢痕修复。

（3）局部感染和异物：感染和异物存在可严重影响局部组织的修复过程。许多化脓菌产生的毒素和酶类可引起组织的坏死和胶原纤维的溶解，加重局部组织的损伤。此外，局部感染引起的炎症反应和创腔内的坏死物质、异物等，也可使再生过程严重受阻。故及时清除异物和控制感染有助于创伤愈合。

（4）局部组织的神经支配：局部组织完整的神经支配对组织的再生修复也产生一定作用。如果创伤局部组织神经受损，则可导致该组织的愈合过程迟缓或不完善。

（5）创伤局部的活动性：创伤局部的活动状态对组织的愈合可产生一定影响。如创伤局部经常活动，容易引起继发性损伤，不利于局部愈合。

## 四、骨折愈合

骨折愈合（fracture healing）是指骨折后局部发生的一系列修复过程，使骨的结构和功能完全恢复。骨的再生能力很强，通常复位良好的单纯外伤性骨折，数月便可完全愈合。

### （一）骨折愈合过程

骨折愈合过程分为以下几个阶段。

**1. 血肿形成** 骨组织和骨髓中有丰富的血管。骨折时骨外膜、骨内膜、骨和骨髓，以及附近的软组织均被破坏，其中的血管被断离或撕裂，大量血液进入骨折断端间及邻近软组织内形成血肿，随后血液发生凝固。同时，骨折局部出现炎症反应。

**2. 骨折断端坏死骨的吸收** 由于骨折伴有血管断裂，使局部血液循环中断，导致骨折局部骨细胞坏死、溶解和骨陷窝内出现无骨细胞的骨质（即坏死骨）。同时，也常常可见骨髓组织的坏死。如果坏死灶较小，可被破骨细胞吸收；如果坏死灶较大，可形成游离的死骨片。

**3. 纤维性骨痂形成** 血肿形成后2~3d，由骨外膜和骨内膜内层增生的成骨细胞和新生的毛细血管开始向血凝块中生长，形成成骨细胞性肉芽组织。这种成骨细胞性肉芽组织可逐渐将血凝块完全吸收取代并将骨折断端连接起来，在局部形成梭形肿胀的软组织，即纤维性骨痂（fibrous callus）或暂时性骨痂。纤维性骨痂的形成需2~3周。

**4. 骨性骨痂形成** 纤维性骨痂形成后，成骨细胞不断在细胞之间分泌骨基质，而成骨细胞逐渐转变为多突起的骨细胞，这样纤维性骨痂逐渐转变为骨样组织。骨样组织进一步发生钙化（钙盐沉着）后形成骨组织，即骨性骨痂（bony callus）。骨性骨痂可使骨折断端较牢固地连接在一起，但骨小梁排列紊乱，骨质疏松、脆弱。有时，骨性骨痂的形成可通过软骨性骨痂转变而来，即纤维性骨痂中的细胞首先分化成软骨细胞并分泌软骨基质，形成软骨性骨痂；软骨性骨痂可进一步发生钙化，再形成骨性骨痂。

**5. 骨痂改建** 由于骨性骨痂的组织结构不规则，还不能适应机体功能的需要。为了适应骨活动时所受应力的变化，骨性骨痂需经进一步改建成为成熟的板层骨，并逐渐恢复骨骼的正常结构（图7-9）。改建是在破骨细胞的骨质吸收及成骨细胞的新骨质形成的协调作用下完成的，完成改建通常需要半年以上。

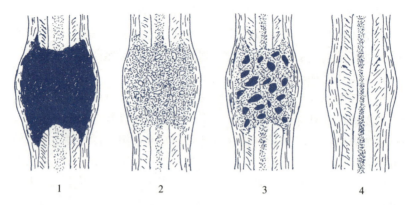

图 7-9 骨折愈合示意图
1. 骨折断端血肿形成　2. 纤维性骨痂形成　3. 骨性骨痂形成　4. 新生骨组织改建，骨愈合完成

### （二）影响骨折愈合的因素

凡影响创伤愈合的全身及局部因素对骨折愈合都有作用。此外，以下几个因素都可促进骨折愈合。

**1. 骨折断端及时正确复位**　完全性骨折时常常发生错位或有其他组织、异物的嵌塞，可导致骨折愈合延迟或不能进行愈合。故及时、正确复位是骨折完全愈合的条件之一。

**2. 骨折断端及时且牢靠固定**　有时骨折断端虽已复位，但由于肌肉活动的影响仍可导致错位。故复位后及时、牢靠固定有利于骨折的愈合。通常须固定到骨性骨痂形成后。

**3. 及时活动并保持局部良好的血液供应**　骨折后的复位、固定等，虽有利于局部愈合，但如果机体长期不运动，使局部血液循环不良，又会延迟愈合。局部长期固定不动还会引起骨及肌肉的废用性萎缩、关节强直。故在不影响局部固定的情况下，应尽量保持一定的活动性。

## 五、机　　化

机化（organization）是指机体内的坏死组织、炎性渗出物、血栓及血凝块等病理性产物，由肉芽组织长入并取代的过程。对于不能机化的病理性产物或异物，则由肉芽组织将其包裹，称为包囊形成（encapsulation）。由于病理产物的性质、数量和出现部位不同，机化的表现也各不相同。

**1. 纤维素性渗出物的机化**　浆膜面发生纤维素性炎时，有大量纤维素性渗出物渗出，随着纤维素的机化，导致浆膜呈结缔组织性肥厚。眼观，被机化的纤维素呈灰白色斑块状或绒毛状附着在浆膜面；如果浆膜的壁层和脏层之间充满纤维素时，则机化可使脏层和壁层发生结缔组织性粘连（二维码7-4），严重时可导致浆膜腔的闭塞。大叶性肺炎的后期，肺泡腔内的纤维素被机化，肺泡腔由增生的结缔组织充塞，病变部肺质地变实，失去正常肺组织的弹性和呼吸功能，在颜色和质地上犹如肌肉，称为肺肉变（pulmonary carnification）（图7-10，二维码 7-5）。

**2. 坏死物的机化**　体内的坏死组织，不能被完全溶解吸收或分离排出时，可由肉芽组织长入将其取代机化，并进一步形成瘢痕组织。如果坏死范围较大，则增生的肉芽组织形成包囊，将坏死物与正常组织分离（图 7-11，二维码 7-6）。包囊内的坏死物可逐渐变干，甚至有钙盐沉着，即发生钙化（二维码7-7）。脑组织发生的小液化坏死灶常由神经胶质细胞的分裂增殖来修复，最终在局部形成神经胶质瘢痕；而较大的液化坏死灶可由神经胶质细胞增生和血管周围结缔组织增生形成包囊，其中的软化坏死组织可逐渐被吸收，组织液渗入，最终形成

二维码 7-4

二维码 7-5

二维码 7-6

二维码 7-7

一个充满清亮水样液体的囊肿。

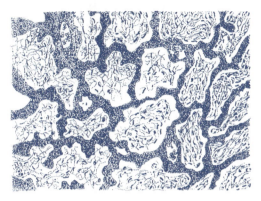

图 7-10 肺肉变
肺泡内纤维素渗出物机化，
充塞结缔组织，肺组织变实

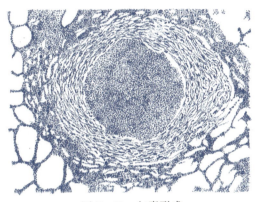

图 7-11 包囊形成
肺坏死灶周围形成结缔组织包囊

**3. 异物的机化** 组织中有异物（如寄生虫、铁钉、缝线等）存在时，在异物周围增生的肉芽组织将其包裹，而在增生的肉芽组织中常可见到异物性多核巨细胞。小的异物，可被这种异物性巨细胞逐渐吞噬、溶解、消化，最终局部被增生的肉芽组织完全取代，并形成瘢痕组织；而较大或坚硬的异物，不能被异物性巨细胞完全吞噬，则由结缔组织包囊包裹。

机化是动物机体一种重要的修复性反应，在清除和限制各种病理产物的致病作用以及维持体内环境稳定中发挥重要作用。但机化有时也给机体带来不利的影响，如肺的机化（肉变）可导致呼吸功能严重受损或甚至丧失。

（贾宁）

# 第八章

# 炎 症

**内容提要** 炎症是动物机体一种重要的病理反应，是由致炎因素和炎症介质参与引起的。炎灶局部的基本病理变化有变质、渗出和增生，中心环节是渗出，白细胞的游出和趋化运动有重要抗炎作用。根据炎灶的病变特点，炎症可分为变质性炎、渗出性炎、增生性炎。识别不同的炎症类型和病理变化对疾病的正确诊断和治疗具有指导意义。发热、白细胞增多、吞噬能力增强、血清急性期反应物形成等是炎症引起的全身性反应。炎症的结局有康复、迁延不愈和蔓延扩散，炎症局部病理过程的全身化可造成严重后果。

## 第一节 炎症的概念及原因

### 一、炎症的概念

炎症，俗称"发炎"，是最常见并很早就被人们所认知的一种基本病理过程，可发生于多种组织器官，见于多种疾病。很多疾病就是以炎症命名的，特别是一些感染性疾病，例如仔猪肠炎、乳牛乳腺炎、绵羊进行性肺炎、马流行性乙型脑炎、鸡传染性喉气管炎等。这些疾病尽管病因不同，症状各异，但都以不同组织或器官的炎症作为共同的发病学基础。

炎症（inflammation）是动物机体对致炎因素的损伤所产生的以防御为主的局部反应，其基本病理变化是变质、渗出和增生，并对全身产生不同程度的影响。从现代免疫学角度看，炎症既包括非特异性免疫反应（如吞噬、补体的介入等），又包括特异性免疫反应（如浆细胞释放抗体介导的体液免疫、细胞毒性T淋巴细胞对靶细胞的攻击等）。炎症是动物整体反应性的局部表现。

历史上许多科学家为揭示炎症的本质做出了不懈努力。例如，古罗马学者 Aurelius Cornelius Celsus（公元3—64年）总结出炎症局部的红、肿、热、痛4种表现；德国病理学家 Rudolf Virchow（1821—1902）增加炎症局部的机能障碍作为第5种表现；德国实验病理学家 Julius Cohnhein（1838—1884）确定血管充血、血管通透性升高、白细胞渗出是炎症发生的重要基础；俄国动物学家 Elie Metchnikoff（1845—1916）发现吞噬细胞和吞噬作用；英国医学家 Thomas Lewis（1881—1945）阐明了急性炎症时血管的变化及其发生机理等。随着在炎症介质、黏附分子等领域取得了不少研究进展，使人们对炎症本质的认识不断深化，对炎症的治疗、调控手段也在不断丰富。

## 二、炎症发生的原因及影响因素

### （一）炎症发生的原因

凡能引起组织、细胞损伤的各种致病因素都可成为炎症的原因，概括起来有如下几种。

**1. 生物性因素** 包括各种病原微生物、寄生虫等，通过其产生的内外毒素、机械性损伤、在细胞内外增殖造成的破坏或作为抗原性物质引起超敏反应，都可导致组织损伤而引起炎症。

**2. 物理性因素** 高温、低温、机械力、紫外线、放射性物质等，当达到一定作用时间和强度时均可引起炎症。这些因素作为始动病因其作用往往短暂，炎症的发生多是因其损伤组织而造成的后果。

**3. 化学性因素** 外源性化学物质如强酸、强碱等，在其作用部位腐蚀组织而导致炎症。内源性化学物质如组织坏死崩解产物、某些病理条件下体内蓄积的代谢产物（尿酸等），在其蓄积和吸收的部位也常引起炎症。

**4. 某些抗原性因素** 一些抗原物质作用于致敏机体后可引起超敏反应和炎症。如结核菌素皮内注射于致敏动物所引起的局部炎症（结核菌素反应），致敏 T 淋巴细胞再次与相关抗原反应，释放淋巴因子可造成组织损伤和炎症。

### （二）影响炎症过程的因素

**1. 致炎因素** 是引起炎症发生的重要条件和必需因素。致炎因素，特别是生物性因素，其性质和炎症表现之间常有一定的联系。例如牛感染结核分枝杆菌，可在肺部、胸膜、淋巴结等处形成具有特殊形态变化的结核性炎；牛感染副结核分枝杆菌可引发慢性增生性肠炎，这些特异的形态结构变化构成病理组织学诊断的基础。但是生物性因素的作用也不是绝对的，它能否引起炎症和疾病，还取决于机体的状态特别是免疫状态。

**2. 机体因素** 机体的免疫状态、营养状态、内分泌系统功能状态等，对炎症的发生也有重要影响。例如病原微生物对处于免疫状态的机体不能引起炎症和疾病，某些变应原仅对已被致敏的个体有致炎作用。机体营养不良、缺乏某些必需氨基酸和微量元素时，引起蛋白质合成障碍，使修复过程延缓甚至停滞。而激素中生长激素、甲状腺素等对炎症有促进作用，肾上腺糖皮质激素则具有抑制炎症反应的作用。

## 第二节 炎症介质

多种致炎因素可引起炎症，多种组织器官可发生炎症，但炎症局部的基本病理变化却大体相同，何以如此？研究证明，除少数病因（如化脓菌、某些病毒感染，严重烧伤）可直接损伤血管内皮细胞引起炎症外，大多数致炎因素是通过一系列中介物引发炎症局部的各种病理变化的，这类中介物即炎症介质。炎症介质（inflammatory mediator）指在炎症过程中由细胞释放或由体液产生参与或引起炎症反应的化学物质。按其作用可分为血管活性物、趋化剂、内生性致热原等；按其来源可分为细胞源性炎症介质和血浆源性炎症介质两类。

### 一、细胞源性炎症介质

致炎因素直接或间接作用于机体多种细胞，如肥大细胞、白细胞、巨噬细胞、血小板、血管内皮细胞等，使之生成并释放的炎症介质称为细胞源性炎症介质。

## （一）血管活性胺

**1. 组胺** 组氨酸脱羧生成组胺（histamine），它储存于肥大细胞和嗜碱性粒细胞胞质颗粒内，也存在于血小板中。肥大细胞广泛分布于各种组织，尤以肺、胃、肠、皮肤小血管和小淋巴管周围数量较多。各种致炎因素、补体裂解产物 $C_{3a}$ 和 $C_{5a}$、变应原与附着在细胞表面的 IgE 结合后，细胞因子如 IL-1 和 IL-8、中性粒细胞溶酶体内的阳离子蛋白等，都能促使肥大细胞、嗜碱性粒细胞脱颗粒释放组胺。当血小板与胶原、凝血酶、ADP 接触发生凝集时也可释放组胺。

组胺明显扩张微动脉、毛细血管和微静脉，严重时导致血压降低。但组胺却引起肺微动脉、微静脉收缩易造成肺动脉高压。它可使毛细血管内皮细胞间连接处出现较大裂隙而导致通透性升高，渗出增加。此外，它还引起支气管、胃肠道、子宫平滑肌收缩，促进支气管腺体和消化道腺体分泌，导致哮喘、腹泻和腹痛。

**2. 5-羟色胺** 5-羟色胺（5-hydroxytryptamine，5-HT；又称血清素，serotonin）是色氨酸脱羧、羟化生成的衍生物，主要存在于血小板、肠道嗜银（嗜铬）细胞内。凝血酶、ADP、免疫复合物、胶原纤维、血小板活化因子（platelet activating factor，PAF）等可促使释放 5-HT。

低浓度 5-HT 引起多数脏器微血管扩张，且有强烈的致痛作用，稍高浓度可导致大静脉收缩。5-HT 可引起肾、肺细动脉收缩，炎症局部血管通透性升高，并能促进组胺释放。

## （二）花生四烯酸的代谢产物

**1. 前列腺素** 动物摄入的亚油酸在肝细胞内转化生成花生四烯酸（arachidonic acid，AA）后，即被整合到多种细胞的膜上作为膜磷脂的组成部分。在致炎因素作用下，细胞膜上的磷脂酶 $A_2$ 被激活，裂解膜磷脂生成 AA。AA 在环加氧酶作用下生成前列腺素（prostaglandin，PG）。炎区内的 PG 主要来自血小板和白细胞，在细胞内合成后释放到细胞外发挥作用。PG 是一组具有一个五碳环和两条侧链共含 20 个碳原子的不饱和脂肪酸衍生物。根据五碳环结构的不同分为 PGD、PGE 等类型；根据侧链上双键数目的不同又有 $PGE_1$、$PGE_2$ 之分。PGE、$PGI_2$、$PGD_2$ 是强烈的血管扩张剂。PGE 和 PGI 本身不能引起血管通透性升高，也不具趋化作用，但能明显加强组胺和缓激肽的效应而引起血管通透性升高，也能加强其他趋化因子的作用使白细胞向炎区集中。PGE 和 PGF 有增强胶原生物合成的作用，能促进炎区纤维化。PG 能致痛和参与发热过程。PG 特别是 PGE 在急性炎症后期出现，因此可能在炎症后期起主要作用。

**2. 白细胞三烯** 花生四烯酸（AA）在脂加氧酶作用下生成白细胞三烯（leukotriene，LT）。因该产物主要来自白细胞且具有 3 个共轭双键，故名。LT 分为 $LTA_4$、$LTB_4$、$LTC_4$、$LTD_4$、$LTE_4$ 等类型，大写字母右下角的阿拉伯数字表示分子中双键的总数目。

炎区内 LT 主要来自嗜碱性粒细胞、肥大细胞和单核细胞。它们在细胞内合成，然后释放到细胞外发挥作用。

$LTB_4$ 具有明显促进白细胞聚集和黏附于小静脉内皮细胞上的作用，它也是一种很强的白细胞趋化因子。$LTC_4$、$LTD_4$、$LTE_4$ 能显著升高炎区血管通透性，具有强烈的收缩血管和支气平滑肌的作用。

**3. 脂氧素**（lipoxins，LX） 是新确定的一类由 AA 产生的活性物质，主要通过转细胞生物合成机制形成。血小板本身不能形成 LX，只有当其与白细胞相互接触并由白细胞内衍生的中间介质转入后才能形成。如在白细胞内的 12-脂质加氧酶的作用下，由来自白细胞三烯中的 $LTA_4$ 可生成 $LXA_4$ 和 $LXB_4$；细胞与细胞之间的黏附接触能增强 LX 的生成机制。

LX能抑制中性粒细胞的黏附和趋化作用，但却促进单核细胞的黏附。$LXA_4$可刺激血管扩张。有人认为，LX可能是体内LT活性的负向调节因子。

### (三) 溶酶体成分

中性粒细胞和单核细胞的溶酶体内含40余种酶类和非酶类成分，当炎症过程中细胞崩解将溶酶体成分释放出来后，造成炎症组织细胞的损伤，具有致炎或加重炎症的作用。

中性粒细胞溶酶体内的炎症介质包括以下几种。

**1. 阳离子蛋白**（cationic protein） 促使肥大细胞脱颗粒释放组胺而升高血管通透性，同时它对单核细胞具有趋化作用。

**2. 酸性蛋白酶**（acid proteases） 在酸性环境中分解蛋白质的活性最强，主要在吞噬溶酶体内降解细菌和细胞碎片。此外，它还能促使肥大细胞脱颗粒。

**3. 中性蛋白酶**（neutral proteases） 在中性或微碱性环境中活性最强，能降解胶原纤维、基底膜、软骨组织、弹性蛋白而引起组织损伤，还可使血管通透性升高。

单核细胞和巨噬细胞溶酶体内含有胶原酶、弹性蛋白酶、酸性蛋白酶、纤维蛋白溶解酶原激活物等，在炎症特别是慢性炎症中起重要作用。

### (四) 细胞因子

由免疫细胞（淋巴细胞、单核-巨噬细胞等）和相关细胞（成纤维细胞、内皮细胞等）产生的，调节细胞功能的高活性多功能多肽分子，称为细胞因子（cytokine，CK）。根据其生物学效应的不同，分为白细胞介素（在白细胞间发挥作用）、肿瘤坏死因子（对肿瘤细胞具有细胞毒性作用）、造血生长因子（促使骨髓造血前体细胞增殖、分化、成熟）、干扰素（干扰正常细胞内病毒增殖）、转化生长因子（促使在软琼脂上生长的正常细胞发生恶性转化）、淋巴因子（促进免疫活性细胞增殖和增强免疫活性）等。

关于炎症过程中细胞因子表达加强的机理已基本明确。巨噬细胞、肥大细胞、树突状细胞以及分布于消化道、呼吸道的上皮细胞和嗜酸性粒细胞等，被形象地称为"哨兵细胞（sentinel cells）"。哨兵细胞表面及胞内具有Toll样受体（Toll-like receptor，TLR）。TLR可识别的配体称为病原体相关分子模式（pathogen-associated molecular patterns，PAMP）。其中膜TLR可识别的PAMP包括病原菌的蛋白、脂蛋白、细菌脂多糖（LPS）等；而胞内TLR可识别的PAMP主要是病毒核酸。随着病原体的入侵，PAMP和TLR结合，通过信号转导系统和基因启动，引起与炎症相关的细胞因子及与凋亡相关的Caspase的高表达。

具有强烈致炎活性的细胞因子有以下几种。

**1. 白细胞介素1**（interleukin-1，IL-1） 是由单核-巨噬细胞系统的细胞和树突状细胞、成纤维细胞、血管内皮细胞等产生的多肽。体内任何致炎因素都可诱生IL-1，在体外实验中细菌脂多糖（lipopolysaccharide，LPS）是最佳诱生剂。IL-1能上调血管内皮细胞上黏附分子的表达，参与发热，促进T淋巴细胞、B淋巴细胞活化和造血细胞的增殖分化。

**2. 白细胞介素6** T淋巴细胞和巨噬细胞、成纤维细胞等合成白细胞介素6（IL-6），细菌、病毒、LPS、植物血凝素（phytohemagglutinin，PHA）等是其强烈诱生剂。IL-6和IL-1协同作用能增加血管内皮细胞上黏附分子的表达，是炎症时血清急性期C-反应蛋白的诱生物，它还参与发热，能促进B细胞的分化成熟及合成释放免疫球蛋白。

**3. 肿瘤坏死因子**（tumor necrosis factor，TNF） 包括活化的巨噬细胞产生的$TNF_α$和活化的T淋巴细胞分泌的$TNF_β$。TNF对某些肿瘤细胞有细胞毒作用，还有抗病毒活性，可选择性杀伤病毒感染细胞，能诱导发热和IL-1、IL-6等细胞因子的合成。与IL-1、IL-6协同诱生血清急性期反应物以及黏附分子在血管内皮细胞的表达，增强中性粒细胞和巨噬细胞的吞噬功能。

**4. 白细胞介素 8**　单核细胞、成纤维细胞、血管内皮细胞等，受 LPS 和其他细胞因子如 IL-1、TNF。刺激产生白细胞介素 8（IL-8）。IL-8 对中性粒细胞、嗜酸性粒细胞、嗜碱性粒细胞和 T 淋巴细胞有强烈趋化作用，并激活嗜碱性粒细胞脱颗粒参与炎症和超敏反应。

**5. 单核细胞趋化蛋白 1**　淋巴细胞、单核细胞、成纤维细胞、平滑肌细胞、内皮细胞等受 LPS、IL-1 和 TNF 诱生后合成单核细胞趋化蛋白 1（monocyte chemotactic protein-1，MCP-1）。MCP-1 对单核细胞有强烈的趋化作用。

**6. 淋巴因子**　致敏 T 淋巴细胞与相应抗原接触后能合成与释放多种淋巴因子（lymphokine）。其中与炎症有关的有以下几类。

（1）作用于巨噬细胞的淋巴因子：巨噬细胞活化因子（macrophage activating factor，MAF）能加强巨噬细胞内氧化过程，提高吞噬和杀菌能力；巨噬细胞移动抑制因子（macrophage migration inhibiting factor，MIF）能与巨噬细胞膜受体结合，改变膜表面性状，导致细胞移行能力消失而停留在炎区发挥吞噬作用。

（2）作用于淋巴细胞的淋巴因子：如转移因子（transfer factor，TF）能使正常 T 淋巴细胞转化为致敏 T 淋巴细胞，以增强细胞免疫功能。

（3）其他淋巴因子：如白血病抑制因子（leukemia inhibitory factor，LIF）能抑制白血病细胞在体外形成集落并诱导其分化，促使肝细胞合成血清急性期反应物。

### （五）其他

**1. 过敏反应嗜酸性粒细胞趋化因子**（eosinophil chemotactic factor of anaphylaxis，ECF-A）　是一种低分子质量酸性多肽，主要储存在肥大细胞的胞质颗粒内。ECF-A 能吸引嗜酸性粒细胞到炎区聚集，以吞噬免疫复合物和杀伤寄生虫。它还能刺激嗜酸性粒细胞释放组胺酶、磷脂酶等，调节炎症反应，特别是超敏反应。

**2. 血小板活化因子**（platelet activating factor，PAF）　由中性粒细胞、单核-巨噬细胞、嗜碱性粒细胞、血小板和血管内皮细胞等产生。可激活和凝集血小板，引起血管和支气管收缩、白细胞与内皮细胞黏附，促进白细胞定向趋化运动和脱颗粒。在极低浓度下能使血管扩张和小静脉通透性增加。

**3. 一氧化氮**（nitric oxide，NO）　是在一氧化氮合酶作用下，在内皮细胞、巨噬细胞和脑内某些神经细胞内产生或释放的。NO 能松弛血管平滑肌使血管扩张，能降低血小板的黏附和凝集，抑制肥大细胞脱颗粒及其诱发的炎症反应。细胞内高浓度的 NO 可抑制病毒复制、胞内菌和寄生原虫的生存。NO 也可对细胞和组织造成损伤。

**4. 神经肽**（neuropeptide）　如 P 物质（substance P）存在于肺和胃肠道的神经纤维内，可传导疼痛信号，引起血管扩张和血管通透性升高。

## 二、血浆源性炎症介质

在致炎因素作用下，血浆内的凝血系统、纤维蛋白（原）溶解系统、激肽形成系统和补体系统可同时或先后被激活，而产生许多有活性的炎症介质，称为血浆源性炎症介质。主要有纤维蛋白肽、纤维蛋白（原）降解产物、激肽、补体裂解产物等。

**1. 纤维蛋白肽**　炎症时由于血管内皮细胞受损发生坏死、脱落，暴露基底膜上的胶原纤维，它带有负电荷，可激活凝血因子Ⅻ，从而启动内源性凝血系统。同时受损伤的组织细胞释放大量凝血因子Ⅲ进入血液，又可启动外源性凝血系统。血浆中纤维蛋白原分子是由 3 对不同的多肽链组成的，分别称作 α、β、γ 链。血液凝固过程中，在凝血酶的催化作用下，α 链和 β

链分别水解掉一段小分子酸性多肽，即纤维蛋白 A 肽（16 肽）和纤维蛋白 B 肽（14 肽）。纤维蛋白原随即生成纤维蛋白单体，在激活的凝血因子Ⅷ作用下进一步转变成不溶性纤维蛋白多聚体而完成凝血过程。纤维蛋白 A 肽、B 肽的形成过程如下：

$$[\alpha(A)\beta(B)\gamma]_2 \xrightarrow{凝血酶} (\alpha\beta\gamma)_2 + 2A + 2B$$

凝血过程中生成的纤维蛋白 A 肽和 B 肽合称为纤维蛋白肽（fibrinopeptides），具有升高血管通透性和吸引中性粒细胞的作用。

**2. 纤维蛋白（原）降解产物** 在炎症过程中，血浆内生成大量纤维蛋白溶解酶原（纤溶酶原）激活物。包括子宫、肾上腺、甲状腺、前列腺、淋巴结、肺、卵巢等受损伤释放的组织激活物，凝血时血小板和血管内皮细胞释放的血浆激活物，葡萄球菌、链球菌内含的葡激酶、链激酶，尿中含的尿激酶等。在上述激活物的作用下，纤溶酶原生成纤溶酶并降解纤维蛋白（原），形成多肽 A、B、C 和 Y、D、E 等片段，这些片断总称为纤维蛋白（原）降解产物（FDP）。FDP 形成过程如图 8-1 所示。

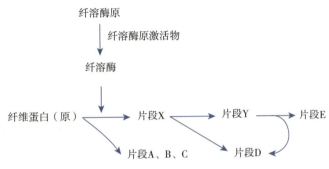

图 8-1 炎症过程中 FDP 的形成过程

FDP 中的 D、E 片段能升高血管通透性，吸引中性粒细胞。A、B、C 片段能加强组胺和激肽的升高毛细血管通透性作用。Y、E 片段有抗凝血酶的作用，D、X、Y 片段可与纤维蛋白单体结合并抑制纤维蛋白多聚体生成，因此它们具有强烈的抗凝血作用。

**3. 激肽** 激肽形成系统包括激肽释放酶原（prekallikrein）、激肽释放酶（kallikrein）、激肽原（kininogen）和激肽（kinin）。血浆激肽释放酶原是肝细胞合成的一种碱性糖蛋白，被凝血因子Ⅻ的活化产物激活而转变为血浆激肽释放酶，可使血浆中的高分子质量激肽原（肝细胞产生）生成缓激肽（bradykinin，9 肽）；组织激肽释放酶原存在于肾、胃、肠、唾液腺、胰腺、汗腺等组织和腺体分泌物中，炎症时受损细胞释放的组织蛋白酶可使之转变成组织激肽释放酶，后者使血浆中的低分子质量激肽原（肝细胞产生）生成胰激肽（kallidin，10 肽）。胰激肽经氨基肽酶的酶解作用也生成缓激肽（图 8-2）。

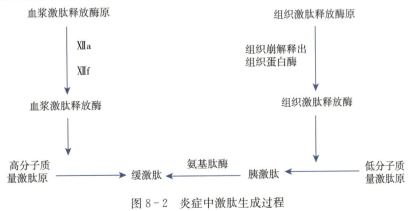

图 8-2 炎症中激肽生成过程

激肽能使毛细血管和微静脉内皮细胞内微丝收缩,内皮细胞间出现裂隙,可显著升高血管通透性。它还通过直接作用或通过刺激其他细胞释放 PGE 而导致血管扩张。激肽对非血管平滑肌(如支气管、胃肠、子宫平滑肌)有收缩作用,能引起哮喘、腹泻和腹痛。低浓度激肽($10^{-7} \sim 10^{-8}$ g/mL)即可刺激感觉神经末梢引起炎区疼痛。

**4. 补体裂解产物** 炎症过程中补体系统可通过经典途径或替代途径被激活,产生许多具有不同生物活性的裂解产物。激活经典途径的有抗原-抗体复合物、纤溶酶等。先激活补体 1 (complement 1,$C_1$)生成 $C_1^-$,后者再活化 $C_4$ 和 $C_2$ 生成 $C_3$ 转化酶即 $C_{4b2a}$,它分解 $C_3$ 生成 $C_{3a}$ 和 $C_{3b}$。$C_5$ 转化酶即 $C_{3b4b2a}$,作用于 $C_5$ 产生 $C_{5a}$ 和 $C_{5b}$,$C_{5b}$ 和 $C_6C_7$ 结合,进一步又和 $C_8C_9$ 结合最后生成 $C_{\overline{5b6789}}$。激活替代途径的有细菌、病毒、LPS、部分抗原抗体复合物等。它们先激活 $C_3$ 激活剂前体转化酶,即 D 因子。此酶活化后再激活 $C_3$ 激活剂前体,即 B 因子。B 因子的裂解产物之一 $B_b$ 即 $C_3$ 激活物。此后的反应与经典途径相同。

补体裂解产物中,$C_{3a}$ 和 $C_{5a}$ 称作过敏毒素(anaphylatoxins),能促使肥大细胞和血小板释放组胺升高血管通透性。$C_{5a}$ 和 $C_{\overline{5b67}}$ 对中性粒细胞、嗜酸性粒细胞和单核细胞有强烈的趋化作用。$C_{2b}$ 可使小血管舒张、血管通透性升高和平滑肌收缩。$C_{3b}$ 是一种重要的调理素,中性粒细胞和巨噬细胞膜上有 $C_{3b}$ 受体,$C_{3b}$ 包被的病原菌易被吞噬细胞识别和吞噬。$C_{\overline{5b6789}}$ 可破坏靶细胞膜的类脂质,故对细菌、原虫、病毒感染细胞均能溶解。

需要指出,炎症过程中凝血系统、纤溶系统、激肽形成系统和补体系统间存在着密切的关联,以凝血因子Ⅻ被激活作为联系这 4 个系统的中心环节。Ⅻa(活化的凝血因子Ⅻ)启动凝血系统,同时Ⅻa 和Ⅻf(凝血因子Ⅻ片段)又可启动激肽形成系统和纤溶系统,纤溶酶生成后,不仅分解纤维蛋白(原),又可激活补体系统。这 4 个系统的活性产物之间相互影响、相互制约,是炎症发展的一个重要基础。

综上所述,可见炎症介质来源广泛,作用复杂,具有下列几个显著特点。一是炎症介质大多数与靶细胞的膜受体结合发挥作用,也有的具有酶活性,微量高效。如用 $0.008 \sim 0.3$ μg/mL PGE 皮下注射即可引起局部组织的炎症反应,且可通过加强组胺和 5-HT 的作用来升高血管通透性。二是各种炎症介质间互相联系,作用于炎症不同发展阶段。如在炎症早期以血管活性胺、激肽、P 物质作用为主,而在后期则以前列腺素、淋巴因子、溶酶体成分作用为主,介导炎症的发展。三是炎症介质的产生、发挥效应及失活,受到机体的精细调控,处于一种平衡体系中。如病原微生物既是致炎因素,又是 IL-1、IL-6 和 TNF 的强效诱生剂,其中 IL-1 产生细胞受刺激 30 min 后可在细胞内检测到 IL-1,60 min 后可在细胞外发现 IL-1,24 h 左右达到高峰,显效后被酶解失活。这是受到机体神经-内分泌-免疫网络调控的结果。

## 第三节 炎症局部的基本病理变化

炎症局部(也称炎灶)的基本病理变化是组织损伤、血管反应和细胞增生,通常概括为变质(alteration)、渗出(exudation)和增生(proliferation)。在炎症过程中,一般早期或急性炎症以变质和渗出为主,后期或慢性炎症以增生为主,三者间互相联系,互相影响,构成炎症局部的基本病理变化。

## 一、组织损伤

发炎组织的物质代谢障碍和在此基础上引起的局部组织细胞发生变性、坏死或凋亡,称为组织损伤。它的发生,一方面是致炎因素干扰、破坏细胞代谢或信号转导造成的,称为原发性组织损伤;另一方面,致炎因素又可引起局部血液循环障碍,组织、细胞崩解形成多种病理性分解产物或释放一些酶类物质，在它们的共同作用下可引起炎症局部的进一步损伤，称作继发性损伤。

**1. 物质代谢障碍** 炎灶内组织物质代谢的特点是分解代谢加强和氧化不全产物堆积。例如，糖无氧酵解加强引起乳酸生成急剧增多；脂肪分解也增强，但因氧化不全而导致脂肪酸和酮体（乙酰乙酸、β-羟丁酸、丙酮）蓄积；蛋白质和核酸分解代谢加强，造成大量多肽、氨基酸、核苷酸堆积。其结果是引起炎灶内各种酸性产物增多。炎症初期，炎灶及其周围组织发生充血，酸性代谢产物可被血液、淋巴液吸收带走，或被组织液中的碱储所中和，局部酸碱度可无明显改变。但随着炎症的发展，炎灶内酸性产物不断增多，加之血液循环障碍，碱储消耗过多，可引起局部酸中毒。一般在炎灶中心 pH 降低最明显，如急性化脓性炎时 pH 可降至 5.6 左右，而炎灶边缘 pH 逐渐升高。此外，细胞崩解导致 $K^+$ 释放增多，炎灶内 $K^+$、$H^+$ 堆积引起离子浓度升高；炎灶内糖、蛋白质、脂肪分解生成许多小分子产物，加之血管壁通透性升高、血浆蛋白渗出等因素，又可引起分子浓度升高。上述因素的综合作用使局部渗透压升高，炎灶中心最明显，周围逐渐降低。

**2. 组织、细胞的变性和坏死** 炎灶内组织、细胞的变性和坏死是局部物质代谢障碍的形态学表现，也和致炎因素的直接损伤以及细胞信号转导障碍有联系。炎灶内实质细胞常发生各种变性、坏死（有时可出现凋亡）。间质内的纤维（包括胶原纤维、弹性纤维、网状纤维）断裂、溶解或发生纤维素样坏死，而纤维之间的基质（含透明质酸、硫酸软骨素、硫酸角质素等）可发生解聚。这些变化一般以炎灶中央部最为明显。

## 二、血管反应

在致炎因素、炎症介质的作用下，可进一步导致血流动力学改变，发生充血、淤血甚至血流停滞；同时血管通透性明显升高，血管中液体成分和细胞成分渗出，白细胞吞噬作用加强。这些变化共同构成了作为炎症发生中心环节的血管反应。

### （一）血流动力学改变

炎灶内的微动脉在致炎因素的作用下，最初发生短时间痉挛使局部组织缺血。微动脉的收缩机理是神经反射性的，此时炎区内儿茶酚胺的含量比正常时升高，故微动脉痉挛与局部肾上腺素能神经纤维兴奋（缩血管）有关。其后微动脉及全部毛细血管扩张，血流加快，血量增多，血压升高，这是炎症早期动脉性充血的表现。这时炎区组织发红，温度升高，物质代谢增强。此后血流逐渐减慢，原来的动脉性充血转变为静脉性充血，甚至出现淤滞。

血管扩张是血流动力学的主要变化，其发生机理与神经因素和体液因素都有关。炎性刺激物作用于局部感受器后，通过轴突反射可引起炎区微动脉扩张。体液因素，特别是炎症介质，对血管扩张起着更重要的作用。引起血管扩张的炎症介质包括组胺、5-HT、PGE、$PGI_2$ 和激肽等。此外，炎区内 $H^+$ 浓度升高使血管壁紧张性降低，对血管扩张也有一定影响。炎性充血可输送大量氧、营养物质、白细胞、抗体等到局部组织，增强防御能力，同时将病理产物迅速带走有利于恢复组织的正常机能。

随着炎症的持续发展，炎区内动脉性充血可转变成淤血。其发生机理是：①由于炎症介质的作用，血管通透性升高，血管内富含蛋白质的液体向血管外渗出，引起小血管内血液浓缩，黏稠度增加，血流变慢。②血流状态的改变，可引起血小板边移黏附和白细胞发生贴壁，加之血管内皮细胞受酸性产物和其他病理产物的影响而肿胀，因此血管内壁粗糙，管腔狭窄，使血流阻力增加。③在炎区酸性环境中，小动脉、微动脉、后微动脉和毛细血管前括约肌明显松弛，而微静脉平滑肌对酸性环境有耐受性，故不扩张，于是大量血液在毛细血管内滞留。淤血加之血管壁受损可引起局部组织的炎性水肿。

当炎症进一步发展时，随着淤血不断加重，使组织氧和营养物质供应障碍更为明显，形成更多氧化不全或中间代谢产物在炎区堆积，这些产物又将加剧局部血液循环障碍，构成恶性循环。最后血流可陷于淤滞状态或造成血栓形成和出血。

在血流动力学发生上述变化的同时，淋巴循环也出现类似变化。一般在炎区发生充血时局部淋巴循环也加强。随血流减慢，淋巴液内细胞成分增多，加之此时可发生淋巴管炎，从而引起淋巴循环障碍，严重时可发展为淋巴淤滞及出现淋巴栓。这种变化更增加了炎性水肿和血液循环障碍的严重程度。

### （二）血管通透性升高

炎症时血管通透性升高主要发生于微静脉和毛细血管。正常时这些血管的内皮细胞之间的交接处充满基底膜样物质并留有极细的裂隙，内皮细胞胞质内有许多吞饮小泡，在某些器官（如肾的肾小球、肠黏膜、内分泌腺）的毛细血管的内皮细胞有许多窗孔，以此来进行血管内外的物质交换。电镜观察可见炎症时内皮细胞间出现 $0.5\sim1.0~\mu m$ 的裂隙，IL-1、TNF、IFN-γ 以及缺氧等可引起血管内皮细胞收缩；内皮细胞中的吞饮小泡增多，窗孔口径增宽，使富含蛋白质液体向胞外运行的穿胞作用加强；内皮细胞损伤，甚至发生坏死、脱落；炎症修复中新形成的毛细血管内皮间连接尚不完整和健全。上述血管壁结构的改变和破坏是通透性升高的组织学基础。

炎症过程中，随着血流变慢和血管通透性升高，血液的液体成分可通过微静脉和毛细血管壁进入组织或到达组织器官表面，这种现象称为渗出（exudation）。渗出的液体为炎性渗出液（inflammatory exudate），其中含有较多的蛋白、细胞成分甚至纤维素，外观混浊，易在体内外发生凝固。炎性渗出液在局部积聚可引起炎性水肿（inflammatory edema）。炎性水肿发生的主要机制是：①毛细血管流体静压升高，炎症伴有的充血（后期淤血）是毛细血管流体静压升高的主要原因；②微血管壁通透性升高，主要原因是炎症介质的作用，某些炎症介质（如组胺等），能引起内皮细胞的收缩蛋白发生收缩，炎性细胞溶酶体释放的溶酶，可导致基底膜破坏或其他化学结构的降解，从而使基底膜出现裂缺，屏障作用被削弱；③组织胶体渗透压升高，一方面微血管壁通透性增加使大分子蛋白滤出，组织液蛋白质含量升高，另一方面炎症局部组织分解代谢增强。局部组织中代谢产物增加，组织胶体渗透压增高，有利于局部液体的积聚。

炎性渗出液对机体有重要防御作用。它可以稀释局部毒素和炎症病理产物，减轻对局部组织的损伤作用，又可以带来抗体、补体、葡萄糖、氧等物质，有利于局部浸润的炎性细胞消灭病原体。渗出液中的纤维蛋白原在凝血酶或组织损伤释放的酶的作用下形成纤维素，它交织成网可限制病原微生物扩散，同时也有利于吞噬细胞发挥吞噬作用。在炎症后期，纤维素网架还可成为修复的支架，并有利于成纤维细胞产生胶原。

### （三）白细胞渗出

在炎症过程中外周血白细胞主动通过微血管壁进入炎区的现象称为白细胞渗出（exudation of leukocytes）。一个白细胞需要 2~12min 才能完全通过血管壁。渗出的白细胞在炎区内聚集称为白细胞浸润（infiltration of leukocytes）。白细胞渗出并吞噬和降解病原微生物、免疫复合物及坏死组织碎片，构成炎症反应的主要防御环节，但白细胞释放的酶类、炎症介质等可引起或加剧组织损伤。

白细胞渗出是一个复杂的过程，细胞黏附分子在其中发挥重要作用。

**1. 细胞黏附分子**（cell adhesion molecule） 是表达于细胞膜表面的一群糖蛋白，它与存在于其他细胞上或基质中的配体（ligand）结合，导致细胞-细胞、细胞-基质间的黏附反应。黏附分子包括选择素家族（selectin family）、免疫球蛋白超家族（immunoglobulin super family）和整合素家族（integrin family）等。现将与白细胞渗出有关的黏附分子及其配体简介如下。

（1）E-选择素（E-selectin，即 endothelial leukocyte adhesion molecule-1，内皮白细胞黏附分子1）：血管内皮细胞经致炎因素和 IL-1、TNF 刺激后短时间（3~4h）即可表达 E-选择素，配体是白细胞上的 Sialy Lewis-X（SLe X，唾液酸化的路易斯寡糖）。

（2）L-选择素（L-selectin，即 lymphocyte adhesion modecule-1，淋巴细胞黏附分子1）：表达于淋巴细胞和白细胞上，其配体存在于淋巴结深皮质区后微静脉内皮细胞的顶端，介导淋巴细胞的归巢，即再循环（recirculation）。但在慢性炎症中，血管内皮细胞可演变成为高内皮细胞而表达 L-选择素的配体，这有利于淋巴细胞穿越血管壁向慢性炎灶区的移出。

（3）细胞间黏附分子1（intercellular adhesion molecule-1，ICAM-1）：属免疫球蛋白超家族的成员。组织纤溶酶原激活物、IL-1、LPS、TNF、IFN$_\gamma$ 可诱导它在内皮细胞、单核细胞、淋巴细胞、树突状细胞、角化细胞、成纤维细胞上的表达。其配体是表达于白细胞上的淋巴细胞功能相关抗原1，以及表达于单核细胞、中性粒细胞和 NK 细胞上的巨噬细胞分化抗原1（macrophage differentiation antigen-1，Mac-1）。

（4）血管细胞黏附分子1（vascular cell adhesion molecule-1，VCAM-1）：属免疫球蛋白超家族的成员。IL-4和亚致炎剂量的 TNF 协同作用，可诱导其在血管内皮细胞以及肾小管上皮细胞、巨噬细胞、树突状细胞上表达。配体是最晚期活化抗原4。

（5）血小板内皮细胞黏附分子1（platelet endothelial cell adhesion molecule-1，PECAM-1）：也是免疫球蛋白超家族的一员。其配体是同型 PECAM，炎症中可在内皮细胞及 T 淋巴细胞、单核细胞、血小板等细胞上表达。对炎性细胞从血管中游出起一定作用。

（6）淋巴细胞功能相关抗原1（lymphocyte function associated antigen-1，LFA-1）：属整合素家族的成员。由 $\beta_2$、$\alpha_L$ 两条多肽链组成。表达于 T 淋巴细胞、B 淋巴细胞、单核细胞和粒细胞上。其配体是 ICAM-1 等。

（7）最晚期活化抗原4（very late activation antigen-4，VLA-4）：属整合素家族的成员，由 $\beta_1$、$\alpha_4$ 两条肽链组成，分布于 T 淋巴细胞、B 淋巴细胞、单核细胞和成纤维细胞等细胞上。其配体是层粘连蛋白（laminin，LM）和 VCAM-1。

**2. 白细胞渗出过程** 白细胞从血管内渗出要经历边移、贴壁、游出3个阶段（图8-3）。

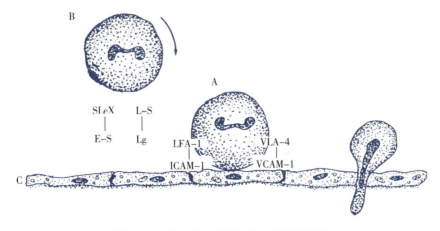

图8-3 炎症中白细胞边移、贴壁及游出
A. 血管腔 B. 白细胞 C. 毛细血管内皮细胞
L-S：L-选择素 E-S：E-选择素 Lg：配体

(1) 边移：白细胞从血液的轴流进入边流，发生滚动并靠近血管壁的现象称为边移（margination）。白细胞边移是由选择素介导的。致炎因素特别是微生物感染，导致炎症介质如IL-1、IL-6、TNF等释放，它们可刺激血管内皮细胞上E-选择素、白细胞上L-选择素的表达。通过选择素及其相应配体间的作用，引起白细胞滚动、流速变慢并向血管内皮细胞靠近。

(2) 贴壁：边移之后，大量白细胞与血管内皮细胞发生紧密黏附，称为贴壁（sticking）。白细胞贴壁是由整合素介导的。白细胞翻滚中产生的信号引起胞外整合素结合位点空间构型的改变而导致整合素被激活。整合素的表达阻止了白细胞的翻滚，并导致白细胞通过LFA-1和ICAM-1、VLA-4和VCAM-1等的相互作用，引起白细胞与内皮细胞间的紧密黏附。

(3) 游出：白细胞通过血管壁进入周围发炎组织的过程称为游出（emigration）。研究表明白细胞和血管内皮间黏附分子以及ICAM-1和LFA-1、同型PECAM-1间相互反应起关键作用。在电镜下观察，可见贴壁的白细胞变形并形成伪足，伸向血管内皮细胞之间的交接处强行穿过，然后通过基底膜和周细胞，离开血管进入周围组织。白细胞通过之后，内皮细胞间隙修复封闭，血管壁不遗留任何可被察觉的形态改变。游出的白细胞受趋化因子作用到达炎区中心，发挥其吞噬作用。

如果白细胞的结构和功能存在缺陷，就会影响白细胞的渗出，影响炎症过程。例如，选择素缺乏（selectin deficiency）动物的白细胞就不能完成滚动。再如，整合素家族中的白细胞亚族，其β链为$\beta_2$时，抗$\beta_2$链的单抗可解除细胞黏附。整合素$\beta_2$链成熟障碍引起的遗传性白细胞黏附缺陷症的动物，可发生反复感染，乃至死亡。缺乏整合素的动物，如某些荷斯坦犊牛，其外周血中白细胞数量可能正常，但在炎症过程中，白细胞不能从血管中渗出发挥抗炎作用。当前抗选择素药物、抗整合素药物是抗炎药研究的一个热点领域。

3. 炎症过程中渗出的白细胞　中性粒细胞、嗜酸性粒细胞、嗜碱性粒细胞、单核细胞和淋巴细胞都可经内皮细胞间隙到达血管外，这是一个主动的过程。不同性质的炎症及炎症发展的不同阶段，渗出的白细胞成分也不尽相同。检查炎性细胞的成分对了解炎症的病因、确定炎症的类型、控制炎症的发展有一定参考价值。而血管壁严重受损时的红细胞漏出，是一个被动的过程，红细胞本身并无运动能力。

(1) 中性粒细胞（neutrophil）：常见于急性炎症、炎症初期和化脓性炎症时。在病原微生物引起剧烈炎症时，中性粒细胞不仅大量出现于炎区，而且在外周循环血液中的数量也增多。但在某些病毒感染时，如猪瘟、牛病毒性腹泻/黏膜病，可引起中性粒细胞数量减少。中性粒细胞具有活跃的运动能力和吞噬能力，能吞噬细菌、细小的组织碎片及抗原体复合物等较小物体，在pH 7.0～7.4的环境中最活跃，当pH降至6.6以下时开始崩解，释放多种酶类，溶解周围变质细胞和自身而形成脓液。

成熟的中性粒细胞直径7～15 μm，胞核分成2～5叶，叶间由染色质细丝相连。不成熟的细胞核呈弯曲的带状、杆状或深锯齿状而不分叶。HE染色胞质内含淡红色中性颗粒。禽类中性粒细胞胞质内的颗粒较大，呈椭圆形或圆形，染色反应呈酸性，故称为异嗜性粒细胞（heterophil）。这些颗粒即是细胞的溶酶体。电镜观察，中性颗粒可分为嗜天青颗粒和特异性颗粒两种，前者在中性粒细胞发育的早期出现，随细胞成熟，数量减少，主要含有酸性蛋白酶、中性蛋白酶、髓过氧化物酶、阳离子蛋白、溶菌酶、磷脂酶$A_2$等；后者在成熟细胞内含量较多，含溶菌酶、磷脂酶$A_2$、乳铁蛋白、碱性磷酸酶等。中性粒细胞的胞质内有由肌动蛋白和肌球蛋白组成的微丝，当细胞形成伪足时，伪足膜下的微丝呈网状聚合和分散状态的交换运动，胞质中还有微管，这些构成细胞定向游走的结构基础。细胞膜上有能识别趋化因子和IgG的Fc端及$C_{3b}$的受体。上述结构特点保证了中性粒细胞具有变形、定向运动、吞噬和消化异物的能力。

(2) 嗜酸性粒细胞 (eosinophil)：常见于超敏反应引起的炎症和寄生虫性炎时。其主要功能是吞噬抗原抗体复合物、调整限制Ⅰ型超敏反应，同时对寄生虫有一定杀伤作用。

成熟的嗜酸性粒细胞直径 $8\sim20~\mu m$，核多分为 2 叶，呈卵圆形。细胞膜上有 IgE 的 Fc 端受体。胞质丰富，内有粗大的强嗜酸性颗粒，其中含有多种酶，如组胺酶、芳基硫酸酯酶、组织蛋白酶、过氧化物酶以及主要碱性蛋白、阴离子蛋白、PGE 等。因此，其颗粒释放物可酶解组胺等，对抑制Ⅰ型超敏反应有重要意义。在寄生虫引起的炎灶内，嗜酸性粒细胞释放物可吸附于虫体表面，其中所含的主要碱性蛋白、阴离子蛋白和过氧化物酶可导致虫体死亡。

(3) 嗜碱性粒细胞 (basophil)：直接参与Ⅰ型超敏反应。变应原刺激机体产生的 IgE 抗体与嗜碱性粒细胞表面 IgE 的 Fc 受体 (FcεR-Ⅰ) 结合，机体即处于致敏状态。当变应原再次与 IgE 结合时，相邻的两个 IgE 分子发生交联并引起两个 FcεR-Ⅰ受体的交联。受体交联激活蛋白酪氨酸激酶，后者使胞质内 $Ca^{2+}$ 含量升高和微管形成，激发颗粒向细胞膜移动、与膜融合、向细胞外释放颗粒内容物，包括组胺、5-HT 等炎症介质。

嗜碱性粒细胞直径 $10\sim15~\mu m$，核呈 S 形，胞质丰富，内含稀疏而粗大的嗜碱性颗粒。

(4) 单核细胞和巨噬细胞：单核细胞 (monocyte) 常见于急性炎症后期或慢性炎症。病毒性炎的早期炎灶内也可见大量单核细胞，直径 $10\sim20~\mu m$，细胞膜表面有许多细长的伪足状突起；核呈肾形或马蹄形，位于细胞中央或偏于一侧；胞质丰富，内含许多细小的嗜天青颗粒，即溶酶体。

单核细胞由血液进入组织后即成为巨噬细胞 (macrophage)。它的体积更大，直径可达 $15\sim25~\mu m$；胞膜上常有钝圆的伪足样突起；胞质内细胞器较之单核细胞更丰富，其溶酶体内含有过氧化物酶、碱性磷酸酶、溶菌酶等酶类，酶解异物的作用更强。

单核细胞和巨噬细胞在 pH 6.8 以下的环境中仍具有活跃的吞噬能力。特别当巨噬细胞受到巨噬细胞活化因子的作用，或受到某些细菌产物（如内毒素）的作用而成为活化的巨噬细胞后，吞噬能力显著提高。中性粒细胞不能吞噬的病原微生物（如分枝杆菌）、较大的异物、组织细胞坏死碎片甚至整个变性红细胞，巨噬细胞都有重要的清除作用。单核-巨噬细胞还能释放溶酶体酶和产生多种炎症介质，如 IL-1、IL-6、TNF、单核细胞趋化蛋白 1 等。单核细胞和巨噬细胞是抗原提呈细胞 (antigen presenting cells, APC) 的重要成员，其溶酶体将外源性抗原（如病原菌）降解为保持特异抗原性的线性短肽。需要特别指出，所有的有核细胞都可作为对内源性抗原的抗原提呈细胞，通过带有孔状结构的蛋白酶体 (proteasome) 对内源性抗原（如细胞内合成的病毒蛋白）加工成线性短肽。此两种短肽分别与 MHC-Ⅰ类分子或 MHC-Ⅱ类分子（均由主要组织相容性复合体编码）结合表达于细胞表面，再分别激活 $CD8^+$ 或 $CD4^+$ T 淋巴细胞。通过 APC 可把非特异性免疫与特异性免疫紧密联系起来。

(5) 淋巴细胞 (lymphocyte)：主要见于慢性炎症、炎症恢复期、病毒性炎症和迟发性超敏反应过程中。可见炎灶内淋巴细胞聚集，同时血液中淋巴细胞数量也增多。中枢神系统发生病毒感染时，如猪瘟、禽脑脊髓炎，常见脑脊髓血管周围有大量淋巴细胞浸润而发生非化脓性脑炎。

淋巴细胞直径 $5\sim20~\mu m$，从形态上可分为小、中、大 3 类。小淋巴细胞（直径 $5\sim8~\mu m$）胞核呈圆形或卵圆形，一侧常有小缺痕，核染色质致密故呈深染，胞质较少，嗜碱性，通常在病理切片中胞质不太清楚。小淋巴细胞是静止的细胞 (resting cells)。中淋巴细胞（直径 $9\sim12~\mu m$）、大淋巴细胞（直径 $13\sim20~\mu m$）胞质较丰富，它们代表处于转化中的细胞 (transforming cells)。根据免疫学机能的不同，淋巴细胞又可分为 T 淋巴细胞 (thymus dependent lymphocyte，胸腺依赖性淋巴细胞) 和 B 淋巴细胞 (bursa dependent lymphocyte，囊依赖性淋巴细胞) 两类，T 淋巴细胞分为 $CD4^+$（T helper lymphocyte, Th, 辅助性 T 细胞）和 $CD8^+$（cytotoxic T lymphocyte, CTL, 细胞毒性 T 细胞）两个亚群。在炎症过程中，被激活的T淋巴细胞产生和释放IL-6、TNF-γ、淋巴因子等多种炎症介质，具有抗病毒、杀伤靶细胞、激活巨噬细胞、协助浆细胞产生抗体等重要作用；而B淋巴细胞则生成浆细胞，产生抗体，参与体液免疫。

(6) 浆细胞（plasma cell）：是B淋巴细胞受抗原刺激后演变而成的，直径8～9 μm，主要见于慢性炎症过程。浆细胞具有合成免疫球蛋白IgM、IgG、IgE或IgA的能力。浆细胞每秒钟可合成1 000个Ig分子，有时在光镜下可见胞质内充塞均质嗜酸性着色的球形小体——拉塞尔小体（Russell body）。电镜观察：胞质内有大量平行排列的粗面内质网，粗面内质网的池扩张，有时见到巨大的电子致密颗粒，即拉塞尔小体，是免疫球蛋白。这是浆细胞合成蛋白质功能旺盛的一种标志。浆细胞的出现与体液免疫反应有密切的联系。

浆细胞呈圆形或卵圆形，胞质较丰富，轻度嗜碱性。细胞核呈圆形，常位于细胞的一侧，核染色质致密呈辐射状排列。

### (四) 趋化作用

白细胞渗出后为何能朝炎区移动？其发生机理是白细胞具有趋化作用。趋化作用（chemotaxis）指白细胞在某些化学刺激物的作用下所进行的单一定向的运动。移动速度为5～20 μm/min。具有趋化作用的外源性和内源性化学刺激物称为趋化因子（chemokine）。趋化因子有特异性，如有些趋化因子只能吸引中性粒细胞，另一些趋化因子只能吸引单核细胞或嗜酸性粒细胞。此外，不同细胞对趋化因子的反应能力也不同，粒细胞和单核细胞对趋化因子反应较明显，而淋巴细胞反应较微弱。

**1. 中性粒细胞的趋化因子** 可溶性细菌产物，如从多种病原微生物（大肠杆菌、葡萄球菌等）可分离出一些具有趋化作用的多肽和类脂；凝血中产生的纤维蛋白肽；补体裂解产物特别是$C_{5a}$；花生四烯酸的代谢产物$LTB_4$；细胞因子IL-8等。

**2. 单核细胞的趋化因子** 细菌产物、$C_{5a}$、$\overline{C_{5b67}}$、$LTB_4$、阳离子蛋白、抗菌肽（antibacterial peptides）、单核细胞趋化蛋白1、某些淋巴因子如巨噬细胞趋化因子等。

**3. 淋巴细胞的趋化因子** 淋巴细胞趋化蛋白（lymphotactin）、抗菌肽等。

**4. 嗜酸性粒细胞的趋化因子** $C_{5a}$、$\overline{C_{5b67}}$、ECF-A、T淋巴细胞分泌的嗜酸性粒细胞趋化因子等。

白细胞膜上有趋化因子的特殊受体，现已发现的有甲酰蛋氨酰肽类受体、$C_{5a}$受体、$LTB_4$受体、IL-8受体等。趋化因子与其受体结合后，通过受体偶联的G蛋白激活PLC（磷脂酶C），后者水解底物$PIP_2$（磷脂酰肌醇二磷酸）生成$IP_3$（三磷酸肌醇）和DAG（甘油二酯），引起细胞内$Ca^{2+}$浓度升高。胞质内$Ca^{2+}$增多，刺激细胞内微丝、微管的组装和收缩蛋白活动加强，导致细胞的位移和向前运动。

### (五) 吞噬作用

白细胞渗出并在趋化因子作用下到达炎区，吞入和消化病原体、抗原-抗体复合物、各种异物及组织坏死崩解产物等的过程称为吞噬作用（phagocytosis）。机体具有吞噬作用的细胞有中性粒细胞、单核巨噬细胞等。吞噬作用是炎症过程中的一个重要现象，吞噬过程大体可分为黏附、摄入和消化3个阶段（图8-4）。

**1. 黏附** 被吞噬的物质首先黏附（adherence）在吞噬细胞的细胞膜上。细菌在黏附前须先经调理素处理。调理素（opsonin）是一类能增强吞噬细胞作用的血清蛋白质，包括$C_{3b}$、IgG、纤连蛋白（fibronectin，FN）等，它们先与菌体结合。吞噬细胞借助于细胞膜上的IgG Fc端受体、$C_{3b}$受体、FN受体等，识别和结合被调理素包被的细菌，使细菌黏附在吞噬细胞的表面。

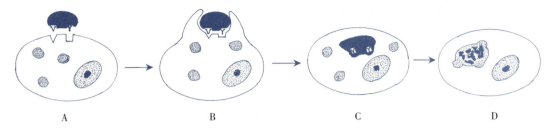

图 8-4 吞噬细胞对细菌的黏附、摄入和消化
A. 被 IgG（Y）和 $C_{3b}$（V）包被的细菌通过巨噬细胞膜上的相应受体发生黏附
B. 巨噬细胞形成伪足　C. 吞噬体形成　D. 吞噬溶酶体形成，菌体被消化

**2. 摄入**　细菌等异物黏附在吞噬细胞表面后，后者伸出伪足将其包围，进而将细菌或异物包入细胞质的过程称为摄入（ingestion）。此过程中由吞噬细胞膜包围吞噬物形成的泡状小体，称为吞噬体（phagosome）。吞噬体逐渐脱离细胞膜进入细胞内部，并与溶酶体相融合，形成吞噬溶酶体（phagolysosome），完成异物的摄入过程。

**3. 消化**　消化（digestion）是吞噬过程的最后阶段，即通过溶酶体的酶解作用及吞噬细胞代谢产物两条途径，来杀伤和降解被吞入的细菌和其他异物。

（1）溶酶体的酶解作用：溶酶体内的溶菌酶能分解细菌的糖肽外衣而破坏其细胞壁。阳离子蛋白，又称吞噬素（phagocytin），也可溶解细菌菌膜。乳铁蛋白是一种与铁结合的蛋白质，有直接杀菌作用。在吞噬过程中，当吞噬溶酶体内 pH 降至 4～5 时，酸性蛋白酶即可降解细菌。

（2）吞噬细胞氧爆发代谢产物的作用：在吞噬过程中，分布于吞噬细胞膜上的还原型辅酶Ⅰ（NADH）氧化酶、还原型辅酶Ⅱ（NADPH）氧化酶被快速激活，它们具有传递电子的功能，使 $O_2$ 氧化为超氧阴离子（$O_2^-$）。吞噬细胞被激活进行吞噬活动时耗氧量明显增加，称为呼吸爆发（respiratory burst）或氧爆发（oxidative burst），其增加的耗氧量基本都用于生成超氧阴离子（$O_2^-$）。

$$2O_2 + NADH \xrightarrow{\text{氧化酶}} 2O_2^- + NAD^+ + H^+$$

$$2O_2 + NADPH \xrightarrow{\text{氧化酶}} 2O_2^- + NADP^+ + H^+$$

上述反应中生成的超氧阴离子通过自发性歧化作用生成过氧化氢（$H_2O_2$），$O_2^-$ 和 $H_2O_2$ 具有杀菌作用。

随着吞噬溶酶体的形成，NADH 氧化酶和 NADPH 氧化酶也分布于吞噬溶酶体的内表面，使吞噬溶酶体内产生大量 $O_2^-$ 和 $H_2O_2$ 以更有效地杀灭细菌等病原微生物。

$H_2O_2$ 具有一定的杀菌能力，在卤化物（$Cl^-$、$I^-$ 等）存在的条件下，$H_2O_2$ 可被中性粒细胞嗜天青颗粒中的髓过氧化酶（myeloperoxidase，MPO）还原生成次氯酸，它是一种强氧化剂和杀菌因子，从而使 $H_2O_2$ 杀菌能力极大增强。因此在吞噬细胞溶酶体内，由 $H_2O_2$、MPO、卤化物三者构成了最有效的杀菌系统。

$$H_2O_2 + Cl^- + H^+ \xrightarrow{\text{MPO}} HOCl + H_2O$$
$$\text{（次氯酸）}$$

此外，吞噬溶酶体内糖无氧酵解加强产生大量乳酸，而 $CO_2$ 和 $H_2O$ 在碳酸酐酶作用下生成大量碳酸，这样使吞噬溶酶体内 pH 明显降低。在 pH 4.0 以下时细菌难以生存而被乳酸杀死。酸性环境也有利于发挥酸性蛋白酶的杀菌作用。

通过吞噬作用，多数病原微生物被杀伤而失去致病力，同时通过抗原提呈而激发特异性免疫反应。但有一些细菌（如分枝杆菌）或原虫（如刚第弓形虫），在吞噬细胞内仍保持其生命力，且随吞噬细胞的游走而在体内播散。生活在吞噬细胞内的这类细菌或原虫难以受到药物的

## 三、细胞增生

在炎症发展过程中，伴随着组织损伤、血管反应，也出现了细胞增生（proliferation）。增生以炎症后期表现最为明显，但有时在炎症早期也可出现。

炎区内多种类型的细胞成分都可以出现增生，但主要是巨噬细胞、成纤维细胞和血管内皮细胞。炎症后期以成纤维细胞和毛细血管内皮细胞增生为多见。成纤维细胞由纤维细胞活化、增殖而来，多位于炎区周围，在其成熟过程中产生前胶原，后者释放后转化、聚合成胶原纤维。血管内皮细胞的增殖可构建新的毛细血管。成纤维细胞和新生毛细血管共同组成肉芽组织，修复组织缺损。在炎症后期，一些器官、组织的实质细胞也可发生增生。某些炎症早期也见细胞增生，如肾小球肾炎早期可见肾小球毛细血管内皮细胞和系膜细胞增生。

关于细胞增生的机理，有研究证明，炎症中产生的一些细胞因子具有刺激细胞增生的作用。例如，来自巨噬细胞的成纤维细胞生长因子（fibroblast growth factor，FGF）、血管内皮细胞生长因子（vascular endothelial growth factor，VEGF），能刺激血管内皮细胞的活化和增殖。来自血小板、巨噬细胞的表皮生长因子（epidermal growth factor，EGF），能促进表皮细胞的增生。来源于血小板、T淋巴细胞和巨噬细胞的转化生长因子β（transformation growth factor β，$TGF_\beta$），能刺激成纤维细胞的增殖和前胶原的合成、血管内皮细胞、表皮细胞、间皮细胞和成骨细胞的增生。血小板源性生长因子（platelet-derived growth factor，PDGF），来自血小板的α颗粒，对成纤维细胞、血管平滑肌细胞、胶质细胞都有促分裂作用，并具有对成纤维细胞的趋化活性和前胶原合成的诱导作用。巨噬细胞源性生长因子（macrophage-derived growth factor，MDGF），具有促进成纤维细胞增生和纤维化的作用。生长激素诱导肝细胞等产生的胰岛素样生长因子（insulin-like growth factor，IGF），能引起成纤维细胞、成骨细胞的增殖。淋巴细胞释放的促分裂因子，能促进血管内皮细胞的增殖和肉芽组织的生成。此外，炎灶中的酸性代谢产物、细胞崩解释放的腺嘌呤核苷、氢离子、钾离子等，也具有刺激细胞增殖的作用。

# 第四节　炎症过程中的全身反应

炎症的局部表现是红（redness，血管扩张充血所致）、肿（swelling，炎性渗出所致）、热（heat，充血和物质代谢加强使局部温度升高）、痛（pain，5-HT等炎症介质和炎灶内钾离子、氢离子浓度升高作用于感觉神经末梢所致）和机能障碍（dysfunction，局部组织结构破坏和代谢障碍所致），这5种表现在体表炎症更加直观和明显。同时炎症局部病变也可引起不同程度的全身性反应，当局部病变严重或机体抵抗力降低时，全身性反应就更为强烈。

（一）发热

发热（fever）是在内生性致热原的作用下，由于机体体温调节中枢的调定点升高而引起的一种高水平的体温调节活动。炎症时一定程度的体温升高，能加强机体的物质代谢，促进抗体形成和单核-巨噬细胞系统的吞噬机能。同时发热还能促进血液循环，提高肝、肾、汗腺等器官和组织的生理机能，加速对炎症有害产物的处理和排泄。所以适度发热对机体有一定的抗损伤作用。但如果发热持续过久或体温过高，则引起机体糖、脂肪、蛋白质大量分解，能量储备严重消耗，动物消瘦，抵抗力下降。由于体温过高和有毒代谢产物的影响，可导致中枢神经系统抑制，甚至发生昏迷。

## （二）白细胞增多

炎症过程中，外周循环血液单位体积内白细胞数量往往发生变化，常出现白细胞增多（leukocytosis）。多数急性炎症，特别是急性化脓性炎症时，循环血液中白细胞总数升高，尤以中性粒细胞增多更为明显。有时甚至出现幼稚型中性粒细胞比例升高，即白细胞核左移现象（shift to the left）。过敏性炎症或寄生虫性炎症时，外周血中常见嗜酸性粒细胞增多。慢性炎症和病毒性炎症则多见淋巴细胞增多。白细胞增多是机体的一种重要的防卫反应。研究证明，炎症时单核-巨噬细胞分泌的造血生长因子对白细胞增多起着决定性作用。如作为炎症介质的 IL-6，还有 IL-3，属于多潜能集落刺激因子（multi-colony stimulating factors, multi-CSF）；IL-5 是嗜酸性粒细胞集落刺激因子（eosinophil-CSF）；此外还有粒细胞集落刺激因子（granulocyte-CSF）、巨噬细胞集落刺激因子（macrophage-CSF）、粒细胞-巨噬细胞集落刺激因子（GM-CSF）等。它们作用于骨髓内相应的造血前体细胞，促进其增殖、分化、成熟及释放。随着病程的进展，如果外周血液白细胞总数及白细胞分类比例逐渐趋于正常，应视为炎症转向痊愈的一个指标。反之，在炎症过程中，若外周血液白细胞总数显著减少或突然减少，则表示机体抵抗力降低，往往是预后不良的征兆。

## （三）单核-巨噬细胞系统机能加强

炎症时，尤其是生物性因素引起的炎症，常见单核-巨噬细胞系统机能加强，表现为细胞成分活化增生，吞噬和杀菌机能加强。例如，急性炎症时，炎灶周围淋巴通路上的淋巴结肿大、充血，淋巴窦扩张，窦内巨噬细胞活化、增生，吞噬加强。如果炎症发展迅速，特别是发生全身性感染时，则脾、全身淋巴结以及其他器官的单核-巨噬细胞系统的细胞都发生活化增生。又如急性马传染性贫血和鸡包涵体肝炎时，可见肝窦状隙内枯否细胞（Kupffer cell）呈现明显的增生、体积变大、吞噬能力加强。这些都是机体在局部或整体上抗炎反应的表现。炎症时单核-巨噬细胞系统机能加强，与某些介质释放增多有关，如巨噬细胞活化因子（MAF）、单核细胞趋化蛋白 1（MCP-1）、巨噬细胞移动抑制因子（MIF）等。

## （四）血清急性期反应物形成

病原微生物侵入机体引起炎症时，可在数小时至几天内导致血清成分的明显改变，这种反应称为急性期反应（acute phase reaction）。此时血清中增多的非抗体物质统称为血清急性期反应物（acute phase reactant），按其出现的时间又可分为初期反应物和后期反应物。前者是在致炎因素作用短时间内由吞噬细胞等分泌的，包括 IL-1、TNF 等；后者是在致炎因素作用数小时后主要由肝细胞合成分泌的，其中主要有以下几种。

**1. C-反应蛋白**（C-reactive protein，CRP） 可在 $Ca^{2+}$ 参与下，与肺炎链球菌（*Streptococcus pneumoniae*）的荚膜成分 C-多糖发生沉淀反应，故称此名。正常血清内含量很少，急性炎症时，48h 内 CRP 可增加近 1 000 倍。CRP 可与巨噬细胞、血小板、某些淋巴细胞表面的磷酸胆碱分子结合，这种结合促使细胞吸附补体和被补体包被的细菌，引发巨噬细胞的补体依赖性调理作用（complement-dependent opsonization），吞噬和消除病原菌。此外，CRP 还能直接引起淋巴细胞的活化与增生，抑制血小板凝集和血小板 3 因子的激活。

**2. 血清淀粉样物质 A**（serum amyloid A，SAA） 属于 $α_1$ 球蛋白的一种，在急性感染和发热数小时后，血清中 SAA 含量急剧升高，炎症恢复后迅速降至正常水平。SAA 沉积于某些组织可引起继发性淀粉样变性。SAA 的作用还不完全清楚，可能促进炎症时损伤细胞的修复和抑制自身免疫反应的发生。

**3. 纤维蛋白原**（fibrinogen） 是血液中的大分子糖蛋白，各种原因引起的炎症均可导致它在血清内含量升高。它在凝血酶和组织损伤释放的酶的作用下转化为纤维蛋白，能防止病原微生物扩散，局限炎症。同时还参与损伤血管壁的修复。

**4. $α_1$ 抗胰蛋白酶**（$α_1$ - antitrypsin） 属于血清中 $α_1$ 糖蛋白的一种，能抑制蛋白分解酶、灭活中性粒细胞释放的弹性蛋白酶和胶原酶，保护炎区组织。

**5. 结合珠蛋白**（haptoglobin） 是正常存在于血浆中的一种糖蛋白。炎症中 IL-6 刺激肝细胞使之合成和释放增多。它与游离血红蛋白亲和力较高，两者形成的复合物通过肝细胞膜的特殊受体被吞噬，以清除游离血红蛋白，因此可防止由游离血红蛋白引起脂质过氧化生成脂自由基而造成的细胞和组织损伤。

**6. 铜蓝蛋白**（ceruloplasmin，CP）**和转铁蛋白**（transferrin，Tr） 在炎症时血清含量均升高。前者是血清中结合铜的 $α_2$ 糖蛋白，后者是血清中铁的运输蛋白。在炎症中，它们具有抗氧化活性、保护细胞免受氧自由基破坏、保护炎区组织的作用。这种作用是通过激活超氧化物歧化酶（superoxide dismutase，SOD）使氧自由基发生歧化被清除而实现的。

**7. 纤连蛋白**（fibronectin，FN） 是在炎症过程中由成纤维细胞、单核细胞、内皮细胞等产生的一种 $α_2$ 糖蛋白。它是一种调理素，又是细胞间质和血管基底膜的组成成分并参与细胞黏附。急性炎症特别是发生菌血症时，因其作为调理素被消耗以及进入受损组织而引起血浆含量降低。

需强调的是，血清急性期反应物不仅见于炎症和感染时，也见于大型手术、严重的创伤等应激过程，因而血清急性期反应是机体对抗外界强烈刺激的一种非特异性反应。炎症时血清急性期反应物具有清除有害病理产物、保护炎区组织细胞、促进损伤组织修复、激活补体和抑制血液凝集等多种作用；但也能引起代谢紊乱、生长迟缓、继发性淀粉样变等不利影响。

## 第五节 炎症的类型

根据炎症的发生速度和临床经过，可分为急性、亚急性和慢性炎症3种类型，但其间缺乏明确的界限。通常，急性炎症持续时间短，仅几天，一般不超过1个月；慢性炎症可持续数周、数月以上；亚急性炎症介于上述二者之间。根据炎症的主要病变特点，又可分为变质性炎症、渗出性炎症和增生性炎症。这两种分类方式之间有一定的内在联系，例如急性炎症常以变质和渗出性病理变化为主，而慢性炎症常以增生性变化占优势。

### 一、变质性炎症

变质性炎症（alterative inflammation）是指炎灶内组织和细胞变性、坏死或凋亡的变质性变化很突出，而渗出和增生过程比较轻微的一类炎症。变质性炎症多发生于肝和心等器官，也可见于骨骼肌。

**1. 原因** 常见于各种中毒以及某些重症感染。例如，黄曲霉毒素中毒、禽腺病毒感染、兔出血症病毒感染等可引起肝的变质性炎，犊牛口蹄疫和猪脑心肌炎病毒感染等可导致心肌的变质性炎。

**2. 病理变化** 现以肝、肌肉组织为例作简要说明。

(1) 肝的变质性炎：外观肝肿大，呈土黄或黄褐色，质脆易碎。镜检可见肝细胞呈细胞水肿、脂肪变性和坏死，甚至溶解，窦状隙、中央静脉充血，汇管区和肝索间见淋巴细胞浸润。有时可见细胞凋亡，例如鸡包涵体肝炎和兔出血症时的嗜酸性小体有人认为就是发生凋亡的肝细胞。

(2) 肌肉组织的变质性炎：心肌质地稍软，外观色彩不均，室中隔、心房、心室面散在有灰黄色的条纹与斑点。镜检可见心肌纤维呈细胞水肿、脂肪变性和坏死，甚至心肌纤维发生断裂和崩解；间质充血、水肿，常见淋巴细胞、单核细胞浸润。骨骼肌的变质性炎与心肌的相似（二维码8-1）。

**3. 结局** 变质性炎多为急性过程，其结局取决于实质细胞的损伤程度。一般损伤较轻时在病因消除后可完全康复。如果实质细胞大量受到损伤，引起器官功能急剧障碍，可造成严重后果甚至死亡。但有时也可转为慢性，迁延不愈，此时局部损伤多经结缔组织增生来修复。

二维码8-1

## 二、渗出性炎症

渗出性炎症（exudative inflammation）指发炎组织以渗出性变化（包括血液的液体渗出和细胞成分渗出）为主，同时伴有不同程度的变质和轻微增生过程的一类炎症。这是比较复杂又多见的炎症类型。根据渗出物的主要成分和病变特点，渗出性炎症又可分为浆液性炎、纤维素性炎、化脓性炎、非化脓性炎、出血性炎等类型。

### （一）浆液性炎

浆液性炎（serous inflammation）指以渗出大量浆液为特征的炎症。浆液色淡黄，含3%～5%的蛋白质，主要是白蛋白和少量球蛋白，同时因混有白细胞和脱落细胞成分而呈轻度混浊。

**1. 原因** 各种理化因素（机械性损伤、冻伤、烫伤、化学毒物等）和生物性因素等都可引起浆液性炎。浆液性炎是渗出性炎的早期表现。

**2. 病理变化** 浆液性炎常发生于疏松结缔组织、黏膜、浆膜和肺等处。

（1）皮下疏松结缔组织的浆液性炎：发炎部位肿胀，严重时指压皮肤可出现面团状凹陷。切开肿胀部可流出淡黄色浆液，疏松结缔组织本身呈淡黄色半透明胶冻状。镜检见结缔组织成分悬浮于水肿液中，其间距离加大；毛细血管充血，白细胞浸润；疏松结缔组织中的细胞和纤维也可呈现不同程度的变质性变化。

（2）黏膜的浆液性炎：又称浆液性卡他（serous catarrh）。卡他是拉丁语"catarrhus"的译音，本意是"向下滴流"，在病理学上特指黏膜的炎症。浆液性卡他常发生于胃肠道黏膜、呼吸道黏膜、子宫黏膜等部位。眼观可见黏膜表面附有大量稀薄透明的浆液渗出物，黏膜肿胀、充血、增厚。镜检可见黏膜上皮细胞变性或坏死脱落，固有层毛细血管充血、出血，同时见水肿和少量白细胞浸润。

（3）浆膜的浆液性炎：浆膜腔内有浆液蓄积，浆膜充血、肿胀，间皮脱落。

（4）肺的浆液性炎：眼观炎区肿胀呈暗红色，肺胸膜紧张、湿润、富有光泽；切面流出多量液体。镜检见肺泡壁毛细血管充血，肺泡壁上皮细胞肿胀、脱落，肺泡腔内有大量浆液，HE染色呈均质红染，其中有一定数量的中性粒细胞和脱落的上皮细胞；间质也可见浆液渗出。

**3. 结局** 浆液性炎一般呈急性经过，随着致炎因素的消除和机体状况的好转，浆液性渗出物可被吸收消散，局部变性、坏死组织通过再生可完全修复。若病程持久，可引起结缔组织增生，器官和组织发生纤维化，而导致相应的机能障碍。

### （二）纤维素性炎

纤维素性炎（fibrinous inflammation）是以渗出液中含有大量纤维素为特征的炎症。纤维素即纤维蛋白（fibrin），来自血浆中的纤维蛋白原。当血管壁损伤较重时纤维蛋白原从血管中渗出，受组织损伤释放的酶的作用而转变成为不溶性的纤维素。

**1. 原因**　常见于病原微生物感染，如猪霍乱沙门菌可引起纤维素性肠炎，鸡传染性喉气管炎病毒可引起纤维素性气管炎，牛丝状支原体丝状亚种感染可引发纤维素性胸膜肺炎。

**2. 病理变化**　根据发炎组织受损伤程度的不同，又可分为浮膜性炎和固膜性炎两种类型。

（1）浮膜性炎（croupous inflammation）：指组织的坏死性变化比较轻微的纤维素性炎。多发生于浆膜（胸膜、腹膜、心外膜）、黏膜（喉头、气管、支气管、胃肠道等）和肺。

二维码8-2

①浆膜的浮膜性炎：初期见少量纤维素渗出，呈丝网状沉积于浆膜面上。随着渗出的纤维素不断增多，纤维素凝结而成的膜也不断增厚，呈絮状、网状或片状被覆在浆膜面上，灰白色或灰黄色，易于剥离下来。将纤维素剥离后，见浆膜充血、出血、肿胀、粗糙，失去光泽。浆膜腔内蓄积含有大量絮片状纤维素的混浊的渗出液。心外膜发生浮膜性炎时，由于心不断搏动可使心外膜表面附着的纤维素成为绒毛状，称为绒毛心（二维码8-2、二维码8-3）。

二维码8-3

②黏膜的浮膜性炎：渗出的纤维素形成一层薄膜覆盖在黏膜表面，呈灰白色，称为伪膜。纤维素性肠炎时可见管状的伪膜随粪便排出体外。伪膜剥离后，黏膜见充血、肿胀。镜检可见伪膜是由渗出的纤维素与游出的白细胞和脱落的黏膜上皮细胞凝集在一起构成的。黏膜上皮细胞发生变性、坏死和脱落，固有层则见充血、水肿和炎性细胞浸润。

③肺的浮膜性炎：发生纤维素性肺炎的肺，因其发展阶段不同可呈红色（充血明显）或灰白色（充血减退、渗出增多），质度变硬如肝，称为肝变（hepatization）。镜检见肺泡腔内含有大量交织成网状的纤维素，网眼内有数量不等的红细胞、白细胞和脱落的肺泡上皮细胞，肺间质也可因纤维素性渗出液浸润而变宽（二维码8-4）。

二维码8-4

（2）固膜性炎（diphtheritic inflammation）：是指伴有比较严重组织坏死的纤维素性炎，故又称为纤维素-坏死性炎（fibrinonecrotic inflammation）。

固膜性炎只发生于黏膜，依炎症波及范围又可分为局灶性和弥散性两种。发生局灶性固膜性肠炎时，黏膜上可见圆形隆起的痂，呈灰黄或灰白色，表面粗糙不平，直径大小不一，质地硬实，炎症可侵及黏膜下层，甚至到达肌层或浆膜。这种痂不易剥离，若强行剥离则黏膜局部形成溃疡。镜检，痂是由渗出的纤维素与发生坏死的局部肠黏膜融合在一起形成的，HE染色呈均质无结构的红染。坏死灶周围见充血、出血和白细胞浸润，慢性经过时还可见外围结缔组织增生。弥散性固膜性肠炎的病变性质与上述相似，但范围扩大，有大面积肠黏膜受损伤。

**3. 结局**　纤维素性炎一般呈急性或亚急性经过，结局主要取决于组织坏死的程度。浮膜性炎时，纤维素受到白细胞释放的蛋白分解酶的作用，可被溶解、吸收而消散，损伤组织通过再生而获修复。有时浆膜面上的纤维素因机化使浆膜肥厚或与相邻器官发生粘连，肺泡内纤维素被结缔组织取代可引起肺组织的肉变。固膜性炎因组织损伤严重，不能完全修复，常因局部结缔组织增生而形成疤痕。

### （三）化脓性炎

以大量中性粒细胞渗出并伴有不同程度的组织坏死和脓液形成为特征的炎症，称为化脓性炎（suppurative inflammation）。脓液（pus）即脓性渗出物，是由细胞成分、细菌和液体成分所组成的。镜检，可见脓液中的细胞成分主要是中性粒细胞，除少数继续保持吞噬能力外，大部分已发生变性、坏死和崩解。这种变性、坏死的中性粒细胞被称为脓细胞。脓液的液体是坏死组织受到中性粒细胞释放的蛋白分解酶的作用溶解液化而成的。形成脓液的过程称为化脓（suppuration）。

**1. 原因**　化脓性炎常由化脓菌如葡萄球菌、链球菌、铜绿假单胞菌等感染所引起。某些化学物质如松节油、巴豆油等，或机体自身的坏死组织如坏死骨片，也能引起无菌性化脓性炎。

**2. 病理变化**　由于病原菌不同和动物种类的不同，脓液在外观上有较大差异。感染葡萄球菌和链球菌生成的脓液一般呈黄白色或金黄色乳糜状；感染铜绿假单胞菌生成的脓液为青绿色。化脓过程中如混有腐败菌感染，则脓液呈污绿色并有恶臭。犬中性粒细胞的蛋白分解酶有极强的分解能力，故形成的脓液稀薄如水；而禽类的脓液含抗胰蛋白酶，故常呈干酪样。根据发生部位的不同，化脓性炎又有各种不同的表现形式。

（1）脓性卡他（purulent catarrh）：指黏膜表面的化脓性炎。外观上黏膜表面出现大量黄白色、黏稠混浊的脓性渗出物，黏膜充血、出血和肿胀，重症时浅表坏死（erosion，糜烂）。镜检，见渗出物内有大量变性的中性粒细胞，黏膜上皮细胞发生变性、坏死和脱落；黏膜固有层充血、出血和中性粒细胞浸润。

（2）积脓（empyema）：指浆膜发生化脓性炎时，脓性渗出物大量蓄积在浆膜腔内。见于牛创伤性心包炎、化脓性胸膜炎、化脓性腹膜炎、慢性化脓性子宫内膜炎时。

（3）脓肿（abscess）：指组织内发生的局限性化脓性炎，表现为炎区中心坏死液化而形成含有脓液的腔。急性过程时，炎灶中央为脓液，其周围组织出现充血、水肿及中性粒细胞浸润组成的炎性反应带。慢性经过时，脓肿周围出现肉芽组织，包围脓腔，并逐渐形成一个界膜，称为脓肿膜。后者具有吸收脓液、限制炎症扩散的作用。如果病原菌被消灭，则渗出停止，小的脓肿内容物可逐渐被吸收而愈合；大的脓肿通常见包囊形成，脓液进一步干涸、钙化。如果化脓菌继续存在，则从脓肿膜内层不断有中性粒细胞渗出，化脓过程持续进行，脓腔可逐渐扩大。皮肤或黏膜的脓肿可向表层发展，使浅层组织坏死溶解，脓肿穿破皮肤或黏膜而向外排脓，局部形成溃疡（ulcer）。深部的脓肿有时可通过一个管道向体表或自然管腔排脓，在组织内形成的这种有盲端的管道，称为窦道（sinus）。例如慢性化脓性骨髓炎时可见窦道形成并向体表皮肤排脓。有时深部脓肿既向体表皮肤穿破排脓，又向自然管腔穿破排脓，此时形成一个沟通皮肤和自然管腔的排脓管道，称为瘘管（fistula）。

（4）蜂窝织炎（phlegmonous inflammation）：指皮下和肌间疏松结缔组织的弥散性化脓性炎。引起蜂窝织炎的主要病原是溶血性链球菌，它产生透明质酸酶和链激酶，前者能分解结缔组织基质的透明质酸，破坏由透明质酸及其多糖侧链（如硫酸软骨素、硫酸角质素）构成的分子筛屏障结构；后者能激活纤溶酶原使之转变成纤溶酶，引起局部纤维素降解，从而有利于病原体在组织内迅速扩散，使炎症得以蔓延。蜂窝织炎发生发展迅速，炎区内大量中性粒细胞弥散性地浸润于细胞成分之间，其范围广泛，与周围正常组织间无明显界限。

**3. 结局** 化脓性炎多为急性经过，轻症时随病原的消除，及时清除脓液，可逐渐痊愈。重症时需通过自然破溃或外科手术进行排脓，较大的组织缺损由新生肉芽组织填充并导致疤痕形成。若机体抵抗力降低，化脓菌可随炎症蔓延而侵入血液和淋巴并向全身播散，甚至导致脓毒败血症。

## （四）非化脓性炎

非化脓性炎（nonsuppurative inflammation）是炎灶中以大量淋巴细胞渗出为主的一类炎症。因为炎性细胞中很少或几乎没有中性粒细胞，故不形成化脓灶。非化脓性炎，特别是非化脓性脑炎是动物一种重要的炎症类型。

**1. 原因** 主要是一些病毒感染，例如嗜神经性病毒（狂犬病病毒、乙型脑炎病毒、马传染性脑脊髓炎病毒、禽脑脊髓炎病毒等）可引起非化脓性脑炎（或非化脓性脑脊髓炎）；而有些泛嗜性病毒（牛瘟病毒、猪瘟病毒、鸡新城疫病毒、犬瘟热病毒、阿留申病病毒、梅迪/维斯纳病毒等）除导致非化脓性脑炎外，尚可引起其他部位的非化脓性炎。此外，少数细菌（如衣原体）、原虫（如猪弓形虫）也可引起非化脓性炎。

**2. 病理变化** 大量淋巴细胞以及少量单核细胞等，出现在脑和脊髓的血管周围（如马流行性乙型脑炎病毒所致的非化脓性脑炎）、肺泡间隔（如梅迪/维斯纳病毒所致的间质性肺炎）

或其他器官组织的间质（如水貂阿留申病时的肾小管间、梅迪/维斯纳病时的乳腺腺管间），有时甚至形成滤泡状。血管充血、血浆渗出，实质细胞有不同程度的变性、坏死或凋亡等变化。

**3. 结局** 非化脓性炎一般呈亚急性或慢性经过。轻症可能随病原的消除而获痊愈，重症特别是非化脓性脑炎时多以死亡告终。

### （五）出血性炎

出血性炎（hemorrhagic inflammation）是指渗出液中含有大量红细胞的一类炎症。多与其他类型的炎症合并发生，例如浆液性-出血性炎、化脓性-出血性炎等。

**1. 原因** 主要是一些能严重损伤血管壁的病原微生物或原虫，可引起血管壁通透性升高，以至于红细胞随同渗出液被动地从血管内逸出。例如猪瘟病毒、炭疽杆菌、球虫等均能引起严重的出血性炎症变化。

**2. 病理变化** 大量红细胞出现于渗出液内，使渗出液和发炎组织染上血液的红色。如胃肠道的出血性炎，眼观黏膜显著充血、出血，呈暗红色，胃肠内容物呈血样外观。镜检见炎性渗出液中红细胞数量多，同时，也有一定量的中性粒细胞；黏膜上皮细胞发生变性、坏死和脱落，黏膜固有层和黏膜下层血管扩张、充血、出血和中性粒细胞浸润。在实际剖检中要注意区分出血性炎和出血，前者伴有血浆液体和炎性细胞的渗出，同时也见程度不等的组织变质性变化；而后者则缺乏炎症的征象，仅具有单纯性出血的表现。

**3. 结局** 出血性炎一般呈急性经过，其结局取决于原发性疾病和出血的严重程度。

上述几种类型的渗出性炎症之间联系密切，有的可能是同一炎症过程的不同发展阶段。例如，浆液性炎往往是渗出性炎的早期变化，当血管壁受损加重有多量纤维素渗出时，可转化为纤维素性炎，甚至发生出血性炎。而在疾病发展过程中，两种或两种以上的炎症类型也可同时并存，例如浆液性-纤维素性炎或纤维素-坏死性炎等。

## 三、增生性炎症

增生性炎症（proliferative inflammation）指以细胞或间质增生过程占优势，而变质和渗出性变化较轻微的一类炎症。根据致炎因素和病变特点的不同，可分为普通增生性炎和特异性增生性炎两种。

### （一）普通增生性炎

多数为慢性过程，且以间质结缔组织增生为主，故又称为慢性间质性炎，常发生于肾和心。眼观，发生慢性间质性炎的器官出现散在的、数量和大小不一的灰白色病灶；严重时由于结缔组织大量增生和纤维化以及实质成分减少，使器官体积缩小，质地变硬。镜检，见炎灶部间质结缔组织明显增生，其中可见淋巴细胞、单核细胞浸润，有时还有少量浆细胞；而实质细胞则发生程度不同的萎缩、变性和坏死。

少数急性炎症也以增生性变化作为主要表现形式，如急性单纯性淋巴结炎时可见淋巴窦内单核细胞增生、淋巴窦内皮细胞增生脱落形成窦卡他；急性肾小球肾炎时可见肾小球毛细血管内皮细胞和系膜细胞增生使肾小球体积变大，同时也见少量中性粒细胞浸润和毛细血管内皮细胞的变性等变化。

### （二）特异性增生性炎

特异性增生性炎是由某些特定的病原微生物（如分枝杆菌、布氏杆菌）引起的一种增生性炎。炎症局部形成主要由巨噬细胞增生构成的境界清楚的结节状病灶，称为肉芽肿

（granuloma），如结核性肉芽肿（二维码 8-5、二维码 8-6）、布氏杆菌病性肉芽肿、禽大肠杆菌病性肉芽肿等。炎灶内的巨噬细胞将病原微生物的抗原短肽呈递给 T 淋巴细胞，它们被激活并产生 IL-2，后者再进一步激活 T 淋巴细胞并产生 IFN-γ，IFN-γ 可使巨噬细胞演变成上皮样细胞（epithelioid cell）和多核巨细胞（multinucleate giant cell，也称郎罕斯巨细胞，Langhans giant cell）。上皮样细胞体积较巨噬细胞大些，呈梭形或多角形，胞质丰富，但境界不清，核呈圆形或卵圆形，染色质较少，着色较淡，有 1~2 个核仁。上皮样细胞的溶酶体数量和体积有明显增加，线粒体的数目也增多，细胞内的酶含量也有增加，这些变化表明细胞活性增加，吞噬和杀灭分枝杆菌的能力进一步加强。上皮样细胞可互相融合或者其细胞核分裂胞体不分裂而形成多核巨细胞。它的体积巨大，直径可达 300 μm，内含许多个核，排列成马蹄形、花环形或散布在胞质内，具有极强大的吞噬能力。上述巨噬细胞及其转变生成的上皮样细胞、多核巨细胞构成特殊性肉芽组织。它的外围有普通肉芽组织包绕和淋巴细胞浸润。这种结构有利于消灭病原菌或防止其向周围组织的蔓延扩散。

二维码 8-5

二维码 8-6

增生性炎多为慢性过程，伴有明显的结缔组织增生，故病变器官往往发生不同程度的纤维化，后期质地变硬，体积皱缩，出现机能障碍。

## 第六节　炎症的结局及生物学意义

### （一）炎症的结局

在炎症过程中损伤和抗损伤双方力量的对比决定着炎症发展的方向和结局。如抗损伤反应（白细胞渗出、吞噬能力加强等）占优势，则炎症可向痊愈的方向发展；如损伤性变化（局部代谢障碍、细胞变性坏死等）占优势，则炎症逐渐加剧并可向全身扩散；如损伤和抗损伤双方处于一种相持状态，则炎症可转为慢性而迁延不愈。

**1. 康复**　多数炎症特别是急性炎症能够康复。

（1）完全康复：炎症病因消除，病理产物和渗出物被吸收，组织的损伤通过炎灶周围健康细胞再生而得以修复，局部组织的结构和机能完全恢复正常。完全康复常见于短时期内能吸收消散的急性炎症。

（2）不完全康复：通常发生于组织损伤严重时，虽然致炎因素已经消除，但病理产物和损伤的组织是通过肉芽组织取代修复，故引起局部疤痕形成，正常结构和机能未完全恢复。

**2. 迁延不愈**　在某些情况下，急性炎症可逐渐转变成慢性过程并表现为不愈状态。主要原因是机体抵抗力降低，或治疗不彻底使病原因素未被彻底清除，致使炎症持续存在，表现时而缓解，时而加剧，病程长期迁延，甚至多年不愈。

**3. 蔓延扩散**　此结局常见于由病原微生物引起的炎症。当机体抵抗力下降或病原微生物数量增多、毒力增强时，常发生蔓延扩散。主要方式有以下几种。

（1）局部蔓延：炎症局部的病原微生物可经组织间隙或器官的自然通道向周围组织蔓延，使炎区扩大。如心包炎可蔓延引起心肌炎，支气管炎可扩散引起肺炎，尿道炎可上行扩散引起膀胱炎、输尿管炎和肾盂肾炎。

（2）淋巴道蔓延：病原微生物在炎区局部侵入淋巴管，随淋巴液流动扩散至局部淋巴结引起淋巴结炎，并可再经淋巴液继续蔓延扩散。如急性肺炎可继发引起肺门淋巴结炎，淋巴结呈现肿大、充血、出血、渗出等炎症变化。

（3）血道蔓延：炎区的病原微生物或某些毒性产物，有时可突破局部屏障而侵入血流，引起菌血症、病毒血症、虫血症、毒血症、败血症等。

### (二)炎症的生物学意义

炎症具有重要的生物学意义，是动物机体一种重要的保护和防御性反应。如果没有炎症或炎症反应不充分，动物就不能控制感染，器官和组织的损伤以及各种创伤就不能愈合。炎症的抗损伤反应主要表现在：充血和血浆渗出，有利于给炎区输送抗体和补体成分，也有利于稀释毒素；白细胞渗出和吞噬活动加强，有助于清除病原微生物和组织坏死崩解产物；炎区内巨噬细胞、血管内皮细胞和成纤维细胞增生，能防止病原扩散，使炎症局限化；炎症局部通过实质和间质的再生，能使受到损伤的组织得以修复和愈合，等等。

但是，炎症也是一把双刃剑，其本身也可引起机体的机能、代谢和形态结构的损伤，剧烈的炎症甚至可危及动物的生命。例如，发炎组织出现物质代谢障碍及在此基础上的细胞变性、坏死或凋亡，可引起相应的机能障碍；淤血和淤滞使炎灶局部营养物质和氧的供应减少，引起组织损伤程度的加重；炎区感觉神经末梢敏感性升高，加之某些炎症介质和病理产物的致痛作用引起局部疼痛；慢性炎症过程中的修复反应（如纤维素性粘连）也能引起相应的器官发生机能障碍，等等。

损伤与抗损伤这对矛盾，贯穿于炎症发展的始终，在一定条件下又可以互相转化。例如，炎性渗出液具有稀释、中和毒性产物，阻止病原菌扩散和促进吞噬的作用，但在肺炎时大量炎性渗出液充塞于肺泡腔可影响气体交换。再如炎灶中白细胞渗出是炎症防御反应的重要一环，但炎灶中白细胞崩解，其溶酶体释出的多种酶可造成局部组织的损伤。炎症时出现的全身反应一般对机体是有利的，但有时也给机体带来不良影响，如体温升高持续过久，可引起机体分解代谢加强，消化吸收障碍，机体消瘦，抵抗力降低。

因此，在评价炎症的生物学意义时，应坚持辩证唯物主义的观点，对其利弊双方要做具体分析。在临床工作中，应根据炎症的发展阶段和机体状况，采取适当措施，既不能盲目抑制炎症，如滥用肾上腺糖皮质激素，又要对炎症的发展做适度的控制，减轻炎症可能对机体造成的危害，以兴利除弊，促进机体恢复健康。

（马学恩）

# 第九章 败血症

**内容提要**　败血症是炎症经血道蔓延扩散的一种结局，多由细菌、病毒、原虫等病原生物侵入血液循环、大量增殖，而机体的抵抗力衰竭所引起。临床上常见最急性败血症和急性败血症两种类型。急性败血症的动物尸僵不全或缺如，尸体腐败明显、腹围增大，血液凝固不良或不凝固，出现出血、溶血，败血脾、浆液性-出血性或出血性淋巴结炎等全身重要器官的病变。

## （一）概念

败血症（septicemia）是指病原生物（微生物、原虫等）侵入血液循环，大量繁殖，持续存在，产生毒素，与不断蓄积的代谢产物共同引起动物以防御功能衰竭为基本特征的严重中毒症状和全身性病理变化。由化脓菌引起的伴有全身组织器官多发性脓肿的败血症称为脓毒败血症（pyemia）。

败血症不是一种独立的疾病类型，而是各种病原微生物从机体局部或多个组织的感染灶侵入血液循环，引起病原微生物全身扩散，并出现病情恶化的危象。

败血症时，宿主在和病原微生物相互激烈斗争的过程中，病原体的损伤作用已占明显优势，而机体的抗损伤能力趋于瓦解。

在败血症的发生、发展过程中可出现菌血症、病毒血症、虫血症和毒血症。

（1）菌血症（bacteremia）：是指病原菌已侵入血液循环的现象。在多数情况下，毒力较弱的病原菌在血液中并未繁殖或很少繁殖，它们可很快由血液内的单核细胞和脾、淋巴结内的巨噬细胞吞噬并被清除。有时病原菌可在其入侵部位引起炎症。如引起菌血症的病原菌数量多、毒力强，则可在血液中大量繁殖，产生毒素，引起败血症。

（2）病毒血症（viremia）：是指病毒粒子进入血液中的现象。病毒血症有两种情况：一种是病毒粒子在血液中为临时性或路过性存在，它们可很快被清除或少部分进入局部组织（可引起二次病毒血症），并不出现全身症状和病理变化。另一种情况是因大量病毒粒子进入血液循环，病毒毒力强，机体防御机能被瓦解，不能将其清除，大量病毒不仅存在于血液中，而且引起明显的全身性感染过程，即发生败血症。

（3）虫血症（parasitemia）：是指寄生原虫侵入血液的现象。败血型原虫病时的虫血症，主要是由于原虫在其适于寄生的部位繁殖后，大量原虫进入血液，同时伴有明显的全身性病理过程。

（4）毒血症（toxemia）：是指大量的病原菌产生的细菌毒素、机体有毒代谢产物（如酸性产物等）和组织坏死时分解的有毒物质进入血液循环而引起全身剧烈中毒的病理现象。患病动物可出现高热、寒战、抽搐、昏迷等全身中毒症状，并伴有心、肝、肾等实质器官细胞发生严重变性和坏死。在一些病原菌引起的毒血症时，仅细菌产生的毒素被吸收入血，而菌体则留居在局部病灶并不侵入血液循环。此种类型的毒血症见于各种动物的肠毒血症、破伤风和仔猪水肿病等疾病。

### （二）原因及发生机理

**1. 原因** 败血症一般多由细菌、病毒、寄生虫等病原生物感染所引起。

（1）细菌：细菌是引起机体发生败血症的最主要、最常见的原因，包括革兰阳性细菌和革兰阴性细菌。常见于炭疽、败血型猪丹毒、败血型巴氏杆菌病、败血型链球菌病和幼龄动物副伤寒等细菌性传染病。

（2）病毒：多种病毒感染都可引起败血症。如马传染性贫血病毒、猪瘟病毒、牛瘟病毒、高致病性禽流感病毒、鸡传染性喉气管炎病毒和鸡新城疫病毒等。

（3）寄生虫：少数原虫感染能引起败血症，如牛泰勒虫、猪弓形虫等引起的寄生虫病，其病变具有败血症的一般特征。

（4）真菌、有毒代谢产物和组织坏死时分解产生的有毒物质也可引起败血症。

**2. 发生机理** 病原体从侵入门户（如皮肤、消化道、呼吸道及泌尿生殖道的黏膜）侵入机体。侵入机体的病原是否会引起败血症，与入侵病原的毒力、数量和机体免疫防御功能的强弱有密切关系。如果侵入机体的病原不能被局部组织和血液中的吞噬细胞、免疫球蛋白和补体等消灭，则在局部组织、淋巴结或其嗜好部位增殖，引起局部损伤，导致局部炎症，这个局部炎症灶可称为原发性感染灶。在原发性感染灶内，不断繁殖的病原体的损伤作用与机体的抗损伤作用进行激烈斗争，若病原体的损伤作用明显占优势，机体的局部抗损伤作用瓦解，病原体可从原发性感染灶内损伤的小血管进入血液循环并引起菌血症、病毒血症或虫血症。血液中的病原体可完全被血液中的白细胞、抗体和补体等物质消灭和清除。也可大量繁殖、产生毒素而进一步引起全身中毒症状和败血症变化。

研究表明，动物患细菌性败血症时，细菌进入血液循环后，在生长、增殖的过程中可产生大量毒素引起组织损伤，如革兰阴性杆菌释出的内毒素、外毒素和蛋白酶，革兰阳性细菌产生的外毒素和肠毒素等。此外，多种细胞因子（TNF、IL-1、IL-6和IL-8等），补体系统、凝血系统、纤溶系统和激肽形成系统的激活产物，糖皮质激素、β-内啡肽和大量的炎症介质等，在细菌性败血症中也发挥重要作用。例如炎症介质最终使毛细血管扩张、管壁损伤和通透性增加，血液中的液体成分和细胞成分大量渗出，引起全身各组织器官出现程度不同的淤血、水肿、出血和变性、坏死等变化，如败血型炭疽时可见皮下出血性胶样浸润、胸水、腹水、急性炎性脾肿和全身各组织器官浆膜和黏膜的出血。全身各组织器官内的毛细血管内皮细胞大量的损伤脱落可引起DIC；血液中液体大量的渗出可引起循环血量严重不足，导致心、肺、肝、肾等主要脏器血液灌注不足引发机体休克而死亡。

### （三）病理变化

患败血症的动物因发生严重的物质代谢障碍和毒血症，全身各组织器官可出现明显的炎症变化。各种病原引起的败血症，其病理变化大多相同或相似。但是，由于机体的状况、病程的长短以及病原的毒力强弱等不同，每一疾病败血症的病理变化又各有其特点。现将最急性败血症和急性败血症的病理变化分述如下。

**1. 最急性败血症** 主要是由毒力很强的病原所引起，且机体免疫力极低下，体内防御系统迅速被病原的损伤作用摧垮。因发病快，动物多数是在没有任何临床症状的情况下突然死亡，一般多数病死动物无肉眼可见的病理变化，有的病死动物仅表现出不典型的轻度败血症的病理变化，全身性的出血和其他病变较轻，偶见部分组织器官轻度出血，如心外膜、心内膜、消化道黏膜等的轻度点状出血。

**2. 急性败血症** 此型败血症主要是由毒力强的病原所引起，且机体免疫力较低。病原对机体的损伤作用与机体的抗损伤作用之间的激烈斗争，虽然可持续数日，但终因机体防御功能衰竭而死亡。急性败血症可出现明显的临床症状和典型的败血症的病理变化。因毛细血管普遍受到损伤，可导致全身皮肤、黏膜和各组织器官均出现多发性的出血斑点。

（1）尸僵不全或缺如：急性败血症时，因病原及其毒素迅速扩散到全身肌肉组织，破坏血管，引起全身肌细胞发生严重的损伤，肌细胞膜上的钙离子泵和钙离子通道受到破坏而不能开启，肌纤维中的肌球蛋白和肌动蛋白不能结合成肌动球蛋白，肌肉不能收缩，使机体不出现尸僵或尸僵不全。

（2）尸体腐败、臌气：由于动物体内有大量病原微生物及其毒素存在，胃肠道腐败菌快速地大量繁殖，产生气体，引起腹围增大（二维码9-1），同时在机体抵抗力降低的情况下易进入血液，引起尸体腐败。

二维码9-1

（3）血液凝固不良或不凝固：在败血症的发展过程中，病原体及其毒素破坏了凝血系统和红细胞，血液中凝血物质遭到严重破坏，因DIC使凝血因子和血小板大量消耗，机体严重酸中毒及二氧化碳增多，故发生血液凝固不良（二维码9-2）。体表皮肤和可视黏膜发绀并出血，严重时从尸体的口、鼻、内眼角、阴门及肛门等天然孔流出黑红色不凝固的浓稠血液。

二维码9-2

（4）出血与溶血现象：多处黏膜、浆膜有程度不同的出血，颈部、胸前、肩胛部、腹部等处皮下和肌间结缔组织发生出血性胶样浸润（二维码9-3）。由于红细胞破坏，血红蛋白释出，故病死动物大血管内膜、心内膜和气管黏膜常被染成污红色。有时肝受损，非酯型胆红素不能转化而在体内聚集，使机体出现黄疸现象，可视黏膜（眼结膜、口腔黏膜等）及皮下组织均见黄染。

二维码9-3

（5）重要器官的病变。

①脾：呈典型急性炎性脾肿变化，也称为"败血脾"。

眼观病变：脾肿大，严重者可为正常的3～5倍；颜色可呈樱桃红色、深红色、暗红色、黑红色或紫红色。脾质地变软，严重者脾髓质软如泥，似煤焦油状，白髓和小梁明显减少，用刀轻刮脾切面，很易刮下大量脾髓。

镜检病变：脾主要表现严重的变质和渗出性病变。脾实质细胞（淋巴细胞和网状细胞）大面积坏死崩解，形成大小不等的坏死灶；白髓缩小或消失。被膜和小梁的平滑肌及胶原纤维肿胀、溶解、排列疏松。脾组织严重充血、出血，浆液-纤维素和炎性细胞渗出和浸润。脾组织多被红细胞所占据，淤血和出血严重时，几乎呈一片血海。也可见残存的白髓、小梁和坏死灶。

②淋巴结：全身淋巴结常呈浆液性-出血性或出血性淋巴结炎变化。

眼观病变：淋巴结肿大，色红。轻症时淋巴结表面和切面有少量的出血点和/或出血斑，严重时整个淋巴结因出血而呈暗红色或黑红色的血肿样（二维码9-4）。

二维码9-4

镜检病变：淋巴组织充血、水肿、出血和坏死，皮质淋巴窦、髓质淋巴窦、淋巴小结、副皮质区等部位出现不同程度的出血，红细胞大量聚集。部分淋巴细胞变性、坏死和消失，有时见坏死灶，淋巴细胞和网状细胞数量减少，浆液和纤维素渗出。

③心：

眼观病变：心横径增宽，心腔扩张，心腔内多充满凝固不良的血液。心肌质地松软，弹性降低，切面呈土黄色，混浊无光。有的因充血、出血、变性和坏死而呈红、黄、灰等不同的色彩。心内膜、心外膜有数量不等的出血斑点（二维码9-5）。

二维码9-5

镜检病变：可见心肌纤维呈细胞水肿或脂肪变性，有时还可见局灶性充血、出血、浆液渗出、淋巴细胞浸润和心肌细胞变性坏死，偶见坏死灶。

④肝：

眼观病变：肝肿大，呈灰黄色或土黄色，质地脆弱，常因肝组织淤血和脂肪变性而呈槟榔肝景象。

二维码9-6

镜检病变：肝细胞呈细胞水肿或脂肪变性，中央静脉、窦状隙及小叶间静脉扩张充血，窦壁内皮细胞肿大，有时还见少量炎性细胞浸润。

⑤肺：淤血、水肿，体积增大，紫红色，呈出血性支气管肺炎的病变（二维码9-6），肺表面可见大小不等的出血点和/或出血灶。气管黏膜表现程度不同的淤血和出血。

镜检病变：肺泡壁充血、出血，肺泡腔内充满水肿液或浆液性-纤维素性渗出物、红细胞、中性粒细胞、巨噬细胞以及少量脱落的上皮细胞。

⑥肾：

二维码9-7

眼观病变：肾肿大，质地松软，被膜易剥离，皮质部呈灰黄色或土黄色，皮质部和髓质部交界处因淤血呈紫红色，严重病例肾表面和切面可见大小不一的出血斑点。有的病例膀胱黏膜也可见出血斑点（二维码9-7）。

镜检病变：肾小管上皮细胞普遍的严重变性或坏死，间质内有时可见局灶性炎性细胞浸润。偶见肾小球肾炎。

⑦脑：

眼观病变：脑软膜充血，有的见脑膜出血斑点。

镜检病变：脑软膜下和脑实质充血、水肿和出血，毛细血管内有透明血栓形成，神经细胞呈不同程度的变质。有时可见炎性细胞浸润及神经胶质细胞增生等变化。病毒性败血症时，在小血管周围可见以淋巴细胞和巨噬细胞为主要成分的"管套"现象；细菌性败血症的小血管周围主要是中性粒细胞和淋巴细胞；化脓菌性败血症时可见化脓性脑膜脑炎变化。

⑧消化道：呈出血性胃肠炎变化。胃黏膜和肠黏膜，甚至浆膜均可见大小不等的出血斑点，肠壁表现程度不同的水肿、增厚。

化脓菌引起的脓毒血症，可在肺、肝、肾和皮下组织等全身多组织器官发现大小不等的脓肿；镜检，脓肿内可见坏死组织、大量的中性粒细胞和蓝染的粉末状化脓菌团块。

（四）结局和对机体的主要影响

**1. 结局** 败血症一般预后不良。败血症的中后期，病原对机体的损伤作用已占绝对优势，而机体的防御能力则趋于瓦解，故机体多因中毒、机能衰竭与休克而死亡。

**2. 对机体的主要影响** 败血症多为急性经过，如果不能及时查明病原，治疗用药不当和错误，患病动物一般会很快死亡。在规模化养殖场，败血症动物还可引起严重的经济损失和重大生物安全与公共卫生问题。

（王金玲）

# 第十章

# 酸碱平衡紊乱

**内容提要** 动物机体维持内环境 pH 稳定的过程称为酸碱平衡,对酸碱平衡的调节主要是通过缓冲体系、肺和肾的机能改变以及细胞内外离子交换等途径实现的。血浆内 $NaHCO_3$ 浓度的原发性降低或升高可分别引起代谢性酸中毒或代谢性碱中毒;血浆内 $H_2CO_3$ 浓度的原发性升高或降低可分别导致呼吸性酸中毒或呼吸性碱中毒。上述 4 种类型的酸碱中毒称为单纯性酸碱中毒。机体发动的适应代偿性反应可引起代偿性或失代偿性酸碱中毒两种后果。酸碱中毒对机体造成不利影响,尤以失代偿时为甚。

## 第一节 酸碱平衡的调节及检测指标

### 一、酸碱平衡的调节及 pH 计算公式

#### (一)酸碱平衡的概念及酸碱性物质的产生

**1. 酸碱平衡** 内环境的稳态对于确保动物正常的生理活动是非常重要的。机体维持内环境 pH 恒定的过程称为酸碱平衡(acid-base balance)。组织液 pH 为 7.0~7.5,而动物动脉血 pH 介于 7.35~7.45 之间一个比较狭窄的区域。许多因素可打破这种平衡而造成酸碱中毒,或称酸碱平衡紊乱(acid-base disturbances)。酸碱平衡紊乱在多数情况下是某些疾病或病理过程的继发性变化,一旦发生,可使病情更加严重和复杂。正确诊断和采取有效措施防治各种类型的酸中毒和碱中毒,在兽医临床上具有重要的理论意义和实用价值。

**2. 酸性物质和碱性物质的产生** 动物体液中的酸性物质和碱性物质主要是在细胞内物质分解代谢过程中生成的;也有一定数量的酸性或碱性物质随饲草、饲料、药物等进入体内。

(1) 酸性物质:酸是 $H^+$ 的供体。在体内酸性物质主要包括由 $CO_2$ 和 $H_2O$ 生成的碳酸;蛋白质分解代谢产生的氨基酸、硫酸、磷酸、尿酸;糖无氧酵解产生的甘油酸、丙酮酸、乳酸;糖氧化分解产生的三羧酸;脂肪分解代谢产生的脂肪酸、β-羟丁酸、乙酰乙酸等。其中,碳酸可分解生成 $CO_2$ 和 $H_2O$,$CO_2$ 由肺排出体外,故碳酸称为挥发性酸(volatile acid);其余的酸性产物则称为非挥发性酸(involatile acid)或固定酸(fixed acid)。

(2) 碱性物质:碱是 $H^+$ 的受体。碳酸氢根($HCO_3^-$)、磷酸二氢根($H_2PO_4^-$)、氨、尿素(尿素酶分解为 $NH_3$ 和 $CO_2$),以及柠檬酸盐、草酸盐、苹果酸盐等均属碱性物质。蛋白质

（Pr⁻）如血红蛋白（Hb⁻）在体液中与 $H^+$ 结合生成蛋白酸（H-Pr，如血红蛋白与 $H^+$ 结合生成 H-Hb），且结合较为稳定，故蛋白质（Pr⁻）也是一种碱性物质。动物体内碱性物质生成量比酸性物质少得多。

### （二）机体对酸碱平衡的调节

机体对酸碱平衡的调节，主要是通过缓冲体系的作用、肺和肾的调节以及细胞内外离子交换等方式实现的。

**1. 血液中缓冲系统的调节**　由弱酸及弱酸盐组成的缓冲对广泛分布于血浆和红细胞内，它们共同构成了血液的缓冲系统。血浆缓冲对有：碳酸氢盐缓冲对（$NaHCO_3/H_2CO_3$）、磷酸盐缓冲对（$Na_2HPO_4/NaH_2PO_4$）、血浆蛋白缓冲对（Na-Pr/H-Pr，Pr 为血浆蛋白质）；红细胞内缓冲对有：碳酸氢盐缓冲对（$KHCO_3/H_2CO_3$）、磷酸盐缓冲对（$K_2HPO_4/KH_2PO_4$）、血红蛋白缓冲对（K-Hb/H-Hb，Hb 为血红蛋白）、氧合血红蛋白缓冲对（$K-HbO_2/H-HbO_2$，$HbO_2$ 为氧合血红蛋白）。缓冲系统能有效地将进入血液中的强酸转化为弱酸，强碱转化为弱碱，最大限度地降低强酸、强碱对机体造成的危害，以维持体液 pH 的正常。

**2. 肺的调节**　呼吸系统可通过改变呼吸运动的频率和幅度来调整血浆中 $H_2CO_3$ 的浓度。当动脉血二氧化碳分压（$PaCO_2$）升高、氧分压（$PaO_2$）降低、血浆 pH 下降时，可刺激延脑的中枢化学感受器和主动脉体、颈动脉体的外周化学感受器，反射性地引起呼吸中枢兴奋，呼吸加深加快，排出 $CO_2$ 增多，使血浆 $H_2CO_3$ 浓度降低。但 $PaCO_2$ 过高则引起呼吸中枢抑制。而当 $PaCO_2$ 降低或血浆 pH 升高时，呼吸变浅变慢，$CO_2$ 排出减少，使血浆中 $H_2CO_3$ 浓度升高。通过这种调节，维持血浆 $NaHCO_3/H_2CO_3$ 的正常值。

**3. 肾的调节**　肾主要是通过排出过多的酸或碱，调整血浆中 $NaHCO_3$ 的含量，来维持血液正常的 pH。肾的具体调节方式有两种：一是酸中毒时的排酸保碱，表现形式为近曲小管重吸收 $HCO_3^-$、远曲小管和集合管内尿的酸化、$NH_4^+$ 的排出；二是在碱中毒时的多排碱，表现形式为大量 $NaHCO_3$、$Na_2HPO_4$ 等碱性物质随尿排出。血液缓冲系统和肺对酸碱平衡的调节作用发生较快（几秒钟至几分钟），而肾的调节作用发生较慢（数小时甚至 1 d 以上），但持续时间很长。

**4. 组织细胞的调节**　组织细胞对酸碱平衡的调节作用主要是通过细胞内外离子交换来实现的，红细胞、肌细胞等都能参与此调节过程。例如，组织液 $H^+$ 浓度升高时，$H^+$ 弥散入红细胞内，而红细胞内等量的 $K^+$ 移至细胞外，以维持细胞内外电荷平衡；进入红细胞中的 $H^+$ 可被细胞内缓冲系统所中和。当组织液 $H^+$ 浓度降低时，上述过程则相反。细胞内外离子交换及细胞内的缓冲作用需 2~4 h 才能完成。

**5. 其他方式调节**　在持续较久的代谢性酸中毒时，骨盐中 $Ca_3(PO_4)_2$ 的溶解度增加，并进入血浆，参与对 $H^+$ 的缓冲过程。$Ca_3(PO_4)_2 + 4H^+ \longrightarrow 3Ca^{2+} + 2H_2PO_4^-$，在此反应中，每 1 分子的磷酸钙可缓冲 4 个 $H^+$。

### （三）pH 计算公式

血浆碳酸氢盐缓冲对在维持血液 pH 上起着重要作用。根据标准 Henderson-Hasselbalch 方程式（标准汉-哈二氏方程式）：

$$pH = pKa + \lg \frac{[缓冲碱]}{[缓冲酸]}$$

以血浆中碳酸氢盐缓冲体系为例，此方程可写成：

$$pH = pKa + \lg \frac{[HCO_3^-]}{[H_2CO_3]}$$

其中 pKa 代表碳酸解离常数的负对数，在 38 ℃时为 6.1。正常动脉血浆 $HCO_3^-$ 的浓度为 24 mmol/L。$H_2CO_3$ 的浓度由物理状态溶解的 $CO_2$ 与 $H_2O$ 生成的 $H_2CO_3$ 量决定的，可由 $PaCO_2$（在此取值为 40 mmHg，mmHg 为非法定计量单位，1 mmHg=133.322 Pa。）及其溶解系数 α [0.031 mmol/（L·mmHg）] 之积来算出 [40 mmHg×0.031 mmol/（L·mmHg）≈1.2 mmol/L]。这些数据代入上式则得：

$$pH = 6.1 + \lg \frac{24}{40 \times 0.03} = 6.1 + \lg \frac{24}{1.2} = 6.1 + \lg \frac{20}{1} = 6.1 + 1.301 = 7.401$$

$HCO_3^-$ 地浓度可近似地用 $NaHCO_3$ 的浓度来代替。由此可见，体内 $NaHCO_3$ 和 $H_2CO_3$ 的绝对量可以随时发生改变，但只要其比值保持不变，血浆 pH 就会维持相对恒定。由于 $H_2CO_3$ 的含量主要受呼吸的影响，因此血浆内 $H_2CO_3$ 浓度的原发性改变（增加、减少）可分别引起呼吸性酸中毒或呼吸性碱中毒；而对维持血浆 pH 而言，$NaHCO_3$ 是一种非呼吸性因素，其含量主要受机体代谢状况的影响，因此血浆内 $NaHCO_3$ 浓度的原发性改变（减少、增加）可分别引起代谢性酸中毒或代谢性碱中毒。

## 二、酸碱平衡的检测指标

**1. pH** pH 的数值是体液中 $H^+$ 浓度的负对数。各种动物血浆 pH 的范围有一定差异，文献报道，猫 pH 为 7.24～7.40，绵羊 pH 为 7.32～7.54，故 pH 最大变动范围可能介于 7.24～7.54，但一般取平均值在 7.40 左右，变动范围在 7.35～7.45。动脉血和静脉血 pH 差数为 0.02～0.03。需要注意的是，发生代偿性酸碱中毒时，血浆 pH 往往处于正常范围内，只有代偿失调后才引起 pH 的改变。所以不能单凭血浆 pH 来判断是否发生了酸碱中毒。

**2. 二氧化碳分压** 血浆中以物理状态溶解的 $CO_2$ 分子所产生的压力，称为二氧化碳分压（partial pressure of carbon dioxide，$PCO_2$）。$PCO_2$ 高于正常值的上限，见于呼吸性酸中毒（$CO_2$ 滞留）或代偿后的代谢性碱中毒；$PCO_2$ 低于正常值的下限，则见于呼吸性碱中毒（$CO_2$ 排出过多）或代偿后的代谢性酸中毒。

**3. 二氧化碳结合力** 血浆中呈化学结合状态的 $CO_2$ 的量，称为二氧化碳结合力（$CO_2$ combining power，$CO_2$ C.P.），也即血浆 $NaHCO_3$ 中的 $CO_2$ 含量。$CO_2$ C.P. 升高见于代谢性碱中毒（$NaHCO_3$ 原发性升高）或代偿后的呼吸性酸中毒；$CO_2$ C.P. 降低则见于代谢性酸中毒（$NaHCO_3$ 原发性降低）或代偿后的呼吸性碱中毒。

部分动物静脉血浆正常 pH、$CO_2$ 分压和 $CO_2$ 结合力见表 10-1。

表 10-1 部分畜禽静脉血浆 pH、$CO_2$ 分压和 $CO_2$ 结合力

| 动物 | 血浆 pH | $CO_2$ 分压（kPa） | $CO_2$ 结合力（mmol/L） |
| --- | --- | --- | --- |
| 牛 | 7.38±0.04 | 6.42±1.65 | 31.0±3.00 |
| 绵羊 | 7.40±0.05 | 5.61±0.65 | 26.2±5.00 |
| 山羊 | 7.41±0.09 | 6.65±1.25 | 25.2±2.80 |
| 马 | 7.34±0.03 | 5.33±0.54 | 22.5±8.27 |
| 猪 | 7.40±0.08 | 5.72±0.74 | 30.2±2.50 |
| 犬 | 7.42±0.04 | 5.05±0.73 | 21.4±3.90 |
| 鸡 | 7.52±0.04 | 3.45±0.60 | 23.0±2.50 |

**4. 标准碳酸氢盐和实际碳酸氢盐** 全血样本在标准条件下（38 ℃、血红蛋白氧饱和度为 100%、$PCO_2$ 为 5.32 kPa 的气体平衡后），测得的血浆中 $HCO_3^-$ 浓度称为标准碳酸氢盐（standard bicarbonate，SB）。因为测定时已排除了呼吸性因素的影响，故可作为判断代谢性

因素影响的指标。代谢性酸中毒时 SB 降低，代谢性碱中毒时 SB 升高。但在呼吸性酸中毒或呼吸性碱中毒时经肾代偿后，SB 也会相应地升高或降低。

实际碳酸氢盐（actual bicarbonate，AB）是指隔绝空气的全血样本，在机体实际的 $PCO_2$ 和血氧饱和度条件下测得的血浆 $HCO_3^-$ 浓度。AB 既受呼吸性因素的影响，也受代谢性因素的影响。在正常情况下 AB 与 SB 相等，而 AB 与 SB 的差值反映了呼吸因素对酸碱平衡的影响。例如，AB 值增大，AB>SB，表明 $CO_2$ 滞留体内，见于急性呼吸性酸中毒；AB 值减小，AB<SB，表明 $CO_2$ 排出过多，见于急性呼吸性碱中毒。AB、SB 均降低，表明发生代谢性酸中毒或代偿后的呼吸性碱中毒；AB、SB 均升高，表明发生代谢性碱中毒或代偿后的呼吸性酸中毒。

**5. 缓冲碱** 全血中一切具有缓冲作用的阴离子（如 $HCO_3^-$、$Hb^-$、$Pr^-$）的总和，称为缓冲碱（buffer base，BB）。通常以氧饱和的全血样本测定。BB 是反映代谢性因素的指标。代谢性酸中毒时 BB 降低，而代谢性碱中毒时 BB 升高。

**6. 碱剩余和碱缺失** 指血红蛋白含量正常的动物在 38 ℃、$PCO_2$ 为 5.32 kPa 及血氧饱和度为 100% 的条件下，用酸或碱将 1 L 的全血或血浆滴定到 pH 为 7.4 时所用的酸或碱的量。如用酸滴定，表明血样内缓冲碱量高，证明是碱剩余（base excess，BE），用＋BE 表示，见于代谢性碱中毒。如用碱滴定，表明血样内缓冲碱量低，证明是碱缺失（base deficit，BD），用－BE 表示，见于代谢性酸中毒。但在呼吸性酸中毒或呼吸性碱中毒时，经肾有效代偿后 BE 可分别增加或减少。

上述所有指标均可通过血气分析仪来测出。

**7. 阴离子间隙** 阴离子间隙（anion gap，AG）指血浆中未测定的阴离子（undetermined anion，UA）与未测定的阳离子（undetermined cation，UC）的差，即 AG＝UA－UC。血浆中的总阴离子可表达为（$Cl^-$＋$HCO_3^-$＋UA），血浆中的总阳离子可表达为（$Na^+$＋UC），实际上在正常生理情况下血浆阴离子、阳离子的总物质的量是相等的，即（$Cl^-$＋$HCO_3^-$＋UA）＝（$Na^+$＋UC），由此式可推导出 AG＝UA－UC＝$Na^+$－（$Cl^-$＋$HCO_3^-$）。这样 AG 的值就能用可测出的 $Na^+$、$Cl^-$、$HCO_3^-$ 的值很容易计算出来。AG 值升高的诊断意义较大，见于除氯以外的任何固定酸的增加引起的代谢性酸中毒。如乳酸性酸中毒、酮血症性酸中毒、磷酸盐和硫酸盐在体内潴留等。其固定酸的 $H^+$ 被 $HCO_3^-$ 缓冲，相应的酸根则增高，而这部分酸根都属于未测定的阴离子，故 AG 值明显升高。实际上这个问题我们还可从公式 AG＝UA－UC＝$Na^+$－（$Cl^-$＋$HCO_3^-$）加以直观的讨论。如果 $Cl^-$ 未改变，而 $HCO_3^-$ 减少，则 AG 值肯定升高；如果 $Cl^-$ 增加，而 $HCO_3^-$ 减少，则 AG 值变化不明显或可能基本正常。

## 第二节 酸 中 毒

### 一、代谢性酸中毒

代谢性酸中毒（metabolic acidosis）是指由于体内固定酸增多或碱性物质丧失过多而引起的以 $NaHCO_3$ 原发性减少为特征的病理过程。代谢性酸中毒在兽医临床上最为常见和重要。血浆检测结果，SB、AB、BB、$CO_2$ C.P. 均降低（$NaHCO_3$ 原发性减少所致），BE 负值增大（碱量缺失所致），$PCO_2$ 代偿性降低（呼吸代偿后所致），除氯以外的任何固定酸的增加引起的代谢性酸中毒，AG 值升高（血 $Cl^-$ 正常，任何固定酸的增加都导致 $HCO_3^-$ 减少，AG 值升高）。

## （一）原因

**1. 体内固定酸增多**

（1）酸性物质生成过多：在许多疾病或病理过程中，由于缺氧、发热、血液循环障碍、病原微生物作用或饥饿等因素引起物质代谢紊乱，导致糖、脂肪、蛋白质分解代谢加强，使体内乳酸、丙酮酸、酮体、氨基酸等酸性物质产生增多，可引起代谢性酸中毒。在兽医临床上常见的是乳酸性酸中毒和酮血症性酸中毒。

①乳酸性酸中毒：疾病中动物产生大量丙酮酸和乳酸，由于乳酸堆积和进入血液，与血浆中的 $NaHCO_3$ 发生反应并使之原发性减少所致。例如，牛、羊过多摄入易发酵产酸的饲料，如小麦、大麦、玉米、高粱、豆类、土豆、各种糖类饲料，经瘤胃细菌作用也可产生大量乳酸而造成乳酸性酸中毒（又称瘤胃酸中毒）。当发生马麻痹性肌红蛋白尿病时，因糖代谢紊乱致肌乳酸大量生成，血液中乳酸含量可由正常的每 100 mL 9～12 mg 增至 180～182 mg；在马急性出血性盲肠结肠炎、马便秘、疝痛、休克等疾病中，由于严重脱水、血液黏稠、循环障碍、缺血缺氧的影响，也引起血液中乳酸含量升高。

②酮血症性酸中毒：反刍动物发生酮血症时，如牛、羊日粮中糖和生糖物质不足，使脂肪代谢紊乱产生大量酮体（乙酰乙酸、β-羟丁酸、丙酮，其中乙酰乙酸、β-羟丁酸为酸性物质），当酮体过多，超过肝外组织的氧化利用能力和肾排泄能力时，便出现于血液中，引起酮血症性酸中毒。猪日粮中精料过多，同时缺乏根块类饲料，也易发生酮病和酮血症性酸中毒。

（2）酸性物质摄入过多：例如在临床治疗中给动物服用大量氯化铵、稀盐酸、水杨酸盐等酸性药物，可引起代谢性酸中毒。

（3）酸性物质排出障碍：急性或慢性肾功能不全时，由于组织细胞分解代谢作用加强，使酸性代谢产物生成增多，但此时肾小球滤过率降低和肾小管泌 $H^+$、泌 $NH_3$ 的机能减退，导致硫酸、磷酸、乙酰乙酸等固定酸排出减少以及 $NaHCO_3$ 重吸收减少。

（4）高钾血症：由于血钾浓度升高可抑制肾小管上皮细胞 $H^+-Na^+$ 交换，同时 $K^+$ 与细胞内的 $H^+$ 可进行跨膜交换，造成 $H^+$ 在血液内潴留过多。

**2. 碱性物质丧失过多**

（1）碱性肠液丢失：动物发生肠扭转、肠梗阻（大量碱性肠液蓄积在肠腔内）或剧烈腹泻时，例如马骡急性盲肠结肠炎、疝痛、猪传染性胃肠炎、猪流行性腹泻、动物轮状病毒感染、沙门菌性肠炎、弯曲菌性肠炎、牛卡他性胃肠炎、霉菌性胃肠炎、大肠杆菌性肠炎、副结核性肠炎、牛病毒性腹泻/黏膜病、球虫病等疾病时，大量碱性肠液排出体外，造成血浆内碱性物质大量丧失，酸性物质相对增多。

（2）$HCO_3^-$ 随尿丢失：正常动物原尿中含有 $HCO_3^-$ 等碱性物质，通过肾小管上皮细胞排酸保碱作用而回收。当发生肾小管性肾病时，这种排酸保碱机能出现障碍，导致 $HCO_3^-$ 从尿中排出增多；此外当近曲小管上皮细胞刷状缘上的碳酸酐酶活性受到抑制时（其抑制剂为乙酰唑胺），可使肾小管内 $HCO_3^- + H^+ \longrightarrow H_2CO_3 \longrightarrow CO_2 + H_2O$ 的反应受阻，也可引起 $HCO_3^-$ 随尿排出增多。

（3）$HCO_3^-$ 随血浆丢失：如发生大面积烧伤时，血浆内大量 $NaHCO_3$ 由烧伤创面渗出流失，引起代谢性酸中毒。

## （二）机体的代偿性调节

**1. 血液的缓冲调节** 发生代谢性酸中毒时，细胞外液增多的 $H^+$ 可迅速被血浆缓冲体系中的 $HCO_3^-$ 中和。

$$H^+ + HCO_3^- \longrightarrow H_2CO_3 \longrightarrow H_2O + CO_2$$

反应中生成的 $CO_2$ 随即由肺排出。血液缓冲系统调节的结果是某些酸性较强的酸转变为弱酸（$H_2CO_3$），弱酸分解后很快排出体外，以维持血液 pH 的稳定。

**2. 肺的代偿调节**　代谢性酸中毒时血浆中 $H^+$ 浓度升高，可刺激主动脉体、颈动脉体的外周化学感受器和延脑的中枢化学感受器，引起呼吸中枢兴奋，呼吸加深加快，肺泡通气量增大，$CO_2$ 呼出增多，$PaCO_2$ 和血浆 $H_2CO_3$ 含量随之降低，从而调整血浆中 $NaHCO_3/H_2CO_3$ 的正常值。

**3. 肾的代偿调节**　除因肾排酸保碱障碍引起的代谢性酸中毒以外，其他原因导致的代谢性酸中毒，肾都发挥重要的代偿调节作用。代谢性酸中毒时，肾小管上皮细胞内碳酸酐酶和谷氨酰胺酶的活性升高，使肾小管上皮细胞泌 $H^+$、泌 $NH_4^+$ 增多，相应地引起 $NaHCO_3$ 重吸收入血也增多，以此来补充碱储。此外，由于肾小管上皮细胞排 $H^+$ 增多，而使 $K^+$ 排出减少，故可能引起高血钾。

**4. 组织细胞的代偿调节**　代谢性酸中毒时，细胞外液中过多的 $H^+$ 可通过细胞膜进入细胞内，其中主要是红细胞。$H^+$ 被细胞内缓冲体系中的磷酸盐、血红蛋白等所中和。

$$H^+ + HPO_4^{2-} \longrightarrow H_2PO_4^-$$
$$H^+ + Hb^- \longrightarrow H-Hb$$

约有 60% 的 $H^+$ 在细胞内被缓冲。在 $H^+$ 进入细胞内时，导致 $K^+$ 从细胞内外移，引起血钾浓度升高。

**5. 代偿性调节的后果**　经上述代偿调节，可使血浆 $NaHCO_3$ 含量上升，或 $H_2CO_3$ 含量下降。如能使 $NaHCO_3/H_2CO_3$ 值恢复到 20/1，血浆 pH 维持在正常范围内（但多偏于正常值的下限），称为代偿性代谢性酸中毒（compensated metabolic acidosis）。如果体内固定酸不断增加，碱储被不断消耗，虽经代偿但 $NaHCO_3/H_2CO_3$ 值仍小于 20/1，pH 低于正常值的下限，则称为失代偿性代谢性酸中毒（decompensated metabolic acidosis）。

## 二、呼吸性酸中毒

呼吸性酸中毒（respiratory acidosis）是指由于 $CO_2$ 排出障碍或 $CO_2$ 吸入过多而引起的以血浆 $H_2CO_3$ 浓度原发性升高为特征的病理过程。呼吸性酸中毒在兽医临床上也较多见。血浆检测结果，$PCO_2$ 升高（$CO_2$ 在体内原发性增多所致）、AB 升高（$CO_2$ 在体内滞留所致）、$CO_2$ C.P. 升高（肾代偿后所致），AB＞SB（$CO_2$ 滞留体内所致），经肾有效代偿之后 SB、BB 也增高，BE 正值变大。

### （一）原因

**1. 二氧化碳排出障碍**

（1）呼吸中枢抑制：颅脑损伤、脑炎、脑膜脑炎、脑脊髓炎等疾病中，如马或猪的流行性乙型脑炎，禽脑脊髓炎，绵羊、猪、兔的李氏杆菌病等，均可损伤或抑制呼吸中枢。全身麻醉用药量过大，或使用呼吸中枢抑制性药物（如巴比妥类），也可抑制呼吸中枢造成通气不足或呼吸停止，使 $CO_2$ 在体内滞留。

（2）呼吸肌麻痹：发生有机磷农药中毒、脊髓和肋间神经损伤、脑脊髓炎、低血钾、重度高血钾等疾病或病理过程时，可引起呼吸肌随意运动的减弱或丧失，导致 $CO_2$ 排出困难。

（3）呼吸道堵塞：喉头黏膜水肿、异物堵塞气管，或食道的严重阻塞部位压迫气管时，引起通气障碍，$CO_2$ 排出受阻。如黏膜型禽痘、鸡传染性喉气管炎、马变态反应性喘鸣症、新生动物窒息等疾病都伴有呼吸道狭窄，$CO_2$ 在体内潴留。

（4）胸腔和肺部疾病：胸部创伤造成气胸时，胸腔负压绝对值变小或消失，或胸腔积液、胸膜炎、肋骨骨折时，引起肺扩张与回缩发生障碍；肺炎、肺水肿、肺脓肿、肺肉变时，如牛传染性胸膜肺炎、肺结核、肺肿瘤,导致肺呼吸面积减少;肺水肿、肺泡内透明膜形成、肺纤维化,造成呼吸膜增厚,换气过程发生障碍,这些因素均可导致 $CO_2$ 在体内蓄积。

(5)血液循环障碍:当发生心功能不全时,造成全身性淤血,$CO_2$ 的运输和排除障碍,引起血浆中 $H_2CO_3$ 原发性升高。

**2. 二氧化碳吸入过多** 当厩舍过小、通风不良、畜禽饲养密度过大时,特别在我国北方冬季密闭的养鸡舍或养猪舍内,因外环境空气中 $CO_2$ 过多(鸡舍一般 $CO_2$ 的浓度宜控制在 0.15% 左右),可引起持续性 $CO_2$ 吸入增多,而使血浆 $H_2CO_3$ 含量升高。

### (二)机体的代偿性调节

因呼吸功能障碍引起的呼吸性酸中毒,呼吸系统的代偿作用减弱甚至不能代偿;而肾的代偿调节作用与代谢性酸中毒时相同。发生呼吸性酸中毒时,机体的其他代偿反应包括以下几方面。

**1. 血液的缓冲调节** 呼吸性酸中毒时血浆中 $H_2CO_3$ 含量增高,它解离产生的 $H^+$ 主要由血浆蛋白缓冲对和磷酸盐缓冲对进行中和:

$$H^+ + Na\text{-}Pr \longrightarrow H\text{-}Pr + Na^+$$
$$H^+ + Na_2HPO_4 \longrightarrow NaH_2PO_4 + Na^+$$

上述反应中生成的 $Na^+$ 可与血浆内 $HCO_3^-$ 形成 $NaHCO_3$,补充碱储,调整 $NaHCO_3/H_2CO_3$ 的值。但因血浆中 Na-Pr 和 $Na_2HPO_4$ 含量较低,故其实际对 $H_2CO_3$ 的缓冲能力较弱。

**2. 组织细胞的代偿调节** 细胞外液 $H^+$ 浓度升高,可向细胞内渗透,而 $K^+$ 移至细胞外,以保持细胞膜两侧正电荷平衡。同时,$CO_2$ 弥散入红细胞内增多,在红细胞内碳酸酐酶的作用下,与 $H_2O$ 生成 $H_2CO_3$,$H_2CO_3$ 解离形成 $HCO_3^-$ 和 $H^+$,$H^+$ 被红细胞内缓冲物质所中和,当细胞内 $HCO_3^-$ 的浓度超过其血浆浓度时,$HCO_3^-$ 即由红细胞内弥散到细胞外;而血浆内有等量 $Cl^-$ 进入红细胞,结果是血 $Cl^-$ 降低,而 $HCO_3^-$ 得到一定补充。

**3. 代偿性调节的后果** 通过上述代偿反应,使血浆 $NaHCO_3$ 含量升高,如果 $NaHCO_3/H_2CO_3$ 值恢复到 20/1,pH 保持在正常范围内(但多偏于正常值的下限),称为代偿性呼吸性酸中毒(compensated respiratory acidosis)。如果 $CO_2$ 在体内大量滞留,超过了机体的代偿能力,导致 $NaHCO_3/H_2CO_3$ 值小于 20/1,pH 低于正常值的下限,则称为失代偿性呼吸性酸中毒(decompensated respiratory acidosis)。

## 三、酸中毒对机体的主要影响

### (一)对中枢神经系统的影响

**1. 脑内 γ-氨基丁酸生成增多** 酸中毒尤其发生失代偿性酸中毒时,血浆 pH 降低,神经细胞内氧化酶活性降低,引起氧化磷酸化过程受阻,ATP 生成不足,脑组织能量供应减少。血浆 pH 降低时,脑组织中谷氨酸脱羧活性增高,使 γ-氨基丁酸(γ-amino butyric acid,GABA)生成增多,后者对中枢神经系统具有抑制作用(图 10-1)。脑内能量物质供应不足加之抑制性氨基酸 GABA 增多,故患病动物表现

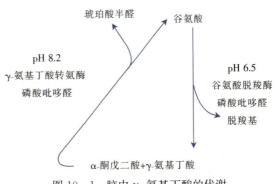

图 10-1 脑内 γ-氨基丁酸的代谢

精神沉郁、感觉迟钝、嗜睡，甚至发生昏迷。

**2. 脑功能紊乱** 呼吸性酸中毒时高浓度的 $CO_2$ 能直接引起脑血管扩张、颅腔内压升高。此外，$CO_2$ 分子为脂溶性的，能自由透过血脑屏障；而 $NaHCO_3$ 是水溶性的，不容易透过血脑屏障，故脑脊髓液 pH 降低较之血浆更加明显。因此，呼吸性酸中毒引起的脑功能紊乱比代谢性酸中毒时更为严重。有时可因呼吸中枢、心血管运动中枢麻痹而使动物发生死亡。

### （二）对心血管系统的影响

**1. 心肌收缩力降低** 酸中毒产生的大量 $H^+$ 可竞争性地抑制 $Ca^{2+}$ 与肌钙蛋白结合，同时也影响 $Ca^{2+}$ 内流和心肌细胞内连接肌浆网释放 $Ca^{2+}$，这样抑制心肌兴奋-收缩偶联，使心肌收缩力降低，心输出量减少，容易引起急性心功能不全。

**2. 高钾血症** 酸中毒常伴发高钾血症。血清钾浓度升高可使心脏传导阻滞，引起心室颤动、心律失常，发生急性心功能不全。

**3. 回心血量减少** 血浆 $H^+$ 浓度升高，可使小动脉、微动脉、后微动脉、毛细血管前括约肌对儿茶酚胺的敏感性降低，而微静脉、小静脉仍保持对儿茶酚胺的反应性（可能与微静脉、小静脉正常时即处于一种微酸环境中有关）。故毛细血管的"前门开放、后门关闭"，血容量不断扩大，回心血量显著减少，严重时可引发低血容量性休克。

### （三）对骨骼系统的影响

慢性肾功能不全时可伴发长期的代谢性酸中毒。由于骨内磷酸钙不断释放入血以缓冲 $H^+$，故对骨骼系统的正常发育和机能都造成严重影响。在幼年动物可引起生长迟缓和佝偻病，在成年动物可导致骨软化症。

## 第三节 碱 中 毒

### 一、代谢性碱中毒

代谢性碱中毒（metabolic alkalosis）是指由于体内碱性物质摄入过多或酸性物质丧失过多而引起的以血浆 $NaHCO_3$ 浓度原发性升高为特征的病理过程。代谢性碱中毒在兽医临床上较少见。血浆检测结果，AB、SB、BB、$CO_2$ C. P. 均升高（$NaHCO_3$ 原发性升高所致），$PCO_2$ 代偿性升高（呼吸代偿后所致），BE 正值变大（碱量升高所致）。

### （一）原因

**1. 体内碱性物质过多**

（1）碱性物质摄入过多：摄入碱性饲料（如尿素）或碱性药物（如碳酸氢钠、乳酸钠等）过多时，易导致血浆内 $NH_3$ 或 $NaHCO_3$ 浓度升高。肾具有较强的排泄 $NaHCO_3$ 的能力，因此若肾功能不全的动物摄入碱性物质过多时，容易引起代谢性碱中毒。例如，当尿素喂饲量过大或喂饲方法不当时，可引起牛发生尿素中毒，尿素在瘤胃内很快溶解并被尿素酶分解为 $NH_3$ 和 $CO_2$，因此尿素中毒实际为 $NH_3$ 中毒。尿素限用于出生 6 个月以上的牛、羊，添加量不得超过精料的 2%，例如产乳量少于 30 kg/d 的泌乳牛，每头牛不要超过 100 g/d，要混合均匀，喂后不可立即饮水。另据调查，国产鱼粉中含 4%～8% 的尿素，最高可达 13%。如果使用尿素含量高的劣质鱼粉配制饲料喂鸡时也会发生尿素中毒。

圈舍空气中 $NH_3$ 浓度过高，也可引起 $NH_3$ 中毒。例如，鸡舍中的氨气，是由鸡的粪、尿、垫料以及饲料残渣腐败分解后产生的。如果长期不清理粪便，又无通风设施，便会造成氨气等有害气体的大量蓄积而发生氨中毒。

(2) 体内碱性物质排除障碍：当动物发生严重的肝功能不全时，肝细胞内的鸟氨酸循环不能正常进行，使氨基酸氧化脱氨过程中产生的大量 $NH_3$ 不能生成尿素而在血中蓄积；当动物发生尿毒症时，作为尿毒症毒素之一的尿素不能随尿排出体外。这些原因都可引起体内以 $NH_3$ 为代表的碱性物质增多。

2. 酸性物质丧失过多

(1) 酸性物质随胃液丢失：猪、犬等动物因患胃炎或其他疾病引起严重呕吐时，可导致胃液中的盐酸大量丢失。当乳牛发生皱胃变位、皱胃积食等疾病时常引起幽门阻塞，造成大量盐酸在皱胃内聚集。此时肠液中的 $NaHCO_3$ 不能被来自胃液中的 $H^+$ 中和而被大量吸收入血，从而使血浆中 $NaHCO_3$ 含量升高。

(2) 酸性物质随尿丢失：任何原因引起醛固酮分泌过多时（例如肾上腺皮质的肿瘤）可导致代谢性碱中毒。因醛固酮促进肾远曲小管上皮细胞排 $H^+$ 保 $Na^+$、排 $K^+$ 保 $Na^+$，引起 $H^+$ 随尿流失增多，相应发生 $NaHCO_3$ 回收入血增多而导致代谢性碱中毒。

(3) 低钾血症：动物血清钾浓度降低时，远曲小管上皮细胞泌 $K^+$ 减少，泌 $H^+$ 增多，引起 $NaHCO_3$ 的生成和重吸收入血增多，也可导致代谢性碱中毒。此外，血清钾减少，可导致细胞内 $K^+$ 与细胞外 $H^+$、$Na^+$ 交换，引起细胞内酸中毒和细胞外碱中毒。

(4) 血氨升高：当发生尿素中毒或其他任何原因引起血氨水平升高时，$NH_3$ 可对机体造成多方面的不良影响，如可引起肝性脑病。$NH_3$ 可与谷氨酸生成谷氨酰胺，当谷氨酰胺由肾泌 $NH_3$ 排出时需结合 $H^+$，导致机体酸性物质的消耗。

(5) 低氯性碱中毒：$Cl^-$ 是唯一能和 $Na^+$ 在肾小管内被相继重吸收的阴离子。如机体缺氯，则肾小管液内 $Cl^-$ 浓度降低，肾小管上皮细胞则以加强泌 $H^+$、泌 $K^+$ 的方式与小管液内 $Na^+$ 进行交换。$Na^+$ 被吸收后即与肾小管上皮细胞生成的 $HCO_3^-$ 结合成 $NaHCO_3$ 进入血液，可引起代谢性碱中毒。

(二) 机体的代偿性调节

1. **血液的缓冲调节** 当体内碱性物质增多时，血浆缓冲系统与之反应。如

$$NaHCO_3 + H\text{-}Pr \longrightarrow Na\text{-}Pr + H_2CO_3$$
$$NaHCO_3 + NaH_2PO_4 \longrightarrow Na_2HPO_4 + H_2CO_3$$

这样可在一定限度内调整 $NaHCO_3/H_2CO_3$ 的值。但因血液缓冲系统中酸性成分远低于碱性成分（如 $NaHCO_3/H_2CO_3$ 值仅为 20/1），故血液缓冲体系对碱性物质的处理能力是很低的。

2. **肺的代偿调节** 由于血浆 $NaHCO_3$ 含量原发性升高，$H_2CO_3$ 含量相对不足，血浆 pH 升高，对呼吸中枢产生抑制作用，呼吸运动变浅变慢，肺泡通气量降低，$CO_2$ 排出减少，使血浆 $H_2CO_3$ 含量代偿性升高，以调整 $NaHCO_3/H_2CO_3$ 的值。但呼吸变浅变慢又导致缺氧，故这种代偿作用实际也是很有限的。

3. **肾的代偿调节** 代谢性碱中毒时血浆中 $NaHCO_3$ 浓度升高，肾小球滤液中 $HCO_3^-$ 含量增多。同时，血浆 pH 升高，肾小管上皮细胞内的碳酸酐酶和谷氨酰胺酶活性都降低，肾小管上皮细胞泌 $H^+$、泌 $NH_3$ 减少，导致 $HCO_3^-$ 重吸收入血减少，随尿排出增多。这是肾排碱保酸作用的主要表现形式。

4. **组织细胞的代偿调节** 细胞外液 $H^+$ 浓度降低，引起细胞内的 $H^+$ 与细胞外的 $K^+$ 进行跨膜交换，结果导致细胞外液 $H^+$ 浓度有所升高，但往往伴发低血钾。

5. **代偿性调节的后果** 通过上述代偿反应，如果 $NaHCO_3/H_2CO_3$ 值恢复到 20/1，血浆 pH 在正常范围内（但多偏于正常值的上限），称为代偿性代谢性碱中毒（compensated meta-

bolic alkalosis)。如果代偿后 $NaHCO_3/H_2CO_3$ 值仍大于 20/1，血浆 pH 高于正常值的上限，则称为失代偿性代谢性碱中毒（decompensated metabolic alkalosis）。

## 二、呼吸性碱中毒

呼吸性碱中毒（respiratory alkalosis）是指由于 $CO_2$ 排出过多而引起的以血浆 $H_2CO_3$ 浓度原发性降低为特征的病理过程。在高原地区可发生低氧血性呼吸性碱中毒，在疾病过程中呼吸性碱中毒也可因通气过度而出现，但一般比较少见。血浆检测结果，$P_{CO_2}$ 下降（$CO_2$ 排出过多所致），AB＜SB（$CO_2$ 排出过多所致），经肾脏代偿之后 AB、SB、BB 和 $CO_2$ C.P. 都降低，BE 负值变大（经代偿后代谢性指标都降低所致）。

### （一）原因

**1. 某些中枢神经系统的疾患** 在脑炎、脑膜炎、脑膜脑炎等疾病的初期，或在发热的一定阶段，可引起呼吸中枢兴奋性持续性升高，呼吸加深加快，导致肺泡通气量过大，呼出大量 $CO_2$，使血浆 $H_2CO_3$ 含量明显降低。革兰阴性杆菌败血症时可刺激引起呼吸中枢兴奋，也是导致过度通气的常见原因。

**2. 某些药物中毒** 某些药物如水杨酸或铵盐类药物，可直接兴奋呼吸中枢，导致通气过度，$CO_2$ 排出过多。

**3. 机体缺氧** 初到高山、高原地区的动物，因外环境大气氧分压降低（大气氧分压＝当地大气压强×当地氧占空气的百分比。例如，普通大气中氧含量为 20.9%，海拔 999 m 时为 18.5%，海拔 3 776 m 时大气中氧含量仅为 13.6%，随海拔升高，外环境大气氧分压降低），机体缺氧，导致呼吸加深加快，排出 $CO_2$ 过多。

**4. 机体代谢亢进** 外环境温度过高，如日射病、热射病，或机体发热时，由于物质代谢亢进产酸增多，加之高温血的直接作用，可引起呼吸中枢的兴奋性升高。

### （二）机体的代偿性调节

**1. 血液的缓冲调节** 呼吸性碱中毒时血浆 $H_2CO_3$ 含量下降，$NaHCO_3$ 浓度相对升高。

$$NaHCO_3 \longrightarrow Na^+ + HCO_3^-$$
$$HCO_3^- + H^+ \longrightarrow H_2CO_3$$

通过此反应可使血浆内 $H_2CO_3$ 的含量有所回升。$H^+$ 是由红细胞内 H-Hb、H-$HbO_2$ 和血浆内 H-Pr 解离释放出来的。

**2. 肺的代偿调节** 呼吸性碱中毒时，由于 $CO_2$ 排出过多，血浆 $PCO_2$ 降低，可抑制呼吸中枢，使呼吸变浅变慢，从而减少 $CO_2$ 排出，使血浆 $H_2CO_3$ 含量有所回升。但在呼吸性碱中毒时，肺的这种代偿性反应是很微弱的。

**3. 肾的代偿调节** 急速发生的呼吸性碱中毒肾来不及进行代偿。当慢性呼吸性碱中毒时，肾小管上皮细胞内碳酸酐酶活性降低，$H^+$ 的形成减少，肾小管液内 $HCO_3^-$ 重吸收也随之减少，即 $NaHCO_3$ 随尿排出增多。

**4. 组织细胞的代偿调节** 呼吸性碱中毒时血浆内 $H_2CO_3$ 迅速减少，$HCO_3^-$ 相对升高，此时血浆 $HCO_3^-$ 转移进入红细胞，而红细胞内等量的 $Cl^-$ 移至细胞外。此外细胞内 $H^+$ 逸出至细胞外，细胞外液中 $K^+$ 进入细胞内。结果在血浆 $HCO_3^-$ 下降的同时导致血氯升高、血钾降低。

**5. 代偿性调节的后果** 经上述代偿后，如果 $NaHCO_3/H_2CO_3$ 的值恢复 20/1，血浆 pH 在正常范围内（但多偏于正常值上限），称为代偿性呼吸性碱中毒（compensated respiratory alkalosis）。如经过代偿，$NaHCO_3/H_2CO_3$ 值仍大于 20/1，血浆 pH 高于正常值的上限，则称为失代偿性呼吸性碱中毒（decompensated respiratory alkalosis）。

## 三、碱中毒对机体的主要影响

### （一）对中枢神经的影响

**1. 脑内 γ-氨基丁酸生成减少** 动物发生碱中毒特别是失代偿性碱中毒时，由于血浆 pH 升高，引起脑组织中 γ-氨基丁酸转氨酶的活性增高，γ-氨基丁酸分解代谢加强，脑内含量减少（图9-2），故对中枢神经系统的抑制性作用减弱，患病动物呈现躁动、兴奋不安等症状。

**2. 对脑组织供氧量减少** 正常时红细胞内 $H^+$ 与血红蛋白结合（生成 H-Hb）能影响血红蛋白的空间构型，使之与 $O_2$ 的亲和力下降。碱中毒时，由于红细胞内 $H^+$ 浓度代偿性下降，故导致血红蛋白与 $O_2$ 的亲和力增高，对组织的供氧能力降低。此外，$PCO_2$ 降低可引起脑血管收缩和脑血流量减少。因此严重碱中毒可引起脑组织缺氧，患病动物可由兴奋状态转化为萎靡不振、精神沉郁、甚至发生昏迷。

### （二）对神经肌肉的影响

当血浆 pH 升高时，血浆内结合钙增多，而游离钙（$Ca^{2+}$）则减少。

$$游离钙 \xrightleftharpoons[pH 降低]{pH 升高} 结合钙$$

血液游离钙浓度降低，可引起神经肌肉细胞阈电位下降（例如由 $-65$ mV 下移至 $-75$ mV），导致静息膜电位（如为 $-90$ mV）与阈电位间的距离变小，引起神经肌肉组织的兴奋性升高，患病动物出现肢体肌肉抽搐、反射活动亢进，甚至发生痉挛。

### （三）对血钾浓度的影响

碱中毒时，肾小管上皮细胞代偿性排 $H^+$ 减少（保酸），相应地排 $K^+$ 增多；加之细胞外液 $K^+$ 进入细胞内交换 $H^+$，故引起血清钾浓度降低。低钾血症导致心肌兴奋性升高，传导性降低，严重时引起心律失常。低钾血症也可导致骨骼肌兴奋性降低，甚至发生麻痹。

## 第四节　混合性酸碱平衡紊乱

以上分述了 4 种单纯性酸碱平衡紊乱（simple acid-base disturbance），但在疾病过程中酸碱平衡紊乱的发展变化很复杂，有时酸中毒可演变为碱中毒，碱中毒也可演变为酸中毒，甚至引起混合性酸碱平衡紊乱。两种或两种以上的酸碱中毒在同一个体上同时并存或相继发生，称为混合性酸碱平衡紊乱（mixed acid-base disturbance）。混合性酸碱平衡紊乱可分为两类，即酸碱一致型和酸碱混合型。

### （一）酸碱一致型

指酸中毒、碱中毒在同一动物个体上不交叉发生。

**1. 呼吸性酸中毒合并代谢性酸中毒** 这种类型最为多见。常见于通气障碍引起的呼吸功能不全时，如脑炎、延脑损伤等，$CO_2$ 在体内滞留导致呼吸性酸中毒，而缺氧又可引起代谢性酸中毒。此时血浆 pH 显著下降。

**2. 呼吸性碱中毒合并代谢性碱中毒** 主要见于带有呕吐的热性传染病，如犬瘟热，部分病犬剧烈呕吐并伴有高热。高热造成过度通气引起呼吸性碱中毒，呕吐导致胃酸丢失引起代谢性碱中毒。此时血浆 pH 显著升高。

## （二）酸碱混合型

指酸中毒、碱中毒在同一动物个体上交叉发生。

**1. 代谢性酸中毒合并呼吸性碱中毒**　见于动物发生高热、通气过度又合并发生肾病或腹泻，如严重肾功能不全又伴发高热时，可在原代谢性酸中毒的基础上因过度通气而合并发生呼吸性碱中毒。此时 pH 可在正常范围，也可能升高或降低。

**2. 代谢性酸中毒合并代谢性碱中毒**　见于动物发生肾炎、尿毒症又伴发呕吐时，如犬尿毒症又有呕吐。在原代谢性酸中毒基础上因胃酸大量丧失而引发代谢性碱中毒。血浆 pH 改变不明显，有时可在正常范围内。

**3. 呼吸性酸中毒合并代谢性碱中毒**　这种情况罕见，如在治疗呼吸性酸中毒时输入碱性药物过多，或犬通气障碍又伴发呕吐时。血浆 pH 可在正常范围内，也可升高或降低。

许多疾病中都可出现酸碱平衡紊乱，对机体影响很大，而混合性酸碱平衡紊乱就更加复杂。因此在兽医临床实践中，要认真查找引发酸碱平衡紊乱的原因，积极开展血气分析工作，结合实验室检查结果，做出确诊，通过输液等疗法纠正酸碱中毒，在实践中不断提高分析问题、解决问题的能力和临床诊疗水平。

（马学恩）

# 第十一章 缺 氧

**内容提要** 缺氧是指组织细胞供氧不足或细胞利用氧的过程发生障碍。根据发生的原因，可分为低张性缺氧、血液性缺氧、循环性缺氧和组织性缺氧4种类型。各型缺氧的变化特点均不相同，如低张性缺氧时，动脉血的氧分压（$PaO_2$）降低、氧含量（$CaO_2$）降低、氧容量（$C-O_2max$）正常、氧饱和度（$SaO_2$）降低、动-静脉氧含量差（$A-VDO_2$）变小或正常。轻度缺氧或缺氧初期机体可进行代偿，但严重的缺氧则引起机体代谢、形态结构的改变而造成严重后果。

## 第一节 缺氧的概念及常用的检测指标

动物的生命活动离不开氧，但动物体内氧的储量极少，必须依靠外界空气氧的供应和通过呼吸、血液循环完成氧的摄取和运输，以保证细胞生物氧化的需要，其中任何一个环节发生障碍都能引起缺氧。一旦发生缺氧，可对机体多个系统的功能、代谢甚至形态都产生影响。缺氧不仅是许多疾病所共有的一个基本病理过程，也是多种疾病引起死亡的重要原因。

### （一）缺氧的概念

缺氧（hypoxia）是指当组织细胞供氧不足或其利用氧的过程发生障碍时，机体的代谢、功能以及形态结构发生异常变化的病理过程。

### （二）常用的检测指标及其意义

**1. 氧分压**（partial pressure of oxygen，$PO_2$） 是指溶解于血液中的氧所产生的张力，故又称为氧张力（oxygen tension）。正常时动脉血氧分压（$PaO_2$）约为 13.3 kPa（100 mmHg），静脉血氧分压（$PvO_2$）约为 5.33 kPa（40 mmHg）。$PaO_2$ 的高低可反映吸入气体中的氧分压和外呼吸的状态；$PvO_2$ 的高低则反映内呼吸的状态。当外界空气氧分压明显下降，或通气、换气机能障碍影响氧弥散入血时，动脉血氧分压变小。

**2. 氧含量**（oxygen content，$C-O_2$） 是指 100 mL（1 dL）血液中实际含有的氧量，包括血红蛋白（hemoglobin，Hb）结合的氧以及溶解于血浆的氧（后者通常仅为 0.3 mL/dL，故可忽略不计）。正常动脉血氧含量（$CaO_2$）约为 19 mL/dL，静脉血氧含量（$CvO_2$）约为 14 mL/dL。当外界氧分压降低，或 Hb 含量减少及其与氧结合的能力下降时，动脉血氧含量变小。

动-静脉氧含量差（arteriovenous oxygen difference，A-VDO$_2$）：指 CaO$_2$ 与 CvO$_2$ 的差数，正常时约为 5 mL/dL。它代表了组织对氧的消耗量，其变化取决于组织细胞从血液内摄取氧的多少。

**3. 氧容量**（oxygen binding capacity，C-O$_2$ max）　即最大血氧含量。指在 PaO$_2$ 为 20.0 kPa（150 mmHg）、二氧化碳分压（PCO$_2$）为 5.33 kPa（40 mmHg）、温度为 38 ℃时，每 100 mL 血液中 Hb 所能结合的最大氧量。1 g Hb 可结合 1.34 mL 氧，若按 100 mL 血液含 15 g Hb 计算，正常动脉血 C-O$_2$ max 约为 20 mL/dL。C-O$_2$ max 的大小取决于血液中 Hb 的量及其与 O$_2$ 的结合能力。当 Hb 含量减少或它与 O$_2$ 的结合能力下降时，氧容量变小。

**4. 氧饱和度**（oxygen saturation，S-O$_2$）　是指血红蛋白与氧结合的百分数，可粗略地用氧含量与氧容量的百分比来计算。动脉血氧饱和度（SaO$_2$）约为 95%（19 mL/dL/20 mL/dL×100%＝95%）；静脉血氧饱和度（SvO$_2$）约为 70%（14 mL/dL/20 mL/dL×100%＝70%）。

**5. 氧离曲线**（oxygen dissociation curve）　是表示氧饱和度和氧分压之间关系的一条曲线，大体呈 S 形。当红细胞内 2,3-二磷酸甘油酸（2,3-diphosphoglyceric acid，2,3-DPG，是红细胞内葡萄糖无氧酵解的一个中间产物）增多、局部 H$^+$ 浓度增多（pH 降低）、CO$_2$ 增多及局部温度升高时，均可使 Hb 与 O$_2$ 的亲和力降低，以致在相同 PO$_2$ 下，氧饱和度降低，氧离曲线发生右移，其生物学意义是增加对组织细胞的供氧能力（图 11-1）。

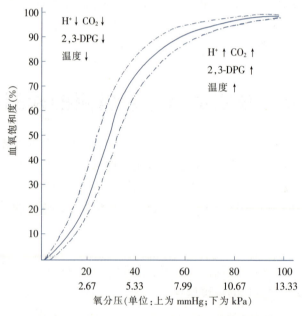

图 11-1　氧离曲线左移、右移的影响因素

# 第二节　缺氧的类型、原因、发生机理及主要特点

根据缺氧的原因和血氧变化特点，一般将缺氧分为低张性缺氧、血液性缺氧、循环性缺氧、组织性缺氧等 4 种类型（表 11-1）。

## 一、低张性缺氧

低张性缺氧（hypotonic hypoxia）是指因各种原因引起的 PaO$_2$ 降低、C-O$_2$ 减少和组织细胞供氧不足所造成的缺氧。

表 11-1 缺氧的分类

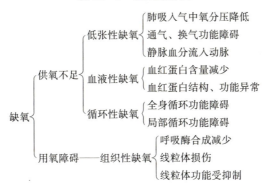

## （一）原因及发病机理

**1. 大气氧分压过低** 多发生于海拔 3 000 m 以上的高原、高空，或通风不良的畜舍、禽舍。由于吸入气体氧分压过低，使肺泡气氧分压及动脉血氧分压下降，造成毛细血管血液与细胞线粒体间氧分压梯度差缩小，引起组织缺氧。这种原因引起的低张性缺氧又称大气性缺氧（atmospheric hypoxia）。

**2. 外呼吸功能障碍** 见于呼吸中枢抑制、呼吸肌麻痹、上呼吸道阻塞或狭窄、肺部和胸膜疾患时。由于肺的通气和/或换气功能障碍，导致动脉血氧分压和氧含量降低，发生组织缺氧。这种原因引起的低张性缺氧又称呼吸性缺氧（respiratory hypoxia）。

**3. 静脉血分流入动脉** 见于某些先天性心脏病，如心室间隔缺损或心房间隔缺损，出现右心血向左心内分流，静脉血掺入左心的动脉血，导致动脉血氧分压下降，引起组织缺氧。

## （二）血氧变化的特点

$PaO_2$ 降低（外环境氧分压低、外呼吸功能障碍等造成肺泡气氧分压低所致），$PvO_2$ 也降低；$CaO_2$ 降低（肺泡气氧分压低所致），$CvO_2$ 也降低；$C\text{-}O_2\max$ 正常（动脉血中血红蛋白的含量及与氧的结合能力无改变）；$SaO_2$ 降低；$A\text{-}VDO_2$ 变小或正常（变小因为 $CaO_2$ 降低所致；但组织细胞对 $O_2$ 的利用未变，故 $A\text{-}VDO_2$ 也可能正常）。

皮肤、黏膜颜色改变：低张性缺氧时，黏膜和浅色皮肤呈青紫色，即发绀（cyanosis）。正常毛细血管中脱氧 Hb 的平均浓度为 2.60 g/dL。低张性缺氧时，动脉血、静脉血以及毛细血管中氧合 Hb 浓度减少，脱氧 Hb 浓度增加。当毛细血管血液中脱氧 Hb 的浓度达到或超过 5.0 g/dL 时，可使皮肤、黏膜呈现青紫色。

# 二、血液性缺氧

血液性缺氧（hemic hypoxia）是指由于 Hb 含量降低或其性质发生改变，使血液携氧能力降低或 Hb 结合的氧不易释出，导致组织细胞供氧不足而引起的缺氧。因动脉血氧分压和饱和度均正常，又称等张性低氧血症（isotonic hypoxemia）。

## （一）原因及发病机理

**1. 血红蛋白含量减少** 见于各种原因引起的严重贫血，如马传染性贫血、大失血等。贫血使 Hb 量减少，血液中氧含量、氧容量均下降，导致组织细胞供氧不足而发生缺氧。

**2. 一氧化碳中毒** 不完全燃烧产生的 CO 与 Hb 有很高的亲和力，是氧与 Hb 亲和力的

210倍，两者极易结合而形成碳氧血红蛋白（carboxyhemoglobin，HbCO），从而使Hb与氧的结合减少。CO还能抑制红细胞内的糖酵解，使2,3-DPG生成减少，氧离曲线左移，影响$HbO_2$中$O_2$的释放。因此，CO中毒既阻碍Hb与氧的结合，又阻碍氧的解离，危害极大。当血液中的HbCO增至5%时，动物可迅速出现痉挛、呼吸困难、昏迷，甚至死亡。

**3. 血红蛋白性质改变** 多见于亚硝酸盐、磺胺类、苯胺、硝基苯化合物等中毒时。

正常血红蛋白含有4个低铁（$Fe^{2+}$）血红素亚基，可与氧结合形成$HbO_2$。但血红蛋白中的$Fe^{2+}$可在氧化剂的作用下氧化成三价铁（$Fe^{3+}$）并形成高铁血红蛋白（methemoglobin，$HbFe^{3+}OH$，MHb），后者也称为变性血红蛋白或羟化血红蛋白。亚硝酸盐就是一种强氧化剂。高铁血红蛋白中的$Fe^{3+}$因与羟基（—OH）牢固结合而丧失了结合氧的能力，而其余的$Fe^{2+}$与氧的亲和力又增高，不易与氧解离，因此导致氧离曲线左移，使组织缺氧。

萝卜、白菜、甜菜等作物的茎叶中含有较多的硝酸盐，当保存不当或加工不善时，微生物在其中生长繁殖并将硝酸盐还原为亚硝酸盐，动物（特别是猪）大量食入后就可发生亚硝酸盐中毒。通常在饲喂上述饲料半小时左右就开始出现症状，患病动物呼吸困难，口吐白沫，倒地挣扎，可视黏膜发暗，末梢血液呈酱油色（二维码11-1）。

二维码 11-1

### （二）血氧变化的特点

$PaO_2$正常；$CaO_2$降低（Hb含量减少或变性所致）；$C\text{-}O_2 max$降低（Hb改变所致）；$SaO_2$正常；A-$VDO_2$变小（患病动物的$PaO_2$虽然正常，但血液携带氧能力降低，因此血液向组织释放少量$O_2$后，$PaO_2$迅速下降，使毛细血管床中的平均氧分压低于正常，氧向组织弥散的驱动力减少，组织细胞利用氧减少）。

皮肤、黏膜颜色改变：单纯严重贫血时，血中Hb量显著减少，皮肤、黏膜苍白；CO中毒时，血中HbCO增多，皮肤、黏膜呈樱桃红色；高铁Hb血症时，皮肤、黏膜呈咖啡色或类似发绀的颜色（二维码11-2、二维码11-3、二维码11-4）。

二维码 11-2

## 三、循环性缺氧

循环性缺氧（circulatory hypoxia）是指因组织器官的血流量减少，使组织细胞供氧量不足所引起的缺氧，又称低动力性缺氧（hypokinetic hypoxia）。

### （一）原因及发病机理

二维码 11-3

循环性缺氧又可分为缺血性缺氧（ischemic hypoxia）和淤血性缺氧（congestive hypoxia）。前者是由于动脉压降低或动脉阻塞使毛细血管床血液灌注量减少所引起；后者则是由于静脉压升高使血液回流受阻，导致毛细血管床淤血所致。循环性缺氧时，血流量减少可以是全身性的（如心力衰竭、休克等），也可以是局部性的（如血管狭窄或阻塞）。

### （二）血氧变化的特点

二维码 11-4

由于机体氧的摄入（外呼吸）、携带（血液）功能正常，因此机体$PaO_2$、$CaO_2$、$C\text{-}O_2 max$、$SaO_2$均正常，但因血液循环障碍，供给组织的血液量减少，供氧量下降，故组织缺氧。

由于血液循环障碍，血流缓慢，血液通过毛细血管的时间延长，组织、细胞从血液中摄取的氧量相对较多；同时由于血液淤滞，pH下降，促使氧离曲线右移，释氧增加，因此$CvO_2$显著降低，A-$VDO_2$大于正常。

皮肤、黏膜颜色改变：缺血性缺氧时，皮肤、黏膜及器官苍白。淤血性缺氧时，组织从血液中摄取的氧量增多，毛细血管中脱氧 Hb 含量增加，易出现发绀。

## 四、组织性缺氧

组织性缺氧（histogenous hypoxia）是指由于组织细胞利用氧的过程发生障碍而引起的缺氧，又称氧化障碍性缺氧（dysoxidative hypoxia）或组织中毒性缺氧（histotoxic hypoxia）。

### （一）原因及发病机理

**1. 线粒体功能受抑制或受损伤** 进入细胞的氧主要是在线粒体内作为电子传递链的最终电子接受者，使线粒体电子传递、生物氧化过程顺利进行，以产生 ATP。任何影响线粒体电子传递或氧化磷酸化的因素都可使细胞用氧的能力发生障碍，从而引起组织缺氧。如氰化物、砷化物、硫化物、锑化物、汞化物及甲醇等都可造成线粒体呼吸链损伤，使电子传递障碍，导致组织利用氧障碍。最典型的是氰化物中毒，各种氰化物如 HCN、KCN、NaCN、$NH_4CN$ 等都可经消化道、呼吸道或皮肤进入机体内，氰离子（$CN^-$）迅速与氧化型色素氧化酶中的 $Fe^{3+}$ 结合生成氰化高铁细胞色素氧化酶，使之不能还原，失去传递电子的功能，呼吸链中断，生物氧化过程受阻。

硫化氢、砷化物等毒物中毒时，主要抑制细胞色素氧化酶，或干扰呼吸链其他递氢体，造成电子传递中断，抑制细胞氧化过程，引起组织利用氧出现障碍。

大量放射线照射和细菌毒素等可直接损伤线粒体，引起氧的利用障碍；组织供氧严重不足，也可抑制线粒体呼吸功能，甚至使其结构破坏，从而导致氧的利用障碍。

**2. 呼吸酶合成障碍** 呼吸链的递氢体黄素酶的辅酶为维生素 $B_2$，还原型烟酰胺腺嘌呤二核苷酸（NADH）的辅酶为烟酰胺，三羧酸循环的丙酮酸脱氢酶的辅酶为维生素 $B_1$，当上述维生素严重缺乏时，可造成呼吸酶的合成及功能障碍，影响氧化磷酸化过程，引起细胞利用氧障碍。

### （二）血氧变化的特点

机体 $PaO_2$、$CaO_2$、$C\text{-}O_2max$、$SaO_2$ 均正常；组织供氧虽正常，但组织细胞利用氧发生障碍，$PvO_2$ 及 $CvO_2$ 高于正常，因此 $A\text{-}VDO_2$ 小于正常值。

皮肤、黏膜颜色改变：由于组织细胞利用氧减少，毛细血管中氧合 Hb 的量高于正常，故皮肤、黏膜呈鲜红色或玫瑰红色。

虽然将缺氧人为地分为上述 4 种类型，但临床常见的缺氧多为两种或两种以上的类型混合存在。例如一些革兰阴性菌引起的感染性休克时，主要导致循环性缺氧；而内毒素还可引起组织利用氧的功能障碍，发生组织性缺氧；若并发休克肺，还可引发呼吸性（低张性）缺氧。即使单纯性的低张性缺氧，严重时也可造成细胞及其线粒体的损伤，继发组织性缺氧。

## 第三节　缺氧对机体的主要影响

机体对缺氧的反应，取决于缺氧的原因、发生速度、程度、部位、持续时间以及机体的功能代谢状态。例如，大剂量氰化物中毒时，生物氧化过程迅速受阻，机体可在几分钟内死亡；CO 中毒时，当半数血红蛋白与 CO 结合失去携氧能力时，即可危及生命；而贫血时，即使血红蛋白减少一半，动物仍可正常生存；轻度缺氧主要引起机体的代偿反应；严重缺氧而机体代偿不全时，可导致组织代偿障碍和各系统功能紊乱，甚至引起死亡。

## （一）对呼吸系统的影响

**1. 代偿反应** 急性低张性缺氧的初期，$PaO_2$ 轻度下降时，呼吸中枢兴奋性增强，呼吸加深加快，从而使肺泡通气量增加，肺泡气氧分压升高，$PaO_2$ 也随之升高。胸廓呼吸运动的增强使胸腔负压增大，促进静脉回流，回心血量增多，肺血流量和心输出量也随之增多，从而有利于氧的摄取和运输。

血液性缺氧和组织性缺氧时，因 $PaO_2$ 不降低，故呼吸一般不增强；循环性缺氧如果累及肺循环（如心力衰竭引起肺淤血和肺水肿时），可使呼吸加快。

**2. 呼吸功能障碍** 严重的急性缺氧可直接对呼吸中枢产生显著的抑制和损害作用，动物表现为呼吸减慢变浅、节律异常，出现周期性呼吸甚至呼吸停止。

$PaO_2$ 过低可直接抑制呼吸中枢。当 $PaO_2$ 显著下降（降到 3.90 kPa 以下）时，缺氧对呼吸中枢的直接抑制作用超过 $PaO_2$ 降低对外周化学感受器的兴奋作用，可引起中枢性呼吸功能衰竭，表现为呼吸抑制、呼吸节律不规则、通气量减少。

## （二）对循环系统的影响

**1. 代偿反应** 轻度缺氧可引起代偿性血管反应，主要表现为心输出量增加、血流重新分布、肺血管收缩及毛细血管增生。

（1）心输出量增加：可使组织供氧得以改善，是对缺氧有效的代偿。缺氧时心输出量增加的机理是：

①心率加快：缺氧时 $PaO_2$ 降低，兴奋颈动脉体和主动脉体化学感受器，反射性引起心率加快。

②心肌收缩力增强：缺氧作为一种应激原，可引起交感神经兴奋，作用于心肌 β-肾上腺素能受体，引起心率加快、心肌收缩力增强。

③回心血量增加：缺氧初期，由于呼吸运动增强，使胸腔负压增大，引起静脉回流量增加，导致回心血量增加，进而引起心输出量增多。

（2）血流重新分布：缺氧时各器官血流量重新分布，其中心及脑血流量增加，而皮肤及腹腔内脏的血流量减少。血流重新分布有利于保证重要生命器官氧的供应，其发生机理与各器官血管平滑肌上的受体分布及血管活性物质有关（参看休克有关内容）。

（3）肺血管收缩：缺氧时，肺泡气氧分压降低可引起肺小动脉收缩，肺动脉压升高，这是肺循环独有的生理现象，一定程度上有利于维持缺氧肺泡的通气与血流的适当比例，从而保持较高的 $PaO_2$，故缺氧时肺血管的收缩反应具有一定代偿意义。其发生机理尚未阐明。

（4）毛细血管增生：长期慢性缺氧可诱导血管内皮生长因子（VEGF，如缺血的心肌细胞表达增多）基因的表达，促使毛细血管增生，尤其是心、脑、骨骼肌毛细血管增生更明显。毛细血管密度增加可缩短血氧弥散至细胞的距离，增加对细胞的供氧量，具有一定的代偿意义。其发生机理也未完全阐明。

**2. 循环功能障碍**

（1）心功能紊乱：严重的缺氧可直接抑制心血管运动中枢，引起心肌能量代谢障碍，心肌发生变性、坏死，使心肌舒缩功能减弱，心率减慢，进而导致心输出量降低。心功能紊乱还与严重缺氧引的心率失常有关。

（2）缺氧性肺动脉高压：严重的缺氧引起肺血管收缩、肺动脉高压。长期慢性缺氧可引起肺血管结构改建，如小动脉壁平滑肌、成纤维细胞肥大、增生，胶原纤维和弹性纤维沉积等。肺动脉高压增加了右心室射血阻力，导致右心室肥大甚至发生心力衰竭，引发肺源性心脏病。

(3) 静脉回心血量减少：脑严重缺氧时，呼吸中枢的抑制使胸廓运动减弱，导致静脉血回流受阻。严重而持久的缺氧，体内乳酸、腺苷等代谢产物增多，可直接刺激外周血管发生舒张，大量血液淤积在外周血管内，也引起回心血量减少。

### (三) 对血液的影响

**1. 红细胞增多** 急性缺氧时，交感神经兴奋，使静脉血管及脾等储血器官收缩，将储存的血液释放出来，故外周血红细胞数及 Hb 量增多。慢性缺氧时，低氧血流经肾时，刺激肾皮质肾小管周围的间质细胞，使之生成并释放促红细胞生成素（erythropoietin, EPO）。EPO 可促使骨髓红细胞系的增殖、分化、成熟和释放。

红细胞与 Hb 增多能提高血液氧容量和氧含量，因此具有一定的代偿意义。但如果红细胞增生过度，则可使血液黏滞度和血流阻力明显增加，血流缓慢，还可能形成血栓，反而影响 $O_2$ 的运输。

但长期严重的缺氧可抑制骨髓造血功能，使红细胞生成减少。

**2. 氧离曲线右移** 缺氧时，红细胞内 2,3-DPG 增加，导致氧离曲线右移，Hb 与氧的亲和力降低，易于将结合的氧释放出来以供给组织细胞利用。缺氧时红细胞内 2,3-DPG 增加的机理是糖无氧酵解过程增强其生成增多所致。

### (四) 对中枢神经系统的影响

脑是机体对氧依赖性最大的器官之一，耗氧量占机体总耗氧量的 20%～30%。脑组织的能量主要来源于葡萄糖的有氧氧化，而脑内葡萄糖的储备量却很少，因此脑对缺氧极为敏感。一般情况下缺氧都会造成脑组织不同程度的功能和结构的损伤，形态学变化主要是脑细胞水肿、坏死及脑间质水肿。这些损伤往往在缺氧几分钟内发生，且不可逆转。严重的急性缺氧在几十秒内就出现视觉减弱、意识丧失并伴有惊恐不安。慢性缺氧时患畜表现步态不稳、定向性差，随后出现精神沉郁、嗜睡，严重的出现昏迷。

缺氧引起中枢神经系统机能障碍的机理比较复杂：①缺氧时，神经细胞膜电位降低，神经递质如乙酰胆碱合成减少。②脑细胞线粒体结构和功能受损，ATP 生成不足，能量代谢障碍，细胞膜钠泵功能障碍，导致细胞内钠水潴留，脑细胞水肿。③酸碱平衡紊乱，低氧通气反应可导致呼吸性碱中毒，糖酵解增强可发生代谢性酸中毒。④细胞内游离 $Ca^{2+}$ 增多，溶酶体酶的释放等，均可导致神经细胞功能障碍和结构的破坏。⑤缺氧时，因交感神经兴奋，脑微循环内流体静压升高，易引起液体外渗，诱发组织水肿，使颅内压升高，压迫中枢神经系统，导致一系列神经症状。

### (五) 对组织细胞的影响

**1. 代偿反应**

(1) 细胞利用氧的能力增强：慢性缺氧时，通过线粒体数量增多，线粒体膜的表面积增加，呼吸链中的酶（如细胞色素氧化酶、琥珀酸脱氢酶）含量增加或活性增强，使细胞的内呼吸功能增强，可起到一定的代偿作用。

(2) 无氧酵解增强：缺氧时，ATP 生成减少，ATP/ADP 比值下降，使磷酸果糖激酶、丙酮酸激酶活性增强，可导致糖酵解加强，并在有限范围内补充能量的不足。

(3) 肌红蛋白增加：慢性缺氧时，可使骨骼肌中肌红蛋白的含量明显增加，有利于从血液中摄取更多的氧，加快氧在组织中的弥散。

(4) 低代谢状态：缺氧时，ATP 生成减少，可使细胞耗能过程减弱，处于一种低代谢状态，有利于机体在缺氧下的生存。

### 2. 细胞的损伤

（1）细胞膜损伤：缺氧导致 ATP 生成减少，可造成细胞膜上一些需能的离子泵（如 $Na^+$-$K^+$-ATP 酶）功能障碍；同时，缺氧导致无氧酵解增强，乳酸增多，pH 降低，细胞膜通透性升高，引起 $Na^+$、$Ca^{2+}$ 内流，细胞内渗透压升高，水分进入细胞内引起细胞水肿。而细胞内 $Ca^{2+}$ 增多时还可激活多种磷脂酶（如磷脂酶 C 等），使细胞膜磷脂分解，损伤细胞膜。

（2）线粒体破坏：严重缺氧时，线粒体变形、肿胀、嵴断裂，外膜破裂，基质外溢，从而降低线粒体的呼吸功能，其发生机理是：

①氧化应激：缺氧时可使线粒体内产生大量氧自由基，诱发膜脂质过氧化反应，破坏线粒体膜的结构和功能。

②钙稳态紊乱：缺氧引起细胞内 $Ca^{2+}$ 超载，线粒体摄取 $Ca^{2+}$，$Ca^{2+}$ 在线粒体内聚集并形成磷酸钙沉淀，抑制氧化磷酸化作用，使 ATP 生成减少，从而影响线粒体结构和功能。

（3）溶酶体破坏：缺氧时，细胞内氧化不全使酸性产物增多，出现酸中毒。酸中毒和钙超载可激活磷脂酶，使溶酶体膜磷脂被分解，引发膜通透性升高、稳定性降低。严重的缺氧可使溶酶体肿胀、破裂和大量溶酶释放，造成细胞自溶及其周围组织的破坏。

（4）缺氧诱导细胞凋亡：严重、持续的缺氧可触发细胞凋亡，其发生机理为：

①缺氧引起线粒体细胞色素 C 的释放：缺氧时线粒体通透性转换孔道（permeability transition pore，PTP）（主要由线粒体内膜上的腺苷转位因子及其外膜上的电压依赖性阴离子通道等蛋白所组成，正常时处于关闭状态）开放，导致凋亡启动因子其中包括细胞色素 C 释放进入胞质，细胞色素 C 激活 Caspase 级联反应，诱导细胞凋亡。

②缺氧使自由基生成增加：缺氧时，$O_2^-\cdot$、$HO\cdot$ 等自由基生成增多，可通过影响凋亡相关基因如 c-jun、c-fos 等表达而影响凋亡进程；自由基还可启动 Caspase 级联反应，触发细胞凋亡。

③细胞质 $Ca^{2+}$ 浓度变化：缺氧时，细胞内 ATP 生成减少，$Ca^{2+}$ 内流增多，激活 $Ca^{2+}$ 依赖性的核酸内切酶，引起 DNA 片断化，发生细胞凋亡。

（马国文）

# 第十二章 发 热

**内容提要** 发热是动物在内外源性致热原的作用下，使体温调节中枢的"调定点"上移而引起的调节性体温升高。发热可分为升热期、高热期、退热期3个发展阶段。发热是很多疾病特别是感染性疾病的一种重要的临床症状，对机体各系统器官的机能代谢都有一定的影响。机体只有在清除发热激活物和内生性致热原后，才能使体温恢复正常。

## 第一节 发热概述

### （一）发热的概念

发热（fever）是指机体在内生性致热原（EP）的刺激下，体温调节中枢的调定点（set point）上移而引起调节性体温升高，当体温上升超过正常值的 0.5 ℃时，称为发热。发热是机体的一种防御适应性反应，其特点是：产热和散热过程由相对平衡状态转变为不平衡状态，产热过程增强，散热能力降低，从而使体温升高和各组织器官的机能与物质代谢发生改变。

发热并不是一种独立性疾病，而是在许多疾病尤其是传染病和炎症性疾病过程中最常伴发的一种临床症状。由于不同疾病所引起的发热常具有一定的特殊形式和较恒定的变化规律，所以临床上通过检查体温和观察体温曲线的动态变化及其特点，不但可以发现疾病的存在，而且还可作为确诊某些疾病的一种根据。

### （二）体温升高的分类

动物体温升高可分为生理性的和病理性的两类。生理性体温升高包括剧烈运动时肌肉产热增多、应激反应时基础代谢率升高等情况。而病理性体温升高包括发热与过热（表12-1）。过热（hyperthermia）是指动物体温调节发生障碍（如颅脑损伤）、产热与散热失衡（如甲状腺功能亢进）、散热过程发生障碍（如脱水、日射病、热射病）等情况，所引起的被动性体温升高。

表 12-1 体温升高的分类

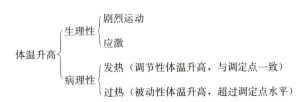

## 第二节 发热的原因及发生机理

### 一、发热的原因

凡能刺激机体产生和释放内生性致热原，从而引起发热的物质统称为发热激活物（fever activator）。发热激活物是引起发热的原因。根据激活物的来源可将其分为以下两类。

#### （一）传染性发热的激活物

各种病原微生物侵入机体后，在引起相应病变的同时所伴随的发热，称为传染性发热。

**1. 细菌及其产物**

（1）革兰阴性菌与内毒素：革兰阴性菌主要包括大肠杆菌、沙门菌、耶尔森菌、巴氏杆菌等。这类细菌的细胞壁含有内毒素（endotoxin，ET），其活性成分是脂多糖（LPS），是具有代表性的细菌致热原，给动物静脉、第三脑室或下丘脑前部注入微量ET可引起剂量依赖性发热。给家兔静脉注入ET，低剂量引起单相热，较大剂量能引起双相热，即在注射后1 h和3 h出现两个热峰，反复注射，动物可产生耐受性。LPS由侧链多糖、核心多糖和脂质A等3部分组成，其中脂质A是决定致热性的主要成分。ET有很强的耐热性，须干热160 ℃经2 h才能被灭活。临床上输液或输血引起的发热反应，多因污染ET所致。

（2）革兰阳性菌与外毒素：革兰阳性菌主要包括链球菌、葡萄球菌、猪丹毒杆菌、分枝杆菌等。这类细菌除了全菌体具有致热作用外，有些代谢产物如外毒素（exotoxin）也是重要的致热物质，如葡萄球菌释放的肠毒素（enterotoxin），A群溶血性链球菌产生的致热外毒素等（pyrogenic exotoxin）。

**2. 病毒** 常见的有流感病毒、猪瘟病毒、猪传染性胃肠炎病毒、犬细小病毒、犬瘟热病毒等。实验证明，引起发热可能与全病毒以及病毒的血凝素等有关。

**3. 其他** 螺旋体（如疏螺旋体、钩端螺旋体的全菌体及菌体所含的溶血素等）、真菌（如白色念珠菌的全菌体及菌体所含的荚膜多糖等）、原虫（如弓形虫、球虫的代谢产物等），也能引起机体发热。

#### （二）非传染性发热的激活物

凡由病原体以外的各种致热物质所引起的发热，均属于非传染性发热。

**1. 无菌性炎症** 非传染性致炎刺激物如尿酸盐结晶、硅酸盐结晶，各种物理、化学或机械性刺激所造成的组织坏死（如非开放性外伤、大手术、烧伤、冻伤、化学性损伤、放射性损伤及血管栓塞等）所产生的组织蛋白的分解产物，均可激活产内生性致热原细胞，产生和释放EP，引起发热。

**2. 抗原-抗体复合物** 超敏反应和自身免疫反应过程中形成的抗原-抗体复合物，或其引起的组织细胞坏死和炎症产物，均可导致EP的产生和释放，引起发热。

**3. 肿瘤性发热** 某些恶性肿瘤，如恶性淋巴瘤、肉瘤等常伴有发热。这种发热可能主要是由于肿瘤组织坏死产物所造成的无菌性炎症所致。肿瘤还可能引起免疫反应，通过抗原-抗体复合物的形成也可导致发热。

**4. 化学药物性发热** 某些化学药物如α-二硝基酚、咖啡因、烟碱等都可引起动物发热，但引起发热的机理不同。例如α-二硝基酚主要是增加细胞氧化，使产热增加而致体温上升；咖啡因是兴奋体温调节中枢，限制散热，因而导致发热。

**5. 激素性发热** 如甲状腺功能亢进时，血液中甲状腺素增多，导致产热过多，同时血管对加压物质和反应增强，使散热减少，导致体温升高。而肾上腺素可兴奋体温调节中枢，加强物质代谢，同时使外周小血管收缩，以致散热减少而引起发热。

**6. 神经性发热**　中枢神经系统受到损伤或植物神经功能紊乱都可引起发热。

## 二、发热的发生机理

### （一）内生性致热原

某些细胞在发热激活物的作用下，产生和释放能引起恒温动物体温升高的物质，称为内生性致热原（endogenous pyrogen，EP）。

**1. EP的来源及其生物学特性**　1948年，美国科学家Beeson P. B. 等首先从正常家兔无菌性腹腔渗出液的白细胞中提取出一种物质，将其给正常家兔静脉注射后10～15 min体温开始上升，1 h左右达高峰。因其来自白细胞，故称为白细胞致热原（leukocyte pyrogen，LP）。继之，Atkins和Wood给家兔注射ET，在血液中也发现了这种物质，它具有与ET等外源性致热原明显不同的化学性质及生物学效应，不耐热，注入颈动脉后可立即引起发热，有很强的致热性，因其来自体内，故称为EP。进一步的研究证实，LP和EP是同一物质。

EP是具有特殊肽链的蛋白质，含有少量的糖和脂类，分子质量为1.3～1.5 ku；耐热性很低，56 ℃以上灭活，在pH>8的环境中其致热性被破坏，而pH 3.5环境能提高其稳定性；家兔静脉注射EP，发热呈单相，多次注射不产生耐受性。随着研究的不断深入，新的EP不断被发现，它们都是产EP细胞在发热激活物的作用下所释放的产物。

**2. EP的种类及其生物学特性**

（1）白细胞介素-1（IL-1）：早期发现的LP或EP实际上主要是IL-1。在发热激活物作用下，IL-1主要由单核-巨噬细胞合成和分泌，不耐热（70 ℃经30 min致热性全部被破坏），蛋白酶也能使其致热性丧失，较纯的IL-1致热性很强，微量可引起单相热；每千克体重0.1 μg可引起家兔双相发热，多次注射不出现耐受性。

（2）肿瘤坏死因子（TNF）：给家兔静脉注射小剂量TNF（每千克体重0.05～0.2 μg），能迅速引起单相热；大剂量（每千克体重10 μg）TNF可引起双相热，其第一热峰是TNF直接作用于体温调节中枢的结果；第二热峰是由IL-1而引起，TNF能刺激下丘脑合成$PGE_2$及诱导单核细胞产生IL-1。

（3）干扰素（IFN）：IFN对动物具有致热效应，同时还可引起脑内或组织中PGE含量升高。IFN引起的发热反应也存在剂量依赖性，可被PG合成抑制剂阻断。与IL-1和TNF不同的是，IFN反复注射可产生耐受性。

（4）白细胞介素-6（IL-6）：给家兔静脉注射IL-6可引起明显发热；若预先给大鼠注射抗IL-6血清，可降低LPS性发热；ET血症时，血液IL-6浓度也有所增加。在患病毒性脑膜炎、脑炎及自身免疫性脑脊髓炎的小鼠，其中枢神经系统中IL-6含量明显增加；给大鼠脑内注射IL-6也能引起发热，表明中枢性IL-6在发热中发挥十分重要的作用。

（5）巨噬细胞炎症蛋白-1（macrophage inflammatory protein-1，MIP-1）：给家兔静脉注射MIP-1能引起剂量依赖性单相发热反应。其致热作用与IL-1或TNF无关。

（6）其他：有报道认为IL-2、IL-8、IL-11、睫状体神经营养因子（ciliary neurotrophic factor，CNTF，是神经营养因子家族中的重要成员）及内皮素（endothelin，维持血管张力与心血管系统稳态的一种细胞因子）等也与发热有一定关系，但其是否属于EP有待进一步确认。

**3. EP的产生和释放**　EP的产生和释放是十分复杂的细胞信息转导和基因表达的调控过

程,包括产EP细胞的激活和EP的产生及释放。

动物机体内能够产生和释放EP的细胞,主要有单核细胞、巨噬细胞、淋巴细胞、内皮细胞及肿瘤细胞等。上述细胞在发热激活物的作用下,即被激活,从而启动EP的生物合成。目前认为,LPS以两种方式激活产EP细胞,在上皮细胞和内皮细胞,LPS首先与血清中的LPS结合蛋白(lipopolysaccharide binding protein,LBP)结合形成复合体后,LBP将LPS转移给可溶性CD14(sCD14),形成LPS-sCD14复合物,然后再作用于细胞受体,使产EP细胞活化;在单核-巨噬细胞,LPS与LBP形成复合体后,再和细胞膜表面的CD14(mCD14)结合,形成三重复合体,使细胞活化。较大剂量LPS可直接激活单核-巨噬细胞,使其合成和释放EP。

**4. EP的作用部位** 视前区下丘脑前部(preoptic anterior hypothalamus,POAH)是体温调节中枢的高级部位,而次级部位在脑干和脊髓。关于EP如何从脑毛细血管进入神经组织内,特别是POAH,目前认为可能有以下两种途径:

(1) 下丘脑终板血管区(organum vasculosum laminae terminalis,OVLT)神经元的作用:OVLT位于第三脑室壁视上隐窝处。EP通过有孔毛细血管,作用于血管外周间隙中的巨噬细胞,使其激活,然后释放介质如PGE,介质再作用于OVLT区神经元(与POAH相联系);或介质经弥散通过室管膜血脑屏障的紧密连接,直接作用于POAH神经元。

(2) EP的直接作用:EP也可能通过血脑屏障直接作用于POAH神经元而引起发热。

## (二) EP的作用方式

由静脉注入EP后,总要经过一段时间才使体温升高,表明EP需通过某种方式启动体温调节机理才能引起发热反应。

研究认为,EP不但通过中枢性正调节介质启动升温机理,使POAH的热敏神经元发放升温信息,并到达效应器官,引起产热大于散热,体温上升;同时也通过中枢性负调节介质作用于脑腹中隔区(ventral septal area,VSA)和中杏仁核(medial amydaloid neuleus,MAN)等,启动限温机理,产生某种信息或效应,限制体温无限升高。因此,发热是体温上升的正调节和限制体温上升的负调节共同协调作用的结果。

**1. 发热时体温的正调节**

(1) 前列腺素E(prostaglandin E,PGE):PGE是重要的中枢发热介质之一,介导EP引起的发热反应。研究表明,某些EP引起发热时,脑脊液中PGE含量增加;将PGE注入鼠、猫、兔等动物丘脑下部或侧脑室内可引起明显的发热反应,其升温速度比EP快,并呈剂量依赖关系;EP在体外与下丘脑进行组织培养时能诱导PGE的生物合成;反之,阻断$PGE_2$合成的药物,如水杨酸钠、吲哚美辛(消炎痛)、布洛芬等有解热作用。

(2) 环磷酸腺苷(cAMP):许多学者认为cAMP是EP性发热的重要中枢介质。其依据是:给家兔或大鼠脑内注射二丁酰cAMP(cAMP的衍生物),能迅速地引起体温升高;给动物注射茶碱抑制磷酸二酯酶活性(降低cAMP分解),能提高脑组织内cAMP浓度,同时增强PGE或ET引起的发热;而烟酸增强磷酸二酯酶活性(加速cAMP分解),则降低PGE引起的发热;动物静脉注射ET和EP在引起发热的同时,脑脊液中cAMP浓度也明显增高,两者并呈现几乎同步的双相性波动;而环境高温引起的体温升高,并不伴有脑脊液cAMP含量的增多。

(3) 促肾上腺皮质激素释放激素(corticotrophin releasing hormone,CRH):近年来研究表明,CRH是一种中枢发热介质,介导发热反应,其在发热中的作用受到广泛关注。IL-1β、IL-6等都能刺激离体和在体下丘脑产生和释放CRH;CRH单克隆抗体或其受体颉颃剂可阻断IL-1β引起的发热;CRH抗体可限制无菌性炎症引起的发热和高代谢反应,而脑内注入

PGE 合成阻断剂环氧酶抑制物则无抑制作用。表明 IL-1β 或无菌性炎症诱生的细胞因子所引起的升温反应及代谢增强是由 CRH 所介导，而与 PGE 无重要关系。但 TNFα 和 IL-1α 性发热并不依赖于 CRH。

(4) $Na^+/Ca^{2+}$ 值：用 0.9% 的 NaCl 溶液灌注动物侧脑室，可使体温明显上升；灌注液中加入 $CaCl_2$ 可阻止体温升高，而 KCl 或 $MgCl_2$ 则无明显作用，表明 $Na^+/Ca^{2+}$ 值增大可使"调定点"上移而启动发热。给家兔脑室内灌注 $CaCl_2$，除限制 EP 性体温升高外，同时还能抑制脑脊液中 cAMP 的增加。因此认为，EP 作用于下丘脑首先使 $Na^+/Ca^{2+}$ 值增大，进而引起 cAMP 浓度升高，可能是 EP 性发热的重要机理之一。

**2. 发热时体温的负调节** 参与体温负调节的介质是神经肽类，包括精氨酸加压素和 α-促黑素细胞激素。

(1) 精氨酸加压素（arginine vasopressin，AVP）：AVP 是由下丘脑神经元合成的垂体后叶肽类激素，是一种 9 肽神经递质，广泛分布于中枢神经系统的细胞体、轴突、神经末梢、视上核和室旁核。给大鼠、豚鼠、猫、兔、羊等多种动物脑内注射微量 AVP 具有解热作用；但是，环境温度不同，AVP 的解热机理也不同，25 ℃时，AVP 的解热效应主要是增强散热；而在 4 ℃时，主要表现为减少产热。

(2) α-促黑素细胞激素（α-melanocyte-stimulating hormone，α-MSH）：α-MSH 是一种 13 肽神经垂体激素，广泛分布于中枢神经系统。无论经脑内、还是静脉内给动物注射 α-MSH 均有解热作用；在家兔 ET 性发热时，脑中隔 α-MSH 含量增加。脑内注入抗 α-MSH 血清，不但能增加 IL-1 的致热程度，而且其持续时间也明显延长。α-MSH 是目前发现的解热效应最强的物质。

### (三) 发热的基本环节

发热的机理可概括为以下 3 个基本环节。

**1. 信息传递** 各种致病因子作用于机体后，在引起相应疾病的同时，它们本身及其产物成为发热激活物，激活产 EP 细胞，产生和释放 EP，后者作为发热的"信息分子"对体温调节中枢发生作用。

**2. 中枢调节** 下丘脑视前区存在体温调定点（set point，即热敏神经元），类似于恒温箱的温控器，调定点高低决定体温的高低。当 EP 通过某些介质作用于此调定点时，调定点上移。调定点上移后，其对温热的敏感性降低或对温热的感受值升高，而此时血液的温度（或体温）是低于此调定点的，这种血液流经此中枢时，不能兴奋热敏神经元，后者发放冲动减少。只有当体温达到调定点水平后，才能兴奋热敏神经元，发放冲动，体温随之升高，而引起发热。

**3. 效应器官反应** EP 使体温调定点上移，热敏神经元发放冲动减少，中枢将信息传到血管运动中枢，通过交感神经调控效应器。例如，皮肤血管收缩，汗腺停止排汗，散热减少；肌肉群发生寒战，代谢加强，产热增多；同时肝、肾等实质器官分解代谢加强，肾上腺、甲状腺等内分泌器官激素分泌增多，产热大于散热而使体温升高（图 12-1）。

应当指出，致热原性发热并非体温调节功能障碍所致，体温调节中枢仍能有效地调节产热和散热的相对平衡，只是在较高水平上进行调节。但其调节能力不如正常时那么精细，故发热动物的体温波动往往较正常动物大。

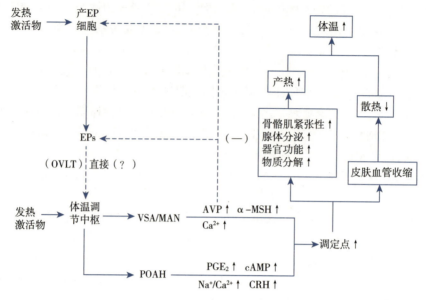

图 12-1 发热的发生机理示意图

## 第三节 发热的分期及对机体的主要影响

### （一）发热的分期

发热尤其是急性传染病和急性炎症性发热，整个发展过程可分为 3 个阶段，即升热期、高热期和退热期。

**1. 升热期** 又称体温上升期（fervescence period）。特点是体内产热超过散热，体温开始迅速或逐渐升高。这是由于体温调节中枢的调定点上移，血液温度低于调定点的温度，其变成了冷刺激，中枢对"冷信息"产生应答，经交感神经调节引起皮肤血管收缩，散热减少；同时，产热器官功能及物质分解代谢均增加，出现寒战，产热增加。此期体温上升的程度，取决于体温调节中枢新的调定点水平。体温上升的速度与疾病性质、致热原数量及机体的功能状态等有关。如高致病性禽流感、猪瘟、猪丹毒等疾病时动物体温升高较快，而非典型马腺疫时体温上升较慢。升热期患病动物呈现兴奋不安、食欲减退、脉搏加快、皮温降低、畏寒战栗、被毛竖立等临床症状。

**2. 高热期** 又称高温持续期（persistent febrile period）。特点是体内产热与散热在较高水平上保持相对平衡，体温维持在较高水平上。这是因为体温上升已达到新调定点的阈值，不仅产热较正常增高，散热也相应加强。病情不同，高温持续时间长短不一，如牛传染性胸膜肺炎时可长达 2～3 周；而马流行性感冒仅为数小时或几天。此期患病动物呼吸、脉搏加快，可视黏膜充血、潮红，皮肤温度增高，尿量减少，有时开始排汗。

**3. 退热期** 又称体温下降期（defervescence period）。特点是散热超过产热，体温不断下降。这是由于引起发热的原因被消除，体温调节中枢的调定点逐渐恢复到正常水平，产热减少和散热增强的结果。此时患病动物体表血管舒张，排汗显著增多，尿量也增加，体温下降。体温下降的速度，可因病情不同而异。体温迅速下降为骤退，体温缓慢下降为渐退。骤退时可引起急性循环衰竭（虚脱）而造成严重后果，往往是预后不良的先兆。

### （二）发热对机体的主要影响

发热作为一种应激原，对机体的物质代谢和各器官系统都会产生一定的影响。对发热的生物学意义要结合具体情况做全面分析。

**1. 物质代谢** 发热可引起交感神经兴奋，甲状腺素、肾上腺素分泌增加，使糖、脂肪、蛋白质分解代谢加强。哺乳动物体温每升高 1 ℃，基础代谢率大约提高 13%。发热时动物食欲减退，营养物质摄入不足，造成肌肉、器官萎缩，动物消瘦，甚至发生衰竭。发热时由于相对缺氧，葡萄糖无氧酵解加强，易发生乳酸性酸中毒。脂肪分解代谢加强，可导致酮血症、酮尿症。

**2. 神经系统** 发热初期，由于大脑皮质的兴奋和抑制过程不平衡，动物可出现狂躁不安，有的表现精神沉郁。高温持续期，由于高温血及有毒产物的影响，中枢神经系统往往呈现抑制状态，动物特别是一些幼龄动物甚至发生昏迷。进入体温下降期以后，神经系统的机能状态可逐渐恢复正常。

**3. 循环系统** 发热时由于高温血直接刺激窦房结和交感神经兴奋，使心率加快，心肌收缩力增强，能增加心输出量。一般体温上升 1 ℃，哺乳动物心率可增加 12~18 次/min。交感神经兴奋使外周血管收缩，故血压可维持正常。但是长期发热特别是传染性发热，由于病原微生物及其有害产物的作用，易使心肌发生变性，加之心率增快，心脏负荷过重，常引起心功能不全。

**4. 呼吸系统** 发热时高温血和酸性代谢产物刺激呼吸中枢，使呼吸加深加快，有利于氧的摄入和散热。但呼吸过度加深加快也有可能引起呼吸性碱中毒。持续高温可损伤呼吸中枢，使呼吸变浅变慢。

**5. 消化系统** 发热时交感神经兴奋，消化液分泌减少，胃肠蠕动减弱，易引起便秘。肠内容物的异常发酵可导致自体中毒。

**6. 防御功能** 一定程度的发热可使免疫细胞功能加强，如淋巴细胞代谢增强，促进白细胞游向炎灶，吞噬能力提高。但过度发热则可抑制 NK 细胞的活性，降低抗感染能力。

（鲍恩东）

# 第十三章

# 细胞信号转导与增殖分化障碍

> **内容提要** 细胞与细胞、细胞与其环境之间的信息联系是通过信号转导实现的。细胞信号转导障碍包括配体或受体异常、G蛋白异常、胞内信号转导异常、转录因子异常等,可干扰细胞的正常生命活动而引起疾病,例如肾性尿崩症、细菌毒素性腹泻等。细胞增殖是指细胞分裂和再生的过程,是细胞数量的增加;而细胞分化是指分裂增殖产生的子代细胞,在形态结构、生化机能上逐渐特化,形成专一性或特异性细胞的过程。胚胎细胞或体细胞的增殖、分化障碍,可引起畸形或恶性肿瘤等疾病。

## 第一节 细胞信号转导障碍

### 一、细胞信号转导概述

细胞是构建动物机体的基本结构和功能单位,具有生长、增殖、分化、代谢、适应、死亡等多种复杂的生命活动。同时细胞又具有"社会性",即细胞与细胞、细胞与内外环境、细胞与整体之间,相互作用、相互依存、密不可分。细胞许多重要生命活动都是通过细胞信号转导系统精细的调节有序进行的。细胞信号转导(cell signal transduction)是指细胞与细胞之间或细胞与其环境之间的信息联系。细胞信号转导系统(cell signal transduction system)是由信号、受体、受体后转导通路及其作用终端所组成的(图13-1)。

(一)信号

凡是能与细胞受体进行特异结合的物理、化学物质等统称为信号(signal)。信号的生物化学性物质又称为配体(ligand)。配体包括激素、神经递质、细胞因子、抗原、药物、代谢产物、毒素、病毒、补体等。

(二)受体

存在于靶细胞的细胞膜上或细胞内,能够识别并专一性结合信号并引起相应的生物学效应的功能性蛋白,称为受体(receptor)。受体绝大多数分布在细胞膜上,称为膜受体(membrane receptor);还有一少部分受体分布在细胞内,称为胞内受体(intracellular receptor)。

**1. 膜受体**

(1)离子通道型受体(ion channel receptor):是直接操纵和控制细胞膜化学离子通道开关的受体,主要分布在突触后膜和运动终板上。受体由多个亚基组成,含配体结合部位、离子

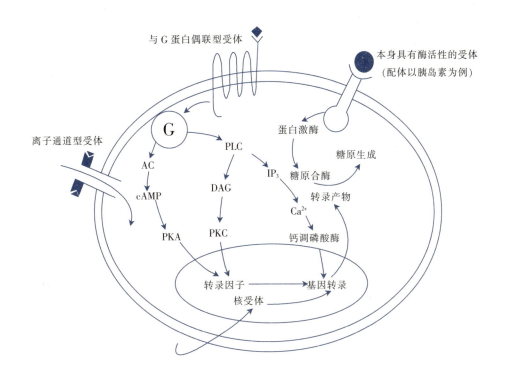

图 13-1 细胞信号转道通路示意图
G：G 蛋白　AC：腺苷酸环化酶　cAMP：环状—磷酸腺苷　PKA：蛋白质激酶 A　PLC：磷酸酶 C
DAG：二酰甘油　PKC：蛋白激酶 C　IP$_3$：三磷酸肌醇

通道两个组成部分，与配体结合部位在胞外的，是 4 次跨膜；与配体结合部位在胞内的（配体多为第二信使），是 6 次跨膜。该受体能改变细胞膜对离子的通透性，信号转导的方式比较简单：当受体未与配体结合时，离子通道处于关闭状态；当受体与配体结合后，离子通道迅速开放，造成离子的跨膜流动（如 $Na^+$ 内流），调节细胞的生物学功能（如细胞的去极化、产生动作电位等）。其胞外配体包括甘氨酸、乙酰胆碱、谷氨酸、5-羟色胺、γ-氨基丁酸（GABA）等；胞内配体包括 cGMP、cAMP 等。甲型流感病毒膜基质蛋白 M2 也是一种离子通道型受体，低 pH 激活时容许水合氢离子和钠离子进入，在病毒脱壳时起重要作用。金刚烷胺能特异性阻断该通道而达到预防和治疗疾病的目的。

（2）与 G 蛋白偶联的受体（G-protein coupled receptor）：是到目前为止发现种类最多的一类受体。由一条含 400～600 个氨基酸残基的肽链组成，7 次跨膜，与配体结合的位点在胞外肽链 N 末端的某些部位。受体与配体结合后，先通过受体的偶联蛋白，即由 α、β、γ 等 3 个亚单位构成的鸟苷酸结合蛋白（guanine nucleotide biding protein，简称为 G 蛋白），使其释放活性因子——激活的 α 亚单位（此时 α 亚单位结合 GTP），后者激活效应酶（如腺苷酸环化酶，磷脂酶 C-β 等）产生第二信使（如 cAMP，IP$_3$ 即三磷酸肌醇、DAG 即二酰甘油），第二信使再通过蛋白激酶的磷酸化，调节细胞的生物学效应。如 IP$_3$ 促进心肌细胞连接肌浆网释放 $Ca^{2+}$，$Ca^{2+}$ 与心肌细胞内细肌丝上的肌钙蛋白结合，引起心肌收缩。DAG 与 $Ca^{2+}$ 可激活蛋白激酶 C（protein kinase C，PKC），PKC 被激活后，通过磷酸化转录因子促进靶基因转录。信号转导结束时，α 亚单位水解 GTP 变为 GDP 而失活。与 G 蛋白偶联的受体其配体有肾上腺素、多巴胺、乙酰胆碱、缓激肽、神经肽、胰高血糖素、促甲状腺素、催产素、催乳素等。

此外，目前在真核细胞内发现存在一个特殊的小 G 蛋白（small G-protein）超家族，在分子结构上相当于 G 蛋白的 α 亚基，已发现的有 100 种以上（如 Ras、Rab、Rho 蛋白家族）。小 G 蛋白结合 GTP 后（如 Ras-GTP）变为激活型，结合 GDP 后（如 Ras-GDP）变为失活型。

它在基因表达的调控、细胞增殖、细胞骨架重建等多种功能的信号转导中起重要作用。

(3) 本身具有酶活性的受体：也称为与酶偶联的受体（enzyme-linked receptor）。大部分是单链蛋白，1次跨膜（酪氨酸蛋白激酶型受体中有少数是异二聚体或四聚体），受体与配体的结合部位在膜外，而催化部位在膜内。当配体与受体结合时，引起受体发生二聚化，催化部位的某些氨基酸残基被磷酸化（如酪氨酸残基，丝氨酸/苏氨酸残基），导致受体分子自身内部酶的活化，如酪氨酸蛋白激酶（protein tyrosine kinase，PTK）或丝氨酸/苏氨酸蛋白激酶（protein serine/threonine kinase，PSTK）被激活。此后，蛋白激酶再通过对多种底物蛋白的磷酸化及由此引发的级联反应，调节细胞的生长、分裂、分化、代谢。这类受体的配体有生长激素、胰岛素、促红细胞生成素、表皮生长因子、血小板生长因子、成纤维细胞生长因子等。

鸟苷酸环化酶受体（guanylate cyclase receptor，GCR）自身也具有酶活性。它的配体包括哺乳动物心房肌细胞产生的心房利钠肽（atrial natriuretic peptide，ANP）和气体分子NO等。ANP和膜上的GCR结合，而NO和胞内可溶性的GCR结合，这种结合引起鸟苷酸环化酶（GC）活化。后者使GTP生成cGMP，作为第二信使，cGMP又激活蛋白激酶G（PKG），其最终的生物学效应是引起肾脏排钠排水增加，血管平滑肌舒张，血压下降。

(4) 其他膜受体：膜受体还有其他类型，如参与免疫反应的受体（T细胞抗原受体、B细胞抗原受体）、选择性摄取细胞外成分的受体（转铁蛋白受体、脂蛋白受体）、参与吞噬调理的受体（Ig的Fc端受体、$C_{3b}$的受体）等。

**2. 胞内受体** 是指分布在胞质内或胞核内的受体，包括类固醇激素受体和非类固醇激素受体两类。前者的配体有性激素、糖皮质激素、盐皮质激素、1,25-(OH)$_2$维生素$D_3$等；后者的配体有甲状腺激素、视黄酸（维甲酸）等。这些配体都是小分子脂溶性物质，能依靠简单的扩散作用进入细胞内。其中糖皮质激素、盐皮质激素的受体存在于胞质内；1,25-(OH)$_2$维生素$D_3$、甲状腺激素的受体存在于胞核内；性激素的受体既存在于胞质内也存在于胞核内。受体与配体结合后，受体构象发生改变并被激活。例如，有一种方式是性激素在进入细胞前，其受体是与热休克蛋白（heat shock protein，HSP）结合的；当性激素进入细胞后，受体与热休克蛋白解离并和配体结合，随后形成受体的二聚体；此二聚体进入核内与靶基因上特定的DNA序列相结合，导致相关基因的转录和表达。

**3. 病毒受体** 病毒受体（virus receptor）指存在于靶细胞的膜上，能特异地与病毒结合、介导病毒侵入宿主细胞，并引起病毒感染的糖蛋白或其他蛋白分子。例如，绵羊肺腺瘤病病毒的受体是透明质酸酶2（hyaluronidase 2，Hyal-2）；马传染性贫血病毒的受体是马慢病毒受体1（equine lentivirus receptor-1，ELR1）；狂犬病病毒的受体是肌细胞和神经细胞膜上的乙酰胆碱受体和神经节苷脂；口蹄疫病毒的受体是硫酸乙酰肝素和整合素家族的$\alpha_v\beta_3$；牛痘病毒受体是表皮生长因子的受体；A型流感病毒的受体是膜蛋白上唾液酸 α-2,3 半乳糖的寡糖；牛冠状病毒的受体是膜糖蛋白和膜糖脂上的唾液酸残基；伪狂犬病病毒的受体是CD155和相关膜蛋白；猪传染性胃肠炎病毒的受体是氨基肽酶N。需要强调指出的是：①从生物学角度看，细胞的病毒受体并非专为病毒入侵而设计的，病毒不是这些受体的自然配体。所谓的病毒受体都是细胞膜的正常结构部分，具有正常的生化生理功能。②只有能表达病毒受体的宿主及其细胞，病毒才能对其进行感染。③病毒受体不仅决定病毒感染的宿主范围和组织特异性，还影响病毒入侵后的活动。④病毒和受体并非是一一对应的关系，病毒在不同宿主、不同细胞，可能有不同的受体，或有不止一个受体。⑤病毒进入细胞后能否复制有时还依赖于一些功能蛋白，例如马传贫病毒在宿主细胞内的复制需要马源cyclin T1蛋白的辅助。

### （三）受体后转导通路及其作用终端

受体后转导通路是由多种信号转导分子、多种酶类（如腺苷酸环化酶、磷脂酶、蛋白激酶和磷酸酶等）组成的。例如 G 蛋白偶联的受体结合了配体使 G 蛋白的 α 亚基（或小 G 蛋白）活化后，后者激活腺苷酸环化酶（adenylate cyclase，AC）和多种磷脂酶（如磷脂酶C-β，phospholipase C-β，PLC-β）；在此类效应酶的作用下，分别由 ATP 和磷脂酰肌醇二磷酸（$PIP_2$），产生 cAMP 以及三磷酸肌醇（1,4,5-inositol triphosphate，$IP_3$）和二酰甘油（1,2-diacylglycerol，DAG）等第二信使；第二信使（如 cAMP）进一步引起其他靶蛋白的磷酸化（如蛋白激酶 A，即 PKA）；活化的 PKA 又激活其他靶蛋白，对细胞的代谢进行调解；或活化的 PKA 又激活基因调节蛋白引起靶基因的转录，转录产物即表达蛋白可对细胞的代谢甚至形态产生不同的影响。上述的 G 蛋白、效应酶、第二信使、蛋白激酶 A 等构成了一个完整的受体后信号转导通路；这个通路最终的靶蛋白和靶基因即是信号转导的作用终端。跨膜信号转导开始于信号与受体的结合，终止于信号与受体的解离、膜受体发生内化降解、G 蛋白 α 亚基或小 G 蛋白的失活、信号传递蛋白去磷酸化、第二信使的降解等。有的信号传导系统比较简单；而多数都非常复杂，系统间可存在交叉，作用上可能互相增强、拮抗、整合、协调，以使信号传导过程变得更加精细和准确。

以下举两个实例：当胰岛素与其靶细胞膜上的受体结合后，引起受体自身酪氨酸蛋白激酶活化，此酶导致胰岛素-蛋白激酶的活化，该酶引起蛋白磷酸酶Ⅰ活化，磷酸化的蛋白磷酸酶Ⅰ又活化糖原合酶，后者促使糖原的合成。再如，表皮生长因子（epidermal growth factor，EGF）与其受体（EGFR）结合后，激活 Ras 蛋白，再通过三级酶促级联反应，即 MAPKKK（mitogen activated protein kinase kinase kinase，丝裂原激活蛋白激酶的激酶的激酶）→MAP-KK→MAPK，活化的 MAPK 进入核内激活转录因子而引起相应基因的转录、表达。

## 二、细胞信号转导障碍与疾病

信号转导系统参与调节几乎所有的细胞生命活动。当配体、受体或信号转导分子的数量和功能发生改变，或受体与配体的亲和力异常时，均可引起信号转导障碍，导致疾病或病理过程的发生。

细胞信号转导障碍按其发生原因可分为原发性的、继发性的两类。

原发性细胞信号转导障碍：由于基因突变所引起的信号转导障碍。如生殖细胞某些基因突变引起子代细胞的受体结构发生异常。

继发性细胞信号转导障碍：是由于某些疾病或病理过程继发引起的信号转导障碍。如发生传染病时，某些细菌的外毒素与 G 蛋白的 α 亚基结合，导致信号转导失误。

细胞信号转导障碍，包括配体或受体异常、G 蛋白异常、胞内信号转导异常、转录因子异常等，可干扰细胞的正常生命活动而引起疾病，例如肾性尿崩症、细菌毒素性腹泻等。

### （一）配体、受体异常与疾病

因配体、受体的数量、结构或调节功能发生变化，不能介导配体在靶细胞中发挥应有的效应，称为配体、受体异常。其中受体异常可以表现为受体的机能上调（up regulation）或增敏（supersensitization），也可表现为受体机能的下调（down regulation）或减敏（desensitization）。受体异常引起的疾病称为受体病（receptor disease）。

**1. 心肌兴奋-收缩脱偶联**　胞质内 $Ca^{2+}$ 是心肌兴奋-收缩偶联的中介物，从信号转导角度看，它是一个重要的心肌收缩的起始信号。

正常生理过程中，心肌细胞膜上的动作电位沿细胞膜和横管传播，并激活细胞膜和横管膜上的 L 型钙通道，导致胞外 $Ca^{2+}$ 向心肌细胞内流动；内流的 $Ca^{2+}$ 激活连接肌浆网（junctional sarcoplasmic reticulum，JSR，肌浆网的末端膨大部分与心肌细胞膜或横管膜相接触，这部分肌浆网称为连接肌浆网）膜上的 ryanodine 受体（ryanodine receptor，RYR），RYR 是一种钙释放通道受体，它被激活后，使 JSR 内的 $Ca^{2+}$ 释放入胞质内（JSR 内的 $Ca^{2+}$ 浓度比心肌细胞质内高出几千倍）。上述过程被称作 $Ca^{2+}$ 诱导的 $Ca^{2+}$ 释放。胞质内升高的 $Ca^{2+}$ 与细肌丝上肌钙蛋白结合，肌钙蛋白构象发生变化，引起肌钙蛋白与肌动蛋白的结合力减弱，使原肌球蛋白向肌动蛋白双螺旋沟槽的深部移动，暴露出肌动蛋白上的活化位点，肌动蛋白与肌球蛋白的头部结合形成肌动球蛋白。这种结合又进一步引起肌球蛋白横桥头部构象的改变，使头部向桥臂方向摆动 45°，并带动细肌丝向粗肌丝内部滑行，结果肌节缩短，引发心肌收缩。肌节缩短的能量来源是横桥头部 ATP 酶分解 ATP 产生的。胞质内 $Ca^{2+}$ 浓度升高的同时，又激活了纵行肌浆网（longitudinal sarcoplasmic reticulum，LSR）膜上的钙泵，钙泵将胞质内 80%～90% 的 $Ca^{2+}$ 转入纵行肌浆网，其余 10%～20% 的 $Ca^{2+}$ 则通过心肌细胞膜上的 L 型钙通道被排到细胞外，结果使胞质内 $Ca^{2+}$ 浓度降低，细肌丝上的调节蛋白（肌钙蛋白、原肌球蛋白）、细肌丝和粗肌丝的相对位置都恢复初始状态，细肌丝复位，肌节延长，心肌发生舒张。心肌细胞胞质内 $Ca^{2+}$ 浓度有规律地升高、降低，引起肌节相应地缩短或延长，是心脏周而复始不停收缩和舒张的动力学基础。

凡是能引起心肌细胞内 $Ca^{2+}$ 运转能力降低的因素，均可导致心肌收缩力减弱。例如，发生代谢性酸中毒时，$H^+$ 能影响 $Ca^{2+}$ 向心肌细胞内的流动，同时也影响纵行肌浆网摄取 $Ca^{2+}$（钙泵所需能量物质 ATP 生成减少）和连接肌浆网释放 $Ca^{2+}$（酸中毒时肌浆网内储存蛋白与 $Ca^{2+}$ 结合能力变大），$Ca^{2+}$ 运转障碍就会干扰心肌兴奋-收缩偶联过程，导致心肌收缩力减弱，而发生心功能不全或心力衰竭（图 13-2）。

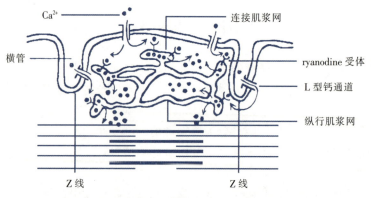

图 13-2 $Ca^{2+}$ 对心肌兴奋-收缩偶联影响示意图

**2. 尿崩症** 由于抗利尿激素数量减少或其受体异常，使动物排尿量增多，尿液相对密度降低，动物表现烦渴，这种疾病称为尿崩症（diabetes insipidus）。

下丘脑视上核神经细胞分泌抗利尿激素（antidiuretic hormone，ADH），其受体即 $ADHV_2$ 受体，位于肾远曲小管和集合管上皮细胞的细胞膜上，是一种 G 蛋白偶联受体。当 ADH 与 $ADHV_2$ 受体结合后，经 $G_s$（能激活 AC 的 G 蛋白）激活 AC，胞内 cAMP 增多并活化 PKA，在 PKA 的催化下，细胞内微丝、微管发生磷酸化。微丝、微管被激活后参与细胞器和某些大分子的位移，如可使水通道蛋白（aquaporin）移向细胞膜的管腔面并插入膜内，导致远曲小管和集合管的细胞膜对水的通透性升高，管腔内的水分大量进入细胞。由于肾间质具有较高的渗透压，水分随即又从细胞内转入到间质中，最后回到血液（图 13-3）。此过程即引起原尿的浓缩。

尿崩症按其发生机理可分为中枢性、肾性两种。

（1）中枢性尿崩症（central diabetes insipidus）：是 ADH 分泌不足所致，动物罕见。据报道具有遗传缺陷的 Brattleboro 系小鼠，可因 ADH 和神经垂体素运载蛋白（neurophysin）的合成障碍而引发此病。

（2）肾性尿崩症（nephrogenic diabetes insipidus）：基因发生突变使 $ADHV_2$ 受体合成减少，引起受体数量不足；或基因突变导致 $ADHV_2$ 受体的胞外结构发生异常，因此与 ADH 的亲和力降低。此时发病动物肾远曲小管和集合管上皮细胞对 ADH 反应性降低，从而造成大量水分随尿丢失。水通道蛋白异常也能引发肾性尿崩症。此病曾报道可发生于犬、马、鸡等畜禽。

**3. 重症肌无力** 重症肌无力（myasthenia gravis）是由于神经-肌肉间信号转导障碍而导致的一种自身免疫性疾病。犬、猫可发生本病。患病的犬或猫血清中有抗神经肌肉接头处突触后膜上烟碱型乙酰胆碱（N-Ach）受体的抗体。这种自身抗体与受体结合后，使受体减敏（对乙酰胆碱的反应性减弱或丧失），阻断受体的信号转导通路和效应，导致兴奋从神经传到肌肉的过程发生障碍，从而影响肌肉的收缩。

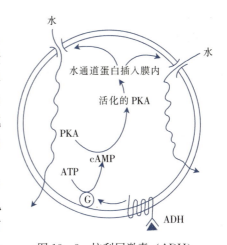

图 13-3 抗利尿激素（ADH）作用机理示意图

当 AHD 减少，或其受体发生病变时可引发肾性尿崩症

**4. 肉鸡腹水综合征和肺动脉高压** 肉鸡腹水综合征（ascites syndrome in broiler）是冬季在高海拔地区 3~5 周龄的肉用仔鸡多发的一种疾病。腹腔内有大量清亮的或淡红色的腹水，肺充血、水肿，右心扩张。本病的分子发生机理未明，但肺动脉高压在发病中起重要作用，故又称肺动脉高压综合征（pulmonary hypertension syndrome）。我国学者发现：缺氧可诱导血管内皮细胞 15-脂加氧酶（lipoxidase，15-LO）催化花生四烯酸生成 15-羟廿碳四烯酸（hydroxy-eicosatetraenoicacid，15-HETE）。后者转移到血管内皮下层平滑肌细胞，通过 3 条渠道引起肺动脉收缩：一是通过抑制钾离子通道，激活钙通道，细胞外钙离子进入，导致血管平滑肌收缩；二是抑制钾离子通道蛋白质合成，导致细胞膜钾离子通道减少，引起肺动脉收缩；三是直接引起平滑肌细胞内储存钙释放，间接抑制钾离子通道，导致肺动脉收缩。从而阐明了 15-HETE 在缺氧性肺血管收缩和肺动脉高压发生中的独特作用，这对揭示肉鸡腹水综合征的分子发病机理有借鉴价值。

### （二）G 蛋白异常与疾病

G 蛋白是 G 蛋白偶联受体信号跨膜转导的一组中介物。现已发现的 G 蛋白异常表现为两个方面：G 蛋白数量减少或结构异常，造成胞内信号转导减弱或中断；或由于某些毒素的作用，使 G 蛋白的 α 亚基处于不可逆的活化状态而导致细胞机能异常。

**1. 假性甲状旁腺机能减退** 甲状旁腺分泌甲状旁腺激素（parathyroid hormone，PTH）。分布于多种细胞膜上的 PTH 受体与 PTH 结合后，经 $G_S$ 蛋白（stimulatory G 蛋白，即能激活腺苷酸环化酶的 G 蛋白）偶联，激活 AC，细胞内 cAMP 生成增多。cAMP 通过 PKA 的后续效应，促使肾远曲小管上皮细胞重吸收 $Ca^{2+}$，同时抑制肾远曲上管上皮细胞重吸收磷；促进肾生成 1,25-$(OH)_2$ 维生素 $D_3$，后者作用于肠黏膜上皮细胞增加对 $Ca^{2+}$ 的吸收；促进骨质脱 $Ca^{2+}$，以维持血液中 $Ca^{2+}$ 的正常浓度。当甲状旁腺机能减退时，血钙浓度降低，动物发生骨病和抽搐等病变。

假性甲状旁腺机能减退（pseudohypoparathyroidism，PHP）是一种遗传性疾病，其发生机理并非是由于甲状旁腺机能真正减退所致，而是作为信号转导中介的 $G_S$ 蛋白减少引起的，故得此名。由于编码 $G_S$ 的基因发生突变，引起 $G_S$ mRNA 转录减少和翻译生成 $G_S$ 蛋白数量降低，导致 PTH 受体与 AC 之间信号转导受阻，靶细胞的 PTH 受体对 PTH 产生抵抗，最终可造成血液中 PTH 含量增多；而血钙浓度降低，血磷浓度升高，钙、磷比例失调，动物在临床上出现骨病和抽搐等类似于甲状旁腺机能减退的症状。基因敲除小鼠作为疾病模型可实验性诱发本病，Wilson G. H. (2003) 曾报道人工养殖的雪貂中有疑似假性甲状旁腺机能减退病例的存在。

**2. 毒素性腹泻** 产肠毒素大肠杆菌（enterotoxigenic E.Coli，ETEC）、金黄色葡萄球菌、沙门菌、弯曲菌等病原菌感染后，动物可发生严重的腹泻。这种因细菌外毒素而导致的腹泻称为毒素性腹泻（toxigenic diarrhea）。现以 ETEC 为例说明其分子发病机理。

ETEC 侵入动物肠道后，能产生不耐热性肠毒素（heat-labile enterotoxin，LT）和耐热性肠毒素（heat-stable enterotoxin，ST）两种肠毒素。其中，LT 的 B 亚单位与小肠黏膜上皮细胞膜上的 GM1 神经节苷脂（即 B 亚单位的受体）相结合，A 亚单位则脱离整个毒素而进入细胞内。A 亚单位被水解为 A1 肽和 A2 肽两个片段。A1 肽能使胞质内烟酰胺腺嘌呤二核苷酸（nicotinamide adenine dinucleotide，NAD，即辅酶Ⅰ）的二磷酸腺苷-核糖基（ADP-核糖基），转移到 Gs 蛋白的 α 亚基上。使 α 亚基 GTP 酶活性受到了抑制，α 亚基处于一种不可逆的活化状态（即 α-GTP 不能再转变成 α-GDP）。这种异常活化的 α 亚基就始终结合在 AC 上，导致 AC 的持续活化，胞质内 cAMP 生成量可达正常的 100 倍以上。cAMP 作为第二信使，经 PKA 途径，改变细胞的代谢机能，刺激肠黏膜上皮细胞大量分泌水、氯化物、碳酸氢盐进入肠腔，最终引起严重的腹泻、脱水和酸中毒（图 13-4）。而 ST 与小肠黏膜上皮细胞相应受体结合后，可激活胞内的鸟苷酸环化酶（GC），在 GC 的作用下，由 GTP 生成大量 cGMP。胞质内 cGMP 浓度升高，能抑制细胞膜上 $Na^+/Cl^-$ 共转运系统，降低了细胞对肠腔内水分和电解质的重吸收，也可引致腹泻。

空肠弯曲菌可感染牛、马驹、犬、猫、兔、雪貂、水貂、仓鼠等动物，引发肠炎和腹泻。原因是该菌产生的细胞张力性肠毒素（cytotonic enterotoxin，CE），以类似的发病机理引起严重的水样腹泻、脱水和代谢性酸中毒。

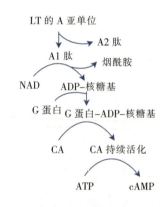

图 13-4 毒素性腹泻发病机理示意图
LT：不耐热的肠毒素；
NAD：烟酰胺腺嘌呤二核苷酸；
AC：腺苷酸环化酶

### （三）胞内信号转导异常与疾病

**1. Ras 蛋白异常与肿瘤** Ras 蛋白是细胞的原癌基因 c-ras 的编码产物，分子质量 21 000 u，属于小 G 蛋白。Ras 蛋白有 Ras-GTP 和 Ras-GDP 两种结合构象，只有 Ras-GTP 才能激活 Ras 以下的信号转导途径。例如，活化的 Ras 激活 Raf（c-raf-1 编码的一种丝氨酸/苏氨酸蛋白激酶），Raf 激活 MEK（MAP kinase/ERK kinase，即 mitogen activated protein kinase/extracellular signal regulated kinase kinase，丝裂原活化的蛋白激酶/细胞外信号调节激酶的激酶），MEK 激活 ERK（extracellular signal regulated kinase，细胞外信号调节激酶）。ERK 活化后进入核内，促进多种转录因子发生磷酸化。如血清应答因子（serum response factor，SRF）磷酸化，使它与血清应答元件（serum response element，SRE）靶基因的启动子结合，使其转录。

已发现在一些肿瘤组织中，由于致癌因素的作用使 ras 基因发生了点突变，引起 Ras 蛋白一级结构的改变。例如 Ras 蛋白第 12、13、61 位氨基酸（分别是甘氨酸、甘氨酸、谷氨酸），分别被其他氨基酸所替代（例如最近发现绵羊肺腺瘤 Kras 基因第一外显子突变，第 35 位核苷酸由 G 突变为 T，编码的 12 位氨基酸由甘氨酸变为缬氨酸）。结果使 Ras-GTP 酶活性降低不能使 Ras-GTP 转成非活性的 Ras-GDP。Ras 蛋白的持续活化（即 Ras-GTP 的持续存在），导致促细胞增殖信号的积累，可能引发肿瘤。认为这是某些肿瘤的发生机理之一。

**2. 蛋白激酶 C（PKC）与疾病**　佛波酯（12 - O-tetradecanoyl phorbol - 13 - acetate，TPA，12 - O - 十四烷酰佛波醇 - 13 - 乙酯）是一种化学致癌物，在空间结构上与作为第二信使的二酰甘油（DAG）类似。TPA 与 DAG 均能与 PKC 结合引起后续效应。但 DAG 在细胞内产生后能迅速经代谢失活，它与 PKC 结合后引起的生物学效应是短暂的，不会造成细胞的异常增殖。

TPA 在体内或体外都能和 PKC 发生比较牢固的结合（PKC 的锌指结构是佛波酯结合所必需的）。两者结合后，使 PKC 构象变化而激活，活化的 PKC 从胞质内转位到细胞膜上（PKC 的最适作用底物在细胞膜上），因此 PKC 转位到膜被认为是细胞活化的标志。和 DAG 相比较，佛波酯的性质比较稳定，在细胞内代谢慢，它与 PKC 结合后导致 PKC 的异常激活，使细胞生长信号的传导异常加强，可促进细胞的恶变和肿瘤的形成。

PKC 的后续调节途径包括：磷酸化 Raf 蛋白，此蛋白被激活后参与多种生长因子受体信号的继续传递过程；引起 Ras-GTP 酶活性降低，造成 Ras-GTP 不能降解为 Ras-GDP 而使 Ras 蛋白持续活化；使血清应答因子（serum response factor）磷酸化，促进某些细胞基因（如 c-*fos*）的转录和表达。

### （四）转录因子异常与疾病

**1. 核因子-κB 与疾病**　核因子-κB 最早是在 B 细胞中发现的一种能调控基因表达的转录因子，因为它与免疫球蛋白的 κ 轻链基因的 κB 序列特异性结合，促使该基因表达，故称为核因子-κB（nuclear factor-kappa B，NF-κB）。正常时胞质内 NF-κB 与抑制性 κB（inhibitory κB，IκB）相结合而不表现出生物活性。TNFα、IL-1、病毒、氧化剂、细菌毒素、佛波酯等，能通过激活胞质中的蛋白激酶，使 IκB 发生磷酸化并与 NF-κB 解离。NF-κB 随后进入核内，与 DNA 特定的 κB 序列结合，使某些炎症介质或细胞因子的转录增强，对机体的炎症反应、免疫反应、细胞生长等方面都发挥重要干预作用。

**2. 转录因子与肿瘤**　某些细胞癌基因，如 *myc*、*myb*、*fos*、*jun*、*ski*、*rel* 等的表达产物，本身就是核内转录因子，如 *jun* 和 *fos* 转录产物的二聚体即激活物蛋白-1（activator protein-1，AP-1）。它们与 DNA 的相应部位结合，促进或抑制有关基因的表达，调节细胞的增殖或凋亡。转录因子的异常表达可能引起细胞增殖过度或凋亡受阻而引发肿瘤。

## 第二节　细胞增殖分化障碍

### 一、细胞增殖分化概述

细胞增殖（cell proliferation）指细胞分裂和再生的过程，其结果是引起细胞数量的增加。细胞增殖是通过细胞周期实现的。而细胞分化（cell differentiation）是指分裂增殖产生的子代细胞，在形态结构、生化特性与生理机能上逐渐特化，形成专一性或特异性细胞的过程。

#### （一）细胞周期

动物是由周期性细胞、休眠细胞和终末分化细胞等 3 类细胞构成的一个多细胞有机体。周期性细胞（cycling cell）包括上皮细胞、血细胞、生殖细胞等，这些细胞在体内始终处于活跃的增殖和死亡（包括凋亡）的动态平衡中；而体内的干细胞，在相关的分化诱导因子作用下，起始阶段也伴有细胞增殖，增殖产生的子代细胞，一部分形成终末分化细胞，另一部分仍保留干细胞的特性以做后备,因此干细胞也应列入周期性细胞之内。终末分化细胞(terminal differentiation cell)包括神经元、心肌细胞、平滑肌细胞、骨骼肌细胞等丧失了分裂增殖能力的细胞。休眠细胞(dormant cell),又称为G0期细胞,例如肝细胞,一般不进行分裂增殖,当机体特殊需要时经过适当的刺激和诱导,才能返回细胞周期进行分裂增殖。

细胞周期(cell cycle)指增殖细胞从上一次分裂完成到下一次分裂结束所经历的整个有序的过程。一个细胞周期可分为4个连续的阶段,即G1期(first gap phase,从M期结束到S期之前的细胞DNA合成前期)、S期(synthetic phase,DNA合成期)、G2期(second gap phase,从S期结束到M期之前的DNA合成后期)、M期(mitotic phase,细胞有丝分裂期)。能进入细胞周期进行分裂增殖的细胞称为周期性细胞,例如干细胞、生殖细胞、表皮基底层细胞、小肠腺未分化细胞(隐窝细胞)等;休眠细胞(G0期细胞,如肝细胞、肾小管上皮细胞)在一些特殊情况下才能进入;终末分化细胞(如脑神经元、心肌细胞)不能进入(图13-5)。

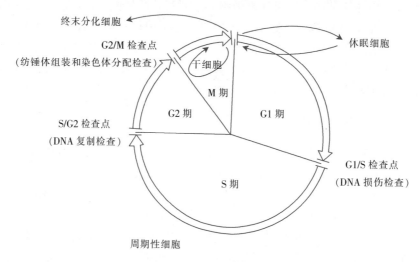

图13-5 细胞周期及其检查点
本图同时显示周期性细胞(连续分裂细胞)与休眠细胞(G0期细胞)、终末分化细胞(不分裂细胞)间的关系

(二)细胞周期的调控

**1. 细胞周期的自身调控**

(1)周期素(cyclin):是在细胞周期的不同时相、由细胞自身合成和降解的一组蛋白质,也称为细胞周期蛋白。目前在哺乳动物细胞中发现的周期素至少有8种、14个成员,如周期素A、B1、B2、C、D1、D2、D3、E、F、G1、H、I、K等。不同的周期素在细胞周期的不同时相有序地合成、释放并发挥作用。

(2)周期素依赖性激酶(cyclin-dependent kinase,CDK):CDK是一组丝氨酸/苏氨酸蛋白激酶,已发现有CDK1～9等9种,相互间有不同程度的同源性。细胞周期的运行依赖周期素和CDK复合物的推动。例如细胞周期进入G1/S转折时开始合成cyclinA并立即被运转至核内;进入S期不久,cyclinA与CDK2形成复合物参与调控DNA的复制。

(3)周期素依赖性激酶抑制物(CDK inhibitor,CDKI):CDKI是小分子质量的CDK抑制物,主要包括CDK4抑制蛋白(inhibitor of CDK4,Ink4)和激酶抑制蛋白(kinase inhibition protein,Kip)等。在细胞周期中,当CDKI介入形成cyclin/CDK/CDKI复合物时,或cyclin合成减少时,CDK的活性即受到抑制,此时就会终止细胞周期的向前运行。

(4)细胞周期检查点(check point):细胞周期检查点分布在细胞周期的关键时段,负责对细胞周期的前一反应做出核查。如G1/S交界处的检查点负责检查DNA是否有损伤,如

DNA 受损，则把细胞扣留在 G1 期，先行修复受损的 DNA，修复完毕恢复正常才能进入 S 期复制，以免造成遗传信息的差错（图 13-5）。

**2. 细胞外信号的调控**　细胞外信号主要指细胞增殖信号和细胞抑制信号。前者如生长因子（growth factor，GF），与细胞膜上相应受体结合后，通过信号转导通路，最终产生特定的效应，引起细胞分裂；后者如转化生长因子 β（transforming growth factor-β，TGFβ），能下调 cyclin 和 CDK 的表达，使细胞停滞于 G1 期而阻止其继续分裂。

### （三）细胞分化

胚胎时期受精卵在通过细胞分裂进行增殖的同时，细胞还朝不同的方向演变，形成具有不同形态、生化特性和生理功能的细胞，这就是细胞分化的过程。胎儿出生后，机体的干细胞依然保持着这种能力。由同一来源的细胞通过细胞分裂产生的子代细胞，受到特定微环境中多种细胞因子（如生长因子等）的作用，在形态结构、生化特性与生理机能上逐渐特化，形成专一性或特异性细胞的过程，称为细胞分化（cell differentiation）。分化成熟的细胞具有特定的细胞形态，合成有特殊功能的蛋白质并行使专门的功能。例如分化成熟的骨骼肌细胞为长圆柱形的多核细胞，胞质内含有特殊排列形式的肌球蛋白丝和肌动蛋白丝，具有收缩功能；哺乳动物成熟的红细胞为双凹圆盘状的无核细胞，胞质内含有血红蛋白，具有运输氧和二氧化碳的功能。动物所有体细胞内都含有相同的基因组，细胞分化是不同细胞内基因的选择性表达差异造成的。

干细胞（stem cell）是动物体内能进行分裂增殖和分化的一类重要细胞，主要存在于骨髓、外周血、胎儿脐带血中，始终保持自我增殖能力并具有定向分化的潜能。干细胞包括全能干细胞（totipotential stem cell，如胚胎干细胞能在适宜的条件下分化成多种细胞）、多能干细胞（multipotential stem cell，如骨髓造血干细胞能定向分化成红细胞系、粒细胞系、淋巴细胞系等各系的母细胞）、定向干细胞（committed stem cell，如红细胞系的定向干细胞只能分化生成红细胞）等 3 种。一般认为，分化细胞的核内保存着动物个体的全部遗传信息，分化过程是稳定的和不可逆的。但克隆羊 Dolly 及其他体细胞克隆动物的实践，一方面用实验方法确凿证明了分化成熟的体细胞的核内仍完整地保留着机体的全部遗传信息；另一方面也表明细胞分化并不是一个完全不可逆转的过程。

白细胞、血小板、血管内皮细胞等细胞成分，在分化发育的不同阶段或活化过程中，其细胞膜上出现的或消失的各种抗原，称为淋巴细胞或白细胞分化抗原，简称分化群（cluster of differentiation，CD）。CD 是一组重要的细胞标志物。用标记的抗 CD 单抗来鉴别细胞表面的 CD，进而分析免疫细胞数量或亚型的变化，已成为免疫病理学的一种常用研究方法。例如 CD3 为小鼠 T 淋巴细胞的标志，而 CD4、CD8 分别为辅助性 T 细胞（T helper cell，Th）和细胞毒性 T 细胞（cytotoxic T lymphocyte，CTL）的标记。

### （四）细胞分化的调控

**1. 基因水平的调控**　参与细胞分化的基因可分为管家基因（house keeping genes）和组织特异性基因（tissue-specific genes）。管家基因编码维持细胞生命活动的共有的结构蛋白，如核内组蛋白、非组蛋白、核糖体蛋白、线粒体蛋白、构成细胞骨架的蛋白等；组织特异性基因编码某一种细胞的特定蛋白，如红细胞中的血红蛋白、浆细胞中的免疫球蛋白、成纤维细胞中的前胶原蛋白等。分化细胞的多样性，是由基因的选择性表达所决定的，这种现象称作差别基因表达（differential gene express）。差别基因表达对细胞分化起着决定性作用。

**2. 转录和翻译水平的调控**　真核细胞的特异性基因表达，还决定于不同的调节蛋白及其组合对基因调控区的作用。细胞外信号能激活某些调节蛋白，例如当蛋白激酶 A（protein kinase A，PKA）活化后，使 cAMP 反应元件结合蛋白（cAMP response element binding protein，CREB）发生磷酸化，磷酸化的 CREB 能和位于 DNA 调控区内的 CRE 相结合，从而激活靶基因并转录形成特定的 mRNA。

翻译水平的调控是指对 mRNA 选择性翻译成蛋白质过程的调节和控制。各种转录因子可通过影响蛋白质合成的起始因子、延伸因子等，从而在翻译水平上调节基因表达与蛋白质的合成。生成特异的蛋白质是细胞分化的物质基础。

## 二、细胞增殖分化障碍与疾病

胚胎细胞或体细胞的增殖、分化障碍，可引起畸形或恶性肿瘤等疾病。

### （一）胚胎细胞增殖分化异常与畸形

胚胎发育时期由于胎儿受到致畸物的影响而在组织结构上出现异常的变化，称为畸形（malformation）。致畸物主要包括病毒、植物毒素、药物等，它们既可修饰胎儿体位定向的信息，又能对胎儿细胞的增殖、分化和死亡产生直接影响，结果干扰了胚胎发育分化调控机制而引起畸形。但这些病因引起胎儿畸形的分子发病机理还需深入研究。

**1. 病毒致畸** 妊娠母猫感染猫全白细胞减少症病毒（feline panleukopenia virus）或妊娠牛感染牛传染性鼻气管炎病毒，引起胎儿脑细胞的破坏而出现小脑性运动失调（cerebellar ataxia）；妊娠羊注射蓝舌病病毒活疫苗后，病毒能引起胎儿神经细胞坏死而发生积水性无脑畸形（hydranencephaly）；妊娠牛感染牛病毒性腹泻病毒可引起胎儿小脑发育不良（cerebellar hypoplasia）、髓鞘生成减少（hypomyelinogenesis）、关节弯曲（arthrogryposis）、脑穿通（porecephaly）、视网膜萎缩（retinal atrophy）、被毛稀少（hypotrichosis）；妊娠母猪实验性感染流感病毒可引起胎儿肺发育不良（pulmonary hypoplasia）。

**2. 植物毒素致畸** 母羊在妊娠第 10～15 天时喂饲加州藜芦（*Veratrum californicum*），可引起胎儿发生独眼畸形（cyclopia）。据报道，Sonic hedgehog 基因表达蛋白的裂解产物与胆固醇相结合形成的复合物作为信号分子，在胎儿脑发育和眼发育中起重要作用。加州藜芦的毒素如白藜芦碱（jervine），能阻断胆固醇的生物合成，因而干扰了胚胎细胞的信号转导和细胞分化。母牛在妊娠第 40～70 天时喂饲欧毒芹（*Conium maculatum*）可导致胎儿骨骼肌畸形（skeletal malformation）。

**3. 药物致畸** 某些药物可引起胎儿发生畸形，如米他布尔（methallibure，肼的衍生物，用于诱导母猪发情）可引起多数新生小猪发生先天性畸形；苯并咪唑类（benzimidazole，用于抗蠕虫）能导致绵羊和大鼠胎儿畸形，常见的有露脑、胯裂、缺趾、肢畸形、肋骨和椎骨融合等。

### （二）动物体细胞增殖分化异常与恶性肿瘤

肿瘤特别是恶性肿瘤的发生是一个极其复杂的细胞病理学过程。从信号转导与细胞增殖分化的角度看，涉及信号转导障碍、细胞增生过度、细胞凋亡不足、细胞分化障碍等多个环节。

**1. 与细胞增殖分化有关的配体或细胞受体的异常** 例如，肿瘤细胞产生各种生长因子增多，包括转化生长因子 α（transforming growth factor-α，TGFα）、血小板源性生长因子（platelet derived growth factor，PDGF）、成纤维细胞生长因子（fibroblast growth factor，FGF）等。肿瘤细胞具有这些因子的受体，而且有时在瘤细胞的表面某些生长因子受体的表达异常增多，这样可通过自分泌机制（autocrine）导致瘤细胞的增殖。再如，肿瘤间质血管的调节因子中，血管内皮生长因子（vascular endothelial growth factor，VEGF）是最主要的促进因子，在肿瘤生长旺盛期此因子数量明显增多；而血浆内皮抑素（endostatin，ES）是一种内源性的新生血管的抑制因子，在体外具有强烈的抗肿瘤活性。VEGF 和 ES 作为调控血管生长的细胞信号对肿瘤生长、转移具有决定性的影响，基于此，有的学者认为肿瘤是一种新生血管依赖性疾病。此外，某些细胞癌基因的产物是生长因子受体的类似物，可模拟配体与受体的作用，如 c-erb-B 癌基因产物与 EGF 受体高度同源，此产物既可与 EGF（表皮生长因子）结合，又可和 TGFα 相结合，这样可引起细胞增殖过度。某些癌基因的产物具有 PTK 活性，如 c-src、c-yes、c-fgr、c-abl、c-fps、c-fes、c-lck 等的基因产物，能催化底物蛋白酪氨酸的磷酸化反应，以此增强细胞增殖信号的传递。

**2. 细胞周期调控机制异常** 在某些肿瘤细胞生长过程中，发现周期素 D、E 表达过量，CDK 增多，CDKI 表达不足，检查点功能出现异常。例如，正常的 P53 蛋白在 DNA 损伤或细胞缺氧时被活化，使依赖 P53 蛋白的周期素依赖性激酶（CDK）抑制者 P21 和 DNA 修复基因上调性转录，结果细胞在 G1 期出现生长停滞，进行 DNA 修复。如修复成功，则细胞进入 S 期继续前行；如修复失败，则通过活化 bax 基因使细胞凋亡，以此保证基因的稳定遗传。而 p53 基因缺失或发生突变的细胞，DNA 损伤后，不能通过 P53 蛋白的介导使细胞停滞在 G1 期并进行 DNA 修复。因此 DNA 受损的细胞有可能进入增殖过程，最终发展成为恶性肿瘤。

**3. 细胞凋亡过程减弱** 表达于细胞（包括肿瘤细胞）表面的 Fas 蛋白和表达于细胞毒性 T 淋巴细胞（CTL）表面的 Fas 受体（FasR）相互作用，能启动细胞（包括肿瘤细胞）凋亡。有些实验证明，某些肿瘤细胞表面常出现 FasR 的异常高表达和 Fas 的表达下降或缺失。瘤细胞表面 Fas 表达下调使 CTL 失去杀伤瘤细胞的识别标记；而瘤细胞表面 FasR 的高表达能与瘤灶内浸润的 CTL 上的 Fas 结合而引起 CTL 的凋亡。总的结果是使肿瘤细胞逃脱了免疫监视并能抗拒凋亡。也有的肿瘤细胞内细胞凋亡的抑制物如 B 细胞淋巴瘤/白血病-2（B-cell lymphoma/leukemia-2，bcl-2）表达增加，使本该进入凋亡的细胞得以生存。所有这些因素均有利于肿瘤细胞的生存和增殖。

**4. 细胞分化调控机制异常** 正常情况下，遗传基因有序地表达，能调控细胞在时空上正常地分化、成熟。而恶性肿瘤细胞是分化异常细胞，在形态和机能上与正常组织细胞存在很大差异。其发生机理同以下几方面有关：①基因表达在时空上出现失调，结果造成特异性基因的表达受到抑制甚至不表达，特定蛋白就不能合成；或胚胎性基因重新表达，如生成类似甲胎蛋白（α-fetoprotein，AFP）这样的异常蛋白。②癌基因和抑癌基因的表达失调。癌基因和抑癌基因都是细胞正常的基因，其表达产物是调节细胞增殖和分化的相互拮抗的力量。当癌基因发生突变、异常激活表达，或抑癌基因发生缺失、失活时，可干扰细胞分化、增殖的各环节，导致细胞过度增殖和恶变。如发生点突变的 c-ras 基因表达产物（Ras 蛋白）与正常者略有不同，可从多个途径介入和干扰细胞内信号的传递，引起细胞增殖和分化的失控。③细胞的增殖和分化发生失衡。正常时，细胞周期产生的大量子代细胞在微环境中相应活性物质的影响下发生分化，与之相适应的是增殖过程逐渐减慢乃至停止；但细胞恶变时细胞的增殖和分化之间出现失衡，增殖失控、分化不能正常进行而发生肿瘤。

**5. 恶性肿瘤细胞具有转移性** 恶性肿瘤细胞的转移，是涉及瘤细胞间、瘤细胞与间质间一系列作用的复杂过程，参与此过程的包括细胞黏附分子、基质分解酶、血管生成因子、生长因子等。这些成分或其受体表达上调能提高肿瘤细胞的侵袭能力和转移能力。而细胞黏附分子、黏附分子受体的表达，基质分解酶、血管内皮生长因子、内皮抑素等的产生等，均与肿瘤细胞信号转导异常、细胞分裂增殖异常有密切联系。

（马学恩）

# 第十四章 肿 瘤

**内容提要** 致瘤因素作用于具有易感性的个体后,通过改变细胞的遗传物质而引起细胞转化甚至恶变,从而发生肿瘤。肿瘤是由瘤细胞和间质所组成的,瘤细胞的异型性和肿瘤生长、转移等生物学特性,是判断良性肿瘤和恶性肿瘤的重要依据。上皮组织、间叶组织、神经组织、其他组织的肿瘤,均可分为良性、恶性两大类。有些动物的病毒性传染病也以形成肿瘤为主要病理特征。肿瘤的发病机理是一个复杂的生物学过程,细胞癌基因、抑癌基因、细胞凋亡异常等在其中有一定作用。

## 第一节 肿瘤概述

肿瘤是在体内外致瘤因素的作用下,机体的细胞异常分裂、增殖、分化而形成的新生物,这种新生物常形成局部肿块,因而称为肿瘤(tumor)。但也有少数肿瘤性疾病并不形成局部的肿块(如某些白血病)。肿瘤形成是细胞生长与增殖在基因水平上调控紊乱的结果。

### 一、肿瘤的形态

**1. 肿瘤的外形** 肿瘤的外形是复杂多样的,与其发生部位、组织来源、生长方式和肿瘤的性质密切相连,可呈息肉状、乳头状、结节状、分叶状、囊状、浸润性包块状、弥散性肥厚状、

息肉状
(外生性生长)

乳头状
(外生性生长)

结节状
(膨胀性生长)

分叶状
(膨胀性生长)

囊状
(膨胀性生长)

浸润性包块状
(浸润性生长)

弥漫性肥厚状
(外生伴浸润性生长)

溃疡状伴浸润性生长

图 14-1 肿瘤的外形和生长方式

溃疡状等。在实质器官内的恶性肿瘤，多呈树根状或蟹足样向四周伸展（图 14-1）。

**2. 肿瘤的大小和数目**　肿瘤大小相差悬殊，主要取决于肿瘤的性质、生长时间和发生部位。一般良性肿瘤生长缓慢，生存时间较长，如果生长于体表或较大的体腔内，可达数千克或数十千克不等；而恶性肿瘤，由于其生长迅速并对机体有明显的破坏作用，常可导致动物死亡，故巨大的恶性肿瘤较为少见。此外，生长在紧密狭小腔道内（如脊椎管内或脑室内）的肿瘤，因其生长受限，故体积也较小。

如果机体只有一个肿瘤，称为单发肿瘤；如果机体先后或同时发生多个肿瘤，称为多发肿瘤。

**3. 肿瘤的颜色**　主要取决于瘤组织内含血量的多少、色素的有无和肿瘤的性质。例如，血管瘤因含血量多而呈暗红色或紫红色；脂肪瘤含较多的脂色素而呈黄色或黄白色；黑色素瘤因含有较多的黑色素而呈灰褐色或黑色。

**4. 肿瘤的硬度**　取决于肿瘤组织的种类和实质与间质的比例。骨瘤最硬，软骨瘤次之，纤维瘤较硬，脂肪瘤和黏液瘤较柔软。如果肿瘤的间质多于实质，则较硬；反之，实质多于间质，则较软。此外，瘤组织如果发生了坏死或液化，肿瘤也变软。

## 二、肿瘤的结构和异型性

肿瘤是由实质和间质两部分组成的。

### （一）肿瘤的实质

肿瘤的实质是肿瘤细胞的总称，是肿瘤的主要成分。肿瘤细胞是由正常细胞发生质变而来的。肿瘤无论在细胞形态或组织结构上，都与发源的正常组织有不同程度的差异，这种差异称为异型性（atypia）。肿瘤组织异型性的大小反映了肿瘤组织的成熟程度和恶性程度。

**1. 肿瘤细胞的异型性**　肿瘤细胞的异型性常代表着肿瘤的恶性程度，异型性越大，成熟度越低，恶性程度越高，对机体的危害也就越大。良性肿瘤的异型性小，一般与其来源的正常细胞相似。恶性肿瘤细胞常具有高度的异型性，主要有以下特点。

（1）瘤细胞形态及大小不一致：恶性肿瘤细胞一般比正常细胞大，有时出现瘤巨细胞。少数分化很差的肿瘤，其瘤细胞较正常细胞小，圆形，大小可能比较一致。

（2）瘤细胞核的大小、形状及染色不一致：瘤细胞核的体积增大，胞核与细胞质的比例较正常增大（正常为 1：（4～6），恶性肿瘤细胞接近 1：1），核的大小、形状不一，可出现巨核、双核、多核或奇异形的核，由于核内 DNA 增多而染色变深，染色质呈块粒状，分布不均匀，常堆积在核膜下，使核膜增厚。核仁肥大，数目也常增多，可达 3～5 个。

（3）核分裂象多见：瘤细胞常出现异常的核分裂象，特别是出现不对称性、多极性等病理性核分裂象（图 14-2），这种核异常改变多与染色体呈多倍体或非整倍体有关，对于恶性肿瘤的诊断有重要的意义。

（4）细胞质的改变：由于胞质内核糖体增多，胞质多呈碱性。由于瘤细胞产生的异常分泌物或代谢产物（如黏液、糖原、脂质、角质和色素），可使胞质具有不同的结构特点。

（5）肿瘤细胞超微结构的改变：胞质内的细胞器减少、发育不良或形态异常；胞质内可见游离的核糖体；溶酶体在侵袭性强的瘤细胞中常增多，它可释放出大量的水解酶，有利于瘤细胞浸润；细胞间连接常减少，可引起细胞间黏着松散和浸润性生长；无绒毛的瘤细胞也可长出一些不规则的微绒毛，有利于营养物质的吸收等。

**2. 肿瘤组织结构的异型性**　良性肿瘤组织结构的异型性不明显，一般与其发源组织相似。恶性肿瘤的组织结构异型性明显，常见瘤细胞排列紊乱，失去正常的排列层次或结构。如纤维

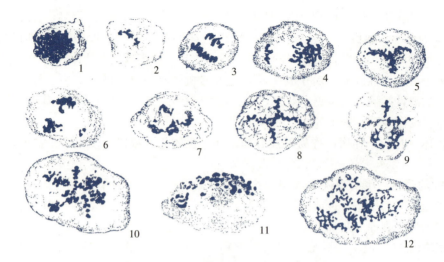

图 14-2 恶性肿瘤细胞病理性核分裂象
1. 染色体过多型核分裂  2. 染色体过少型核分裂  3~4. 不对称型核分裂
5~6. 三极型核分裂  7~8. 四极型核分裂  9. 五极型核分裂
10. 六极型核分裂  11. 流产型核分裂  12. 巨大型核分裂

肉瘤中，瘤细胞较多，胶原纤维较少，胶原纤维和瘤细胞的排列紊乱；腺癌中腺体的大小和形状不规则，排列杂乱，腺上皮细胞排列紧密、重叠或多层，形成乳头状增生。

### (二) 肿瘤的间质

肿瘤的间质主要由血管、淋巴管、神经纤维和结缔组织构成，起支持和营养瘤细胞的作用。肿瘤间质的结缔组织一部分是原有的，另一部分是肿瘤生长时新生成的。间质的血管多是在肿瘤形成中新生的。在间质内往往有或多或少的淋巴细胞浸润，这是机体对肿瘤组织的免疫反应。肿瘤间质中有时可见神经纤维，多为原有组织神经的残存部分。

肿瘤的实质与间质之间有着密切的关系。瘤细胞的营养和生长依赖于间质的血液供应和结缔组织的支持。一般生长迅速的肿瘤，特别是肉瘤，其间质血管丰富，血管壁薄且腔隙大，而纤维结缔组织较少，瘤组织容易发生出血，有时因肿瘤生长迅速，中央部分可因缺乏营养而发生坏死。生长缓慢的肿瘤，其间质的纤维结缔组织较多，血管则较稀少。

## 三、肿瘤组织的代谢

肿瘤组织比正常组织代谢旺盛，尤以恶性肿瘤更为明显。

**1. 核酸代谢**　肿瘤细胞合成 DNA 和 RNA 的聚合酶活性较正常细胞高，DNA 和 RNA 的含量在恶性肿瘤细胞明显增多，而核酸分解过程明显降低。DNA 与细胞的分裂、增殖有关，RNA 与细胞的蛋白质合成及生长有关。因此，核酸增多是肿瘤迅速生长的物质基础。

**2. 蛋白质代谢**　肿瘤细胞的蛋白质合成及分解代谢都增强，但合成代谢大于分解代谢，甚至可夺取正常组织的营养成分，合成肿瘤本身所需要的蛋白质，从而使机体处于严重消耗的恶病质状态。肿瘤的分解代谢表现为蛋白质分解为氨基酸的过程增强，而氨基酸的分解代谢减弱，利于氨基酸重新合成蛋白质，这可能与肿瘤生长旺盛有关。肿瘤组织还可以合成肿瘤蛋白，作为肿瘤特异抗原或肿瘤相关抗原，引起机体的免疫反应。有的肿瘤蛋白与胚胎组织有共同的抗原性，称为肿瘤胚胎性抗原。检测这类抗原有助于肿瘤诊断。

**3. 酶系统**　肿瘤细胞酶活性的改变很复杂。一般恶性肿瘤组织内氧化酶（如细胞色素氧化酶及琥珀酸脱氢酶）减少和蛋白分解酶增加，其他酶的改变在各种肿瘤间很少是共同的，与正常组织比较只是含量的改变或活性的改变，并非是质的改变。

**4. 糖代谢**　正常组织在有氧时通过糖的有氧分解获取能量，只有在缺氧时才进行无氧糖酵解。但肿瘤组织即使在供氧充分时也主要是以无氧糖酵解方式获取能量。这可能与瘤细胞线粒体的功能障碍，以及与糖酵解3个关键酶（己糖激酶、磷酸果糖激酶和丙酮酸激酶）活性增加有关。糖酵解的许多中间产物被瘤细胞利用合成蛋白质、核酸及脂类。

**5. 水和无机盐的代谢**　肿瘤中以肉瘤组织含水分和钾元素较多。肿瘤生长越快，钾的含量越高（周围健康组织钾的含量却减少）。钾的增多能促进蛋白质的合成。与此相反，肿瘤组织中除了坏死部分，钙的含量却减少，可使肿瘤细胞之间的聚集能力减弱，易于分离和移动，显然有利于肿瘤的浸润性生长和转移。

## 四、肿瘤的生长和转移

### （一）肿瘤的生长速度

不同肿瘤的生长速度有很大差异。一般成熟度高、分化好的良性肿瘤生长较缓慢，如果其生长速度突然加快，需考虑发生恶性转变的可能；而成熟度低、分化差的恶性肿瘤生长较快，短期内即可形成明显的肿块，并且由于血管形成滞后及营养供应相对不足，中央部分易发生坏死、出血等病变。

### （二）肿瘤的生长方式

**1. 膨胀性生长**　是大多数良性肿瘤的生长方式。肿瘤往往呈结节状向周围组织挤压，分界清楚，周围常有完整的包膜，容易手术摘除，术后不易复发。

**2. 外生性生长**　发生在体表、体腔表面或管道器官（如消化道、泌尿生殖道等）表面的肿瘤，常向表面生长，形成突起的乳头状、息肉状、蕈状或花椰菜状的肿物，称为外生性生长。良性肿瘤和恶性肿瘤都可呈外生性生长。但恶性肿瘤在外生性生长的同时，其基底部往往呈浸润性生长，又由于其生长迅速，血液供应不足，容易发生坏死脱落而形成底部高低不平、边缘隆起的癌性溃疡。

**3. 浸润性生长**　是大多数恶性肿瘤的生长方式。瘤细胞分裂增生，侵入周围组织间隙、淋巴管或血管内，如树根之长入泥土，浸润并破坏周围组织。此类肿瘤没有包膜，与正常组织无明显界限。手术不易根除，术后容易复发。

### （三）肿瘤的转移

**1. 直接蔓延**　恶性肿瘤细胞连续不断地沿着组织间隙侵入、破坏邻近正常器官或组织，并继续生长，称为直接蔓延。例如牛皮肤的鳞状上皮癌可经直接蔓延引发皮下、肌肉甚至骨骼的病变。

**2. 转移**　恶性肿瘤细胞从其原发部位侵入淋巴管、血管或体腔，被带到他处而继续生长，形成与原发瘤同样类型的肿瘤，此过程称为转移（metastasis）。转移后所形成的肿瘤称为转移瘤或继发瘤，也称"子瘤"。良性肿瘤不转移。瘤细胞的转移途径有以下几种。

（1）淋巴道转移：瘤细胞先侵入淋巴管，随淋巴流首先到达局部淋巴结，例如肺癌转移到肺门淋巴结。瘤细胞到达局部淋巴结后，先聚集于边缘窦，然后生长繁殖而累及整个淋巴结（图14-3），使淋巴结肿大，质地变硬，切面常呈灰白色。局部淋巴结发生转移后，可继续转移至其他淋巴结，最后可经胸导管进入血流再继发血道转移。

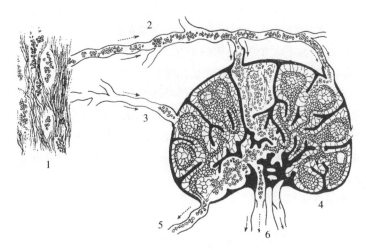

图 14-3 恶性肿瘤经淋巴道转移模式图
1. 原发性瘤灶 2. 瘤细胞进入输入淋巴管 3. 淋巴管瘤栓
4. 淋巴结 5. 逆行性淋巴管转移 6. 经输出淋巴管转移至下一个淋巴结
或血流（点线箭头示瘤细胞蔓延的方向；实线箭头示淋巴流动方向）

（2）血道转移：瘤细胞侵入血管后，可随血流到达远处器官继续生长，形成转移瘤。瘤细胞多经微血管和小静脉入血，少数也可经过淋巴管入血。瘤细胞血道转移的运行途径与血栓栓塞过程相同，即侵入体循环静脉的瘤细胞经右心到肺形成转移瘤；侵入门静脉系统的瘤细胞形成肝内转移；侵入肺静脉的瘤细胞可经左心随主动脉血流到达全身各器官形成转移瘤。血道转移最常累及的是肺，其次是肝。

（3）种植性转移：内脏器官的恶性肿瘤侵犯其浆膜后，瘤细胞可脱落并像植物种子一样，种植在其他部位的浆膜表面，形成新的转移瘤，此种转移方式称为种植性转移。种植性转移常见于体腔器官的癌瘤。如胃癌破坏胃壁侵及浆膜后，可种植到大网膜、腹膜、腹腔内器官表面甚至卵巢等处形成转移瘤。

## 五、肿瘤和机体的关系

### （一）肿瘤对机体的影响

**1. 良性肿瘤对机体的影响** 良性肿瘤分化较成熟，生长缓慢，不浸润，不转移，故对机体的影响相对较小，主要表现为局部压迫和阻塞，一般不明显破坏器官的结构和功能。其影响的大小与其发生部位和继发变化有关。如颅腔、脊髓腔内的良性肿瘤（脑膜瘤、星形胶质细胞瘤等）可引发严重的神经症状；膀胱的乳头状瘤可发生溃疡而引起出血和感染。

**2. 恶性肿瘤对机体的影响** 恶性肿瘤除了局部影响包括压迫和阻塞、破坏正常器官的结构和功能以及出血和感染等外，对全身的影响更加严重。例如，内分泌器官的恶性肿瘤，因分泌过多的激素而对全身产生有害作用；肿瘤的坏死分解物或继发感染所产生的有毒物质可引起发热；大多数恶性肿瘤的晚期，动物出现严重的消瘦、贫血和衰竭状态，称为恶病质，恶病质是机体多系统功能衰竭的综合表现。

### （二）机体对肿瘤的影响

肿瘤作为一种有别于正常组织的新生物，受到机体一系列特异性和非特异性抗肿瘤反应的影响。

**1. 免疫反应** 目前认为绝大多数的肿瘤细胞均可产生特异性抗原或肿瘤相关抗原,刺激机体产生细胞免疫或体液免疫反应,抑制肿瘤生长、杀灭肿瘤细胞。例如,在胃癌灶内若有大量淋巴细胞浸润,预后往往较好,淋巴细胞的增生和浸润是细胞免疫的形态学表现。

**2. 激素的作用** 有实验表明,内分泌激素能影响某些肿瘤的生长,例如,卵巢激素能促进动物乳腺及生殖器官肿瘤的发生和生长,而睾丸激素则能抑制其生长。

**3. 其他** 动物的年龄、性别、品种品系、免疫状态、营养状况、饲养管理好坏,也影响肿瘤的发生、发展。如减少饲料中的热量,肿瘤的生长速度就变缓;饲料中缺少赖氨酸、精氨酸和组氨酸时,可使实验动物的移植性肿瘤的生长受到限制。相反,饲料中糖类、胆固醇和钾的含量丰富时,肿瘤生长速度加快。

## 六、良性肿瘤与恶性肿瘤的鉴别

区别良性肿瘤与恶性肿瘤,对于正确诊断和治疗具有重要的实际意义(表 14-1)。

**表 14-1 良性肿瘤与恶性肿瘤的鉴别**

| 鉴别要点 | 良 性 | 恶 性 |
| --- | --- | --- |
| 生长速度 | 缓慢 | 迅速 |
| 核分裂象 | 少或无 | 较多 |
| 核染色质 | 较少,呈颗粒状 | 较多,呈块粒状 |
| 细胞分化程度 | 较好 | 分化不良 |
| 生长方式 | 膨胀性生长 | 浸润性生长 |
| 包膜形成 | 常有包膜 | 无包膜 |
| 转移 | 无 | 常发生 |
| 对机体的影响 | 常不显著 | 显著 |
| 术后复发 | 不复发 | 常常复发 |

## 七、肿瘤的命名和分类

### (一)肿瘤的命名

**1. 良性肿瘤的命名** 良性肿瘤通常是在其原发组织名称之后加上"瘤"字(-oma)。例如,来源于纤维组织的良性肿瘤称为纤维瘤(fibroma),来源于脂肪组织的良性肿瘤称为脂肪瘤(lipoma)。良性肿瘤也可根据其形态命名,例如生长在皮肤、黏膜上形似乳头的良性肿瘤称为乳头状瘤(papilloma)。有时还可加上其发生部位的名称。例如发生在皮肤的乳头状瘤称为皮肤乳头状瘤等。

**2. 恶性肿瘤的命名**

(1) 癌(carcinoma):由上皮组织发生的恶性肿瘤,统称为癌。其命名方法是在发生组织的名称之后加上"癌"字。例如,来源于鳞状上皮的恶性肿瘤称为鳞状上皮癌,来源于腺上皮的恶性肿瘤称为腺癌等。

(2) 肉瘤(sarcoma):由间叶组织(包括结缔组织、脂肪、肌肉、脉管、骨、软骨和淋巴造血组织等)发生的恶性肿瘤统称为肉瘤。其命名方法是在来源组织之后加上"肉瘤"二字。例如,由纤维组织发生的恶性肿瘤称为纤维肉瘤等。

(3)"成××细胞瘤"或"××母细胞瘤"(blastoma):来自未成熟的胚胎组织或神经组织的一些恶性肿瘤,常用这种方法命名。如成肾细胞瘤(肾母细胞瘤)、成髓细胞瘤(髓母细胞瘤)、成神经细胞瘤(神经母细胞瘤)等。

(4)结合形态特点:如形成乳头状及囊状结构的腺癌,称为乳头状囊腺癌;如果一个癌瘤中既有癌又有肉瘤的结构,则称之为癌肉瘤。

(5)其他:有些恶性肿瘤成分复杂或组织来源尚有争论,则在肿瘤的名称前面加上"恶性"二字,如恶性畸胎瘤等;有些恶性肿瘤以发现者命名,如马立克病和劳斯肉瘤等。

### (二)肿瘤的分类

肿瘤通常以其组织发生作为分类依据,每种组织又分为良性与恶性两种(表14-2)。

表14-2 肿瘤的分类

| 组织来源 | 良性肿瘤 | 恶性肿瘤 |
| --- | --- | --- |
| 上皮组织 | | |
| 　被覆上皮 | 乳头状瘤 | 鳞状细胞癌、基底细胞癌 |
| 　变移上皮 | 乳头状瘤 | 变移上皮癌 |
| 　腺上皮 | 腺瘤 | 腺癌 |
| 间叶组织 | | |
| 　支持组织 | | |
| 　　结缔组织 | 纤维瘤 | 纤维肉瘤 |
| 　　脂肪组织 | 脂肪瘤 | 脂肪肉瘤 |
| 　　黏液组织 | 黏液瘤 | 黏液肉瘤 |
| 　　软骨组织 | 软骨瘤 | 软骨肉瘤 |
| 　　骨组织 | 骨瘤 | 骨肉瘤 |
| 　造血组织 | | |
| 　　淋巴组织 | | 淋巴(肉)瘤 |
| 　　骨髓组织 | | 白血病、骨髓瘤 |
| 　脉管组织 | | |
| 　　血管 | 血管瘤 | 血管肉瘤 |
| 　　淋巴管 | 淋巴管瘤 | 淋巴管肉瘤 |
| 　肌组织 | | |
| 　　平滑肌 | 平滑肌瘤 | 平滑肌肉瘤 |
| 　　横纹肌 | 横纹肌瘤 | 横纹肌肉瘤 |
| 　间皮组织 | 间皮瘤 | 间皮肉瘤 |
| 　滑膜组织 | 滑膜瘤 | 滑膜肉瘤 |

(续)

| 组织来源 | 良性肿瘤 | 恶性肿瘤 |
| --- | --- | --- |
| 神经组织 | | |
| 　室管膜上皮 | 室管膜瘤 | 室管膜母细胞瘤 |
| 　交感神经节 | 节细胞神经瘤 | 成神经细胞瘤 |
| 　胶质细胞 | 神经胶质瘤 | 多形性胶质母细胞瘤（恶性胶质细胞瘤） |
| 　神经鞘细胞 | 神经鞘瘤 | 恶性神经鞘瘤 |
| 　神经鞘膜组织 | 神经纤维瘤 | 神经纤维肉瘤 |
| 其他组织 | | |
| 　生殖细胞 | | 精原细胞瘤、胚胎性癌 |
| 　三个胚叶组织 | 畸胎瘤 | 恶性畸胎瘤 |
| 　成黑色素细胞 | 黑色素瘤 | 恶性黑色素瘤 |
| 　多种成分 | 混合瘤 | 恶性混合瘤、癌肉瘤 |

## 第二节　肿瘤的病因及发病机理

### 一、肿瘤发生的外在因素

#### （一）物理性因素

**1. 放射线**　α射线、β射线、γ射线、中子射线、X射线等，均有致癌作用。放射线的致癌作用与其剂量、作用时间、动物的年龄及受到照射的方式有关，引起的癌瘤有白血病、皮肤癌、骨肉瘤及淋巴系统的恶性肿瘤、甲状腺肿瘤等，其中主要是白血病。放射线致癌的机理可能是射线引起了细胞核内DNA链的损伤，在修复过程中，DNA链发生畸变，使子代细胞发生改变而成为瘤细胞。

**2. 紫外线**　长期被紫外线照射可引起皮肤癌。其致癌机理可能是光化学作用使细胞核内DNA发生突变所致。

**3. 某些纤维**　有些动物和人长期与某些纤维如石棉、玻璃丝等接触，可以诱发肺或胸膜的恶性肿瘤。

**4. 慢性机械性刺激和创伤**　一些慢性机械性刺激和创伤可导致组织的慢性炎症和非典型增生，在有致癌因素作用的条件下可诱发细胞恶变。

#### （二）化学性因素

目前已知有致癌作用的化合物有1 000种以上，按其化学结构可分为以下若干种。

**1. 亚硝胺类**　在变质和加工不当的蔬菜及饲料中含量较高，能引起消化系统、肾等发生肿瘤。

**2. 芳香胺类**　广泛应用于橡胶、制药、染料、塑料等行业，可诱发泌尿系统肿瘤。

**3. 多环芳香烃类**　存在于汽车尾气、煤烟中，可引起肺癌。

**4. 烷化剂类**　如环磷酰胺等化疗药物，可引起白血病、肺癌、乳腺癌等。

**5. 氨基偶氮类**　主要存在于纺织品中，可诱发肝癌。

**6. 氯乙烯**　目前应用最广的一种塑料聚氯乙烯，可诱发肺、皮肤及骨等处的肿瘤。

**7. 重金属** 如铬、镍、砷等均可致癌。

以上各种化学物质，有的是其本身直接有致癌作用；有的则是通过机体的代谢后再变为致癌物质最终引起细胞转化。

### （三）生物性因素

**1. 病毒** 多种动物的病毒感染与肿瘤的发生有密切关系。如甲型反转录病毒引起的禽白血病、乙型反转录病毒引起绵羊肺腺瘤病、丙型反转录病毒引起禽网状内皮组织增生病、疱疹病毒引起马立克病，皮肤乳头状瘤病毒可引起犬等多种动物的皮肤乳头状瘤。其致瘤机理可能是病毒的 DNA（RNA 病毒则先形成前病毒 DNA）嵌入到机体正常细胞的 DNA 中，致使正常细胞发生畸变而导致肿瘤。

**2. 霉菌毒素** 霉菌及其代谢产物可污染各种食物和饲料，对人和动物危害很大。某些霉菌所产生的毒素可引起动物发生肿瘤。例如，黄曲霉毒素是黄曲霉菌、寄生曲霉菌所产生的毒素，可诱发肝癌及肾、肺、胃、皮下组织的肿瘤。

**3. 寄生虫** 分体吸虫与大肠癌、华支睾吸虫与肝胆管癌的发生有一定的关系。可能是虫体毒素的化学作用和机械性刺激共同作用的结果。

在上述各种致瘤因素作用下，体细胞基因组中 DNA 的碱基顺序、碱基数量或碱基内容发生改变，或外来基因（如肿瘤病毒的致癌基因）插入细胞基因组，使基因发生突变，而引起细胞恶性繁殖，最终导致肿瘤。

## 二、肿瘤发生的内在因素

动物的种类、年龄、遗传特性、免疫反应性等是影响肿瘤发生的内在因素。

**1. 遗传因素** 绝大多数肿瘤都不是直接遗传的，所能遗传的只是机体对致瘤因素的反应特性，即不同程度的易感性和抗拒性。如牛的白血病有家族遗传倾向；有人检查 13 000 只母鸡后发现，有条纹的芦花鸡比白色芦花鸡、来航鸡患白血病严重。但英国 1974 年报道大白猪中有一种淋巴肉瘤，通过血缘关系分析证明这种肿瘤是可以遗传的。据此，动物育种工作者已进行"抗肿瘤（癌）品种"的研究，目前已培育出许多"高癌系"或"低癌系"实验动物供研究用；国外已有若干抗白血病的动物品系问世。

**2. 年龄** 任何年龄的动物都能发生肿瘤，但大多数恶性肿瘤发生于老龄动物。这可能与老龄动物接触致癌因子时间较长及免疫反应机能减退有关。如 4 岁以上老鸭原发性肝癌发病率高，鸡食管癌、卵巢癌多见于 2 岁以上的鸡，猪患鼻咽癌、鼻旁窦癌时发病年龄也较大。

**3. 性别与激素** 性别对肿瘤发病率有明显影响。如母鸡患白血病比公鸡显著多，有统计显示母鸡患病达 30%，公鸡仅 9.1%。激素的缺乏、过量也可能引发肿瘤。激素诱发肿瘤需时较长，还要求一定的遗传背景及环境因素。实验证明乳腺癌与卵巢分泌的雌激素有关，如从幼年开始便给低癌族的小鼠雌激素，雌鼠乳腺癌的发生率则升高；如幼年时切除卵巢，则雌鼠不发生乳腺癌。

**4. 免疫性** 机体的免疫系统对携带异常基因的细胞具有免疫监视作用（immunologic surveillance），并对其进行清除，以保证机体细胞的正常结构与功能。但当机体因过度衰竭、营养不良、神经系统功能紊乱和各种生物因子感染而损伤免疫功能时，免疫监视作用减弱，一旦遭遇致瘤物质的刺激，则可引发肿瘤。肿瘤发生后，机体的免疫系统虽有一定的免疫排斥反应，但往往并不彻底，这种情况与下列因素有关。

（1）免疫耐受现象：大多数肿瘤抗原属于弱抗原，随着肿瘤的生长，这些弱抗原不断释放并刺激机体的免疫系统，可造成机体对该抗原的免疫耐受。

(2) 肿瘤封闭因子：肿瘤生长时，在患瘤动物的血液中出现一种因子，它可阻滞或封闭致敏 T 淋巴细胞对瘤细胞的杀伤作用。该物质可能是一种抗体或抗原抗体复合物。

(3) 免疫抑制现象：肿瘤分泌一些活性物质，能非特异性地抑制免疫反应，有利于肿瘤的生长。

(4) 肿瘤细胞表面性状的改变：肿瘤细胞的表面被覆大量的唾液酸，掩蔽了瘤细胞表面抗原决定簇，从而不能被淋巴细胞所识别，使肿瘤得以生长。

## 三、肿瘤的发病机理

肿瘤的发病机理十分复杂，涉及增生过度、凋亡不足、细胞信号转导障碍等多方面的因素。随着现代分子生物学的进展，学者们又陆续发现了癌基因和原癌基因、肿瘤抑制基因等在肿瘤发病机理中起重要作用。

肿瘤在本质上是基因病，概括来说，其发生机理是：各种致瘤因素以协同或单一的方式引起 DNA 损害后激活原癌基因和/或灭活肿瘤抑制基因，伴随着凋亡调节基因和/或 DNA 修复基因的改变，从而引起基因表达水平的异常，正常细胞变异为肿瘤细胞（转化）。被转化的细胞呈克隆性的增生。此时由于肿瘤细胞膜上有肿瘤特异性抗原而区别于周围细胞，所以周围细胞对它失去接触抑制，以至肿瘤细胞能无限制地增生，并逃避了宿主对它的排斥、制约的防御力，使肿瘤病灶得以形成。如果经过一个漫长的多阶段的演进过程后，其中的一些克隆相对无限制的扩增，通过附加突变，选择性地形成具有不同特点的亚克隆（异质化），从而获得浸润和转移的能力，即形成恶性肿瘤。

### （一）癌基因

**1. 癌基因、原癌基因及其产物** 癌基因（oncogene）是能导致细胞恶性转化的核酸片段，包括病毒癌基因和细胞癌基因。病毒癌基因首先是在 RNA 逆转录病毒中发现的，后来证实 DNA 病毒也存在癌基因。而在正常细胞的 DNA 中发现的与病毒癌基因几乎完全相同的 DNA 序列，被称为细胞癌基因，如 $ras$ 和 $myc$ 等。由于细胞癌基因在正常细胞中以非激活的形式存在，故又称为原癌基因（proto-oncogene）。

原癌基因编码的蛋白质大都是对正常细胞生长十分重要的细胞生长因子和生长因子受体，如血小板生长因子（PGF）、纤维母细胞生长因子（FGF）、表皮细胞生长因子（EGF）、重要的信号转导蛋白质（如酪氨酸激酶）、核调节蛋白质（如转录激活蛋白）和细胞周期调节蛋白（如周期素、周期素依赖激酶）等，其主要机能是控制细胞的生长、发育和分化等生理作用。原癌基因是正常细胞基因组中不可缺少的组成部分，与恶性肿瘤无必然的联系。一旦原癌基因发生突变或被多种因素异常激活，再通过一系列的调控过程，才使正常细胞逐步转化成为肿瘤细胞。

**2. 原癌基因的激活** 原癌基因的激活有两种方式：①发生结构改变（突变），产生具有异常功能的蛋白。②基因表达调节的改变（过度表达），产生过量的结构正常的生长促进蛋白，可导致细胞生长刺激信号的过度或持续出现，使细胞发生转化。

原癌基因 DNA 结构突变的方式包括点突变、插入突变、染色体易位、基因扩增等。点突变和插入突变改变了 DNA 的序列，可改变功能蛋白的关键机能，使细胞生长异常。染色体易位可使原癌基因从静止状态变成激活状态而引发细胞转化。基因扩增导致功能蛋白量剧增从而使正常细胞机能紊乱。

突变的癌基因所编码的蛋白质（也称癌蛋白）与原癌基因的正常产物在结构上有所不同，并失去对细胞的正常生长调节作用。可通过生长因子增加、生长因子受体增加、产生突变的信号转导蛋白、产生与 DNA 结合的转录因子等方式，调节细胞的代谢、促使细胞逐步转化而成为肿瘤细胞。

### （二）肿瘤抑制基因

肿瘤抑制基因是一类可抑制细胞生长并能潜在抑制癌变作用的基因，也称抑癌基因。其表达产物具有抑制细胞增殖、促进细胞分化等作用。抑癌基因功能丧失或其表达产物减少，可促进细胞向肿瘤细胞转化。抑癌基因的失活多是通过基因的突变或缺失等方式实现的。

常见的抑癌基因有 p53 基因（表达蛋白分子质量为 53 ku）、Rb 基因（retinoblastoma gene，成视网膜细胞瘤基因）、神经纤维瘤病-1 基因等。正常时 P53 蛋白可发挥细胞周期检查点的作用。有资料显示超过 50% 的肿瘤有 p53 基因的突变，尤其是结肠癌、肺癌、乳腺癌、胰腺癌中更为多见。p53 基因缺失或发生突变的细胞，引起 P53 蛋白合成减少或完全缺乏，此检查点功能失效，发生遗传物质损伤的细胞可能逃脱 P53 蛋白的监督作用而进入增殖周期，最终发展成为恶性肿瘤。

概而言之，肿瘤的发生可能是癌基因的激活与抑癌基因的失活共同作用的结果。

### （三）细胞凋亡和肿瘤

肿瘤的发生不仅与细胞的异常增殖、分化有关，也与细胞凋亡的异常有联系。肿瘤细胞的自发凋亡是机体抗肿瘤的一种保护机制。在肿瘤治疗过程中，多数放疗和化疗手段都是通过诱导肿瘤细胞凋亡而实现的。

很多调节基因（包括多种癌基因与抑癌基因）参与细胞凋亡的诱导与抑制，其表达产物在肿瘤发生上起重要作用，如 bcl-2 蛋白可以抑制凋亡，bax 蛋白可以促进凋亡。正常机体可通过凋亡机制，清除掉基因突变、发生癌前病变的细胞，当这些细胞不能通过凋亡机制予以清除时，便可能发生肿瘤。

### （四）端粒和肿瘤

端粒（telomere）是存在于细胞染色体末端的一小段 DNA-蛋白质复合体，端粒酶（telomerase）是一种能延长端粒末端的核糖蛋白酶。实验证明，端粒随着细胞的复制而缩短，如果没有端粒酶的修复，体细胞只能复制 50 次左右。然而，肿瘤细胞中端粒存在某种不会缩短的机制，几乎能够无限制进行复制。还有实验表明，绝大多数的恶性肿瘤细胞都有一定程度的端粒酶活性。肿瘤细胞内端粒和端粒酶的异常与肿瘤发生有一定联系。

迄今，在肿瘤发生机理上以下几点认识是比较肯定的：①肿瘤从遗传学角度来说是一种基因病。②环境和遗传致癌因素所致原癌基因的激活和抑癌基因的失活可导致细胞的恶性转化。③肿瘤的发生不只是单个基因突变的结果，而是多种基因突变积累的过程。④肿瘤的发生是一个长期的过程，是瘤细胞单克隆性扩增的结果，是免疫监视功能降低或丧失的结果。

尽管对肿瘤的病因与发病机理的研究有了很大程度的进展，但是肿瘤的发生、发展是非常复杂的，还有许多未知的领域等待人们去探索。

## 第三节　动物常见的肿瘤

### 一、良性肿瘤

#### （一）上皮组织的良性肿瘤

**1. 乳头状瘤**（papilloma）　　是由皮肤或黏膜的被覆上皮细胞转化来的良性肿瘤，根据病原可分为非传染性乳头状瘤和传染性乳头状瘤两种。非传染性者由非传染性因子所致，通常单发。传染性者由乳头状瘤病毒组一些 DNA 致瘤病毒所致，呈多发性。

多发部位：硬性乳头状瘤见于各种动物头部、乳房部的皮肤，唇、齿龈、舌、颊、咽及食管等部的黏膜，尤以反刍动物、马、犬、兔多发。软性乳头状瘤见于喉头、鼻咽、胃、肠、子宫和膀胱等处的黏膜。

剖检病变：瘤组织向皮肤或黏膜表面形成乳头状或花椰菜样突起，有时也呈绒毛状、树枝状或结节状。大小不等，由豌豆大至拳头大。乳头状瘤的基部粗细不一，有的狭小如蒂状。切面见上皮层肥厚呈手指状突出，其下层的结缔组织也随同上皮生长，并伸入上皮层的中央，构成其间质，上皮成分包被于间质的表面。有的由于上皮角化，所含间质较丰富，因此质地较硬，称为硬性乳头状瘤；有的结构疏松，含血管较多，质地软而易出血，称为软性乳头状瘤。

镜检病变：瘤组织是以间质增生形成的分支为基础，在表面被覆着上皮细胞，上皮的层次可能较正常增多，细胞变大，有时也可化生成异型状态，但瘤组织很少向深部呈浸润性生长（二维码 14-1）。由于乳头状瘤发生部位的不同，其肿瘤上皮组织也不同，可分为鳞状上皮乳头状瘤、变移上皮乳头状瘤和柱状上皮乳头状瘤。皮肤乳头状瘤表皮部，常缺乏毛发、腺体和色素。

二维码 14-1

**2. 腺瘤**（adenoma）　是由器官或组织内腺上皮发生的良性肿瘤。但易发生变化，所以单纯的腺瘤较少见。

多发部位：机体各部分的腺体均可发生腺瘤，但多见于胃、肠、子宫、乳腺、卵巢和甲状腺等部位，肺、肝和肾等脏器也可发生。

剖检病变：腺瘤一般生长缓慢，无转移性，多呈灰白色的结节状，生长在黏膜上的腺瘤，多呈息肉状或乳头状，故常称为息肉状腺瘤。腺瘤外周常具有包膜，因此与周围组织境界清晰。其切面常见有分割的小叶。

镜检病变：腺瘤的组织结构，与生长部位的腺组织非常相似（二维码 14-2）。随腺瘤发生的部位不同，瘤细胞呈圆柱状、立方形或多角形，其排列呈管状、腺泡状或者为失去管腔的实体。在腺体之间分布有不同数量的结缔组织和血管。腺上皮细胞与结缔组织之间以基膜为界。若瘤组织中以实质（腺泡）为主者，称为单纯性腺瘤；以间质为主者，称为纤维性腺瘤。若腺内积有分泌物，腺腔极度扩张而成囊状者，称为囊腺瘤。囊腔内的分泌物可为浆液、黏液或胶样物。腺瘤中瘤细胞常呈单层排列，若发生过度增生，一部分细胞层突入腺腔或囊腔内，形成折叠或分支的乳头状者，则称为乳头状囊腺瘤。

二维码 14-2

### （二）间叶组织的良性肿瘤

**1. 纤维瘤**（fibroma）　是发生于结缔组织的一种良性肿瘤。纤维瘤组织主要由结缔组织样瘤细胞和胶原纤维组成，细胞成分分布不均匀，瘤细胞大小不一，纤维束排列不规则并相互交织，纤维束粗细差别显著。

多发部位：体内凡有结缔组织的部位均可发生纤维瘤。硬性纤维瘤多见于肌膜、骨膜和腱；软性纤维瘤多见于皮下、黏膜下和浆膜下；息肉状软性纤维瘤多见于马和猫的鼻咽部。

剖检病变：肿瘤常呈圆形或分叶状，大小由豌豆粒大至人头大。瘤体与周围组织分界清楚，表面光滑，常有包膜。肿瘤的硬度随细胞成分与胶原纤维之间的比例不同而有差异。胶原纤维多、细胞成分较少者，硬度较大，称为硬性纤维瘤，其切面致密干燥，呈灰白色或黄白色，纤维走向不一并相互交织。胶原纤维少、细胞成分多者则较软，称为软性纤维瘤，其切面疏松，柔软如海绵样，因富有组织液和血管，故呈淡红色且较湿润。若软性纤维瘤发生在黏膜面，常有一细蒂与所在组织相连。

镜检病变：硬性纤维瘤的瘤细胞与正常的纤维细胞或成纤维细胞相似，呈梭形，胞核狭长或椭圆，但瘤细胞的大小不一；瘤组织内含多量粗细不等的致密纤维束，呈波浪状纵横交错，与正常纤维组织的结构有所不同（二维码14-3）。软性纤维瘤的细胞成分丰富，纤维较少，排列疏松，细胞间常充满组织液，而且血管也较多。软性纤维瘤生长较快，容易发生恶变，有时单从形态上与恶性程度较低的纤维肉瘤很难鉴别。此外，纤维瘤还可见到某些继发性改变，如玻璃样变、黏液样变、水肿、坏死等。

二维码14-3

**2. 脂肪瘤（lipoma）** 是发生于脂肪组织的良性肿瘤，由分化较成熟的脂肪瘤细胞所构成，可发生于机体多种组织，见于猪、马、牛、犬和羊等多种动物。

多发部位：体内凡有脂肪组织存在的部位均可发生脂肪瘤，尤以肠系膜、肠浆膜和大网膜多发。

剖检病变：脂肪瘤常为单发，也可几个同时存在。一般呈球形、半球形或乳头状，有完整的包膜，与周围组织界限明显，质地柔软，表面光滑，呈淡黄色或黄色，切面呈油脂样光泽，略透明。发生在肠系膜的脂肪瘤，常具有很长的根蒂，有时因根蒂部较窄，致使血液供应断绝而发生坏死，或肿瘤脱落在腹腔内。

二维码14-4

镜检病变：脂肪瘤的结构与正常脂肪组织基本相同，仅瘤细胞体积较大，并由不均匀的结缔组织将瘤细胞群分割成许多小叶（二维码14-4）。单从显微镜下观察，有时不能做出诊断，必须结合冰冻切片和特殊染色如苏丹Ⅲ染色，才能确定其肿瘤的性质。若瘤组织中结缔组织所占比例较多，则称为纤维脂肪瘤。

**3. 黏液瘤（myxoma）** 是间叶组织肿瘤的一个特殊类型。其结构类似原始间叶组织或脐带的黏液结缔组织。由于这些组织只在胚胎中广泛存在，因此被认为是从胚胎残留组织发生的，或者是一些纤维组织性肿瘤的黏液样变。

多发部位：脐部、肠系膜、肠浆膜及膀胱等处，由黏液组织构成，但较少见。多数是由皮下、肌肉、黏膜下等处的间叶组织肿瘤，特别是纤维瘤发生黏液样变性而成。如马和牛的鼻黏膜常见一种黏液性息肉等。

剖检病变：黏液瘤多单独发生，也有呈多发性的，常呈圆形、椭圆形或结节状，与周围组织分界明显，其大小由豌豆大至直径数十厘米以上。质地柔软，切面湿润、黏滑，呈半透明胶冻样，灰黄白或灰粉红色。

二维码14-5

镜检病变：黏液瘤细胞呈梭形、三角形或星芒状，排列疏松，细胞具有突起，互相连接构成网状，在网眼内有大量黏液样物质（二维码14-5）。

**4. 软骨瘤（chondroma）** 是发生于软骨组织，特别是透明软骨的一种良性肿瘤。当其发生恶变时，大多数形成软骨肉瘤，少数则形成骨肉瘤。

多发部位：马、犬和牛的长骨骨端、肋软骨、剑状软骨、喉头软骨、气管软骨和支气管软骨等处。

剖检病变：大小可由豌豆大至拳头大或更大，质地坚硬，大多呈球形或分叶状，灰白色，外周具有明显的包膜，并伸入肿瘤的实质内，将其分成小叶。切面微透明而略带蓝白色。若肿瘤体积大，则中心可发生软化、坏死，硬度减退。

镜检病变：软骨瘤的组织构造与正常软骨组织相似，不同之处在于软骨囊大小不一，其中所含的细胞数目不定，软骨细胞的大小、排列与分布较不规则，有明显的软骨囊，囊内可见大小、数量不等的软骨细胞（二维码14-6）；有时软骨基质极疏松且不均匀。瘤组织可见局部坏死、黏液样变、钙化、骨化或形成囊泡等继发性变化。

二维码14-6

**5. 骨瘤（osteoma）** 是来源于骨膜的一种良性肿瘤，较常见于马和牛。骨瘤多在动物幼龄期发生，随年龄增长而逐渐长大，但到成年后肿瘤体积一般不再增大。

多发部位：动物的颌骨、鼻窦、颜面骨及颅骨等。

剖检病变：骨瘤外缘平整，常呈扁圆形，附于正常骨的表面，有结缔组织血管层覆盖。发生于鼻窦者，其覆盖的结缔组织血管层常呈黏液样或水肿样。牛、马的骨瘤，质地坚硬，切面由致密骨与松质骨或海绵骨组成。

镜检病变：多数骨瘤的外周为骨膜和一层不规则断续的骨板，内部有多少不等、粗细和长短不一、排列紊乱的成熟板状骨小梁（二维码14-7）。小梁之间为疏松结缔组织，偶见黄髓或红髓。

**6. 血管瘤**（hemangioma） 实质上并非真性肿瘤，而是由于血管发育障碍所导致的肿瘤样病变，即所谓"错构瘤"。根据血管的形态和性状可分为毛细血管瘤和海绵状血管瘤两种。

多发部位：毛细血管瘤多发生于犬和马的背、胸和肢体等部位的皮肤或皮下；海绵状血管瘤常发生牛的肝和鸡的皮肤。

剖检病变：发生于皮肤或皮下的毛细血管瘤，常突出于皮肤的表面，或与皮肤一致，外观呈淡红色或紫红色，容易出血，稍加压迫，即可将其内部的血液驱散，切开后有大量血液流出。发生于肝的海绵状血管瘤，常见于肝的表面和深部实质内，形成许多芝麻大至樱桃大、呈暗红色或紫红色的不正形斑块，质地柔软，切开后斑块部因血液流失而凹陷，仅留下网状结构的血窦。

二维码14-7

镜检病变：毛细血管瘤是由大量的毛细血管错综交织而成，有时形成丝球；在切片上可见到各种切面的血管腔，其内含有血液；毛细血管的内皮细胞可以是单层，有的内皮细胞高度增生而变为数层；还有一些毛细血管保持未开放状态，只能见到一团团以同心圆性排列或成索状排列的内皮细胞。海绵状血管瘤内的血管，其大小极不一致，绝大多数构成不规则的窦状；窦壁由结缔组织构成，其内被覆内皮细胞，窦腔内含有血液（二维码14-8）；有时还见血栓形成，并可机化。

二维码14-8

**7. 平滑肌瘤**（leiomyoma） 是发生于平滑肌的一种良性肿瘤。最常见于犬，在牛、绵羊、猪、马、猫和其他动物也有报道。

多发部位：消化道和泌尿生殖道，以子宫平滑肌瘤最为多见。

剖检病变：发生在消化道的平滑肌瘤呈球形，单个生长，界限清楚，直径为几毫米至十余厘米或更大。生长在子宫和浆膜下的平滑肌瘤则体积较大。当肿瘤侵害阴道或阴户时通常有蒂，且常突出于阴户。肿瘤表面平滑，呈粉红色或白色，质地较硬。陈旧性肿瘤由于常伴发大量胶原纤维的玻璃样变，故质地更硬。如伴发水肿、黏液样变、出血、囊性变时，质地柔软。肿瘤的切面呈纵横交错的编织状或漩涡状。大多边界分明，但缺乏真正的纤维性包膜。

镜检病变：平滑肌瘤的瘤细胞较正常平滑肌细胞密集。瘤细胞核的两端钝圆，胞质较丰富，稍红染，细胞呈长梭形束状排列（二维码14-9）。瘤组织中含有许多壁厚的小血管，并向瘤细胞逐渐过渡。这些血管本身就是平滑肌瘤的起源，并直接构成肿瘤的组成部分。用van Gieson、Masson或Mallory磷钨酸苏木素染色，胞质中如有纵行肌丝，可作为平滑肌性肿瘤的诊断依据。

二维码14-9

## 二、恶性肿瘤

### （一）上皮组织的恶性肿瘤

**1. 鳞状上皮癌**（鳞癌）（squamous cell carcinoma） 是由皮肤和皮肤型黏膜所发生的一种恶性肿瘤。

多发部位：皮肤、口腔黏膜、舌、喉头、食管、子宫颈、尿道和膀胱等处。皮肤缺乏色素的部位，有多发的倾向。马多见于胃的食管部与贲门腺部交接处、蹄枕、眼睑、瞬膜以及外生殖器。牛多见于眼睑和瞬膜。

剖检病变：鳞癌发生的初期，患部轻度肥厚，或呈结节状、疣状、花椰菜状，其后期则多形成边缘高突、基底坚硬的溃疡，并常因溃疡面感染化脓而有不同程度的恶臭。切面呈灰白色，粗颗粒状，有出血及坏死。癌组织可向周围组织或深层组织浸润，其附近的淋巴结常发生肿大。

镜检病变：通常有两种不同的形态表现。

二维码 14-10

（1）角化鳞状上皮癌：由分化程度较高的鳞状上皮组成癌巢（cancer nest），呈条索状或团块状，浸润于皮下或黏膜下组织。癌巢与癌巢之间有大量的结缔组织及炎性细胞。癌巢外层为梭形或低立方形的基底细胞；内层为大而呈多角形的棘细胞，细胞境界清楚，核分裂象较少见；中心为扁平的鳞状上皮呈向心性排列，而且越向中心细胞越扁平，有的癌巢中心有角化现象（核消失而呈均质红染的透明物质），角化的上皮环绕形成轮层状小体，称为癌珠（cancer pearl）（二维码 14-10），有时还可见钙化现象。

（2）无角化鳞状上皮癌：由分化程度较低的鳞状上皮细胞组成。癌巢由形态不一致的长形或梭形细胞构成，无角化现象，细胞核染色深，失去极向性。细胞界限不明显，核分裂象多见。

**2. 鼻咽癌**（nasopharyngeal carcinoma） 曾是我国广东、广西、湖南、福建和江西等地的人群中常见的一种恶性肿瘤，这些地区猪的鼻咽癌发病率也相当高。鼻咽癌可发生于各种年龄的猪，以进口猪与本地猪杂交所生的后代较常见。本病在猪群中以散发形式出现，多年不断。患有鼻咽癌的猪，常同时伴有鼻旁窦癌（上颌窦癌、筛窦癌或蝶窦癌）、原发性肝癌或淋巴肉瘤等。

多发部位：猪鼻咽的侧壁和底壁。

剖检病变：猪鼻咽癌的病程多为慢性经过。病初仅见流浆液性鼻液；进而鼻液混有血液、黏稠；当瘤体较大，占据整个鼻咽腔并侵犯鼻道时，可出现呼吸困难，鼻腔分泌物增多，其中混有坏死组织，异常恶臭；如果肿瘤侵犯颅底，脑组织受累时，则出现癫痫、圆圈运动等神经症状。剖检时见鼻咽侧壁和底壁的黏膜增厚粗糙，呈微细突起或结节状肿块，色苍白，质脆易碎，无光泽，有时散布有小的坏死灶。结节表面和切面常有新生的瘢痕组织。筛窦癌的肿块多呈花椰菜样，灰白色，无光泽，质地脆弱，切面呈颗粒状，并常见肿瘤向上颌窦、颅腔或鼻腔方向浸润生长。

镜检病变：鼻咽部被覆上皮与陷窝上皮的鳞状化生以及基底细胞的增生与癌变，是猪鼻咽癌病理组织发生的基础。被覆上皮发生单纯性增生、异常性增生、单纯性鳞状化生和基底细胞增生与癌变等过程，即被覆上皮细胞由原来的大小与形态基本一致，排列整齐，逐渐发展成为细胞大小、形态不一致、核染色质增加，核分裂象多见，排列紊乱，极性紊乱的恶性肿瘤形态。癌变的细胞已不限于上皮层，而是突破基底膜向间质呈乳头状或有分支的索样浸润。

**3. 腺癌**（adenocarcinoma） 是发生于腺器官、腺导管上皮、黏膜被覆柱状或立方上皮的恶性肿瘤。马、牛、犬等均有发生。

多发部位：见于各种腺器官，也见于支气管、胃肠道、胆管等的黏膜上皮等。

剖检病变：腺癌的大小不一，呈扁平、土丘状或花椰菜状，单发或多发，周围分界不清楚，触之有波动感。在内脏发生的腺癌，有的呈境界明显的球形，有的无明显境界，呈弥散性增生。腺癌的切面常见大小不同的腺腔，在腺腔内积集有分泌物。腺癌的间质多、实质少时，其质地坚硬，称为硬性癌；其生长缓慢，恶性程度较小，切面苍白、干燥，呈纤维丝状。反之，腺癌的间质少、实质多时，其质地柔软，称为髓样癌；其生长很快，恶性程度大，切面多汁。

镜检病变：癌细胞形成腺样构造，腺为圆形、长形、不正形或分支状。腺腔大小不等，有的扩张呈囊状；有的无腔而呈实体条索状。癌细胞多为柱状，但体积较大，胞质略呈嗜碱性，胞核大，染色质多而深染，核分裂象明显。癌细胞的排列可为单层，也可为多层，性质越恶，层数越多（二维码14-11）。若癌细胞排列成为实体癌巢，称为实体癌或单纯癌。如实质癌中间质很少，细胞较多，则称为髓样癌；反之，如实体癌中间质多，细胞少而小，则称为硬性癌。

二维码14-11

**4. 原发性肝癌**（primary hepatic carcinoma） 是发生于肝的恶性肿瘤，由肝细胞或胆管上皮恶变而成。动物的原发性肝癌已报道的有牛、山羊、绵羊、猪、鸭、火鸡、鸡、鸽、犬、马和鱼等，以鸭的发病率最高。

剖检病变：原发性肝癌可分为弥漫型、结节型和巨块型，其中以前两型较为多见。

（1）弥漫型：特征是肝组织弥散性肿大，不形成明显的结节。由于癌细胞广泛地浸润于肝的各个部分，因此肉眼观察时，肝表面和切面可见到许多不规则的灰白色或灰黄色的特殊斑点或斑块，病变较轻时肉眼难以察觉这种变化。

（2）结节型：此型在动物中最为常见。特征是在肝组织内形成大小不一的类圆形结节。小的结节只有粟粒大，大的结节直径可达几厘米。癌结节通常数量较多，不均匀地分布于各个肝叶。结节硬度与肝组织相似，切面呈乳白色、灰白色、淡红色、灰红色、淡绿色或黄绿色不等，与其中是否有出血、坏死或含有胆汁有关。结节与周围组织分界明显。

（3）巨块型：较少见，特征是在肝内形成巨大癌块，其周围常有些小的肿瘤结节。

镜检病变：原发性肝癌依据组织发生不同可分为肝细胞性肝癌、胆管细胞性肝癌和混合性肝癌3种。肝细胞性肝癌最多见，癌细胞来源于肝细胞，但肝小叶构造极度紊乱，汇管区不清晰，癌细胞有一定异型性，呈圆形或多角形，胞质丰富，嗜酸性着染，核大而深染，常呈巢状或小梁状排列，有的围成腺管状（二维码14-12）。如果分化程度极低时则癌细胞的形状与肝细胞差异颇大，并常见瘤巨细胞。胆管细胞性肝癌由胆管上皮形成，癌上皮为立方形、低柱状或高柱状，通常排列成不规则的腺管状，管腔内常有黏液积聚。混合性肝癌中包含有肝细胞性肝癌与胆管细胞性肝癌两种成分，但常以肝细胞性肝癌的成分占优势。

二维码14-12

**5. 变移上皮癌**（transitional cell carcinoma） 是发生于变移上皮的恶性肿瘤，牛膀胱变移上皮癌较多见。膀胱的变移上皮癌包括原位癌、乳头状癌和浸润性癌。

多发部位：膀胱和肾盂等处的变移上皮。

剖检病变：膀胱的原位癌局限于膀胱黏膜内，尚未侵入基底膜下，黏膜下结缔组织见充血、水肿。乳头状癌眼观与乳头状瘤相似，肿瘤表面常有出血和坏死。浸润性癌的肿瘤组织已突破基底膜、侵入膀胱壁内，眼观见黏膜面上有扁平的斑块或溃疡形成。

镜检病变：癌细胞异型性明显，呈多角形、立方形或柱状，核深染并见病理分裂象，排列成团或条索状，有的也可形成腺腔样结构。浸润性癌的癌细胞已侵入基底膜下和肌层，细胞可彼此相连成团状、索状或巢状。

### （二）间叶组织的恶性肿瘤

**1. 纤维肉瘤**（fibrosarcoma） 是来源于纤维结缔组织的恶性肿瘤，多为原发性的，少数可由纤维瘤恶变而形成。

多发部位：马、骡、牛、犬和鸡的皮下、黏膜下、肌膜、肌间和骨膜等处的结缔组织。

剖检病变：纤维肉瘤常呈圆形、椭圆形，有时呈结节状或分叶状，与周围组织境界多半不清楚。因含胶原纤维较少，故质地较柔软；切面为均匀粉红色、致密、湿润，呈有光泽的鱼肉状。由于该瘤生长较快，故肿瘤中心部常由于供血不足，易继发变性、坏死或出血。

镜检病变：主要由异型性明显的成纤维细胞零乱排列而构成。瘤细胞的形态、大小不一，呈圆形、长圆形、梭形及不规则形，胞质呈弱酸性或嗜碱性，有的胞体境界不清楚，常见较多的核分裂象。间质内胶原纤维的量多少不定，有的呈致密索状，将瘤组织分成小叶，有的仅在瘤细胞间出现少量胶原纤维（二维码 14-13）。瘤组织内毛细血管极丰富，甚至可见由瘤细胞形成的"血管腔隙"，未被覆血管内皮细胞。血管壁薄，故易破裂出血。

二维码 14-13

**2. 白血病** 哺乳动物的白血病（leukemia）可分为淋巴组织增生病和骨髓增生病两大类。前一类包括淋巴细胞性白血病等，后一类包括骨髓性白血病等。

淋巴细胞性白血病是各种动物最常见的白血病类型，特点为血液中白细胞大量增加，其中淋巴细胞总数增多。增生的淋巴细胞主要为异型的大小淋巴细胞、成淋巴细胞（占43%～93%）等。患骨髓性白血病时，也可见白细胞增数，但不如淋巴细胞性白血病时明显，增生的白细胞主要有幼稚型的中性粒细胞、早幼粒细胞、晚幼粒细胞和髓母细胞（占80%～90%）等。除血液中白细胞增数外，各型白血病在不同器官组织内尚可形成由相应的增生细胞构成的肿瘤。贫血是各型白血病的基本特征之一。红细胞和血红蛋白含量明显下降，血液稀薄，黏滞度显著下降，血液凝固缓慢，常有出血倾向。

（1）牛白血病（bovine leukemia）：即牛淋巴肉瘤（bovine lymphosarcoma），分为胸腺型（以胸腺肿瘤性生长为主要表现）、幼年型（以血象发生明显改变和骨髓受侵害为主要表现）和成年型（以地方流行性为主要表现）。病牛全身淋巴结显著肿大，脾、肾、心肌、肺、肠等器官组织均可见肿瘤病灶浸润生长。有时可见腹膜、乳房、眼球、胆囊、胰、膀胱和脑受到侵害。白血病患牛血清中碱性磷酸酶、过氧化氢酶的数值均降低，血糖浓度明显下降，而碱储、酮体和脂类则增高。此外病牛体内尿素形成能力也减弱。

二维码 14-14

镜检可见，淋巴结或淋巴滤泡的正常结构全部或部分消失，被弥散性增生的幼稚的淋巴细胞或成淋巴细胞所代替。前者分化较成熟，细胞圆，核深染，只有少许胞质，与正常淋巴细胞极相似，但细胞体积略大且常见核分裂象，瘤细胞间可见结缔组织的纤维小梁呈玻璃样变，称为淋巴细胞型淋巴肉瘤。后者分化程度低，细胞体积较大，胞质较多，核染色较浅，形状和成淋巴细胞相似，也可见核分裂象，称为成淋巴细胞型淋巴肉瘤（二维码 14-14）。

（2）马白血病（equine leukemia）：淋巴细胞性白血病和骨髓性白血病均多见。患马脾常见高度肿大，颈部淋巴结明显肿大，贫血，鼻出血，血液稀薄如水。有些资料指出，马白血病可与马传染性贫血合并发生，应注意鉴别诊断。

（3）猪白血病（swine leukemia）：特征为贫血，消瘦，脾高度肿大，全身淋巴结明显肿大。

（4）犬白血病（canine leukemia）：主要见于成年母犬。特征为贫血、眼前房出血，伴发呼吸困难和心率加速，消瘦和软弱，尿中出现蛋白质和胆红素。

### （三）其他组织的恶性肿瘤

**1. 恶性黑色素瘤**（malignant melanoma） 是由黑色素细胞所构成的一种恶性肿瘤。马、骡，尤其是老龄的青色马最为多发。

多发部位：原发病灶主要见于肛门周围和尾根部的皮肤，也可见于眼睑等部位。

二维码 14-15

剖检病变：初发时，肿瘤多呈小结节状，生长缓慢，往往不被注意；恶变时则迅速生长，其瘤细胞常经血流或淋巴流转移至全身各组织和器官，并在肌肉、胸膜、淋巴结、肝、脾、脑和阴茎等器官和组织内形成转移性黑色素瘤。黑色素瘤的色泽不一致，有的呈深黑色，有的则呈灰黑色，还有的呈灰白色与黑色混杂在一起。

镜检病变：瘤细胞的大小及形状均不相同，一般体积较大，呈圆形、梭形或不规则形，胞质中有粗大的黑色素颗粒，严重时胞核常被黑色素颗粒遮盖而不清晰（二维码 14-15）。

**2. 成肾细胞瘤**（nephroblastoma） 又称肾母细胞瘤，各种动物都可发生，最多见于猪、兔、鸡，偶见于牛、羊。

剖检病变：猪的成肾细胞瘤多发生于青年猪，公猪比母猪多发，多为一侧性。瘤的外观呈白色，分叶状，有一层包膜。多位于肾皮质内呈结节状增生，有的存于肾的表面。切面灰白，质地柔软。

镜检病变：成肾细胞瘤起源于胚胎时期的生肾胚芽。镜检可见瘤组织含多种组织成分，包括结缔组织和上皮组织。结缔组织把瘤组织分隔或与瘤组织混合存在。上皮组织形成腺样结构，也有肾小球样结构形成。在肉瘤样结构的成肾细胞瘤，瘤细胞为圆形或梭形，呈弥散性增生，具核分裂象，可形成低分化的肾小管样结构。

3. **畸胎瘤**（teratoma） 实质是由一种或多种胚叶的分化物所构成。其特点是：在某些部位出现不应有的组织成分，例如在皮下出现带毛的皮肤等。这些组织成分有的类似机体的正常组织，有的类似各个未成熟的器官或器官系统。一般肿瘤呈囊状者为良性，呈实体者为恶性；瘤组织分化成熟者为良性，分化度低者为恶性。

多发部位：马、骡、牛、猪、犬、鸡等动物的皮肤或卵巢，特别是马的胸部和颈部皮肤。家畜中最常见的畸胎瘤是属于类器官性的皮样囊瘤。

剖检病变：皮样囊瘤柔软，呈卵圆形或圆形，大动物其直径可达 1.5～15 cm。切面为密闭的囊状，囊内含有蜂蜜样或粥样物质，呈灰黄色，混有被毛，有时生长在囊壁的毛形成紧密缠绕的毛球（二维码 14-16）。禽类的皮样囊瘤中生长或游离存在着羽毛。

二维码 14-16

镜检病变：皮样囊瘤的囊壁由结缔组织所构成，囊壁内面覆有与皮肤相同的构造，即表皮、真皮及皮肤的附件，如被毛、毛囊、皮脂腺、汗腺等。囊腔内含有游离的被毛、脱落的变性上皮、其他无定形的细胞分解产物等。

除本节介绍的动物常见肿瘤外，还有一些病毒性传染病，例如马立克病、鸡淋巴细胞性白血病、禽网状内皮组织增生病、绵羊肺腺瘤病等，也以形成肿瘤作为主要病理特征。这些疾病将在有关章节中叙述。

（高丰、贺文琦）

# 第二篇

## 系统病理学

# 第十五章

# 心血管系统病理

**内容提要** 动物心内膜炎常发生于二尖瓣，根据病变特点分为疣状心内膜炎和溃疡性心内膜炎：前者以瓣膜形成疣状赘生物为特征，后者以瓣膜出现明显坏死为特征。心肌炎多并发于其他疾病特别是传染病过程中，包括实质性心肌炎、间质性心肌炎和化脓性心肌炎，患恶性口蹄疫的犊牛常因实质性心肌炎而致死。心包炎多由感染或创伤所引起。心负荷过重、心及心包病变可导致心功能不全，对全身各系统的机能都有重要影响。动脉炎、静脉炎和淋巴管炎多与感染有关，急性静脉炎与败血症的发生、发展有重要关联。

## 第一节 心内膜炎

心内膜炎（endocarditis）是指心内膜的炎症。根据炎症发生的部位，可分为瓣膜性、心壁性、腱索性和乳头性心内膜炎。临床上动物以瓣膜性心内膜炎较为常见。

### （一）病因及致病机理

引起动物心内膜炎的原因很多，有细菌性、病毒性、寄生虫性和营养代谢性因素等。细菌感染造成的心内膜炎较为常见，且多引发急性瓣膜性心内膜炎。例如，链球菌和丹毒杆菌常引起猪的心内膜炎，牛化脓棒状杆菌可造成牛的心内膜炎，马放线杆菌和马腺疫链球菌可引起马的心内膜炎。

心内膜炎的发病机理，一般认为与变态反应和自身免疫反应有关。猪丹毒杆菌和链球菌感染后其菌体蛋白可与机体胶原纤维的黏多糖结合，形成复合性自身抗原并刺激机体产生相应抗体，这种抗体在心内膜的胶原纤维上沉积下来，在补体的作用下，使胶原纤维发生纤维素样坏死。这种变态反应损伤了心内膜，为血栓的形成提供了基础，也为局部细菌繁殖创造了条件，导致心内膜炎的发生。在心内膜发生炎症时，由于心瓣膜不停地运动，机能负荷很大，而左心二尖瓣的负荷高于右心的三尖瓣，故心内膜炎在二尖瓣的发病率高于三尖瓣或其他瓣膜。此外，心脏瓣膜游离端缺乏血管，营养供应不足，有利于心内膜病变的形成。

### （二）类型及病理变化

根据病变的不同，可分为疣状心内膜炎和溃疡性心内膜炎。

**1. 疣状心内膜炎**（verrucous endocarditis） 也称为单纯心内膜炎（simple endocarditis），是以心瓣膜轻微损伤和形成疣状赘生物为特征的炎症。

剖检病变：早期由于心瓣膜内皮细胞受损及结缔组织的变性、水肿，造成瓣膜增厚，失去光泽。进而在瓣膜的游离缘出现小串珠状或散在的疣状赘生物，赘生物呈灰黄色或灰红色，容易剥离，其表面常覆以薄层血液凝块。随着病情的加剧与病程的延长，瓣膜上赘生物的体积不断增大，颜色逐渐变为灰黄色或黄褐色，表面粗糙不平、缺乏光泽，质脆易碎。后期赘生物变实变硬，颜色为灰白色，并与瓣膜紧密相连。

镜检病变：炎症初期心内膜内皮细胞肿胀、变性、坏死与脱落，内皮下常水肿，心内膜结缔组织细胞变性、肿胀、变圆，胶原纤维变性、肿胀，严重时可见纤维素样坏死。这些变化都为该部位血栓的形成创造了条件。肉眼所见的疣状赘生物，即为血栓，主要由血小板和纤维素组成，常有数量不等的坏死崩解的中性粒细胞混杂其中。病程较久的病例，可见瓣膜中成纤维细胞和毛细血管增生，并向血栓性疣状赘生物生长，使其不断机化；同时伴有巨噬细胞、淋巴细胞等炎性细胞浸润。另外，血栓中常伴有钙盐的沉着，而心内膜的深层结构常无明显变化。

**2. 溃疡性心内膜炎**（ulcerative endocarditis）又称为败血性心内膜炎（septic endocarditis），是以瓣膜受损较为严重、炎症直达瓣膜深层并伴有明显坏死为特征的炎症。

剖检病变：病变初期瓣膜上出现淡黄色混浊小斑点，逐渐融合后则形成干燥、表面粗糙、无光泽的坏死灶，最后因化脓灶分解而形成溃疡（疣状心内膜炎中疣状赘生物破溃脱落也可形成溃疡灶）。溃疡表面常覆有血栓，周围常有出血或炎症反应带，并有肉芽组织增生，使溃疡的边缘隆起于表面。瓣膜溃疡灶向深层发展可继发瓣膜穿孔、破裂，进而损伤瓣膜和乳头肌，造成严重的心功能障碍。从溃疡面崩解、脱落的组织碎片，因含有化脓性细菌，可形成败血性栓子，随血液循环运行到机体其他组织、器官，可出现转移性脓肿病灶。

二维码 15-1

镜检病变：主要变化为心内膜的坏死。病灶部位心瓣膜原有组织结构坏死、崩解，在坏死组织边缘有大量中性粒细胞浸润和肉芽组织形成。在病灶表面有时覆有一层由纤维素、坏死崩解细胞及细菌团块组成的血栓凝块（二维码 15-1）。

### （三）结局及对机体的主要影响

心内膜炎时形成的血栓性疣状物与瓣膜变性坏死造成的缺损，常以肉芽组织修复，形成瘢痕而纤维化，导致瓣膜变形，造成瓣膜口狭窄和瓣膜闭锁不全，进而发展为瓣膜病，影响心功能。心内膜炎过程中形成的血栓在血流的冲击下脱落，成为血栓性栓子随血液运行，造成脏器栓塞和梗死。若血栓内含有化脓性细菌，则可在栓塞部位引起转移性脓肿。瓣膜病和血栓性栓子及其引起的相应部位的栓塞或梗死都会对机体造成严重后果，甚至死亡。

## 第二节 心 肌 炎

心肌炎（myocarditis）是指心肌的炎症，多呈急性经过。

### （一）病因

动物的原发性心肌炎极为罕见，通常各类心肌炎均伴发于全身性疾病的过程中，如传染病、中毒以及变态反应等多种因素都可诱发心肌炎。心肌炎也可由心内膜炎或心外膜炎的病变直接扩散所致，在许多传染病过程中也可通过血源性传播而引起。体内化脓灶或原发性败血灶的化脓性细菌，也可导致心肌的继发性脓肿，病灶内常可见细菌性栓子存在。

### （二）类型及病理变化

根据心肌炎的发生部位和性质，可分为实质性心肌炎、间质性心肌炎、化脓性心肌炎。

**1. 实质性心肌炎**（parenchymatous myocarditis）是一种以心肌纤维的变质为主的炎症，同时伴有较轻微的渗出和增生的过程。常见于急性败血症、中毒性疾病（如马霉菌毒素中毒、磷或砷中毒、有机汞农药中毒等)、代谢性疾病（马肌红蛋白尿症、猪桑葚心病、绵羊白肌病）和病毒性疾病（如犊牛和仔猪的恶性口蹄疫、牛恶性卡他热、马传染性贫血、猪脑心肌炎等）。

剖检病变：心肌呈暗灰色，质地松软，如煮肉状；心腔扩张，右心室尤为明显。炎症性病变多为局灶性分布，呈灰黄色或灰白色斑块或条纹，散布在黄红色心肌的背景上。这种病灶在心内膜和外膜下的心肌中均可见到，尤其是当沿心冠横切心脏时，可见灰黄色条纹围绕心室呈环层状分布，形似虎皮的斑纹，称为"虎斑心"。

镜检病变：轻度心肌炎时，心肌纤维仅呈现颗粒变性、轻度脂肪变性。重症病例，心肌出现水泡变性和蜡样坏死，局部心肌纤维发生坏死、溶解和断裂，其间淋巴细胞与巨噬细胞浸润（二维码 15-2）。

二维码 15-2

由于病因不同，心肌细胞发生的退行性变化及渗出的炎性细胞也不尽相同。如磷、砷、汞、镉等化学物质引起的心肌炎，先引起心肌纤维颗粒变性、脂肪变性和坏死，同时间质出现充血、出血、水肿和淋巴细胞、单核细胞，有时还有中性粒细胞与嗜酸性粒细胞浸润。有机汞农药等中毒也可引起上述的心肌变性、坏死和间质炎性细胞浸润。有机磷农药等及磷化锌中毒，则主要表现为心肌变性和间质的充血、水肿，一般无炎性细胞浸润。所谓变态反应性心肌炎，本质上也是一种实质性心肌炎，见于结核病、链球菌病、蠕虫病、布氏杆菌病、慢性猪丹毒以及频繁的免疫接种等情况下，表现为结缔组织水肿，弹性纤维凝结并发生胶原化。间质内有较多的嗜酸性粒细胞浸润。分枝杆菌、布氏杆菌感染引起的心肌炎，除有一般的炎症表现外，尚有肉芽肿形成，但较为罕见。

**2. 间质性心肌炎**（interstitial myocarditis） 是以心肌的间质水肿和炎性细胞浸润的变化为主，而心肌纤维病变则较轻微的炎症。常发生于传染性和中毒性疾病的经过中。

剖检病变：间质性心肌炎与实质性心肌炎不仅在病因上具有同一性，而且其间质和实质都发生性质相似的病变，故仅用肉眼观察两者难以分辨。

镜检病变：初期主要表现为心肌的轻度变性、坏死等变质性变化，以后逐渐转变为以间质水肿、炎性细胞浸润、间质细胞增生为主。随疾病的发展，心肌实质常有局灶性变性和坏死，往往发生崩解和溶解吸收。间质显示充血、出血、浆液浸润，并有明显的炎性细胞增生、浸润，主要为单核细胞、淋巴细胞、浆细胞和成纤维细胞（二维码 15-3）。间质内的病灶呈弥散性或局灶性，沿大血管或间质分布，与正常心肌纤维相交织，且往往将心肌纤维分开。

二维码 15-3

慢性过程中，心肌纤维发生萎缩、变性、坏死，甚至消失，而间质结缔组织增生明显，并有不同程度的炎性细胞浸润。由于结缔组织增生，心体积有时缩小，但硬度增加，色泽变淡，常见心表面有灰白色的斑块状凹陷区，冠状动脉弯曲呈蛇行状。如果结缔组织增生的范围很大，由于弹性下降，在心腔内压增高的情况下，有可能使病变部的心壁向外侧凸出，引起心肌的局限性扩张，多发生于心尖部。

动物喂服过量的磺胺类药物时，可引起以嗜酸性粒细胞浸润为主的间质性心肌炎。表现为嗜酸性粒细胞呈局灶性或弥散性浸润，有时还混杂一些中性粒细胞。心肌间的小血管内皮细胞肿胀，管壁呈纤维素样坏死，肺、肝、肾、脾、淋巴结和骨髓等也有类似的病变。这种病变是机体对磺胺类药物的一种过敏性反应，偶见于青霉素过敏病例，但浸润的嗜酸性粒细胞数量则较少。

**3. 化脓性心肌炎**（suppurative myocarditis） 以大量中性粒细胞渗出并伴有心肌坏死和脓液形成为特征的炎症。多由机体其他部位（子宫、乳房、关节、肺等）化脓灶的化脓性细菌栓子，随血流转运到心，在心肌内形成化脓性栓塞所致，也可由异物刺伤心肌（如牛创伤性心包炎）、肋骨骨折伤及心，或由溃疡性心内膜炎与化脓性心外膜炎直接蔓延而引起。

剖检病变：在心肌内有大小不等的化脓灶或脓肿。新形成的化脓灶，其周围充血、出血和水肿；陈旧化脓灶的外周常有包囊形成。化脓灶内的脓液因细菌种类不同，可呈灰白色、灰绿色或黄白色。脓肿若向心室内破溃，脓液混入血液散布全身可引起脓毒败血症。心肌脓肿较大时附近心壁肌肉变薄，加之心腔内压的作用，病变部往往向外侧扩张，形成局部凸起。

镜检病变：初期血管栓塞部有化脓性渗出，心肌坏死溶解及大量中性粒细胞浸润并形成脓液；后期脓肿周围有较明显的纤维结缔组织增生。

### （三）结局及对机体的主要影响

非化脓性心肌炎的病灶可发生机化，最终以心肌纤维化告终，形成灰白色的斑块状凹陷区，使心肌收缩力明显减弱。

化脓性心肌炎的病灶多以包囊形成、发生钙化或纤维化为结局。有时存在于心肌中的脓肿可向心腔内破溃，浓液混进血液并随血流向全身散播，可引起其他器官组织的转移性脓肿或脓毒败血症。

发生心肌炎的动物，常因心肌收缩力降低、心脏节律紊乱而导致心功能不全，严重时可引起动物死亡。

## 第三节 心 包 炎

心包炎（pericarditis）是心包的壁层和脏层（即心外膜）的炎症。通常伴发于其他疾病的过程中，但有时也可以作为一种独立性疾病（如创伤性心包炎）存在。

### （一）病因

动物心包炎的发生原因主要是感染和创伤。

**1. 感染** 包括病原微生物和寄生虫感染。

病原微生物，如链球菌、猪丹毒杆菌、副猪嗜血杆菌、巴氏杆菌、大肠杆菌、鸡伤寒沙门菌、结核分枝杆菌、支原体、衣原体、猪瘟病毒、流感病毒等感染，均可引起心包炎，在猪、牛、羊、马及家禽较为多见，多是由于病原经过血液或从相邻器官病灶的直接蔓延（如心肌炎或胸膜炎）到达心包所导致的。应激因素，如饲养不当、受凉、过劳等使机体抵抗力降低时，易发本病。此外，病原混合感染在本病的发生、发展中具有重要促进作用，如大肠杆菌并发支原体感染，则可引起鸡典型的纤维素性心包炎。

寄生虫性侵袭，例如猪浆膜丝虫（*Serofilaria suis*），成虫呈乳白色，细似毛发，寄生于猪的心、子宫阔韧带、腹膜、肝等部位的浆膜淋巴管内，可引起猪心外膜炎（心包脏层的炎症），甚至引起心包与心外膜的粘连。

**2. 创伤** 创伤性心包炎主要见于牛，偶见于羊，是由于心包受到机械性损伤引起的。牛采食时咀嚼粗糙而又快速吞咽，同时口腔黏膜上分布的乳头多为角化乳头，对机械性刺激感觉较为迟钝，因而容易将铁钉、铁丝、玻璃片等尖锐物体吞咽进胃内。网胃的前部仅以薄层的膈肌与心包相邻，所以在网胃肌肉强力收缩时，尖锐物体往往可刺破网胃和膈肌，直穿心包和心脏，同时胃内的微生物也随之侵入，引起创伤性心包炎，甚至心肌炎。

### （二）类型及病理变化

根据发生原因，可分为传染性心包炎、创伤性心包炎、寄生虫性心外膜炎等。

**1. 传染性心包炎**（infectious pericarditis） 由传染性因素引起。在炎症初期，渗出物常为浆液性的，蛋白含量较低；随着炎症发展，毛细血管壁损伤加重，通透性增强，导致纤维蛋白原渗出并在酶的作用下转变为纤维素，因而渗出物常变为浆液性-纤维素性或纤维素性。

剖检病变：心包表面的血管扩张、充血，心包腔扩张。剖开心包时，可见心包腔内蓄积大量浆液性、浆液性-纤维素性或纤维素性渗出液。浆液性渗出液常呈淡黄色，初期较为透明，后期因混有脱落的间皮细胞和渗出的白细胞等成分而稍变混浊。浆液性-纤维素性渗出液中因混有絮状的纤维素及较多的白细胞或红细胞，常呈灰黄色或灰红色、混浊不清。心包自身组织也因炎性水肿而增厚，心外膜的小血管也充血扩张，常散发点状出血，缺乏固有光泽而变为混浊，常被覆薄层黄白色、易于剥离的纤维素。如果病程加长，纤维素则可不断成层地沉积，或随心跳动而摩擦牵引，使沉积在心外膜上的纤维素呈绒毛状，其厚度在大动物可达2～3 cm，称为"绒毛心"（villous heart）。在慢性经过中，被覆于心包壁层和脏层上的纤维素发生机化，造成心包壁层和脏层不同程度的粘连。结核性心包炎时，先发生渗出性心包炎，继而出现干酪化，经时较久，可见特异性与普通性肉芽组织增生，其中可见大小不一的干酪样坏死灶，从而在心表面被覆较厚的增生物，形似盔甲，故称"盔甲心"（armor heart）。

镜检病变：心外膜上可见浆液性-纤维素性渗出物，呈条索状或团块状分布，其间混杂变性坏死的白细胞（二维码15-4）。心外膜下血管充血和出血，间皮增生、肿胀、变性与脱落；与心外膜相邻接的心肌呈颗粒变性与脂肪变性，心肌间质也有充血、水肿和白细胞浸润等变化。

二维码15-4

**2. 创伤性心包炎**（traumatic pericarditis） 由心包受到机械性损伤而引起，多为浆液性-纤维素性炎，但因细菌随异物侵入，故也可呈浆液性-纤维素性-化脓性炎。当腐败菌感染发生腐败、分解并产生气体时，则可转变成腐败性心包炎。

剖检病变：心包混浊无光泽，因有纤维素沉着而增厚，心包腔扩张而紧张。切开心包可见多量污秽的纤维素性-化脓性渗出物流出，内含气泡，气味恶臭。心外膜常被覆厚层污浊或污绿色的纤维素性-化脓性渗出物，剥离后心外膜混浊而粗糙，并常有充血与出血点。在心包腔的炎性渗出物中或在心尖、心脏左侧或后缘上，常可发现造成病变的尖锐异物。但有时可发现异物转移到胸腔、肺、肋间、皮下组织或返回到网胃的情况。

当尖锐异物刺破网胃胃壁、膈、心包造成心肌损伤时，还可引起创伤性心肌炎（traumatic myocarditis）。初期心肌呈现出血性浸润，进而出现纤维素性-化脓性渗出物，最后转变为腐败性脓肿。当腐败性碎屑被血流冲走时，则可引起其他器官的转移性脓肿。

此外，当发生创伤性心包炎时，同时可见创伤性网胃炎和膈肌炎。病程较久，常发现网胃与膈、心包与膈的粘连。在异物穿刺的径路上，可由肉芽组织增生而形成含有脓汁的管道。

**3. 寄生虫性心外膜炎**（parasitogenic pericarditis） 由寄生虫引起。

剖检病变：主要发生于猪，心外膜淋巴管由于虫体（如猪浆膜丝虫）寄生而扩张，在心纵沟附近或其他部位心外膜，形成稍微隆起的长短不一的迂曲状条索或绿豆大灰白色小泡状与斑块。较陈旧的病灶为灰白色针头大的砂粒状钙化结节，数量从1个到数个，散布于心外膜表面，有时也见于心内膜和主动脉管壁。病情严重时，可导致纤维素性心外膜炎，甚至引起心包与心外膜粘连。

镜检病变：根据病变发展时期不同，猪浆膜丝虫性结节可分为以下3种形式。

（1）细胞性肉芽肿结节：病变部位的心外膜增厚，结节中央为外形较为完整的虫体，虫体的周围有数量不等的嗜酸性粒细胞浸润，偶见多核巨细胞。最外层为多量淋巴细胞和单核细胞浸润，其间混有少量成纤维细胞和胶原纤维。

（2）纤维性肉芽肿结节：病灶中的虫体死亡，结构模糊不清，严重的已发生钙化。虫体周围淋巴细胞浸润，外围则形成较厚层的结缔组织包膜。心外膜因结缔组织的增生而明显增厚。在结节邻近的心外膜组织中，常见淋巴组织显著增生，形成淋巴滤泡样结构，甚至有较明显的生发中心。

（3）陈旧的钙化结节：病灶中央的虫体残骸已发生钙化，钙化灶周围有较多淋巴细胞浸润，并环以厚层结缔组织性包膜；但有的钙化灶周围缺少淋巴细胞浸润，而是直接被厚层结缔组织性包膜所包裹。

### (三) 结局及对机体的主要影响

病情较轻时，心包内的渗出物可被吸收而使炎症消散、痊愈。渗出物吸收缓慢或困难时，常由心包壁层与脏层的新生肉芽组织机化，呈灰白色纤维性绒毛样，可使心包与心外膜发生纤维性粘连。创伤性心包炎，特别是存在肺炎、胸膜炎、中毒以及心力衰竭等并发症时，动物常以死亡而告终。

心包炎的发展常取慢性经过。初期心包内积液较少，血液循环障碍通常不明显。随着疾病的发展，当心包内蓄积大量渗出液而使心包内压显著升高时，心腔的舒张受到限制，右心房压力增高可使静脉血液回流减少，临床上常见动物体循环发生障碍，如牛的肉垂、颈、胸、腹部皮下出现明显水肿。当心包壁层与脏层发生广泛粘连时，心脏的舒张和收缩受到限制，可导致心输出量减少而发生心功能不全。

## 第四节 心功能不全

由于各种致病因素的作用，导致心肌收缩力减弱，心输出量减少，不能满足机体代谢需要，这一病理过程称为心功能不全（cardiac insufficiency）。严重的心功能不全称为心力衰竭（heart failure）。

### (一) 分类

根据发生速度，可分为急性心功能不全和慢性心功能不全。急性时因机体来不及代偿，往往引起严重后果，甚至发生死亡。

根据发生部位，可分为左心功能不全、右心功能不全、全心功能不全。

（1）左心功能不全：指左心搏出功能障碍。多见于左心室大面积心肌梗死、二尖瓣关闭不全（左心室收缩时部分血液逆流返回左心房，降低了搏出量）、主动脉瓣孔狭窄、高血压病（左心室射血阻力增大）。

（2）右心功能不全：指右心室搏出功能障碍。多见于右心室心肌梗死、三尖瓣闭锁不全、肺动脉孔狭窄和肺动脉高压。

（3）全心功能不全：指左心室、右心室搏出功能都发生障碍，临床上最常见。心肌广泛损伤如全心性心肌炎以及严重的贫血等，可直接引起全心功能不全。此外，一侧心功能不全波及另一侧时可引起全心功能不全（如左心功能不全引起肺静脉回流受阻，进而导致肺淤血和肺动脉高压而发生右心功能不全）。

### (二) 病因

心功能不全的病因有许多，主要包括心肌损伤、心脏负荷过重、心包病变等。

**1. 心肌损伤** 多种原因造成的心肌损伤都可引发心功能不全，包括缺血性心肌损伤（如冠状动脉痉挛、血栓形成、栓塞、DIC）、某些传染病（如犊牛恶性口蹄疫时的变质性心肌炎）、中毒病（如锑中毒引起的中毒性心肌炎）、代谢病（如硒-维生素E缺乏引致的白肌病）、免疫性病理损伤（如慢性猪丹毒导致的心内膜炎）等。

**2. 心脏负荷过重** 包括容量负荷过重和压力负荷过重。

（1）容量负荷过重：指舒张末期心腔内血容量过多。如主动脉闭锁不全，当左心室舒张时，除接受左心房的血液外，还要接受部分从主动脉逆流的血液，引起左心室容量负荷过重；又如过快、过多的输血、输液，也可引起左心室、右心室的容量负荷过重。

(2) 压力负荷过重：指收缩末期心腔内压过高。如高血压、主动脉瓣孔狭窄，引起左心室压力负荷过重；肺动脉高压、肺气肿、肺淤血、肺水肿，引起右心室压力负荷过重。

**3. 心包病变** 心包炎时，心包内大量的炎性渗出液（如急性心包炎）或机化产物（如慢性心包炎）影响心的充盈和收缩，可降低心输出量。

**4. 诱因** 引起心功能不全的常见诱因是全身感染和发热。此时，由于交感神经兴奋，代谢率升高，使心脏负担增重；同时心率加快，可增加心肌耗氧量。革兰染色阴性菌的内毒素可直接抑制心肌收缩。此外，酸中毒，严重的高钾血症，心律失常（特别是心动过速），动物妊娠与分娩过程等导致的心脏负担增重，也都可作为重要的诱因，引起心功能不全。

### （三）发病机理

**1. 收缩相关蛋白被破坏** 缺血、缺氧、感染、中毒，可致心肌细胞坏死；氧化应激（应激过程中伴有氧自由基的产生）、心脏负荷过重、TNF 等细胞因子、缺血、缺氧可引起心肌细胞发生凋亡。心肌收缩相关蛋白（包括肌球蛋白、肌动蛋白）被破坏可导致其收缩力减弱。

**2. 心肌能量代谢紊乱** 缺血、缺氧、中毒使心肌内 ATP 和磷酸肌酸（creatine phosphate，CP）生成减少，导致能量产生的障碍。过度肥大的心肌，其肌球蛋白头部 ATP 酶活性降低，可使能量的利用出现障碍。

**3. 心肌兴奋-收缩偶联障碍** $Ca^{2+}$ 是心肌兴奋-收缩偶联的中介物。当肌浆网摄取 $Ca^{2+}$ 的能力减弱时（如 ATP 减少，导致肌浆网 $Ca^{2+}$ 泵活性减弱），肌浆网释放 $Ca^{2+}$ 量减少时（如酸中毒 $Ca^{2+}$ 与肌浆网内储存蛋白结合较紧密，不易解离、释放），酸中毒 $H^+$ 竞争性抑制 $Ca^{2+}$ 与肌动蛋白上的肌钙蛋白结合时，都会引起心肌兴奋-收缩偶联障碍。

### （四）机体的适应代偿反应

心具有强大的适应代偿能力，如剧烈运动时心输出量可增加 6～10 倍，以适应机体需要。只有当病因的损伤作用超过心代偿能力时才会发生心功能不全。心的适应代偿性反应表现为以下几方面。

**1. 心率加快**（tachycardia） 指每分钟心跳次数增加，是通过反射性调节实现的。心输出量降低可引起动脉血压下降，结果使位于主动脉体、颈动脉体的压力感受器受到的扩张刺激减弱，通过迷走神经和窦神经，反射地引起心脏迷走神经紧张性减弱，心脏交感神经紧张性增强，最终引发心率加快。

心率加快在一定范围内可提高心输出量（心输出量＝每搏输出量×心率）。若每搏血量不改变或略有降低，通过心率加快，可保持心输出量不降低甚至有所升高，这对维持动脉血压，保证脑、心等重要器官的血液供应有重要的意义。

但是心率加快也有一定的局限性。例如，心率过快，耗氧增多，机体供氧相对不足，容易引起心肌疲劳；心率过快，使心舒张期明显缩短，引冠状动脉灌流不足和心肌缺血缺氧，导致心肌收缩力减弱；同时心舒张期太短，可使心室充盈不足，也会引起心输出量进一步降低。

**2. 心脏扩张**（dilatation） 心功能不全时，心脏的扩张有两种类型：一种是伴有心肌收缩力增强的扩张，称作紧张源性扩张（tonogenic dilatation）。另一种是代偿失调后出现的不伴有心肌收缩力增强的扩张，称作肌源性扩张（myogenic dilatation），外观上见心脏扩大，质地柔软，心腔内有大量淤血；此时肌节过度拉长，细肌丝与从粗肌丝的交叉部位中完全抽出来，丧失了再形成肌动球蛋白的能力，心肌收缩力明显减弱。

病理变化：扩张的心脏多发于右心室，呈卵圆形，心尖钝圆，心脏的横径大于纵径，心腔内常积有多量血液或血凝块，心壁薄而柔软。切开，室壁常自行塌陷。心肌往往表现贫血、变性，呈淡黄色或黄白色，乳头肌和腱索延伸而平展。

**3. 心肌肥大**（hypertrophy） 心肌细胞体积增大，心壁增厚，心脏重量增加的病理现象称为心肌肥大。

心肌肥大主要是心肌细胞（也包括间质细胞）对生长因子和激素（如儿茶酚胺）的刺激做出的应答性反应。心肌细胞体积增大的基础是肌原纤维和线粒体等细胞器的数量增多。

心肌肥大分为生理性的（运动所致）和病理性的（疾病或病理过程所致）。比起心率加快和心脏扩张来，心肌肥大是一种更有效的代偿方式。

但病理性心肌肥大也有一定的局限性：主要原因是肥大的心肌细胞与毛细血管间的距离增大，可引发不同程度的缺氧和能量代谢障碍，最终可导致心肌收缩力减弱。

病理变化：肥大的心脏质量明显增加，心脏质量与体重比、心脏周围长度、冠状沟到左心尖距离等多项指标也增大。切开心脏可见心壁增厚，乳头肌及腱索变粗。镜检，肌原纤维数量增多，心肌纤维变粗，长度也有所增加，但增粗的心肌纤维常表现为粗细不均。

### （五）对机体的主要影响

**1. 肺循环障碍** 左心功能不全，引起肺淤血、肺水肿和呼吸困难。

（1）肺淤血：左心室搏出障碍，导致肺静脉回流入左心房发生障碍而引起肺淤血。

（2）肺水肿：引起肺水肿（pulmonary edema）的发生机制是：①左心衰竭时，肺静脉血回流入左心房受阻，使肺毛细血管流体静压增高，引起肺水肿。②左心衰竭，心输出量降低，反射性地引起交感神经兴奋，外周血管收缩，使血液转移到肺内，肺血容量增多。③由于肺水肿的形成，影响肺泡毛细血管氧气供应，使肺毛细血管壁通透性增高。

（3）呼吸困难：是在肺淤血、肺水肿的基础上发生的。特点是呼吸运动表现为浅表而快速，在轻微运动或使役后，呼吸困难的表现更明显。

剖检病变：心壁松弛柔软，左心腔扩张而呈椭圆形；心肌呈暗红色，心腔内常淤积血液或血液凝块。肺体积稍增大，质量增加，因淤血而使色彩加深呈红褐色。切面湿润，富含血液。肺小叶间隔增宽，各级支气管和细支气管断面常流出大量泡沫状液体。

镜检病变：肺泡隔毛细血管淤血，肺泡腔充满淡红色水肿液，其中混杂少量脱落的肺泡上皮细胞（二维码15-5）。肺组织内的巨噬细胞数量增多，因吞噬多量红细胞而在胞质内见含铁血黄素，这种肺巨噬细胞称为心力衰竭细胞。肺小叶间质因水肿液渗出和淋巴管扩张而增宽，结缔组织呈疏松状。

二维码 15-5

**2. 体循环障碍** 右心功能不全时，引起体循环淤血、心性水肿。

（1）体循环淤血：因右心室搏出障碍，前腔静脉、后腔静脉血液回流入右心房发生障碍，所以引起全身静脉淤血、静脉压升高。

（2）心性水肿：指心功能不全（特别是右心衰竭）时，引起的全身性水肿。主要变现为四肢、胸腹部皮下水肿，严重时出现胸腔积水、腹腔积水。

发生机制：①右心衰竭时，前腔静脉、后腔静脉血回流入右心房受阻，使体静脉压升高，毛细血管流体静压升高。事实上右心衰竭时，水肿首先出现在毛细血管流体静压最高的下垂部，这也充分说明了体静脉压升高与水肿形成有直接关系。②钠、水潴留。右心衰竭时，由于回心血量减少，使心输出量减少，有效循环血量下降，肾小球滤过率降低。另一方面，肾血流量的减少，使肾素-血管紧张素-醛固酮分泌增多，导致钠、水重吸收增加。

剖检病变：死于右心衰竭的动物常表现全身皮肤和可视黏膜淤血、发绀。皮下、腹腔及胸腔等部位常见水肿液蓄积。右心扩张，心腔充积血液和血液凝块，心壁薄而柔软，心肌松软塌陷。全身静脉系统淤血，以肝、脾、肾、胃肠及脑等器官淤血、水肿为明显。

镜检病变：肝窦状隙、中央静脉和叶下静脉均扩张淤血，间质水肿，临近中央静脉的肝细胞常见变性，坏死；慢性病例，肝实质还可见纤维化，进而发展成为肝硬化及黄疸。肾淤血，间质水肿，肾小球毛细血管的通透性增高，肾小管管腔中可出现蛋白管型。脑淤血、水肿，神经细胞呈不同程度的变性，严重时可见脑膜和脑实质有点状出血。慢性病例在脾实质出血灶可见钙盐、含铁血红素沉着和网状组织纤维化。

**3. 心输出量不足** 引起皮肤、可视黏膜苍白（缺血）或发绀（静脉性淤血导致血液中脱氧血红蛋白增多），尿量减少，因心输出量严重不足甚至可能引发心源性休克。

## 第五节 脉 管 炎

### 一、动 脉 炎

动脉炎（arteritis）即动脉管壁的炎症。按其发生部位可分为动脉内膜炎（endoarteritis）、动脉中膜炎（mesarteritis）和动脉周围炎（periarteritis），当动脉各层都发炎时，则称为全动脉炎（panarteritis）。按动脉炎发生的时间、发展的规律，可分为急性型、慢性型和结节性全动脉炎。

**1. 急性动脉炎**（acute arteritis） 发生原因包括细菌（如坏死梭杆菌）、支原体（如丝状支原体）、病毒（如马动脉炎病毒）、寄生虫（如马普通圆线虫）感染，免疫复合物沉积，以及机械性、化学性、物理性等致病因素。

急性动脉炎中动脉各层的变化依病原侵入的径路而有别。

（1）由血管周围的炎症过程扩展而来的，首先引起动脉周围炎，常表现为血管外膜充血、出血、水肿，胶原纤维变性和炎性细胞浸润；然后是动脉中膜和内膜发生炎症，即中膜平滑肌细胞变性或坏死，中膜和内膜水肿，炎性细胞浸润；同时，弹性纤维断裂、凝集、溶解，血管内皮细胞肿胀、增生、核浓缩及脱落等病理组织学变化。由这种蔓延形式所引起的动脉炎，可见于患坏死杆菌病病牛的子宫、牛肺疫的肺、曲霉菌病（aspergillosis）和毛霉菌病（mucormycosis）病灶内的小动脉，以及犬化脓性支气管肺炎时的肺组织内的中型、小型动脉。

（2）病原菌经动脉壁内的滋养血管侵入动脉壁时，则先引起动脉外膜和动脉中膜炎，继而导致动脉内膜炎。

（3）如经血流侵入动脉壁，先引起动脉内膜炎，再引起动脉中膜炎和动脉外膜炎。例如在化脓性子宫炎、脐静脉炎、化脓性关节炎时，化脓性细菌进入血流，经右心转移至肺动脉，在肺动脉分支中形成细菌性栓塞，并进而引起化脓性动脉内膜炎。

剖检病变：动脉管壁变硬、增粗，内膜表面粗糙不平，管腔变狭窄，有时可见血栓。

镜检病变：动脉内皮细胞肿胀、变性或坏死，管腔内有血栓形成，内膜与中膜见水肿、中性粒细胞浸润、弹性纤维断裂溶解，中膜平滑肌细胞发生变性、坏死（二维码 15-6）。血管外膜有充血、出血、水肿、胶原纤维肿胀和炎性细胞浸润。

二维码 15-6

**2. 慢性动脉炎**（chronic arteritis） 多由急性炎症发展而来，常见于损伤血管壁的修复、血栓机化以及慢性炎灶中的血管。马前肠系膜动脉及其分支的慢性动脉炎是因马普通圆虫（*Strongylus vulgaris*）幼虫所引起。犬狼旋尾线虫（*Spirocerca lupi*）、牛圈形盘尾丝虫（*Onchocerca armillata*）因寄生于主动脉，也可诱发慢性动脉炎。

剖检病变：动脉壁如瘤样肥厚，横切见管腔狭小，管壁肥厚，有时也见管壁扩张，甚至破裂以及血栓形成等变化（二维码 15-7）。

镜检病变：动脉内膜表面可见血栓，多已机化，中膜和外膜见结缔组织增生，其中有多少不一的白细胞浸润。

二维码 15-7

**3. 结节性全动脉炎**（nodular panarteritis） 即结节性动脉周围炎（nodular periarteritis），见于牛、猪、犬、马、绵羊、鹿等动物。在某些传染病如牛恶性卡他热、马传染性贫血、牛散发性脑膜脑炎等过程中，可因变态反应所引起，主要侵犯中型、小型动脉。

剖检病变：各器官和肌肉的中型动脉呈结节状或索状肥厚，血管壁的横切面显著增宽，管腔狭窄或闭塞。在心和肾有时因血管闭塞而引发梗死灶。

镜检病变：早期可见血管内皮细胞变性、脱落，管腔内可见血栓；血管中膜和外膜水肿，大量中性粒细胞浸润；继之中膜平滑肌和弹性纤维崩解，发生纤维素样坏死。后期，血管壁坏死组织逐渐被增生的肉芽组织替代，其中可见单核细胞、淋巴细胞浸润。血管壁的修复性变化常导致其结节状增粗。

## 二、静脉炎

静脉炎（phlebitis）指静脉管壁的炎症，通常分为急性和慢性两种。

**1. 急性静脉炎**（acute phlebitis） 多发生于感染和中毒的情况下。由静脉周围组织的炎症蔓延到静脉，先引起静脉周围炎，而病原经血管扩散，则先引起静脉内膜炎。外伤感染也常成为静脉炎的原因，例如颈静脉穿刺引起的颈静脉炎，初生动物的脐带感染所致的脐静脉炎（omphalophlebitis）。

剖检病变：静脉发炎部位肿胀、变硬，管腔内充满污秽的脓性-坏死性物质，内膜色红、粗糙，常见血栓。

镜检病变：内皮细胞肿胀、脱落，常见血栓附着。中膜平滑肌变性、坏死。内膜、中膜、外膜各层均有水肿及炎性细胞浸润。中膜与外膜因结缔组织增生而肥厚。

在剖检败血症病例时，要注意检查原发性炎灶邻近的静脉病变。急性静脉炎是病原微生物突破局部屏障经血液向全身进行播散的重要标志，和败血症的发生、发展有密切联系。

**2. 慢性静脉炎**（chronic phlebitis） 多由急性静脉炎发展而来。

剖检病变：静脉管壁明显增粗变硬，内膜不平，管腔狭窄。

镜检病变：静脉管壁各层正常结构消失，少量淋巴细胞浸润，结缔组织大量增生。

## 三、淋巴管炎

淋巴管炎（lymphangitis）是指淋巴管管壁的炎症，常伴发于某些传染病，可分为浆液性-纤维素性淋巴管炎和化脓性淋巴管炎。

**1. 浆液性-纤维素性淋巴管炎** 常发生于牛传染性胸膜肺炎等疾病，肺间质淋巴管扩张呈串珠状，管内常有淋巴栓形成。此外，在创伤感染、巴氏杆菌病等疾病的病变部淋巴管也见类似变化。

**2. 化脓性淋巴管炎** 多见于蜂窝织炎、流行性淋巴管炎、鼻疽等疾病。表现为病灶附近的淋巴管扩张、变硬呈条索状，管内及其周围有大量中性粒细胞浸润而致脓性崩解。

### [附] 动脉瘤

动脉瘤（aneurysm）是指动脉壁的局限性扩张而形成的一种瘤样结构，并非是动脉的肿瘤，可分为真性动脉瘤和假性动脉瘤两种。真性动脉瘤是因动脉壁的局部逐渐扩张所引起，扩张部位依然保持动脉壁的基本结构；而假性动脉瘤多是在动脉管壁破裂、周围组织血肿、血肿机化及纤维性包囊形成的基础上，造成的动脉壁及其周围组织的局限性肿胀。动脉瘤不是一种独立的疾病，而是在各种疾病过程中血管壁发生损伤的结果，例如寄生虫侵袭、动脉硬化、栓塞以及外伤等原因都可引起。

在动物较多见的是马普通圆线虫幼虫所引起的寄生虫性动脉瘤（verminous aneurysm）。

最多见于前肠系膜动脉根、回盲结肠动脉，其次为结肠动脉、盲肠动脉、腹腔动脉，再次为小肠动脉、肾动脉及后肠系膜动脉。偶尔在其他动脉如冠状动脉、腋动脉、股动脉等，也可发现较小的动脉瘤。

剖检病变：新形成的动脉瘤仅见局部动脉壁较肥厚、坚实。慢性病例的动脉瘤内膜表面粗糙不平，常附有血栓，血栓被机化时则与瘤内壁牢固粘连。在血管内壁和血栓内常可发现淡红色的马普通圆线虫幼虫，虫体一部分埋于血栓内，一部分游离于管腔中。有时幼虫数量很多，甚至可达百余条。有的血管壁可被厚层硬实的结缔组织所取代。

镜检病变：初期在血管内有细小的白色血栓形成，血栓内可见虫体。在虫体的有毒物质作用下，血栓处血管壁呈急性渗出性炎性反应，从血管壁内的滋养血管有中性粒细胞和嗜酸性粒细胞渗出于中膜内。中膜水肿，平滑肌变性。此时血管壁增厚，开始向外扩张。以后，虫体和血栓发生机化、钙化，血管壁弹性纤维断裂、凝结与溶解，平滑肌崩解，并见淋巴细胞、浆细胞、嗜酸性粒细胞浸润和成纤维细胞增生。继而血管中膜的慢性炎性增生波及血管外膜，扩张部的血管因结缔组织增生而显著增厚。后期，血管壁几乎全部由均质的纤维组织所构成，其中见淋巴细胞、浆细胞、嗜酸性粒细胞及吞噬含铁血黄素的巨噬细胞浸润。

（宁章勇）

# 第十六章 造血与免疫系统病理

**内容提要** 骨髓、脾、淋巴结等是造血系统、免疫系统的重要组成部分。根据病变特征和病程,脾炎可分为急性脾炎、坏死性脾炎、化脓性脾炎和慢性脾炎等4种类型;而淋巴结炎可分为急性和慢性两种类型,其中急性淋巴结炎包括浆液性、出血性、坏死性和化脓性淋巴结炎,慢性淋巴结炎以淋巴细胞或纤维组织增生为主。动物骨髓炎主要由生物性因素,特别是病毒感染所引起,在马传染性贫血、鸡传染性贫血、某些白血病或网状内皮组织增生病中,常见骨髓炎的病变。

## 第一节 脾 炎

脾在参与免疫反应的过程中容易遭受损伤。脾炎(splenitis)即脾的炎症,是脾最常见的一类病理过程。脾炎可伴发于多种传染病,也见于寄生虫病和某些非传染性疾病。其表现形式主要取决于病原的性质、感染强度、毒力、机体的反应性和病程的长短等。

### (一)脾炎的基本病理变化

由于脾的结构和机能特点,脾炎时可出现以下几方面的基本病理变化。

**1. 脾多血** 即脾含血量增多,在急性脾炎的初期表现最为突出。脾多血主要是由炎性充血所致,同时也与脾内血液淤滞或出血有关;脾含血量增多还与植物性神经机能障碍,致使脾支持组织内的平滑肌松弛以及平滑肌本身的变性、坏死有直接联系。

脾多血时,眼观脾肿大,暗红色,被膜紧张,切面隆突,富有血液。镜检可见脾红髓内充盈红细胞,而红髓固有细胞成分大为减少,有时还见出血现象。

**2. 渗出和浸润** 浆液-纤维素渗出和白细胞浸润,在急性脾炎时表现特别明显。渗出的浆液呈淡红色,其中常见析出的纤维素,它们常与坏死、崩解的脾组织尤其是崩解的网状纤维混在一起而不易分辨。不同原因、不同类型的脾炎,浸润的白细胞有明显差异,包括中性粒细胞、嗜酸性粒细胞、浆细胞、淋巴细胞和单核细胞等。

**3. 增生与免疫反应** 增生是指脾中的单核-巨噬细胞、淋巴细胞和浆细胞的数量增多,属于脾的免疫反应。

无论急性还是慢性脾炎,均可见脾单核-巨噬细胞的增生,但在急性经过时较为明显。增生的单核-巨噬细胞呈圆形、椭圆形,胞核常位于胞质的一侧,可对病原体、变性的红细胞、淋巴细胞和组织分解产物进行吞噬。在急性传染病如急性猪丹毒,增生的细胞很快发生变性、坏死和崩解;而在慢性传染病如牛传染性胸膜肺炎,增生的细胞在疾病过程中大部分存留于脾，使脾体积呈进行性增大。在结核病、鼻疽等慢性传染病过程中，增生的单核-巨噬细胞转化成上皮样细胞和多核巨细胞，并形成特殊肉芽肿。

脾是机体实施体液免疫与细胞免疫的重要器官，脾内淋巴细胞增生在慢性经过的传染病中表现尤为突出。例如患慢性马传染性贫血、结核病、沙门菌病时，可见脾白髓体积增大，生发中心明显，淋巴细胞数量增多。在淋巴细胞增生的同时，网状细胞和浆细胞也有不同程度的增生。

**4. 变性和坏死**　主要是指脾实质细胞的变性、坏死。在急性脾炎时，脾的淋巴细胞、网状-内皮细胞可发生弥散性坏死、崩解，致使脾实质细胞成分明显减少。有时坏死以灶状的形式出现，即在脾髓中出现散在的、大小不等的坏死灶。坏死区的细胞成分多发生崩解、核破碎，并与渗出的浆液、纤维素以及肿胀的网状纤维混在一起，呈均质红染，其间偶有少数残留的细胞散在。除脾实质外，脾的血管也可发生变性和坏死。

**5. 脾支持组织被破坏**　主要是指脾被膜和小梁内平滑肌纤维的机能障碍（松弛）和结构损伤而引起的张力破坏。脾炎早期，脾支持组织内平滑肌松弛的发生是植物性神经机能障碍的结果。但在疾病后期，引起脾炎的病原微生物及其毒素，脾坏死、白细胞崩解所释放的酶，均可使脾支持组织中的平滑肌、胶原纤维、弹性纤维和网状纤维发生坏死、崩解，从而导致其张力的破坏。脾支持组织的破坏是脾高度充血和质地松软的基础。

镜检可见被膜和小梁中的胶原纤维、弹性纤维和平滑肌肿胀、溶解，着染减弱，排列疏松。病变严重时，它们失去固有结构而崩解成小颗粒状，肌细胞核淡染、肿胀甚至溶解消失。网状纤维肿胀，银染着色不佳。

### （二）类型及病理变化

根据病变性质和病程急缓，可分为急性炎性脾肿、坏死性脾炎、化脓性脾炎和慢性脾炎等几种类型。

**1. 急性炎性脾肿**（acute inflammatory splenectasis）　是指伴有脾明显肿大的急性炎症，也称急性脾炎（acute splenitis）。主要由病原微生物和血液原虫引起，多见于炭疽、急性猪丹毒、急性副伤寒、急性猪链球菌病、急性马传染性贫血、鸡大肠杆菌病等急性败血性传染病，故常称为败血脾（septic spleen）。也可见于牛泰勒虫病、马梨形虫病等呈急性经过的血液原虫病。

（1）病理变化：

剖检病变：脾增大，可比正常大2~3倍，甚至5~10倍，被膜紧张，边缘钝圆（二维码16-1）。切开时流出血样液体，切面隆突富有血液。明显肿大时犹如血肿，呈暗红色或黑红色，白髓和脾小梁形象不清，脾髓质软，用刀轻刮切面，可刮下大量富含血液的煤焦油脾髓。

二维码 16-1

镜检病变：脾髓内充盈大量血液，脾实质细胞（淋巴细胞、网状细胞）因弥散性坏死、崩解而明显减少；白髓体积缩小，甚至完全消失，仅在中央动脉周围残留少量淋巴细胞；红髓中固有的细胞成分也大为减少，有时在小梁或被膜附近可见一些零散的淋巴组织在红细胞背景下呈岛屿状分布（二维码16-2）。充血、淤血导致的脾含血量增多，是脾体积增大的主要组织学基础，出血也是急性炎性脾肿的重要组成部分。

二维码 16-2

在充血的脾髓中还可见病原菌和散在的组织坏死灶，后者由渗出的浆液、中性粒细胞和坏死崩解的实质细胞混杂而成。炎性坏死灶的大小不一，形状不规则。此外，被膜和小梁中的平滑肌、胶原纤维和弹性纤维肿胀、溶解，排列疏松。

（2）结局：急性脾炎的病因消除后，炎症过程逐渐停止，充血消失，局部血液循环恢复正常，坏死的细胞崩解，随同渗出物被吸收。此时脾实质成分减少，脾皱缩，质地松弛，被膜增厚，切面干燥呈红褐色。此后，脾通过淋巴组织再生和支持组织的修复，一般可恢复正常的形态结构和功能。有时因再生能力弱（机体状况不良）和脾实质破坏严重可发生脾萎缩，此时脾体积缩小、质软，被膜和小梁因结缔组织增生而增厚、变粗。

**2. 坏死性脾炎**（necrotic splenitis） 是指脾实质坏死明显而体积不肿大的急性脾炎。多见于巴氏杆菌病、沙门菌病、猪瘟、猪伪狂犬病、禽流感、鸡新城疫、传染性法氏囊病和弓形虫病等急性传染病、寄生虫病。

（1）病理变化：

剖检病变：脾体积不肿大或仅轻度肿大，在表面或切面可见针尖至粟粒大灰白色坏死灶。猪瘟时脾出血性梗死灶属特殊性坏死性脾炎，坏死灶呈暗红色隆起于脾表面，多位于脾边缘。

二维码 16-3

镜检病变：脾白髓和红髓内坏死灶呈散在分布，灶内多数淋巴细胞和网状细胞已坏死，胞核溶解或破碎，细胞肿胀、崩解，少数细胞还具有淡染而肿胀的胞核（二维码16-3）。坏死灶内同时见浆液渗出和中性粒细胞浸润，有些粒细胞也发生核破碎。脾含血量未见增多，故脾通常不肿大。被膜和小梁均见变质性变化。在鸡发生坏死性脾炎时（多见于鸡新城疫和鸡霍乱），坏死主要发生在鞘动脉周围的网状细胞，并可扩大波及周围淋巴组织。有的坏死性脾炎，由于血管壁破坏，还可发生较明显的出血。例如，一些猪瘟病例脾边缘可见出血性梗死灶。脾白髓坏死灶内可发生灶状出血，严重时整个白髓的淋巴细胞几乎全被红细胞替代。鸭发生脾脏坏死时，脾组织出现弥散性崩解坏死或出血性坏死。

（2）结局：坏死性脾炎的病因消除后，炎症过程可以消散，随着坏死物和渗出物的吸收，淋巴细胞和网状细胞的再生，脾的结构和功能一般可以完全恢复。但当脾实质和支持组织遭受严重损伤时，受损脾难以完全恢复，其实质成分减少，支持组织中的结缔组织明显增生，导致小梁增粗和被膜增厚，发生纤维化。

**3. 化脓性脾炎**（suppurative splenitis） 是指伴有组织脓性溶解的脾炎。主要由机体其他部位化脓灶内的化脓菌经血源性播散所致。

剖检病变：可在脾组织内发现大小不等的化脓灶。

镜检病变：初期可见脾组织内有大量中性粒细胞浸润、聚集，以后中性粒细胞变性、坏死、崩解，局部组织也随之坏死而形成脓液。后期，化脓灶周围常见结缔组织增生、包绕。

**4. 慢性脾炎**（chronic splenitis） 是指伴有脾肿大的慢性增生性脾炎。多见于亚急性或慢性马传染性贫血、结核病、沙门菌病、牛传染性胸膜肺炎和布氏杆菌病等病程较长的传染病，也见于某些血液原虫病。

（1）病理变化：

剖检病变：脾程度不等地肿大，被膜增厚，边缘稍显钝圆，质地硬实；切面平整或稍隆突，增大的白髓呈灰白色颗粒状分布在暗红色红髓的背景上；但有时这种现象不明显，只见整个脾切面色彩变淡，结构较致密。在结核病、鼻疽和布氏杆菌病等疾病时，还可见到特异性肉芽肿的形成（结核结节、鼻疽结节），结节中心为干酪样坏死，结节最外层有纤维结缔组织形成的包囊。

镜检病变：慢性脾炎主要表现增生性病变，但在不同的传染病过程中增生的细胞不尽相同，有的以淋巴细胞为主，有的以巨噬细胞为主，有时两种细胞都明显增生。例如，在亚急性马传染性贫血的慢性脾炎时，脾淋巴细胞的增生明显，往往形成许多新的淋巴小结，并可与原有的白髓连接；结核性脾炎时，脾的巨噬细胞明显增生，由其转化的上皮样细胞和多核巨细胞形成肉芽肿，其周围也见淋巴细胞浸润和增生；在布氏杆菌病的慢性脾炎时，既可见淋巴细胞增生形成明显的淋巴小结，又有由巨噬细胞增生形成的上皮样细胞结节散在分布于脾髓中。慢性脾炎过程中，还可见支持组织内结缔组织增生，因而使被膜增厚和小梁变粗。与此同时，脾髓中也见散在的细胞变性和坏死。

（2）结局：慢性脾炎常以不同程度的纤维化为结局。随着慢性传染病过程的结束，脾内增生的淋巴细胞逐渐减少，局部网状纤维胶原化，上皮样细胞转变为成纤维细胞，结果使脾内结缔组织成分增多，进一步发生纤维化；而被膜、小梁也因结缔组织增生而增厚、变粗，从而导致脾体积缩小、质地变硬。

## 第二节 淋巴结炎

淋巴结炎（lymphadenitis）即淋巴结的炎症。若单个或仅某一组淋巴结发炎，表明输入该淋巴结的淋巴流区域有局部感染、创伤或炎灶；若多处或全身淋巴结发炎，则表明发生了全身性感染。

按炎症发展过程，可分为急性淋巴结炎和慢性淋巴结炎两种类型。

**1. 急性淋巴结炎**（acute lymphadenitis） 可呈全身性或局部性，前者见于败血性传染病；后者见于其淋巴流区域的急性炎症或局部感染。

（1）浆液性淋巴结炎（serous lymphadenitis）：又称单纯性淋巴结炎（simple lymphadenitis），常见于某些传染病的初期，以及局部组织器官发生急性炎症时，也是其他淋巴结炎的早期表现，是最常见的淋巴结炎症。

①病理变化：

剖检病变：发炎淋巴结肿大，色鲜红或紫红；切面隆突、潮红，湿润多汁。

镜检病变：被膜、小梁及实质内毛细血管充血，淋巴窦明显扩张，内含浆液（二维码16-4），窦壁细胞肿大、增生，有时在窦内大量堆积（称为窦卡他）。扩张的淋巴窦内，通常还有不同数量的中性粒细胞、淋巴细胞和浆细胞，而巨噬细胞内常有吞噬的致病菌、红细胞、白细胞。淋巴小结内的淋巴细胞因组织水肿而显疏松。炎症后期淋巴组织增生，淋巴小结生发中心扩大，并见较多细胞分裂象，淋巴小结周围、副皮质区和髓索淋巴细胞增生、密集。

二维码 16-4

②结局：发生急性浆液性淋巴结炎时，在病因消除后，炎症可逐渐消退直至完全恢复正常。病因持续存在可转为慢性淋巴结炎；病因作用加剧可发展为出血性淋巴结炎或坏死性淋巴结炎。

（2）出血性淋巴结炎（hemorrhagic lymphadenitis）：常伴发于有较严重出血的败血性传染病，如炭疽、巴氏杆菌病、猪瘟、急性猪链球菌病等；也可见于某些急性原虫病。

①病理变化：

剖检病变：淋巴结肿大，呈暗红或黑红色，切面隆突、湿润。如轻度出血，淋巴结被膜潮红、散在少许出血点；中等程度出血时，于淋巴结髓质、被膜下和沿小梁出血而呈黑红色条斑，使淋巴结切面呈红白相间的大理石样外观；严重出血的淋巴结因被血液充斥，酷似血肿（二维码16-5）。

二维码 16-5

镜检病变：出血部位的淋巴窦内聚集大量红细胞，淋巴小结内也有出血（二维码16-6）。此外，尚有一些浆液渗出和炎性细胞浸润。

淋巴结内的红细胞，除淋巴结的渗出性出血引起外，也可随淋巴流从局部出血区带来。后一种情况并非淋巴结的真正出血，而是属于输入性出血。

②结局：当原发病痊愈时，淋巴结内渗出的血液可被溶解、吸收、消散；有时可在出血的基础上发生淋巴组织坏死。

二维码 16-6

（3）坏死性淋巴结炎（necrotic lymphadenitis）：是指伴有明显实质坏死的淋巴结炎。见于猪瘟、坏死杆菌病、炭疽、牛泰勒虫病和猪弓形虫病等，多在浆液性淋巴结炎或出血性淋巴结炎的基础上发展而来。

①病理变化：

剖检病变：淋巴结肿大，呈灰红色或暗红色，切面湿润、隆突，有大小不等的灰黄色坏死灶散在分布；后期淋巴结切面干燥，因出血、坏死而呈砖红色。

镜检病变：见淋巴组织灶状或弥散性坏死，其原有结构被破坏，细胞崩解，形成大小不等、形状不一的坏死灶（二维码16-7），有的坏死灶内有大量红细胞；坏死灶周围充血、出血，有时见中性粒细胞和巨噬细胞浸润，在弓形虫病和泰勒虫病时常可在巨噬细胞胞质内见有原虫；淋巴窦扩张，其中有大量巨噬细胞，出血明显时有大量红细胞，也可见白细胞和组织坏死崩解产物。

二维码16-7

坏死性淋巴结炎过程中，常同时发生淋巴结周围炎，可见淋巴结的被膜和周围疏松结缔组织呈胶样浸润，镜检见明显水肿和白细胞浸润。

②结局：坏死性淋巴结炎的结局主要取决于坏死性病变的程度。小坏死灶通常可被溶解、吸收，组织缺损经再生而修复。较大的坏死灶多被新生的肉芽组织机化或形成包囊。淋巴组织广泛坏死，常导致淋巴结的纤维化。

(4) 化脓性淋巴结炎（suppurative lymphadenitis）：是指伴有组织脓性溶解的淋巴结炎。多见于马腺疫和猪链球菌病的下颌淋巴结，也发生于组织、器官化脓性炎累及局部淋巴结时。

①病理变化：

剖检病变：淋巴结肿大，灰黄色，表面或切面有大小、形状不一的化脓灶，脓液多为灰白色或灰黄色。有时形成较大的脓肿，并有包囊包裹，后期脓液干涸。

镜检病变：炎症初期淋巴窦内聚集浆液和大量中性粒细胞，窦壁细胞增生、肿大，进而中性粒细胞大量聚集、变性、崩解，局部组织发生溶解，形成脓液。经时较久，则见化脓灶周围有纤维组织增生而形成包囊。

②结局：早期病灶，渗出物可被吸收而消散。小化脓灶可被机化而形成瘢痕。大化脓灶在包囊形成后，脓液逐渐干涸变成干酪样物质，进而发生钙化。这种陈旧的化脓灶，与结核病的干酪样坏死灶在外观上难以区分。体表淋巴结的脓肿，可形成窦道向体外排脓，排脓创口可修复。化脓性淋巴结炎常经淋巴管蔓延至下游的淋巴结，化脓菌可通过淋巴管和血管播散至全身，引起多器官化脓性炎症，甚至发生脓毒败血症。

**2. 慢性淋巴结炎**（chronic lymphadenitis） 多由急性淋巴结炎转变而来，也可由致病因素反复或持续作用而引起。常见于某些慢性疾病，如结核病、布氏杆菌病、猪支原体肺炎等。

(1) 细胞增生性淋巴结炎：由病原反复或持续感染所引起的以淋巴细胞显著增生为主要表现的淋巴结炎。通常见于慢性经过的传染病（如猪圆环病毒病、布氏杆菌病、副结核病等）或组织器官发生慢性炎症时。

剖检病变：发炎淋巴结肿大，灰白色，质地较硬；切面皮质、髓质结构不清，呈一致的灰白色，类似于脊髓或脑髓状，故有髓样肿胀之称。切面常因淋巴小结增生而呈颗粒状。如仔猪副伤寒、猪支原体肺炎的肠系膜淋巴结。

镜检病变：淋巴结内呈现以淋巴细胞增生为主的细胞成分增多。淋巴小结体积增大、数量增多，并具有明显的生发中心；皮质、髓质界限不清，淋巴窦也被增生的淋巴组织挤压或占据，淋巴细胞弥散地分布于整个淋巴结（二维码16-8）。在淋巴细胞之间也可见巨噬细胞有不同程度的增生，有时还可见浆细胞散在分布或呈小灶状集结。充血和渗出现象不明显，偶见少量粒细胞浸润及变性、坏死。

二维码16-8

结核病、鼻疽、布氏杆菌病和副结核病时的慢性淋巴结炎及霉菌性淋巴结炎，通常在淋巴细胞增生的同时还有大量上皮样细胞及郎罕斯巨细胞的形成。上皮样细胞、郎罕斯巨细胞初期以散在的、大小不一的细胞集团形式出现，多位于淋巴窦内，以后增生明显时可形成典型的特殊肉芽肿结节，其中心常见干酪样坏死或形成钙化灶。抗酸染色在细胞内可见分枝杆菌或副结核分枝杆菌；霉菌性淋巴结炎时可见霉菌菌丝和孢子。

(2) 纤维增生性淋巴结炎：主要见于细胞增生性淋巴结炎、坏死性或化脓性淋巴结炎的后期，特征是淋巴结内结缔组织增生和网状纤维胶原化。

剖检病变：淋巴结体积变小，质地坚硬，表面高低不平，切面见灰白色条索呈不规则地交错排列，淋巴结固有结构被破坏。

镜检病变：被膜、小梁及血管外膜结缔组织显著增生，小梁、被膜增粗、变厚，原有细胞成分因受增生的胶原纤维及成纤维细胞挤压而萎缩，数量减少；网状纤维变粗，有些可进一步转变成胶原纤维；随病程延长，胶原纤维可肿胀融合，丧失纤维结构，变成无结构、均质的玻璃样物质。严重时，整个淋巴结可变为纤维结缔组织小体。

（3）结局：以特异性肉芽组织增生为主的增生性淋巴结炎的结局取决于原发病。若病情加剧，上皮样细胞则发生坏死、崩解，坏死灶扩大；若疾病痊愈，则上皮样细胞消失或转为成纤维细胞，纤维结缔组织增多，以纤维化为结局。慢性淋巴结炎可持续很长时间，引起淋巴结功能减弱甚至消失。

## 第三节　骨　髓　炎

骨髓炎（osteomyelitis）即骨髓的炎症，多由感染或中毒引起。按病程经过不同可分为急性骨髓炎（acute osteomyelitis）和慢性骨髓炎（chronic osteomyelitis）两种。

**1. 急性骨髓炎**

（1）分类：按病变性质可分为化脓性骨髓炎和非化脓性骨髓炎。

①急性化脓性骨髓炎：是由化脓菌感染所致。感染路径可以是血源性的，如体内某处化脓性炎灶中的化脓菌经血液转移到骨髓；也可以是局部化脓性炎（如化脓性骨膜炎）的蔓延，或骨折损伤所引致的直接感染。

病理变化：化脓性骨髓炎时，可在骺端或骨干的骨髓中形成脓肿，局部骨髓固有组织坏死、溶解。随着脓肿的扩大，化脓过程可波及整个骨髓，甚至侵及骨组织。骨髓的化脓性炎可侵蚀骨干的骨密质到达骨膜下，引起骨膜下脓肿。此时，由于骨膜与骨质分离，使骨质失去来自骨膜的血液供给而发生坏死，被分离的骨膜因刺激引发成骨细胞增生，继而形成一层新骨。新骨逐渐增厚，形成骨壳包围部分或整个骨干，骨壳通常有许多穿孔，称为骨瘘孔，并从孔内经常向外排脓。化脓性骨髓炎也可经骨骺端侵及关节，引起化脓性关节炎。如果大量化脓菌进入血液，可导致脓毒败血症。

②急性非化脓性骨髓炎：是以骨髓各系造血细胞变性坏死、发育障碍为主要表现的急性骨髓炎，常见病因为病毒感染（如马传染性贫血病毒、鸡传染性贫血病毒）、中毒（如苯、蕨类植物）和辐射损伤等。

（2）病理变化：

剖检病变：一般表现为红骨髓色彩变淡，呈黄红色，或岛屿状红骨髓散在于黄骨髓中，有的可见长骨的红骨髓稀软，呈污红色。

镜检病变：骨髓各系造血细胞（红细胞系、粒细胞系、巨核细胞系）因变性、坏死明显减少。小血管内皮细胞肿胀、变形和脱落，并见浆液和炎性细胞渗出，常见充血、出血性病变。

**2. 慢性骨髓炎**

（1）分类：通常是由急性骨髓炎转变而来，可分为慢性化脓性骨髓炎与慢性非化脓性骨髓炎。

①慢性化脓性骨髓炎：是由急性化脓性骨髓炎迁延不愈转变来的，其特征为脓肿形成，结缔组织和骨组织增生。此时，脓肿周围肉芽组织增生形成包囊，并发生纤维化，其周围骨质常硬化成壳状，形成封闭性脓肿。有的脓肿侵蚀骨质及其相邻组织，形成向外开口的脓性窦道，不断排出脓性渗出物，长期不愈。窦道周围肉芽组织明显增生并发生纤维化。

②慢性非化脓性骨髓炎：常见于马传染性贫血、侵害骨髓的网状内皮组织增生病、禽J-亚型白血病、慢性中毒等。

(2) 病理变化：

剖检病变：慢性马传染性贫血时，见长骨骨髓的红髓区扩大，有时在黄髓中可见点状红髓。而在网状内皮组织增生病、禽J-亚型白血病时，可见红骨髓逐渐变成黄骨髓状，甚至变成灰白色。

镜检病变：骨髓各系造血细胞不同程度坏死、消失，淋巴细胞、单核细胞、成纤维细胞增生，实质细胞被脂肪组织取代。网状内皮增生病见网状细胞呈灶状或弥散性增生；J-亚型白血病时以髓系细胞增生为主。当机体遭受细菌、病毒、真菌、寄生虫及过敏原的侵害时，则见中性粒细胞或嗜酸性粒细胞浸润。

（刘思当）

# 第十七章 呼吸系统病理

**内容提要** 支气管肺炎是动物肺炎的一种常见类型,是病原经气道播散以肺小叶为基础引发的。大叶性肺炎的病灶是大叶性的,其病变过程可分为充血水肿期、红色肝变期、灰色肝变期、消散期。间质性肺炎是病原经气道或血流播散而引起的肺泡壁、支气管周围、血管周围和小叶间质的炎症。肺气肿指局部肺组织内气体含量增多,肺体积增大;肺萎陷指局部肺组织内气体含量减少,肺泡塌陷。呼吸功能不全是由于肺通气障碍、肺换气障碍、肺泡通气血流比例失调而引起的一种病理过程,可对机体产生呼吸困难等多种影响。

## 第一节 肺 炎

肺炎(pneumonia)是指细支气管、肺泡和肺间质的炎症。根据发病机理和病变特点,主要分为支气管肺炎、大叶性肺炎、间质性肺炎等。

### (一) 支气管肺炎

支气管肺炎(bronchopneumonia)是指肺小叶范围内的细支气管及其肺泡的急性、浆液性、细胞渗出性炎症。其病变发生过程一般由支气管开始,继而蔓延到细支气管,沿细支气管管腔直达肺泡;或是向细支气管周围发展,引起细支气管周围炎及其邻近肺泡的炎症。由于这种炎症多局限于小叶内,故又称小叶性肺炎(lobular pneumonia)。

支气管肺炎是动物肺炎的一种常见类型,多见于马、牛、羊、猪,尤其是幼龄动物。在机体抵抗力持续下降时,小叶性病变可相互融合形成融合性支气管肺炎。

**1. 原因及致病机理** 动物支气管肺炎的发生原因主要是病原微生物,特别是致病菌,常见的有多杀性巴氏杆菌、溶血性曼氏杆菌、猪霍乱沙门菌、胸膜肺炎放线杆菌、链球菌、葡萄球菌、大肠杆菌等。在肺的防御机能低下或受损时,致病菌乘虚而入,大量繁殖,引起本病。

环境变化和其他因素引起的应激反应是主要诱因。如密集饲养、微量元素和维生素缺乏、长途运输、脱水、受寒、饥饿、病毒感染、有毒气体和颗粒吸入、代谢紊乱(尿毒症与酸中毒等)。这些诱因引起肺防御机制受损、宿主抵抗力下降,使环境中的或寄生在上呼吸道的致病菌增殖,沿支气管蔓延,并侵入肺实质,引发支气管肺炎。

呼吸性细支气管是对多种吸入性颗粒(尤其是传染性带菌飞沫)损伤最敏感的部位,直径为 0.5~3.0 μm 的微小颗粒,容易在此沉着。其原因是:①呼吸性细支气管上皮细胞缺乏黏液保护层和肺泡巨噬细胞系统的有效保护,对损伤因素的应答比较脆弱。②从受损肺泡中被清除的大量的细胞性（主要是巨噬细胞）和非细胞性物质，在通过相对狭窄的呼吸性细支气管时，极易堵塞该处呈漏斗状或瓶颈状的管腔，妨碍了渗出物的进一步排出。

动物绝大多数呼吸性细支气管的原发性感染，都是经过气道播散引起的。播散的速度和范围，主要取决于致病因子的毒力与宿主防御反应间的力量对比。在少数情况下，有些病原菌可从血液到达支气管周围的血管引起支气管炎。动物支气管肺炎多发生在肺叶前下部，与传染性颗粒在此容易沉积以及此区域血液循环和通气不良有关。

**2. 病理变化**

剖检病变：支气管肺炎的典型眼观变化是肺叶前下部不规则的实变，最常损伤肺尖叶、心叶和膈叶前下部。常累及一侧肺或局限于一个肺叶，有时也呈局灶性地分布于两肺各叶。肺实变区的颜色从暗红色、粉红灰色到灰色不等，取决于病变性质和病程。触摸肺组织坚实。病变区呈现一种镶嵌状，中央部位是灰白色到黄色，周围为暗红色，外为正常色彩有时甚至呈苍白色（二维码17-1）。其中灰白色病灶是以细支气管为中心的渗出区，呈岛屿状或三叶草样分布，用手触压，可从支气管断端流出灰白色混浊的黏液性-脓性或脓性分泌物，有时支气管可被栓子样渗出物堵塞（二维码17-2）。病灶周围暗红色的区域，是严重充血、水肿和肺萎陷区；苍白色的部位是肺气肿区。有时几个病灶很快发生融合，形成支气管性融合性肺炎，甚至侵犯整个大叶。病变较轻时胸膜表面正常，富有光泽；严重时炎症可侵及胸膜，胸膜潮红、粗糙，表面有灰黄色纤维素或纤维素性-化脓性渗出物沉积。

二维码 17-1

二维码 17-2

镜检病变：在支气管肺炎初期，常见病灶中央的细支气管管壁充血、水肿及中性粒细胞浸润，管腔内含有不等量的细胞碎屑、黏液、纤维蛋白、脱落的上皮细胞和大量中性粒细胞，细支气管上皮细胞出现从坏死至增生的病变；支气管、细支气管周围结缔组织也有轻度的急性炎症。肺泡壁充血，肺泡腔内充满浆液和中性粒细胞；病灶周围肺组织常出现代偿性肺气肿和肺萎陷（二维码17-3），在萎陷的肺泡内含有水肿液或浆液性-纤维素性渗出物、红细胞、巨噬细胞以及少量脱落的上皮细胞。炎症初期，炎性细胞以中性粒细胞占优势，随着病程的发展，单核细胞不断增多，中性粒细胞减少，并发生变性、坏死和崩解。

二维码 17-3

**3. 结局及对机体的主要影响**

（1）完全康复：如经合理治疗使机体的抵抗力增强，肺泡巨噬细胞则成为优势细胞，它们可吞噬病原菌、细胞碎屑，并借助于咳嗽，经气道清除各种病理产物。巨噬细胞分泌的细胞因子、肺泡表面体液中 IgG 等免疫球蛋白，也有重要的抗菌作用。随着炎症渗出物被清除，炎症开始消退，病畜逐渐康复。轻度支气管肺炎可在 7～10 d 出现消散，3～4 周内肺转为正常。

（2）死亡：严重的支气管肺炎可导致死亡。原因是由于不能迅速消除传染性病原，造成肺泡基底膜的破坏，渗出物不能迅速被清除，引起低氧血症和毒血症所致。

（3）转为慢性：急性支气管肺炎可转为慢性，最常见于牛，绵羊和猪少见。慢性支气管肺炎的病变是肺萎陷、慢性化脓与纤维化。反刍动物和猪的化脓性病变似乎可波及整个气道，尤其是牛还可见支气管扩张与脓肿形成。

## （二）大叶性肺炎

大叶性肺炎（lobar pneumonia）是指整个肺叶或大部分肺叶发生的以纤维素渗出为特征的一种肺炎，故又称为纤维素性肺炎（fibrinous pneumonia）。大叶性肺炎多见于牛传染性胸膜肺炎、猪巴氏杆菌病、山羊传染性胸膜肺炎，或继发于马腺疫、鸡和兔的出血性败血症等疾病。

**1. 原因及致病机理** 大叶性肺炎主要是由病原微生物引起的。常见的病原有支原体、胸膜肺炎放线杆菌、副猪嗜血杆菌、多杀性巴氏杆菌、链球菌、红球菌等。目前认为，引起动物大叶性肺炎的病原多属于动物鼻咽部正常微生物区系的共生菌。

外界应激因子是动物大叶性肺炎发生的重要诱因。如长途运输、呼吸道病毒感染、其他细菌的协同作用、空气污染、受寒受潮、过劳、微量元素与维生素缺乏等因素，可使机体反应性改变，免疫反应能力降低，损伤正常呼吸道黏膜的防御功能，尤其是纤毛运动及其分泌物的清除作用，而有利于病原的侵入并引发疾病。致病因子在上述应激条件下易侵入下呼吸道，并在短时间内通过直接蔓延、淋巴流、血流途径扩散，迅速波及整个或大部分肺叶，引起大叶性肺炎。

大叶性肺炎在病因上与支气管肺炎很相似，故也有人认为它是急性支气管肺炎迅速扩散的结果。

**2. 病理变化** 大叶性肺炎的病变为大叶性，尖叶、心叶和膈叶均可能受害，可波及一侧肺或两侧肺。由于病变形成的时间不同，眼观肺病变部存在差异，从红褐色、暗红色到红棕色或灰白色不等，多呈斑驳状或大理石样外观（二维码 17-4）。典型的大叶性肺炎是大面积泛发的、甚至是累及整个肺叶的一种纤维素性-化脓性的实变，可人为地分为 4 个发展阶段，即充血水肿期、红色肝变期、灰色肝变期及溶解消散期。

二维码 17-4

（1）充血水肿期（stage of congestion and edema）：

剖检病变：肺叶膨大，质量增加，潮红，质地稍变实，切面呈红色，按压时常流出泡沫状血样液体。将小块病变肺组织放入水中呈半浮半沉状。

镜检病变：肺泡壁毛细血管扩张、充血，肺泡腔内有多量浆液性渗出液，间杂少量红细胞、中性粒细胞和巨噬细胞（二维码 17-5）。细菌染色检查在渗出液中常可检出较多的细菌。

二维码 17-5

（2）红色肝变期（stage of red hepatization）：

剖检病变：肺体积显著膨大，质量增加，肺叶转为红色、硬实、不含空气，质地硬实如肝，故被称为"肝变"。肺间质明显增宽，充满半透明胶样渗出物，外观呈索状。淋巴管扩张，管腔中含有纤维蛋白凝块。肺切面呈暗红色，细颗粒状、干燥而质脆，小块病变肺组织投入水中完全下沉。胸膜常伴发有纤维素性炎症的变化。在肺胸膜与肋胸膜的表面，常被覆一层灰白色网状的纤维素膜，剥离后见肺胸膜肿胀、粗糙而无光泽，小血管扩张充血，并散布斑点状出血。胸膜腔内常有大量混杂淡黄色絮状纤维素的渗出物。

镜检病变：肺泡毛细血管充血，肺泡腔内充满浆液性-纤维素性渗出物，间杂不等量的红细胞、少量肺泡巨噬细胞、中性粒细胞以及脱落的肺泡上皮（二维码 17-6）。支气管和细支气管管腔及其周围也有类似的渗出物。肺间质充满胶样液体，淋巴管扩张，管腔中含有纤维蛋白凝块。

二维码 17-6

（3）灰色肝变期（stage of gray hepatization）：

剖检病变：病变部的肺叶由暗红色转变为灰红色，最后转变为灰白色，表面干燥，质地如肝。有时出现坏死区，易碎，形成空洞。肺间质和胸膜的变化与红色肝变期的基本相同。

镜检病变：毛细血管因渗出物的增加而被挤压，充血消失，许多毛细血管被血栓堵塞。肺泡腔、疏松结缔组织特别是淋巴管常被浆液性-纤维素性或纤维素性渗出物所扩张（二维码 17-7），淋巴管内常见纤维蛋白凝栓。受损区内的小气道内充满化脓性渗出物或纤维蛋白性渗出物。由于肺泡壁炎症的局部蔓延和偶发的栓子形成，炎灶内的血管、尤其是小静脉可发生血管炎。

二维码 17-7

（4）溶解消散期（stage of resolution）：

剖检病变：病变区呈灰黄色，质地变软，切面湿润，呈半透明状，按压时可流出混浊的脓样液体，切面的颗粒状外观基本消失。肺炎区胸膜上的纤维素可被酶性溶解，常见机化，胸膜增厚或出现永久性粘连。

镜检病变：肺泡腔内的纤维素性渗出物发生酶解过程，出现颗粒状、半流质样的碎屑，可被巨噬细胞吞噬或被机体咳出。中性粒细胞见变性、坏死与崩解，巨噬细胞增多，肺泡Ⅱ型上皮细胞和成纤维细胞增生。肺泡壁的毛细血管再通，肺泡腔随着支气管炎症的消退而逐渐充气，恢复其气体交换机能。但动物的纤维素性肺炎罕见完全消散的病例。因为炎症常累及淋巴管而影响吸收，肺泡腔的渗出物多被周围新生的肉芽组织所机化。

**3. 结局及对机体的主要影响**　大叶性肺炎发展迅速，损害范围广泛，可使肺的呼吸面积显著减少，动物发生严重缺氧和呼吸困难，多以死亡告终。

（1）肺肉变：存活动物，肺泡内渗出物被肉芽组织取代，广泛的机化使肺组织变得致密、坚实，称为肺肉变（carnification）。

（2）肺梗死与包囊形成：如果在疾病期间并发支气管动脉分支的血栓形成，其所属肺组织会因缺血、缺氧而发生局灶性梗死，梗死灶周围有包囊形成。

（3）肺脓肿与肺坏疽：常见的肺脓肿通常是由葡萄球菌和链球菌混合感染引起。在肺的表面和切面可见大小不等散在或密发的化脓灶，陈旧的化脓灶周围常见有一层脓肿膜。肺坏疽则是肺局部坏死后再继发厌氧腐败菌的感染所致。在肺切面可见病灶呈灰绿色的斑块状，边缘不整，内含污秽恶臭的内容物。

（4）化脓性胸膜炎与脓胸：位于肺浅表部位的脓肿破溃后，脓液进入胸腔，导致严重的化脓性胸膜炎，甚至脓胸。

（5）败血症：肺病灶内的病原菌经血源性扩散而引起败血症，在机体其他部位和器官又产生新的病灶，给机体带来更加严重的损害。例如，心包炎、心内膜炎、腹膜炎、纤维素性关节炎、脑膜炎、溶血性黄疸以及急性脾炎等。

（6）中毒性休克：革兰阴性菌产生大量内毒素和严重的毒血症，可引起中毒性休克和动物死亡。

### （三）间质性肺炎

间质性肺炎（interstitial pneumonia）是指肺间质（肺泡隔、支气管与血管周围及小叶间质等）的弥散性或局灶性的炎症。其病理学特征以肺泡隔渗出和增生性变化为主，同时在支气管周围、血管周围及小叶间质也见炎症过程。

**1. 原因及致病机理**　许多病原均可引起间质性肺炎，常见的有：①某些病毒、细菌、支原体、衣原体、真菌或寄生虫感染，例如绵羊进行性肺炎、犬瘟热、犊牛与仔猪的败血性沙门菌病、弓形虫病以及由蛔虫幼虫移行所致的急性寄生虫感染。②继发于支气管肺炎、大叶性肺炎、慢性支气管炎、肺慢性淤血及胸膜炎等疾病。③摄入毒素或毒素前体，如双苄基异喹啉类生物碱等。④吸入化学制剂或无机尘埃，如二氧化氮、工业粉尘。⑤药物有害反应，如过敏性肺炎等。

病原可通过气源性或血源性途径引发肺的感染。由气源性进入的病原主要引起肺泡管的中心性损伤，而血源性进入的病原可引起弥散性或随机性损伤，在大多数情况下，肺泡隔的损伤是血源性的。不论是血源性还是气源性感染，引起肺损伤之后出现的形态学变化具有许多共同的特征，主要是造成肺泡毛细血管内皮细胞和Ⅰ型肺泡上皮细胞的损伤。Ⅰ型肺泡上皮细胞损伤时，如果基底膜完好，可通过Ⅱ型肺泡上皮细胞增生并转化成Ⅰ型肺泡上皮细胞，使肺泡壁完全修复；如果基底膜受损且出现纤维性增生，就会导致肺泡和肺间质不可逆的纤维化。当间质出现可观察到的水肿和浆液性-纤维素性渗出物时，间质纤维化发展迅速。肺泡与间质纤维化的发生可能与胶原蛋白结构的改变以及影响胶原蛋白合成与降解的因素有关。

**2. 病理变化**

剖检病变：间质性肺炎可以是弥散性的，也可以是局灶性的，病变部位呈灰红色（急性）或黄白色、灰白色（慢性），病变区质地较实，切面致密、湿润、平整（二维码17-8）。在病灶周围肺组织常见肺气肿，有的病灶可发生纤维化，或继发化脓菌感染，形成有包囊的脓肿。胸膜光滑，胸膜渗出现象并不常见。

二维码 17-8

镜检病变：急性间质性肺炎初期，肺泡内充满浆液性-纤维素性渗出物，肺泡隔充血，水肿。纤维蛋白、其他血浆蛋白以及细胞碎屑凝结成透明膜（hyaline membrane），附着在肺泡腔的表面。肺泡渗出物内混有白细胞和红细胞，肺泡隔变宽、水肿，通常有以淋巴细胞、单核细胞为主，间杂少量浆细胞的炎性细胞浸润。支气管周围、血管周围、小叶间质及胸膜下发生淋巴细胞、单核细胞浸润和轻度结缔组织增生，间质增宽（二维码17-9）。

二维码 17-9

亚急性至慢性间质性肺炎的一个共同特征是肺泡上皮细胞增生，呈立方形排列，有时向肺泡腔突起形成乳头状或腺瘤样结构（二维码17-10）。慢性间质性肺炎表现为肺泡腔内有以巨噬细胞为主的单核细胞积聚、Ⅱ型肺泡上皮细胞持续增生以及间质因淋巴细胞积聚和纤维组织增生而增厚，肺泡腔变形呈蜂窝状。在猪地方流行性肺炎和绵羊进行性肺炎时，常见支气管和血管周围有增生浸润的淋巴细胞和单核细胞围绕形成管套状，有时形成滤泡样结构，生发中心明显。

二维码 17-10

**3. 结局及对机体的主要影响** 急性间质性肺炎在病因消除后可完全消散；但大多数急性间质性肺炎消散不完全，病变部常发生不同程度的纤维化；慢性间质性肺炎很难消散，病变部发生纤维化，呈橡皮样，不易切开，切面可见纤维束的走向。

有些急性间质性肺炎发展很快，在几周就能发生纤维化，引起呼吸衰竭而致动物死亡。伴发纤维化的存活病例，常显示轻重不一的呼吸功能障碍的症状。

还应特别指出，除支气管肺炎、大叶性肺炎、间质性肺炎外，特异性肺炎也是动物肺炎的一种重要类型。特异性肺炎（specific pneumonia）是指由特定的病原微生物感染引起的肺炎，例如结核性肺炎、鼻疽性肺炎等，将在有关章节加以叙述。

## 第二节　肺气肿与肺萎陷

### 一、肺 气 肿

肺气肿（emphysema）是指局部肺组织内空气含量过多，导致肺体积膨大。依据发生部位和发生机理不同，可将肺气肿分为肺泡性肺气肿和间质性肺气肿两种类型。

#### （一）肺泡性肺气肿

肺泡性肺气肿（alveolar emphysema）是指肺泡管或肺泡异常扩张，气体含量过多，并伴发肺泡管壁和肺泡壁破坏的一种病理过程。

**1. 发生机理** 大多数肺泡性肺气肿是由于气道阻塞或痉挛，肺泡不能正常地排出气体所致。多见于马慢性细支气管炎-肺气肿综合征、犬的先天性大叶性或大泡性肺气肿、肺炎、支气管炎、支气管痉挛、肺丝虫以及老龄动物（犬、猫和马）。以慢性支气管炎和细支气管炎为例，当小气道发生阻塞或狭窄时，吸气时引起肺被动性扩张，小气道随之扩张，造成气体的吸入；而呼气时，由于肺被动回缩，小气道阻塞，造成气体排出不畅或排出受阻，引起肺泡腔内气体含量增多。根据扩张肺泡腔的分布，可分为局灶性肺泡性肺气肿和弥散性肺泡性肺气肿。前者多发生于支气管肺炎病灶的周围肺泡，是健康肺泡呼吸机能加强的形态表现；后者多见于摄入外源性蛋白酶、化学药物（如氯化镉）、氧化剂（如空气污染物中的二氧化氮、二氧化硫、臭氧）等情况，其发生机制与肺内蛋白酶-抗蛋白酶失衡（protease-antiprotease imbalance）造成肺内蛋白质过度溶解有关。

**2. 病理变化**

（1）局灶性肺泡性肺气肿：

剖检病变：肺表面不平整，气肿部位膨大，高出于肺表面，色泽不均，病变部呈淡红黄色或灰白色，弹性减弱，触压或刀切时常发生捻发音，切面比较干燥，病变周围常有萎陷区（二维码 17-11）。

镜检病变：肺泡腔增大，肺泡隔毛细血管因空气压迫而闭锁，严重病例可见肺泡明显扩张，甚至破裂（二维码 17-12）。继发于局部瘢痕的肺气肿的特征是肺表面出现大气泡。这些病变区可压迫肺内的呼吸性细支气管和血管，使其变形。

（2）弥散性肺泡性肺气肿：

剖检病变：肺体积显著膨大，充满整个胸腔，有时肺表面遗留肋骨压迹。肺边缘钝圆，质地柔软而缺乏弹性，肺组织密度减小。由于肺组织受气体压迫而相对贫血，故呈灰白色，用刀切割时常可听到捻发音，切面上肺组织呈海绵状，可见到扩张的肺泡腔。在一些严重的病例，肺泡腔融合成直径达数厘米的充满空气的大空泡。

镜检病变：在中度至重度的病例，易发现扩张和融合的肺泡腔。

**3. 结局及对机体的主要影响** 轻微的局灶性肺泡性肺气肿一般不引起明显的肺功能改变，在病因消除后，肺内过多的气体随着肺泡功能的恢复逐渐被排除或吸收，可完全康复。

急性弥散性肺泡性肺气肿的动物可死于急性呼吸窘迫综合征。慢性肺泡性肺气肿的动物仅在重剧运动时，才表现出呼吸窘迫等症状。严重时动物因呼吸性酸中毒、右心衰竭而死亡。

二维码 17-11

二维码 17-12

### （二）间质性肺气肿

间质性肺气肿（interstitial emphysema）是指肺小叶间、肺胸膜下以及肺其他间质区内出现气体，多见于牛。

**1. 发生机理** 凡能引起强力呼气行为的病因均可导致肺泡内压力剧增，肺泡破裂，当缺乏空气流通的旁路时，气体强行进入间质，引发间质性肺气肿。常见于剧烈而持久的深呼吸、胸部外伤、濒死期呼吸、硫磷农药中毒、牛黑斑病甘薯中毒和牛急性间质性肺炎等疾病过程。

**2. 病理变化**

剖检病变：眼观可见肺胸膜下和小叶间的结缔组织内，有大量大小不等呈串珠样的气泡，有时可波及全肺叶的间质。牛和猪的间质较宽而疏松，故上述病变甚为明显。严重时，肺间质中的小气泡可汇集成直径 1~2 cm 的大气泡，并直接压迫周围的肺组织而引起肺萎缩。如果肺胸膜下和肺间质中的大气泡发生破裂，则可导致气胸。肺间质的气体有时可经肺根部进入纵隔，再到达颈部、肩部或背部皮下，引起这些部位的气肿。

## 二、肺 萎 陷

肺萎陷（collapse of lung）是指肺膨胀不全或曾充过气的肺组织的塌陷，使肺实质出现相对无空气的区域，可分为先天性肺萎陷和后天性肺萎陷两种类型。

### （一）先天性肺萎陷

又称为肺膨胀不全（肺不张）或胎儿肺不张（fetal atelectasis），见于从未呼吸过的死产动物和不完全充气的动物。主要病因是胎儿生前全身虚弱、营养不良、呼吸中枢受损或喉部功能紊乱、气道阻塞、肺和胸腔结构异常，造成呼吸无力或呼吸受阻所致。

胎儿肺不张时，因肺泡隔毛细血管扩张，肺呈紫红色，肉质样，小块肺组织在水中不漂浮。局部肺泡腔充盈液体，上皮细胞呈圆形。如在肺泡液中见到从口鼻处脱落的上皮细胞鳞屑、羊水、亮黄色的胎粪颗粒，表明胎儿在子宫内窒息前曾有过呼吸。

新生动物弥散性肺萎陷是新生动物透明膜病（neonatal hyaline membrane disease）的一个特点。本病多见于羔羊、仔猪、幼犬、马驹及犊牛。除了肺叶边缘外，受损的肺出现大面积萎陷。

剖检病变：肺质量增加，呈肉样，常有水肿。切面常流出奶酪色或血样泡沫，大气道内也有这种泡沫。在水中肺组织沉下或半沉。

镜检病变：肺泡隔充血，有不同程度的肺泡塌陷或肺泡内含有水肿液，肺泡管和终末细支气管表面附着有均质红染的透明膜，常见局灶性出血和间质性水肿。

### （二）后天性肺萎陷

又称为肺泡塌陷（alveolar collapse）。根据病因和发病机理可分为阻塞型、压迫型和坠积型等3种类型。

**1. 发生原因**

（1）阻塞型：是后天性肺萎陷中最常见的一种类型，主要是由于小支气管被过多的分泌物或炎性渗出物阻塞所引起。常见于慢性支气管炎、支气管肺炎、病毒感染（如牛呼吸道合胞体病毒）、有害气体与异物的吸入。绝大多数病例可引起末梢气道完全阻塞，肺泡塌陷，导致肺萎陷。

（2）压迫型：由肺胸膜和肺内占位性病变以及气胸所引起。常见于胸腔积水、胸腔积血、渗出性胸膜炎、气胸、纵隔与肺肿瘤等。气胸时病变侧几乎发生全肺性萎陷，多见于犬和猫等动物。

（3）坠积型：见于患病动物长期躺卧侧的肺下部。

**2. 病理变化**

剖检病变：由阻塞引起的肺萎陷肺具有代表性，萎陷区呈均匀的暗红色，质地柔软，小块肺组织在水中易沉没，如肺仍保留一定量的气体投入水中也可不下沉（二维码17-13）。小支气管可见被渗出物、寄生虫、吸入的异物或肿瘤细胞等所阻塞。

二维码 17-13

镜检病变：单纯肺萎陷可见肺泡隔轻度充血，肺泡壁呈紧密的平行状排列，残留的肺泡腔呈缝隙样，两端呈锐角（二维码17-14）。萎陷的肺泡腔内可见脱落的肺泡上皮细胞。病程较长时病变部位可因结缔组织增生而发生纤维化。

**3. 结局及对机体的主要影响**　肺萎陷是一种可逆性的病理过程，特别是阻塞性肺萎陷，当除去病因后，病变部位肺组织可恢复通气、换气功能。但持续性肺萎陷可引起肺通气障碍、肺泡表面活性物质活性丧失及下呼吸道分泌物淤积，发生呼吸功能不全甚至危及生命。长期肺萎陷可引起肺纤维化，当有感染性因素存在时还可引发萎陷性肺炎。

二维码 17-14

## 第三节　呼吸功能不全

### （一）概念

呼吸功能不全（respiratory insufficiency）是指由于外呼吸功能（肺通气和肺换气）发生严重障碍，使机体动脉血氧分压（$PaO_2$）低于正常范围，伴有或不伴有动脉血二氧化碳分压（$PaCO_2$）升高的一种病理过程。严重的呼吸功能不全可引起呼吸衰竭（respiratory failure）。

根据致病机理可分为通气性和换气性呼吸功能不全；根据发生原因可分为中枢性和外周性呼吸功能不全；根据病程可分为急性和慢性呼吸功能不全。

### （二）原因及致病机理

**1. 肺通气功能障碍**　通气指外环境气体与肺泡气交换的过程。肺通气障碍包括限制性和阻塞性通气不足。

(1) 限制性通气不足（restrictive hypoventilation）：是由于肺的扩张和回缩受到限制所引起的肺泡通气不足。常见的病因包括以下两类。

①胸壁异常：多发于呼吸中枢抑制、呼吸肌疲劳或萎缩、呼吸肌无力、胸膜炎、胸膜纤维化、胸廓畸形、胸腔积液、气胸等。

②肺疾病：见于肺炎、肺结核、肺脓肿、肺纤维化、肺泡表面活性物质减少等。

(2) 阻塞性通气不足（obstructive hypoventilation）：是由于气道的阻塞或狭窄所引起的肺泡通气不足。常见的病因是气道内径的改变，如气管痉挛、管壁肿胀或纤维化、管腔被黏液渗出物和异物阻塞等，均可使气道内径变窄或不规则而增加气流阻力，从而引起阻塞性通气不足。气道阻塞可分为中央性与外周性气道阻塞。

①中央性气道阻塞：指气管分叉处以上的气道发生阻塞或狭窄，若完全堵塞，可引起窒息（asphyxia）。若中央性气道胸外部分狭窄，可引起吸气性呼吸困难（inspiratory dyspnea）。例如鼻炎、喉炎、喉头水肿等疾病时，因吸气时气道内压明显低于大气压，导致气道狭窄加重；而呼气时因气道内压高于大气压而使阻塞程度减轻，故患病动物主要表现为吸气性呼吸困难。若中央性气道胸内部分狭窄，则引起呼气性呼吸困难（expiratory dyspnea）。因呼气时，胸腔内压高于气道内压，可使狭窄部位更狭窄。

②外周性气道阻塞：支气管和各级细支气管阻塞，可引发肺萎陷。而小气道（small airway）（无软骨支撑，管壁薄，与其周围的肺泡结构紧密相连）阻塞或狭窄，因吸气时随着肺泡的扩张，小气道受周围弹性组织牵拉，其口径变大和管道伸长；但呼气时小气道缩短变窄，气体不易排除，故患病动物主要表现为呼气性呼吸困难（expiratory dyspnea），甚至可发生阻塞性肺气肿（obstructive emphysema）。

肺通气功能障碍的血气特点是：$PaO_2$ 降低，伴有 $PaCO_2$ 升高。

**2. 肺换气功能障碍** 换气指肺泡气和肺泡隔毛细血管血液内的气体交换过程。肺换气功能障碍包括气体弥散障碍、肺泡通气与血流比例失调。

(1) 气体弥散障碍：指由肺泡表面积减少或呼吸膜增厚引起的气体交换障碍。常见原因有以下几种。

①呼吸面积减少：只有当呼吸面积减少50%以上时，才会发生换气功能障碍，例如广泛性肺实变、肺不张、弥散性肺萎陷等。

②呼吸膜厚度增加：当发生肺水肿、渗出性肺炎、间质性肺炎、肺泡透明膜形成（如新生动物透明膜病、间质性肺炎）、肺纤维化时，使呼吸膜增厚，气体弥散距离增加，弥散速度减慢，从而引起弥散障碍。

(2) 肺泡通气与血流比例失调：这是肺部疾患引起呼吸功能不全最常见和最重要的机理。有效的换气不仅依赖于肺泡的通气量和血流量，而且还取决于通气量和血流量的比例。动物在正常静息状态下，肺泡总通气量和总血流量的比例（V/Q）约为0.85。此时由于肺泡与血液之间的换气最充分，故动脉血氧含量最高。任何原因只要使一部分肺泡的通气或血流发生改变，通气量和血流量比例偏离正常范围，均可引起明显的换气功能障碍。肺泡 V/Q 值改变有以下两种情况。

①V/Q 大于正常值：见于肺泡通气量正常，但血流量明显减少时。如肺气肿、休克肺、肺动脉分支栓塞，这时可引起死腔样通气。因为肺泡周围血流量太少，故肺泡内的氧气很少能够弥散进入血液。

②V/Q 小于正常值：见于肺泡通气量明显减少，但血流量正常时。如肺萎陷、纤维素性肺炎、肺实变等，此时流经这些肺泡的静脉血就不能充分氧合。

肺换气功能障碍的血气特点是：$PaO_2$ 降低，$PaCO_2$ 可正常或降低（机体能进行有效代偿时），极严重时也可升高（机体代偿失调，导致总的肺泡通气量小于正常）。

### （三）对机体的主要影响

**1. 呼吸系统的变化** 呼吸功能不全时，由于缺氧、二氧化碳潴留、酸碱平衡紊乱，可使呼吸运动的深度、频率以及节律发生明显改变。表现初期为呼吸加深、加快，随后变浅、变慢，以至于呼吸运动变弱、呼吸间隔延长和不规则呼吸出现，严重时可导致呼吸停止。

阻塞性通气障碍时，可引起呼吸困难。呼吸困难（dyspnea）指呼吸运动所做的功超过了正常，动物呈现一种费力的、痛苦的呼吸状态。呼吸频率发生改变（可增加，见于轻度缺氧、pH降低时；有时也可能减少，见于呼吸中枢严重损伤或二氧化碳排出过多时），需要呼吸辅助肌群参与才能完成呼吸运动。由于阻塞的部位不同，可表现为吸气性呼吸困难、呼气性呼吸困难以及混合性呼吸困难（mixed dyspnea），后者常见于肺炎、肺水肿时。

**2. 中枢神经系统的变化** 由于呼吸功能不全引起的脑功能障碍称为肺性脑病（pulmonary encephalopathy），患病动物主要表现为兴奋不安、肌肉震颤，或嗜睡、抽搐、呼吸抑制、昏迷、反射消失等综合症状，发生原因主要是低氧血症和酸中毒。

中枢神经系统对缺氧最敏感。缺氧使脑细胞内ATP生成减少，影响细胞膜上$Na^+-K^+$-ATP酶的功能，引起细胞内$Na^+$及水增多，形成脑细胞水肿。脑水肿使颅内压增高，压迫脑血管，进一步加重脑缺氧，由此形成恶性循环。此外，脑血管内皮细胞损伤尚可引起血管内凝血，也是肺性脑病的发病因素之一。

因血液中的$HCO_3^-$不易通过血脑屏障进入脑脊液，故脑脊液的酸碱度调节需时较长。呼吸衰竭时脑脊液的pH变化比血液更为明显。此时，神经细胞内酸中毒一方面可升高脑中的谷氨酸脱羧酶活性，使抑制性氨基酸GABA（γ-氨基丁酸）生成增多；另一方面神经细胞中能量物质ATP生成减少，结果导致中枢神经系统发生抑制。

**3. 循环系统的变化** 一定程度的$PaO_2$降低和$PaCO_2$升高可兴奋心血管运动中枢，使心率加快、心缩力增强、外周血管收缩，加之呼吸运动增强使静脉回流增加，能导致心输出量增加，以改善脑及心脏血量和氧的供应。但是严重的缺氧和二氧化碳潴留可直接抑制心血管中枢和心脏活动，扩张血管，导致血压下降、心收缩力减弱、心律失常等严重后果。

呼吸衰竭可累及心，主要引起右心肥大与衰竭，即发生肺源性心脏病。

**4. 酸碱平衡紊乱**

（1）代谢性酸中毒：严重缺氧时，机体的无氧酵解加强，乳酸等酸性产物增多，可引起代谢性酸中毒。此外，呼吸功能不全时可引起功能性肾功能不全，肾小管排酸保碱功能降低，导致代谢性酸中毒。

（2）呼吸性酸中毒：呼吸功能不全时大量二氧化碳潴留可引起呼吸性酸中毒。

（3）呼吸性碱中毒：因缺氧引起肺过度通气，有时可发生呼吸性碱中毒。

（简子健）

# 第十八章 消化系统病理

**内容提要** 肠炎是指肠道或其某一部分的炎症,根据病变特点分为急性卡他性肠炎、出血性肠炎、纤维素性肠炎、慢性增生性肠炎。肝炎由多种病因引起,常见类型有传染性肝炎、寄生虫性肝炎、坏死性肝炎和中毒性肝炎。肝硬化是在门静脉高压、肝坏死、寄生虫侵袭的基础上发生的,主要病理变化是假小叶形成和结缔组织增生。肝的多种损伤和血液循环障碍均可导致肝功能不全,对机体有严重影响。黄疸的发生与溶血、肝实质损伤、胆道堵塞有密切联系。急性胰腺炎以胰腺水肿、出血和坏死为特征,而慢性胰腺炎则以胰腺弥散性纤维化、体积缩小为特征。

## 第一节 肠　　炎

肠炎(enteritis)是指整个肠道或其某一部分发生的炎症。如果肠炎伴发胃炎,则合称为胃肠炎(gastroenteritis)。

### (一)原因

(1)病原微生物或寄生虫感染:是动物肠炎最常见的一类病因。细菌如大肠杆菌、沙门菌、梭菌;病毒如猪传染性胃肠炎病毒、牛病毒性腹泻/黏膜病病毒;寄生虫如鸡、兔、牛的球虫等。

(2)饲养管理不良:动物日粮配合失调、营养缺乏、大量摄取腐败霉变的饲料等。

(3)中毒:多种化学毒物、细菌毒素、有毒有害植物都能引起肠炎。

(4)消化道病变:肠道淤血、消化功能紊乱等。

### (二)类型及病理变化

肠炎是一种常见的疾病,按病程可分为急性肠炎、慢性肠炎;按病变特点可分为急性卡他性肠炎、出血性肠炎、纤维素性肠炎、慢性增生性肠炎。

**1. 急性卡他性肠炎**(acute catarrhal enteritis)　是以肠黏膜发生急性充血和分泌大量浆液、黏液或脓性渗出为主的一种肠炎。主要见于猪传染性胃肠炎、猪轮状病毒感染、仔猪大肠杆菌病、鸡白痢、鸡伤寒、鸡球虫病等。

剖检病变:肠管松弛、扩张,肠黏膜肿胀、充血,表现为弥散性或斑块状潮红,或沿黏膜皱襞顶端潮红。很少看到出血性病变。肠壁内淋巴滤泡肿胀,在黏膜表面呈半球状突起,周围充血,从浆膜层即可见到。肠内容物较多,早期以浆液为主,比较稀薄;后期以黏液或脓液为主,呈灰黄色或灰褐色,比较黏稠。

镜检病变：疾病初期可见肠黏膜和肠腺上皮细胞变性。在浆液性卡他时，黏膜和黏膜下小血管充血，炎性细胞浸润，罕见出血现象；当转变为黏液性卡他时，见黏膜上皮细胞坏死、脱落，肠腺中的杯状细胞增多，排出大量黏液，黏膜层和黏膜下层小血管扩张、充血加剧；当发生化脓菌感染时，黏膜上皮细胞大部分坏死、脱落而发生糜烂，黏膜层和黏膜下层见大量中性粒细胞浸润和脓液形成。

结局：除去病因和进行适当治疗，多数急性卡他性肠炎可以痊愈。部分病例可转变为慢性，此时肠壁血管反应轻微，肠黏膜和肠腺上皮萎缩（或增生），间质内淋巴细胞浸润或见结缔组织增生，发生所谓萎缩性卡他性肠炎（或增生性卡他性肠炎）。

**2. 出血性肠炎**（hemorrhagic enteritis） 是肠黏膜损伤严重、出血明显的一种肠炎。见于禽霍乱、鸡盲肠球虫病、盲肠肝炎、仔猪急性大肠杆菌病、猪梭菌性肠炎、猪痢疾、炭疽、牛病毒性腹泻/黏膜病等。

剖检病变：病变呈局限性或弥散性，肠壁水肿增厚，黏膜呈暗红色，有许多黑红色出血点或出血斑，黏膜下层水肿呈胶冻状。肠内容物混有血液，呈棕黑色或鲜红色（二维码 18-1）。

二维码 18-1

镜检病变：肠黏膜上皮、腺上皮大量变性、坏死、脱落，黏膜层和黏膜下层有明显的充血、出血、水肿和炎性细胞浸润。

结局：取决于原发性疾病。如伴发于急性败血性传染病，多预后不良。

**3. 纤维素性肠炎**（fibrinous enteritis） 是以在肠黏膜表面形成纤维素性伪膜为特征的炎症。如伪膜较薄，易于剥离，肠黏膜坏死较轻者称浮膜性肠炎；如肠黏膜坏死较深，渗出的纤维素和坏死物质形成的伪膜附着牢固，强行剥离后遗留较深的溃疡时，称固膜性肠炎。见于猪瘟、猪沙门菌病（副伤寒）、猪营养性坏死性肠炎、水牛黏膜性肠炎（部分水牛服用抗吸虫药硫双二氯酚所致）、牛病毒性腹泻/黏膜病、鸡新城疫、小鹅瘟等。

剖检病变：肠黏膜充血、水肿并有小出血点。肠黏膜表面形成淡黄色或棕色纤维素性伪膜，揭除伪膜可见出血和溃疡，严重时可引起肠穿孔。肠内容物稀薄，含有纤维素碎片。肠壁淋巴滤泡发生肿胀和坏死。

镜检病变：肠黏膜见均质红染无结构的坏死区，坏死的黏膜组织和纤维素性渗出物凝固在一起，其中含有黏液、变性坏死的中性白细胞和脱落的上皮细胞。伪膜脱落可形成溃疡（二维码 18-2）。坏死组织和活组织交界处见充血、水肿、炎性细胞浸润和纤维素渗出。炎性细胞以中性粒细胞为主，也有多少不一的淋巴细胞、浆细胞和巨噬细胞。此外还可见少量红细胞和小静脉血栓形成。

二维码 18-2

结局：纤维素性肠炎的最终结局取决于原发性疾病。炎灶本身的坏死部分可发生腐离、脱落，残缺的黏膜由增生的结缔组织取代并进一步发生瘢痕化；如发生肠穿孔和继发腹膜炎，可致死动物。

**4. 慢性增生性肠炎**（chronic proliferative enteritis） 是以肠黏膜固有层和黏膜下层大量细胞成分增生、肠壁变厚为主要特征的一种慢性肠炎。动物中主要见于牛副结核性肠炎。此外，细胞内劳森菌（intracellularis lawsonia）感染可引起多种动物的小肠和/或结肠上皮细胞显著增生，也发生增生性肠炎，包括马驹肠腺瘤病、羔羊末端回肠炎、蓝狐肠腺瘤病、雪貂增生性结肠炎、豚鼠十二指肠肥厚、仓鼠增生性回肠炎、兔盲肠炎等。

剖检病变：肠管变粗、肠壁增厚，在黏膜面形成脑回样褶皱或高低不平，黏膜呈黄白色，表面常覆盖灰白色的黏液。

镜检病变：肠黏膜上皮细胞变性、脱落，肠腺萎缩或增生，杯状细胞肿胀、分泌亢进，黏膜固有层和黏膜下层大量上皮样细胞或淋巴细胞、成纤维细胞增生。

结局：取决于原发性疾病。牛副结核性肠炎可引起长期腹泻，渐进性消瘦，多数病例以死亡告终。

## 第二节 肝 炎

### (一) 概念

肝炎（hepatitis）是多种病因引起的肝的炎症。肝炎的主要病理变化包括肝细胞变性、坏死、炎性细胞浸润和结缔组织增生。

根据发病原因可分为传染性肝炎、寄生虫性肝炎、坏死性肝炎和中毒性肝炎。

### (二) 类型及病理变化

**1. 传染性肝炎**（infectious hepatitis） 是由某些病毒、细菌和真菌等侵入肝引起的炎症。

某些病原微生物对肝具有亲嗜性，例如多种肝炎病毒。有些肝炎则是在全身性病变的基础上引起的肝局部损伤，例如化脓菌感染、布氏杆菌病、沙门菌病、结核病等。

（1）病毒性肝炎：包括某些病毒性疾病（牛恶性卡他热、水牛热、鸭瘟、马传染性贫血）发生的肝炎，以及对肝有亲嗜性的病毒（例如雏鸭病毒性肝炎病毒、鸡包涵体肝炎病毒、犬传染性肝炎病毒等）引起的肝炎。

剖检病变：肝肿大，表面呈红色与黄色相间的斑驳色彩，也可见散在性灰黄色或灰白色坏死灶。

镜检病变：中央静脉淤血，肝细胞呈广泛的细胞水肿和气球样变。小叶内见出血和肝细胞坏死。汇管区小胆管和卵圆细胞增生；间质结缔组织增生，巨噬细胞、淋巴细胞及单核细胞等显著浸润。有些病毒性肝炎可在肝细胞核或细胞质内见到特异的包涵体。用免疫组织化学方法可标记病毒抗原，用电子显微镜可观察到病毒颗粒。

常见到肝细胞包涵体的病毒性疾病有：鸡包涵体肝炎、鸭瘟、犬病毒性肝炎、兔出血症、马传染性贫血、鸽疱疹病毒感染、腺病毒感染等。

（2）细菌性肝炎：有多种细菌性传染病常并发肝炎。根据病变特征可分为变质性肝炎、肝脓肿及肉芽肿性肝炎等。

①以变质为主要表现的细菌性肝炎。

剖检病变：肝肿大，充血明显时呈暗红色，发生黄疸时呈黄褐色或土黄色。表面和切面有大小不等的出血斑点，以及灰黄色或灰白色坏死灶。疾病不同，肝坏死灶等病变不完全相同：例如禽巴氏杆菌病时细小坏死灶较密集，较大坏死灶则分布稀疏；鸡白痢沙门菌病除坏死灶外还有出血；钩端螺旋体病时除了坏死灶外在肝切面尚可见黄绿色的胆汁淤积点，胆囊缩小或有胆栓形成。禽类细菌性肝炎在肝被膜上常有纤维素性渗出（纤维素性肝周炎）。

镜检病变：中央静脉和窦状隙扩张，充血或出血。肝细胞普遍发生细胞水肿、脂肪变性。坏死灶多位于肝小叶内，大小不一，也可发生弥散性坏死，与感染细菌种类有关。坏死灶内的肝细胞完全坏死时，呈无结构均质红染；有时还可见坏死肝细胞的轮廓，或坏死细胞的核碎片。坏死灶外围有以中性粒细胞为主的炎性细胞浸润。毛细胆管因充盈胆汁而扩张。

②以化脓为主要表现的细菌性肝炎：化脓细菌可来自门静脉、肝附近的化脓灶或全身性脓毒败血症。肝内出现大小不一的脓肿，其中充满脓液。

③以肉芽肿形成为主要表现的细菌性肝炎：由于感染某些病原体，例如结核分枝杆菌、鼻疽杆菌、放线杆菌、大肠杆菌以及真菌等，在肝出现肉芽肿性结节状病变。

剖检病变：增生性结节中央部分为黄白色干酪样坏死物质，如果坏死物质钙化，刀切有沙砾感。

镜检病变：结节中央为均质无结构的坏死物质，有钙盐沉着时可见蓝色颗粒状钙盐；坏死物质外围分布有上皮样细胞、多核巨细胞；周围有多量淋巴细胞浸润，外层包绕数量不等的结缔组织。结节与周围组织境界清楚。

**2. 寄生虫性肝炎**（parasitogenic hepatitis） 是由于某些寄生虫在肝实质内（如组织滴虫）或胆管内（如肝片形吸虫、猪蛔虫）寄生，或某些寄生虫的幼虫（如猪蛔虫的幼虫）经过肝移行而引起的炎症。

剖检病变：肝表面存在突出于表面、大小一致、界限清楚的小结节（寄生虫结节）。结节可发生钙化。猪蛔虫幼虫移行时引起肝实质发生机械性破坏，寄生虫的毒素导致炎症反应和结缔组织增生，形成肉眼所见的白色花纹，如同乳斑状，称为"乳斑肝"（milk-spot liver）。

镜检病变：肝组织内散布大小不一的坏死灶，周围有大量嗜酸性粒细胞以及少量中性粒细胞和淋巴细胞浸润。慢性病例可导致肝硬化。

**3. 中毒性肝炎**（toxic hepatitis） 是指由于化学毒物、有毒植物、真菌毒素等侵入体内而引起的肝炎症。

（1）化学毒物：包括有机毒物（如有机氯化合物、有机磷化合物）、无机毒物（如汞、铜、砷、磷）等。不同毒物引起的肝病变差异很大。例如铜对肝有选择性毒性，肝病变的特点是胆汁中排出铜减少，铜逐渐蓄积在肝细胞的溶酶体内，最后引起肝炎和肝硬化；四氯化碳急性中毒引起肝小叶中央区肝细胞脂肪变性和坏死；而乙醇急性中毒则引起肝小叶周边区肝细胞脂肪变性。

（2）有毒植物毒素：许多有毒植物能引起肝损伤。例如小花棘豆的苦马豆素、狼毒的黄酮类、美丽马醉木的四环二萜类毒素等，在引起全身不同组织器官病变的同时，可导致肝细胞肿胀、变性、坏死，肝细胞索排列紊乱；窦状隙扩张、充血、窦壁细胞肿胀；淋巴细胞浸润等。

（3）真菌毒素：主要是黄曲霉毒素和棕色曲霉毒素等。以黄曲霉毒素 $B_1$ 引起的猪中毒性肝炎为例。

剖检病变：皮肤和可视黏膜黄染，肝肿大、质脆，呈苍白或黄色（二维码 18-3）。表面偶有出血斑点，常见棕黄色的胆汁沉着斑点或条纹。胆囊多皱缩，胆囊壁水肿增厚，胆汁黏稠。胃肠道黏膜有不同程度的水肿、出血。肾稍大，色泽苍白，有程度不同的黄染。心包腔内有大量淡黄色或茶黄色液体，心包膜及心内膜有少量出血点或出血性条纹。

二维码 18-3

镜检病变：肝细胞发生严重的细胞水肿、脂肪变性。中央静脉周围肝细胞发生凝固性坏死，坏死细胞呈深染伊红的透明圆球状。毛细胆管有时扩张，含胆汁凝栓。肝细胞索之间有大量炎性细胞浸润。

## 第三节 肝硬化

肝硬化（cirrhosis of liver），是指肝组织严重损伤后，大量结缔组织增生和肝细胞结节状再生而导致的肝变硬、变形。

### （一）类型及病理变化

根据病因、发病机理和病变特点分为以下几种类型。

**1. 门脉性肝硬化**（portal cirrhosis） 主要见于传染性肝炎、体外毒物（如四氯化碳中毒）或体内的代谢毒物中毒等。本型肝硬化时肝细胞严重变性、坏死，汇管区和小叶间结缔组织广泛增生，形成假小叶。由于叶下静脉受压，肝窦状隙内血液排出受阻，门静脉的血液注入肝内出现障碍，可导致门静脉高压。

剖检病变：肝硬化的初期，肝体积无明显变化；后期，肝体积缩小，质地变硬，表面凹凸不平。肝表面和实质可见许多大小较一致的颗粒状结节（二维码 18-4）。由于门脉性肝硬化

二维码 18-4

时常有肝细胞脂肪变性，故肝呈土黄色或黄褐色。发生胆汁淤滞时，肝呈黄绿色。

镜检病变：肝正常结构破坏，小叶间和汇管区增生的结缔组织，将肝小叶分割成大小不等的假小叶（pseudolobule）（二维码18-5）。假小叶内的肝细胞索排列紊乱，中央静脉偏位或缺乏，其肝细胞大小不一，核体积通常较大、深染；也可见肝细胞脂肪变性、胆色素沉着、局灶性坏死。假小叶周围的结缔组织中含有淋巴细胞、新生的小胆管或无管腔的假胆管（二维码18-6）。

二维码 18-5

**2. 坏死后肝硬化**（postnecrotic cirrhosis） 是在生物性因素或其他毒物引起坏死性肝炎后，肝坏死区内结缔组织广泛增生和肝细胞结节状再生而形成的。常见于病原微生物感染、黄曲霉毒素中毒等。

剖检病变：肝体积缩小，质地坚实，被膜增厚，表面凹凸不平。色彩变浅，呈灰黄色或灰白色。表面和实质可见大小不一的圆形或类圆形结节，结节周围包围灰白色结缔组织。

二维码 18-6

镜检病变：肝组织内可见多处局限性坏死灶或大片坏死区，坏死灶可跨越肝小叶范围。增生的结缔组织将原来的肝组织分割包围形成大小不等、形态各异的假小叶。假小叶内可见变性或坏死的肝细胞，也可见大型浓染的新生肝细胞。小叶间和汇管区增生的结缔组织中，可见卵圆细胞增生及其形成的假胆管，有明显的淋巴细胞浸润。

**3. 寄生虫性肝硬化**（parasitogenic cirrhosis） 是由于肝内形成较多的寄生虫结节，肝实质损害严重，结缔组织增生后导致的肝硬化。常见于兔肝球虫、牛羊肝片形吸虫、猪蛔虫幼虫移行或日本分体血吸虫虫卵沉着等。

剖检病变：虫体寄生于胆管时，胆管增粗，突出于肝表面，周围包绕白色结缔组织；管壁增厚，管腔内含有污绿色黏稠的胆汁，其中有活虫体、死亡虫体（如肝片形吸虫、华支睾吸虫等）或钙化物质。寄生虫幼虫在肝移行时，肝组织破坏后，结缔组织增生，形成肉眼可见的白色花纹（乳斑肝）。

二维码 18-7

镜检病变：胆管内寄生虫引起的肝硬化，汇管区和小叶间病变突出。表现为胆管管壁增厚，管腔扩大，上皮变性或坏死、钙化，有时上皮单纯性增生形成腺瘤状结构。胆管上皮或管腔内有时可见寄生虫或其残骸。汇管区间质内见大量嗜酸性粒细胞、浆细胞、淋巴细胞、巨噬细胞增生。同时可见卵圆细胞增生及其形成的假胆管（二维码18-7、二维码18-8）。寄生虫幼虫在肝内移行时，由于机械作用和毒素作用破坏大量肝组织，坏死区和间质内结缔组织增生，大量嗜酸性粒细胞和淋巴细胞浸润。

除以上几种肝硬化外，还有胆道结石、肿瘤或感染导致的胆道阻塞所引起的胆汁性肝硬化（biliary cirrhosis），以及肝慢性淤血、缺氧导致结缔组织增生和网状纤维胶原化而发生的淤血性肝硬化（congestive cirrhosis）等。

二维码 18-8

### （二）对机体的主要影响

肝硬化早期无明显症状，后期可导致肝功能障碍、门脉性高压、全身血循环障碍、腹水形成，危及生命。

（1）门脉性肝硬化时，小叶间和汇管区内大量结缔组织增生，流入肝的门静脉血液受阻，门静脉内血压升高，导致胃肠道淤血和脾淤血，进一步引起消化吸收障碍、腹水形成，同时引起肝功能障碍。

（2）坏死后肝硬化时，肝细胞广泛坏死出现肝功能障碍。大量结缔组织增生后，转变为门脉性肝硬化。

（3）寄生虫性肝硬化时，肝实质被破坏而萎缩，结缔组织增生，出现门脉性肝硬化的同样后果；同时由于寄生虫导致胆管阻塞和胆汁滞留，可出现胆色素沉着、消化吸收障碍。

## 第四节 肝功能不全

### （一）概念

某些致病因素严重损伤肝细胞和枯否细胞，导致肝形态结构和功能出现异常，进而引起水肿、黄疸、出血、继发性感染、肝性脑病等一系列症状，这一病理过程称为肝功能不全（hepaticinsufficiency）。严重的肝功能不全可导致肝功能衰竭（hepatic failure）。

根据病情发展速度，可分为急性肝功能不全、慢性肝功能不全两种类型。前者见于马传染性贫血、猪钩端螺旋体病以及严重的中毒性肝炎（四氯化碳中毒）等，常很快发生黄疸，出血明显；后者可见于肝硬化晚期某些原因使病情突然加剧时。

### （二）发生原因

（1）感染：病毒、细菌、寄生虫等传染性因素是引起肝功能不全的主要原因。如雏鸭病毒性肝炎病毒、犬传染性肝炎病毒、马传染性贫血病毒、水牛热病毒等，沙门菌（肝坏死性炎症）、化脓放线菌（肝化脓）以及B型诺维梭菌（绵羊黑疫时的传染性肝坏死），猪蛔虫、猪冠尾线虫、肝片形吸虫、弓形虫等，均能引起肝的损伤和功能不全。

（2）中毒：某些化学制剂（四氯化碳）、植物毒素（棉酚、毒蕈）、真菌毒素（黄曲霉毒素）及代谢毒物（氨、胺类）等，也能严重损伤肝。

（3）血液循环障碍：右心功能不全引起肝慢性淤血时，在肝细胞缺氧、坏死的基础上，可引发淤血性肝硬化。

（4）营养缺乏：维生素E和微量元素硒能保护细胞膜对抗自由基的破坏。如这些营养物质不足，则引起营养性肝病，发生肝功能不全。

（5）其他因素：遗传性酶缺陷能引起肝的结构和功能发生改变；结石、肿瘤等阻塞胆道或破坏肝组织，也可引起肝损伤。

### （三）对机体的主要影响

**1. 物质代谢障碍**　肝是糖类、脂类、蛋白质、维生素、激素等物质的代谢中心。肝功能不全时，常常出现低血糖症、低蛋白血症、低钾血症、低钠血症以及水、电解质代谢的紊乱。

（1）糖代谢障碍：肝通过糖原合成与分解、糖酵解与糖异生和糖类的转化来维持血糖浓度的相对稳定。肝功能不全时，糖原合成障碍、糖异生能力下降，使肝糖原储备减少；肝细胞内糖代谢限速酶——葡萄糖激酶的活性降低，葡萄糖-6-磷酸激酶减少；加之肝细胞对胰岛素灭活减弱，都会引起低糖血症，严重时引发肝性脑病。

（2）蛋白质代谢障碍：肝是蛋白质合成、分解的主要器官，为机体提供大量血浆蛋白。肝细胞损害时，白蛋白合成下降，血浆白蛋白浓度下降，血浆胶体渗透压降低，出现低白蛋白血症，可导致水肿和肝性腹水。蛋白质代谢障碍影响血红蛋白的合成，可导致贫血。纤维蛋白原、凝血酶原及凝血因子合成减少，引发出血倾向。应激时由于急性期反应蛋白产生不足，使机体的防御功能下降。

（3）电解质及酸碱平衡紊乱。

①低钠血症：肝功能不全时常见低钠血症。其发生原因可能是：钠摄入不足；抗利尿激素活性增加使肾远曲小管及集合管对水重吸收增多；使用利尿药或大量排放腹水使钠丢失过多。

②低钾血症：肝细胞损伤后，灭活醛固酮功能减弱；加之腹水形成增多，有效循环血量减少，引起醛固酮分泌增多，经尿排钾增加，也引起血钾降低。

③碱中毒：肝功能不全时常合并低氧血症、贫血及高氨血症，这些因素均可导致肺过度换气，从而引起呼吸性碱中毒；尿素合成障碍、血氨升高、低钾血症未及时纠正又可引起代谢性碱中毒。

**2. 肝性水肿** 严重肝功能不全特别是发生肝硬化时常引起全身性水肿，腹水（ascites）形成增多，称为肝性水肿（hepatic edema）。其原发因素是血流动力学变化。

（1）肝静脉回流受阻：肝血流的特点是1/3血液来自肝动脉，2/3来自肝门静脉，其血流方向为：

肝硬化时，弥散性结缔组织增生，将肝小叶分隔和包绕成大小不匀的假小叶，加上再生肝细胞结节的压迫，以及增生结缔组织发生收缩等，使肝内血管特别是肝静脉的分支被挤压，发生偏位、扭曲、闭塞或消失，肝静脉回流严重受阻，肝静脉和窦状隙内压增高，过多的液体滤出，当超过淋巴回流时，液体由肝表面直接渗漏进入腹腔。用手术造成犬的后腔静脉缩小至原来的1/2，术后几天就出现明显的腹水。

（2）门静脉高压：肝硬化、寄生虫卵、血栓等的阻塞可导致门静脉高压。门静脉高压时，肠系膜区的毛细血管流体静压增高，特别是肝硬化时血浆胶体渗透压降低，组织液生成明显增加，当超过淋巴回流的代偿能力时，导致肠壁水肿，液体溢入腹腔。

（3）钠、水潴留：可能与下列因素有关。

①肝患疾病时，对醛固酮和ADH的灭活能力降低，使血中醛固酮和ADH含量升高。

②腹水形成，使有效循环血量下降，继发肾素-血管紧张素-醛固酮系统兴奋，血中醛固酮含量升高，促使肾远曲小管对钠的重吸收增加。

（4）血浆胶体渗透压下降在肝性水肿发生中的作用：严重肝病常伴有低蛋白血症，导致血浆胶体渗透压降低，一直被认为是肝性水肿发生的重要原因。但实际上由于消化道的毛细血管壁，尤其肝窦壁对血浆蛋白的通透性较高，因此当血浆蛋白含量降低时，组织液中蛋白含量也随之降低，有效胶体渗透压并不降低（有效胶体渗透压，是血浆胶体渗透压减去组织胶体渗透压之差），有时反而会增加。故血浆胶体渗透压的下降在肝腹水形成中的作用尚值得考虑，但这并不排除低蛋白血症在其他部位水肿发生中的作用。

**3. 血清酶发生改变** 肝细胞内酶的含量极丰富，肝受损可引起血清酶的改变。通过临床检测血清酶的变化，有助于判断肝细胞的损害程度或胆道系统的阻塞情况。

（1）有些血清酶含量升高：当肝细胞变性、坏死时，在肝细胞内合成并参与代谢的酶可释放入血，使血清中含量升高。如丙氨酸氨基转移酶（alanine transaminase，ALT）、天门冬氨酸氨基转移酶（aspartate transaminase，AST）、乳酸脱氢酶（lactate dehydrogenase，LDH）、山梨醇脱氢酶（sorbite dehydrogenase，SDH）。而碱性磷酸酶（alkaline phosphatase，AKP）在胆道阻塞时逆流入血，同时肝细胞合成也增多，造成血清中含量升高；类似情况还有γ-谷氨酰转移酶（γ-glutamyltransferase，GGT）、亮氨酸氨基肽酶（leucine aminopeptidase，LAP）等。

（2）有些血清酶含量降低：胆碱酯酶（choline esterase，ChE）在肝细胞内合成后释放入血，因肝细胞受损此酶在血清中含量降低。

**4. 胆汁分泌和排泄障碍** 肝功能不全时，可发生高胆红素血症（hyperbilirubinemia）和肝内胆汁淤积（intrahepatic cholestasis）。高胆红素血症可引发黄疸；肝细胞内胆汁成分蓄积可引起肝细胞变性、坏死，并进一步发生纤维化和肝硬化。

**5. 凝血功能障碍** 肝在维持机体凝血与抗凝血过程的动态平衡中起重要作用。发生肝功能不全时，动物常表现出自发性出血倾向或出血。

（1）凝血因子合成减少、消耗增多、绝大多数凝血因子是在肝内合成的，如凝血因子Ⅰ、Ⅱ、Ⅶ、Ⅸ、Ⅹ、Ⅻ、Ⅷ等。肝细胞损伤时，凝血因子的缺乏引起内源性和外源性凝血系统发生障碍。

严重肝损伤常伴发 DIC，导致凝血因子消耗进一步增加，血小板破坏增多，易发生出血倾向。

（2）抗凝血因子合成障碍：蛋白 C 被凝血酶激活后可灭活Ⅷa 和 Ⅴa，从而抑制内源性凝血系统；抗凝血酶-Ⅲ是一种丝氨酸蛋白酶抑制物，能抑制多种含丝氨酸残基的凝血因子的活性。这些抗凝血因子也是在肝细胞内合成的。肝功能障碍可使这些抗凝物质明显减少，导致凝血与抗凝血平衡失调。

（3）血小板数量及功能异常：肝功能不全引起血小板减少的可能因素有：DIC 过程中血小板消耗过多；骨髓造血机能受到抑制，血小板生成减少。血小板功能异常主要表现为释放障碍、集聚性缺陷和收缩不良。

**6. 免疫功能障碍** 肝具有重要的免疫功能，是抵御肠道中细菌、内毒素以及病毒感染的主要屏障，能有效清除血液中的内毒素、染料等异物。门静脉中的细菌经过肝窦时 99％被枯否细胞所吞噬。

当肝功能不全时，由于枯否细胞功能障碍及补体水平下降，故常常伴有免疫功能低下，易发生肠道细菌易位、内毒素血症及感染等。

**7. 生物转化障碍** 肝是体内进行生物转化的主要器官，将体内多种活性物质（激素等）、终末代谢产物（例如肠道的毒性分解产物，氨、胺类、酚类等）以及外源性物质（药物、毒物等），经过生物转化（氧化、还原、水解、结合等）转变为水溶性物质，再经过肾排出或经过胆道排出。

肝功能不全时，由于其生物转化功能障碍，可造成上述物质在体内蓄积，从而影响机体的正常生理功能。

（1）药物代谢障碍：肝功能不全时，许多经过肝代谢的药物生物半衰期延长，这可能增加药物的毒性作用。同时，血液白蛋白减少，药物结合率降低，导致药物的分布、代谢与排泄改变。

（2）解毒功能降低：肝功能不全时，从肠道吸收的蛋白质代谢终末产物不能被转化，蓄积体内，引起器官功能障碍，特别是神经系统功能障碍而发生肝性脑病。肝性脑病（hepatic encephalopathy）指肝功能不全时不能有效地清除血液中的有毒代谢产物，使其进入体循环和中枢神经系统，导致动物出现一系列以神经症状为主要表现的综合征。其发生机理与氨中毒干扰脑细胞的能量代谢，以及肠内产生的胺类（如酪胺、苯乙胺）在肝内得不到分解清除进入神经中枢，形成大量假性神经递质干扰脑功能有关。

（3）对激素灭活减弱：肝功能不全时，对雌激素、抗利尿激素、醛固酮等激素灭活减弱。雌激素过多引起小动脉扩张；醛固酮及抗利尿激素灭活减弱，可出现钠、水潴留，促进腹水形成。

# 第五节 黄 疸

黄疸（jaundice，icterus）是由于胆色素代谢障碍或胆汁分泌与排泄障碍，导致血清胆红素浓度增高，而引起巩膜、黏膜、皮肤以及骨膜、浆膜和实质器官出现黄染的病理过程。有时血清胆红素浓度虽高于正常，但并不表现出可见的黄疸，称为隐性黄疸（latent jaundice）。黄疸是溶血性疾病、肝和胆道疾病的一种特殊的表现形式，是一种重要的病理过程。

几种主要动物血清总胆红素含量（mmol/L）为：马 7.1～34.2，母牛 0.17～8.55，绵羊 1.71～8.55，山羊 0～1.71，猪 0～17.1，犬 1.71～8.55。

# 一、胆色素的正常代谢

胆色素是血红素多种代谢产物的总称，包括胆红素前体（胆绿素）、胆红素、胆红素产物（胆素原等）。

## （一）胆红素的来源

胆红素是由含血红素的化合物生成的，这类化合物包括血红蛋白、肌红蛋白、细胞色素、过氧化物酶等。衰老的红细胞在脾脏和骨髓的单核-巨噬细胞系统中被破坏而释出的血红蛋白是胆红素的主要来源，占正常胆红素的80%～90%，其余10%～20%的胆红素来自血红蛋白以外的物质。

## （二）非酯型胆红素的生成

以红细胞为例。衰老的红细胞被巨噬细胞吞噬后释放出血红蛋白。血红蛋白脱去珠蛋白生成血红素。血红素在血红素加氧酶的作用下，首先生成含铁的胆绿蛋白，释出铁后并脱去蛋白质再形成胆绿素（biliverdin）。胆绿素在胆绿素还原酶的作用下被还原成胆红素（bilirubin）。胆红素进入血液，被血浆白蛋白吸附，形成稳定的白蛋白-胆红素复合物，这种胆红素被称为非酯型胆红素（unesterified bilirubin）或未结合型胆红素。它不能透过半透膜，不能通过肾小球滤出，不溶于水而溶解于酒精。胆红素定性试验（van den Bergh reaction，凡登白试验）时不能与偶氮试剂直接作用，必须先用乙醇处理，打破非酯型胆红素分子内的氢键，才能形成紫红色化合物，出现颜色反应（凡登白试验间接反应阳性），故又称为间接胆红素。

胆绿素还原酶广泛存在于哺乳动物的组织中，但在鸡组织中的活性很低，故鸡胆汁中胆绿素含量高而显现绿色。

## （三）胆红素在肝脏的代谢

胆红素在肝的代谢包括摄取、酯化和排泄三个步骤。

**1. 肝对胆红素的摄取** 非酯型胆红素随血液流经肝窦时，先脱去白蛋白，被肝细胞膜上的受体结合，进入细胞内。高胆红素血症时肝脏的摄取量可增加数十倍。

**2. 肝对胆红素的酯化** 在肝细胞内，非酯型胆红素与Y蛋白（即谷胱甘肽S-转移酶）结合，以胆红素-Y的形式被运送至滑面内质网内，通过多种酶的作用，转化为酯型胆红素（esterified bilirubin）（或称为结合胆红素）。其中约75%的非酯型胆红素，在尿嘧啶核苷二磷酸葡萄糖醛酸基转移酶作用下完成酯化。非酯型胆红素可结合1个或2个分子的葡萄糖醛酸，分别生成胆红素葡萄糖醛酸单酯或双酯。两型可以互变，以双酯为主。另有15%的非酯型胆红素在肝细胞内转化为硫酸酯，其余10%左右与甘氨酸、牛黄酸、磷酸等结合成酯。

酯型胆红素溶于水，与偶氮试剂接触后迅速呈现紫红色（凡登白试验直接反应阳性），故又称为直接胆红素。如果加入偶氮试剂后先出现淡红色而后逐渐变深，称为凡登白试验双相反应，原因尚无定论。有人认为，胆红素葡萄糖醛酸双酯出现颜色反应快；胆红素葡萄糖醛酸单酯出现颜色反应慢。

酯型胆红素的性质发生了很大改变，有较强的水溶性，又不易透过细胞膜，它的生成既起解毒作用，又利于胆红素的排泄。

**3. 肝对胆红素的排泄** 肝细胞内的酯型胆红素很快被排入毛细胆管，此过程是由内质网、高尔基复合体、溶酶体等一系列细胞器相互协助、参与完成的。许多有机阴离子，如磺酚肽钠、靛氰绿等能抑制肝细胞对酯型胆红素的排泄；肝病变、胆道阻塞等也可限制或抑制其排泄。

家禽、兔、海狸鼠、蛇等动物的胆汁里含有胆绿素，可能与这些动物的胆绿素还原酶活性低下有关。

### （四）酯型胆红素在肠道中的转化

酯型胆红素随胆汁排入肠道，在肠道菌丛的作用下，先脱下葡萄糖醛酸基，逐步还原成无色的胆素原（bilinogen）。胆素原的绝大部分随粪便排出，在接触空气后，被氧化成黄色的粪胆素（stercobilinogen）。胆素原的少部分（10%~20%）可被回肠下段或结肠黏膜吸收，经门静脉进入肝酯化后再排入胆道，构成胆素原的肠肝循环；其余部分进入体循环随尿以尿胆素原（urobilinogen）排出。

## 二、黄疸的分类

机体内胆红素的生成和排泄维持着动态平衡，使血清胆红素含量维持相对稳定。当胆红素代谢中任何一个或几个环节发生障碍时，都会使胆红素在血清中浓度升高，造成高胆红素血症，引发黄疸。

根据发病机理，黄疸可分为溶血性黄疸、实质性黄疸、阻塞性黄疸三类。

### （一）溶血性黄疸

由于红细胞破坏过多，血清中非酯型胆红素生成增多而发生的黄疸，称为溶血性黄疸（hemolytic jaundice）。

**1. 原因** 见于急性传染病（如马传染性贫血、犬瘟热、附红细胞体病）、血液原虫病（如泰勒虫病、锥虫病）、中毒性疾病（如霉败饲料中毒、某些化学物质中毒、有毒植物中毒）等。

**2. 特点**

（1）血清总胆红素增加的主要是非酯型胆红素，胆红素定性试验为间接反应阳性。

（2）血液中的非酯型胆红素是脂溶性的，不能通过肾小球滤出，尿中无非酯型胆红素。

（3）当血中非酯型胆红素的含量增多时，肝代偿性地使酯型胆红素生成增多，故肠道中生成的胆素原量也增多，粪中胆原含量增高，粪色加深；尿中胆素原含量也增加。

（4）非酯型胆红素在血中与白蛋白结合后脂溶性降低。当非酯型胆红素的增加超过了白蛋白的结合能力时，它可透过细胞膜进入细胞内产生毒性作用。幼龄动物由于血-脑屏障发育不完善，通过血-脑屏障的非酯型胆红素可进入脑内，使大脑基底核发生黄染、变性、坏死，引起核黄疸，也称为胆红素脑病。

### （二）实质性黄疸

由于肝的实质发生严重损伤，对胆红素的代谢发生障碍所引起的黄疸，称为实质性黄疸（parenchymatous jaundice）。

**1. 原因** 在败血性疾病、传染性肝炎、中毒性疾病（磷、汞等）时常见。例如犬黄曲霉毒素中毒可引起实质性黄疸，此时肝肿大，呈深黄色。

**2. 特点**

（1）血清总胆红素浓度升高，胆红素定性试验结果可有差异。肝细胞对胆红素的摄取或酯化障碍所引起的黄疸,血中增加的是非酯型胆红素,定性试验呈间接阳性反应;而在肝细胞对胆红素的排泄障碍所引起的黄疸,血中以酯型胆红素升高为主,定性试验呈双向反应。

(2) 血中酯型胆红素量增加,尿中可出现胆红素,在犬和马尤其明显,因犬和马的酯型胆红素肾阈较低。

(3) 由于生成或排入肠道的酯型胆红素减少,胆素原的生成减少,粪中胆素原的含量下降;而尿中胆素原的含量可因胆素原的肠肝循环功能低下而增多。

(4) 此型黄疸除有胆色素代谢障碍外,同时伴有其他肝功能的障碍。

### (三) 阻塞性黄疸

由于胆管阻塞所引起的黄疸称为阻塞性黄疸(obstructive jaundice)。犬较为多见。

**1. 原因** 胆道内异物如结石、炎性渗出物、寄生虫的阻塞;胆道系统受到周围肿瘤、肿物的压迫,造成胆汁排出不畅,毛细胆管内压升高、破裂,使胆汁逆流入血。

**2. 特点**

(1) 血清总胆红素增高,胆红素定性试验呈直接阳性反应。

(2) 由于血中增加的主要是酯型胆红素,故尿中胆红素的含量增高。

(3) 排入肠道的酯型胆红素量减少,致使胆素原的生成减少,粪和尿中胆素原含量均减少。

(4) 由于胆道阻塞,小肠中缺乏胆汁,常引起脂肪的消化和吸收不良、脂溶性维生素吸收不足,持续时间较久时,常伴有出血倾向。

## 三、对机体的主要影响

黄疸对机体的影响主要表现为对神经系统的毒性作用。尤其是非酯型胆红素具有脂溶性,可透过各种生物膜,对神经系统的毒性较大。如新生动物的核黄疸,非酯型胆红素侵犯脑基底核的神经细胞,由于抑制细胞内的氧化磷酸化作用,阻断脑的能量供应,而使神经细胞发生变性和坏死,动物出现抽搐、痉挛、运动失调等神经症状,甚至迅速死亡。

黄疸时在血中除胆红素含量升高外,还可有胆汁的其他成分蓄积,特别在实质性黄疸和阻塞性黄疸时更加明显。一方面可影响机体正常的消化吸收功能,尤其是对脂类及脂溶性维生素的吸收发生障碍;另一方面,胆酸盐也有刺激皮肤感觉神经末梢引起瘙痒、抑制心跳、扩张血管、降低血压等作用。

## 第六节 胰腺炎

胰腺炎(pancreatitis)是指在致病因子作用下胰腺发生的炎症,可分为急性和慢性两种类型。

### (一) 急性胰腺炎

急性胰腺炎(acute panceatitis)是指以胰腺水肿、出血和坏死为特征的炎症。兽医临床上多见的是由于胰蛋白酶直接作用于胰腺组织引起的急性出血性胰腺坏死。急性胰腺炎时可有淀粉酶(amylase)漏进血液,故检测血清淀粉酶升高是诊断急性胰腺炎的重要指标。

**1. 原因** 包括胰管阻塞、急性中毒、血液灌注不足(休克)、细菌病毒感染、外伤、邻近腹膜炎蔓延、十二指肠液或胆汁返流进入胰导管等。例如当蛔虫、肝片形吸虫、华支睾吸虫寄生于胆管或引发十二指肠炎时,可引起胰管阻塞,胰液排出障碍,分泌管内压升高、破裂,胰液外溢。胰液中的胰蛋白酶可引起组织蛋白质水解，导致组织坏死。胰液中的磷脂酶 A 和脂肪酶可引起脂肪坏死，导致胰腺及其周围脂肪组织发生自我消化。

**2. 病理变化**

剖检病变：胰腺肿大，质地变软，湿润，表面和切面见出血斑点以及灰黄或灰白色坏死灶。大网膜和肠系膜散在大小不一的黄白色斑点状或团块状脂肪坏死灶，是脂肪分解产物脂肪酸与组织中的钙盐结合生成的钙皂（由于钙消耗过多，血钙含量下降，动物生前可能发生痉挛）。

镜检病变：胰腺组织内见广泛的充血、出血、水肿和微血栓形成，胰腺腺泡和胰岛呈现局灶性或弥散性坏死。坏死灶周围见中性粒细胞和单核细胞浸润。

### （二）慢性胰腺炎

慢性胰腺炎（chronic panceatitis）是指以胰腺弥散性纤维化、体积缩小为特征的炎症。

**1. 原因** 多由急性胰腺炎转变而来，或由临床症状不明显的隐性病例（如胰腺肿瘤、牛羊胰管内胰阔盘吸虫寄生）发展而来。某些疾病也可伴发慢性间质性胰腺炎。

**2. 病理变化**

剖检病变：胰腺体积缩小，质地较实，表面有纤维性结节而显粗糙，常与周围组织发生粘连。切面可见胰管扩张，充满大量黏稠的炎性渗出物。间质内结缔组织增生。牛慢性胰腺炎常有白色、质硬的胰石形成，由碳酸钙和磷酸钙组成。猫慢性胰腺炎见胰腺苍白，表面有细颗粒，切面坚实，肠系膜、网膜和肾周脂肪组织常见白色点状病灶。

镜检病变：许多胰腺腺泡和胰岛组织发生坏死，有的坏死灶见钙盐沉积，其周围单核细胞、淋巴细胞、浆细胞浸润。间质结缔组织大量增生和纤维化。猫慢性胰腺炎见胰腺实质出现程度不等的变性、坏死、萎缩等病变，间质发生明显的纤维化及以淋巴细胞为主的炎性细胞浸润。

（许益民、石火英）

# 第十九章

# 泌尿系统病理

**内容提要** 肾炎包括肾小球肾炎、间质性肾炎与化脓性肾炎。肾小球肾炎是一种免疫性疾病，以肾小球受到损害为主；间质性肾炎是病原经血源性播散所致，发生在肾的间质；化脓性肾炎是化脓菌经尿路上行性传播或血源性播散所引起，发生在肾盂和肾实质。多种内外因素都可引发肾功能不全，对尿量、尿成分和全身各系统的机能、代谢都有重要影响。急性和慢性肾功能不全发展到严重阶段时均可导致自体中毒而引起尿毒症。

## 第一节 肾 炎

肾炎（nephritis）是一种以肾小球和间质的炎症性变化为特征的疾病。根据发生部位和性质，通常分为肾小球肾炎、间质性肾炎和化脓性肾炎等。

### 一、肾小球肾炎

肾小球肾炎（glomerulonephritis）是指以原发于肾小球的炎症为主的肾炎。其发病过程始于肾小球血管丛，然后波及肾小囊，最后累及肾小管及间质。

#### （一）病因及致病机理

动物的肾小球肾炎常伴发于某些传染病，如猪丹毒、羊和猪的链球菌病、猪瘟、鸡新城疫、马传染性贫血、马腺疫及牛病毒性腹泻/黏膜病等，炎症的发生是在传染病发展过程中或传染病发生之后，从感染到发生肾炎之间有一段间隔时间（1~3周），此间隔可能是发生变态反应性致敏所需的时间。因此人们一般认为，肾小球肾炎与感染有关，是一种免疫性疾病。

**1. 免疫复合物型肾小球肾炎** 机体在外源性抗原（如链球菌的多糖抗原和表面抗原）或内源性抗原（如由于感染致自身组织破坏而产生的变性物质）刺激下产生相应的抗体。当抗原与抗体在血液循环内形成抗原-抗体复合物时，大的复合物常被吞噬细胞清除而不损害肾；小的复合物容易通过肾小球而排出体外，也不会引起肾小球损伤。而中等大小的可溶性复合物在血液循环中可存留较长时间，并随血液流经肾小球时可沉积在肾小球血管内皮下，或血管间质内，或肾小囊脏层的上皮细胞下，激活补体（如 $C_{3a}$、$C_{5a}$ 和 $C_{567}$），刺激肥大细胞释放组胺，使血管通透性升高；同时吸引中性粒细胞在肾小球内聚集，并促使毛细血管内形成血栓以及内皮细胞、上皮细胞和系膜细胞增生，引起肾小球肾炎。如用免疫荧光技术检查，在毛细血管基底膜与肾小囊脏层上皮（即足细胞）间见大小不等、不连续的颗粒状物质，其中含有 IgG 和补体（主要为 $C_3$）。此型肾小球肾炎的发病机理属Ⅲ型变态反应。

**2. 抗肾小球基底膜型肾小球肾炎** 在感染或其他因素作用下，细菌或病毒的某种成分与肾小球基底膜相结合，形成自身抗原，刺激机体产生抗自身肾小球基底膜抗原的抗体；或某些菌体成分与肾小球毛细血管基底膜有相同抗原性，这些抗原刺激机体产生的抗体，既可与菌体成分起反应，也可与肾小球基底膜起反应（即有交叉免疫反应）。当此类抗体与肾小球基底膜发生结合后，可激活补体等炎症介质引起肾小球的炎症反应。用免疫荧光技术检查时，抗肾小球基底膜抗体呈均匀连续的线状分布于基底膜与肾小球血管内皮细胞之间。此型肾小球肾炎的发病机理属Ⅱ型变态反应。

此外，T 淋巴细胞、单核细胞等均在肾小球肾炎的发病中起重要作用。如将少量兔抗鼠肾基底膜血清注入大鼠体内，则兔的 γ-球蛋白可固定于鼠肾基底膜上，但此时组织并无损伤；如果再从静脉注入兔 γ-球蛋白致敏的鼠 T 淋巴细胞，则可导致肾小球肾炎。有研究证明，在抗基底膜型肾小球肾炎动物模型的肾小球内可见单核细胞明显浸润，表明单核细胞在肾小球肾炎的发病机理中也起一定的作用。

**（二）病理变化**

依据病程和病理变化，肾小球肾炎可分为急性、亚急性和慢性三种类型。

**1. 急性肾小球肾炎**（acute glomerulonephritis） 病程较短，病理变化主要发生在血管球及肾小囊内，炎症变化表现为变质、渗出和增生。

剖检病变：早期变化不明显，随病变发展肾呈轻度肿大、充血，质地柔软，被膜紧张，容易剥离。表面与切面光滑潮红，皮质部略显增厚，纹理不清，俗称"大红肾"。肾切面上肾小球明显，呈细小红色圆球状；若为出血性肾小球肾炎，则可在肾表面和切面皮质部见到分布均匀、大小一致的针尖大小红点，称为"蚤咬肾"或"雀斑肾"。

镜检病变：肾小球毛细血管内皮细胞和系膜细胞肿胀、增生，中性粒细胞或单核细胞等炎性细胞从毛细血管内渗出，结果肾小球体积增大、细胞和细胞核显著增多（二维码 19-1）。由于肾小球毛细血管受压，管腔狭窄甚至闭塞，使肾小球缺血。肾小球毛细血管内偶有纤维素性血栓形成并引起局部坏死和出血。当肾小球的渗出变化明显时，则在肾小囊囊腔内见多量的白细胞、红细胞、浆液和纤维素，挤压血管球，使其体积缩小和贫血。肾小管上皮细胞发生颗粒变性和脂肪变性，管腔内可出现由细胞和蛋白成分所形成的各种管型（二维码 19-2）。肾间质也可同时出现充血、水肿和少量白细胞浸润。

二维码 19-1

不同病例病变表现各不相同：有的以渗出为主，称为急性渗出性肾小球肾炎；有的以增生为主，称为急性增生性肾小球肾炎；当伴有大量出血时，则称为急性出血性肾小球肾炎。

电镜观察，肾小球基底膜因电子致密物沉积呈不规则增厚：沉积物可位于内皮细胞下（呈线状，一般致抗基底膜型肾小球肾炎），也可位于足细胞下（呈驼峰状或小丘状，一般致抗原-抗体免疫复合物型肾小球肾炎）。

二维码 19-2

**2. 亚急性肾小球肾炎**（subacute glomerulonephritis） 是介于急性与慢性肾小球肾炎之间的病理类型。可由急性肾小球肾炎转化而来，或由于病因作用较弱，疾病一开始就呈亚急性经过。

剖检病变：肾肿大，质软，色苍白，有"大白肾"之称。表面光滑，可散布有多量出血点。切面膨隆，皮质区增宽，苍白混浊，与髓质分界明显。

镜检病变：突出变化是肾小囊的上皮细胞增生。在肾小囊壁层的尿极，壁层上皮细胞增生形成新月形增厚，称为"新月体"（crescents）（二维码 19-3）。有时甚至可形成"环状体"。增生的细胞呈立方形或纺锤形，类似于纤维细胞。新月体的上皮细胞间可见纤维蛋白、中性粒细胞及红细胞。时间较久的病例，新月体的上皮细胞间出现成纤维细胞，随着纤维组织逐渐增

二维码 19-3

多，演变成纤维性新月体或环状体。它们常和血管球发生粘连，使球囊腔闭塞。病变肾小球的毛细血管丛发生萎缩、塌陷、坏死，最后整个肾小球发生纤维化，继之出现玻璃样变。肾小管上皮细胞见脂肪变性，甚至坏死，肾小管的管腔内有由蛋白质、白细胞和坏死脱落的上皮细胞组成的管型。

**3. 慢性肾小球肾炎**（chronic glomerulonephritis）  可由急性转变而来，也可单独发生。发病缓慢，病程长，一般为数月至数年，甚至持续终生，症状常不明显。根据病理形态特点，可分为膜性肾小球肾炎、膜性增生性肾小球肾炎、慢性硬化性肾小球肾炎等类型。

（1）膜性肾小球肾炎（membranous glomerulonephritis）：主要表现为肾小球毛细血管壁基底膜外侧有免疫复合物沉积，呈均匀一致的毛细血管壁增厚。这种肾炎见于雌性动物子宫积脓、绵羊妊娠毒血症、犬糖尿病和慢性病毒感染等疾病中。

剖检病变：肾体积增大，色泽苍白；后期肾体积缩小，表面呈细颗粒状而显高低不平。

镜检病变：HE染色见肾小球毛细血管壁呈均匀一致性增厚，用PAS染色法或银浸染色法则使病变更明显。荧光显微镜观察，沿肾小球毛细血管周围见均匀一致的颗粒状荧光，这是沉积的免疫复合物。由于免疫复合物对基底膜的损害，毛细血管壁通透性增高，故引起严重的蛋白尿和肾病综合征。近曲小管上皮细胞内可见到类似脂质的小泡。晚期，肾小球毛细血管基底膜高度增厚，毛细血管腔也可闭塞，因而导致严重的肾功能不全。

电镜观察，肾小球毛细血管基底膜和足细胞之间见免疫复合物沉积，其基底膜呈"钉状突起"（spikes）向外突出，穿插于免疫复合物之中。

（2）膜性增生性肾小球肾炎（membranoproliferative glomerulonephritis）：以肾小球毛细血管系膜细胞增生和基底膜增厚为特征。

剖检病变：早期肾外形无明显改变，晚期肾缩小，表面呈细颗粒状。

镜检病变：见肾小球体积增大，呈分叶状。肾小球间质内系膜细胞增生，系膜区增宽。荧光显微镜观察，可见沿肾小球毛细血管呈不连接的$C_3$颗粒状荧光，在系膜内也出现$C_3$的团块状或环形荧光。

电镜观察，基底膜呈不规则增厚，其内有高度电子致密的物质沉积。

（3）慢性硬化性肾小球肾炎（chronic sclerosing glomerulonephritis）：是各类肾小球肾炎发展到晚期的一种病理类型。病理特征是两肾的肾单位见弥散性损害，发生纤维化和瘢痕收缩，残留肾单位代偿性肥大。肾缩小、变硬、表面凹凸不平，称为固缩肾（contracted kidney）。

剖检病变：两侧肾均缩小，苍白，质地变硬，表面呈弥散性细颗粒状，被膜粘连不易剥离。切面皮质变窄，纹理模糊不清，有时见微小的囊肿。

镜检病变：慢性硬化性肾小球肾炎的病变是多种肾小球肾炎长期持续发展的结果，病变呈多样性。除见少数残存的新月体外，多数肾小球发生纤维化和玻璃样变，成为均质红染无结构的团块，也可进一步缩小甚至消失，与其连接的肾小管因缺血而萎缩、消失（二维码19-4）。间质纤维组织增生，淋巴细胞浸润。后期，肾小球纤维化、玻璃样变以及相应肾小管的萎缩、消失越严重，间质的纤维组织增生也更显著。纤维组织的收缩使病变肾小球间距离缩短，数量相对增多。残存肾单位则呈代偿性肥大，并与病变肾单位交替并存，这是此型肾炎的特点之一，也是造成肾表面高低不平呈颗粒状的原因。

二维码 19-4

## 二、间质性肾炎

间质性肾炎（interstitial nephritis）是指炎症主要发生在肾间质的肾炎，以淋巴细胞、单核细胞浸润和结缔组织增生为特征。通常是血源性感染和全身性疾病的一部分。在动物中，常见于牛，也可发生于猪、马、绵羊。

## （一）病因及致病机理

发生原因一般认为与感染和中毒有关。某些细菌性和病毒性传染病，如牛和猪的钩端螺旋体病、大肠杆菌病、牛恶性卡他热和水貂阿留申病等，均可见间质性肾炎。

间质性肾炎常同时发生于两侧肾，表明致病因子或毒性物质是经血源性途径侵入肾。炎症始于肾小管之间的间质，表现为淋巴细胞和单核细胞浸润，并见成纤维细胞增生。随着病变的发展，间质结缔组织明显增生，浸润的细胞增多，压迫邻近肾小管和肾小球，使其发生萎缩甚至消失。若大量肾单位被破坏，患病动物往往死于尿毒症。

某些药物，如甲氧西林（methicillin）等，可引起药源性间质性肾炎并致肾衰竭，但一般在停药后即可恢复。因有发热、嗜酸性粒细胞增多、蛋白尿及肾间质炎性浸润，提示为急性超敏性反应所致。

## （二）病理变化

**1. 弥散性间质性肾炎**（diffuse interstitial nephritis） 是幼龄动物中多见的一种病变。常见于钩端螺旋体感染，如犬弥散性间质性肾炎的发生和犬钩端螺旋体的地理分布有关。病毒感染（如牛恶性卡他热、水貂阿留申病等）也可引起亚急性或慢性的弥散性间质性肾炎。

（1）急性弥散性间质性肾炎。

剖检病变：肾轻度肿大，被膜紧张易剥离，表面和切面皮质与髓质见有弥漫分布的灰白色斑纹，呈辐射状波及整个皮质和髓质带。灰白色斑纹病灶与周围分界不明显。

镜检病变：病变主要集中在肾间质内，见水肿和白细胞浸润。肾小管间、肾小管和肾小球间距离增宽，有大量以淋巴细胞为主的炎性细胞浸润。肾小球变化不明显。肾小管上皮细胞变性甚至坏死、消失。特别是急性钩端螺旋体病，近曲小管上皮变性严重，可引起急性尿毒症而使动物死亡。

（2）慢性弥散性间质性肾炎。

剖检病变：肾体积缩小，呈淡灰色或黄褐色，表面皱缩，质地变硬，被膜增厚不易剥离。切面皮质部变窄，皮、髓质界限不明显，有时可见小囊肿形成。

镜检病变：肾间质内结缔组织显著增生，并有瘢痕形成。结缔组织增生最先发生于炎性细胞浸润的区域，随新生结缔组织的成熟，炎性细胞的数量逐渐减少；发生病变肾单位的肾小管逐渐萎缩、消失，部分被增生的纤维组织所取代。残存的肾小管管腔扩张，管壁变薄，上皮细胞呈扁平状，有些管腔内含有透明或细胞性管型；也有的肾小管上皮细胞呈代偿性肥大。有些肾小囊壁纤维性增厚，肾小球变形或萎缩，可继发纤维化与玻璃样变。相对正常区域的肾单位一般正常或呈代偿性肥大。

**2. 局灶性间质性肾炎**（local interstitial nephritis）

剖检病变：病灶呈结节性，大小不等，界限明显，突出病变是在肾的表面或切面，散布灰白色或灰黄色斑点状病灶。在牛特别是犊牛，病灶呈蚕豆大小的油脂样白斑，遍布于皮质内（俗称为"白斑肾"）。较大的结节在被膜下隆起，使被膜局部粘连，切面上可见结节呈楔形，外观似淋巴组织，边缘可能有充血。如果病灶很多，皮质呈现斑纹或斑块。马间质性肾炎病灶更小，通常为灰白色针尖大小，可融合成大病灶，严重者也可发展成为弥散性间质性肾炎。

镜检病变：间质的反应，初期为水肿、淋巴细胞和浆细胞浸润；随着病情的发展，成纤维细胞的增生逐渐占优势。肾小管的损害继发于间质的病变。由于纤维组织增生，许多肾小管发生萎缩与消失；有的肾小管也可能扩张，其上皮细胞变扁平，甚至只残留基底膜；上皮细胞可脱落入扩张的管腔，形成细胞性管型。肾小球一般正常。

## 三、化脓性肾炎

化脓性肾炎（suppurative nephritis）是指肾实质和肾盂的化脓性炎症。按感染的途径，分为肾盂肾炎和栓子化脓性肾炎。

**1. 肾盂肾炎**（pyelonephritis） 通常是由来自尿路的化脓菌上行性感染引起的，经常与输尿管、膀胱和尿道的炎症有关。肾盂肾炎发生于一侧肾或两侧肾同时发生，成年母牛、母猪较为常见。

（1）病因及致病机理：主要原因是化脓性细菌感染，常见的有肾棒状杆菌、化脓放线菌、放线杆菌、葡萄球菌、链球菌、铜绿假单胞菌等，大多是混合感染。

化脓性细菌感染是肾盂肾炎发生的主要原因，但诱因也起重要作用，如多见于泌尿道炎症、瘢痕组织收缩、结石形成、寄生虫的寄生和移动、前列腺炎、肿瘤压迫以及膀胱麻痹等情况下。这些诱因可致尿道狭窄，排尿困难或受阻，潴留的尿液发酵分解，其分解产物引起黏膜损伤与脱落；同时潴留的尿液及炎性渗出物为细菌停留和繁殖创造了适宜的条件。细菌经尿道、膀胱至输尿管逆行进入肾盂引起肾盂肾炎，进而侵害实质导致肾盂肾炎。雌性动物妊娠后期，因胎儿压迫尿道，引起排尿困难，若生殖器官感染，细菌可经尿道逆行侵入肾盂、肾实质引起肾盂肾炎。

有时化脓菌也可经血液循环侵入肾实质和肾盂，当肾盂尿液潴留时，也可引起肾盂肾炎。

（2）病理变化：

剖检病变：肾盂肾炎可为一侧性或两侧性。受阻的排尿管腔内充满尿液、脓液，黏膜充血肿胀，并有出血点或出血斑，有时尚见黏膜溃疡或形成瘢痕组织。患急性肾盂肾炎时，肾肿大、柔软、被膜易剥离，切面上见肾盂高度扩张，黏膜充血肿胀，并散在出血点，被覆有纤维素性或纤维素性-化脓性渗出物，肾盂内充满脓性黏液。肾盂黏膜和肾乳头组织化脓坏死，脓性溶解由肾乳头蔓延到髓质，甚至皮质，使肾组织溶解形成脓腔。髓质见有自肾乳头顶端伸向髓质与皮质的、呈放射状的灰黄色或灰白色条纹（化脓性坏死灶），其底部朝向肾表面，尖端位于肾乳头。病灶周围有充血、出血，呈暗红色。

镜检病变：初期，肾盂黏膜充血、出血、水肿和细胞浸润，浸润的细胞以中性粒细胞为主。黏膜上皮细胞肿胀变性，其后化脓坏死，形成溃疡。自肾乳头伸向皮质的肾小管（主要是集合管）内充满中性粒细胞，有时尚见淋巴细胞，其中有细菌团块。肾小管上皮细胞坏死脱落，病灶处间质内也有炎性细胞浸润、血管充血和炎性水肿。当病变波及肾小球时，可引发毛细血管扩张充血和白细胞浸润。

亚急性肾盂肾炎，肾小管内及间质内以淋巴细胞和浆细胞浸润为主，形成明显的楔形坏死灶。后期除淋巴细胞浸润外，也有成纤维细胞增生，增生的结缔组织纤维化和形成瘢痕。病灶内的肾小球发生纤维化和玻璃样变。

慢性肾盂肾炎，肾实质的楔形化脓灶被机化，形成瘢痕组织。在肾表面出现较大和浅表的凹陷，肾体积缩小，质地硬实，即发生继发性固缩肾。肾盂扩张、变形，常有积液或积脓，黏膜增厚、粗糙，可见瘢痕。

**2. 栓子化脓性肾炎**（embolic suppurative nephritis） 是化脓性栓子经血源性播散引起肾实质的炎症。常见于牛、猪和马。

（1）病因及致病机理：栓子化脓性肾炎多继发于机体其他组织器官的化脓性炎，例如化脓性脐带炎、化脓性子宫内膜炎、化脓性肺炎、蜂窝织炎、溃疡性心内膜炎及化脓性乳腺炎等。化脓性细菌团块或败血性栓子侵入血流，随血液循环到达肾脏，在肾小球毛细血管或肾小管周围毛细血管内形成栓塞，引起栓子化脓性肾炎。可发生于马驹、牛、猪等动物。

（2）病理变化：

剖检病变：多为两侧同时发生。肾肿大，被膜易剥离，在皮质内散布许多小的含有脓汁的灰黄色病灶。小脓灶呈粟粒性，较大的脓肿常突起于肾表面，脓肿破溃可引起肾周围组织的化脓性炎。

镜检病变：肾小球毛细血管及肾小管间的小血管内可见细菌团块。肾组织中有大量中性粒细胞渗出、破碎，局部肾组织坏死、溶解（二维码19-5）。随病变发展，细胞浸润处的肾组织发生坏死和脓性溶解，形成小脓肿。小脓肿逐渐增大并相互融合，形成大脓肿，周围血管充血、出血、炎性水肿以及中性粒细胞浸润。

二维码19-5

## [附] 肾病

肾病（nephrosis）是以肾小管上皮细胞发生弥散性变性、坏死为主要特征而无炎症变化的一类疾病。临床表现以全身水肿、大量蛋白尿、血浆蛋白降低及胆固醇增高为特征。

### （一）病因及致病机理

肾病的发生主要是外源性或内源性有害物质经血液进入肾所引起。外源性有害物质如氯仿、四氯化碳、汞、镉、砷等；内源性有害物质主要是在某些疾病（如慢性消耗性疾病）或病理过程（如代谢障碍）中产生的，如淀粉样物质、肌红蛋白等。

关于肾病的发病机理，一般认为，当有害物质随尿外排时，可被近曲小管上皮细胞重吸收，或原尿中水分被重吸收后，使有害物质浓度升高，对肾小管上皮细胞产生强烈的毒害作用，引发变性甚至坏死。

### （二）类型及病理变化

肾病的分类比较复杂，常见的有中毒性肾病、淀粉样变性肾病、低氧性肾病等。

**1. 中毒性肾病**

剖检病变：肾肿大、苍白、柔软，切面稍隆起，皮质色泽不一，通常呈暗红色或灰红色，皮质与髓质界限不明显，肾盂正常。

镜检病变：主要引起近曲小管上皮细胞的坏死与脱落（二维码19-6）；肾小管管腔内出现颗粒管型或透明管型（二维码19-7）。早期由于上皮肿胀，使肾小管管腔变窄；晚期则肾小管扩张，间质中有少量水肿液和白细胞浸润。经1周左右，肾小管上皮可见再生。坏死的上皮、基底膜和肾小管管腔内的管型常有钙盐沉着。

二维码19-6

**2. 淀粉样变性肾病** 是指肾组织内有淀粉样物质沉积。多见于马、牛、犬和鸡等动物的慢性消耗性疾病，长期化脓或蛋白代谢障碍等。

剖检病变：淀粉样肾病的变化轻微时肾稍肿大，变化特别明显时眼观肾肿大，质地坚硬。肾被膜易剥离，肾表面光滑。肾颜色变淡，一部分呈淡褐色，一部分呈黄色。肾表面可见有黄褐色的斑点，切面皮质增宽，也见有和表面相同的黄褐色斑点和条纹。

二维码19-7

镜检病变：淀粉样物呈淡红色，可沉积于肾小球系膜区、毛细血管基底膜，故基底膜弥散性增厚，管腔狭窄或闭塞；肾小动脉和细动脉管壁也有淀粉样物沉积，使管壁增厚均质化。病程长久时，肾小球沉积大量淀粉样物，肾小管上皮发生脂变，管腔内有多量不规整的透明管型，间质结缔组织增生，肾正常结构被破坏，最终导致肾硬化。

**3. 低氧性肾病** 发生于大的撞击伤、马麻痹性肌红蛋白尿症、广泛烧伤和其他产生大量游离血红蛋白和肌红蛋白的疾病。病变主要发生于肾小管的细段和远曲小管，上皮细胞发生变性和坏死，在管腔内出现棕红色或橘红色的致密管型。近曲小管可见扩张，间质中偶见炎性细胞浸润。

需要强调的是，除肾病外，动物其他一些组织器官有时也可发生以实质细胞的变性、坏死为主，而缺乏炎症反应的一类疾病（有的可能有轻微的炎症反应，如白肌病），常见的有肌病（myopathy，如白肌病）、心肌病（cardiomyopathy，如冠状血管性心肌病）、脑病（encephalopathy，如牛海绵状脑病）、肝病（hepatopathy，如中毒性肝营养不良）等。

## 第二节 肾功能不全

各种原因引起肾泌尿及重吸收功能发生障碍，肾不能排除机体的代谢产物和毒性物质，不能重吸收水分和电解质以维持机体内环境稳定，这一病理过程称为肾功能不全（renal insufficiency）。根据发病的缓急和病程的长短，可将肾功能不全分为急性和慢性两种。

### 一、急性肾功能不全

急性肾功能不全（acute renal insufficiency）是指各种致病因素在短时间内引起肾脏泌尿功能急剧障碍，以致不能维持机体内环境稳定，从而引起水肿、电解质和酸碱平衡紊乱以及代谢废物蓄积的病理过程。临床主要表现为少尿、无尿、水肿、高钾血症和代谢性酸中毒。

#### （一）原因

引起急性肾功能不全的原因包括肾前性因素、肾后性因素和肾性因素。

**1. 肾前性因素**　见于各种原因引起的心输出量和有效循环血量急剧减少，如急性失血、严重脱水、急性心力衰竭等。其直接后果就是肾血液供应减少，引起肾小球滤过率急剧降低。同时肾血流量不足和循环血量减少可促使抗利尿激素分泌增加，肾素-血管紧张素-醛固酮系统活性增加，远曲小管和集合管对钠、水的重吸收增加，从而更促使尿量减少，尿钠含量降低。尿量减少使体内代谢终产物蓄积，常常引起氮质血症、高钾血症和代谢性酸中毒等病理过程。

**2. 肾后性因素**　主要是指肾盂以下尿路发生阻塞。尿路阻塞首先引发肾盂积水，原尿难以排出，从而使肾泌尿功能障碍，最终导致氮质血症和代谢性酸中毒。

**3. 肾性因素**　肾性因素概括起来主要有以下两类。

（1）肾小球、肾间质和肾血管疾病：在急性肾小球肾炎、急性间质性肾炎、急性肾盂肾炎或肾动脉栓塞时，由于炎症或免疫反应广泛累及肾小球、肾间质及肾血管，影响肾的血液循环和泌尿功能，导致急性肾功能不全。

（2）急性肾小管坏死（acute tubular necrosis）：是引起肾功能不全的常见原因。病理特征是患病动物尿中含有蛋白质，红细胞、白细胞及各种管型。发生原因包括以下两类。

①持续性肾缺血：见于各种原因引起的循环血量急剧减少。特别是在休克、严重和持续的血压下降及肾动脉强烈收缩时，肾持续缺血，就可引起急性肾小管坏死。

②肾毒物：重金属（汞、砷、铅、锑）、药物（磺胺类，氨基糖苷类抗生素如庆大霉素、卡那霉素）、有机毒物（四氯化碳、氯仿、甲苯、酚等）、杀虫剂、蛇毒、肌红蛋白等经肾排泄时，均可直接作用于肾小管上皮，引起急性肾小管坏死。

#### （二）发病机理

不同原因引起的急性肾功能不全的发病机理不尽相同，但肾小球滤过率下降所导致的少尿或无尿在其中发挥重要作用。肾小球滤过率下降主要与以下因素有关。

**1. 肾血管因素**　急性肾功能不全初期就存在着肾血流量不足（肾缺血）和肾内血流分布异常现象。肾缺血和肾内血流异常分布的发生机制如下。

（1）肾血管收缩：循环血量减少和肾毒物中毒，可引起持续性的肾血管收缩，使肾血流量减少,而且以皮质外层血流量减少最为明显,即出现肾血流的异常分布。肾皮质缺血和肾血流重新分布,可引起肾小球滤过率下降。

(2) 肾血管内皮细胞肿胀:肾缺血使肾血管内皮细胞营养障碍而变性肿胀,结果导致肾血管管腔变窄,血流阻力增加,肾血流量进一步减少。

(3) 肾血管内凝血:肾缺血,肾血管内皮细胞损伤,可启动内源性凝血系统,导致肾血管内凝血,使肾缺血进一步加重。

**2. 肾小球因素**

(1) 滤过率降低:缺血和肾中毒导致肾小球毛细血管内皮细胞和足细胞肿胀,足细胞的足突互相融合、发生粘连,从而使滤过膜的滤过率降低,原尿生成减少。

(2) 通透性升高:生理情况下,肾小球滤过膜由基质和带负电荷的蛋白组成,对许多带负电荷的血清蛋白(如白蛋白)产生电荷屏障作用。当肾小球损伤时,滤过膜的电荷屏障遭到破坏,血清白蛋白等可通过滤过膜被滤出,即滤过膜的通透性升高,出现肾小球性蛋白尿。

**3. 肾小管因素**

(1) 肾小管阻塞:肾小管上皮细胞对缺血、缺氧及肾毒性物质非常敏感。在这些因素作用下,肾小管上皮细胞变性肿胀,使管腔变窄。病程较久时,肿胀的上皮细胞坏死脱落、破裂,细胞碎片可与滤出的各种蛋白结合凝结而形成各种管型,阻塞肾小管管腔。结果使阻塞上段管腔内压升高甚至引起管壁破裂,影响原尿的生成和排出,患病动物呈现少尿。

(2) 肾小管内尿液返漏:肾小管上皮细胞变性、坏死、脱落,使肾小管壁的通透性升高,管腔内原尿可以通过损伤的肾小管壁向间质返漏。原尿返漏的结果可引起尿量减少,同时又可形成肾间质水肿,破坏髓质高渗状态,阻碍远曲小管和集合管对尿液的浓缩过程。

### (三) 机能和代谢变化

泌尿功能障碍是急性肾功能不全的主要临床表现,根据病程发展的经过,可分为少尿期、多尿期和恢复期。

**1. 少尿期** 伴有代谢产物的蓄积,水、电解质和酸碱平衡紊乱。

(1) 尿的变化:急性肾功能不全初期因肾小球滤过率降低引起少尿(oliguria)甚至无尿(anuria),尿钠含量升高(受损肾小管上皮细胞对钠重吸收减少所致)。又因肾小球滤过膜通透性升高和肾小管上皮细胞坏死脱落,尿中可能含有蛋白(蛋白尿,proteinuria 或 albuminuria)、红细胞(血尿,hematuria)、上皮细胞碎片及各种管型(管型尿,cylindruria)等。管型是尿中的某些成分(蛋白质、脱落细胞、红细胞、白细胞、血红蛋白等),在远曲小管和集合管内,经酸化(氢离子浓度升高)及浓缩(水分被吸收)后发生铸型形成的,可随尿液的冲击脱落下来进入尿内,有蛋白性管型、细胞性管型、混合性管型等。

(2) 肾性水肿:急性肾功能不全时引起的全身性水肿称为肾性水肿(renal edema)。水肿常见于组织结构疏松的部位,如眼睑、公畜阴囊、腹部皮下。发生原因:肾小球滤过率下降,肾排钠、排水减少;血浆白蛋白随尿流失引起血浆胶体渗透压下降;有毒物质蓄积导致毛细血管壁通透性上升;若肾功能不全时补液过多,可增加心脏负担,加重水肿的发生。

(3) 高钾血症:急性肾功能不全少尿期动物死亡大多是高钾血症所致。造成高钾血症的原因主要是:尿钾排出减少;同时细胞分解代谢增强,细胞内钾释放过多;加之酸中毒时细胞内钾转移至细胞外,往往会迅速发生高钾血症。高钾血症可引起心搏骤停。

(4) 代谢性酸中毒:由于肾排酸保碱功能障碍,尿量减少,酸性产物在体内蓄积而引起代谢性酸中毒。

(5) 氮质血症:血液中非蛋白氮的含量增多,称为氮质血症(azotemia)。急性肾功能不全时,肾小球的滤过功能障碍,蛋白质的含氮代谢产物(尿素、尿酸、肌酸、肌酐、氨基酸及氨等) 随尿排出受阻，可使血液中非蛋白氮（non-protein nitrogen，NPN）的含量增多。

**2. 多尿期** 少尿期一般持续时间较短，从数天至数周不等。如果动物能安全度过少尿期，肾缺血得到缓解，且肾小管上皮细胞开始再生，即进入多尿期。出现多尿的机制是：①肾血流量及肾小球滤过功能逐渐得以恢复。②再生修复的肾小管上皮细胞重吸收功能低下。③肾小管内形成的管型被冲走，肾间质水肿消退。④滞留在血液中的尿素等经肾排出发挥引起渗透性利尿作用。

在多尿期，因肾小管上皮细胞重吸收和尿浓缩功能尚未完全恢复，因此常排出大量水分和电解质，容易引起脱水、低钾和低钠血症。

**3. 恢复期** 多尿期与恢复期无明显界限。恢复期血液中非蛋白氮和其他代谢产物可随尿液充分排出，使水和电解质失调得以纠正，尿量也随之减少，直到接近正常。但肾功能的完全恢复需要较长时间，尤其是肾小管上皮细胞对尿液浓缩功能的恢复更慢。如果肾小管和基底膜破坏严重，再生修复不全，可转变为慢性肾功能不全。

## 二、慢性肾功能不全

肾的各种慢性疾病均可引起肾实质的进行性破坏，如果残存的肾单位不足以代偿肾的全部功能，就会引起肾泌尿功能障碍，致使机体内环境紊乱，表现为代谢产物及毒性物质在体内潴留，以及水、电解质和酸碱平衡紊乱，并伴有贫血、骨质疏松等一系列临床症状的综合征，称为慢性肾功能不全（chronic renal insufficiency）。

### （一）原因及发展过程

凡能引起肾实质慢性进行性破坏的疾病都可导致慢性肾功能不全，如慢性肾小球肾炎、慢性间质性肾炎、慢性肾盂肾炎等；也可继发于急性肾功能不全、慢性尿路阻塞。慢性肾功能不全是各种慢性肾脏疾病最后的共同结局。

肾具有强大的代偿储备能力，只有病因作用持续强烈，突破机体的代偿能力时，才能引起慢性肾功能不全。

### （二）发病机理

目前对慢性肾功能不全的发病机理尚不十分清楚。

（1）健存肾单位学说：该学说认为，虽然引起慢性肾损害的原因各不相同，但最终都会造成病变肾单位的功能丧失，肾功能只能由未损害的健存肾单位来代偿。病变肾单位功能丧失越多，健存的肾单位就越少，最后健存的肾单位少到不能维持正常的泌尿功能时，就会发生肾功能不全和尿毒症。健存肾单位的多少，是决定慢性肾功能不全发展的重要因素。

（2）矫枉失衡学说：该学说提出当肾单位和肾小球滤过率进行性减少和降低时，体内某些溶质（如血磷）增多，为了排出体内过多的溶质，机体可通过分泌某些体液调节因子（如甲状旁腺激素，PTH）来抑制健存肾小管对该溶质的重吸收，增加其排泄，从而维持内环境的稳定。这种调节因子虽然能使体内溶质的滞留现象得到"矫正"，但这种调节因子的过量增多又使机体其他器官系统的功能受到影响（如 PTH 促使骨钙脱失的作用），从而使内环境发生另外一些"失衡"，这就是矫枉失衡学说。该学说是对健存肾单位学说的补充和发展。

### （三）机能和代谢变化

**1. 尿的变化**

（1）尿量的变化：慢性肾功能不全早期常见多尿，晚期则发生少尿。发生机制：①部分肾单位被破坏,使残存肾单位血流量代偿性增多,肾小球滤过率增大,原尿形成增多,加之肾小管对水分的重吸收减少及原尿中尿素等溶质含量升高引发渗透性利尿,即造成多尿。②慢性肾功能不全晚期,由于肾单位遭到广泛破坏,使肾小球滤过面积明显减少,故发生少尿。

(2) 尿密度的变化:慢性肾功能不全早期,由于肾浓缩功能降低,因而出现低密度尿或低渗尿。随着病情发展,肾浓缩与稀释功能均丧失,尿的溶质接近于血清浓度,则出现等渗尿。

(3) 尿蛋白与尿管型:由于肾小球滤过膜通透性升高,电荷屏障被破坏,滤出蛋白增多,加上肾小管重吸收蛋白质的功能降低,故可发生蛋白尿。严重病例可出现血尿。尿中也可出现各种管型。

**2. 水、电解质及酸碱平衡紊乱**

(1) 水代谢紊乱:慢性肾功能不全晚期由于大量肾单位被破坏,肾对水代谢的适应调节能力降低,当水摄入量增加,特别是静脉输液过多,肾不能增加水的排出时可导致水肿。

(2) 电解质代谢紊乱:多尿时可发生低钾-低钠血症(近曲小管上皮细胞机能受损,重吸收减少);出现少尿时,可发生高钾-低钠血症(高钾原因同急性肾功能不全,而低钠主要是水潴留引起的稀释性低钠血症)。

(3) 酸、碱平衡紊乱:代谢性酸中毒是慢性肾功能不全最常见的病理过程之一,其发生机制为:①肾小管泌氨能力下降,排 $NH_4^+$ 减少,使 $H^+$ 排出障碍,血浆 $H^+$ 浓度升高。②慢性肾功能不全时近曲小管对 $HCO_3^-$ 的吸收减少。③肾小球滤过率降低,可造成酸性代谢产物排出受阻而在体内蓄积。

**3. 氮质血症** 慢性肾功能晚期肾单位大量破坏,肾小球滤过率极度下降,血液中含氮物质大量蓄积,可出现氮质血症。

**4. 肾性贫血** 慢性肾功能不全常伴有贫血,其发生机制为:①肾促红细胞生成素生成减少,导致骨髓红细胞生成减少。②血液中潴留的有毒物质抑制红细胞生成。③毒性物质抑制血小板功能导致出血。④毒性物质使红细胞破坏增加引起溶血。

**5. 出血倾向** 慢性肾功能不全后期常有明显的出血倾向,表现为皮下和黏膜出血,其中以消化道黏膜最为明显。主要是由于体内蓄积的毒性物质抑制血小板的功能所致。

**6. 肾性骨营养不良** 是慢性肾功能不全的一个严重而常见的并发症。骨营养不良包括骨软化症和骨质疏松症等。发生机制为:①慢性肾功能不全常伴有代谢性酸中毒,血液酸度升高可促进骨盐溶解(脱钙)。②慢性肾功能不全时,由于肾小球滤过率降低,血磷升高,引起继发性甲状旁腺激素分泌增多,故可促使骨骼脱钙。③慢性肾功能不全时,抑制肾 $1,25-(OH)_2$ 维生素 $D_3$ 合成,引起钙代谢障碍,发生骨营养不良。

## 第三节 尿毒症

尿毒症(uremia)是由于肾衰竭导致大量毒性物质在体内蓄积所引起的自体中毒的综合性症候群。无论是急性还是慢性肾功能不全,发展到严重阶段均以尿毒症告终。

### (一) 原因及发病机理

目前认为多种毒性物质蓄积均可引发尿毒症。

**1. 尿素** 多数患尿毒症的动物,血中尿素含量升高。研究证明,尿素经肠壁排入肠腔后再经肠道内细菌尿素酶作用,可分解为氨及铵盐(碳酸铵、氨基甲酸铵),而氨具有毒性作用,若吸收入血,可引起神经系统中毒症状。近年研究还证实:尿素的毒性作用与其代谢产物——氰酸盐有关。氰酸盐与蛋白质作用后产生氨基甲酰衍生物,当其在血中浓度升高时可抑制酶的活性,导致中毒症状出现。

**2. 胍类化合物** 是鸟氨酸循环中精氨酸的代谢产物，正常时精氨酸生成尿素、肌酸、肌酐等随尿排出。尿毒症时，这些物质随尿排出发生障碍，故精氨酸通过另外一些渠道生成甲基胍和胍基琥珀酸。甲基胍是毒性最强的小分子物质，给犬大量注射引起体重减轻、呕吐、腹泻、便血、痉挛、嗜睡、血中尿素氮增加、红细胞寿命缩短等症状，与尿毒症相似。胍基琥珀酸还可抑制血小板黏着和淋巴细胞的转化作用。

**3. 胺类化合物** 包括精胺、尸胺和腐胺，它们是赖氨酸、鸟氨酸和 S-腺苷蛋氨酸的代谢产物。正常时这些胺类物质随尿排出体外；当肾功能严重障碍以上多胺排出受阻时，则发生多胺血症，并导致患病动物呈现尿毒症的一些症状。

**4. 甲状旁腺激素** 是一种重要的尿毒症毒素。血浆中甲状旁腺激素增多，可促进钙进入神经膜细胞或神经轴突，造成周围神经的损害；可破坏血脑屏障的完整性，使钙进入脑细胞，造成中枢神经系统功能障碍；可引起肾性骨骼营养不良；可引起软组织钙化、坏死和皮肤瘙痒等症状。

**5. 肌酐** 是体内正常代谢产物，尿毒症时血浆肌酐浓度升高是排出受阻所致。高浓度的肌酐可引起动物嗜睡，并抑制红细胞对葡萄糖的利用，使红细胞寿命缩短而导致贫血。

**6. 酚类化合物** 肠道菌可将芳香族氨基酸转变成酚和酚酸。肾功能不全时，由于肝解毒功能降低和肾排泄功能减弱，血浆中酚类含量升高。酚类对中枢神经系统有抑制作用，引起昏迷，还能抑制血小板聚集，可能与出血倾向有关。

## （二）对机体的主要影响

**1. 神经系统**

（1）尿毒症性脑病：尿毒症时，由于血液中有毒物质蓄积过多，使中枢神经细胞能量代谢障碍，导致细胞膜 $Na^+-K^+-ATP$ 酶失灵而引起神经细胞水肿。有些毒素可直接损害中枢神经细胞，使动物出现精神不振、嗜睡，甚至昏迷。

（2）外周神经病变：甲状旁腺激素和胍基琥珀酸可直接作用于外周神经，使外周神经髓鞘脱失和轴突变性，动物呈现肢体麻木和运动障碍。

**2. 消化系统** 肾功能不全时，尿素被肠道内细菌尿素酶分解而产生的氨，刺激肠道黏膜引起出血性-坏死性肠炎。动物表现出食欲减退、呕吐和腹泻等症状。

**3. 心血管系统** 由于钠、水潴留，代谢性酸中毒，高钾血症和尿毒症毒素的蓄积，可导致心功能不全和心律失常。尿毒症晚期可出现无菌性心包炎，这种心包炎可能是由于尿毒症毒素（如血液中蓄积的尿酸、草酸盐等）刺激心包引起的。

**4. 呼吸系统** 机体酸中毒可使呼吸加深、加快；由于尿素在消化道经尿素酶分解形成氨，氨又重新吸收入血，血氨浓度升高并经呼吸道排出，导致呼出气体具有氨的臭味；尿素刺激胸膜可引起纤维素性胸膜炎。

**5. 皮肤** 尿毒症时，汗腺可呈现代偿性分泌加强，尿素随汗排出，刺激皮肤感觉神经末梢，而导致皮肤发痒；随汗排出的尿素结晶，呈白色糠麸样粉末可附着于眼、鼻及其他部位皮肤和被毛上。

**6. 其他** 尿毒症还可引起动物机体内分泌功能、免疫系统功能和物质代谢障碍。

（郑明学、韩克光）

# 第二十章

# 生殖系统病理

> **内容提要** 感染是子宫内膜炎的主要病因,急性者以渗出为主,伴有不同程度的变性、坏死或化脓;慢性者以淋巴细胞、浆细胞浸润和成纤维细胞增生为主,子宫壁增厚并可发生纤维化。睾丸炎和附睾炎主要由细菌感染所致,急性过程以渗出、变质为主;慢性过程以肉芽组织生成和纤维化为主,伴发于某些传染病时可形成特殊性肉芽肿。乳腺炎由细菌等病原引起,非特异性乳腺炎包括急性、慢性和隐性乳腺炎,其病变各异;而特异性乳腺炎可形成特殊性肉芽肿。卵巢囊肿包括卵泡囊肿和黄体囊肿等。

## 第一节 子宫内膜炎

子宫内膜炎(endometritis)指主要波及子宫内膜的炎症。本病多见于分娩后,但妊娠期或干乳期也可发生,是母牛常发病之一,也是导致雌性动物妊娠障碍的一个重要原因。

### (一)原因及致病机理

子宫内膜炎主要由病原微生物特别是细菌感染所致,例如大肠杆菌、链球菌、金黄色葡萄球菌、马流产沙门菌、化脓放线菌、铜绿假单胞菌、胎儿弯曲菌、克雷伯菌、结核分枝杆菌、布氏杆菌等。一些原虫如马媾疫锥虫、牛胎儿三毛滴虫等也常引起子宫内膜炎。目前已证实某些衣原体、支原体和病毒,以及酵母菌和病原性真菌(如念珠菌、毛霉菌)等,也可引起乳牛子宫内膜炎。

当日粮中维生素、微量元素、蛋白质及矿物质缺乏或矿物质比例失调时,雌性动物的抗病力降低,容易发生产后子宫感染。此外,患难产、酮病、产后子宫复位迟缓、产后子宫蓄积恶露、子宫脱出或阴道脱、阴道炎、胎衣滞留的乳牛本病发生率也很高。

病原侵入子宫的途径有上行性感染(阴道源性感染)和下行性感染(血源性感染和淋巴源性感染)两种,但以前者为主,一些诱因(如产房的卫生条件差、人工助产或人工授精消毒不严或操作不当等)在其中起着重要的作用;后者多见于全身性疾病特别是一些败血性传染病或局部的炎症,如布氏杆菌病、沙门菌病、媾疫及乳腺炎等,病原可经血道或淋巴道蔓延至子宫引起炎症。此外,当机体抵抗力低下,尤其是在分娩后,不仅易引起外源性感染,而且正常存在于阴道等处的条件性病原菌可乘机迅速繁殖和增强毒力,导致自体感染而引起子宫内膜炎。

目前子宫内膜炎的发病机理并不完全清楚,雌性动物免疫系统的功能改变可能起重要作用。例如,有研究表明一些乳牛产犊前后免疫机能有所降低(有的乳牛产前外周血淋巴细胞分裂能力降低;难产乳牛淋巴细胞分裂能力降低更明显;有的妊娠牛中性白细胞功能受损等)。

雌性动物生产前后生殖激素水平（例如孕酮、雌激素等）的异常变化可影响其免疫功能。雌性动物全身性免疫功能降低或子宫黏膜免疫功能降低时，如细菌侵害生殖道，即可引发子宫内膜炎。

（二）病理变化

根据病程经过，可分为急性和慢性两种类型。

**1. 急性子宫内膜炎**（acute endometritis） 特点是以渗出性变化为主，同时伴有不同程度的变性、坏死或化脓。根据炎症的性质，可分为急性卡他性、急性纤维素性、急性化脓性子宫内膜炎。

剖检病变：子宫常见增大和松软。切开子宫后可见子宫壁呈不同程度的增厚，子宫腔内有大量的炎性渗出物。若为卡他性炎，则见子宫黏膜肿胀，充血和出血，黏膜表面被覆混浊的浆液性或黏液性渗出物，尤其在子叶及其周围充血与出血更为明显。若为纤维素性炎，可见大量纤维素性渗出物附着在黏膜面上，形成一层半游离状态的薄膜。当黏膜坏死严重时，则发展为纤维素性-坏死性炎，渗出的纤维素与黏膜的坏死组织牢固的黏着，不易剥离，若强行剥离则遗留溃疡面。化脓性炎时，子宫黏膜充血肿胀，黏膜表面覆盖一层黄白色脓性物质，子宫腔也有一定量的脓液，病情严重时，黏膜多发生糜烂（二维码20-1）。炎症或局限于一侧子宫角，或对称性地侵害两侧子宫角以及子宫体、子宫颈。

二维码20-1

镜检病变：卡他性子宫内膜炎时，黏膜血管扩张充血、出血并有微血栓形成，黏膜上皮细胞和子宫腺管上皮细胞变性、坏死或脱落，中性粒细胞、巨噬细胞及淋巴细胞广泛浸润，黏膜上覆盖着脱落的上皮细胞、炎性细胞、浆液或黏液（二维码20-2）。纤维素性炎时，子宫腔及其黏膜上有大量含纤维素、炎性细胞、红细胞、坏死脱落的上皮细胞，血管扩张充血。有时渗出及坏死严重，组织坏死可直达子宫壁深层，炎性细胞浸润显著，肌层中肌纤维也多变性肿胀。化脓性炎时黏膜血管扩张充血，黏膜固有层中性粒细胞广泛浸润并发生脓性溶解，黏膜上皮细胞变性、坏死、脱落和崩解。子宫腺上皮细胞变性、坏死。

二维码20-2

**2. 慢性子宫内膜炎**（chronic endometritis） 多由急性子宫内膜炎迁延而来，也可单独发生。其病理变化多样，主要取决于病程长短和病原体的生物学特性，但多表现为淋巴细胞、浆细胞大量浸润和成纤维细胞增生，使子宫壁增厚并纤维化。慢性子宫内膜炎常见以下病型。

（1）**慢性卡他性子宫内膜炎**（chronic catarrhal endometritis）。

剖检病变：子宫黏膜附有多少不一的黏性分泌物，子宫壁变厚，较硬实。牛患慢性子宫内膜炎时，坏死的子宫组织常发生钙盐沉着，形成硬固的灰白色小斑点。

镜检病变：原发性慢性卡他性子宫内膜炎，淋巴细胞、浆细胞及成纤维细胞大量增生，黏膜肥厚。由于炎性细胞浸润和腺体、腺管间的结缔组织增生不均衡，变化显著的部位呈息肉状隆起，称为慢性息肉性子宫内膜炎。随着成纤维细胞的增生、胶原纤维的产生，腺体排泄管受压迫以至堵塞，分泌物蓄积在腺腔内，使腺腔扩张形成大小不等的囊状，内含无色或浑浊的液体，称为慢性囊肿性子宫内膜炎。在慢性卡他性子宫内膜炎的发展过程中，有时子宫内膜的柱状上皮细胞可化生为复层鳞状上皮细胞，并可发生角化。有些病例子宫腺管萎缩或消失，子宫黏膜变得菲薄，则称为慢性萎缩性子宫内膜炎。

（2）**慢性化脓性子宫内膜炎**（chronic suppurative endometritis）。

剖检病变：慢性化脓性子宫内膜炎也称为子宫积脓，多由急性化脓性炎发展而来，常见于牛和猪。由于子宫腔内蓄积大量脓液，使子宫体积增大，按压有波动感。剖开子宫，流出大量脓液。因化脓菌种类不同，脓液的颜色和黏稠度也有差异，可呈现淡黄、黄白、污绿或褐红等不同颜色；有的脓液稀薄如水，有的混浊浓稠，有的则呈干酪样。子宫黏膜粗糙、污秽，其上被覆一层糠麸样坏死组织碎片，子宫壁呈不同程度的增厚。

镜检病变：可见黏膜内有大量中性粒细胞、浆细胞和淋巴细胞浸润，浸润的细胞与黏膜组织多坏死溶解。黏膜固有层及黏膜下层也见上述炎性细胞浸润以及成纤维细胞增生。腺管多变性、坏死、消失，部分残存的腺腔扩张，其内常充斥中性粒细胞及细胞崩解产物。

## 第二节　睾丸炎及附睾炎

睾丸炎（orchiditis）和附睾炎（epididymitis）是由致病因素引起睾丸和附睾的炎症，可发生于各种动物，但以牛、羊和猪较多见。若附睾炎与睾丸炎同时发生，则合称为附睾-睾丸炎（epididymo-orchitis）。

### （一）原因及致病机理

引起睾丸炎和附睾炎的病原主要为致病菌，如葡萄球菌、链球菌、化脓放线菌、铜绿假单胞菌和大肠杆菌等，其次为病毒及寄生虫。某些传染病或寄生虫病，如布氏杆菌病、结核病、放线菌病、鼻疽、霉菌病、螺旋体病、马腺疫、沙门菌病和媾疫等可伴发睾丸炎及附睾炎。病毒可以直接侵犯睾丸而引起炎症，如乙脑病毒常可导致猪的睾丸炎。病原通常经下列途径侵入睾丸和附睾而引起炎症。

（1）外伤性感染：病原通过伤口进入阴囊，首先引起睾丸周围炎及睾丸鞘膜炎，进而波及睾丸和附睾。炎症多呈一侧性。

（2）尿道源性感染：病原经尿生殖道或副性腺逆行而引起睾丸炎和附睾炎，即尿道源性感染。

（3）血源性和淋巴源性感染：全身性疾病或局部性炎症时，病原可进入血液或淋巴液，可随血流、淋巴流进入睾丸及附睾而引起炎症。炎症常呈两侧性。

（4）直接感染：睾丸邻近的器官如前列腺、精囊等发生感染，病原直接沿输精管进入睾丸、附睾引起炎症。

### （二）病理变化

睾丸炎及附睾炎的病变因病原不同而异，但急性者多以渗出、变质为主，而慢性者则以肉芽组织增生和纤维化为特点，某些传染病可形成特殊性肉芽肿。睾丸及附睾损伤严重时，常有精子外溢而引起变态反应，致使炎症加重，后期形成精子性肉芽肿。

**1. 睾丸炎**（orchiditis）　按病程长短分为急性和慢性睾丸炎；按病因性质不同分为非特异性和特异性睾丸炎。

（1）急性睾丸炎（acute orchiditis）：以渗出性变化为主，同时伴有不同程度的变性、坏死或化脓，睾丸呈现红、肿、热、痛等局部变化。

剖检病变：可见一侧或两侧睾丸因充血、渗出而肿大、变硬，固有鞘膜紧张。切面湿润多汁，实质显著膨隆，并常见大小不一的凝固性坏死灶或化脓灶。炎症波及固有鞘膜时，可引发睾丸鞘膜炎，总鞘膜腔内积蓄炎性渗出液。总鞘膜的炎症还可沿腹股沟管蔓延到腹腔而引起急性腹膜炎。由布氏杆菌引起的特异性睾丸炎，除上述病变外，总鞘膜腔内常蓄积脓性-纤维素性渗出物，故在炎症后期鞘膜壁层和脏层之间常发生粘连；由结核分枝杆菌引起的特异性睾丸炎，常在睾丸实质中形成粟粒性结核结节，睾丸通常肿大。

镜检病变：初期睾丸实质中血管扩张充血，曲细精管的上皮细胞变性、坏死或脱落，间质中浆液渗出及大量炎性细胞浸润。随着疾病的发展，睾丸实质中的大量炎性渗出物压迫血管，引起局部血液循环障碍，同时也因病原及其毒素的刺激，睾丸可发生广泛性坏死，形成多发性的坏死灶或化脓灶（二维码20-3）。由布氏杆菌引起的特异性睾丸炎，除曲精小管原有结构破坏消失外，还可见中性粒细胞渗出形成大小不等的脓肿，以及由巨噬细胞、上皮样细胞等形成的增生性结节。

二维码20-3

（2）慢性睾丸炎（chronic orchiditis）：多由急性睾丸炎转变而来，也可由真菌、螺旋体、寄生虫感染而引起。其病理特征是睾丸发生局灶性或弥散性肉芽组织增生及纤维化，故其出现不同程度的萎缩、变硬。

剖检病变：睾丸呈不同程度的萎缩，质地变硬，固有鞘膜增厚。当伴有鞘膜炎时，固有鞘膜可与阴囊或睾丸粘连，使睾丸固定，难以移动。睾丸切面干燥致密，并见大小不一的坏死灶或化脓灶，其周围由较厚的结缔组织所包裹。坏死灶中常见钙盐沉着。

镜检病变：曲细精管基底膜呈玻璃样变或纤维化，生精上皮细胞大量消失，其周围因结缔组织增生而硬化，也可形成小的增生灶。由结核分枝杆菌、布氏杆菌和鼻疽杆菌等引起的慢性特异性睾丸炎，在病变区常形成特殊性肉芽肿。肉芽肿中心为坏死灶或化脓灶，外周由巨噬细胞、上皮样细胞、多核巨细胞形成特殊性肉芽组织，最外围是普通肉芽组织，其间有淋巴细胞浸润。

**2. 附睾炎** 常与睾丸炎同时发生，可分为急性和慢性两种。

（1）急性附睾炎（acute epididymitis）：为单侧性或两侧性，以变质和渗出变化为主。

剖检病变：病变附睾肿胀，质地柔软，切面湿润，用力挤压时见黏液样物质从切面流出，白膜有炎性渗出物附着。炎症波及总鞘膜腔时，可见腔内有浆液流出。随着炎症的发展，附睾可出现弥散性坏死或大小不一的坏死灶。

镜检病变：早期可见附睾内血管扩张充血，血管周围浆液渗出及淋巴细胞浸润，随后中性粒细胞出现于渗出物中。部分附睾管上皮细胞水肿或坏死、脱落，管腔内充满渗出的浆液、坏死脱落的上皮细胞、中性粒细胞、淋巴细胞以及变性的精子。炎症由布氏杆菌引起时，附睾内可见精子性肉芽肿形成。

（2）慢性附睾炎（chronic epididymitis）：多由急性附睾炎转化而来，或一开始就呈慢性经过，以肉芽组织增生和纤维化为特征。

剖检病变：附睾体积常略缩小，质地坚硬，间质中结缔组织呈局灶性或弥散性增生，白膜和固有鞘膜粘连。附睾内有数量不等的囊肿和大小不一的结缔组织包囊。慢性附睾炎常与慢性前列腺炎、慢性精囊炎同时或先后发生。

镜检病变：附睾管的残存上皮细胞可发生乳头状增生、变性，并伴有小管内囊肿形成。附睾坏死灶周围见多量纤维组织增生和淋巴细胞及巨噬细胞浸润。由于结缔组织增生及上皮细胞增生使附睾管腔变细、变窄甚至闭合，引起其内容物淤滞。如果病变为两侧，则造成不孕。附睾管上皮细胞变性坏死，使附睾管破裂，引起精子外渗。外渗的精子可引发精子性肉芽肿，或精子进入总鞘膜腔，引起严重的总鞘膜腔炎。

## 第三节 乳 腺 炎

乳腺炎（mastitis）是由多种病原微生物引起的乳腺的炎症。可见于各种哺乳动物，以乳牛和乳山羊多发，其中乳牛的乳腺炎给乳牛业造成严重损失，且具有重要的公共卫生意义。

### （一）原因及致病机理

**1. 原因** 引起动物乳腺炎的生物性病原包括病毒、细菌、支原体和真菌等，但大部分为细菌感染。常见的细菌有停乳链球菌、无乳链球菌、乳房链球菌、金黄色葡萄球菌、大肠杆菌、肺炎克雷伯菌、沙门菌、溶血性巴氏杆菌、化脓放线菌、坏死杆菌、铜绿假单胞菌、布氏杆菌及结核分枝杆菌等，后两者在全身感染后又波及乳腺，其他多为直接感染。口蹄疫病毒和某些疱疹病毒也可引起乳腺炎。近几年，真菌引起的乳腺炎有逐年上升的趋势。乳牛乳腺炎以链球菌、金黄色葡萄球菌和大肠杆菌为主，约占全部病原的90%以上；绵羊乳腺炎以溶血性巴氏杆菌、金黄色葡萄球菌为主；山羊乳腺炎中，金黄色葡萄球菌则是最常见的病原菌。此外，混合感染也常发生。

病原可通过下列三条途径进入乳腺：通过乳头管进入乳腺是主要的感染途径；通过损伤的乳腺皮肤经淋巴道侵入乳腺；经血液循环到达乳腺，尤其是产后子宫感染时，病原可经此路径引发乳腺炎。

一些诱因在乳腺炎的发生中起重要作用。例如，挤乳不当损伤乳头、幼畜咬伤乳头、母牛因病卧地擦伤乳头、母猪乳头被脏物污染、尖锐异物刺伤乳头等，均为病原的入侵和繁殖创造了条件；精料过量、粗料不足或饲喂霉变或劣质的饲料等可引起机体能量失衡、代谢紊乱、毒物吸收而降低机体免疫力；不按时挤乳、挤乳不净均可使乳汁在乳腺内淤滞、酸败而成为细菌的良好培养基；饲养环境卫生状况差、细菌密度大、蚊蝇多都增加细菌进入乳腺的机会；维生素A、维生素E、硒、铜、钙、锌等缺少或不足降低机体免疫反应和对乳腺炎的抗性；乳腺由巨噬细胞、中性粒细胞和淋巴细胞组成的特殊的免疫体系机能下降；一些激素和细胞因子分泌失衡；产胎次数增多、产乳量高的乳牛乳腺炎发病率升高。

**2. 致病机理** 目前对几种病原菌的致病机理有较多了解，简述如下。

葡萄球菌是引起坏死性乳腺炎的主要病原菌；而链球菌是引起隐性乳腺炎的主要病原菌，其中无乳链球菌具有高度传染性。它们引起乳腺炎，与其产生的外毒素和酶相关。

如金黄色葡萄球菌可产生溶血素、肠毒素、凝血酶、葡激酶、耐热核酸酶、透明质酸酶、溶纤维蛋白酶、杀白细胞素等，这些毒素和酶在乳房炎的发生、发展中，分别起着降解核酸、促进蛋白及液体渗出、损伤血小板、溶血、杀白细胞等作用，从而引起乳腺组织的缺血、坏死、液化及炎性细胞的浸润。有些葡萄球菌还可形成荚膜和黏液层，阻碍抗菌剂发挥效用，引发持续性感染。

链球菌也能产生多种酶及外毒素：①脂磷壁酸（lipoteichoic acid，LTA）与细胞表面受体结合，增强细菌对乳腺组织细胞的黏附性。②M蛋白（M protein）具有抗吞噬细胞的吞噬及其胞内杀菌作用。③溶血素（hemolysins）中的氧敏感链球菌溶血素O（streptolysin O，SLO）可溶解红细胞，破坏中性粒细胞、巨噬细胞等。④侵袭性酶（invasive enzyme）中的透明质酸酶（hyaluronidase）能分解细胞间质的透明质酸；链激酶（streptokinase，SK）作为激活物可使纤溶酶原变为纤溶酶，后者使纤维蛋白降解；链道酶（streptodornase，SD）可降解DNA，使脓液变稀薄，这些均有利于增强细菌在乳腺组织的扩散能力。

## （二）类型及病理变化

乳腺炎的分类比较复杂。根据病原生物学特性分为非特异性和特异性乳腺炎；根据病程长短分为急性和慢性乳腺炎；根据有无症状分为显性和隐性乳腺炎；根据炎症性质分为浆液性、卡他性、纤维素性、化脓性、出血性和蜂窝织性乳腺炎等。

**1. 非特异性乳腺炎** 是指由非特定的病原微生物引起的乳腺炎，包括急性、慢性和隐性乳腺炎。

（1）急性乳腺炎（acute mastitis）：是雌性动物泌乳期最常见的一种乳腺炎，乳牛多发生于产犊后产乳高峰期。病原多经乳头管入侵乳腺或子宫疾患时病原经血液播散至乳腺而引发。此型乳腺炎的特点是以渗出性变化为主，同时伴有腺泡及腺管上皮细胞的变性、坏死和脱落，以及间质的充血和水肿。乳汁异常，乳产量下降。

剖检病变：通常一个或几个乳区发病，发炎部位肿胀、变硬，使各乳区的大小不对称。病变乳区容易切开，切面上可见到渗出性炎的变化。发生急性浆液性炎时，乳腺皮肤紧张、发红，切面湿润而有光泽，病变小叶呈灰黄色，小叶间及皮下结缔组织充血、水肿。发生急性卡他性炎时，乳腺肿胀，切面稍干燥，呈淡黄色颗粒状，压之有混浊的液体流出。发生急性纤维素性炎时，乳腺坚实，切面干燥，呈白色或黄色，在乳池和输乳管中有纤维素性渗出物。发生急性出血性炎时，乳腺切面平坦光滑，呈暗红色或黑红色，挤压时，流出淡红色混浊的液体并混有絮状血凝块，输乳管及乳池黏膜上常见出血点。发生急性脓性卡他时，发病乳区肿大，乳池及乳管常见溃疡。在此基础上，炎症可向周围组织扩散而形成多个小脓灶。急性化脓性乳腺炎有时可表现为皮下及间质的弥散性化脓性炎（乳腺蜂窝织炎），炎症可由间质蔓延到实质，形成大范围的坏死和化脓。在上述几种乳腺炎中乳管内通常有白色、黄白色或黄红色栓子样物。

镜检病变：急性乳腺炎时，可见腺泡及乳管上皮细胞水肿或脂肪变性以及不同程度的坏死和脱落，中性粒细胞、巨噬细胞及淋巴细胞广泛浸润（二维码 20-4、二维码 20-5、二维码 20-6）。如为浆液性炎，还可见到乳腺小叶及间质中明显的充血和水肿。卡他性炎时，腺泡、分泌小管、输乳管和乳池的上皮细胞肿胀，坏死和脱落明显，管腔中充满坏死物和渗出液，间质中也明显充血水肿。纤维素性炎时，腺泡及乳管中有较多的纤维素，并见少量的中性粒细胞和巨噬细胞浸润。出血性炎时，腺泡及乳管中有多量的红细胞漏出，间质充血，也见少量红细胞漏出，有时可见微血栓形成。化脓性炎时，则见腺泡、输乳管内的渗出物中有多量变性、坏死的中性粒细胞，严重时，乳腺实质中形成多个小脓灶。

二维码 20-4

二维码 20-5

二维码 20-6

另外，在急性乳腺炎的同时，还经常伴发急性乳腺淋巴结炎。

结局：急性乳腺炎的病因消除后，炎症停止发展，渗出物被吸收或排出，腺泡及乳管上皮细胞再生，乳腺渐趋恢复。反之则迁延为慢性乳腺炎。化脓性乳腺炎严重时，可引发脓毒败血症。

(2) 慢性乳腺炎（chronic mastitis）：通常由急性转化而来，也可由病原直接感染乳管而引起。多见于乳牛泌乳后期或干乳期，有反复发作的特点。慢性乳腺炎的病理特征是乳腺实质萎缩，结缔组织增生和纤维化。

剖检病变：乳池及输乳管显著扩张，其内充满黄绿色黏稠的液体，管腔黏膜上皮呈结节状、条索状或息肉状，管壁明显增厚。多数腺泡萎缩或消失，腺泡数量减少，结缔组织增生，残存的腺泡呈岛屿状分布其中。在乳池、输乳管及小叶间亦有大量结缔组织增生或瘢痕形成。病变乳腺显著缩小和硬化。慢性化脓性乳腺炎时，乳腺切面可见大小不一的结节状脓肿，其周围由结缔组织所包裹。脓肿也可向皮肤穿孔，形成窦道。乳腺淋巴结肿胀。

二维码 20-7

镜检病变：病变区乳腺腺泡数量减少，残存的腺泡体积变小，上皮细胞萎缩或鳞状化生。间质中因多量纤维组织增生而增宽，炎区内有大量的淋巴细胞、浆细胞及巨噬细胞浸润（二维码 20-7）。由于增生的纤维组织瘢痕性收缩，残存的腺泡、输乳管及乳池被牵引而显著扩张。慢性化脓灶周围有包囊形成。

结局：慢性乳腺炎常引起乳腺组织坏死，结缔组织增生，残存的腺泡发生萎缩。乳腺的结构和泌乳机能难以恢复正常。

(3) 隐性乳腺炎（subclinical mastitis 或 hidden mastitis）：是指乳腺虽受到一些损伤，有轻度的病理组织学变化，但无明显临床症状的一种乳腺炎。

乳腺无明显的外观变化，也缺乏全身性反应；乳汁眼观无异常变化，但理化性质表现异常，品质低劣，产量明显降低。能引起急、慢性乳腺炎的病原微生物同样能引起隐性乳腺炎；当各种原因引起机体免疫力降低或病原微生物数量增多、毒力增强时，隐性乳腺炎极易转变为临床症状明显的乳腺炎。隐性乳腺炎是乳牛乳腺炎中发生最多、造成经济损失最严重的一种类型。

剖检病变：乳腺质地柔软，血管轻度充血。切面湿润、多汁，呈淡灰黄色，有较多的稀薄乳汁从乳管断端流出。部分病例乳腺淋巴结轻度肿胀，切面湿润。迁延时间较长的隐性乳腺炎则呈现轻度的增生性反应，表现为乳腺质地较柔韧，切面呈淡灰白色，较干燥，小叶间质增宽，乳管及乳池壁轻度增厚。

镜检病变：初期呈现轻度的渗出性变化。乳池、输乳管黏膜轻度充血、肿胀。部分腺泡上皮轻度水肿、脂肪变性或胞内有透明滴状物。随着病情发展，腺泡上皮的变性加重，部分腺泡腔及乳管中有脱落的上皮细胞及浆液渗出物。间质轻度充血和浆液渗出，并有少量中性粒细胞浸润。历时较久则出现轻度的增生反应，表现为部分腺泡腔缩小，其内有少量浆液性分泌物，腺泡上皮细胞由分泌期的梨形转变为柱状或立方形；间质轻度增宽，结缔组织增生，有少量淋巴细胞浸润。集乳管和中等大的乳管外膜细胞增生，管壁增厚，管腔内有少量浆液和脱落的上皮细胞。发病乳区常以萎缩、硬化为结局。

电镜观察：隐性乳腺炎初期，腺泡上皮细胞的线粒体肿大，粗面内质网脱颗粒，胞质中散在大量核糖体，并有大小不一的脂滴。胞核较大，染色质稍增多或呈局灶状边集。随着病情发展，腺泡上皮细胞线粒体明显肿胀，嵴缺损，呈囊状扩张，有的甚至崩解。

**2. 特异性乳腺炎** 是指由某些特定的病原微生物引起的具有特征性病变的乳腺炎，往往形成特殊性肉芽肿。乳汁异常，乳产量下降。

（1）结核性乳腺炎：主要见于牛，为血源性感染，病变主要有以下类型。

①渗出性乳腺结核：常发生在结核性炎的早期，病变区主要呈浆液性炎或浆液-纤维素性炎的变化，并有中性粒细胞浸润，后期炎性细胞多为巨噬细胞所取代，并可转变为增生性或干酪性结核性乳腺炎。

②增生性乳腺结核：多在渗出性炎的基础上发展而来，形成具有证病意义的结核结节，又称结核性肉芽肿。剖检，乳腺内有多个结核结节，单个结节较小，肉眼不易观察到，三四个结节可融合成粟粒至豌豆大的结节。其境界分明，灰白色半透明状，干酪样病变程度较轻或不易干酪化。镜检，结节主要由巨噬细胞、上皮样细胞、多核巨细胞及聚集在外围的淋巴细胞、成纤维细胞构成，病程较长时，外围可形成普通肉芽组织。有较强超敏反应发生时，结节中央可发生干酪样坏死。

③干酪性乳腺结核：多由渗出性结核性炎或增生性结核性炎发展而来。是以发生干酪样坏死为特征的乳腺结核，常侵害整个乳房或几个乳区。剖检，发病部位显著肿胀、坚硬，容易切开，切面中央为干酪样坏死物。结节大小不一。早期的结节周围仅见有红晕，后期坏死灶周围逐渐由增生的结缔组织包绕。镜检，早期病灶内有大量渗出液，其中混有大量的巨噬细胞、一定量的淋巴细胞和中性粒细胞，有些已崩解成核碎屑。随后病灶发生干酪样坏死，周围组织血管扩张充血，形成以巨噬细胞、上皮样细胞、多核巨细胞为主的特殊肉芽组织，外围绕以普通肉芽组织。

（2）布氏杆菌性乳腺炎：主要见于牛和羊，以亚急性或慢性间质性乳腺炎为多见。病变多为局灶性，初期易被忽视。后期结缔组织增生，形成特殊性增生性结节，结节大小不一，灰黄而硬固。镜检，在乳腺内可见到局灶性炎症病灶。主要由增生的淋巴细胞、上皮样细胞、巨噬细胞组成的小结节，有时混有少量中性粒细胞，并见结缔组织增生。结节中心常见萎缩的腺泡和细胞坏死物。当炎症波及腺泡时可发生实质性乳腺炎。

（3）放线菌性乳腺炎：多见于牛和猪。一般经皮肤感染，其特征是在乳腺皮下或深部形成脓性肉芽肿。剖检，病变初期为渗出性炎，继而形成大小不一的结节，以后融合形成大结节。结节中心坏死化脓，脓液或稀薄或黏稠，无臭，并含有淡黄色硫黄样的细颗粒，坏死灶外围环绕一层结缔组织。脓肿及其邻近的皮肤可逐渐软化和破裂，形成向外排脓的窦道。乳腺深部的脓肿破溃时，可开口于乳导管或乳池，使乳汁中出现放线菌块。镜检，病灶中心为放线菌块和脓液，菌块中央是相互交织成团的菌丝，菌丝向四周放射，菌丝的末端呈曲颈瓶状膨大。菌块周围是由巨噬细胞、上皮样细胞、多核巨细胞等组成的特殊肉芽组织，再外围是普通肉芽组织。

## 第四节 卵巢囊肿

卵巢囊肿（ovarian cysts）指在卵巢内存在一到数个比成熟卵泡大且含有液体的囊样的肿物。本病是雌性动物（特别是母牛）的常发病，也是导致雌性动物不孕的一个重要原因。

### （一）原因及致病机理

卵巢囊肿的发生原因和机理至今还不完全清楚，多数学者认为下丘脑-垂体-卵巢轴功能异常、饲养管理不当、某些疾病的影响等，在卵巢囊肿的发生中起着重要作用。

**1. 体内激素分泌异常** 正常的卵巢周期包括卵泡发育、排卵、黄体形成三个阶段，均依赖下丘脑-垂体-卵巢轴产生的多种生殖激素进行调节。生殖激素分泌异常，例如垂体促性腺激素异常，特别是促黄体素（luteinizing hormone，LH）不足和促卵泡素（follicle-stimulating hormone，FSH）不足，它们在血浆中的比例达不到一定浓度和一定比例时，就使得成熟卵泡不能正常排卵，但颗粒细胞仍分泌液体，即可而形成囊肿。

**2. 饲养管理不当** 饲料中缺乏维生素 A、维生素 E 及微量元素，或含有大量雌激素；饲喂过多精料又缺乏运动；动物虚弱、营养不良、应激、过度劳役，或卵泡发育过程中气温骤变等原因，均可影响卵泡发育，产生卵巢囊肿。

**3. 其他疾病的影响** 当乳牛发生子宫内膜炎、胎衣不下、卵巢周围炎、卵巢炎、卵巢下垂、流产等疾病时，可引发卵巢囊肿。另外，某些遗传因素、动物排卵时血压增高或血液凝固性降低等，也可引起卵巢囊肿。

### （二）类型及病理变化

卵巢囊肿包括卵泡囊肿、黄体囊肿等类型。

**1. 卵泡囊肿**（follicular cysts） 多见于牛、猪、老龄的犬和猫，是最常见的一种卵巢囊肿。主要是由于卵泡上皮变性，卵泡壁结缔组织增生变厚，卵细胞死亡，卵泡液未被吸收或者增多使卵泡腔增大而形成的囊肿。

剖检病变：卵泡囊肿一般比正常卵泡大，一个或数个，分布于一侧或两侧卵巢。囊壁较薄而致密，紧张度较高，囊内充满清亮的液体。有时滤泡囊肿因出血而形成出血性囊肿。牛的卵泡囊肿直径多为 2~5 cm，有的可达拳头大，马的为 6~10 cm，有时可达 12 cm 乃至取代全部卵巢组织。此外，可见子宫壁水肿、增厚，宫颈变大、开放、分泌灰白色黏液等病变。

镜检病变：可见颗粒层萎缩，颗粒细胞变性、减少；卵泡壁结缔组织增生变厚，内壁仅为一层扁平细胞甚至完全消失；卵细胞坏死消失，卵泡液增多。同时见子宫内膜肥厚，子宫腺数量增多，有大量黏液蓄积于腺腔内。

**2. 黄体囊肿**（lutein cysts） 是由于未排卵的卵泡壁上皮细胞黄体化而形成的囊肿。可见于牛、马、驴、猪及老龄的犬和猫。

剖检病变：多发生于单侧卵巢。囊肿常呈圆球形，囊壁光滑，大小不等，一般为核桃大至拳头大，囊腔形状不规则并充满透明液体。黄体囊肿破裂后可引起出血，在囊腔内形成血样液体。犬黄体囊肿时，常可同时发生子宫内膜肥厚和子宫积脓。

镜检病变：可见囊肿壁由多层黄体细胞组成，细胞质内含有黄体色素颗粒和大量脂质。有时黄体细胞在囊壁分布不均，一端多而另一端少，当囊壁很薄时，可见贴附有一层纤维组织或透明样物质的薄膜。

**3. 其他类型的囊肿**

（1）子宫内膜性囊肿（endomerial cysts）：主要是由脱落的子宫内膜上皮细胞经输卵管返流入腹腔，种植在卵巢引起。囊肿壁由子宫内膜上皮细胞组成，壁较厚，内壁欠光滑，囊腔内充满大量黏稠咖啡色类似巧克力状的液体，故称"巧克力囊肿"（chocolate cysts）。

（2）包含物性囊肿（inclusion cysts）：较少见，多发生于老年动物。是由于卵巢表面的一部分上皮细胞和一些具有分泌功能的细胞，在排卵后被反常地包埋在卵巢基质中，当这些细胞不断分泌液体时可形成囊肿。

（马国文）

# 第二十一章 神经系统病理

**内容提要** 脑组织的基本病理变化包括发生在神经元、神经纤维、胶质细胞、血管和脉络丛、脑脊液等方面的变化。脑炎、神经炎是神经系统主要的炎症性疾病，由病毒引起的非化脓性脑炎较常见，其病变特点是神经元变性坏死，小胶质细胞增生并构成卫星现象、噬神经元现象和以淋巴细胞为主要细胞成分的血管周围管套的形成。外周神经的炎症称为神经炎，急性神经炎以神经纤维变质为主，同时间质有轻微的炎性细胞浸润和增生；慢性神经炎时神经纤维变质较轻，而间质出现明显的炎性细胞浸润及结缔组织增生。

## 第一节 脑的基本病理变化

脑组织主要是由神经细胞、神经纤维、神经胶质和结缔组织组成的。在多种疾病中，脑组织的代谢、功能和形态结构常出现不同类型和不同程度的变化，但这些变化也具有一些共同的表现，形成脑组织的基本病变。下面介绍几种常见的脑组织病变。

### （一）神经元的变化

**1. 染色质溶解**（chromatolysis） 是指神经细胞胞质尼氏小体（Nissl body）（即粗面内质网）的溶解。因尼氏小体具嗜碱性，故 HE 染色时被染成深蓝色斑块状小体。尼氏小体溶解发生在细胞核附近称为中央染色质溶解（central chromatolysis），发生在细胞周边称为周边染色质溶解（peripheral chromatolysis）。尼氏小体溶解是神经细胞变性的表现形式之一。

中央染色质溶解多见于中毒和病毒感染，如铊中毒、禽脑脊髓炎等疾病；在轻度缺血时，也可发生。可见神经细胞胞体肿大、变圆，核附近的尼氏小体崩解成粉末状并逐渐消失，核周围呈空白区，而周边的尼氏小体仍存在。中央染色体溶解是可复性变化，但病因持续存在时，神经细胞病变可进一步发展，乃至坏死。

周边染色质溶解见于进行性肌麻痹中的脊髓腹角运动神经细胞、某些中毒的早期反应和病毒性感染时，如鸡新城疫可出现周边染色质溶解。发生周边染色质溶解的神经细胞，其中央聚集较多的尼氏小体，周边尼氏小体消失呈空白区，胞体常缩小变圆。

**2. 神经细胞急性肿胀**（acute neuronal swelling） 多见于缺氧、中毒和感染。如流行性乙型脑炎、鸡新城疫和猪瘟的非化脓性脑炎等疾病。病变神经细胞胞体肿胀变圆，染色变浅，中央染色质或周边染色质溶解，树突肿胀变粗，核肿大淡染、靠边。神经细胞的急性肿胀，也是变性的一种形式，是可复性变化，但肿胀持续时间长，神经细胞则逐渐坏死，此时可见核破裂、溶解消失，胞质染色变淡或完全溶解。

**3. 神经细胞凝固**（coagulation of neurons） 又称为神经细胞缺血性损伤（ischemic neuronal injury），多见于缺血、缺氧、低糖血症、维生素 $B_1$ 缺乏以及中毒、外伤等。一般发生于大脑皮质中层、深层和海马的齿状回。病变细胞主要表现为胞质皱缩，失去微细结构，嗜酸性增强，HE 染色呈均匀红色，在胞体周围出现空隙。细胞核体积缩小，染色加深，与胞质界限不清，核仁消失。神经细胞凝固早期也属于神经细胞变性变化，但最终可出现核破碎消失而致细胞坏死。

**4. 空泡变性**（vacuolar degeneration） 指神经细胞质内出现小空泡。常见于病毒性脑脊髓炎，如在牛海绵状脑病和羊痒病，主要表现为脑干某些神经核的神经细胞和神经纤维网中出现大小不等的圆形或卵圆形的空泡。另外，神经细胞的空泡化也见于溶酶体蓄积病、老龄公牛等。一般单纯性空泡变性是可复性的，但严重时则细胞发生坏死。

**5. 液化性坏死**（liquefactive necrosis） 是指神经细胞坏死后进一步溶解液化的过程。可见于中毒、感染和营养缺乏（如维生素 E 或硒缺乏）。病变部位神经细胞坏死，早期表现为核浓缩、破碎甚至溶解消失，胞体肿胀呈圆形，细胞界限不清。坏死细胞随时间的延长，胞质染色变淡，其内有空泡形成，并发生溶解，或胞体坏死产物被小胶质细胞吞噬，使坏死细胞完全消失；与此同时，神经纤维也可发生断裂液化，该部神经组织坏死，形成软化灶。液化性坏死是神经元变性的进一步发展的结果，是不可复性变化，坏死部位可由星形胶质细胞增生而修复。

**6. 包涵体形成** 神经细胞中包涵体（inclusion body）形成可见于某些病毒性疾病。包涵体的大小、形态、染色特性及存在部位，对一些疾病具有证病意义。狂犬病，大脑皮质海马的锥体细胞及小脑浦肯野细胞（Purkinje cell）胞质中出现嗜酸性包涵体，也称内格里小体（Negri body）（二维码 21-1）。马波纳病（Borna disease）（即马地方流行性脑脊髓炎），大脑嗅球、皮质部、脑干、海马以及脊髓神经细胞出现有证病意义的嗜酸性核内包涵体。

二维码 21-1

## （二）神经纤维的变化

当神经纤维受到损伤，如切断、挫伤、挤压或过度牵拉时，轴突和髓鞘二者都可发生变化，在距神经元胞体近端和远端的轴突及其所属的髓鞘发生变性、崩解和被吞噬细胞吞噬的过程称为沃勒变性（Wallerian degeneration）。相应的神经元胞体发生中央染色质溶解。沃勒变性的过程一般包括轴突变化、髓鞘崩解和细胞反应三个阶段。

轴突变化：轴突出现不规则的肿胀、断裂、收缩成椭圆形小体，或崩解形成串球状，并逐渐被吞噬细胞吞噬、消化。

髓鞘崩解：髓鞘崩解形成单纯的脂质和中性脂肪，称为脱髓鞘现象（demyelination），脂类小滴可被苏丹Ⅲ染成红色，在 HE 染色切片中脂滴溶解呈空泡。

细胞反应：在神经纤维损伤处，由血液单核细胞衍生而来的小胶质细胞参与吞噬细胞碎片的作用（吞噬轴突和髓鞘的碎片），并把髓磷脂转化为中性脂肪。通常将含有脂肪滴的小胶质细胞称为格子细胞（gitter cell）或泡沫样细胞。它们的出现是髓鞘损伤的指征，通过清除和消化神经纤维的崩解产物，为神经纤维的再生创造条件。

## （三）胶质细胞的变化

**1. 星形胶质细胞的变化** 星形胶质细胞有两种类型，即原浆型和纤维型。原浆型胶质细胞主要位于灰质，胞体大而胞质丰富，染色淡，有放射状突起和较多分支；纤维型胶质细胞主要位于白质，细胞小而染色深，突起与分支少。在 HE 染色的切片中，核呈圆形或椭圆形，染色质呈细粒，着色浅，胞质不显示。用 Cajal 特殊染色可显示胞质和突起分支，在分支的末端膨大，附着于毛细血管和软脑膜下层，形成足板。星形胶质细胞主要起支持作用，此外，在物质代谢、血脑屏障、抗原提呈、神经介质和体液缓冲的调节中也起着重要的作用。

星形胶质细胞对损伤的反应主要有以下几种形式。

(1) 转型和肥大：在大脑灰质损伤时，星形胶质细胞由原浆型转变为纤维型，在脑组织损伤处积聚形成胶质痂。当脑组织局部缺血、缺氧水肿时，以及在梗死、脓肿及肿瘤等病变的周围，星形胶质细胞可发生肥大，表现为胞体肿大，胞质增多且嗜伊红深染，核偏位。电镜观察，见胞质中充满线粒体、内质网、高尔基复合体、溶酶体和胶质纤维。

(2) 增生：脑组织因缺血、缺氧、中毒和感染而发生损伤时，星形胶质细胞可出现增生性反应，当大量增生时称为神经胶质增生或神经胶质瘤（gliosis）。星形胶质细胞的增生按其性质可分为反应性增生和营养不良性增生两类。前者表现为纤维型胶质细胞增生并形成大量胶质纤维，最后成为胶质瘢痕；后者是代谢紊乱的一种表现形式。局部神经组织完全丧失后，星形胶质细胞围绕在缺损处的边缘，其中间含有透明的液体，往往形成囊肿。

**2. 小胶质细胞的变化** 小胶质细胞属于单核-巨噬细胞系统，是神经组织中的吞噬细胞，来源于中胚层，分布在脑灰质及白质中，在 HE 染色中核呈杆形、三角形或椭圆形，胞质少。

小胶质细胞对损伤的反应主要表现为肥大、增生和吞噬。

(1) 肥大：一般在神经组织损伤的早期，小胶质细胞很快发生肥大，可见胞体增大，胞质和原浆突肿胀，核变圆而淡，在 HE 染色时可见淡红色的胞质。病程比较缓慢时，肥大的细胞形成杆状细胞，表现为突起回缩，核显著变大，胞质聚集在细胞的两极。

二维码 21-2

(2) 增生和吞噬：小胶质细胞的增生表现为弥漫型和局灶型两种形式，常见于中枢神经组织的各种炎症过程，特别是在病毒性脑炎时，如禽脑脊髓炎、马流行性乙型脑炎、猪瘟等疾病的非化脓性脑炎。小胶质细胞可吞噬变性的髓鞘和坏死的神经元，在吞噬过程中，胞体变大变圆，胞核圆形或杆状，深染，胞质呈泡沫状或格子状空泡，故称格子细胞或泡沫样细胞。增生的小胶质细胞围绕在变性的神经细胞周围，称为卫星现象（satellitosis），一般由3～5个细胞组成（二维码21-2）。神经细胞坏死后，小胶质细胞也可进入细胞内，吞噬神经元残体，称为噬神经元现象（neurophagia）（二维码21-3）。在神经细胞出现灶状坏死崩解形成的软化灶处，小胶质细胞呈小灶状增生，并形成胶质小结，细胞数量由几个至十几个甚至几十个组成（二维码21-4），其中有的也可来源于血液中的单核细胞。有时，小胶质细胞的胞体和核都可延长，细胞质聚集在细胞的两极，形成杆状细胞（rod cell）。

二维码 21-3

二维码 21-4

**3. 少突胶质细胞的变化** 少突胶质细胞体积小，胞质少，突起短而少，核呈圆形，染色深似淋巴细胞。少突胶质细胞主要存在于神经细胞周围，类似于小胶质细胞形成的卫星现象，但这种现象不是病理变化，而是围绕神经细胞的一种保护性作用。此外，在神经纤维之间和血管周围也可见少突胶质细胞，形成中枢神经的有髓神经的髓鞘，与外周神经的施万细胞（Schwann cell）（即神经膜细胞）相似，在血管周围聚集成丛。

少突胶质细胞在疾病过程中可发生急性肿胀、增生和黏液样变性。

(1) 急性肿胀：表现为胞体肿大、胞质内形成空泡，核浓缩，染色变深。多见于中毒、感染和脑水肿。该变化是可复性的，当病因消除后，细胞形态恢复正常，若液体积聚过多，胞体持续肿胀甚至破裂崩解，在局部可见崩解的细胞碎片。

(2) 增生：表现为少突胶质细胞数量增多。见于脑水肿、狂犬病、破伤风、流行性乙型脑炎等疾病和病理过程。少突胶质细胞增生与急性肿胀常同时发生，增生的细胞发生急性肿胀并可相互融合，形成胞质内含有空泡的多核细胞。在慢性增生时，少突胶质细胞也可围绕在神经元周围呈卫星现象，在白质内的神经纤维内形成长条状的细胞索，或聚集于血管周围。

(3) 黏液样变性：在脑水肿时，少突胶质细胞胞质出现黏液样物质，HE 染色呈蓝紫色，黏蛋白卡红染色呈鲜红色。同时胞体肿胀，核偏于一侧。

### (四) 血管与脉络膜的变化

**1. 血管的变化**

(1) 动脉性充血：常见于感染性疾病、日射病和热射病等。表现为脑组织色泽红润，有时可见小出血点。镜检见小动脉和毛细血管扩张，管腔内充满红细胞。

(2) 静脉性充血：多发生于全身性淤血，主要见于心和肺疾病。另外，颈静脉受压迫时也可引起脑组织淤血，如颈部肿瘤、炎症以及颈环关节变位等压迫颈静脉而引起脑淤血。其表现为脑及脑膜静脉和毛细血管扩张，充满暗红色血液。

(3) 缺血：脑缺血可并发于各种全身性贫血。另外，脑动脉血栓形成、栓塞、脑积水及动脉痉挛性收缩，均可使动脉管腔狭窄或堵塞，引起脑组织缺血。脑组织对缺血特别敏感，在不同部位的脑组织和不同种类的细胞成分，对缺血的敏感性具有一定差异。一般灰质比白质敏感，皮质深层比表层敏感，特别是大脑皮质部的神经细胞和小脑浦肯野细胞对缺血最敏感。神经胶质细胞对缺血具有一定耐受力，其中小胶质细胞的抵抗力最强，在其他细胞坏死后，小胶质细胞仍可存活。

在新生驹，大脑的反射性缺血可引起共济失调症，因为大脑皮层以及中脑灰质和脑干发生坏死或出血。在猪肝性黄疸和有机汞中毒时，常见脑膜血管发生透明坏死，并使局部脑组织缺血和坏死。

(4) 血栓形成、栓塞和梗死：动物的脑血栓很罕见。在猫，有时颈动脉形成的血栓可引起脑组织的缺血和梗死。

脑动脉栓塞可由骨髓性栓子、组织性栓子、细菌性栓子和血栓性栓子等引起。其中以细菌性栓子和血栓性栓子最多。猪丹毒、巴氏杆菌病、葡萄球菌病等疾病时，均可在脑动脉内形成细菌性栓塞，栓塞局部出现化脓性脑炎。动脉性栓塞可使局部脑组织发生梗死，早期梗死区肿胀、中心呈液化性坏死，形成软化灶，其周围的脑组织出现轻微的缺血性变化。神经细胞和少突胶质细胞对缺血的耐受性低，常发生坏死崩解，而血管内皮细胞、外膜细胞及小胶质细胞增生，并逐渐吞噬坏死的神经细胞，其外围则由增生的星形胶质细胞包绕。

(5) 血管周围管套形成：在脑组织受到损伤时，血管周围间隙中可出现围管性细胞浸润（炎性反应细胞），如袖套状，称为血管周围管套形成（perivascular cuffing）。管套的厚薄与浸润细胞的数量有关，有的只由一层细胞组成，有的可达几层或十几层细胞。管套的细胞成分与病因有一定关系。在链球菌感染时，以中性粒细胞为主；在李氏杆菌感染时，以单核细胞为主；在病毒性感染时，以淋巴细胞和浆细胞为主（二维码21-5）；在食盐中毒时，以嗜酸性粒细胞为主。一般这些细胞是来自血液，但有时也可由血管外膜细胞增生形成。血管周围管套形成通常是机体在某种病原作用下脑组织出现的一种抗损伤性应答反应。

二维码21-5

关于血管周围管套形成的结局还不十分清楚。它们可能存在很长时间。如果细胞反应较轻，管套可完全消散，严重时可压迫血管使管腔狭窄或闭塞而引起局部缺血性病变。

**2. 脉络膜的变化** 脉络膜具有分泌功能，可产生脑脊液，其病理变化多表现为脉络膜炎。脉络膜炎常并发于软脑膜炎，一般以渗出性炎为主，见脑室液增多，脑室扩张，渗出的液体混浊，液体中混有絮片状物，絮片状物也常附着在脉络膜表面。脉络膜水肿增粗，呈半透明状。渗出物可进入导水管内，引起导水管阻塞和室管膜炎。镜检，脉络膜上皮细胞变性、坏死和脱落，脉络膜内纤维素渗出，中性粒细胞和巨噬细胞浸润。同时见室管膜上皮变性和坏死，室管膜下组织水肿和炎性细胞浸润。

### (五) 脑脊液循环障碍

脑脊液由侧脑室、第3脑室、第4脑室的脉络丛上皮细胞产生。第4脑室脉络丛的正中孔和外侧孔与蛛网膜下腔相通，脊髓中央管与第4脑室相通。脑脊液存在于脑室、蛛网膜下腔和脊髓中央管内。蛛网膜下腔的脑脊液通过硬膜窦回归静脉，形成脑脊液循环。上述正常的脑脊液循环被破坏时，引起脑脊液循环障碍，通常表现为脑积水和脑水肿。

**1. 脑积水**（cerebral hydrops） 是由于脑脊液流出受阻或重吸收障碍，引起脑脊液在脑室或蛛网膜下腔蓄积。

脑积水发生的原因主要是脑脊液流出受到机械性阻塞或蛛网膜绒毛突起重吸收障碍。脑膜炎、脉络膜炎和室管膜炎时的炎性渗出物，以及肿瘤和寄生虫等病理产物，都可阻塞大脑导水管、第4脑室的正中孔和侧脑室孔引起脑积水。另外，脑稍向前或向后变位、脑水肿等病变也能影响脑脊液的流动。在脑膜因慢性炎症而增厚或粘连，以及蛛网膜下腔炎性渗出物沉着，均可引起蛛网膜绒毛突起对脑脊液的重吸收障碍或阻塞蛛网膜下腔，导致脑积水。

脑积水的变化主要表现为脑室或蛛网膜下腔扩张，脑脊液增多，脑实质因脑脊液压迫而萎缩，如侧脑室发生严重的渐进性积水时，大脑半球的实质可因不断压迫而萎缩变薄，甚至形成菲薄的一层包膜。

**2. 脑水肿**（cerebral edema） 是指脑组织水分增加而使脑体积肿大。根据原因和发生机理，可将脑水肿分为血管源性脑水肿和细胞毒性脑水肿两种类型。

（1）血管源性脑水肿：是血管壁的通透性升高所致。可见于细菌内毒素血症、弥散性病毒性脑炎、金属毒物（铅、汞、锡和铋）中毒以及内源性中毒（如肝病、妊娠中毒、尿毒症）等。另外，任何占位性病变，如脑内肿瘤、血肿、脓肿、脑包虫等压迫静脉而使血液回流障碍，血浆渗出增多，蓄积于脑组织，也会造成脑水肿。

血管源性脑水肿既可以是全脑性的，也可以是局灶性的。一般在白髓更容易发生，这与白髓的结构有关，液体容易在神经纤维间积聚。在铅中毒时，灰质与白质同样会有水肿液出现。维生素 $B_1$ 缺乏时，灰质水肿更明显。

全脑性水肿表现为硬脑膜紧张，脑回扁平，蛛网膜下腔变狭窄或阻塞，色泽苍白，表面湿润，质地较软。切面稍突起，白质变宽，灰质变窄，灰质和白质的界限不清楚，脑室变小或闭塞，小脑因受压迫而变小并出现脑疝。局部性水肿可出现中线旁移，胼胝体和脑室受压变形，出现一侧或两侧性脑疝形成。若是静脉受压引起的局部水肿，灰质也有严重的水肿，或有出血，其色泽为粉红色或黄色。镜检可见血管外周间隙和细胞周围增宽充满液体，组织疏松。水肿区着色浅，有PAS阳性物质，髓鞘肿胀，轴突不规则增粗或呈串珠状变化，有时见血浆蛋白渗出或炎性细胞浸润。

（2）细胞毒性脑水肿：是指水肿液蓄积在细胞内。内、外源性毒物中毒时，细胞内的ATP生成障碍，对细胞膜的钠泵供能不足，钠离子在细胞内蓄积而使细胞的渗透压升高，细胞外的水过多进入细胞内导致水肿。另外，水中毒时也可引起细胞性脑水肿。

剖检变化类似于血管源性脑水肿，但更多见于灰质。镜检可见星形细胞肿胀变形，突起断裂，糖原颗粒积聚。如肿胀持续存在并逐渐加重时，则核崩解，晚期周边部的星形细胞肥大增生，并有纤维性胶质瘢痕形成。少突胶质细胞的胞体变大，核浓缩变形，胞质呈颗粒状。神经细胞也可表现为胞体肿大，胞核大而淡染，染色质溶解，细胞均质化或液化，特别在大型的神经细胞更为多见。

## 第二节 脑　　炎

### （一）非化脓性脑炎

非化脓性脑炎（nonsuppurative encephalitis）是指脑组织炎症过程中渗出的炎性细胞以淋

巴细胞、浆细胞和单核细胞为主，而无化脓过程的脑炎。如果脊髓同时受损，则称为非化脓性脑脊髓炎；有时软脑膜也有炎性细胞浸润，称为非化脓性脑膜脑脊髓炎。炎症可发生在中枢神经的各部位，如发生在白质称为脑脊髓白质炎；发生在灰质，称为脑脊髓灰质炎；发生在脑干，称为脑干炎；当脑脊髓的白质和灰质广泛性受侵犯，则称为全脑脊髓炎。引起非化脓性脑炎的病因主要是病毒，故本病也称为病毒性脑炎。

**1. 病原** 多种病毒可引起非化脓性脑炎，其中有嗜神经性病毒，如狂犬病病毒、禽脑脊髓炎病毒、日本脑炎病毒等；也有泛嗜性病毒，如伪狂犬病病毒、猪瘟病毒、马传染性贫血病毒、牛恶性卡他热病毒、鸡新城疫病毒等。

**2. 病理变化** 非化脓性脑炎的基本病变为神经细胞变性坏死、胶质细胞增生和血管反应等变化。

（1）神经细胞变性、坏死：神经细胞变性时表现为肿胀或皱缩；肿胀的神经细胞体积增大，染色变淡，核肿大或消失；皱缩的神经细胞体积缩小，染色深，核皱缩或胞核与胞质界限不清。变性的神经细胞有时出现中央染色质溶解或周边染色质溶解现象，严重时可能扩展到整个细胞，灰质细胞肿胀苍白，胞核消失，而轴突完好。在此基础上，变性细胞进而发生坏死，并溶解液化，在局部形成软化灶。

（2）胶质细胞增生：胶质细胞增生也是非化脓性脑炎的重要变化，以小胶质细胞增生为主，可呈弥散性或局灶性增生。如胶质细胞围绕神经细胞增生则称为卫星现象，而吞噬坏死神经细胞则称为噬神经元现象。胶质细胞在软化灶局部增生聚集可形成胶质小结。在非化脓性脑炎的后期，也出现星形胶质细胞的增生，以修复损伤组织。

（3）血管反应：主要表现为中枢神经系统出现不同程度的充血和围管性细胞浸润。浸润的细胞主要成分是淋巴细胞，同时也有数量不等的浆细胞和单核细胞等，它们常在小动脉和毛细血管周围形成一层、几层或更多层的管套，即管套形成。这些细胞主要来源于血液，也可由血管外膜细胞增生形成。此外，有些疾病也引起血管壁本身的变化，如牛恶性卡他热、马脑脊髓炎可引起血管壁的透明变性和纤维素样变性；猪瘟和犬传染性肝炎时血管内皮细胞可发生变性和坏死；马疱疹病毒感染时可见内皮细胞肿胀和增生等。

非化脓性脑炎虽有上述的共同性病变，但由于病原不同，其病变的发生部位、波及范围也有各自的特点。例如，猪病毒性脑炎、马流行性脑脊髓炎、猪传染性脑脊髓炎等，病变主要在脑脊髓灰质，即出现脑脊髓灰质炎，而马流行性脑脊髓炎的神经细胞内可出现核内嗜酸性包涵体；猪瘟、鸡新城疫、牛恶性卡他热引起全脑脊髓炎，这是由于病毒弥散性地侵犯脑脊髓的灰质和白质的缘故；狂犬病、山羊病毒性关节炎/脑炎等引起大脑和小脑的白质发炎，形成脑白质炎，同时在狂犬病的脑神经细胞的胞质内见嗜酸性包涵体；在猪凝血性脑脊髓炎时，病原可侵犯皮质下的基底神经节、丘脑、中脑、脑桥、延脑等，并可到达脑干各部，从而引起脑干炎。

### （二）化脓性脑炎

化脓性脑炎（suppurative encephalitis）是指脑组织由于化脓菌感染引起的以大量中性粒细胞渗出，同时伴有局部组织的液化性坏死和脓液形成为特征的炎症过程。若化脓性脑炎同时伴发化脓性脊髓炎，则称为化脓性脑膜脑脊髓炎。

**1. 原因及致病机理** 引起化脓性脑炎的病原主要是细菌，如葡萄球菌、链球菌、棒状杆菌、化脓放线菌、巴氏杆菌、李氏杆菌、大肠杆菌等，主要来自血源性感染或组织源性感染。

血源性感染常继发于其他部位的化脓性炎，在脑内形成转移性化脓灶。如细菌性心内膜炎、牛化脓放线菌感染、绵羊败血性巴氏杆菌病、绵羊嗜血杆菌感染、鸡葡萄球菌感染等引起的化脓性脑膜脑炎。有些病原菌也可引起原发性化脓性脑膜脑炎，如李氏杆菌、链球菌等。血源性感染可引起脑组织的任何部位形成化脓灶，但以下丘脑和灰白质交界处的大脑皮质最易发生。化脓灶可能是单个，也可能是多发性的。

组织源性感染一般由于脑附近组织的损伤与化脓性炎，通过直接蔓延引起化脓性脑炎。如筛板与内耳发生感染，化脓菌沿神经和血管侵入脑组织；筛窦的化脓性炎，脓肿可扩大而侵及脑膜和大脑皮质；咽炎经咽鼓管蔓延至中耳，引起耳源性脓肿，并从中耳通过筛骨泡或沿天然孔蔓延侵害脑组织。

**2. 病理变化**

剖检病变：见脑组织有灰黄色或灰白色化脓灶，其周围有一薄层囊壁，内为脓液。大脑脓肿一般始于灰质，并可向白质蔓延，在白质沿神经纤维束扩散而形成卫星脓肿；组织源性感染以孤立性脓肿为多见。

镜检病变：早期的脓肿中心液化，边缘分界不清，周围脑组织疏松水肿并有中性粒细胞浸润，再外围是增生的小胶质细胞和充血形成的炎性反应带。随着病程发展，渗出的中性粒细胞崩解破碎，局部形成化脓性软化灶，其周围逐渐形成包囊。在囊壁内层有小胶质细胞吞噬坏死崩解细胞碎片后形成的泡沫样细胞，外层为胶原纤维层，其间也见泡沫样细胞。此外，也见小胶质细胞弥散性增生，在血管周围中性粒细胞和淋巴细胞浸润形成管套。

当化脓性脑炎伴发化脓性脑膜炎时，常见蛛网膜和软脑膜充血与混浊，蛛网膜腔内有脓性渗出物，渗出物可沿静脉周隙浸润。脉络膜也可受侵害引起脉络膜炎，见脉络膜肿胀，上皮表面有脓性物质覆盖，脑室液增多且混浊。炎症蔓延至室管膜时，发生室管膜炎，并见其周围脑组织水肿和白细胞浸润。在脑膜严重受损时，结缔组织明显增生，使蛛网膜粘连，在蛛网膜腔内产生囊肿性小腔，并使蛛网膜下腔闭塞，从而发生脑脊液循环障碍而导致脑积水。

二维码21-6

不同病原菌引起的化脓性脑炎其病变特征是不相同的。例如，由李氏杆菌引起的化脓性脑炎，在脑实质内形成细小化脓灶，血管周围形成单核细胞性管套；病变主要见于延脑、脑桥、丘脑、脊髓颈段；镜检见神经组织局灶性坏死崩解，与渗出的中性粒细胞一起形成小化脓灶。由链球菌引起的化脓性脑膜脑炎，多见于猪（二维码21-6）；病变轻时主要表现为脑脊髓膜的化脓性炎，剖检见脑脊髓的蛛网膜及软膜血管充血、出血；病变严重时，在灰质浅层可见中性粒细胞浸润，在白质可见充血、出血，在血管周围形成由中性粒细胞、淋巴细胞和单核细胞组成的管套，神经细胞呈各种急性变性变化乃至坏死、液化，胶质细胞增生。

## 第三节 神 经 炎

神经炎（neuritis）是指外周神经的炎症。其特征是在神经纤维变性的同时，神经纤维间质出现不同程度的炎性细胞浸润或增生。引起神经炎的原因有机械性损伤、病原微生物感染、维生素$B_1$缺乏、中毒等。根据发病的快慢和病变特性可分为急性神经炎和慢性神经炎两种。

二维码21-7

**1. 急性神经炎**（acute neuritis） 又称为急性实质性神经炎（acute parenchymatous neuritis），其病变以神经纤维的变质为主，同时见轻微的间质炎性细胞浸润和增生。雏鸡维生素$B_1$缺乏时引起多发性神经炎，剖检见神经纤维水肿变粗，呈灰黄色或灰红色；镜检病变为神经轴突肿胀、断裂或完全溶解，髓鞘脱失，在间质可见巨噬细胞和淋巴细胞浸润（二维码21-7）。在急性化脓性神经炎时，剖检见神经纤维肿胀，湿润质软，呈灰黄色或灰红色；镜检可见轴突肿胀溶解呈空泡状、节片状或完全消失，间质血管扩张充血，浆液渗出和水肿，中性粒细胞浸润，进一步发展可由破碎的中性粒细胞、坏死溶解的神经纤维及渗出液融合形成脓汁，严重时可波及神经外膜及周围组织，引起神经外膜炎及神经周围炎。

**2. 慢性神经炎**（chronic neuritis） 又称为间质性神经炎（interstitial neuritis），其特征是神经纤维变质，间质炎性细胞浸润及结缔组织增生。本病可能是原发性的，或由急性神经炎转化而来。剖检见神经纤维肿胀变粗，质地较硬，呈灰白色或灰黄色，有时与周围组织发生粘连，不易分离。镜检见轴突变性肿胀、断裂，髓鞘脱失或萎缩消失，神经膜上及周围有大量淋巴细胞、巨噬细胞浸润及成纤维细胞增生，结果使神经纤维增粗和发生硬化。

（王凤龙）

# 第三篇

## 疾病病理学

# 第二十二章 细菌性传染病病理

**内容提要** 学习并掌握细菌性传染病的发病机理及其病理变化具有重要的实际意义。很多急性细菌性传染病常表现为败血症,如炭疽、巴氏杆菌病、沙门菌病、大肠杆菌病、链球菌病、猪丹毒、葡萄球菌病等。

不少细菌性传染病有其特征性病变,可作为病理诊断或疾病诊断的依据。如猪炭疽的炭疽痈,急性猪巴氏杆菌病的纤维素性胸膜肺炎,沙门菌病的淋巴滤泡溃疡和固膜性肠炎,猪传染性萎缩性鼻炎的鼻甲骨萎缩、变形,仔猪大肠杆菌病的肠炎和水肿,坏死杆菌病皮肤与皮下组织、口腔或胃肠黏膜的坏死性炎,李氏杆菌病的化脓性脑膜炎,猪丹毒的皮肤疹块(亚急性)以及心内膜炎、关节炎与皮肤坏死(慢性),猪钩端螺旋体病的贫血、黄疸、出血性素质,猪痢疾的卡他性、出血性及纤维素性大肠炎,放线菌病的特殊肉芽肿及其脓液中的硫黄样颗粒,葡萄球菌病的皮肤、黏膜及各器官的化脓性炎,结核病的结核结节,布氏杆菌病的妊娠子宫和胎膜的化脓性-坏死性炎、睾丸炎和肉芽肿形成,副结核病的慢性增生性肠炎,鼻疽时在肺、鼻腔黏膜等处形成鼻疽性炎和鼻疽结节,猪支原体肺炎的间质性肺炎和支气管淋巴结的髓样肿胀,山羊传染性胸膜肺炎的浆液性-纤维素性胸膜肺炎等。

## 第一节 炭 疽

炭疽(anthrax)是由炭疽杆菌(*Bacillus anthracis*)引起的一种人兽共患的急性传染病。由于动物的种属、机体抵抗力及炭疽杆菌的毒力不同,炭疽杆菌感染动物后,所呈现的病理变化也不完全相同。按病理变化特点,可分为败血型炭疽和痈型炭疽两种类型。其病理特征是草食动物常表现为急性败血症,脾显著肿大和全身组织明显出血;猪多表现为炭疽痈。

### (一)败血型炭疽

也称为全身型炭疽,多见于牛、羊和马。死于此型炭疽的动物,除可见到炭疽痈变化外,突出的表现是典型的败血症变化。

[剖检病变] 尸僵不全或完全缺乏,尸体腐败迅速。血液呈暗红色或煤焦油样,浓稠,凝固不良,从鼻腔及肛门等天然孔内常流出暗红色凝固不良的血样液体。可视黏膜发绀,并有出血点或出血斑。剥皮和切断肢体后,在皮下与肌间结缔组织,尤其是在颈部、胸前部、肩胛部、腹部及外生殖器等部位,有大量出血点或呈出血性胶样浸润。胸腔、心外膜、脑脊髓膜及各部黏膜,以及各实质器官也都可见出血点或出血斑。胸腔、腹腔、心包腔内常有混浊的红色

液体聚积。

脾呈急性脾炎脾肿（败血脾）变化，表现为显著肿大，可达正常者3～5倍，甚至更大，质地极为柔软，触之有波动感。切面隆突，边缘外翻，脾髓软化，甚至呈糊状向外自动流淌，脾组织结构模糊。

全身淋巴结，特别是在炭疽痈病灶附近的淋巴结，呈现浆液性-出血性或出血性-坏死性淋巴结炎症变化。眼观淋巴结肿大，呈紫红或暗红色，切面隆突、湿润，呈黑红或砖红色。

实质器官变性、肿大和出血。心内膜及心外膜出血，心肌弛缓。

消化道，除见炭疽痈外，胃肠黏膜弥漫性充血肿胀，散在出血斑点。肺充血、水肿，散在出血点或出血斑。

脑和脊髓，眼观上一般无明显变化，有时仅见脑脊髓膜充血和少量小出血点。

［镜检病变］ 可见脾静脉窦充满大量红细胞和白细胞，白髓体积缩小且不规则，细胞数量明显减少，甚至消失。脾髓内可见大量炭疽杆菌及坏死灶。淋巴结血管高度扩张，充血、出血、水肿，淋巴窦扩张，窦内充满红细胞、纤维蛋白、中性粒细胞和大量炭疽杆菌。淋巴组织结构破坏，并伴有坏死。心肌纤维呈颗粒变性和水泡变性，常伴有出血和水肿。肝和肾肿大，实质细胞急性变性、甚至坏死，间质充血、出血、水肿及细胞浸润。实质器官内均能检出炭疽杆菌。神经细胞有变质性变化。

### （二）痈型炭疽

也称为局灶型炭疽。其特点是以局部炭疽痈为主，而全身性变化不明显。主要见于动物机体抵抗力较强或侵入机体的病菌数量较少或毒力较弱的病例。根据发生部位，痈型炭疽可分为以下几种。

**1. 咽痈** 主要见于猪，占全部猪炭疽的90%左右。根据患猪抵抗力、菌株毒力和病程长短，可分为急性型和慢性型两种。

（1）急性型：患猪临床表现体温明显升高，整个咽喉或一侧腮腺急性肿大，皮肤发绀，患侧上下眼睑黏合。严重时咽喉部水肿可蔓延至颈部与胸前，患猪呈现采食及呼吸困难，最后可因窒息而死亡。

［剖检病变］ 患猪咽喉及颈部皮下呈现出血性胶样浸润，头颈部淋巴结呈现出血性炎，显著肿大，切面呈樱桃红色或深砖红色，中央可见稍凹陷的黑褐色坏死灶，下颌淋巴结尤为明显。

［镜检病变］ 淋巴结组织严重出血、坏死和浆液性-纤维素渗出，并有大量炭疽杆菌。口腔软腭、会厌、舌根及咽部黏膜下与肌间结缔组织呈现浆液-出血性炎症变化。扁桃体充血、出血，有时坏死和被覆纤维素性渗出物，也可见炭疽杆菌。

（2）慢性型：患此型炭疽的猪常不显临床症状，往往在屠宰检验中才被发现。

［剖检病变］ 主要见于咽喉部淋巴结，尤其是下颌淋巴结。表现为淋巴结肿大，被膜增厚，质地坚实，切面干燥，见有砖红色或灰黄色坏死灶。病程较长时可在坏死灶周围形成包囊，若继发化脓菌感染，可形成脓肿，脓液被吸收后形成干酪样或碎屑状颗粒。

**2. 肠痈** 多见于牛、马、猪和羊，人也可发生。

［剖检病变］ 此型炭疽多发生于小肠，特别是十二指肠和空肠，偶见于大肠和胃。主要表现为局灶性出血性肠炎。肠黏膜充血和出血，局部有界限分明的暗红或黑红色圆形隆起的病灶（多在淋巴集结或孤立淋巴滤泡部）。其表层黏膜组织出血和坏死，当坏死达黏膜下层时，形成褐色痂，痂软化脱落后形成溃疡。出血坏死灶的周围黏膜及浆膜高度水肿，故肠壁显著增厚。局部淋巴结呈浆液性-出血性炎症变化。

［镜检病变］ 可见肠绒毛大片坏死，黏膜下层和固有层中有大量红细胞、浆液、纤维蛋白、中性粒细胞渗出。在猪有时仅见肠系膜淋巴结有变化，而肠管无明显病变的病例。

3. 肺痈  较少见，可见于猪，也见于人，其他动物则很少见。

[剖检病变]  肺膈叶前下部或尖叶、心叶胸膜下有大小不定的一个或数个局灶性病灶，其切面呈灰红或暗红色，干燥，脆弱，缺乏弹性，有的病灶切面呈砖红色，并散在有灰黑色小坏死灶。

[镜检病变]  肺组织充血、出血，肺泡内充满大量浆液、纤维素、红细胞及中性粒细胞。常伴有浆液性-出血性胸膜炎，胸腔积液。支气管及纵隔淋巴结呈浆液性-出血性炎症。

4. 皮肤痈  多发生于马、骡，也见于牛、羊。

[剖检病变]  常发生于颈部、胸前、肩胛、腹下、阴囊及乳房等部位。人的皮肤痈最为典型，多见于手、足和颜面部等。初期在皮肤上可见鲜红色、圆锥状的隆起病灶，在其顶部形成含有浑浊液体的小疱。随病程发展小疱逐渐干燥，形成煤炭样褐色痂。病灶周围皮下有广泛水肿区。局部淋巴结呈浆液性-出血性炎症变化。

（郑世民）

## 第二节  巴氏杆菌病

巴氏杆菌病（pasteurellosis）是由多杀性巴氏杆菌（*Pasteurella multocida*）引起的多种动物的一组传染病，常见的有禽霍乱、猪肺疫及牛出血性败血症等。各种动物的巴氏杆菌病的病理变化不尽相同，但急性型多数以败血症和出血性炎为主要特征；慢性型可见关节炎及局部化脓性炎的变化。

### （一）猪巴氏杆菌病

猪巴氏杆菌病（swine pasteurellosis）又称猪肺疫或猪出血性败血症，是由多杀性巴氏杆菌中的一些特定血清型引起猪的一种传染病。临床上分为最急性型、急性型和慢性型三类。最急性型多由 B 型的一些菌株引起，呈现败血症和咽喉部炎症的变化；急性型多由 A 型的一些菌株引起，以纤维素性肺炎、纤维素性胸膜炎和败血症为主要特征；而慢性型则多由 D 型的一些菌株引起，也可由急性型迁延而来，主要呈现纤维素性-坏死性肺炎和慢性胃肠炎的变化。

1. 最急性型  本型也称流行性猪巴氏杆菌病，俗称"锁喉风"，以咽喉部炎症和败血症为主要病理特征。

[剖检病变]  下颌与咽喉部组织明显水肿，炎性水肿向前可扩展到舌系带及舌，向后则蔓延到颈部甚至胸部皮下。切开水肿部组织时，有大量淡黄色、淡红色略透明的浆液流出。被水肿液浸润的组织呈黄色或黄红色胶冻样。

颌下、咽后及颈部淋巴结呈急性浆液性-出血性淋巴结炎的变化，表现为淋巴结显著充血、出血和水肿，其他部位的淋巴结也见不同程度的肿大。全身浆膜及黏膜点状出血，胸、腹腔和心包腔内液体增多，有时见纤维蛋白渗出。肺多淤血、水肿，有时散在红色肝变病灶。脾眼观无明显改变。胃肠黏膜发生卡他性炎。

[镜检病变]  咽喉部及其周围病变部水肿液中含有病原菌和数量不等的中性粒细胞及红细胞。脾表现为红髓轻度充血，白细胞浸润，网状细胞肿胀、崩解，鞘动脉的网状组织因浆液性-纤维素性渗出物浸润而变疏松；白髓体积变小，淋巴细胞和网状细胞坏死崩解。其他实质器官也发生不同程度的变性、充血、出血性变化。

2. 急性型  本型也称散发性猪巴氏杆菌病，为猪巴氏杆菌病中主要的和常见的一个病型。该型主要以纤维素性胸膜肺炎和败血症为主要病理特征。

[剖检病变]  病变主要集中在肺部，呈纤维素性肺炎各个不同发展阶段的变化。病变多波

及一侧或两侧肺叶的大部分，而以尖叶、心叶和膈叶的前下部最常受累，严重时可波及全部肺叶。病变肺组织膨大，因感染时间不同，其色彩和质地不尽相同。初期病变以充血、水肿为主，以后则出现纤维素性肺炎特有的变化：有的病变区呈暗红色，含血量较多，质地相对柔软；有的也呈暗红色，但质地变实；有的呈灰黄色，质地较坚实；有的病灶以支气管为中心发生坏死和化脓；有的则发展为坏疽性肺炎。病灶内肺小叶间质水肿、增宽，病变部与相邻组织界限明显，其周围组织一般呈淤血、水肿或出血变化，偶见气肿区。因此，整个肺色泽斑驳，形成大理石样外观。气管及支气管中含有多量泡沫状黏液，其黏膜充血、肿胀。

胸膜及心外膜往往同时发生纤维素性炎，胸腔积有多量含有絮状物的黄红色液体。胸膜粗糙，失去原有光泽，其上附着数量不等的纤维素和散布斑状或点状出血。心包腔扩张，心外膜充血和出血，在心外膜上或心包液中有膜状或絮状纤维素，有时心包与心外膜发生粘连。胸腔内淋巴结肿大，切面潮红多汁。实质器官发生不同程度的变质性变化，如肝细胞见灶状坏死。全身浆膜、黏膜、淋巴结及皮肤常散在出血斑点。

二维码 22-1

[镜检病变] 肺脏主要呈纤维素性肺炎充血期、红色肝变期（二维码 22-1）及灰色肝变期各期的组织学变化，同时还能见到过渡阶段的各种变化。病变部间质疏松，有大量浆液渗出和少量中性粒细胞浸润。间质中的淋巴管扩张，有的形成淋巴栓。

**3. 慢性型**　多见于流行后期，主要呈纤维素性-坏死性肺炎和慢性胃肠炎的变化。

[剖检病变] 尸体极度消瘦、贫血。肺有多处坏死灶和肝变区，有的坏死灶后期形成溶解性空洞；有些坏死灶被结缔组织包绕，附近见代偿性气肿区或因结缔组织增生而发生肉变。胸膜、心包和心外膜常有纤维素样絮状物附着，由于炎性渗出物的机化，常见胸膜与心包发生粘连。肺门及纵隔淋巴结常见坏死性炎的变化。胃肠黏膜上皮细胞坏死、脱落和增生，炎性细胞浸润，黏膜略显肥厚。有的病猪关节发炎肿胀。

### （二）牛巴氏杆菌病

牛巴氏杆菌病（bovine pasteurellosis）又称牛出血性败血症，是由多杀性巴氏杆菌引起的牛的一种传染病。多由血清型 6:B（我国及东南亚地区）和 6:E（仅见于非洲）菌株感染而引起，黄牛、水牛及牦牛均易感。根据临床及病理特征，本病可分为败血型、水肿型、肺炎型。

**1. 败血型**　缺乏特征性，仅呈现一般败血症的变化。

二维码 22-2

[剖检病变] 可视黏膜充血或淤血，发绀。全身浆膜、黏膜、皮下、舌部、肌肉以及实质脏器表面散在数量不等的出血点（二维码 22-2、二维码 22-3、二维码 22-4）。脾不肿大，但密布点状出血。胸腔及心包腔内积有多量浆液性-纤维素性渗出物。全身各处淋巴结充血、水肿，呈急性浆液性淋巴结炎的变化。上呼吸道黏膜呈急性卡他性炎变化，胃肠呈急性卡他性或出血性炎的变化，各实质脏器变性。

**2. 水肿型**　本型可单独发生，也可在败血型的基础上发展而来。常见于牦牛、水牛及 3~7 月龄犊牛。

二维码 22-3

[剖检病变] 以炎性水肿为特征。颌下、咽喉、面部、颈部和胸前等处皮下因大量浆液渗出而明显肿胀，指压有痕。切开水肿部流出橙黄色稍混浊的液体，水肿部常伴发出血。水肿有时可蔓延至舌根和舌系带，致使舌体肿大并伸出口腔。颌下、咽背、颈部及肺门淋巴结显著肿大，呈急性浆液性-出血性淋巴结炎变化。各实质脏器变性。脾不肿大。有的呼吸道或胃肠道呈急性卡他性或出血性炎变化。

**3. 肺炎型**　此型最常见，多在败血型的基础上发展而来。

二维码 22-4

[剖检病变] 除了全身泛发性出血以及各脏器变性和全身淋巴结的急性浆液性炎外，突出的变化为纤维素性肺炎和纤维素性胸膜炎。肺病变范围较大，常波及几个大叶甚至全肺，呈纤维素性肺炎各个时期的变化。其色泽由暗红色、灰红色到灰白色，质地由柔软到硬实不等，小

叶间因浆液渗出而增宽，肺表面及切面呈大理石样外观。病程稍长者，在肺炎区可见大小不一的坏死灶。坏死灶呈污灰色或灰黄色，质脆易碎，其周围常形成结缔组织包囊。同时还见纤维素性胸膜炎及心包炎，胸膜表面覆盖灰白色薄膜，胸腔及心包腔内蓄积多量浆液性-纤维素性渗出物。病程迁延时，可发生胸膜和心包粘连。发生腹泻的患牛，其胃肠呈急性卡他性或出血性肠炎变化。

［镜检病变］ 肺呈现纤维素肺炎的各期变化，以红色肝变期病变为多见。

### （三）兔巴氏杆菌病

兔巴氏杆菌病（pasteurellosis in rabbit）又称兔出血性败血症，是由多杀性巴氏杆菌 A 型的一些菌株（如 7：A 型、5：A 型等）所引起兔的一种重要传染病。多发生于 9 周龄至 6 月龄兔，感染后常引起大批发病和死亡。临床上表现为多种病型，如败血型、鼻炎型、肺炎型、中耳炎型、结膜炎型等。上述各型可单独发生，但更多的是两型或两型以上混合发生。

**1. 败血型** 本型常可独立发生，也可继发于其他病型，主要呈败血症的变化。

［剖检病变］ 全身浆膜、黏膜充血、出血和坏死，其中尤以鼻腔、喉头和气管的黏膜最严重。肺严重淤血、出血，高度水肿。胸腔、心包腔中有淡黄色积液。淋巴结肿大、出血，脾不肿大或稍肿大、出血。肝变性肿大，有微小的坏死灶。继发于其他病型的，除上述败血症变化外，尚可见到其他病型相应的病理变化。

**2. 鼻炎型** 这是常见的一种病型，以鼻黏膜及鼻孔周围皮肤发炎为主要特征。

［剖检病变］ 病理变化视病程长短而异。急性时从鼻腔流出浆液性、黏液性或脓性鼻液，鼻、咽黏膜充血、肿胀，其表面被覆大量浆液、黏液或脓性分泌物。鼻窦及鼻旁窦内也常积有上述分泌物。因患兔不断用前爪抓揉鼻部，致使鼻孔周围皮肤发炎红肿、被毛湿润、相互缠结或脱落，继而发炎皮肤结痂并易堵塞鼻孔。如病变波及眼、耳、皮下等部位，可引起结膜炎、角膜炎、中耳炎、皮下脓肿及乳腺炎，并可发展为败血症。转为慢性型时，可见被感染部位呈慢性炎症变化，鼻腔黏膜增生而明显肥厚。

［镜检病变］ 急性时，鼻腔黏膜上皮细胞及腺体细胞肿胀，黏膜下层充血、水肿并有中性粒细胞浸润。鼻腔中充满变性坏死的中性粒细胞和渗出液，其中混有细菌。

**3. 肺炎型** 常呈急性经过，在病初呈现急性浆液性-纤维素性肺炎的变化，以后逐渐发展为纤维素性-化脓性肺炎、纤维素性-坏死性肺炎及胸膜炎。

［剖检病变］ 病变主要位于肺的前下部，两侧肺叶可同时发生。肺炎多为小灶性，质地坚实，呈暗红色或灰红色。以后病灶逐渐发展为灰白色的脓肿，脓液经支气管排出可形成空洞。胸腔和心包腔积液，胸膜、心包及心外膜常覆盖以纤维素。严重者胸腔内充满干燥的污灰或灰褐色干酪样物。支气管淋巴结及纵隔淋巴结充血肿大。本型也可见肠炎的变化，有的转为败血症而死亡。

**4. 中耳炎型** 本型多由鼻炎型炎症经咽鼓管蔓延至鼓室而引起，也可单独发生。主要表现一侧或两侧鼓室的浆液性或化脓性炎。

［剖检病变］ 病初鼓膜黏膜充血肿胀、上皮细胞变性，杯状细胞增多，黏膜下层有淋巴细胞、浆细胞浸润，鼓室内有奶油状的白色渗出物蓄积。继之浆液性炎转化为化脓性炎，有脓性渗出物蓄积在鼓室内。有时鼓膜破裂，渗出物从外耳道流出。若炎症使鼓室内侧壁破坏，浆液性或脓性渗出物可经内耳和耳蜗管进入蛛网膜下腔，引起脑膜炎和脑炎。

### （四）禽巴氏杆菌病

禽巴氏杆菌病（pasteurellosis in fowls）又称禽霍乱（fowl cholera）、禽出血性败血症，是由多杀性巴氏杆菌 A 型的一些菌株（如 5：A 型、8：A 型等）引起禽类的一种接触性传染病。根据病程长短，一般分为最急性、急性和慢性三型。其中急性型最常见，该型以腹泻、广泛性出血及肝的局灶性坏死性炎为主要病理特征，病死率较高。

所有鸟类都是本病的易感动物。在家禽中，以火鸡最易感，其次为鸭、鸡和鹅，鸭多呈最急性或急性型经过，鸡一般在16周龄以上才发病，16周龄以下有较强的抵抗力。

**1. 最急性型** 多见于流行初期，病程极短，病鸡常无症状而突然死亡。

[剖检病变] 病尸大多营养状况良好，仅见鸡冠及肉髯发绀，心外膜有少量出血点，有的可见肝有少量针尖大小的灰白色或灰黄色坏死灶，肝多肿大。

**2. 急性型** 为大多数病例的表现型，主要呈急性出血性败血症和局灶性坏死性肝炎的病理变化。

[剖检病变] 鸡冠、肉髯发绀，嗉囊中有食物，皮下组织、全身浆膜及腹部脂肪等处常见大小不一的出血点和出血斑，其中以心外膜出血最严重，心冠及纵沟部位往往呈喷洒样密集的点状出血。心包腔扩张，蓄积较多的混有纤维素的淡黄色液体。

肝的病变具有特征性，肿大质脆，呈棕红色、棕黄色或紫红色。表面和切面广泛分布灰白色或灰黄色的针尖大小到针头大小的坏死灶（二维码22-5）。

二维码22-5

脾不肿大或微肿，质地柔软。肺高度淤血、水肿，少数病例可出现纤维素性肺炎灶，多为充血期及红色肝变期的变化。气管及支气管黏膜充血、出血。肾、胸腺等器官淤血肿胀。

腺胃及小肠呈急性卡他性炎的变化。腺胃黏膜肿胀，腺胃与肌胃交界处有时可见条纹状出血。十二指肠呈现明显的卡他性-出血性炎的变化，肠管扩张，黏膜肿胀，充血和出血，肠腔内有多量混有血液的黏液性渗出物。严重的病例肠内容物呈血样。空肠、回肠呈卡他性肠炎的变化。

二维码22-6

[镜检病变] 肝细胞因普遍发生细胞水肿或脂肪变性而肿大。中央静脉和窦状隙扩张充血。肝小叶内有多个大小不一的坏死灶，其周围有数量不等的异嗜性粒细胞浸润（二维码22-6）。

**3. 慢性型** 该型主要见于本病流行后期，多由急性转化而来或由毒力较弱的菌株感染所致。

[剖检病变] 常见病变为黏液性-化脓性上呼吸道炎、纤维素性-坏死性肺炎、纤维素性胸腹膜炎及心包炎、局灶性坏死性肝炎、关节炎以及鸡冠和肉髯的坏死等变化，有的还出现胃肠炎的变化。蛋鸡则常见卵巢炎和由此引起的卵黄性腹膜炎。

鼻腔、气管和支气管有多量黏液性-脓性分泌物。肺高度淤血、出血及肿大，呈紫红色。发生纤维素性肺炎时，肺炎灶多发生在肺的背面，病灶大小不等，严重者炎灶内发生干酪样坏死，并伴浆液性-纤维素性胸膜炎，此时，胸腔中常有含纤维素凝块的黄色混浊液体或干酪样物。多数病例肝肿大，表面及切面有大小不一的坏死灶。有的病例继发肝硬化，其质地坚硬，肝表面呈结节状，高低不平。

足关节和翅关节肿胀、变形，关节腔内蓄积有纤维素性或脓性渗出物。

鸡冠、肉髯肿大，内有干酪样渗出物，也可继发干性坏疽而导致鸡冠和肉髯脱落。

（马国文）

## 第三节 沙门菌病

沙门菌病（salmonellosis）是由沙门菌属（*Salmonella*）的细菌引起畜禽一组传染病的总称。本节重点介绍猪副伤寒、牛副伤寒和鸡白痢。

### （一）猪沙门菌病

猪沙门菌病（swine salmonellosis）也称为猪副伤寒（paratyphus suum）。多见于6月龄

以下的仔猪，尤以 2～4 月龄多见，吮乳仔猪则很少发生；6 月龄以上的猪很少出现原发性副伤寒，常常是猪瘟等疾病的继发病或伴发病。本病病原主要是猪霍乱沙门菌（*Salmonella choleraesuis*）和鼠伤寒沙门菌（*S. typhimurium*）。本病的病理变化，急性的多为败血型，而慢性的多为肠炎型。

1. 急性败血型

[剖检病变] 败血症为此型的基本表现形式。死猪皮肤呈淡蓝色或淡紫色，以尾、鼻和耳部最为明显。喉黏膜可见出血斑点，呼吸道可见泡沫状液体，肺淤血、膨隆和水肿，尖叶与心叶可见小叶性肺炎灶。心包常有出血点，甚至可发生纤维素-出血性心包炎，心包腔中积有多少不等的炎性渗出液。脾肿大，呈蓝紫色，被膜上可见出血点，切面见脾白髓周围由红晕包绕。肝淤血，被膜下有时见出血点，少数病例可见针尖大至粟粒大、黄灰色坏死灶以及灰白色的副伤寒结节。肾皮质内常可见到针尖大小的出血点，有时肾盂、尿道和膀胱也可见出血斑点。肠道呈卡他性炎或卡他性-出血性炎，以空肠和回肠变化最明显，盲肠和结肠则相对较轻。肠壁淋巴滤泡髓样肿胀（二维码 22-7）。全身淋巴结有不同程度的出血，尤其肠系膜淋巴结肿大、充血、水肿、出血更明显。

二维码 22-7

[镜检病变] 心、肝、肾等脏器的实质细胞呈退行性变化。肝细胞广泛颗粒变性，肝窦内白细胞明显增多，肝小叶内可见小坏死灶和坏死渗出灶。肾表现渗出性或出血性肾小球肾炎，伴发肾小球毛细血管透明血栓形成和肾小管上皮细胞变性，管腔内可见尿管型。脾红髓充血，白髓变小，有较多巨噬细胞和中性粒细胞浸润，还可见小坏死灶。肠黏膜充血，浆液浸润，上皮细胞变性、坏死脱落，黏膜表面渗出物中可见大量中性粒细胞和巨噬细胞，在某些病例肠淋巴集结和淋巴小结明显增大（二维码 22-8）。淋巴结尤其是肠系膜淋巴结的淋巴窦扩张，其中可见大量中性粒细胞、单核细胞和成淋巴细胞，血管充血，淋巴小结和髓索的许多细胞坏死。

二维码 22-8

2. 慢性肠炎型

[剖检病变] 尸体消瘦，胸、腹下部或腿内侧皮肤可见结痂样湿疹，黄豆或豌豆大小，圆形或不正圆形，呈暗红或黑褐色。体内以肠道变化最为显著。肠道呈局灶性或弥漫性固膜性炎，尤其是在回肠与大肠。局灶性病变是在肠淋巴滤泡基础上发展起来的，初期淋巴滤泡发生髓样肿胀，呈堤状或半球状突起。随后，中心坏死，并逐渐向深部和周围扩大，病变部黏膜也发生坏死结痂。因坏死周围的分界性炎，使结痂脱落，黏膜上留下圆形或近似圆形的溃疡，其底部平整，表面被覆坏死组织，周围呈堤状隆起。小的溃疡可相互融合形成大的溃疡。肠道除表现局灶性的固膜性炎症外，还可见弥漫性卡他性、浮膜性或固膜性炎症（二维码 22-9）。在发生固膜性炎时，黏膜面粗糙，被覆污灰色或灰黄色糠麸样物，这是由渗出物中的纤维素与坏死的黏膜组织凝结而成的。因此，肠壁显著增厚，可达正常的 2～4 倍，质硬而失去弹性。肠系膜淋巴管明显变粗，成为混浊灰白色的条索状，其中淋巴淤滞，淋巴栓形成。肠系膜淋巴结髓样肿胀，切面可见大小不等的灰白色坏死灶或干酪样物质。有时因纤维结缔组织增生而使淋巴结质地变硬。肝淤血和变性，有的病例，被膜下与切面上可见粟粒大小的灰白色的病灶（副伤寒结节）。肺有时可见点状出血，甚至浆液性、出血性、纤维素性和化脓性肺炎灶。

二维码 22-9

[镜检病变] 肠壁淋巴滤泡中的网状细胞呈反应性增生。增生的网状细胞的胞质较多，胞核淡染，类似上皮细胞的形态，位于淋巴滤泡的中心。以后，增生的细胞坏死、崩解，形成均质无结构的物质，其中残存大量染色质颗粒。随着坏死区的逐渐扩大和与周围活组织交界处炎性反应带的加剧，坏死组织可发生脱落，脱落后在局部留下凹陷或缺损。这些缺损进一步可由新生肉芽组织填补，形成结缔组织瘢痕。在弥漫性固膜性肠炎时，该处黏膜完全坏死。在疾病的进展期，肠病变形成比较明显的坏死区、核碎裂区与细胞浸润：坏死区，位于黏膜表面，其厚度不同；核碎裂区，位于坏死区之下，可扩展到黏膜下层，甚至可深达肌层，由炎性细胞核

崩解碎裂形成；细胞浸润区，在核碎裂区下面，有多少不等炎性细胞浸润。肝细胞广泛颗粒变性或脂肪变性，肝小叶内除有凝固性坏死灶外，还可见到渗出灶和增生灶（副伤寒结节）。渗出灶主要由纤维素、红细胞和白细胞组成，而增生灶主要由增生的网状细胞、巨噬细胞与淋巴细胞组成。这种增生灶常称为副伤寒结节（paratyphoid nodules）（二维码22-10）。除肝外，肾、脾等也可见副伤寒结节。

二维码 22-10

### （二）牛沙门菌病

牛沙门菌病（bovine salmonellosis）也称牛副伤寒（paratyphus bovum），多见于出生后两周内的犊牛，且常表现为暴发性，而成年牛的副伤寒则多呈散发性。根据病程可将其分为急性和慢性两型。引起本病的主要病原是鼠伤寒沙门菌（*S. typhimurium*）、都柏林沙门菌（*S. dublin*）和肠炎沙门菌（*S. enteritidis*）。

**1. 犊牛**

（1）急性型：主要呈败血性变化。

[剖检病变]　最显著的病变见于脾和肝。脾明显肿大而柔软，呈灰红或暗红色，边缘钝圆，被膜紧张，透过被膜可看到出血斑点和粟粒大的坏死灶，切面结构模糊。肝肿大，质地柔软，被膜下散在多少不等的针尖大的灰黄或灰白色病灶。胃肠道呈浆液性-卡他性炎或卡他性-出血性炎。皱胃黏膜充血、水肿，表面被覆大量黏液，有时可见出血点。肠壁的孤立淋巴滤泡与淋巴集结髓样肿胀，呈半球状或堤状隆起。肠腔中充满稀薄内容物，并混有黏液和血液，以致肠内容物呈咖啡色。病程较长时，小肠内可见浮膜性或固膜性肠炎。肠系膜、咽背、颈、纵隔和肝门等淋巴结呈髓样变，切面色灰白或灰红，有时可见出血点。肾被膜下有时可见出血点。心肌变性，色苍白，切面混浊，质脆易碎。肺常常淤血、水肿和气肿，有时在尖叶和心叶上有小叶性肺炎病灶，色紫红，较坚实。

[镜检病变]　脾淤血，呈急性脾炎变化，同时网状细胞增生与程度不等的变性、坏死。肝可见颗粒变性或脂肪变性。肉眼所见的灶性病变位于肝小叶内，可分为增生性、坏死性和渗出性三类病灶。增生灶（副伤寒结节）为网状内皮细胞增生所形成的细胞团，由胞核淡染的网状细胞所组成，其中混有少量的中性粒细胞（图22-1）。坏死灶由局部凝固性坏死的肝细胞组成，坏死的肝细胞核消失，胞质嗜伊红，呈均质状，坏死灶周围通常没有炎性反应（图22-2）。渗出灶除见肝细胞坏死崩解、网状细胞增生外，主要为纤维素、红细胞和中性粒细胞（图22-3）。有时也可见上述3种病灶的过渡形式。这些不同的病变，表明同一病理过程的不同发展阶段，或因个体抵抗力上的差异，或因病原菌毒力上的不同而形成的。有些病例在中央静脉及小叶下静脉的内膜下，可见所谓的副伤寒性静脉内膜炎。如果内皮细胞发生坏死，可继发血栓形成。副伤寒结节还可见于肾、淋巴结和骨髓中，而静脉内膜炎也可见于脾和肺中。

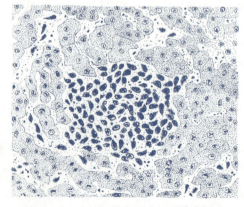

图22-1　牛沙门菌病肝中的副伤害结节

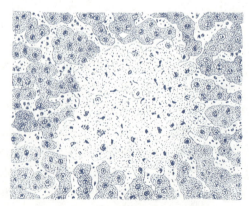

图22-2　牛沙门菌病肝中的坏死灶

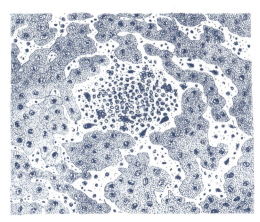

图 22-3 牛沙门菌病肝中的渗出灶

(2) 慢性型：主要表现为卡他性-化脓性支气管性肺炎变化。

[剖检病变] 肺炎病灶呈小叶性，首先发生在尖叶、心叶或膈叶的前下缘，色暗红、紫红或灰红，质地较实，有时散在粟粒大至豌豆大灰黄色化脓坏死灶。支气管内充满黏脓性渗出物，小叶间质因水肿而增宽。胸腔内有浆液性-纤维素性渗出物，肺炎区的被膜上常被覆淡黄色的纤维素膜，有时甚至与胸壁发生粘连。同时，也常可见浆液性-纤维素性心包炎。脾增大，脾内也可见副伤寒结节。肠黏膜呈卡他性炎。关节常见化脓性或浆液性-纤维素性关节炎，关节囊肿大，关节腔中有脓汁或浆液、纤维素等渗出物。

**2. 成年牛** 成年牛多呈散发性沙门菌病，且常死于高热期之后，妊娠牛可流产。

[剖检病变] 除了胸膜出血和较严重的出血性与浮膜性肠炎外，其他病变与犊牛所见的相同。

[镜检病变] 肝及其他器官的病变与犊牛的基本相同。

### （三）鸡白痢

鸡白痢（pullorosis）是一种由鸡白痢沙门菌（S. pullorum）引起的常见的细菌性传染病。本病对出壳后两周内的雏鸡危害严重，发病率与病死率很高，其病理特征为白色稀便、衰竭和败血症。成年鸡多为慢性经过，病理特征为生殖器官受损。

**1. 雏鸡**

[剖检病变] 最急性病例，雏鸡出壳后很快发生死亡，病变往往表现不明显。一般可见肝肿大和淤血，在肝表面有出血的斑纹，胆囊肿大，肺充血和出血，卵黄囊变性。

病程较长的，病变较明显。尸体极度消瘦，泄殖孔周围的绒毛被白色石灰浆样粪便所污染。肝肿大，肝表面散在针尖大小的灰黄色坏死灶和粟粒大的灰白色结节。胆囊显著胀大，其中充满胆汁。脾肿大、充血，可达正常的 2~3 倍，被膜下常可见小的坏死灶。肺的早期表现为弥漫性充血和出血，后期则常常出现小的灰黄色干酪样坏死灶或灰白色结节。在某些病例的心可见心包炎与心外膜炎，心肌柔软、颜色苍白，心肌内可见灰黄色小坏死灶。有时甚至形成坚硬的灰白色小结节，在心外膜上形成小丘状突起。肾肿大，充血或贫血，肾小管和输尿管扩张，其中充满尿酸盐。肠道往往有明显的卡他性炎，尤其是盲肠和小肠前段表现最明显，肠管变粗，肠壁增厚。盲肠腔内常有大量淡白色干酪样物，有时还混有血液。病程较长的雏鸡，卵黄囊皱缩，内容物呈淡黄色奶油样或干酪样。

[镜检病变] 肝实质充血、出血，肝细胞局灶性坏死，以后坏死区网状内皮细胞增生，并逐渐取代坏死的肝细胞。肺的结节，其中心是均质无结构、嗜伊红深染的坏死组织碎屑和浆液-纤维素性渗出物，其周围有单核细胞和淋巴细胞等包绕。心肌间有大量淋巴细胞浸润，局部

心肌纤维变性、坏死。肠黏膜绒毛顶端的上皮发生变性坏死，固有层充血、水肿与单核细胞及淋巴细胞浸润，肌层平滑肌变性，甚至浆膜也可见单核细胞及淋巴细胞弥漫性或灶状浸润。

2. 成年鸡

[剖检病变] 母鸡主要病变是慢性卵巢炎。卵泡由正常的深黄色或浅黄色，转变为灰色、红色、褐色、淡绿色。其内容物为干酪样，或呈红色、褐色的糊状物质，有时甚至变成黄色稀薄的液体。卵泡壁增厚，卵泡大小不一。卵黄囊的形状不规则，可呈椭圆形、长圆形等。有的卵泡与卵巢之间有一细蒂相连，蒂断裂后使卵泡落入腹腔成为干硬的团状物，或被纤维素固着在腹膜上。病变卵泡破裂后可引起卵黄性腹膜炎，腹腔内可见多量黏稠的卵黄以及浆液性-纤维素性渗出物（二维码 22-11）。

二维码 22-11

输卵管明显扩张，管壁变薄，并有充血、出血或炎症，管腔内充满浓稠的卵白或卵黄性物质。

患病的公鸡，一侧或两侧睾丸肿大，有的萎缩变硬。睾丸鞘膜增厚，睾丸实质内可见小坏死灶或脓肿。输精管变粗，管内含有渗出物。

[镜检病变] 睾丸的曲细精管内精细胞普遍变性、坏死，没有成熟精子产生，见大量单核细胞及淋巴细胞浸润。

（贾宁）

## 第四节　猪传染性萎缩性鼻炎

猪传染性萎缩性鼻炎（swine infectious atrophic rhinitis，AR）是由多杀性巴氏杆菌 D 血清型的某些菌株引起的一种慢性接触性传染病。可发生于各种年龄的猪，但幼龄猪最易感，且病变典型，其病理特征为鼻炎、鼻甲骨萎缩、鼻梁变形。

[剖检病变] 一般局限于鼻腔（特别是鼻甲骨）及其邻近组织。为详细检查患病猪鼻腔、鼻甲骨及其邻近组织，可将病猪颅骨在鼻甲骨发育丰满的部位锯开，以充分暴露两侧鼻甲骨。

萎缩性鼻炎的早期病变为鼻黏膜卡他性炎，鼻腔中蓄积大量渗出物，先为透明浆液，以后变成脓性黏液，常混有血液。黏膜面水肿，其中前部黏膜肿胀增厚，后部隐窝和筛骨小室内含有一些浓稠的脓性渗出物，但有时不见渗出物而黏膜呈苍白和干燥。

二维码 22-12

鼻甲骨黏膜首先发生淤血和糜烂，接着鼻甲骨开始软化，骨质被破坏，隐窝中蓄积黏脓性渗出物。随着疾病的发展，鼻甲骨逐渐发生萎缩，经常发生的部位是下鼻甲骨的下卷曲，严重的病例，下鼻甲骨的上卷曲和筛骨也可受到侵害，以至两侧下鼻甲骨的上、下卷曲全部萎缩消失，鼻中隔弯曲，鼻腔变为一个鼻道（二维码 22-12）。严重的病例仅留下小块黏膜皱褶附着在鼻腔的外侧壁上，鼻腔四周的骨骼变薄。由于面部骨骼及鼻甲骨萎缩，故导致病猪的面部或头部变形。

[镜检病变] 一般下鼻甲骨前上方的黏膜最常受到侵害，并可扩展到鼻腔和鼻窦的其余部分黏膜。在早期急性卡他性鼻炎阶段，通常表现鼻腔黏膜上皮的纤毛减少，纤毛间隙扩大，杯状细胞增多。随即黏膜的上皮细胞增殖和化生，即假复层纤毛柱状上皮化生为复层上皮，杯状细胞消失。有时尚出现糜烂或溃疡灶。黏膜固有层的纤维化发展缓慢，但有大血管灌流的深层则很明显。黏膜层中的腺体，早期含有大量黏液或坏死崩解物，后期常因炎性产物的压迫而致腺管阻塞，其中许多腺体发生囊肿样变。

鼻甲骨仅在疾病早期见到较多的破骨细胞，而在陈旧的病灶中，破骨细胞则稀少或完全缺乏。骨基质通常显示变性，呈嗜酸性或嗜碱性着染。骨细胞变性、坏死消失，骨陷窝扩大，骨质变得疏松。骨髓腔在病的初期呈现充血、水肿，随病程发展则见多量成纤维细胞增生。在骨组织破坏的同时，在骨膜内和骨小梁周边出现多量不成熟的成骨细胞增生，但不能完全分化为成骨组织，而形成致密的聚集物。有些病例的鼻甲骨可变成纤维性骨组织（二维码 22-13）。

本病除鼻腔的病变外，还常伴发支气管肺炎。支气管肺炎的程度与鼻腔病变轻重相一致。全身骨骼也有较明显的病变，如肋骨与肋软骨连接处常见不规则的凹陷和不同程度的钙化不全；股骨骺端软骨呈灶状或带状溶解。其他器官可见程度不同的变性、坏死或炎性细胞浸润和增生。神经系统呈现轻度非化脓性脑膜脑炎和神经节炎。

二维码 22-13

（刘思当）

## 第五节　大肠杆菌病

大肠杆菌病（colibacillosis）是由致病性大肠埃希菌（*Escherichia coli*，*E. coli*）（常称为大肠杆菌）的某些血清型菌株引起的一组人兽共患传染病。各种动物均可发生，但主要发生于幼畜和幼禽。本病病型复杂多样，但主要病理特征为肠炎、水肿、败血症和毒血症等。

### （一）猪大肠杆菌病

猪大肠杆菌病（colibacillosis of pig）是由致病性大肠埃希菌引起猪的一类急性传染病，多发生于仔猪，常见的是仔猪黄痢、仔猪白痢和猪水肿病三种病型。有时也可见断乳仔猪腹泻、出血性肠炎和猪败血症等其他病型。

**1. 新生仔猪黄痢**　（yellow scour of newborn piglets）　一般是出生 1 周以内的仔猪所发生的一种急性、致死性肠道传染病，以急性卡他性胃肠炎，剧烈腹泻，排黄色或黄白色稀粪，迅速脱水死亡为其特征。病原为产肠毒素大肠埃希菌（Enterotoxigenic *Escherichia coli*，ETEC）。本病的发病率和死亡率都很高。

［剖检病变］　尸体呈严重脱水状态，消瘦，皮肤干燥，黏膜和肌肉苍白，肛门松弛，肛门周围及股部常有黄白色稀粪污染。本病最显著的病理变化是急性卡他性胃肠炎，少数为出血性胃肠炎。胃膨胀，充满酸臭的白色、黄白色或混有血液的凝乳块。胃壁水肿，胃底和幽门部黏膜潮红并有出血点或出血斑，黏膜上覆盖多量黏液。十二指肠病变最严重，空肠、回肠次之，而结肠较轻微。十二指肠膨满，肠壁变薄，呈半透明状，肠黏膜呈淡红色或暗红色，湿润而富有光泽。肠腔内充满腥臭、黄白色或黄色稀薄的内容物，有的混有血液、凝乳块和气泡。空肠、回肠及大肠大多膨胀，其内也见大量黄白色或黄色糨糊状内容物。肠系膜淋巴结充血、肿大，切面多汁，色泽变淡，有弥漫性小出血点。脾淤血、肿大。心、肝、肾表现不同程度的变性并散布小出血点，肝、肾常见小的坏死灶。脑充血或有小出血点。

［镜检病变］　胃黏膜上皮细胞变性、坏死或脱落，黏膜细胞肿大，固有层水肿并有少量炎性细胞浸润。肠绒毛缩短，黏膜上皮细胞变性、坏死或脱落。部分肠腺萎缩、崩解，仅留下空泡状腺管轮廓。肠黏膜下层充血、水肿，有少量炎性细胞浸润。肝、肾常见小的凝固性坏死灶。

**2. 仔猪白痢**（white scour of piglets）　又称仔猪迟发型大肠杆菌病，是 10~30 日龄仔猪多发的一种急性肠道传染病，以急性卡他性胃肠炎、排腥臭的乳白色或灰白色的糨糊状粪便为主要特征。病原至今仍未确定。本病的发病率较高，而病死率却较低。

［剖检病变］　尸体消瘦、脱水，外表干燥。肛门周围、尾根和腹部常粘着灰白色带腥臭的稀粪。病程短的几乎不见胃肠炎的病变，病程稍长的病例呈现轻度卡他性胃肠炎的变化，胃内有凝乳块。胃黏膜尤其是幽门部黏膜充血水肿，有的可见出血点。有的胃因充满酸臭的气体而扩张。小肠黏膜充血，肠腔扩张，其内有灰白色糨糊状的内容物并混有气体，气味腥臭。肠系

膜淋巴结轻度肿胀。

[镜检病变] 小肠绒毛上皮细胞高度肿胀，部分坏死脱落，固有层血管扩张充血，中性粒细胞和巨噬细胞浸润。部分肠管绒毛萎缩。肠黏膜上皮细胞表面常见大肠埃希菌附着。实质器官病变不明显或仅呈轻度变性，有时可继发肺炎。

**3. 猪水肿病**（edema disease of pig） 是断乳前后仔猪的一种急性肠毒血症。以突然发病，病程短促，头部和胃壁、肠及肠系膜水肿，共济失调、惊厥和麻痹为主要特征。本病的病原主要是产志贺样毒素大肠埃希菌（Shiga-like toxigenic E. coli，SLTEC）。本病发病率低，但病死率高。

二维码 22-14

[剖检病变] 猪大多营养状况良好，特征病变是水肿，常见于耳、鼻、唇、眼眶等部位，有时波及颈部、前肢和腹部皮下。病变皮肤和黏膜肿胀、苍白。胃壁、肠及肠系膜也是水肿常发部位，其中胃壁和肠系膜水肿最为明显（二维码 22-14）。胃贲门区及胃底部因水肿而明显增厚，严重时水肿液可使黏膜层与肌层分离。水肿区厚度可达 2～3 cm。肠系膜的水肿主要发生在结肠襻肠系膜，呈透明的胶冻状。此外，胆囊壁也可发生水肿。腹腔、胸腔及心包腔中有多量的渗出液，内含纤维素。肺呈现不同程度的水肿。有些病例还可见喉头水肿。心内外膜、胃底黏膜、大小肠黏膜有少量出血点。全身淋巴结呈不同程度的充血、水肿，以颈部淋巴结和肠系膜淋巴结最为明显。肝淤血质脆。脑组织水肿，脑回增宽，脑沟变浅。

部分病例病初不表现明显的胃及肠系膜水肿，而呈现急性胃肠炎，先腹泻，随后逐渐出现水肿。部分病例在脑干部有对称性的脑软化灶。

[镜检病变] 水肿部位的水肿液内常含大量蛋白、少量红细胞和炎性细胞。脑干部常有水肿和软化灶，软化灶中神经细胞变性、坏死，神经纤维排列紊乱。另一个特征性的变化是全动脉炎，可见于全身各组织，以水肿部位最严重。最初动脉管内皮细胞变性、肿胀，进而发展到中膜平滑肌细胞的纤维素样坏死，外膜水肿，周围有巨噬细胞和嗜酸性粒细胞浸润。其他病变包括心肌纤维变性，肝小叶中央或周边细胞坏死，肾小管上皮细胞颗粒变性、透明滴状变等。

## （二）禽大肠杆菌病

禽大肠杆菌病（colibacillosis of fowl）是由某些血清型大肠埃希菌引起的禽类传染病。其病型很多，包括急性败血症型、生殖器官病型、慢性肉芽肿型、关节炎型等，而以急性败血症型和生殖器官病型最常见。上述各型可单独发生，也可混合发生或与其他疾病合并发生。因此本病的病理变化复杂多样。

本病的病原主要是败血性大肠埃希菌（Septicemic E. coli，SEPEC）中的某些血清型菌株，常见的血清型是 $O_1$、$O_2$、$O_{35}$ 和 $O_{78}$，我国已报道对禽类有致病性的血清型共 70 多种。

**1. 急性败血型** 这是禽大肠杆菌病中危害最严重的一个病型，主要发生于雏鸡、幼鸡和青年鸡。突然死亡的病理变化不明显，仅见器官组织轻度充血、淤血、出血和实质细胞变性等变化。病程稍长者或成年鸡可见全身皮下、浆膜和黏膜有大小不等的出血点，呈现败血症和急性浆液性-纤维素性炎的特征性变化。

（1）浆液性-纤维素性心包炎及心肌炎。

[剖检病变] 心包膜肥厚、混浊。心包积液，其中混有多少不一的纤维素和干酪样渗出物。

[镜检病变] 心外膜增厚、疏松水肿，有大量异嗜性粒细胞浸润。靠近心外膜的心肌细胞变性肿胀。心肌间质水肿，有淋巴细胞、巨噬细胞和异嗜性粒细胞浸润，有时可见小化脓灶。

（2）浆液性-纤维素性胸腹膜炎、纤维素性肝周炎和坏死性肝炎。

[剖检病变] 胸腔、腹腔内有大量积水，其内混有纤维素性物质。肝肿大、淤血，表面有纤维素覆盖，肝表面及切面有灰白色的小坏死灶。严重时各脏器表面上均覆盖薄厚不均的纤维

素性物质。

[镜检病变] 肝窦状隙扩张充血，肝细胞变性、坏死，在小坏死灶周围有数量不等的淋巴细胞和异嗜性粒细胞围绕。

（3）纤维素性气囊炎：气囊是致病性大肠杆菌经呼吸道进入机体首先侵犯的组织，炎症由此向其他器官蔓延。

[剖检病变] 禽大肠杆菌病时气囊混浊，不均匀增厚，囊内有纤维素及干酪样物质渗出。

[镜检病变] 气囊疏松水肿，有纤维素渗出及异嗜性粒细胞浸润，气囊上皮细胞变性肿胀。

（4）全眼球炎：在败血症流行后期，有时可见一些病鸡发生全眼球炎，常为一侧性。

[剖检病变] 早期眼眶肿胀，流泪、畏光。以后瞳孔、眼房水及角膜逐渐混浊，视网膜脱落，最后失明，眼球萎陷。

[镜检病变] 全眼球都有异嗜性粒细胞和巨噬细胞浸润，脉络膜充血，视网膜完全破坏。

**2. 生殖器官型** 也是禽大肠杆菌病危害性较严重的一个病型，多发生于成年鸡。

（1）卵巢炎：卵泡膜充血、卵泡变形，部分卵泡呈红褐色、黑褐色或灰色。有的卵泡变硬，有的卵黄变稀，有的卵泡发生破裂。

（2）输卵管炎：输卵管黏膜充血、出血和肿胀，管腔内常有蛋白和纤维素凝块，母鸡常产出畸形蛋并减产或停产。镜检可见输卵管黏膜及黏膜下有大量异嗜性粒细胞浸润，黏膜上皮细胞变性肿胀。

（3）卵黄性腹膜炎：多由输卵管炎或卵巢炎发展而来。当输卵管发炎时，炎性产物常使输卵管伞部粘连或因发炎而肿胀，漏斗部的喇叭口在排卵时不能正常开放，卵泡难以进入输卵管而掉入腹腔内引发腹膜炎。另外，变性、坏死的卵泡也可脱落于腹腔中并破裂而引发腹膜炎。剖检可见患鸡胸腹腔中充满淡黄色腥臭的液体和凝固变性的卵黄块。各脏器浆膜显著充血及出血，肠道和脏器相互粘连。

（4）睾丸炎：公鸡的睾丸常充血肿胀，交媾器也充血、肿胀。

**3. 慢性肉芽肿型** 为慢性大肠杆菌病，多为败血症的后遗症，常发生于成鸡。其病理特征是常在肝、十二指肠、盲肠、肠系膜等处形成结节性肉芽肿。肉芽肿多为粟粒大至玉米粒大或更大，黄白色或灰白色，切面略呈放射状或轮层状，有弹性，中央多有小化脓灶。

[镜检病变] 可见结节中心由大量细胞坏死物构成，其外围环绕一层由上皮样细胞、淋巴细胞和少量多核巨细胞形成的肉芽组织，最外层为纤维组织包囊，其间有异嗜性粒细胞浸润。

**4. 脑炎型** 一些血清型的大肠埃希菌可突破鸡的脑血屏障进入脑内，引发脑炎。该病可单独由大肠埃希菌引起，也可在支原体病、传染性鼻炎和传染性支气管炎等疾病的基础上继发大肠埃希菌感染而发生。患病鸡多有神经症状。病变主要集中在脑部，可见脑膜增厚，脑膜及脑实质血管扩张充血，蛛网膜下腔及脑室液体增多。

[镜检病变] 可见神经细胞肿大变性，有的坏死崩解。胶质细胞增生，有卫星现象和噬神经元现象，淋巴细胞浸润，从脑组织中可分离到大肠埃希菌。

**5. 关节炎型** 多发生于幼雏及中雏，一般呈慢性经过，散发，有些是败血症的后遗症。病鸡跛行，足垫肿胀。病变多出现于跗关节，可见跗关节呈竹节状肿胀，关节腔内液体增多、混浊，有的出现浓液或干酪样物，有的发生腱鞘炎。从病鸡发炎关节和足垫中可分离到大肠埃希菌。

（马国文）

# 第六节 嗜血杆菌病

嗜血杆菌病（haemophilosis）是由嗜血杆菌引起的人及动物的一组传染病的总称。常见的动物源性嗜血杆菌有8种，其中比较重要的是副猪嗜血杆菌和副禽嗜血杆菌，这两种病原菌可分别引起副猪嗜血杆菌病和鸡传染性鼻炎。

## （一）副猪嗜血杆菌病

副猪嗜血杆菌病（haemophilus parasuis disease）也称猪格勒赛尔病（Glasser's disease），是由副猪嗜血杆菌（*Haemophilus parasuis*）引起的猪的一种传染病。其病理特征为全身浆液性-纤维素性浆膜炎、多发性关节炎与脑膜炎。

根据病程长短，可将副猪嗜血杆菌病分为急性型和慢性型两种。

**1. 急性型**

二维码 22-15

二维码 22-16

[剖检病变] 病猪的胸膜、腹膜、心包和多个关节的关节面呈现浆液性-纤维素性炎的变化（二维码 22-15、二维码 22-16），以心包炎和胸膜炎的发病率最高。胸腔内有大量淡红色的渗出液和纤维素凝块。心包腔内有大量奶酪样渗出物。渗出的纤维素常在浆膜腔内及脏器表面形成伪膜，疾病后期常见心包膜增厚、心包与心外膜粘连，肺与胸壁粘连。病变关节周围肿大，有波动感，关节囊内有多量粉红色或淡黄色渗出液，有的呈胶冻状，关节面上因有渗出的纤维素和坏死物而显粗糙。脑蛛网膜下腔内脑脊液增多，脑脊液中因含纤维素、脓液或漏出的红细胞，而使脑脊液呈混浊的淡黄色或粉红色。肺因淤血、出血而色泽斑驳，有的发生局灶性坏死，肺间质水肿。肝、脾、肾因充血而肿大，偶见出血点。腹腔液明显增多，肠黏膜有少量纤维素和出血点。下颌淋巴结、腹股沟淋巴结等体表淋巴结出血、肿大。

有的急性猪病变不典型，仅见皮肤发绀、皮下水肿、肺水肿及广泛的出血等变化，最后发展为脓毒败血症而死亡。急性感染耐过的猪可能留下后遗症，如母猪流产，母猪和公猪的跛行。

**2. 慢性型** 多由急性型转变而来。

[剖检病变] 明显的变化是纤维素性-坏死性肺炎、纤维素性胸膜炎和慢性关节炎。纤维素性-坏死性肺炎多为局灶性，病灶大小不一，有些病例坏死灶中心化脓。因纤维素及坏死组织的机化而使胸腔脏器与胸壁粘连。慢性关节炎常为多发性关节炎，后期因机化而使关节固着。

## （二）鸡传染性鼻炎

鸡传染性鼻炎（infectious coryza，IC）是由副鸡嗜血杆菌（*Haemophius paragallinarum*）引起的鸡的一种急性上呼吸道传染病。本病虽然病死率不高，但可使雏鸡育成率降低、蛋鸡开产期延迟、成年鸡产蛋率下降或停产而对养禽业造成危害。本病以鼻腔及鼻窦的急性卡他性炎、颜面部水肿和结膜炎为主要病理特征。

[剖检病变] 本病最具特征的变化是鼻腔、鼻窦和眼结膜的浆液性、黏液性或化脓性炎症。病初，患病鸡鼻腔和鼻窦黏膜充血、肿胀并有浆液渗出。眼结膜充血、肿胀，眼睑水肿、流泪。继而颜面肿胀，肉髯水肿。随后炎症转化为黏液性和化脓性，鼻腔、鼻窦黏膜被大量黏脓性渗出物覆盖。炎性分泌物不断增加和积蓄，使眶下窦、鼻窦肿胀、隆起。鼻腔因潴留大量渗出物而堵塞，使病鸡出现轻度呼吸困难和不断甩头的动作。结膜囊中的渗出物造成上下眼睑粘连，结膜炎可进一步蔓延到角膜，导致溃疡性角膜炎、眼炎和巩膜穿孔，引起失明。若病变波及下呼吸道，则可见气管及支气管黏膜覆盖黏液性或脓性渗出物，继而渗出物变为干酪样物

而堵塞气道。病鸡有时见气囊炎及支气管性肺炎。本病有时与传染性支气管炎、传染性喉气管炎、败血型支原体病及鸡痘并发，造成疾病的复杂化。

[镜检病变] 鼻腔、鼻窦、气管呈现卡他性炎的变化，黏膜上皮细胞变性、坏死或脱落，黏膜固有层充血、水肿，并有异嗜性粒细胞、淋巴细胞浸润。鼻腔及眶下窦充斥着大量的浆液、黏液、异嗜性粒细胞及各种组织坏死的碎片。病变波及下呼吸道时，则可见到急性卡他性支气管肺炎的变化，肺血管扩张充血，支气管内充满渗出物和坏死产物，肺泡上皮肿胀变性。气囊炎时，气囊浆膜细胞肿大增生，异嗜性粒细胞浸润，气囊壁增厚混浊。

（马国文）

## 第七节　坏死杆菌病

坏死杆菌病（necrobacillosis）是由坏死梭杆菌（*Fusobacterium necrophorum*）引起的多种动物的一种创伤性传染病。由于受感染的动物和被侵害的部位不同而有不同的疾病名称，如腐蹄病、坏死性皮炎、坏死性口炎（白喉）、坏死性鼻炎和坏死性乳房炎等，其病理特征为受害组织发生坏死性炎症，当病菌全身扩散时可在多种内脏如肝、肺形成坏死灶，患病动物常因败血症而死亡。

**1. 腐蹄病**（footrot）　多见于成年牛、羊，有时也见于马、鹿等动物。病变主要集中在蹄部。

[剖检病变] 牛的腐蹄病多见于两侧，也可发生于一侧。清理蹄底时可见创口，内有腐臭的角质和污黑的液体。坏死多从蹄间隙、蹄冠及蹄踵部皮肤开始，并向深部发展。当上述部位形成蜂窝织炎时，则见脓肿、脓漏及皮肤坏死，流出恶臭的、带大量坏死组织的黄白色、黄灰色或黄褐色的脓性分泌物。坏死还可蔓延到滑液囊、腱、韧带、关节及骨骼，引起这些部位的化脓性炎。腐蹄病严重时，常致蹄匣脱落；发生转移时，可继发坏死性支气管炎、肺炎、胸膜炎、肝炎或子宫炎。

绵羊的腐蹄病多发生于一侧蹄，可取急性或慢性经过。急性病变与牛的腐蹄病相似，慢性者病程较缓慢。轻症腐蹄病多自行恢复，有的病变可蔓延到跗关节和腕关节，后期可致蹄壳脱落、坏死性骨炎和关节变形。重症病例可发展为脓毒败血症。

马的腐蹄病病变多发生在球节以下，表现为蹄冠、蹄球的坏死和系部的坏死性皮炎。病初球节以下肿胀、热痛、有炎性渗出物渗出。继而患部变软、皮肤变薄，形成小脓肿。脓肿破溃后流出恶臭的黄色、灰色或黄褐色的脓液。以后坏死范围不断扩大，坏死部皮肤不断剥脱和溶解，形成不规则的溃疡面。溃疡面污秽色红、易出血，其上覆盖脓液或痂皮。坏死可向深部蔓延，侵害韧带、腱、蹄软骨、骨膜、骨及关节，引起相应部位的坏死性炎，并常在肺或其他器官形成转移性坏死性炎。

**2. 坏死性皮炎**（necrotic dermatitis）　多见于仔猪和小架子猪，其他动物也有发生。

[剖检病变] 皮肤及皮下组织发生坏死和溃疡。病变多见于体侧、腹下、臀部及颈部，病初为突起的小丘疹，有痒感，病变部位脱毛，其上有炎性渗出物渗出，并逐渐形成干痂，病变部触之硬固肿胀。随后病变迅速向周围及深部组织蔓延，被感染的组织坏死、溶解成灰黄色或灰棕色的恶臭液体，最后破溃流出，患部形成一个创口较小而坏死腔很大的囊状坏死灶。坏死灶多局限于皮肤及皮下结缔组织，有些病例可有多处坏死灶。少数病例的病变可深达肌层并波及骨骼，甚至造成透创（腹腔或胸腔）或肢端腐脱。也有的病猪发生耳及尾的干性坏疽，最后脱落。母猪还可发生乳头和乳房皮肤坏死，甚至乳腺坏死。个别猪发生大面积溃疡，形成干性坏疽后，如同盔甲覆盖在体表，以后逐渐剥脱。

**3. 坏死性口炎**（necrotic stomatitis） 又称白喉，多见于犊牛、羔羊和仔猪，也见于仔兔或雏鸡。

[剖检病变] 以口腔、咽喉黏膜的纤维素-坏死性炎为特征，并常见化脓。炎症发生在口腔黏膜时，在唇、舌、齿龈、上腭及颊部黏膜上常见大小不一的坏死灶，其上覆盖粗糙污秽的灰白色或灰色伪膜，强行剥去伪膜后暴露出易出血、不规则的溃疡面。炎症发生在咽喉部时，可见咽喉黏膜上有坏死灶或溃疡灶，咽喉肿胀，颌下水肿，咽喉周围的淋巴结肿大并有坏死灶。严重病例，其口腔、咽喉黏膜同时或先后发生坏死性炎。有些病例病变可蔓延至气管及肺形成坏死灶，并发展为化脓性-坏死性肺炎及胸膜肺炎；或蔓延至肠部，发生坏死性肠炎。鸡坏死性口炎多发生于雏鸡，在口腔和食道处可见溃疡灶或小脓疱，小脓疱干涸形成结痂，结痂下有坏死灶。疾病全身化时，肝、肺等实质器官可见大小不等的坏死灶，严重时可看到脓肿。腺胃出血坏死，盲肠扁桃体肿胀、出血，泄殖腔黏膜出血。

**4. 坏死性鼻炎**（necrotic rhinitis） 多见于仔猪和架子猪，可单独发生，也可由坏死性口炎蔓延而来。

[剖检病变] 原发病变主要集中在鼻腔内，鼻黏膜出现溃疡，溃疡面逐渐扩大，其上覆盖有黄白色的伪膜。坏死病变有时蔓延至鼻甲软骨、鼻骨、面骨、鼻旁窦、气管和肺部，引起这些部位的坏死性炎。

**5. 坏死性肠炎**（necrotic enteritis） 多见于猪，常与猪瘟或猪副伤寒并发或继发。

[剖检病变] 病猪大小肠黏膜见多发性坏死性炎，坏死局部形成伪膜，伪膜下可见不规则的溃疡面。

死于坏死杆菌病的动物，除具有原发性坏死灶外，还常在内脏器官形成转移性坏死灶，最常见于肺，形成化脓性-坏死性肺炎。肺转移灶单个或多发，病灶多为球形，质硬，周围有红色炎性反应带包绕，病灶中心为黄褐色略干燥的坏死物。病灶经过缓慢时，其外围有结缔组织增生。镜检可见病灶中心的肺组织发生凝固性坏死，外围有大量白细胞浸润，以及充血、出血形成的炎性反应带。慢性经过时，在白细胞浸润带外围还有肉芽组织增生，并形成包囊。坏死性肺炎还可蔓延至胸膜，形成化脓性-坏死性胸膜炎。肝、肠及其他器官有时也可见转移性坏死灶，其病变与肺中所见相似。

（马国文）

## 第八节　链球菌病

链球菌病（streptococcosis）是由链球菌（*Streptococcus*）引起的一种人兽共患传染病。猪链球菌病在公共卫生方面意义重大，包括我国在内许多国家都发生过人类感染猪链球菌死亡的病例。本节介绍猪链球菌病和绵羊链球菌病。

### （一）猪链球菌病

猪链球菌病（streptococcosis suis）的病原主要是 S 群的猪链球菌 1 型、R 群的猪链球菌 2 型。此外，C 群的马链球菌兽疫亚种以及 E 群、L 群的链球菌也可引起猪的感染。

临床上猪链球菌病可分为急性和慢性两种。急性者多由 C 群的马链球菌兽疫亚种、L 群、S 群的猪链球菌 1 型、R 群的猪链球菌 2 型所致，病猪可迅速发展为败血症、脑膜脑炎等病变；慢性者多由 E 群、C 群和 L 群所致，病猪出现关节炎、淋巴结脓肿、脑膜脑炎等病变。

**1. 急性败血型**

[剖检病变] 尸僵完全，皮肤发绀，耳郭、四肢末端、腹下等处皮肤呈紫红色。表皮易于

脱落，表皮下呈深红色。如果病猪烫毛屠宰，可见全身皮肤色红，呈"大红袍"样，皮下脂肪呈深红色（二维图 22-17）。胸腹腔有橙黄色积液，其中含有纤维素。某些脏器如肺、肝可与周围组织器官发生粘连。心包积液，心外膜常有纤维素性渗出物附着。心外膜、心内膜出血，心肌松弛，心腔扩张，内有凝固不全的血液，常可分离到细菌。气管黏膜淤血，管腔中含有泡沫状红色液体。肺淤血、出血、肿胀，色彩斑驳，呈小叶性肺炎或融合性肺炎变化。有的肺组织中散在黄白色粟粒大化脓灶或发生纤维素性胸膜肺炎，肺与胸膜粘连。脾淤血、出血，有时肿大，呈紫黑色。肝淤血，色紫黑，可有纤维素性包膜炎。胆囊肿大。肾淤血或出血，色紫红。膀胱黏膜出血，色紫红。胰淤血，色粉红或紫红。胃、小肠、大肠浆膜出血，黏膜淤血、出血、潮红，内容物带红色。

二维码 22-17

[镜检病变] 除一般败血症变化外，可见脾白髓缩小，淋巴细胞数量减少，其中散在中性粒细胞（二维码 22-18）。有的病例发生急性炎性脾肿，脾窦内充满红细胞，残余淋巴组织呈孤岛状分布。淋巴结内淋巴小结萎缩，淋巴细胞数目减少，淋巴窦扩张，可有出血、纤维素和中性粒细胞渗出。肝细胞见细胞水肿或脂肪变性，肝小叶内见小坏死灶，窦状隙内有中性粒细胞、淋巴细胞、巨噬细胞浸润。

二维码 22-18

**2. 脑膜脑炎型**

[剖检病变] 软脑膜血管呈树枝状充血，可有小出血点（二维码 22-19）。脑部可见化脓性脑膜脑炎，脑脊液混浊。

[镜检病变] 蛛网膜和软脑膜血管充血、出血与血栓形成。血管周围有多量中性粒细胞、少量单核细胞及淋巴细胞浸润。病变严重时，在大脑灰质浅层也见中粒细胞呈散在性或局灶性浸润，甚至出现小化脓灶（二维码 22-20）。

二维码 22-19

**3. 关节炎型**

[剖检病变] 关节及其周围组织肿胀，以腕关节和跗关节明显。切开关节腔，可见关节液增加，稀薄或呈胶冻状，灰白色或淡黄色，混浊，其中含有少量纤维素。关节软骨面发生糜烂或溃疡，关节周围见多发性坏死灶。

[镜检病变] 呈纤维素性关节炎或化脓性关节炎的变化。

二维码 22-20

**4. 淋巴结脓肿型**

[剖检病变] 全身淋巴结不同程度的出血、充血、水肿，呈紫红色，以下颌淋巴结、腹股沟浅淋巴结、胸腔淋巴结以及其他内脏淋巴结的病变更为明显（二维码 22-21）。较大的淋巴结可化脓，经皮肤破溃而流出脓液。

[镜检病变] 淋巴结呈浆液性-纤维素性淋巴结炎或化脓性淋巴结炎的变化。

二维码 22-21

（许益民）

## （二）绵羊链球菌病

绵羊链球菌病（streptococcosis ovium）也称绵羊败血性链球菌病，是由 C 群的马链球菌兽疫亚种（*Streptococcus equi* subsp. *zooepidemicus*）引起的一种急性热性传染病。病理特征是咽喉及其周围组织水肿，全身淋巴结肿大，淋巴结表面和切面均有滑腻的引缕样物，同时有全身败血性变化（成年羊），纤维素性肺炎（羔羊）。在肺及其他脏器浆膜面也有黏稠的引缕样物。

根据病程及病变特点可分为急性败血型和亚急性胸型。

**1. 败血型** 主要见于成年羊，多于发病后 2~5 d 死亡。

[剖检病变] 除全身多处组织、器官的充血、出血、水肿和变质等败血症的病变外，还可见一些比较特征的病理变化，包括：咽喉部黏膜、舌后部及后鼻孔附近黏膜高度水肿，致后鼻

孔及咽喉狭窄，上呼吸道黏膜充血、出血，其中有淡红色泡沫状液体。全身淋巴结，尤其是咽背、颌下、肩前、肺门、肝、脾、胃、肠系膜等淋巴结显著肿大（可达正常2～7倍）、充血、出血，甚至坏死，淋巴结切面突出，有半透明黏稠的引缕样物，有滑腻感。胸腔、腹腔中常见多量浑浊淡黄色的液体，内脏器官浆膜面也有半透明黏稠的引缕样物。肝肿大，色土黄，质地柔软。胆囊显著肿大，可达正常的7～8倍，黏膜充血、出血和水肿，胆汁呈淡绿色油状或酱油样。脾肿大，可达正常的2～3倍，被膜下可见多少不一的出血点，切面颜色紫红，结构模糊，脾髓软化。消化道黏膜充血、出血和水肿，肠腔内充有淡黄或淡红色混浊的液体。大小脑蛛网膜和软脑膜充血、出血、水肿，脑回变平，脑沟变浅，脑实质切面也可见充血和出血。

[镜检病变] 全身各组织器官的小血管发生变性、纤维素样坏死和炎症。血管内皮细胞肿胀、增生与脱落，管壁疏松，有浆液和炎性细胞浸润，血管外膜和其周围出现多量的中性粒细胞与巨噬细胞。淋巴结被膜与小梁炎性水肿，血管充血、出血和血栓形成，淋巴管扩张与淋巴栓形成，结缔组织与平滑肌纤维变性、坏死与溶解。淋巴小结先被大量中性粒细胞浸润，进一步则发生脓性溶解并形成空洞灶，空洞灶中有大量PAS染色阳性与甲苯胺蓝染色呈异染反应的细菌荚膜多糖物质、浆液和细胞碎片，也残留少量淋巴细胞和脓细胞。脾白髓的变化类似于淋巴小结，表现为淋巴细胞减少或消失，出现中性粒细胞浸润，形成小化脓灶，并进一步发生化脓性溶解，原有结构破坏。红髓中也有大小不一的化脓灶和出血性坏死灶。肺中细支气管管壁变性或呈纤维素样坏死而结构模糊，其周围为浆液、细菌荚膜多糖物质及中性粒细胞等浸润，细支气管管腔狭窄或闭塞。肺泡壁因毛细血管充血、浆液和炎性细胞浸润而显著增厚。细支气管和肺泡腔中可见渗出的浆液、中性粒细胞、淋巴细胞、脱落的细支气管上皮和肺泡壁上皮细胞及红细胞等。肝细胞发生明显的变性，汇管区和小叶间结缔组织基质溶解、松散，甚至形成空腔或空隙，其中有大量细菌荚膜多糖物质、浆液和中性粒细胞等（二维码22-22）。大脑、小脑与脊髓的蛛网膜及软脑膜血管充血、出血与血栓形成。血管内皮细胞也肿胀、增生、脱落。管壁疏松或呈纤维素样变性。脑实质血管充血、出血和微血栓形成（二维码22-23），血管外围中性粒细胞、巨噬细胞和淋巴细胞形成"管套"，神经细胞变性、坏死，胶质细胞增生并出现"卫星现象"，有时还可见微化脓灶。

二维码22-22

二维码22-23

**2. 胸型** 病程较长，一般1～2周，主要见于羔羊。病理特征为浆液性-纤维素性胸膜肺炎与腹膜炎。

[剖检病变] 胸腔积有大量含絮状纤维素的灰黄色或灰白色的混浊液体。肺与胸壁或横膈常发生纤维素性粘连。肺呈大叶性肺炎外观，病变部色暗红，质地实在，切面较干燥（二维码22-24）。腹腔中腹水增多，呈混浊淡黄色，其中也混有纤维素絮片，浆膜上常有纤维素附着。肝与横膈及肠袢常发生粘连。

二维码22-24

[镜检病变] 肺胸膜因炎性充血、水肿、纤维素渗出和中性粒细胞浸润而增厚。肺泡隔充血、出血与炎性细胞浸润。肺泡腔中充满大量纤维素、中性粒细胞、巨噬细胞、淋巴细胞、红细胞及脱落的肺泡上皮细胞（二维码22-25）。随着病变的发展，可见肺的红色肝变、灰色肝变，以及渗出物机化等多种变化。支气管黏膜上皮变性、坏死、脱落，管腔内可见多少不等的脱落上皮细胞、中性粒细胞和红细胞，支气管周围水肿并有中性粒细胞和纤维素浸润。同时，也可见血管炎、淋巴管炎和淋巴栓的形成。

二维码22-25

（贾宁）

## 第九节 李氏杆菌病

李氏杆菌病（listeriosis）是由单核细胞增生性李氏杆菌（*Listeria monocytogenes*）引起

的人及动物共患的一种散发性传染病。家畜和人患本病主要发生脑膜脑炎、败血症、结膜炎和流产，家禽和啮齿类则表现坏死性肝炎和心肌炎，有的还可出现单核细胞增多。

**1. 绵羊李氏杆菌病**

［剖检病变］ 主要表现为脑炎和败血症变化。

中枢神经：有神经症状的病羊脑膜水肿，呈树枝状充血，脑脊液较正常为多，稍混浊；大脑、小脑脑沟变浅，脑回稍宽，切面湿润，水肿，可见散在小米粒大灰白色病灶及针尖大小的出血点；脑干，特别是脑桥、延脑和脊髓质地较软，有细小化脓灶及坏死灶。

肝：被膜稍紧张，色泽淡黄，切面可见有不规则、小米粒大的灰白色病灶。

肺：稍肿大，在心叶、尖叶、膈叶切面均有散在的灰红色、灰白色点状病灶，挤压时，略有少许淡红色液体流出。

心：心包液增多，稍混浊，在心外膜表面可见多量淡黄色絮状的纤维素附着，易剥离；冠状沟有针尖大小的出血点，心房、心室肌有散在灰白色针尖大小的病灶。

淋巴结：肿大，被膜紧张，切面稍隆起，较湿润，并有大小不等的灰黄色或灰白色病灶。

肾：包膜易剥离，切面有数量不一、大小不等的出血点。

［镜检病变］

中枢神经：脑、脊髓膜血管扩张、充血，脑膜下有数量不等的单核细胞、中性粒细胞浸润（二维码22-26）。脑实质水肿，有散在的局灶性小化脓灶，坏死灶神经细胞坏死消失，形成以胶质细胞、中性粒细胞、单核细胞组成的炎性细胞结节。有的病例在脑组织血管周围形成以单核细胞、中性粒细胞为主的管套（二维码22-27）。

二维码22-26

肝：肝细胞肿大，发生颗粒变性，有的肝细胞核溶解、消失而呈局灶性坏死，较大的坏死区域被单核细胞、中性粒细胞取代。汇管区有数量不等的单核细胞、中性粒细胞浸润。

肺：肺泡壁毛细血管扩张、充血，肺泡腔内有多量浆液及炎性细胞浸润。支气管黏膜上皮细胞变性、坏死、脱落，有的黏膜上皮细胞增生、化生，支气管腔内有多量单核细胞、中性粒细胞、脱落的黏膜上皮细胞及炎性渗出物。有的肺组织可见局灶性坏死，坏死组织由单核细胞、中性粒细胞、成纤维细胞取代。

二维码22-27

心：心外膜间皮细胞肿胀、脱落，有浆液、纤维素渗出，其中混有大量单核细胞、中性粒细胞、淋巴细胞；心外膜下及心肌间毛细血管扩张、充血、出血，心肌细胞发生不同程度的变性、坏死，坏死灶被炎性细胞及增生的纤维细胞所取代。

淋巴结：淋巴结被膜下淋巴窦扩张，有多量浆液及少量纤维素渗出，淋巴小结皮、髓区分界不清，生发中心不规则，有的呈灶状淡红色坏死，有的被大量单核细胞、中性粒细胞、巨噬细胞所占据。髓质区水肿，毛细血管扩张、充血，并有大量单核细胞、中性粒细胞、巨噬细胞增生。

肾：肾小球体积增大，细胞成分增多，肾小球囊腔狭小，内有丝状纤维素。肾小管上皮细胞变性、坏死，间质血管扩张、充血，并有数量不等的单核细胞、中性粒细胞浸润。

**2. 牛李氏杆菌病**

［剖检病变］ 脑膜水肿，充血，脑脊液混浊、增量，脑组织中有米粒大小、灰白色坏死灶。肝肿大，表面及切面有散在的灰白色坏死灶。脾稍肿大，表面附着纤维素。妊娠动物流产后，子宫内膜及胎盘血管扩张充血，出血，并可见广泛性坏死灶。其他病变基本同绵羊。

［镜检病变］ 与绵羊相似。

**3. 猪李氏杆菌病**

［剖检病变］ 皮肤较苍白，腹下、腹内侧有弥漫性出血斑点，多数淋巴结呈不同程度的出血、肿胀，切面多汁。肝、脾肿大，肾肿大、皮质部有少量出血点。脑膜血管充血，呈树枝状，脑回沟内有胶冻样淡黄色渗出物。

[镜检病变] 与绵羊相似。

**4. 禽李氏杆菌病** 呈败血症病变，脑膜下及脑组织内血管扩张、充血，肝呈土黄色，并有黄白色坏死点及深紫色出血斑，质脆易碎，软如海绵。心包腔内有多量积液，心肌内有点状坏死灶。脾肿大呈黑红色。腺胃和肠黏膜发生卡他性或纤维素性炎症。

**5. 兔李氏杆菌病**

(1) 急性型：皮下水肿，颈部和肠系膜淋巴结肿大。心包腔、腹腔积液，肝、脾、心表面有大量针尖大小灰白色病灶，心外膜上有点状出血。肺水肿、淤血伴有暗红色病灶。眼结膜充血潮红。

(2) 亚急性型：病变与急性型基本相同，但脾、淋巴结的肿大较急型性明显，子宫黏膜充血、出血，子宫腔内积有暗红色液体。

(3) 慢性型：脾、肝表面及切面有较明显的灰白色、粟粒大小的坏死灶。脾肿胀，切面隆起，结构模糊。胸腹腔浆膜和心外膜有条状出血。妊娠兔子宫内积有大量脓性渗出物，子宫壁脆弱易碎，肌层增厚2～3倍，子宫内膜充血，有粟粒大坏死灶，粗糙无光，子宫腔内有时可见木乃伊化的胎儿和污秽的组织碎片。

（刘思当）

## 第十节 猪 丹 毒

猪丹毒（swine erysipelas）是由猪丹毒丝菌（*Erysipelothrix rhusiopathiae*）（又称猪丹毒杆菌）引起猪的一种急性热性传染病。其病理特征为败血症（急性）、皮肤疹块（亚急性），以及心内膜炎、关节炎与皮肤坏死（慢性）。本病主要发生于猪，牛、羊、犬、马和禽类也有感染发病的报道。

**1. 急性败血型**

[剖检病变]

体表：死于败血症的病猪，由于病程短促，营养状况尚较好。可视黏膜淤血。在浅色猪的皮肤，如耳根、颈部、胸前、腹壁、腹股沟和四肢内侧面等处，常见不规则的淡紫红色充血区，即所谓的丹毒性红斑。此种红斑可互相融合成片，微隆起于周围正常的皮肤表面。病程较久者可在红斑上出现浆液性水疱，水疱破裂后，浆液性渗出物流出并结成干涸的黑褐色痂皮。

淋巴结：全身各处淋巴结均可见到不同程度的病变，通常呈急性淋巴结炎变化。外观肿大，潮红或紫红色，切面隆起、多汁，常见出血斑点。有时在实质中还可见到大小不等的坏死灶。机体其他部位的淋巴组织，如扁桃体和肠壁淋巴滤泡也可出现同样性质的病变。

脾：因充血而显著肿大，呈樱桃红色，被膜紧张，边缘钝圆。切面隆起，质地柔软，原有小梁及白髓结构模糊。

心：心冠状沟和纵沟的脂肪充血或见小点出血。部分病例的心房外膜上有出血点。心腔扩张，心肌混浊、质地变软。

肺：淤血与水肿，并常见出血点。

肝：淤血肿大，呈暗红色，质软易碎。

肾：肿大，被膜易于剥离，因淤血呈暗红色或因充血不均而色彩斑驳。在表面与切面的皮质部可见散在的针尖大的红色小点。

肾上腺：病程较长的一些病例，可见肾上腺肿大。

胃肠道：病变以胃及十二指肠段较显著，胃底腺部黏膜红肿，被覆黏液，有或多或少的出血斑点，严重者黏膜呈弥漫性出血。

脑和脊髓：部分病例可以看到充血、出血及水肿等变化。

［镜检病变］

体表：皮肤真皮乳头层血管明显充血，皮肤与皮下结缔组织有浆液和红细胞浸润，而炎性细胞常很少。

淋巴结：淋巴结血管高度充血，淋巴窦扩张，其中充满浆液、白细胞和红细胞，呈急性浆液性淋巴结炎或出血性淋巴结炎变化（二维码22-28）。有时在实质中可见大小不等的坏死灶。病程较长时，淋巴组织和网状组织有不同程度的增生。

脾：主要变化为充血、出血、渗出和坏死。在红髓出现大量红细胞，白髓周围及其中也可看到出血现象（二维码22-29），髓窦和髓索界限不清；白髓及周围有多量红细胞渗出，白髓淋巴细胞、网状细胞坏死崩解，白髓体积缩小；在红髓和白髓内浆液、纤维素和炎性细胞渗出，并与坏死的组织融合成大小不等的病灶等。抵抗力较强，病程稍长的病猪，则网状内皮细胞显著增生。

心：心肌纤维颗粒变性，严重时可发生蜡样坏死，多见于心内膜下乳头肌处。

肺：肺泡壁毛细血管充血，并有白细胞浸润，随病程进展，由于肺泡间隔巨噬细胞的增生与浸润，以及毛细血管出血，肺泡间隔可明显增厚。

肝：肝小叶中央静脉、窦状隙和汇管区静脉的血管扩张，红细胞充盈，或有血栓形成，或有大量的巨噬细胞浸润。

肾：肾小球充血、出血和弥散性肾小球肾炎，见肾小球毛细血管充满红细胞，肾球囊内红细胞渗出、肾小球上皮、内皮细胞和系膜细胞增殖，肾小球体积增大；肾小管上皮细胞变性，管腔内有透明管型或颗粒管型；肾间质淤血和充血，有的毛细血管内血栓形成，其相邻的肾小管坏死。

肾上腺：肾上腺球状带有许多白细胞浸润，遍及皮质部的静脉窦内常见单核细胞集聚的病灶，但这些病灶内很少看到坏死的细胞。

胃肠道：呈急性卡他性或出血性炎症。

脑和脊髓：在大脑脉络丛可发现病原菌与浸润的中性粒细胞。细菌性栓子可见于脑与脊髓的血管中，其周围则有中性粒细胞和少量嗜酸性粒细胞。这些局灶性的细胞浸润较多见，但不一定都能发现细菌。

**2. 亚急性或疹块型**

［剖检病变］ 皮肤疹块多见于颈部、背部，向后直到尾根部。疹块比周围正常的皮肤略微隆起，且有明显的界线，其大小不等，多呈方形、菱形或不规则形，疹块的颜色可以是一致的鲜红色，或者边缘红色而中心苍白色。触摸时，比正常的皮肤硬，生前指压褪色。

［镜检病变］ 眼观所见的疹块代表该处小动脉分布的区域，所见鲜红色是真皮内小动脉和毛细血管的炎性充血，其后静脉和毛细血管淤血，并可能形成透明血栓，此时疹块转变为蓝紫色。由于小动脉的炎症，可以看到管壁与周围的炎性细胞浸润，以及管内血栓形成或继发小动脉的痉挛性收缩，或二者同时出现，引发类似贫血性梗死的病理过程，故在疹块部位常发生凝固性坏死。由于坏死部与周围正常皮肤连接处发生分界性炎，有大量中性粒细胞浸润使该处化脓分解，故坏死组织脱落。

**3. 慢性型** 常由急性或亚急性病例转移而来。由于猪丹毒杆菌长期存在于体内，使机体发生变态反应而出现心内膜炎、关节炎和皮肤坏死等病变。

心内膜炎主要发生于左心二尖瓣，其次是主动脉瓣、三尖瓣和肺动脉瓣。剖检，在心瓣膜见有大量灰白色的血栓性物（二维码22-30），进一步发展，变成表面高低不平、外观似花椰菜样，基底部有肉芽组织增生，使之牢固地附着于瓣膜上而不易脱落。瓣膜上的血栓性物常可引起瓣膜孔狭窄或瓣膜闭锁不全，继而导致心肌肥大和心腔扩张等代偿性变化。若血栓一旦软化脱落，则往往使心肌、脾、肾的小动脉发生阻塞而形成梗死。

关节炎常与心内膜炎同时出现，主要侵害四肢关节，以腕关节和跗关节多见。患病关节肿胀，关节囊内蓄有大量浆液和纤维素性渗出物，关节面粗糙，关节软骨面有糜烂。病程较久的病例，因肉芽组织增生，在滑膜上则见灰红色绒毛样物；再久，关节滑膜发生纤维性增厚，渗出物被肉芽组织机化使关节愈着，甚至使关节完全变形。

皮肤坏死是慢性猪丹毒的一种常见病变，患猪因动脉炎和血栓形成，使躯体背部或四肢中的某部分皮肤发生干性坏疽而剥脱。有时也见整个耳壳或尾部脱落。

（宁章勇）

## 第十一节 猪钩端螺旋体病

猪钩端螺旋体病（porcine leptospirosis）也称为猪细旋体病，是由问号钩端螺旋体（*Leptospira interrogans*）引起的一种人兽共患传染病。本病的特征为发热、贫血、黄疸、出血性素质、血红蛋白尿、黏膜与皮肤坏死、死胎、流产等。

### （一）亚临床型

这是大多数猪所表现的形式，主要见于集约化饲养的育肥猪，不显示临床症状，成为螺旋体的携带者，但在血清中可检出螺旋体抗体。发病率、病死率低。

### （二）急性型

主要见于仔猪的犬型、黄疸出血型、波摩那型等问号钩端螺旋体感染，呈小暴发或散发。病理特征是败血症、全身性黄疸、各器官组织广泛性出血，以及肝细胞、肾小管弥漫性坏死。病猪生前头部因皮下水肿而增大，俗称"大头瘟"。

[剖检病变] 鼻部、乳房部皮肤发生坏死、溃疡。有的病例颈部、胸部皮下组织与肌间结缔组织呈严重的出血性浸润，腹壁水肿。可视黏膜、皮肤、皮下脂肪组织、浆膜、心瓣膜、动脉内膜、骨髓、肝、肾以及膀胱等组织黄疸和不同程度的出血。胸腔、心包腔内有少量茶色、透明或稍混浊的液体，心肌轻度变性，心冠沟及纵沟脂肪呈灰黄色或胶冻样，心房、冠状沟可见点状或斑状出血。脾肿大，淤血，偶见出血性梗死。肝肿大，呈棕黄或土黄色，被膜下可见粟粒大至黄豆大小的出血灶，切面可见黄绿色散在性或弥漫性点状或粟粒大小的胆栓。肝门淋巴结肿大，切面可见重度充血与出血。肾肿大、淤血，肾周围脂肪、肾盂、肾实质黄染，经甲醛固定后尤为明显。肾门淋巴结充血、出血。膀胱充盈微混浊的黄色尿液，有时尿液呈红色，膀胱黏膜上有散在的点状出血。结肠前段的黏膜表面糜烂，有时可见出血性浸润。肺淤血、水肿和出血，表面与切面有散的绿豆至黄豆大小的结节状出血灶。

[镜检病变] 肝表现为急性实质性肝炎。肝细胞索排列紊乱，见颗粒变性与脂肪变性，胞质内有胆色素沉积，部分肝细胞发生坏死。肝毛细胆管扩张并有胆汁淤滞。汇管区与小叶间质内有巨噬细胞、淋巴细胞、中性粒细胞浸润。肾小管上皮细胞呈颗粒变性与脂肪变性，肾小管、血管周围的间质内有淋巴细胞、浆细胞、中性粒细胞浸润。脑神经细胞呈不同程度的变性、坏死，小血管周围水肿、出血，脑膜偶见炎性细胞浸润，中枢神经与外周神经的神经节细胞变性。淋巴结出现浆液性-出血性炎症，淋巴组织增生明显。心肌和胰的实质细胞变性。在镀银染色的肝、肾、膀胱切片中常可见典型的钩端螺旋体。

### （三）亚急性型与慢性型

**1. 仔猪** 亚急性型与慢性型病例以损害母猪生殖系统为特征。妊娠不足4~5周的母猪在感染 4~7 d 后发生流产、产死仔，流产率可达 70% 以上。妊娠后期母猪感染则产弱仔，仔猪不能站立，移动时呈游泳状，不会吮乳，经 1~2 d 死亡。

［剖检病变］ 在波摩那型与黄疸出血型感染所致的流产中，胎儿出现木乃伊化，器官色彩变淡，出现或缺乏黄疸，死胎常出现自溶现象。流产前或流产后死亡的胎儿皮肤有出血斑，呈灰红色至紫色，皮下组织呈出血性胶样浸润。全身性水肿，以头颈部、腹壁、胸壁、四肢最明显。肾、肺、肝、心外膜出血，肾皮质与肾盂周围出血明显。肝、脾、肾肿大，有时在肝边缘出现直径 2~5 mm 的棕褐色坏死灶。浆膜腔内有较多草黄色液体与纤维蛋白。

［镜检病变］ 产死仔或产出的弱仔，肝高度淤血，犹如血池样，枯否细胞增生与单核细胞浸润，汇管区和肝实质的凝固性坏死区周围有中性粒细胞与淋巴细胞浸润。心外膜、心内膜常见单核细胞浸润，有时出现局灶性心肌炎、凝固性坏死以及炎性细胞浸润。肾可见出血性间质性肾炎病灶，肾盂周围的肾实质内有大量单核细胞浸润，有时侵犯肾乳头和肾髓质。镀银染色检查，肾髓质区有大量螺旋体。

2. 成年猪

［剖检病变］ 肾的眼观病变显著，肾皮质出现大小为 1~3 mm 的散在性灰白色病灶，病灶周围可见到明显的红晕。有时病灶稍突出于肾表面，有时则稍凹陷，切面上的病灶多集中于肾皮质，有时蔓延至肾髓质区。病程较长时，肾固缩硬化，表面凹凸不平或呈结节状，被膜粘连，不易剥离。

［镜检病变］ 见典型的间质性肾炎。肾小球病变严重，受损的肾小球肿胀，有的萎缩、纤维化，肾小球囊壁增厚。病变区的肾小管萎缩、坏死，管腔内有上皮细胞碎屑积聚。病灶周围的间质内有淋巴细胞、浆细胞、巨噬细胞为主的炎性细胞浸润，偶见点状出血。肾乳头、肾盂上皮细胞变性，有细胞性渗出物浸润。镀银染色检查螺旋体，可在肾小管管腔内或沿上皮细胞表面及内部，见单个分布或呈黑线样的螺旋体群。

（简子健）

## 第十二节 猪 痢 疾

猪痢疾（swine dysentery）是由猪痢疾短螺旋体（*Brachyspira hyodysenteraie*）引起猪的一种肠道传染病，其病理特征为大肠黏膜发生卡他性、出血性及纤维素性炎症。

［剖检病变］ 死于猪痢疾的患猪，消瘦、被毛粗乱、后肢被粪便污染，明显脱水。本病的特征病变出现在大肠，小肠多无变化，常以回盲连接处为分界线。

急性期的典型变化是大肠壁与肠系膜的充血和水肿，肠系膜淋巴结也因发炎而肿大，腹腔内有少量澄清腹水。结肠黏膜下的淋巴小结肿胀，有乳白色、稍隆起的病灶显现于浆膜上。黏膜明显肿胀、充血、出血，病猪排出鲜红色血样粪便。

病程稍长、处于发展期的病例，大肠壁的水肿可减轻，黏膜的纤维素渗出增多，结果形成含有红细胞的纤维素性伪膜。当病变转为慢性时，黏膜面常被覆薄层致密的纤维素性渗出物，呈现明显坏死的现象，然而坏死仅局限于表层。

［镜检病变］ 急性病例的出血性盲肠炎和结肠炎具有证病意义。黏膜上皮细胞变性、坏死，杯状细胞增生。固有层充血、出血和炎性细胞浸润。慢性病例则为出血性-纤维素性盲肠炎和结肠炎，黏膜上皮细胞发生广泛性坏死，其上附以黏液、纤维素、脱落上皮、炎性细胞等构成的伪膜。在黏膜表层或隐窝内可见到数量不等的病原体（二维码 22-31）。

二维码 22-31

（宁章勇）

## 第十三节 放线菌病

放线菌病（actinomycosis）是由放线菌所引起的多种动物及人的一种慢性非接触性传染病。自然条件下，可发生于牛、猪、马、山羊、绵羊、犬、猫及野生反刍动物，家畜中以牛、猪较为常见。病变主要发生于牛的下颌或上颌，形成致密的结节状肿块，因而被称为"大颌病"（lumpy jaw）。其病理特征是形成化脓性肉芽肿及在脓汁中出现"硫黄颗粒"。

本病最重要的病原包括：牛放线菌（A. bovis），引起牛（猪、马、羊、鹿等）骨骼病变；猪放线菌（A. suis），引起猪乳腺病变；黏性放线菌（A. viscosus），引起犬猫疾病；衣氏放线菌（A. israelii），引起人类疾病。人感染牛放线菌及动物感染衣氏放线菌的情况很少发生。

**1. 牛放线菌病** 与其他家畜相比，牛的放线菌病较为多见。病变常见于颌骨及面骨，尤其多见于下颌骨。但有时可损害其他组织，如放线菌性乳房炎或睾丸炎。病原菌常由齿颈部的齿龈黏膜侵入骨膜或在换齿期经由牙齿脱落后的齿槽侵入，破坏骨膜并蔓延至骨髓，患骨呈现特异性的骨膜炎及骨髓炎。病变逐渐发展，破坏骨层板及骨小管，骨组织发生坏死、崩解及化脓。随即骨髓内肉芽组织显著增生，其中嵌杂有多个小脓肿。与此同时，骨膜过度增生在骨膜上形成新骨质，致下颌骨表面粗糙，呈不规则形坚硬肿大。病骨表现为多孔性，局部正常结构破坏。如下颌骨穿孔，病原菌可侵入周围软组织，引起化脓性病变，伴发窦道或瘘管形成，在口腔黏膜或皮肤表面可见排脓孔。放线菌性脓肿内的脓液呈浓稠、黏液样、黄绿色，无臭味。脓汁中"硫黄颗粒"为放线菌集落，呈淡黄色的细小颗粒；在慢性病例发生钙化后，可形成不透明而坚硬的沙粒样颗粒。肺放线菌病主要发生于膈叶，结节较大，由肉芽组织构成的肿块内散布有多数小的化脓灶，脓汁含有细粒状菌块，结节周围被厚层的结缔组织性包膜所包围。

**2. 猪放线菌病** 病变常发生于母猪乳房，形成脓肿及窦道。以乳头基部形成无痛性结节状硬性肿块开始，逐渐蔓延增大，使乳房肿大变形，表面凹凸不平，其中有大小不一的脓肿。脾明显肿大，质地坚硬，脾表面不平，有大量密集的蚕豆或榛子大、类似结核样的结构。切面放线菌肿块是由致密结缔组织构成，其中含有大小不等的多数脓性软化灶，灶内脓液中含有黄色细粒状的菌块。舌放线菌病时，舌体肿大变硬，严重时，舌体高度肿大，并突出于口外。触摸舌体时，舌组织中有大量豌豆大的坚硬结节。猪的放线菌病还可发生于外耳软骨膜及皮下组织中，引起肉芽肿性炎症，致使耳郭增厚与变硬，外观形似纤维瘤。

**3. 马放线菌病** 主要发生于去势马的精索，其他部位较少见。精索上形成圆形或扁平坚实无痛的结节，由致密结缔组织构成，其中有灰红色或微黄色病灶。硬结周围的淋巴管变粗如索状，肿胀的淋巴管上有坚硬的小结节。局部淋巴结肿大，坚硬无痛。有时也可见在鬐甲部、颌骨或颈部发生放线菌肿。

**4. 鹿放线菌病** 主要侵害颈部和颌下皮肤及软组织，也可侵害下颌骨。初期的小放线菌肿不易被察觉，以后逐渐形成拇指大或核桃大的肿块，继而形成互不相连的、有时多达20个以上豌豆大到鸡蛋大的脓肿，破溃后流出黏稠白色或黄白色脓液。有的向下蔓延到胸前和下颈部软组织。剖检时见化脓灶周围包有厚层的结缔组织，切开后流出黏稠的脓液或粉渣样的物质，有时发生钙化。

**5. 犬、猫放线菌病** 病变常见于皮肤、胸部、腹部和四肢，偶见于头部、颈部，发生一种有排脓孔的结节突起，后者由结缔组织分隔的小脓腔组成，脓腔内含有呈硫黄样颗粒的脓液，有时表现为广泛的蜂窝织炎性肿胀。胸腔内有脓性或浆液-出血性液体。纵隔淋巴结肿大及坏死。胸壁、膈、心包及肺表面有厚层绒毛样组织覆盖。肺萎陷、充血，含有实变区及多数结节。腹腔积聚混浊的浆液性-血样液体。腹膜因有纤维素沉着及含有结节而增厚。网膜增厚，含有结节性脓肿。肝肿大，有数量不等的结节。脾及腹腔淋巴结也肿大。

**6. 绵羊和山羊放线菌病**　主要见于嘴唇、头部和身体前半部的皮肤。皮肤增厚，可出现多数小脓肿。慢性化脓性肉芽肿内，可见菊花瓣状或玫瑰花形的菌丛，菌丛被多量中性粒细胞环绕，外围为呈胞质丰富、泡沫状的巨噬细胞、上皮样细胞及淋巴细胞，偶尔可见郎罕斯巨细胞，再外周则为增生的结缔组织形成的包膜。此种脓性肉芽肿结节可以在周围不断地产生，形成有多个脓肿中心的大球形或分叶状的肉芽肿。

（高丰、贺文琦）

## 第十四节　葡萄球菌病

葡萄球菌病（staphylococcosis）是由致病性葡萄球菌引起的人和动物的多种疾病的总称。许多动物都能发病，但危害较大的是乳牛、鸡、兔和猪葡萄球菌病。当致病性葡萄球菌及其毒素污染食品或饲料时，还可引起人及动物的中毒病。由于动物的种类、免疫性及病原种类不同，损害部位和病症也不完全一致，但主要病理特征是引起皮肤黏膜及各器官的化脓性炎症，也可发展为败血症。

本病的病原为葡萄球菌属（*Staphylococcus*）中的某些致病性葡萄球菌，常见的有金黄色葡萄球菌（*S. aureus*）、中间葡萄球菌（*S. intermedius*）和猪葡萄球菌（*S. hyicus*）等。

### （一）禽葡萄球菌病

禽葡萄球菌病是由金黄色葡萄球菌引起各种禽类的一种多型性传染病。当鸡群存在其他传染病时，因其免疫力下降常可并发或继发本病，尤其急性败血型。

**1. 急性败血型**　也称坏疽性皮炎型或水肿性皮炎型。该型多发生于中雏，成鸡也常见，是禽葡萄球菌病主要的一型。坏疽性皮炎是本病的特征性病变。

［剖检病变］　病初，颈部、胸部和大腿内侧、特别是翼下出现广泛的炎性水肿，继而皮肤及皮下组织坏死。坏死始于翼下的根部，很快扩散到整个翼下，并蔓延至胸部、背部、腹部及大腿内侧。病变部皮肤湿润，色暗紫或蓝紫，坏死，糜烂。皮下积有血样胶冻状渗出物，触之有波动感，局部羽毛易脱落。有的病变皮肤可自行破溃，流出恶臭的茶色或紫红色的黏性液体，并污染周围羽毛。有的病变可达肌层，肌肉弥漫性出血，部分肌纤维变性坏死。有些病鸡体表或其他部位可见大小不一的出血灶和炎性坏死。病程较长者病变部干燥结痂。自然死亡的病鸡可见内脏呈现败血症的一般变化，主要表现为肝肿大，呈紫红色或色泽斑驳，有出血点，病程稍长者可见灰白色脓性坏死灶。胸腹腔各脏器浆膜面可见程度不同的充血、出血。部分病例还有肠炎的变化。

**2. 慢性关节炎型**　多由急性败血症型转变而来，也可独立发生。

［剖检病变］　多见于青年鸡，其中跗、趾关节最常受累及。病禽关节肿胀、发热、变形或有脓肿，呈紫红色或黑紫色，关节部皮肤破溃后形成黑色痂皮。有的脚底肿大，呈趾瘤样，有的趾尖坏死继而坏疽，最后干燥脱落。关节腔内有浆液性、浆液性-纤维素性或脓性渗出物，以后，渗出物变为干酪样。滑膜增厚。关节周围结缔组织增生，关节固着。内脏有时可见转移性脓肿。

**3. 急性脐带型**　新出壳的雏鸡因脐部闭合不全感染葡萄球菌而发生。

［剖检病变］　脐孔发炎肿胀、潮湿，呈黄色或紫色，俗称"大肚脐"。病雏一般在出壳后2～5 d内死亡。可见卵黄吸收不良，呈黄红或黑灰色，有的卵黄破裂引起腹膜炎。肝肿大，有出血点。病程稍长者可见脐部有干涸的脓样坏死物。

**4. 眼型**　这是国内新出现的一个病型。多发生于急性败血症型的稍后期，也可单独出现。

［剖检病变］ 病鸡头部肿大，上下眼睑肿胀，闭眼流泪，出现脓性分泌物并将眼睑粘连，用手掰开上下眼睑时可见结膜红肿，眼内有多量脓性分泌物。病程久者可见眼球下陷，失明，眶下窦肿胀。

**5. 肺型** 多见于中雏，主要表现呼吸困难。

［剖检病变］ 可见肺淤血、水肿及化脓性肺炎的变化。

有的病例还可见到骨髓炎，胫骨和股骨近端的骨髓最易受损害，骨骼变脆，骨髓中可见到红黑色的出血区、局灶性黄色干酪样坏死区和溶解区，有时股骨头坏死，股骨易发生骨折。

### （二）猪渗出性皮炎

猪渗出性皮炎（swine exudative epidermitis，SEE）是由猪葡萄球菌引起仔猪的一种高度接触性传染病，以皮肤的渗出性炎为其主要病理特征。

［剖检病变］ 病初，在肛门、眼周围、耳郭和腹部等无被毛处发生红斑，继而出现直径 3～4 mm 的微黄色水疱、脓疱，当其破裂后，渗出物与皮屑、皮脂和污垢混合，干燥后形成微棕色鳞片状痂块，痂块脱落露出鲜红色创面。病变通常于 24～48 h 蔓延到全身表皮。慢性型多发生于较大的仔猪或育成猪，有时也见于成年猪。病变多局限于鼻突、耳、四肢等局部，病程缓慢，初期可在无被毛的皮肤处形成棕色的渗出性皮炎区，有时可见溃疡形成，后期受损皮肤显著增厚，伴有明显的鳞屑。

### （三）牛葡萄球菌性乳腺炎

本病的病原是金黄色葡萄球菌，有急性和慢性之分，以卡他性-化脓性乳腺炎、坏疽性乳腺炎和增生性乳腺炎为病理特征。

**1. 急性葡萄球菌性乳腺炎** 多见于产犊母牛，主要呈急性卡他性-化脓性乳腺炎、后期可转变为坏疽性乳腺炎。

［剖检病变］ 病初，病变乳区肿胀、坚实、疼痛，皮肤紧绷。乳汁呈奶油色，或稀薄或浓稠，内多含凝块及絮状沉淀物。随着受累乳区逐渐扩大，乳汁明显减少，只能挤出少量微红黄或红棕色的含絮片的浓稠乳汁，气味恶臭。

［镜检病变］ 乳腺病变部小叶水肿，增大，间质明显增宽，内含大量浆液以及中性粒细胞、淋巴细胞和葡萄球菌。腺泡间毛细血管扩张充血。在扩张的腺泡中，上皮细胞肿胀变性或坏死脱落，腺泡腔中充斥大量中性粒细胞、坏死细胞碎片和聚集成丛的葡萄球菌。

**2. 慢性葡萄球菌性乳腺炎** 可由急性转变而来，也可独立发生。主要呈现增生性乳腺炎的变化。

［剖检病变］ 病初为慢性卡他性炎，乳汁稀薄或浓稠，内含凝块和絮状物。后期为增生性乳腺炎，乳腺发生硬化、皱缩。

［镜检病变］ 腺泡上皮细胞萎缩、导管及乳池的上皮细胞增生或角化，血管壁增厚，乳池中有时发生息肉。间质结缔组织高度增生，淋巴细胞、巨噬细胞浸润，腺泡多萎缩或消失。

### （四）兔葡萄球菌病

兔葡萄球菌病是由金黄色葡萄球菌引起兔的一种传染病，主要表现为多发性脓肿和脓毒败血症，有时也出现葡萄球菌性乳腺炎、脚皮炎、仔兔急性肠炎（仔兔黄尿病）和鼻炎等。

**1. 脓毒败血症** 多见于新生仔兔，常从脐带伤口或破损的皮肤、黏膜感染。发病后，在皮肤上可出现多处粟粒大的脓肿。当病原随血流扩散到全身，则发生脓毒败血症。

［剖检病变］ 早期在皮肤上形成小脓肿，以后发展为黄豆大或蚕豆大。脓肿隆起，破溃后流出乳白色浓稠的、干酪样或乳油状的脓液。脓肿还可转移到皮下、肌肉、关节、骨骼、内脏

器官，形成大小不一的多发性脓肿，其周围常有结缔组织性包膜。内脏器官的脓肿破溃时，可引起胸腔和腹腔积脓。病兔多死于脓毒败血症。

**2. 脚皮炎** 多见于脚掌部及其周围的皮肤。

[剖检病变] 病初，病变部充血、肿胀，脱毛，继之破溃形成溃疡。以后溃疡逐渐扩大或多个小溃疡融合在一起形成较大的溃疡，溃疡灶易出血，患病兔行动困难。有的继发鼻炎，有的脓肿还可扩散到全身，引起脓毒败血症而死亡。

**3. 乳腺炎** 多发生于分娩后最初几天，乳头因创伤而感染。有急性、慢性之分。

[剖检病变] 急性乳腺炎时，乳腺病变区红肿、灼热和疼痛，乳汁中含有脓液、凝乳块甚至血液，在乳腺表面或深部逐渐形成大小不一的脓肿。严重时可发展为脓毒败血症而死亡。慢性乳腺炎时，乳腺肿大，但质地坚实，其内散布大小不一的化脓灶，化脓灶外围及乳腺间质中常见肉芽组织增生。

**4. 仔兔急性肠炎** 又称仔兔黄尿病，多因仔兔吸吮患葡萄球菌性乳腺炎的母兔的乳汁而引起。

[剖检病变] 主要表现为急性卡他性-出血性肠炎的变化。病兔消瘦，肛门松弛，黄色水样稀粪污染肛门周围和两后腿。肠黏膜尤其是小肠黏膜充血、出血，肠腔中内容物稀薄，混有血液。膀胱极度扩张，内含大量黄色尿液。

（马国文）

## 第十五节 结 核 病

结核病（tuberculosis，TB）是由分枝杆菌引起的人兽共患的慢性消耗性疾病。其病理特征是在淋巴结和/或其他器官形成有干酪样坏死的结核结节，牛结核常侵害肺、小肠及相应淋巴结，鸡结核常侵害肝、脾，但均可发展为全身化，动物往往死于结核性败血病。

### （一）概述

本病的病原为分枝杆菌属（*Mycobacterium*）的结核分枝杆菌（*M. tuberculosis*）（又称为结核杆菌）、牛分枝杆菌（*M. bovis*）和禽分枝杆菌（*M. avium*）。

**1. 结核病的基本病理变化** 结核病的病理变化与动物的免疫力及变态反应性、分枝杆菌入侵的数量及其毒力有密切关系。病变过程复杂，通常形成具有特异结构的结核结节。基本病理变化包括渗出性病变、增生性病变与变质性病变。

（1）渗出性病变：表现为充血、水肿与白细胞浸润。早期渗出性病变中有中性粒细胞，以后逐渐被单核细胞（吞噬细胞）及淋巴细胞取代。在单核细胞内可见到吞入的分枝杆菌。渗出性病变通常出现在结核炎症的早期或病灶恶化时，也可见于浆膜结核。当病情好转时，渗出性病变可完全消散吸收。

（2）增生性病变：增生为主的病变开始时可有一短暂的渗出阶段。当单核细胞吞噬并消化了分枝杆菌后，细菌的磷脂成分使单核细胞形态变大而扁平，类似上皮细胞，称上皮样细胞（epithelioid cell）。多个上皮样细胞互相融合，或一个上皮样细胞核分裂而胞质不分裂，形成郎罕斯细胞（Langhan's cell）。由上皮样细胞、郎罕斯细胞及其外围聚集的淋巴细胞和少量成纤维细胞，形成典型的增生性结核结节（proliferative tubercles），又称为结核性肉芽肿（tuberculous granuloma），"结核"也因此得名。结核结节中通常不易找到分枝杆菌。增生为主的病变多发生在菌量较少、机体细胞介导免疫占优势的情况下，或出现在机体抵抗力强、病变的恢复阶段。

(3) 变质性病变（干酪样坏死）：在渗出性病变或增生性病变的基础上，若机体抵抗力降低、菌量过多、变态反应强烈，分枝杆菌不断繁殖，使巨噬细胞发生肿大，后发生脂肪变性，直至溶解碎裂。炎性细胞死后释放蛋白溶解酶，使组织呈现凝固性坏死。因坏死组织中含多量脂质（脂质来自于脂肪变性的巨噬细胞和被破坏的分枝杆菌），使病灶呈黄灰色，质松而脆，状似干酪，故名干酪样坏死（caseous necrosis）。镜检可见一片凝固的、伊红着染的、无结构的坏死组织。

上述三种病变可同时存在于一个肺甚至与同一病灶中，但通常有一种是主要的。例如在渗出性及增生性病变的中央，可出现干酪样坏死；而变质为主的病变，也可伴有程度不同的渗出与增生变化。

**2. 结核病变的转归**

（1）愈合：

①吸收消散：是渗出性病变的主要愈合方式。渗出性病灶通过单核-巨噬细胞系统的吞噬作用而被吸收消散，甚至不留瘢痕。较小的干酪样坏死或增生性病变也可经治疗后缩小、吸收，仅留下轻微的纤维瘢痕。

②纤维化、钙化：增生性病变和小的干酪样坏死灶可完全纤维化，较大的干酪样坏死灶难以完全纤维化，则形成包裹，继而钙化。完全纤维化或钙化的病灶内，通常无分枝杆菌或仅有少量分枝杆菌存活。

（2）恶化：

①浸润扩散：动物初次感染分枝杆菌时，分枝杆菌可被细胞吞噬，经淋巴管带至肺门淋巴结，少量分枝杆菌可进入血液循环播散至全身，但可能并无显著临床症状（隐性菌血症）。若坏死病灶侵蚀血管，分枝杆菌可通过血液循环，引起包括肺在内的全身粟粒型结核，如脑膜结核、骨结核、肾结核等。肺内分枝杆菌可沿支气管播散，在肺的其他部位形成新的结核病灶。吞入大量含分枝杆菌的痰进入胃肠道，也可引起肠结核、腹膜结核等。肺结核可直接蔓延至胸膜引起结核性胸膜炎。结核病损的发展变化与机体全身免疫功能及肺局部免疫力的强弱有关。纤维化是免疫力强的表现，而空洞形成则常表示其免疫力低下。疾病恶化时，病灶周围出现渗出性病变，其范围不断扩大，继发干酪样坏死。

②溶解播散：病情恶化时，干酪样坏死可液化形成半流体物质，经体内自然管道（如支气管、输尿管等）从原发部位排出，形成空洞。空洞内液化的干酪样坏死物含大量分枝杆菌，可通过自然管道播散到其他部位，造成新结核病灶的发生。干酪样坏死病灶中分枝杆菌大量繁殖，与中性粒细胞及单核细胞浸润并引起液化有关。液化的干酪样坏死物部分可被吸收，部分由支气管排出后形成空洞，或在肺内引起支气管性播散。

## （二）牛结核病

牛结核病（bovine tuberculosis）是由牛分枝杆菌引起的一种人兽共患的慢性消耗性传染病。其临床病理特征为病牛逐渐消瘦，在组织器官内形成结核性肉芽肿（即结核结节）和干酪样坏死。牛对结核病极为敏感，舍饲乳牛尤为多见，黄牛、水牛也较易感染。根据病变的发生、发展，牛结核病可以分为原发性结核病和继发性结核病。

**1. 原发性结核病**

［剖检病变］ 肺的原发性结核病变多发生在通气较好的膈叶钝缘，胸膜直下方，其大小限于一个至几个肺小叶，病变部硬实，呈结节状隆起。结节中心呈黄白色干酪样坏死，其周边呈明显的炎性水肿。如果肺和肺门淋巴结均有原发病灶，则称为原发性复征（primary complex）。

消化道的原发性结核病变，一般多发生于扁桃体或小肠后段黏膜及其肠系膜淋巴结。扁桃体病变主要为小的干酪样坏死灶或进而发展为表层黏膜溃疡；小肠的病变主要为肠系膜淋巴结肿大和形成干酪样坏死灶。肠结核可发生于任何肠段，但以回盲部最常见。典型的肠结核表现为，在黏膜形成圆形干酪样坏死灶，其周围呈堤状隆起。干酪样坏死物脱落后形成溃疡。溃疡多呈环形，其长轴与肠腔长轴垂直，当溃疡愈合后因瘢痕收缩而致肠腔狭窄；增生型病变的特点是肠壁大量结核性肉芽组织形成和纤维组织显著增生致使肠壁高度肥厚，肠腔狭窄。

发生原发性结核病时，如果机体的抵抗力强，则很快于病灶周围增生大量特异性和非特异性结缔组织，将其包围、机化或干酪样坏死灶发生钙化而痊愈；如果机体的抵抗力弱，则原发病灶内的细菌，很快侵入血液而使疾病早期全身化，主要在肺形成许多粟粒大、半透明、密集的结核结节，此时病牛表现急剧消瘦、呼吸困难等临床症状，常导致急性败血症而死亡。如果原发病灶形成后，早期没有全身扩散，但也未痊愈，则表现为在相当长的时期内，不断地有少量细菌进入血液，从而在各器官形成大小不等和不同发展阶段的结核结节，这种情况称为慢性全身粟粒性结核病。

**2. 继发性结核病** 主要指原发性病灶痊愈后，再次感染牛分枝杆菌而形成的病变或原发性结核病灶形成后并未痊愈，但由于机体逐渐形成一定的免疫力，使原发病灶局限化而处于相对静止状态，以后当机体的免疫功能低下时，病灶内残存的细菌又通过淋巴或血液蔓延至全身各组织器官，此称为晚期全身化。在晚期全身化的病例，病变复杂多样，有的表现为慢性病理过程急性发作，导致动物因结核败血症或结核性肺炎而死亡；但多数情况下是在病牛的肺、淋巴结、胸膜腔浆膜、乳腺、子宫和肝、脾等部位形成慢性特异性结核病变。

（1）肺结核：是牛结核病的基本表现形式。病原可通过支气管扩散或通过血源性扩散引起结核性肺炎。

[剖检病变] 肺部有针尖大至鸡蛋大、形态不一、周边呈炎灶水肿的黄白色坚硬结节，结节中心为干酪样坏死。在病程稍久或机体抵抗力增强的情况下，干酪样坏死灶可发生钙化，其周边由结缔组织增生而形成薄层包膜（二维码22-32）。有的坏死组织溶解排出后，局部形成空洞（二维码22-33）。当原发病灶通过血液扩散时，形成粟粒性结核病，它可出现于全身各个器官，也可单独发生于肺。剖检可见结节早均匀分布，大小基本一致，形圆，梢隆起，突出于肺表面。增生性结节的中央为黄白色干酪样坏死，钙化时呈灰白色坚实结节，外围有结缔组织包绕。渗出性结节中央为灰黄色坏死，其周边具有红色炎性反应带。

二维码 22-32

[镜检病变] 初期可以看到肺泡内有浆液和纤维素渗出，其中混有不同数量的巨噬细胞、中性粒细胞以及脱落的肺泡上皮。其后由于机体抵抗力不同，可发展为渗出性病变、变质性病变或增生性病变（二维码22-34）。

二维码 22-33

（2）淋巴结结核：可通过淋巴源性或血源性播散引起，多发生于体表淋巴结，如肩前、股前、腹股沟、下颌、咽及颈淋巴结。

[剖检病变] 淋巴结局部硬肿变形，有时破溃，形成不易愈合的溃疡。根据病变的性质可分为增生性结核和渗出性结核。前者淋巴结体积显著变大，切面可见有粟粒大至黄豆大，中心呈黄白色干酪样坏死或钙化的结节状病灶（二维码22-35）；后者多发生于机体抵抗力降低的情况下，因在淋巴结的活组织之间渗出大量浆液、纤维素、白细胞等，故在切面上呈放射状条纹。

二维码 22-34

[镜检病变] 增生性结核时可见上皮样细胞和多核巨噬细胞呈结节状增生；中心为均质红染的凝固性坏死物。渗出性结核可见淋巴组织内有大量浆液和纤维蛋白渗出，网状细胞急性肿胀，随后发生广泛的干酪样坏死。

（3）浆膜结核：多见于腹膜、胸膜、心外膜、大网膜和膈等部位。

二维码 22-35

[剖检病变] 在浆膜上有大量特异性肉芽组织增生，形成一些粟粒至豌豆大的半透明或不透明的灰白色硬结节，结节表面均有一厚层膜，表面光滑而有光泽，形似珍珠状，故又称"珍

珠病"(二维码 22-36)。

[镜检病变] 浆膜肉芽组织增生，形成大量增生性结核结节。当机体抵抗力降低时，可演变为渗出性结节，浆膜发生浆液-纤维素性炎，由于结核性肉芽组织和普通肉芽组织不断增生，可使心外膜高度增厚，状如盔甲，称为"盔甲心"。

二维码 22-36

（4）肠结核：多见于犊牛。剖检可见肠黏膜面形成圆形、火山口样结核病灶，坏死物脱落后形成溃疡（二维码 22-37）。当波及肝、肠系膜淋巴结等腹腔器官时，直肠检查便可摸到。通常将肠的原发性结核性溃疡、结核性淋巴管炎和肠系膜淋巴结炎称为肠结核性原发性复征。

二维码 22-37

（5）乳房结核：多表现为增生性或渗出性结核病变，病牛乳房淋巴结肿大，常在后方乳腺区发生结核。乳房表面呈现大小不等、凹凸不平的硬结，乳房硬肿，乳量减少，乳汁稀薄，混有脓块，严重者泌乳停止。

此外，结核病变还可见于骨骼、卵巢、睾丸、肌肉和眼等部位。

### （三）禽结核病

禽结核病（avian tuberculosis）是由禽分枝杆菌引起的一种慢性接触性传染病。

[剖检病变] 肝、脾、肠等脏器见大小不一的结核性肉芽肿，一般为圆形，粟粒大到黄豆粒大，或形成集合结节，外观色灰白或灰黄。病程长时结核结节中心偶发生钙化，质地坚硬。结核病变的常发部位是肝、脾和大肠、小肠，肺、骨髓、心肌、胰腺、卵巢、肠系膜等脏器也可见到病变。

[镜检病变] 肝结核病变多为粟粒性结核或由其融合形成的粗结节。早期病变是由上皮样细胞群，发展为有干酪样坏死的肉芽肿，上皮样细胞群和朗罕斯细胞呈放射状排列在坏死物周围，可形成完整的包囊。

肠结核时沿肠道形成多发性结节，早期病变是在黏膜固有层内见上皮样细胞群。随着这些病变的增大，中心坏死并含有核碎屑，周围环绕朗罕斯细胞和上皮样细胞，外层的纤维性包囊中含有异嗜性粒细胞、单核细胞。病变可累及肠道全层，并可向肠腔内扩展引起黏膜坏死而形成溃疡。在坏死碎屑和上皮样细胞中可见抗酸染色阳性菌。当肠壁的淋巴滤泡、特别是集合淋巴滤泡的原发性病变充分发展时，也可在黏膜面造成溃疡，或从浆膜面上形成结节状隆起。

脾、肺、骨骼等组织可见类似的结核病变。

### （四）猪结核病

病原有结核分枝杆菌、牛分枝杆菌和禽分枝杆菌，但最多见的为牛分枝杆菌和禽分枝杆菌。

[剖检病变] 病变常发部位为咽、颈部淋巴结（尤其是下颌淋巴结）和肠系膜淋巴结以及肺、肝、脾、肾、睾丸等器官。结核病变有结节性和弥漫性增生两种形式：结节性增生为粟粒大至高粱米大，切面为灰黄色干酪样坏死或钙化；弥漫性增生见淋巴结急性肿大，坚实，切面呈灰白色而无明显的干酪样坏死性变化。此外，在心脏的心房和心室外膜、肠系膜、膈、肋胸膜等处，也可见大小不一的淡黄色结节或呈扁平隆起的肉芽肿，其切面均有干酪样坏死变化。

### （五）羊结核病

绵羊和山羊对牛分枝杆菌具有易感性，但发病者极为稀少。

[剖检病变] 一般在肺形成原发病灶，有豌豆大，中心呈干酪样化；少数在小肠后段形成原发性溃疡灶。疾病早期可扩散并形成急性粟粒性结核，晚期扩散可在肺、肝、脾等器官形成核桃大、有包囊和中心呈干酪样坏死的结核结节（二维码 22-38）。此外，还可在乳腺形成局灶性干酪样坏死灶。

二维码 22-38

### (六)犬、猫结核病

病原主要为牛分枝杆菌或结核分枝杆菌。

[剖检病变] 扁桃体和下颌淋巴结常受侵害,下颌淋巴结的病灶可融合,突破皮肤,形成瘘管。病原菌的蔓延还可引起结核性支气管炎和支气管肺炎,支气管周围可被结核性肉芽组织呈袖套状包围。肺常见不钙化的油脂状灰白色结节,甚至凸于肺胸膜,引发胸膜炎和肺胸粘连。肠黏膜上的结核病灶常呈带堤状边缘的溃疡。

(赵德明)

## 第十六节 布氏杆菌病

布氏杆菌病(brucellosis)是由布氏杆菌属(*Brucella*)的细菌引起的一种人兽共患传染病。家畜中羊、牛和猪最易感。本病呈亚急性或慢性经过,病理特征为妊娠子宫和胎膜发生化脓性-坏死性炎、睾丸炎、单核-巨噬细胞系统增生和肉芽肿形成。

布氏杆菌属包括6个种,其中马耳他布氏杆菌(*Br. melitensis*)多感染绵羊和山羊;流产布氏杆菌(*Br. abortus*)多感染牛;猪布氏杆菌(*Br. suis*),多感染猪。此外,还有沙林鼠布氏杆菌(*Br. neotomae*)、绵羊布氏杆菌(*Br. ovis*)和犬布氏杆菌(*Br. canis*)。各个种除感染各自的主要宿主动物外,有时也可感染其他动物。

**1. 羊布氏杆菌病**

[剖检病变] 羊布氏杆菌病通常为隐性感染,剖检病变不明显;重症病例在肺、肝、肾等器官出现结节性病变。淋巴结呈不同程度肿大,质地硬实,切面灰白色,皮质增宽,呈增生性淋巴结炎形象。妊娠母羊感染时在子宫和胎盘出现化脓性-坏死性炎。在重症病例,可发生浆液性-化脓性关节炎和滑液囊炎。

[镜检病变] 淋巴结发病早期以淋巴细胞增生为主,见淋巴小结增大,生发中心明显。随着病程发展,淋巴细胞增生进一步明显,淋巴小结数量增多(二维码22-39)。在淋巴细胞增生的同时,也见网状细胞增生,增生的网状细胞体积变大,胞质丰富,聚积在淋巴窦内,这些增生的细胞体积可进一步增大,且相互融合形成上皮样细胞,有时还可出现多核巨细胞。上皮样细胞和多核巨细胞大量增生可占据大部分淋巴窦,甚至扩展到窦外的淋巴组织。当病原菌大量增殖使病情加剧时,增生的细胞结节中央常发生坏死,其外围有上皮样细胞和多核巨细胞包绕,再外围为普通肉芽组织和淋巴细胞,即形成布氏杆菌性增生性结节。如果病原被清除,特殊肉芽组织可逐渐纤维化或被增生的淋巴组织取代。

二维码22-39

脾可见白髓淋巴细胞增生,形成明显的淋巴滤泡。在红髓与白髓中有时也能见到上皮样细胞增生形成的增生性结节。

肺的布氏杆菌性增生性结节,其中心发生坏死,有大量崩解的中性粒细胞,外围是特殊性肉芽组织和普通肉芽组织,其中有较多的淋巴细胞。急性发作的病例,可形成渗出性结节。结节始发时仅有少量中性粒细胞浸润,随着疾病的发展局部组织和浸润的细胞坏死、崩解,形成坏死灶,其周围组织出现充血,出血,浆液渗出和中性粒细胞浸润。这些渗出性结节可由增生性结节转变形成,也可由血源性病原菌所引起。当伴发纤维素性胸膜肺炎时,在炎灶中也可看到渗出性结节。当渗出性结节侵蚀到支气管时,病原菌可经支气管扩散并引起支气管炎和支气管肺炎。

二维码22-40

肾间质有淋巴细胞和上皮样细胞增生(二维码22-40),增生明显时,出现上皮样细胞增生结节。病变部的肾小管由于增生结节的压迫而萎缩或消失。在机体抵抗力下降时,结节中央可发生坏死。急性发作的病例，可出现急性肾小球肾炎。

急性病例的肝，肝细胞变性、坏死崩解，形成坏死灶，其中可见淋巴细胞及中性粒细胞浸润。疾病好转时，结节中巨噬细胞增生，坏死组织被吸收，在局部可形成小增生灶。

心间质中有不同数量的淋巴细胞增生。病程较长时，还有成纤维细胞增生，病灶局部心肌纤维萎缩消失，最后瘢痕化。

乳腺间质中有淋巴细胞增生，偶尔出现上皮样细胞增生，或发展为增生性结节。炎症也可侵及腺泡，使腺泡上皮发生变性、坏死，甚至萎缩、消失。

胎膜和子宫内膜的炎症往往只局限在绒毛叶阜周围的区域，损伤程度较轻。产后胎衣滞留现象也较牛少见。子宫黏膜深层组织常有结节状病变，局部子宫腺及小血管周围可见淋巴细胞浸润和增生。此外，也可见上皮样细胞增生以及增生性结节形成。

### 2. 牛布氏杆菌病

[剖检病变]　多表现为在一些组织器官形成布氏杆菌性结节性病灶。病变最常见于乳腺及其淋巴结，其次是全身的其他淋巴结，再次是脾、骨髓和肝，而肾、子宫和卵巢等很少受侵。

未妊娠子宫通常病变不明显，可能出现散在的上皮样细胞增生结节。流产布氏杆菌对妊娠子宫有特殊的亲和性，在妊娠子宫可发生明显的病变，表现为坏死性-化脓性炎。见子宫内膜与绒毛膜的绒毛之间有污灰色或污黄色无臭的胶样渗出物，绒毛膜充血呈污红色或紫红色，表面覆盖黄色坏死物和污灰色的脓性物质，脐带中有清亮的水肿液渗出。

输卵管常表现为肿胀变粗，黏膜肥厚，有些部位出现结节状增厚，切开后见有囊腔形成，其中充满淡黄色液体。

卵巢常与子宫浆膜及子宫韧带同时发生炎症变化，初期表现为浆液性-纤维素性炎，以后卵巢出现增生性炎并发生硬化，有时也可出现卵巢囊肿。

乳腺见间质性乳腺炎，也可继发乳腺萎缩和硬化。

慢性重症病例可发生关节炎、腱鞘炎和滑液囊炎。在腕关节、肘关节、跗关节和股关节尤为多见。炎症初以浆液性-纤维素性炎为主，有时表现为化脓性炎。关节腔的渗出物被结缔组织机化后可引起关节的愈着和变形。

公牛常发生睾丸炎、附睾炎和精囊炎。睾丸显著肿大，质地变硬，切面出现灰白或灰黄色坏死灶或化脓灶。病情严重时，坏死灶不断扩大并相互融合，进而招致全睾丸的坏死，使睾丸成为一坏死块，其外周由增厚的被膜包裹。有时，坏死组织可液化形成脓液。同时，也见鞘膜发生炎性肿胀，鞘膜腔扩张，其中充满带有血液的纤维素性-化脓性渗出物，鞘膜表面有纤维素和脓性物质附着。附睾的变化与睾丸的基本相同。

流产胎儿主要呈败血症的病理变化。各浆膜、皮下和肌肉出血。肺脏出现支气管肺炎或间质性肺炎，轻者剖检病变不明显。

[镜检病变]　乳腺间质有淋巴细胞和浆细胞浸润，病程较长时则有结缔组织增生，病灶部位的腺泡逐渐被增生的细胞取代。

未妊娠的子宫仅见子宫内膜固有层淋巴细胞和浆细胞增生。妊娠子宫绒毛膜内腔中有大量炎性细胞、脱落的上皮细胞、组织坏死崩解产物等，绒毛膜上皮细胞含有大量病原菌，有的短杆状病原菌可游离于渗出液中。绒毛膜充血、出血和水肿，炎性细胞浸润，上皮细胞变性、坏死和崩解。胎盘也有明显的变化，表现为水肿增厚呈胶冻样外观。在绒毛叶绒毛的基部上皮细胞或子宫肉阜隐窝的被覆上皮细胞中见大量病原菌，合胞体滋养层细胞坏死，并出现炎性细胞浸润、液体渗出、上皮细胞脱落崩解等变化。病程稍长时，子宫黏膜的坏死组织和渗出物可由增生的肉芽组织逐渐机化，使母体胎盘和胎儿胎盘粘连并引起胎盘滞留。

流产胎儿可见散在的细小肺炎灶；重症病例眼观肺肿胀变硬实，表面有纤维素附着，镜检见较明显的炎灶，病灶中的肺泡腔和支气管内中性粒细胞和巨噬细胞渗出，有时可见数量不等的纤维素和坏死细胞碎片。此外，在肝、肾、脾和淋巴结也可出现小坏死灶和增生性结节。

睾丸的多数曲精小管的精原细胞和精母细胞坏死崩解，管腔内充满崩解脱落的各类细胞，其原有结构消失。当有多量中性粒细胞渗出崩解时，可形成大小不等的脓肿，其周围见淋巴细胞和巨噬细胞增生，出现上皮样细胞增生性结节。有时附睾内见精子肉芽肿形成。

**3. 猪布氏杆菌病**

[剖检病变]　患布氏杆菌病的妊娠母猪其病理变化和牛、羊的基本相同。主要引起子宫内膜及胎盘的化脓-坏死性炎，死胎和流产。由于猪各胎儿的胎衣互不相连，不同的胎儿在不同的时间受到感染，胎儿死亡的时间并不一致，甚至有的不被感染。因此，流产或正产时可看到不同状态的胎儿，有的因早期死亡而干尸化，有的处于死亡初期，也有的胎儿发育正常。

子宫黏膜面有隆起的结节性病变，结节质地硬实，色黄白，粟粒大小，切开见少量干酪样物质，小结节多时可相互融合为不规则的斑块，从而使子宫壁增厚，子宫腔狭窄。

公猪感染布氏杆菌后睾丸最易受侵，患畜的睾丸发生化脓-坏死性炎，其表现与牛布氏杆菌病相似。除睾丸外，附睾、精囊、前列腺与尿道球腺等都可发生性质相同的炎症。

猪布氏杆菌病的关节炎也比较常见，其表现类似牛布氏杆菌病关节炎，但化脓过程更为明显，常引起关节周围软骨组织形成脓肿，脓肿破溃后出现瘘管。关节炎多见于四肢的大关节，也见于腰椎关节，当腰荐部椎体或椎间软骨发生化脓性炎时，炎症可侵入椎孔并波及脊髓，引起化脓性脊髓炎或椎旁脓肿。

[镜检病变]　子宫黏膜水肿，腺体增长，腺腔内充满脱落的上皮细胞和崩解的中性粒细胞。在腺体周围和血管外膜可见淋巴细胞大量增生，并有布氏杆菌所致的上皮样细胞结节和增生性结节，结节的基本表现与羊的相同。

此外，在肾、肝、肺、脾与皮下结缔组织也较常出现脓肿和布氏杆菌性结节性病变。

（王凤龙）

## 第十七节　副结核病

副结核病（paratuberculosis）是由副结核分枝杆菌（*Mycobacterium paratuberculosis*）（又称为副结核杆菌）引起的多种动物的一种慢性传染病。牛最易感染，绵羊、山羊、骆驼和野生反刍动物甚至马、驴、猪等单胃动物，也可感染。其病理特征为慢性增生性肠炎，回肠与空肠后段以及盲肠与结肠黏膜增厚，严重时呈脑回样，病变的肠黏膜中见上皮样细胞浸润、增生。

[剖检病变]　尸体极度消瘦，可视黏膜因贫血而呈苍白色，被毛粗乱无光，肌肉色淡、变薄，脂肪组织消失殆尽，位于眼窝与心外膜部的脂肪组织，则呈浆液性萎缩状态。血液稀薄、色淡、凝固不全。胸腹腔和心包腔积水。有些部位的皮下结缔组织呈胶冻样浸润。但临死前腹泻严重者，皮下可因失水过多而水肿不明显。

本病的特征性病变为慢性增生性肠炎及相应的淋巴结炎。

小肠的病变多集中于空肠后段和回肠，其次是空肠中段。病变肠管变粗，其质地如食管；而肠腔狭窄，常缺乏内容物，或黏膜覆盖有一层灰白色黏稠的糊状物。肠黏膜增厚，一般为正常的2～3倍，在牛最严重时可达10倍以上。增厚的肠黏膜折叠形成脑回样皱襞，触摸柔软而富有弹性（二维码22-41）。大肠的变化，多见于回盲瓣、盲肠及结肠近端。回盲瓣黏膜充血、出血、水肿，瓣口紧缩，形成球形而发亮。盲肠和结肠的变化与小肠相似。直肠、肛门很少见有病变，或仅见点状出血。病变部肠管的浆膜淋巴管和相应的肠系膜淋巴管，扩张、增

二维码22-41

粗，呈弯曲的细绳索状，切开流出稍混浊的液体。

病变部肠管相应的肠系膜淋巴结呈慢性增生性淋巴结炎变化，外观肿大，色灰白，切面多汁，呈髓样肿胀。

[镜检病变] 病变部肠黏膜增厚，黏膜上皮变性、肿胀、脱落。肠黏膜固有层出现以大量淋巴细胞、上皮样细胞增生为主的炎症过程。由于病变程度不同，增生的细胞成分和部位也有所不同。在小肠，病变较轻者，增生的细胞主要出现在黏膜固有层中，黏膜下层比较轻微，增生的细胞成分以淋巴细胞为主，仅有少量上皮样细胞分散存在于固有层各部。但是在重症病例，除了黏膜固有层明显的细胞增生之外，在黏膜下层也有大量细胞增生，其中排列密集的上皮样细胞的数量占绝大多数，在上皮样细胞之间偶尔可见多核巨细胞，而淋巴细胞的数量较少，在抗酸染色的标本中，可见上皮样细胞的胞质内充斥紫红色的菌体，只有少数菌体散在于细胞之外（二维码22-42）。在少数多核巨细胞的胞质内也有被吞噬的病原菌。固有层中有大量细胞成分增生，使肠绒毛变形，呈粗棒状或弯曲状。肠腺被压迫而变性、萎缩，有些已消失不见。在残留的肠腺腺腔内，充盈着变性和脱落的上皮细胞和黏液，有的腺上皮增生，杯状细胞分泌亢进。固有层和黏膜下层水肿明显。肌层平滑肌纤维变性，有的重症病例的肌层和浆膜层也见淋巴细胞、上皮样细胞增生。肠壁神经节细胞呈不同程度的变性。

二维码22-42

盲肠和结肠的病变性质和小肠所见相似，但二者之间也稍有不同。如轻症病例，黏膜固有层淋巴细胞增生不及小肠明显，其中浆细胞数量较多，而上皮样细胞则很少。在重症病例，黏膜下层内的增生远比黏膜固有层明显，所增生的主要是上皮样细胞，其间可见少量淋巴细胞。增生的上皮样细胞紧贴于黏膜肌层的下方，密集成厚层，其细胞质内吞噬了大量病原菌。而在黏膜固有层的靠上部分，可见少数上皮样细胞。这类病例的淋巴细胞增生不明显，仅在一些小血管外围，可见淋巴细胞的轻度增生。

淋巴结的淋巴窦内可见上皮样细胞大量增生，其中混有少数多核巨细胞。淋巴细胞也增生，以副皮质区的增生更明显。上皮样细胞的增生是从输入管一侧的皮质窦开始的，增生显著时细胞密集，以至于难以分辨细胞的界限。用抗酸染色法在细胞体内可见大量病原菌。在淋巴组织中也散在少量上皮样细胞。在严重的病例，病原菌增多时，可见固有的淋巴组织为增生的上皮样细胞所取代。有些轻度感染的病例，细胞增生只局限于输入管相接的一侧，而对侧仍保持正常淋巴结所固有的结构。这表明病原菌取道淋巴管到达淋巴结后，在输入管侧的皮质部即被上皮样细胞所吞噬。只在疾病发展到相当严重的阶段后，才可引起整个淋巴结的病变。

除肠管及其相应淋巴结出现上述具有证病性意义的病变外，在肝汇管区和肝门淋巴结尚可见上皮样细胞和淋巴细胞增生而形成的结节。

（赵德明）

## 第十八节 鼻 疽

鼻疽（glanders，malleus）是由鼻疽伯氏菌（*Burkholderia mallei*）（又称为鼻疽杆菌）引起的马属动物的一种传染病。驴对本病最易感，一般呈急性败血症经过；骡次之；马感染后通常呈慢性经过。其病理特征为在肺、鼻腔黏膜和皮肤形成鼻疽结节；当病原全身扩散引起败血症时，可在多数器官发生鼻疽性炎，动物死于鼻疽性败血症。

### （一）肺鼻疽

肺是鼻疽病变最易发生的器官，一般表现为鼻疽结节和鼻疽性支气管肺炎两种形式。

**1. 鼻疽结节** 鼻疽结节是局灶性的鼻疽病变（二维码22-43），常呈渗出性鼻疽结节和增

二维码22-43

生性鼻疽结节两种，二者是疾病发展不同时期的表现，在一定条件下可互相转化。

（1）渗出性鼻疽结节：见于疾病发展前期，病灶中的组织坏死和渗出过程较显著，而细胞的增生过程微弱。

[剖检病变] 结节呈灰白色或灰黄色，大小不等，小的如针头，大的如米粒甚至发展到豌豆大或更大，其周围有充血性水肿形成的红晕，切开后见结节由灰黄色脓样坏死物构成。

[镜检病变] 结节部的肺组织坏死崩解，其中聚集有大量的中性粒细胞，大多数已崩解破碎，在坏死组织中出现较多的核碎片产物，坏死灶周围的肺泡壁毛细血管充血，肺泡腔内有较多的浆液和中性粒细胞渗出（二维码22-44）。由于鼻疽杆菌随血流到达肺组织，先通过血管壁进入肺泡间隔，因此，发病初期在肺泡间隔可见少量中性粒细胞游出、聚积，并吞噬病原菌，有的中性粒细胞在病原菌毒素的作用下坏死崩解；随着病原菌在局部的大量繁殖，中性粒细胞不断渗出聚集，同时出现大量的坏死和崩解，其释放的蛋白分解酶使局部的肺组织溶解，形成小化脓灶，其外周组织发生充血和渗出将化脓灶局限化，当疾病处于发展期，病灶可逐步扩大。

二维码22-44

（2）增生性鼻疽结节：见于机体的免疫力增强时，疾病处于稳定期或趋向好转的时期。

[剖检病变] 结节大小不一，由针头大到粟粒大，或更大些，质硬，灰白色，结节切面中央灰黄色较干燥，外周有一层灰白色的包囊。有的结节中央坏死灶发生钙化，局部变硬，用刀不易切开或有磨砂声。

[镜检病变] 见结节中央肺组织坏死崩解，原有结构消失，坏死灶中有大量核破碎物质，如发生钙化则出现深蓝色粉末状或小块状钙盐；坏死灶外围有上皮样细胞和少量多核巨细胞组成的特殊性肉芽组织，再外围为普通肉芽组织，其中有淋巴细胞浸润（二维码22-45）。

二维码22-45

渗出性鼻疽结节和增生性鼻疽结节可相互转化。疾病初期以渗出性结节为主，当机体的免疫机能增强时，坏死灶外围逐渐出现巨噬细胞明显增生的过程，并转变为由上皮样细胞和多核巨细胞组成的特殊肉芽组织，将坏死组织和病原菌包裹，其外形成普通肉芽组织，使结节转变为增生性鼻疽结节。随着机体抵抗力的不断增强，增生性鼻疽结节内的病原菌逐渐被清除，坏死组织被吸收，并由普通肉芽取代特殊肉芽组织，使结节进一步发生纤维化过程，在病灶处形成瘢痕，鼻疽性炎终息。相反，当机体的抵抗力降低时，病灶中的病原菌大量繁殖，中性粒细胞渗出增多，组织细胞坏死增加，渗出性结节不断扩大，相互融合，甚至转变为鼻疽性支气管性肺炎。增生性鼻疽结节在机体抵抗力减弱而疾病加剧时，其坏死灶中的细菌增多，并引起周围特殊肉芽组织和普通肉芽组织发生坏死，病灶向周围扩展，外围出现充血、浆液渗出和炎性细胞浸润，形成渗出性鼻疽结节。

**2. 鼻疽性支气管肺炎** 多见于慢性病例发作时，病原菌可能来自于侵及支气管腔的肺内鼻疽性炎灶，或是来自上呼吸道（鼻腔、喉头和气管）的鼻疽病灶，也可能由外源性飞沫感染。鼻疽性支气管肺炎以支气管及其周围的肺组织的炎症为基础。

[剖检病变] 见炎症区为暗红色，体积肿大，质地变硬实，其中散在针头、粟粒至榛子大不正形的黄白色坏死灶。

[镜检病变] 见支气管壁充血、水肿、中性粒细胞浸润，黏膜上皮细胞变性坏死、脱落、崩解，支气管腔内充满脓性渗出物，有的支气管壁坏死崩解。支气管周围的肺泡壁血管充血，肺泡腔内充满浆液、中性粒细胞和脱落的肺泡上皮细胞，渗出的中性粒细胞有的崩解破碎，肺组织坏死溶解，局部散在较多核破碎物质。

鼻疽性支气管性肺炎形成较大化脓灶时，可侵蚀到大的支气管管壁，脓性坏死物通过支气管、气管排出体外，局部形成边缘不整齐的空洞。空洞形成一般见于鼻疽性支气管性肺炎的晚期。

## (二)鼻腔鼻疽

通常是在肺鼻疽的基础上,病原菌经血源性播散引起。此外,肺的鼻疽杆菌通过咳嗽或呼气时经支气管和气管到达鼻黏膜,或者外界带菌飞沫的吸入,均可能引起鼻腔的鼻疽性炎。

二维码22-46

[剖检病变] 鼻腔的鼻疽性炎多见于鼻中隔,其他部位也可发生,病变发生在一侧或两侧。初期鼻疽结节为灰黄色,呈半球形隆起于黏膜面,周围形成红晕,其大小不一,小的如针帽大,大的如粟粒或更大些。随着病程的发展,结节逐渐增大,其表面的黏膜发生坏死,结节破溃,局部形成糜烂或溃疡,溃疡扩大可互相融合成片,溃疡表面附着脓性黏液或灰白色坏死物,边缘常呈锯齿状,稍隆起,中心凹陷,底部高低不平(二维码22-46)。在溃疡的外周也出现充血、出血所形成的红晕。

[镜检病变] 黏膜固有层中性粒细胞浸润和坏死,局部组织和浆液腺坏死溶解,黏膜上皮细胞坏死、脱落和崩解,病灶周围小血管扩张充血,并见浆液和红细胞渗出,以及少量淋巴细胞的浸润。

鼻疽性溃疡向鼻中隔深部发展,可破坏鼻中隔软骨组织和对侧黏膜,导致鼻中隔穿孔。在病情好转时,病灶周围肉芽组织增生使溃疡修复,肉芽老化后形成冰花样的瘢痕组织,较大瘢痕收缩时可牵拉鼻中隔变形。镜检可见疤痕主要由胶原纤维组织,表面有高低不平的单层柱状上皮细胞覆盖,局部固有的浆液腺减少,甚至全部消失。

在喉部和气管黏膜有时也见鼻疽性炎,通常以溃疡的形式出现。

## (三)皮肤鼻疽

多由血源性播散引起,有时也可由皮肤创伤感染所致,二者表现形式有所不同。

二维码22-47

[剖检病变] 由血源性播散引起的皮肤鼻疽病变可见于四肢、胸侧和腹下,特别是后肢下方。炎症多起始于皮下淋巴管的瓣膜处,初期局部由于大量中性粒细胞浸润和坏死,形成眼观不易发现的小结节。随着疾病发展,结节增大,用手触摸可感知到与皮肤不相连的结节状物;此时,切开皮肤,可见淋巴管形成局部膨大,其中充满灰白色黏稠的脓性物质,周围有不同程度的炎性反应。炎灶逐渐扩大时,淋巴管的结构被破坏,炎灶从皮下向真皮和表皮发展,渐渐向体表隆起,形成眼观可见的结节,结节部表皮发生变性和脱毛等变化。以后,结节中央的化脓过程加剧,使皮肤坏死分解,其表面破溃,脓液排出后,局部形成溃疡(二维码22-47)。这种溃疡长期迁延,不易愈合,其底部和边缘有肉芽组织增生,使底部高低不一,边缘显著隆起。

[镜检病变] 病变部淋巴管被破坏,结构消失,皮下组织坏死,有明显的核破碎坏死物质,外周有较多的中性粒细胞浸润、明显的炎性水肿和肉芽组织增生。

由于皮肤鼻疽性炎多发生于淋巴管的瓣膜部,病原菌随淋巴液在淋巴管播散,使受感染淋巴管的瓣膜都发生炎症,结果在皮肤出现串珠状的结节和溃疡。四肢的皮肤鼻疽性炎可蔓延,引起皮下和真皮广泛性的炎性水肿,并导致结缔组织增生,使患肢肿胀变硬,皮肤增厚,呈现"象皮病"(elephantiasis)的景象。

## (四)淋巴结鼻疽

主要由病原经淋巴道扩散引起,在鼻疽呈败血症经过时,也可由血道播散引起。

[剖检病变] 淋巴结的鼻疽性炎在疾病的发展时期以渗出性炎为特征。见淋巴结肿大、潮红,切面隆起、多汁,其中有灰黄色的脓性坏死灶。

[镜检病变] 见整个淋巴结充血、浆液和纤维素渗出,大量中性粒细胞浸润,坏死灶中组织细胞崩解破碎,有较多核碎片物质,淋巴结的原有结构消失,坏死灶周围炎性反应明显。淋

巴结鼻疽性炎蔓延到周围结缔组织，可引起淋巴结周围炎，其周围出现明显的炎性水肿和中性粒细胞浸润。

当疾病趋向稳定或好转时，淋巴结的鼻疽性炎以增生为主。剖检可见淋巴结肿大，变硬，色灰白，切面见针头大小至粟粒大的结节，其中心为坏死灶，有时出现钙化，外围有肉芽组织包囊。镜检可见增生性结节中央为化脓性坏死，包囊内层由上皮样细胞和少量多核巨细胞形成特殊肉芽，外层为普遍肉芽；结节以外部分有的见淋巴组织增生，有的发生弥漫性纤维化。当淋巴结周围结缔组织增生时，可使淋巴结与周围组织发生粘连。

鼻疽重症患病动物，在肝和脾可发生淀粉样变性，严重时引起肝破裂而导致死亡。

（王凤龙）

## 第十九节　附红细胞体病

附红细胞体病（eperythrozoonosis）是一种人兽共患的热性传染病。感染动物广泛，但隐性感染率高，急性发病率和病死率低，常不被注意。本病的特征是贫血、黄疸或呈隐性感染状态。

本病的病原旧称附红细胞体（*Eperythrozoon*），属于立克次体科；最新的分类已将其归入支原体科，称为嗜血支原体（*Haemoplasmas*），因此本病名称也应改为嗜血支原体感染，但本书基于临床习惯，仍沿用旧称。

**1. 猪附红细胞体病**　发生于任何年龄的猪，断乳后的仔猪特别容易感染。

[剖检病变]　主要病变是贫血和黄疸。急性期病猪皮肤及黏膜苍白，有时黄疸或末梢青紫，耳边缘变为淡红到深红色。有些病例整个耳、尾和四肢远端明显发绀。病程较长时，可见耳软骨坏死，耳边缘或更大面积也可发生坏死。

血液稀薄，水样，黏滞度降低。病猪抗凝血滴压片，不染色，镜检可见红细胞边缘有颗粒附着，被附着的红细胞体积缩小。外周血涂片染色镜检可发现嗜血支原体（二维码22-48）。血液中的嗜血支原体越多，则红细胞数量越少，血红蛋白含量和红细胞压积就越低。感染开始阶段，体温上升达峰值之前，血液涂片往往可看到单个的嗜血支原体。由于溶血时血红蛋白和铁离子被巨噬细胞吞噬，使血液中的铁含量下降；嗜血支原体越多，血清中的铁含量越少。经有效治疗后，血清中的铁含量上升（如果体内的铁储备足够），红细胞数目增多，其中可见未成熟的红细胞如网织红细胞增多。

二维码22-48

急性溶血性贫血时，血液中直接胆红素量增多，可引起黄疸。治疗后，血清胆红素水平迅速下降，标志着红细胞被大量破坏的现象停止，此时机体迅速从溶血向血液生成转变。在发热前或发热后1~2 d内，外周血白细胞数量增多，以中性粒细胞增多为主。

病猪胸腔、腹腔及心包腔内有黄色积液，皮肤和皮下脂肪黄染（二维码22-49）。肝肿大，呈黄棕色，表面有黄色条纹或灰白色坏死灶。胆囊充满胶样胆汁，肝门淋巴结肿大。脾肿大变软，呈暗黑色，有的可见针尖大至米粒大的灰白色或灰黄色的坏死结节。淋巴结肿大，色灰黄。肺呈土黄色，可见肺炎等病变。肾肿大，色土黄，有微细出血点或黄色斑点，肾盂呈黄色。膀胱内尿液呈深黄色。软脑膜充血，脑实质内有针尖大出血点，质软，脑室积液。

二维码22-49

[镜检病变]　可见肝细胞发生颗粒变性和脂肪变性，窦状隙和中央静脉扩张充血，枯否细胞肿胀、增生，吞噬大量含铁血黄素。肝小叶中央等部位肝细胞发生坏死。汇管区有淋巴细胞和单核细胞浸润以及含铁血黄素沉积。长骨的骨髓组织红细胞系明显增生。脾和淋巴结网状细胞活化，有较多含铁血黄素沉着。电镜观察见嗜血支原体附着于红细胞表面，一部分可埋于红细胞内，使红细胞发生变形。

**2. 犬实验性附红细胞体病**

[剖检病变] 急性死亡犬可见血液稀薄，血凝时间延长。皮下、可视黏膜黄染或有出血点。心包积液，心肌出血，心冠状沟脂肪黄染。肺水肿、气肿、脓肿、弥漫性出血。肝肿大呈暗黑色，见黄豆大小的坏死灶。脾肿大，可见暗红色出血点。胃壁静脉怒张，胃黏膜可见出血点或浅表性溃疡。小肠黏膜可见圆形蚀斑。肠系膜淋巴结水肿，切面多汁。胰腺炎性肿大、出血。脑脊液量增加。

[镜检病变] 急性死亡犬的大脑灰质毛细血管周围及神经细胞周围水肿，大脑灰质神经元肿胀或固缩，并出现噬神经元现象。小脑软脑膜下充血、水肿。心外膜及心肌严重出血，心肌细胞肿大。支气管黏膜上皮坏死脱落，支气管腔内有炎性渗出物。肺泡壁增厚，肺泡腔内有浆液性-纤维素性渗出物。肝细胞肿胀、变性，部分肝细胞溶解坏死，中央静脉扩张，肝间质水肿，有许多充满含铁血黄素的吞噬细胞，并有淋巴细胞和单核细胞浸润。脾网状纤维胶原化，吞噬细胞中含有大量含铁血黄素，白髓内淋巴细胞减少。肾小管上皮细胞变性、坏死，胞质中出现许多微细的红染物，肾小囊变窄，有红细胞和纤维素渗出。肠绒毛黏膜上皮和肠腺上皮细胞水泡变性、脱落，肠黏膜表面有许多渗出物。

（许益民）

## 第二十节 禽衣原体病

禽衣原体病（avian chlamydiosis，AC）是由鹦鹉热亲衣原体（*Chlamydophila psittaci*）感染禽类引起的一种接触性传染病。鹦鹉感染的 AC 称为鹦鹉热（parrot fever），鹦鹉以外的鸟类感染的 AC 称为鸟疫（ornithasis）。本病的病理特征是结膜炎和全身浆膜的纤维素性炎以及肝、肾等实质器官的变性。

**1. 火鸡衣原体病**

[剖检病变] 气囊被覆纤维素性渗出物而增厚，胸腹腔浆膜、肠系膜充血、纤维素性渗出。肺充血水肿或有纤维素性渗出物，心扩张，肝肿大，呈黄褐色，偶见坏死灶，脾肿大、柔软，有时有灰白色小点，卡他性肠炎。性腺表现为睾丸炎、附睾炎、卵巢萎缩、出血及坏死。

[镜检病变] 肺充血水肿，支气管固有层和黏膜下层有单核细胞、淋巴细胞和异嗜性粒细胞浸润，黏膜上皮细胞的纤毛消失，并常伴发心肌炎，纤维素渗出；肝细胞变性坏死，巨噬细胞、淋巴细胞和异嗜性粒细胞浸润窦状隙而扩张，枯否细胞肿胀、增生；脾坏死、巨噬细胞浸润及含铁血黄素沉着。包涵体常可发现于肝、脾巨噬细胞、枯否细胞内。肾小管上皮细胞变性，巨噬细胞和淋巴细胞浸润肾间质中；胸、腹腔器官和组织内出现纤维性渗出物；睾丸曲细精管上皮细胞坏死脱落，管腔内充满嗜伊红渗出物，间质内有纤维素渗出和炎性细胞浸润，并伴发出血。

**2. 鸭衣原体病**

[剖检病变] 可见结膜炎和鼻炎，有时可见全眼炎。患鸭眼球萎缩和眶下窦发炎。胸肌萎缩和全身浆膜炎，常伴随浆液性或浆液性-纤维素性心包炎。常见肝脾肿大，可见局灶性坏死，心包常见浆液性或浆液-纤维素性炎。

鹅、鹌鹑和石鸡临床和剖检变化与鸭相同。

**3. 鸽衣原体病**

[剖检病变] 表现为气囊、腹腔浆膜、肠系膜和心外膜增厚，表面均覆有纤维素性渗出物。肝肿大出血，柔软和色黄，并有白色坏死灶；脾肿大、柔软呈紫红色；腹腔积液；肠内容物为黄绿色胶冻状或含有大量尿酸盐的水样。轻症感染时可能只侵害肝和气囊。

### 4. 鸡衣原体病

[剖检病变] 表现纤维素性心包炎、气囊炎、输卵管炎和腹膜炎；脾肿大呈深红色并有白色斑点；肝肿大呈棕黄色，肝实质散在灰白色斑点；卵巢充血，输卵管水肿出血；腹腔内有大量渗出液。有的输卵管囊肿，囊肿液清澈透明，无色，如稀薄蛋清状；卵巢发育不良，有直径1～5 mm 的卵泡，也有些鸡输卵管、卵巢没有发育。

### 5. 观赏鸟衣原体病

[剖检病变] 常发现肝、脾肿大，纤维素性气囊炎、心包炎和腹膜炎，肺和肠壁充血。

（罗军荣）

## 第二十一节　猪支原体肺炎

猪支原体肺炎（mycoplasma pneumonia of swine，MPS）又称猪地方流行性肺炎（swine enzootic pneumonia），俗称"猪喘气病"，是由猪肺炎支原体（*Mycoplasma hyopneumniae*，Mhp）引起的猪的一种常见、多呈慢性经过的接触性传染病。主要临床表现为咳嗽、气喘和呼吸困难，其病理特征是间质性肺炎和支气管淋巴结呈髓样肿胀。

猪支原体肺炎一般根据肺炎病程的长短和有无继发感染，分为急性型、慢性型和继发感染型。

### 1. 急性型

[剖检病变] 腹下、胸前、颌下皮肤轻度发绀。特征性病变在肺，肺部明显膨大，几乎充满整个胸腔，被膜紧张，富有光泽，边缘钝圆，肺呈淡红色或灰白色，表面常有肋压痕；切面湿润，支气管断面在按压时可流出浑浊液体或血性泡沫状液体，肺间质气肿、水肿；在两侧尖叶、心叶和中间叶及膈叶前缘呈对称性淡灰红色、半透明胶样状态，称为胰样变或虾肉样变（二维码22-50），与正常肺组织之间界限明显。支气管淋巴结及纵隔淋巴结湿润肿大，有光泽，呈灰白色，质地变实，因质地色泽如脑髓，故称髓样肿胀（medullary swelling）。患病猪心呈急性扩张，尤以右心室最明显，心壁变薄且质地柔软。

二维码22-50

[镜检病变] 可见小支气管、细支气管、终末细支气管、肺泡管和肺泡腔内有大量炎症渗出物，细支气管壁水肿，黏膜上皮肿胀、脱落，管壁肿胀、充血，管腔中可见脱落的黏膜上皮细胞和淋巴细胞。

本病具有证病意义的病理变化为在细支气管和小血管的周围出现大量的淋巴细胞的增生、浸润，并可形成多层淋巴细胞环绕的管套（二维码22-51），在有些细支气管周围甚至形成淋巴滤泡样结构。随着病变的进一步发展，支气管周围的炎症可逐渐波及周围的肺泡，导致肺泡壁充血，肺泡上皮细胞肿胀、脱落，肺泡腔内除可见脱落的肺泡上皮外，还可见多少不等的淋巴细胞和浆液渗出。病程长还可见广泛的肺气肿和肺水肿。电镜观察证实，猪肺炎支原体存在于支气管黏膜上皮表面紧靠纤毛处，而在支气管上皮细胞内或肺泡壁上皮细胞内均不见病原体。

二维码22-51

支气管淋巴结及纵隔淋巴结镜检见淋巴小结数量增多，体积增大，生发中心明区扩大。淋巴结的毛细血管内皮细胞肿胀、增生，淋巴窦扩张并充满多量渗出液。

### 2. 慢性型

[剖检病变] 病变与急性型相类似，但病程长、病情重的病例，肺部炎区可蔓延到大部分肺组织，类似大叶性肺炎的灰色肝变期景象，甚至有的病例还可发展为肺组织纤维化。支气管淋巴结及纵隔淋巴结体积可达正常的几倍，切面稍隆突、灰白色、湿润、有光泽。

[镜检病变] 肺的病变与急性型基本相同，但肺炎区的面积明显扩大。病程较长的病例，

肺泡内有大量淋巴细胞和浆细胞，肺泡壁界限不清，肺泡腔内的渗出物可被机化，使肺组织失去原有的结构。支气管淋巴结及纵隔淋巴结见淋巴细胞大量增生及显著水肿。其他组织器官如心、肝、肾可见不同程度实质变性。

**3. 继发感染型** 本病自然病例的晚期可继发感染，使呼吸症状更加明显，疾病常进一步恶化导致死亡。

[剖检病变] 除见猪支原体肺炎的变化外，还可见化脓性肺炎、纤维素性肺炎，有时原发病灶常被掩盖。继发感染时常发生浆液性-纤维素性胸膜炎，病程较长者可引起机化，导致肺叶之间或肺脏与胸膜之间相互粘连。有时可见浆液性-纤维素性心包炎。支气管淋巴结及纵隔淋巴结也可因继发感染而出现相应的炎症变化。

[镜检病变] 在支原体肺炎的基础上，还可见肺泡隔毛细血管显著扩张、充血，肺泡腔内有大量渗出的中性粒细胞和浆液，形成脓肿。也可见肺泡腔内有多量纤维素及炎性细胞填充。

（罗军荣）

## 第二十二节　山羊传染性胸膜肺炎

山羊传染性胸膜肺炎（contagious caprine pleuropneumonia，CCPP）又名山羊支原体性肺炎，俗称"烂肺病"。病理特征为高热、咳嗽、浆液性-纤维素性胸膜肺炎，并继发肺组织坏死与肉变。本病的病原是丝状支原体山羊亚种（*Mycoplasma mycopides* subsp. *ccapri*）。

[剖检病变] 胸腔常有400～3 000 mL的混有絮状物的淡黄色混浊渗出液，暴露于空气后有纤维蛋白凝块形成。一侧或双侧肺叶与胸壁粘连，肺初期为局灶性炎性充血、水肿，呼吸道内蓄积卡他性炎性分泌物，继而发生肺肝变。肝变区的大小视病情的严重程度而不同，通常分为局灶型和弥漫型两种形式。局灶型是在肺胸膜下和肺实质内出现坚实、淡红色或者暗红色大小不等的肝变区，一般位于通气良好的膈叶或间叶，切面平整、致密，呈红色、暗红色、灰红色、灰白色等杂斑样，大理石外观；弥漫型见于单侧肺（通常为右侧）的各叶大部或全部。病程稍长者，肺肝变区机化，胸膜变厚粗糙并附有纤维素，常与心包粘连。慢性病例，肺肝变区发展为凝固性坏死（二维码22-52），较小的病变可被机化，大病变则被肉芽组织所包裹形成包囊。

二维码22-52

[镜检病变] 肺炎肝变区的病理变化与牛肺疫所见基本相同，为较典型的纤维素性肺炎，有充血水肿、红色肝变、灰色肝变、溶解消散不同时期的变化，但间质的变化没有牛肺疫的严重。慢性病例有明显的坏死、包囊形成及结缔组织增生等变化。

（简子健）

## 第二十三节　牛传染性胸膜肺炎

牛传染性胸膜肺炎（contagious bovine pleuropneumonia，CBPP）又称牛肺疫，是由丝状支原体丝状亚种（*Mycoplasma mycoides* subsp. *mycoides*）引起牛的一种传染病，主要侵害肺和胸膜，其病理特征为纤维素性肺炎和浆液性-纤维素性胸膜炎以及由此引发的呼吸功能衰竭，多为亚急性或慢性经过。

按照发展阶段的不同，本病分为前驱期和临床明显期。

**1. 前驱期** 主要病变是多发性支气管性肺炎。

[剖检病变] 病原体由呼吸道吸入后，引起终末细支气管或呼吸性细支气管及其所属肺组

织的炎症，这些病灶通常位于通气比较良好的肺部（如膈叶的钝缘），初期呈红色或紫红色，病灶大小不一，但一般不超过一个肺小叶的范围。在炎灶与正常肺组织交界区内，可见因炎性浸润而扩张的小叶间质。

［镜检病变］ 见受侵的呼吸性细支气管及其外围肺泡中有渗出的浆液、中性粒细胞、单核细胞和红细胞，还有少量脱落的肺泡壁上皮，肺泡隔毛细血管充血。

**2. 临床明显期** 在机体反应性改变的基础上，发生纤维素性肺炎、浆液性-纤维素性胸膜炎和间质的炎症、水肿等变化。

（1）纤维素性肺炎。

［剖检病变］ 肺炎灶多见于膈叶和中间叶，也有心叶与尖叶同时发病的。发炎的肺叶高度膨隆，质量增加，质地硬实如肝。肺炎区可见暗红、灰红乃至灰白等不同色彩。稍久，则见灰黄色凝固性坏死区域形成，其外围通常可见结缔组织性包囊。后期，有的包囊内的坏死块的组织纹理已完全消失，融合成干酪样坏死的团块，与包囊之间常出现空隙。上述不同发展阶段的肺炎灶被明显增宽的间质所分隔，构成所谓大理石样外观。在增宽的间质中可以看到串珠状扩张的淋巴管横断面，有些充塞淋巴栓。血管的炎症过程也十分明显，在切面上可见不同色彩的血栓断面。在发炎增宽的间质中通常还能看到小叶边缘坏死灶和机化灶，以及血管周围机化灶等。

［镜检病变］ 可见纤维素性肺炎鞋的不同发展阶段，如充血期、红色肝变期和灰色肝变期的病理变化，本病通常发展到红色肝变期与灰色肝变期后，即开始进入机化阶段，很少出现如一般纤维素性肺炎的溶解吸收过程。

（2）浆液性-纤维素性胸膜炎：在肺呈现上述病变的同时，通常可见浆液性-纤维素性胸膜炎。

［剖检病变］ 胸腔中有大量浆液和纤维素渗出；在肺炎所在部的胸膜上附着一层灰黄色的纤维素膜，剥离后表面不平，失去浆膜所固有的光泽。

［镜检病变］ 见胸膜表面附着大量纤维素，其中混有一定数量的白细胞。间皮细胞多已崩解、脱落，残存的细胞肿胀呈立方形。胸膜下发生炎性水肿，其中见淋巴管炎和淋巴栓形成、血管炎和血栓形成，胶原纤维呈纤维素样坏死。病程较长者，可见不同程度的结缔组织增生，严重时胸膜显著增厚。肺胸膜的炎症经淋巴源性播散可引起心包的浆液性-纤维素性炎。

此外，常见间质淋巴管炎和淋巴栓形成、血管炎和血栓形成。淋巴液和组织液回流障碍，造成肺间质水肿增宽。血液循环障碍加剧了肺坏死区病理过程的发展，阻碍了坏死产物的吸收。

（马学恩）

## 第二十四节　鸡支原体病

鸡支原体病（avian mycoplasmosis）是由支原体感染而引起鸡的一组传染病。其中鸡毒支原体引起的慢性呼吸道病，病理特征是气囊炎、呼吸道炎；而滑液支原体引起的传染性滑膜炎，病理特征为关节肿胀、滑膜炎。

### （一）慢性呼吸道病

慢性呼吸道病（chronic respiratory disease，CRD）也称鸡败血支原体感染（*Mycoplasma gallisepticum* infection），病原为鸡败血支原体（*Mycoplasma gallisepticum*）。

［剖检病变］ 单纯的鸡毒支原体感染，其病变轻微。但自然感染病例大多并发大肠杆菌、

传染性支气管炎病毒、新城疫病毒等的感染，常出现明显的呼吸道炎和气囊炎。剖检可见鼻腔中含有黏液性渗出物；喉头黏膜轻度水肿、充血和出血，有大量灰白色黏液性-脓性渗出物覆盖；气管、支气管黏膜常增厚，内有多量灰白色或红褐色黏液。胸腹部气囊变化明显，早期气囊膜轻度混浊、水肿，表面有增生的结节状病灶；随病情的发展，气囊膜增厚，囊腔内含有大量干酪样渗出物。在严重的慢性病例，眶下窦黏膜发炎，窦腔中积有混浊黏液或干酪样渗出物，如炎症蔓延到眼部，可导致一侧或两侧眼部肿大、突出，眼结膜中能挤出灰黄色干酪样物质，肉髯也可发生肿大。严重的病鸡有时可发生纤维素性或化脓性心包炎、肝周炎等。

［镜检病变］ 眼结膜上皮细胞增生，皮下结缔组织水肿，淋巴细胞、浆细胞弥漫性浸润，也可形成生发中心。鼻腔黏膜上皮细胞纤毛脱落、减少甚至消失；黏膜固有层充血、水肿增厚，淋巴细胞和单核细胞弥漫性浸润。眶下窦黏膜上皮纤毛消失，胞质淡染，空泡变性，并有异嗜性粒细胞浸润；固有层充血、水肿，淋巴细胞弥漫性浸润。气管、支气管黏膜上皮细胞纤毛消失，上皮脱落；黏膜固有层见淋巴细胞弥漫性浸润，甚至形成滤泡样结构。气囊可见上皮细胞局部脱落消失，纤维素、异嗜性粒细胞和单核细胞渗出。

### （二）传染性滑膜炎

传染性滑膜炎（infections synovitis）又称滑液支原体感染（*Mycoplasma synoviae* infection），病原为滑液支原体（*Mycoplasma synoviae*）。

［剖检病变］ 该病主要病变为滑膜炎及腱鞘炎，常见于跗关节、趾关节和肩关节，少见于趾掌部。表现为关节、爪垫肿胀，关节腔内、爪垫下可见有黏稠、呈灰白色或灰黄色的渗出物，渗出物初呈奶油状，最后成为干酪样物质，滑膜及腱鞘增厚、水肿。慢性型可见关节变形，关节表面粗糙呈橘黄色，关节软骨萎缩，表面变薄，甚至形成溃疡。随着病情的发展，腱鞘、肌肉、气囊中可见干酪样渗出物。病鸡消瘦，鸡冠苍白或萎缩，羽毛粗乱。脾、肝、肾肿大，并发生心包炎、心内膜炎。

［镜检病变］ 急性病例关节软组织疏松水肿，关节腔内有异嗜性粒细胞和纤维素渗出，鞘膜和滑膜有异嗜性粒细胞浸润，继之淋巴细胞和巨噬细胞弥散性浸润。肝、脾内巨噬细胞增生。气囊壁最初的病变为水肿，毛细血管扩张，异嗜性粒细胞浸润，纤维素渗出。随后，巨噬细胞弥散性浸润，上皮细胞增生，使气囊壁增厚。

（罗军荣）

# 第二十三章

# 真菌性传染病病理

**内容提要** 真菌是一类真核生物，菌体较大，毒力较低，致病力较弱。只有当机体的抵抗力降低时，真菌才能侵入组织、大量繁殖并引起真菌性传染病，常表现为局灶性化脓或形成肉芽肿。流行性淋巴管炎的病理特征是皮下组织、淋巴管和淋巴结形成肉芽肿性结节、化脓或溃疡；念珠菌病的病理特征是皮肤、黏膜的溃疡，内脏器官的坏死灶、小脓肿以及肉芽肿；曲霉菌病的病理特征是侵害呼吸器官，形成肉芽肿性结节。

## 第一节 流行性淋巴管炎

流行性淋巴管炎（epizootic lymphangitis）又名假性皮疽（pseudoglanders），是由荚膜组织胞浆菌（*Histoplasma capsulatum*）引起的马属动物的一种慢性接触性传染病。各种年龄的马属动物均可自然感染，其中以马、骡的易感性最强，驴次之，猪、家兔、豚鼠和人也可感染。其病理特征是皮肤、皮下组织、黏膜以及蔓延途径上的淋巴管和淋巴结发生肉芽肿性结节、化脓性炎或形成溃疡。

**1. 皮肤** 在病原菌入侵部位形成肉芽肿性结节，结节主要发生在真皮乳头层、皮下疏松结缔组织、相邻的浅层肌肉以及蔓延途径上的淋巴管和淋巴结。此时，从皮肤上就可以触摸到不同大小的结节。当病灶中心发生脓性软化后，皮肤即破溃而形成溃疡。溃疡一般呈圆形，表面常覆盖一层由渗出液和坏死物融合并凝结而成的硬痂。在健壮的患病动物，其痂皮下或溃疡底部可见大量肉芽组织增生，并向皮肤和黏膜的表面突起，颇似蘑菇状。对于衰弱的机体，溃疡底部则看不到明显的肉芽组织增生，而主要是组织坏死和脓性崩解，溃疡面向下凹陷，从中不断地流出灰黄色或带血液的脓液。有时溃疡继续向深部和四周发展，并互相融合，继发脓性溶解，进而形成边缘不整的大溃疡。镜检，当病原菌经皮肤侵入机体后，在局部即见有大量巨噬细胞向病灶处集中，并伴有不同数量的中性粒细胞和淋巴细胞渗出，局部小血管和淋巴管周围都有以淋巴细胞、浆细胞为主的细胞浸润。患部呈现充血、出血和水肿，在增生和渗出的巨噬细胞的胞质内，可见到被吞噬的病原菌。随后，病灶中心的组织细胞和中性粒细胞发生坏死崩解而形成化脓灶。在化脓灶的周边可见一定数量的巨噬细胞、浆细胞、上皮样细胞，偶见多核巨细胞。经1周左右，在病灶外围便逐渐出现肉芽组织增生，有的则形成包囊。

**2. 淋巴管** 在病变蔓延途径上的淋巴管，可发生淋巴管炎，见淋巴管增粗变硬，呈条索状肿胀，常与周围组织粘连在一起，切开时可见脓样物流出。镜检，患部淋巴管内皮细胞肿胀、变性与脱落，管腔扩张，内含变性的淋巴细胞、中性粒细胞、巨噬细胞、病原菌及坏死崩解产物（二维码23-1）。淋巴管壁可见病原菌和大量与管内同样的炎性细胞浸润。外周则是

二维码 23-1

增生的结缔组织。

**3. 淋巴结** 受侵淋巴结主要有下颌淋巴结、颈前淋巴结、咽后淋巴结、膝上淋巴结及腹股沟淋巴结等。淋巴结明显肿大、柔软，有时破溃，并与该部皮肤愈着而不易移动。镜检，呈局灶性坏死和化脓，还可发现病原菌。在病灶周围有多量浆细胞和巨噬细胞浸润。

**4. 呼吸器官** 呼吸器官的病变一般比皮肤少见。在严重感染的情况下，有时于鼻腔、咽喉和气管等部位，见与皮肤相同的结节和溃疡。鼻腔的病变多位于鼻翼、鼻中隔及鼻甲黏膜，气管的病变多位于前 6 节的软骨环上。有时于肺也可见大小不一的灰白色硬结性肺炎病灶，其中心化脓、坏死。镜检，病初即于肺间质见有淋巴细胞浸润，继而出现巨噬细胞和多核巨细胞，并在其胞质内见有被吞噬的病原菌。病原菌大量繁殖时，可导致广泛的组织损伤。

**5. 生殖器官** 公马常于包皮和阴囊形成结节和蕈状溃疡，后者也见于阴茎头部。阴茎和包皮的病变可蔓延到睾丸、附睾和精索，使之发生脓肿。母马的阴门部皮肤易受感染，在阴唇周围可发现结节和溃疡。

另外，有时在齿龈和舌黏膜上见结节和溃疡。其他器官偶见类似病变，如乳房感染时，见局部皮肤肿胀并形成结节、溃疡和瘘管；眼结膜有时也见有结节和溃疡病变；脑偶见小的化脓灶。

## 第二节 念珠菌病

念珠菌病（candidiasis）是由白色念珠菌（*Candida albicans*）引起的一种人兽共患的真菌病。本病发生于世界各地，可感染牛、马、猪、羊、犬、猫等动物，猴、狒狒、大袋鼠、海豚等野生动物以及鸡、鸽、鹅、火鸡、鹌鹑、孔雀、鹧鸪、鸭、鹦鹉等禽类。其病理特征为皮肤、黏膜的溃疡，内脏器官的坏死灶、小脓肿以及肉芽肿。

**1. 牛念珠菌病** 是由念珠菌引起的犊牛多发的一种急性或慢性真菌感染，表现为水样腹泻、黑粪症（melena）、食欲废绝、脱水、衰竭，最后死亡。患病犊牛常发生念珠菌性肺炎和胃肠炎。长期饲喂抗生素的牛，可发生全身性感染。

[剖检病变] 可见肺的尖叶、心叶、中间叶以及膈叶前部呈小叶性肺炎的病变。在肺炎部常见粟粒大白色坏死灶，慢性经过时则形成黄白色干酪样脓肿。胃黏膜覆盖有黄白色丁酪样坏死物质，黏膜充血、出血或形成糜烂和溃疡。小肠黏膜有时也见溃疡。偶尔在食管和咽部黏膜出现溃疡性病变。若为全身播散，则常在肝、肾、脑、肠系膜淋巴结出现病变。肝表面和实质散发界限清楚的白色坏死灶，呈多发性，大小不一，直径可达 4 mm 左右，有时见有化脓性肉芽肿。

[镜检病变] 肺支气管内有大量干酪样物质和崩解的中性粒细胞，支气管壁充血、出血及中性粒细胞浸润。肺泡隔充血，肺泡腔内有大量中性粒细胞以及浆液和纤维素渗出，并可形成小脓肿。在上述病变中见有酵母样菌、芽生孢子和假菌丝。胃黏膜复层上皮细胞的深层细胞出现气球样变和坏死，并有大量巨噬细胞、淋巴细胞以及少量中性粒细胞浸润。部分黏膜破坏脱落形成糜烂或溃疡。黏膜固有层和黏膜下层充血、出血以及巨噬细胞、淋巴细胞呈灶状浸润。胃黏膜表层的角蛋白碎屑及坏死灶中有大量酵母样菌和假菌丝；黏膜下层以菌丝为主。肝化脓性肉芽肿的中心为坏死的肝细胞和少量的中性粒细胞浸润并发生崩解，周围有淋巴细胞和巨噬细胞围绕。在凝固性坏死灶和肉芽肿内或周围见大量假菌丝和酵母样菌。肾小球充血，肾小囊腔内积留浆液和纤维蛋白。肾小管上皮细胞变性、坏死，间质毛细血管充血、出血，有时见有小脓肿。在病变中可发现假菌丝和酵母样菌。脑主要表现脑膜脑炎的变化。

**2. 猪念珠菌病** 是由念珠菌引起仔猪多发的一种急性或慢性真菌感染，临床上以腹泻、呕吐为主要特征。本病多为继发，偶为原发。

[剖检病变] 在颊、齿龈、唇、舌背、咽、食管和胃贲门等部位的黏膜，被覆 1～2 mm 厚呈片状的白色伪膜，伪膜脱落后形成红色或黑红色的糜烂及溃疡。偶见肺感染，在肺实质内有帽针头大至小米粒大隆起的黄白色小脓肿，主要分布在尖叶和心叶。

[镜检病变] 消化道黏膜角化层表面有酵母样菌和假菌丝，往往穿透该层沿着上皮细胞生长繁殖，并造成角化层与生发层之间的完全分离或不完全分离，形成泡样间隙，其中积有白细胞、细胞碎屑和黏液。肺实质有许多化脓灶，中心为干酪样坏死、细胞碎片和酵母样菌，周围有薄层结缔组织包膜。周围的肺泡内有大量中性粒细胞和少量单核细胞浸润。支气管和细支气管周围见单核细胞浸润。

**3. 禽念珠菌病** 是由念珠菌引起的禽类的一种慢性真菌感染性疾病。临床上无特征性变化，表现为生长不良，不活泼，羽毛松乱，无食欲。有资料报道，鸡场念珠菌病的发病率，雏鸡占 30%～40%，青年鸡占 10%，成鸡占 5%，雏鸡致死率为 10% 左右。常发生于雨季。

[剖检病变] 禽类病变多位于消化道，尤其嗉囊病变更为显著。嗉囊黏膜散布疏松的薄层灰白色斑片。病程稍久，嗉囊黏膜增厚，表面覆盖厚层皱纹状黄白色坏死物，脱落后黏膜肿胀呈暗红色，偶见黏膜出血。此种病变也见于口腔、食管、腺胃甚至小肠。鹅的腺胃和小肠黏膜有类白喉样的病变，有时坏死灶下有小脓肿。鸡念珠菌病的好发部位为头部的眼、耳、鼻周围，开始基底部潮红，散在针头大或绿豆大的灰白色丘疹，逐渐蔓延扩大融合成片，高出皮肤表面，坚硬，凹凸不平，最后结成灰黑色的厚痂。

[镜检病变] 黏膜上皮的角化层显著增生变厚，表层的细胞碎屑内见有许多酵母样菌，角质层的下部则可发现假菌丝，病变部缺乏炎症反应。在一些病例中，肝的门脉周围呈灶性坏死，这表明病原菌对局部组织的毒性作用。部分感染白色念珠菌的火鸡，其腹主动脉内膜表面出现动脉粥样病变，这可能与念珠菌的内毒素作用有关。

## 第三节 曲霉菌病

曲霉菌病（aspergillosis）是由曲霉菌引起的、以侵害呼吸器官为主的真菌病，主要发生于鸡、火鸡、鸭、鹅、鸽等家禽以及其他鸟类，马、牛、羊、猪、猫等哺乳动物和人类也可感染。在禽类中以幼雏发病率、死亡率最高，往往在孵化室中呈暴发性流行，故又称为"孵化室肺炎（brooder pneumonia）"。本病的病理特征是在肺等器官形成肉芽肿结节。

曲霉菌的种类繁多，其中最主要和致病性最强的是烟曲霉菌（*Aspergillus fumigatus*），对雏禽具有强烈的致病性；其他如黄曲霉菌（*A. flavus*）、构巢曲霉菌（*A. nidulans*）及黑曲霉菌（*A. niger*）等，也有一定致病性。曲霉菌多为条件性致病菌。

**1. 禽曲霉菌病** 病雏多呈急性经过，最明显的症状是食欲减少或废绝，呼吸极度困难，精神不振，体温升高，腹泻，有时搐搦，患雏通常在症状发作后 24～48 h 呈麻痹状态而死亡。

[剖检病变] 整个呼吸系统都有炎性反应，尤以胸气囊、腹气囊、颈气囊以及肺的病变最为明显。气囊浆膜肥厚。由于病原菌在浆膜上生长繁殖并穿透浆膜，致使浆膜呈灰白色与绿色斑纹。这种病变迅速增大，并互相融合形成表面凹陷的圆盘状坏死团块，有时则形成一层膜样的或干酪样的被覆物，它是由炎性渗出物、坏死组织、菌丝和分生孢子组成的。在气囊附近的组织，有时可发现由纤维蛋白和菌丝等组成的球形、同心轮层状、污黄色的结节。鼻腔和喉黏膜潮红肿胀，被覆淡灰色黏液，并散布点状出血。气管和支气管病变与气囊相同，但其管腔往往因病变产物或肺炎渗出物而被堵塞。肺的病变较为明显。最急性病例，仅见肺炎的病变。急性型病例，则在肺实质内散发粟粒大至豌豆大的黄白色结节，切面分层，结节周围的肺组织显示出血性炎和呈肝变样。慢性病例，肺内的结节往往互相融合形成较大的硬性肉芽肿结节，有的甚至钙化。肋骨浆膜也见有粟粒大、灰黄色结节。肺胸膜常有灰黄色、纤维素-脓性的盘

状渗出物团块，厚度为 2～5 mm（二维码 23-2）。

除上述呼吸器官的病变外，有时在口腔、嗉囊、腺胃和肠管浆膜也可出现霉斑性病变，肝、脾、心包、心肌、肾以及卵巢等器官可发现肉芽肿结节病变。患眼炎的雏鸡，除瞬膜见有干酪样小结节和角膜溃疡外，在玻璃体及晶状体蛋白中可发现菌丝。雏鸡和雏火鸡发病时曲霉菌可侵入脑组织引起脑膜脑炎。曲霉菌还可引起皮肤感染，表现病变部的羽毛干燥，容易折断，在皮肤上形成黄色鳞状斑点。

二维码 23-2

二维码 23-3

［镜检病变］ 肺组织学变化由局灶性肺炎、多发性坏死和肉芽肿结节所组成。结节性病变，类似结核结节的结构（二维码 23-3）。结节的中心为干酪样坏死区，周围环绕上皮样细胞和多核巨细胞，再外围为结缔组织，其中有较多的异嗜性粒细胞、淋巴细胞、少量浆细胞和巨噬细胞浸润。病灶最外围的肺组织呈现充血、出血变化。肺实变区表现为卡他性肺炎和纤维素性肺炎的景象，肺泡、呼吸性细支气管、各级支气管充有黏液、纤维素、核碎屑、炎性细胞和菌丝，后者往往穿入支气管的壁层。当用改良 Gridley 真菌染色法染色时，在上述肉芽肿结节中心坏死区、其周围上皮样细胞肉芽组织内以及肺实变区内，均可清晰见到曲霉菌，菌丝壁呈美丽的紫红色。孢子的胞壁呈紫红色，但一般不易显示。菌丝的横断面有时与孢子的形态类似，应注意鉴别。

**2. 其他动物曲霉菌病** 牛、羊、马、猪、犬等动物均可感染曲霉菌而发病，一般为散发，以牛较常见。

［剖检病变］ 病变主要见于呼吸道和肺。鼻腔和喉囊（马）黏膜散布大小不等的半球形隆起的结节，结节表面长满菌膜，结节中央部可破溃形成溃疡，黏膜下出血、水肿。肺散发豌豆大至榛子大、灰白色或淡黄色肉芽肿结节，其中心为淡绿色、烟灰色或黄褐色较干燥的坏死灶，病灶周围常见充血、出血带环绕。病灶可相互融合而侵及大片肺叶。有些肺组织呈支气管肺炎形象，切面见病变中心的支气管扩张，管腔内含有黏液。切开支气管见黏膜肥厚，黏膜面附有黏液和干燥的霉菌菌落，菌落下组织潮红、粗糙，有时破溃而形成溃疡。肝、脾、肾、淋巴结等也偶见肉芽肿结节。牛曾发现继发性肠道感染，表现肠黏膜存有霉斑，起初呈一种白色的生长物，继而变成灰绿色粉末样的毯状生长物，黏膜出现黄色干酪样坏死灶，周围由出血性炎症带环绕。

二维码 23-4

［镜检病变］ 肺坏死灶的炎灶中心有呈放射状的有隔分支菌丝和圆形分生孢子（二维码 23-4）。肺肉芽肿结节的组织学变化与禽类所见基本相同。

（高丰、贺文琦）

# 第二十四章

# 病毒性传染病病理

**内容提要** 学习和掌握病毒性传染病的发病机理和病理变化极为重要。许多病毒性传染病有其特征性病变,可作为疾病诊断的依据。

痘病时皮肤和内脏器官形成痘疹;败血型猪瘟的全身性出血,胸型猪瘟的纤维素性胸膜肺炎及肠型猪瘟的固膜性肠炎;猪水疱病在蹄部、口、鼻突、腹部、乳头周围皮肤和黏膜发生水疱;猪传染性胃肠炎的胃肠炎和小肠绒毛萎缩;猪繁殖与呼吸综合征的间质性肺炎及妊娠猪早产、流产;猪血凝性脑脊髓炎的非化脓性脑脊髓炎;狂犬病时神经细胞胞质内的嗜酸性包涵体;伪狂犬病的脑脊髓炎和神经节炎。

牛恶性卡他热时呼吸道、消化道黏膜发生急性卡他性-纤维素性炎和单核细胞性血管炎;患流行性乙型脑炎的马发生典型的非化脓性脑炎,公猪见睾丸炎,妊娠猪发生子宫内膜炎;口蹄疫时口腔黏膜、蹄部和乳房皮肤发生水疱和溃烂;牛病毒性腹泻/黏膜病消化道黏膜发炎、糜烂及肠壁淋巴组织坏死;牛传染性鼻气管炎的呼吸道黏膜发炎、水肿、出血、坏死和糜烂;牛患海绵状脑病时中枢神经系统灰质空泡化;蓝舌病的微血栓形成、多组织缺血性坏死及出血性素质;绵羊进行性肺炎的脱髓鞘性脑膜脑脊髓炎、间质性肺炎、淋巴细胞性乳腺炎;绵羊肺腺瘤病起源于肺泡Ⅱ型上皮和克拉拉细胞的腺瘤;羊传染性脓疱在口腔黏膜、唇、鼻部等处皮肤形成丘疹、水疱、脓疱、溃疡和厚痂;小反刍兽疫的口鼻黏膜糜烂坏死、肠炎和肺炎。

新城疫的固膜性肠炎、淋巴组织坏死和非化脓性脑膜脑炎;鸭瘟的食管和泄殖腔黏膜淤血、出血、坏死和固膜性炎、肝出血与坏死;鸭病毒性肝炎的出血、坏死性肝炎和非化脓性脑炎;小鹅瘟时小肠发生急性卡他性或纤维素性-坏死性炎症;马立克病患禽形成多形态淋巴细胞瘤;淋巴细胞性白血病时肿瘤细胞为形态一致的成淋巴细胞;禽网状内皮组织增生病的发育障碍、形成急性网状细胞瘤、淋巴及其他组织发生慢性肿瘤;鸡传染性法氏囊病的胸肌、腿肌出血,法氏囊肿大、出血、坏死萎缩;禽脑脊髓炎的非化脓性脑脊髓炎;高致病性禽流感的浆膜、黏膜的点状出血以及多器官的变性、坏死和炎症;传染性支气管炎的气管炎和支气管炎,某些毒株尚引起间质性肾炎和尿酸盐沉积;传染性喉气管炎的喉头及气管黏膜的出血性、纤维素性-坏死性炎症;鸡包涵体肝炎的变质性肝炎和肝细胞核内包涵体形成。

马传染性贫血的骨髓造血细胞坏死和单核-巨噬细胞与淋巴组织的损伤及增生;兔出血症的弥漫性坏死性肝炎和组织器官的多发性出血;水貂阿留申病的浆细胞增多、血清γ球蛋白含量升高、免疫复合物型肾小球肾炎;犬瘟热时上呼吸道、肺和胃肠道的卡他性炎,非化脓性脑膜脑脊髓炎，感染细胞的胞质与核内形成包涵体；犬细小病毒病的卡他性-出血性肠炎或急性心肌炎；犬传染性肝炎的出血性胃肠炎、坏死性肝炎和肝细胞及血管内皮细胞出现核内包涵体。

## 第一节 痘 病

痘病（pox）是多种动物的一种急性、热性传染病，其病理特征是在皮肤和有些部位黏膜上形成痘疹。在畜禽中，以绵羊痘、山羊痘、猪痘、禽痘等较为多见，且绵羊痘是各种家畜痘病中危害最严重的一种。

### （一）绵羊痘

绵羊痘（sheep pox）是由绵羊痘病毒（Sheep pox virus，SPV）引起的一种传染性疾病。其病理特征是皮肤和内脏器官形成痘疹，表皮上皮细胞等细胞形成嗜酸性胞质包涵体。

绵羊痘的病变因个体易感性和病毒毒力不同而异。轻症病例仅在皮肤、黏膜出现少量痘疹并迅速愈合。重症病例体温升高，皮肤和黏膜出现大量痘疹，在羔羊可见全身皮肤密布大量痘疹，痘疹可彼此融合，且因局部血管炎症、血栓形成而导致缺血、坏死。如果伴发细菌感染，在疾病后期可呈败血症或脓毒败血症。

二维码 24-1

（1）皮肤：痘疹多发于无毛或少毛的部位，如眼睑、鼻翼、阴囊、包皮、乳房、腿内侧、尾腹侧、肛门周围等处。最初为圆形的红色斑疹，直径 1.0～1.5 cm（二维码 24-1）。镜检，真皮充血、水肿，中性粒细胞、巨噬细胞和淋巴细胞浸润，表皮细胞轻度肿胀。2 d 后红色斑疹转

二维码 24-2

变为灰白色的丘疹，隆起于皮肤表面，质地硬实，周围有红晕（二维码 24-2）。镜检，表皮细胞大量增生并发生水泡变性，使表皮层显著增厚，向表面隆起，有时伴发角化不全或角化过度，在变性的表皮细胞胞质内可见大小不等的嗜酸性包涵体。真皮充血、水肿，在血管周围和胶原纤维束之间出现绵羊痘细胞（sheep pox cells）。绵羊痘细胞是呈星形或梭形的大细胞，胞质嗜

二维码 24-3

碱性，胞核多为卵圆形、空泡样，染色体边集，有核仁，胞质内可见一个、偶尔几个嗜酸性包涵体。绵羊痘细胞是绵羊痘病毒感染的单核细胞、巨噬细胞或成纤维细胞，是本病的一个特征。随着水泡变性的加重，有些细胞破裂、融合形成微小的水疱，部分水疱内有较多中性粒细胞浸润。真皮充血、水肿和白细胞浸润明显，同时可见血管炎症和血栓形成（二维码 24-3）。由于痘病毒对表皮细胞的直接损伤和血栓形成所导致的缺血，使痘疹局部的表皮和真皮发生坏死，坏死组织与炎性渗出物融合在一起，形成覆盖于表面的痂皮。随后，痂皮脱落造成的缺损

二维码 24-4

可经肉芽组织增生和表皮再生而修复。在高度敏感的绵羊，可发生出血性丘疹，即在丘疹内及其周围发生出血，使痘疹呈暗红色或黑红色，故又称为出血痘或黑痘，通常预后不良。

（2）黏膜：痘疹多发生于口腔，特别是唇和舌等部位；瘤胃、网胃和皱胃的黏膜也可出现痘疹（二维码 24-4）。痘疹大小不一，形圆，色灰白，呈扁平隆起的结节；当其发生坏死脱落后，局部形成糜烂或溃疡。在鼻腔、喉和气管黏膜上也可见类似的灰白色结节。

二维码 24-5

（3）肺：大多数病例肺的痘疹较为明显。剖检可见在肺表面散布直径 0.3～1.0 cm，圆形、灰白色或暗红色结节，其数量不等，质地实在（二维码 24-5）。镜检，痘疹部的终末细支气管上皮细胞和肺泡壁上皮细胞增生、脱落，肺泡壁上皮细胞化生为立方形，使局部结构呈腺瘤状（二维码 24-6）。在细支气管周围和肺泡间隔中有间叶细胞增生，有时可见到绵羊痘细胞，其胞质内有嗜酸性包涵体形成。

二维码 24-6

（4）肾：被膜下皮质中散在圆形、灰白色结节，其大小不一，直径在 1～4 mm。镜检，结节位于间质，由巨噬细胞、淋巴细胞和少量中性粒细胞组成。随着结节的细胞成分增多，局

部肾实质逐渐受压萎缩、消失。大量肾小管上皮细胞变性坏死。

(5) 肝：被膜下偶见灰白色结节。镜检，结节中的单核细胞也可有嗜酸性包涵体形成。

(6) 心：极个别病例可见心肌表面的灰白色结节。

### (二) 猪痘

猪痘 (swine pox) 是猪的一种急性热性病毒性传染病，其特征为皮肤和黏膜上出现痘疹。一般认为引发猪痘的病原体有两种：一种是猪痘病毒 (Swine pox virus)，另一种是痘苗病毒 (Vaccinia virus)。

痘疹主要发生于下腹部、体侧部及四肢内侧等处，偶可见于背部皮肤。重症病例的痘疹可能波及全身皮肤，但很少见于口腔、咽、食管、气管和胃。痘疹开始为深红色的硬结节，突出于皮肤表面，略呈半球状，表面平整，常未经水疱期即转为脓疱，并很快结成棕黄色痂块，脱落后遗留白色斑块而痊愈（二维码 24-7）。猪痘的镜检病变与绵羊痘相似，只是程度要轻些，嗜酸性包涵体出现的时间十分短暂。

二维码 24-7

猪痘病毒感染早期可在感染的棘细胞层细胞的胞核内见空泡形成，这种病变具有一定的特征性。而痘苗病毒引起的痘疹，临床上很难与猪痘病毒感染相区别，组织学变化相似，只是见不到核内空泡。

### (三) 禽痘

禽痘 (avian pox) 是由禽痘病毒 (Avian/fowl pox virus) 引起的接触性传染病，鸡和火鸡最容易感染，鸽和其他鸟类也可感染。其病理特征是皮肤形成痘疹结节，口咽部黏膜形成纤维素性-坏死性伪膜，病部皮肤棘细胞和黏膜上皮细胞胞质内有嗜酸性包涵体形成。

临床上根据病变部位不同，将鸡痘分为皮肤型、黏膜型、混合型和内脏型。

**1. 皮肤型** 特征是鸡体皮肤表面的无毛或少毛部位，如喙角、肉髯、冠、眼皮、翅膀内侧及泄殖腔等处，形成小米粒至黄豆粒大的痘疹（二维码 24-8）。初期呈灰白色稍隆起的小结节（丘疹），以后逐渐增大，有些相互融合，形成表面粗糙、暗褐色的结节，继而坏死结痂，痂皮脱落后局部皮肤形成瘢痕。镜检，表皮细胞明显增生、角化，棘细胞层可见细胞水泡变性、肿大（二维码 24-9），细胞质内可见嗜酸性包涵体，又称博林格尔小体 (Bollinger body)。以后有些水泡变性的细胞发生崩解、融合，局部形成小水疱，有些发生坏死；真皮血管充血，其周围有淋巴细胞、巨噬细胞和异嗜性粒细胞浸润。痘疹发生坏死后，其周围形成分界性炎，坏死物可腐离，局部缺损经组织再生而修复。

二维码 24-8

二维码 24-9

**2. 黏膜型** 又称"白喉型"禽痘，是发生在口腔、咽喉等处黏膜表面的固膜性炎。初期在黏膜面形成稍隆起的灰白色或灰黄色小结节，以后逐渐增大并相互融合、坏死，形成一层不易剥离的灰黄色伪膜。强行剥离伪膜则露出出血性溃疡面。病变严重时可蔓延到嗉囊、食管、气管和眶下窦。镜检病变与皮肤型痘疹相似，初期为黏膜上皮的增生和水泡变性，上皮细胞胞质内可见嗜酸性包涵体，并有小水疱形成；以后病变部常因继发感染而有明显的炎性反应和凝固性坏死。

**3. 混合型** 兼有皮肤型、黏膜型禽痘的病理变化。

**4. 内脏型** 很少见，除上述病变外，尚见坏死性胃炎与肠炎、肝坏死灶、肾变性、体腔积液、心外膜及他处浆膜出血等败血性变化。

（高丰、贺文琦）

## 第二节 猪 瘟

猪瘟（classical swine fever，CSF）是由猪瘟病毒（Classical swine fever virus，CSFV）引起的一种急性、热性和高度接触性传染病。单纯性猪瘟的病理特征是全身性出血和败血症变化；伴发巴氏杆菌感染的猪瘟（胸型）或沙门菌感染的猪瘟（肠型），除具有单纯性猪瘟的病变外，还可见纤维素性胸膜肺炎和固膜性肠炎的病变。

根据病猪有无混合感染，本病可分为单纯性猪瘟与混合性猪瘟两类。每类又根据病程可分为急性、亚急性、慢性三型。

[剖检病变]

**1. 单纯性猪瘟**

（1）急性型（败血型）：剖检，病猪皮肤、淋巴结、黏膜、实质器官均可见大小不等的出血斑点。皮肤出血常见于颈部、腹部、腹股沟部和四肢内侧（二维码24-10）。猪全身淋巴结均肿大出血，表现为独特的周边（囊下）出血，出血灶与中央灰白色淋巴组织相间存在，呈"大理石样"花纹，出血最明显的是颌下、咽背、肺门、髂内和肠系膜淋巴结。肾被膜下及切面上均可见出血点，有时相当密集。此外，膀胱、喉、胃黏膜、肺、心外膜、输尿管黏膜、肾盂黏膜、胆囊黏膜也可发现出血点。

二维码24-10

脾、肾、皮肤等器官组织常见小动脉管腔阻塞而引起的梗死灶。脾不肿大，梗死灶多位于脾边缘，呈大小不等、楔形或不规则圆形的暗红色病灶（二维码24-11）。肾表面的梗死灶呈黄白色、不整形，周围有一暗红色反应带包围，在切面上病灶略呈三角形，其尖部指向肾门。皮肤梗死常在出血的基础上发生，梗死区呈黑褐色干涸的细小痂皮。扁桃体、舌底部、胆囊、小肠、大肠也可见梗死性变化。

二维码24-11

此外，口腔黏膜除见出血外，在口角、齿龈、颊部黏膜常出现坏死灶。胃黏膜充血、肿胀，覆盖大量黏液。大肠病变明显、出现早，表现为直肠黏膜出血，大肠呈卡他性炎或出血性炎，肠壁淋巴滤泡增生、肿胀或坏死（二维码24-12）。喉头与会厌软骨有不同程度的出血。肺有时出血，有时表现为卡他性-出血性肺炎。软脑膜下，有时在脑实质内也可见到出血点。

二维码24-12

在上述病变中，肾出血、脾边缘梗死、出血性淋巴结炎等病变具有重要的证病意义。

（2）亚急性型：本型病程较长，可达2～4周，出血性病变较轻微，一般多见于皮肤、淋巴结和肾，其他器官、组织较为少见。断乳仔猪肋骨与肋软骨结合处的骨骺线明显增宽。

（3）慢性型：组织器官出血性变化的发生率较低，可见有陈旧性的出血斑点。仔猪胸腺萎缩，体积缩小。肾表面可见到半透明、灰白色隆起的肾小球。断乳仔猪肋骨与肋软骨连接处（距骨骺线1～4 mm）可见一条致密、完全或不完全钙化、呈黄色的骨化线，据认为这是病猪体内钙、磷代谢紊乱的结果，具有一定的诊断价值。

**2. 混合性猪瘟**

（1）胸型猪瘟：其发生与合并感染巴氏杆菌有关。病程一般为急性或亚急性。除见猪瘟的固有病变外，还可见到猪巴氏杆菌病的病理变化，主要是纤维素性胸膜肺炎，严重时有坏死灶形成。肺间质水肿，有时可见出血性浸润。

（2）肠型猪瘟：一般呈慢性经过，与合并感染沙门菌有关。典型病变是在结肠和盲肠形成局灶性固膜性肠炎（纽扣状肿）（二维码24-13）和弥漫性固膜性肠炎。两种病变可以独立存在，也可同时交错发生。其发展过程是，CSFV侵犯肠壁孤立淋巴滤泡和集合淋巴滤泡，引起淋巴组织的炎症过程和坏死。此过程向上发展波及黏膜层，导致局部黏膜肿胀、隆起。随着炎症的发展，病灶周围出现炎性反应带。病灶组织进一步变性、坏死（坏死与病原的作用及肠壁炎症部位的动脉闭塞有关），组织坏死的产物与渗出的纤维素融合形成痂皮。在猪瘟发生发展

二维码24-13

过程中，炎症、坏死、痂皮形成的过程不断向上、向外发展，结果使坏死痂形成轮层状结构，形如纽扣。痂皮可以脱落形成溃疡。病灶向肌层深部发展可造成肠穿孔。弥漫性固膜性肠炎时，肠黏膜组织的坏死范围较广，坏死产物与渗出的纤维素融合使肠壁增厚、变硬，原浆膜处外观似皮革。

如果病猪同时合并感染巴氏杆菌和沙门菌，则兼有胸型、肠型猪瘟的病变特点。

近年来，由低毒力毒株引起的温和型猪瘟发病率有所增加，该型病情温和，病变不典型。但病毒连续通过猪体继代后，毒力增强，可使易感猪出现典型症状和病变，需引起高度重视。

[镜检病变] 血管壁、淋巴结、脑、肾的组织学变化具有诊断意义。

肾、脾、淋巴结、皮肤等器官组织的毛细血管、后微动脉、小动脉的内皮细胞发生肿胀、增生，核大而淡染，胞质空泡化。有时可见内皮细胞在变性的基础上坏死并脱落。小血管壁可发生透明变性，均质红染。这些变化可引起管腔狭窄、阻塞、微血栓形成、血管通透性增强，是造成组织梗死和出血的基础。

淋巴结毛细血管扩张充血，被膜下淋巴窦和周围组织中汇集大量红细胞（二维码 24-14），淋巴小结和小梁周围淋巴窦也可见出血（二维码 24-15）。此外，尚见淋巴细胞变性、坏死，淋巴窦内大量浆液渗出，网状细胞肿胀、增生、脱落，巨噬细胞吞噬变性坏死的淋巴细胞和红细胞，呈现出血性-坏死性淋巴结炎的景象。

二维码 24-14

肾小球体积增大，分叶增多，毛细血管内皮细胞与系膜细胞增生、肿胀，毛细血管管腔变窄，血流量减少。毛细血管的通透性增强，肾小囊内可见少量红细胞。此外，还可见肾小管上皮细胞颗粒变性，肾间质出血、淋巴细胞浸润，急性增生性肾小球肾炎等变化。母猪妊娠期感染时，所生仔猪常可发现肾小球发育不全病变。

二维码 24-15

脑组织表现为典型的非化脓性脑炎：小血管周围可见明显的淋巴细胞和单核细胞浸润、增生，神经元变性、坏死，神经胶质细胞增生，吞噬变性、坏死的神经元及胶质结节形成。脑组织病变在延脑、脑桥、中脑和丘脑较为显著。

（杨鸣琦）

## 第三节 猪传染性水疱病

猪传染性水疱病（swine infectious vesicular disease）简称猪水疱病（swine vesicular disease，SVD），是一种由猪水疱病病毒（Swine vesicular disease virus，SVDV）引起的急性、热性传染病，以蹄部发生水疱性皮肤炎，口腔黏膜、鼻端和腹部乳头周围皮肤也偶见水疱为病理特征。本病的临床症状与口蹄疫非常相似，但只能自然感染猪，牛、羊等其他偶蹄动物均不感染。

本病不易引起猪死亡。特征性病变主要是蹄部的水疱和溃疡，有时在鼻端、唇、舌面和乳头也会出现病变。

用病猪水疱液或水疱皮浸出物人工接种猪的蹄踵，最早在接种后 24～36 h 即发病。有部分病猪体温升高至 40～42 ℃，持续 1～2 d 即降至正常。最初出现的病变为接种部位周围皮肤变苍白色，继而在蹄叉、蹄踵部发生小水疱，在蹄冠部出现一白色带，以后逐渐蔓延到整个蹄部。在薄皮处初形成的水疱呈清亮半透明，厚皮处的水疱则呈白色。随着病情发展，水疱逐渐扩大，充满半透明液体，后来变混浊呈淡黄色。蹄冠上的白色带变成隆起的水疱。蹄踵部的水疱可以扩展到整个蹄底和副蹄。水疱破裂流出淡黄色液体并形成浅溃疡。溃疡边缘不整，底面呈红色，患猪痛感加剧，喜卧，跛行。严重病例，常常环绕蹄冠皮肤与蹄壳之间裂开，致使蹄壳脱落。除了蹄部发生水疱和溃疡外，少数病猪的鼻端、口唇、舌面和腹部乳头四周皮肤也偶见水疱。一般经10～15 d 愈合而康复，如无并发感染，通常不引起死亡。内脏器官除局部淋巴结出血和偶见心内膜的条纹状出血外，一般在无明显肉眼可见病变。

镜检，棘细胞层排列松散，以后细胞彼此分离，进而肿胀、坏死并形成水疱。真皮乳头层小血管充血、出血、水肿，血管周围淋巴细胞、单核细胞、浆细胞和少量嗜酸性粒细胞浸润。病变严重时，表皮细胞坏死消失，以后水疱破裂，形成溃疡或糜烂。

除皮肤病变外，猪水疱病病毒也能侵害黏膜组织。病猪的肾盂和膀胱黏膜上皮发生空泡变性，严重时呈明显的气球样变。膀胱黏膜上皮下结缔组织水肿，小血管充血。胆囊黏膜也有炎症变化：病变严重的，可见黏膜浅层发生坏死和溃疡，表面有少量纤维素渗出物覆盖，固有层炎性水肿，有大量淋巴细胞、巨噬细胞及浆细胞浸润；病变较轻的，则见胆囊黏膜固有层水肿，黏膜层炎性细胞浸润，肌层水肿，平滑肌纤维显著萎缩变细，肌间有液体浸润。

心、肝、肾等实质器官发生程度不同的实质变性。心肌纤维间有时见少量出血灶，血管内皮肿胀、增生。肾小管上皮细胞颗粒变性和空泡变性较明显，有的病例髓质见有小出血灶。腹股沟淋巴结肿大，被膜下有浆液浸润和散在的出血区。

给猪脑内、静脉和皮内接种猪水疱病病毒时，发现脑内注射后引起精神沉郁、转圈运动和无目的用鼻拱地、眼球震颤等神经症状；静脉和皮内注射后不见神经症状，但出现蹄部水疱病变。镜检，无论哪种接种方法均呈现弥漫性非化脓性脑膜脑炎和脊髓炎。静脉和皮内接种的较轻，脑内接种的较严重。接种后第 2 天出现组织学损伤，第 8 天达高峰，第 16 天消散。脑的病变以间脑、中脑较严重，脊髓病变呈散在性。镜检见脑血管周围淋巴细胞呈围管性浸润，神经胶质细胞呈局灶性和弥漫性增生，脑膜也有淋巴细胞浸润，血管内皮细胞肿胀，出血不明显。脑灰质和白质可见软化灶。脊髓实质也有类似的病变。神经节的神经元周围卫星细胞肿大、增生，可发现圆形或卵圆形呈酸碱两性着染的核内包涵体。

（宁章勇）

## 第四节 猪传染性胃肠炎

猪传染性胃肠炎（transmissible gastroenteritis of swine，TGE）是一种由猪传染性胃肠炎病毒（Transmissible gastroenteritis virus of swine）引起的猪的高度接触性传染病。其临床表现为呕吐、严重腹泻和脱水，病理特征为胃肠炎和小肠绒毛严重萎缩。

[剖检病变] 尸体消瘦，脱水明显，眼结膜苍白或发绀。除脱水外，剖检病变常局限于胃肠道。胃内充满凝乳块，胃底部黏膜呈程度不等的充血，小肠扩张，肠腔内充满黄色泡沫状液体，并含有稀薄未消化的凝乳块，肠壁变薄（特别是空肠），缺乏弹性，呈半透明状。肠系膜淋巴结肿大，肠壁淋巴滤泡也肿大。大肠黏膜轻度潮红，内含稀薄液体，常混有消化不全的乳汁成分。肾脏皮质缺血，髓质充血，肾盂内积有尿酸盐。部分病猪尚并发肺炎病变。其他器官无明显的眼观变化。

[镜检病变] 最有诊断价值的特征性变化是空肠绒毛显著缩短。正常仔猪，空肠绒毛的长度和隐窝的深度分别约为 795 μm 和 110 μm，二者的比值为（6～8）∶1；而感染仔猪的空肠绒毛长度和隐窝的深度约为 180 μm 与 157 μm，二者的比值几乎为 1∶1。除肠绒毛缩短外，肠绒毛上皮还变为扁平或立方形，并伴发空泡变性和坏死、脱落，黏膜充血，黏膜下层水肿与白细胞浸润（二维码 24-16）。酶病理组织化学染色证实肠绒毛上皮的碱性和酸性磷酸酶、ATP 酶、琥珀酸脱氢酶及非特异性酯酶的活性降低，乳糖酶的活性缺失。近

二维码 24-16

段空肠上皮细胞 $Na^+-K^+-ATP$ 酶活性降低，可使钠吸收困难，从而可能成为腹泻的一种重要因素。胃黏膜的变化轻微，仅见充血，有时胃腺上皮发生坏死。大肠黏膜血管充血，固有层见浆细胞浸润。肾脏呈轻度肾病变化，表现近曲小管上皮肿胀，远曲小管扩张。脑膜常见充血，但未见脑炎变化。全身淋巴结和脾的巨噬细胞增生，淋巴细胞减少。

（宁章勇）

## 第五节 猪繁殖与呼吸综合征

猪繁殖与呼吸综合征（porcine reproductive and respiratory syndrome，PRRS）俗称蓝耳病，是由猪繁殖与呼吸综合征病毒（Porcine reproductive and respiratory syndrome virus，PRRSV）引起猪的一种以繁殖和呼吸障碍为特征的传染病，临床表现为流产、死胎、木乃伊胎、弱胎、呼吸障碍，对种猪、繁殖母猪及仔猪危害较重。感染本病后容易导致免疫抑制而继发其他疾病。1987 年 PRRS 在美国首次发生，1990 年在欧洲被发现，1995 年在我国北京郊区首次暴发，2006 年全国多个省份的猪群中相继发生本病流行，严重威胁着养猪业的发展。

[剖检病变]

（1）胎猪：用 PRRSV 欧洲株接种妊娠后期（77~95 d）的母猪，可见产出的木乃伊胎猪呈现棕红色、褐色或黑色，胸腔有大量清亮液体，在肺边缘可见灰色肝变病灶。有报道，胎猪脐带见出血与水肿，比正常胎猪脐带增粗 3 倍，这种病变只具有示病性意义，不是特异性的。胎猪还可见眼周肿胀，颈下和腹股沟区皮下水肿。颈、背、臀和后肢肌肉褪色、水肿，像煮肉样。

（2）生长猪与成年猪：1%~2%的母猪四肢末端、耳尖、耳缘发绀（二维码 24-17），腹侧和后肢皮肤红色斑疹和皮下水肿（二维码 24-18）。肺和淋巴结的病变多见而重要。单纯 PRRSV 感染时，肺发生弥漫性间质性肺炎，呈暗红色实变或水肿（二维码 24-19），肺炎病变一般在感染后 10 d 即可出现。PRRSV 合并细菌感染时（如多杀性巴氏杆菌、猪链球菌、副猪嗜血杆菌、猪肺炎支原体），可使肺病变复杂化。在 PRRSV 实验感染猪及许多自然病例，可见全身淋巴结肿大 2~10 倍，触摸柔软，切面湿润，棕黄色或白色。

二维码 24-17

二维码 24-18

高致病性猪蓝耳病除以上变化外，还可出现以下变化：脾边缘或表面出现红色梗死灶。肾呈土黄色，表面可见针尖至小米粒大出血点。皮下、扁桃体、心、膀胱、肝和肠道可见出血点和出血斑。淋巴结充血、水肿、切面外翻呈浆液性淋巴结炎病变，病情严重的病例全身淋巴结常见出血性炎症，尤其是颈部、肺部和肠系膜淋巴结。胃、肠黏膜呈卡他性或出血性卡他性炎症，其中以胃底部最为明显。部分病例可见胃肠道出血、溃疡、坏死。脑膜充血，脑水肿。

[镜检病变] 实验感染胎猪可见全身性出血、水肿、脐带动脉炎、心肌炎、脑炎。脐带血管周围可见巨噬细胞和淋巴细胞浸润。生长猪较成年猪更多见特征性组织病理学变化，其中以肺脏和淋巴组织病变最常见。

二维码 24-19

呼吸系统：单纯 PRRSV 感染引起的肺炎，以间质性肺炎为特征。肺泡隔增厚、单核细胞浸润及肺泡 II 型上皮细胞增生，肺泡腔内有坏死细胞碎片（二维码 24-20）。随着时间的推移，肺泡腔内坏死细胞碎片逐渐减少，而增厚的肺泡隔可存留较长时间。间质性肺炎有轻有重，病变呈局部性或弥散性分布。架子猪自然感染 PRRSV 多数表现为轻度、弥散分布的间质性肺炎。断乳仔猪实验感染 PRRSV 时，气管的部分上皮细胞脱落，固有层淋巴细胞和少量巨噬细胞浸润，黏膜下层水肿。细支气管上皮细胞肿大、增生或有脱落，细支气管周围可见淋巴细胞和巨噬细胞浸润灶。肺泡隔毛细血管内皮细胞肿大、增生，淋巴细胞、巨噬细胞浸润，肺泡腔瘪缩、空虚。PRRSV 合并细菌或其他病毒感染时，肺可出现不同的病理学变化，例如在

二维码 24-20

间质性肺炎基础上，又引起化脓-纤维素性支气管肺炎等，某些合并感染病例还可见胸膜炎。鼻甲部黏膜的病变特征是：PRRSV 感染后 10~28 d 鼻甲部黏膜上皮细胞纤毛脱落，上皮内空泡形成，黏膜下层淋巴细胞、巨噬细胞和浆细胞浸润，在鼻甲部病变区可检测到 PRRSV 抗原阳性细胞。

淋巴结、胸腺和脾：PRRSV 感染后可引起全身淋巴组织的病变，以生发中心体积变大、细胞坏死为特征。疾病早期可见脾白髓、胸腺皮质和扁桃体滤泡淋巴细胞变性坏死，疾病后期则见脾和淋巴结淋巴细胞增生。

血管：可见内皮下淋巴细胞和浆细胞局灶性增生，或淋巴细胞、巨噬细胞和浆细胞在血管周围浸润，偶见管壁纤维素样坏死、毛细血管内皮细胞肿胀或静脉内血栓形成。

心：病变主要见于感染后期，以间质和血管外周的淋巴细胞、巨噬细胞及浆细胞的浸润为特征。

中枢神经系统：病变主要见于脑干，也见于中脑及大脑的白质和灰质，见淋巴细胞性血管套管现象及神经胶质细胞增生。

生殖系统：公猪精液品质下降，精子运动力减弱，畸形精子增多。母猪可见淋巴细胞-浆细胞性子宫内膜炎和子宫肌炎。流产母猪胎盘见淋巴细胞性脉管炎和胎盘上皮脱落。

肾：感染后 14~42 d 偶见肾的组织学变化，表现为肾小球周围和肾小管周围淋巴组织细胞浸润。有的可见轻度或重度节段性血管炎，尤其在肾盂和肾髓质部更严重。受损的血管内皮细胞肿胀，内皮下蛋白质性液体聚积，血管中层平滑肌纤维素样坏死，血管壁内或血管周围散在或密集淋巴细胞和巨噬细胞。

其他组织：鼻黏膜上皮纤毛脱落、上皮细胞肿胀或空泡化以及表皮脱落；胃肌层血管周围有淋巴细胞-浆细胞性套管；肝可见非特异性肝炎。

（郑明学）

## 第六节　猪血凝性脑脊髓炎

猪血凝性脑脊髓炎（porcine hemagglutinating encephalomyelitis）是由血凝性脑脊髓炎病毒（Hemagglutinating encephalomyelitis virus，HEV）引起仔猪的一种急性、高度传染性疾病，病死率高达 20%~100%。其病理特征以非化脓性脑脊髓炎为主，不同病例伴发有肾出血和不同程度的胃肠道损伤。

临床上根据病猪症状将本病分为神经型和呕吐-衰竭型。

**1. 神经型**　急性感染病死猪，仅部分病例可见轻度的鼻黏膜和气管黏膜卡他，脑脊髓液稍增多，软脑膜充血或出血。心、肝、肾实质变性，肺和脾充血、淤血。肠浆膜充血。肾点状出血。脑脊髓血管充血，灰质有少量出血点。膀胱积尿，黏膜偶见少量小点出血。有的猪结肠间膜下及肠壁水肿。

慢性感染的病死猪，其尸体呈现恶病质，腹围常常因胃充气而膨胀。眼结膜色黄白，皮下、肌间结缔组织水肿。肝淤血、实质变性。肾实质变性。心腔扩张、积血。肺淤血。小肠和结肠呈卡他性出血性炎。

镜检，临床有神经功能紊乱者，有 70%~100% 病例呈现非化脓性脑脊髓炎病变，主要表现为神经细胞变性、脑膜炎，脑和脊髓小静脉和毛细血管充血，血管周围以单核细胞浸润为主的"血管套"形成，有的病例在半月状神经节的感觉根和胃壁肌间神经节也发现"血管套"现象。部分病例可见数量不等的少突胶质细胞、小胶质细胞、巨噬细胞和少量淋巴细胞组成的增生性结节。病变严重的部位是延髓、脑桥、间脑脊髓前段的背角，有的病变扩延到小脑白质，白质的小静脉及毛细血管充血、血管数目增多。白质中散在神经元呈急性肿胀。脊髓各段的灰质神经元包括背角感觉神经元、中间联络神经元和腹角运动神经元呈急性液化，并有小胶质细胞包围和吞噬而呈噬神经元现象。还可见三叉神经节和脊神经节炎症。肺泡壁毛细血管扩张充血、淤血，呈现间质性肺炎变化。肝细胞颗粒变性，部分肝细胞发生脂肪变性。窦状隙高度扩张，淤积大量的红细胞。肾小管上皮细胞肿胀、颗粒变性，肾小管间毛细血管扩张充血。脾小体淋巴细胞疏松，核浓缩、破碎，部分淋巴细胞溶解消失。

**2. 呕吐-衰竭型** 脑膜充血，肾有点状出血，胃底部黏膜充血，黏液分泌增多，黏膜形成皱褶。肠黏膜脱落。其他病变不明显。

镜检，脑实质内血管充血扩张，神经细胞变性、坏死，神经细胞和血管周围水肿，神经纤维脱髓鞘。有的病例也可见到噬神经元现象，但未见有"血管套"现象。鼻黏膜下和气管黏膜下见淋巴细胞、浆细胞浸润。扁桃体变化以隐窝上皮变性和淋巴细胞浸润为特征。15%～85%病例的胃壁神经节变性和血管周围炎，尤以幽门区明显。胃底腺腺上皮细胞变性、肿胀、萎缩，黏膜肌层下层有小灶状淋巴细胞浸润。肾呈肾小球肾炎变化，肾小囊消失。大部分病例可见到整个肾组织内大量的局灶性出血，部分肾小球呈"指状"萎缩。肝窦状隙高度扩张充血，肝细胞肿胀，毛细胆管管腔内有均质红染的微细颗粒，肝小叶周围的结缔组织水肿。约有20%自然感染病猪，可见支气管周围间质性肺炎，呈现淋巴细胞、巨噬细胞和中性粒细胞围管性浸润。肺泡上皮肿胀和间隔增宽，巨噬细胞和中性粒细胞浸润。

（高丰、贺文琦）

## 第七节 狂 犬 病

狂犬病（rabies）是由狂犬病病毒（Rabies virus，RABV）引起的一种急性人兽共患传染病，潜伏期长、病程短、致死率高。狂犬病病毒主要侵害中枢神经系统，以中枢神经系统机能严重紊乱和神经细胞胞质内形成嗜酸性包涵体为主要病理特征。

[剖检病变] 动物尸体消瘦，被毛粗乱，因采食硬锐的物体，常引起口腔、舌黏膜、齿龈发生出血、破损，形成糜烂和溃疡。食道、胃黏膜也见充血、出血或溃疡，胃内缺少食物，但常有金属、毛发、塑料品、石块、泥土、碎玻璃等异物。脑膜和脑实质见充血和点状出血。

[镜检病变] 见脑膜、脑实质血管扩张、充血、出血和轻度水肿，血管周围淋巴细胞、单核细胞浸润形成管套现象。神经元变性、坏死，小胶质细胞灶性或弥漫性浸润，并可形成胶质结节，称为狂犬病结节。最具证病意义的病变是神经元胞质内的内格里小体（Negri body），这种小体主要分布在大脑皮层和海马回的锥体细胞、小脑浦肯野细胞以及基底核、脊神经核、交感神经节等处神经细胞的胞质内。光镜下，小体直径为2～8 μm，形圆或椭圆，在受到感染的细胞质内可见一个或几个不等。它可以完全位于胞质中，也可部分位于神经细胞轴突或树突中，此时形状变长。小体用HE染色即可着染，如果脑组织块以Zenker液固定，切片用Schleifstein改良的Wilhite染色，或用Williams改良的van Gieson法染色，则效果更佳，此时细胞质呈淡蓝色，小体为鲜紫红色，周围有一狭窄的亮晕，而红细胞则呈浅黄色，易于观察和区别。病犬的内格里小体最易在海马的神经元内检出，检出率达70%～90%；牛的最易在浦肯野细胞内检出，检出率约70%。内格里小体是神经细胞胞质内RABV的复制部位，电镜观察可见到清晰的病毒粒子。

唾液腺上皮细胞变性，间质内见淋巴细胞、单核细胞、浆细胞浸润。用免疫荧光技术检查在腺泡和腺管内可显示病毒粒子积聚。

(赵德明)

## 第八节 伪狂犬病

伪狂犬病（pseudorabies，PR）是由伪狂犬病病毒（Pseudorabies virus，PRV）引起的多种家畜和野生动物的一种急性传染病，猪、牛及绵羊较多见。主要病理特征是发热、奇痒（猪除外）、脑脊髓炎和神经节炎。

[剖检病变] 猪伪狂犬病无特征性变化，可见鼻腔黏膜呈卡他性或化脓性-出血性炎，上呼吸道内含有大量泡沫样水肿液。肺淤血、水肿。如病程稍长，可见咽炎和喉头水肿，在鼻后孔和咽喉部有类似白喉的被覆物。在仔猪，扁桃体、肝和脾均有散在的渐进性白色坏死灶。肺水肿，呈现支气管肺炎的病变。心包积液，偶见心内膜的斑块状出血。淋巴结，特别是支气管淋巴结肿大、多汁，有时伴有出血。胃黏膜呈卡他性炎，胃底黏膜出血。小肠黏膜充血、水肿，大肠黏膜呈斑点状出血。如有神经症状时，脑膜明显充血、出血和水肿，脑脊髓液增多。

各种年龄的牛都易感，多半呈急性致死性感染过程。特征性症状是身体某些部位发生奇痒，多见于鼻孔、乳房、后肢和后肢间皮肤。病牛多在出现明显症状后 36～48 h 死亡。牛生前发生剧痒处的皮肤呈弥漫性肿胀，切开皮肤见皮下组织有淡黄色胶样浸润并混有血液，肿胀处皮肤可比正常皮肤增厚 2～3 倍。皱胃胃壁充血、胃底部黏膜下层胶样浸润，有时胃黏膜有出血斑和坏死灶。小肠和大肠黏膜均见不同程度的充血、水肿，空肠后段和回肠间每隔 10～20 cm 可有环行的出血区或出血带。肠系膜高度淤血，尤其以小肠系膜处最为明显。肝淤血、肿大及实质变性。胆囊肿大，黏膜覆有米糠样物质。脾稍肿大，边缘散在小出血点。咽部黏膜充血和轻度水肿。肺淤血、水肿和气肿。心内膜和心外膜出血。膀胱膨大，充满尿液。脑膜充血、轻度水肿，有时大脑后半球皮层有针尖大小的出血点。

绵羊病程甚急，有瘙痒症状，多于发病后 24 h 死亡。其剖检病变与牛的相似。

[镜检病变] 各种动物的病变基本相同。中枢神经系统表现为非化脓性脑脊髓炎，可见局灶性、偶尔弥漫性的神经元变性、坏死和胶质细胞增生。血管管套现象明显，厚度不一，有时可多达 8 层，浸润的细胞主要为淋巴细胞，并混有少量中性粒细胞、嗜酸性粒细胞和巨噬细胞。病变最严重的部位是脊神经节、大脑皮质的额叶和颞叶以及基底神经节。脊神经节所见的病变与脑脊髓所见的变化一致。脑膜浸润的炎性细胞成分与血管管套所见者相同。脑膜炎尚可沿视神经扩展到巩膜，但眼内变化通常轻微。在视网膜静脉外膜有轻度淋巴细胞、网状细胞增生。一个突出的变化是，在大脑皮层和皮层下白质内的神经细胞、胶质细胞（星状胶质细胞和少突胶质细胞）、毛细血管内皮细胞、肌纤维膜细胞和施万细胞，均可见核内嗜酸性包涵体。猪的包涵体呈无定形的均质凝块，体积较大。其他动物的核内包涵体则呈小的多发性颗粒状。但在猪自然感染病例中，有包涵体的细胞很少。除中枢神经系统的变化外，猪的淋巴结有程度不同的出血和淋巴细胞增生，有些淋巴结还伴发凝固性坏死和中性粒细胞浸润。在邻近生发中心和淋巴窦内的网状细胞中有核内包涵体，包涵体呈大而不规则状，轻度嗜酸性着染。病死猪的鼻腔与咽部黏膜上皮细胞呈大小不同的灶状坏死，许多细胞内都有核内包涵体。肺充血，肺泡腔内充满水肿液，肺泡隔内网状细胞增生。有些病例在支气管、细支气管和肺泡发生广泛的坏死。

(鲍恩东)

## 第九节 牛恶性卡他热

牛恶性卡他热（malignant catarrhal fever，MCF）又称牛恶性头卡他或坏疽性鼻卡他，是由角马疱疹病毒 1 型（Alcelphine herpesvirus 1）引起牛的一种急性败血性传染病。其病理特征是呼吸道、消化道黏膜发生急性卡他性或纤维素性-坏死性炎，并伴有一定程度的出血、角膜混浊、非化脓性脑炎、单核细胞性坏死性血管炎。

［剖检病变］

皮肤：可见疱疹和丘疹，病灶区被毛脱落，并伴有液体渗出，在局部形成痂皮。病变多见于角基部、腰部和会阴部，有时出现在蹄冠周围和趾间，甚至发展为全身性病变。

呼吸道：鼻腔、喉头、气管和支气管黏膜常呈暗红色，肿胀，表面有渗出物，有时形成纤维素性伪膜。如病程较长，在黏膜面形成糜烂或溃疡。肺膨隆，表面湿润，色暗红，切面可流出暗红色血液。

消化道：口腔黏膜呈暗红色，常见出血斑点并形成明显的糜烂和溃疡。食道黏膜、胃黏膜、肠黏膜充血水肿，散在出血点或出血斑，有时形成糜烂或溃疡灶。

眼球：角膜周边或全部水肿、混浊，呈灰蓝色（二维码 24-21），有的病例可见浅表糜烂，偶见虹膜睫状体炎。切开眼球，见房水混浊，含有絮片状的纤维素。

二维码 24-21

肝：肿大，呈黄红色，质地脆弱，在表面和切面常见针头大或米粒大的灰白色病灶。胆囊扩张，常充满胆汁，黏膜见多量出血点和糜烂病变。

肾：肿大，呈暗红色或黄红色，表面和切面出现灰白色、大小不等的小结节。肾盂和输尿管黏膜有出血点或出血斑。膀胱黏膜充血、出血，有时见糜烂和溃疡。

心肌、血管：心肌呈黄红色或灰红色，切面有时见灰白色小病灶。心内外膜均有较多出血点或出血斑。少数病例的主动脉壁上有大量米粒大灰白色、隆起于内膜表面的硬化结节病灶。

脾：稍肿或中度肿大，表面有出血点，切面暗红色，结构模糊。

淋巴结：全身淋巴结明显肿大，表面呈暗红色，切面湿润暗红，偶见灰红色或灰白色坏死灶。淋巴结周围水肿呈胶冻样，有时伴有程度不定的出血。

脑：脑膜血管扩张充血，有时散在出血点。脑组织较软，脑回变平，脑沟变浅，切面可见少量出血点。脑脊髓液增多，混浊。

［镜检病变］

皮肤：表皮上皮细胞变性、坏死，并发生崩解，在局部形成小水疱或糜烂；真皮水肿疏松，小血管扩张充血，红细胞渗出，在一些小血管内见血栓形成，血管周围有大量的淋巴细胞、巨噬细胞和浆细胞浸润和增生。

呼吸道：鼻腔、喉头、气管黏膜固有层小血管扩张充血，红细胞渗出，间质水肿，血管周围淋巴细胞、巨噬细胞、浆细胞浸润。上皮细胞变性、坏死和脱落。肺支气管充血、水肿和炎性细胞浸润，肺泡壁血管充血，肺泡腔内有浆液渗出，有时也可见到渗出的红细胞和脱落的上皮细胞。

消化道：口腔、食道和前胃黏膜与皮肤的病变相似。皱胃和肠黏膜固有层水肿疏松，血管扩张充血，红细胞渗出，多量淋巴细胞、巨噬细胞和浆细胞浸润。

眼：眼结膜充血水肿，上皮细胞变性、部分脱落，且上皮变扁。固有层有淋巴细胞、巨噬细胞和浆细胞浸润和增生，并有浆液渗出。角膜纤维排列疏松、紊乱，结构模糊不清。

肝：肝细胞出现较明显的脂肪变性和肝小叶内散在小坏死灶，汇管区和小叶间小血管周围有淋巴细胞、巨噬细胞和少量中性粒细胞浸润和增生。胆囊上皮细胞变性、坏死，有的脱落，固有层水肿疏松，小血管扩张、充血，红细胞渗出，淋巴细胞和单核细胞浸润。

肾：肾小球充血增大，肾小管上皮细胞变性、坏死，间质血管周围有多量淋巴及巨噬细胞浸润增生。肾盂、输尿管和膀胱黏膜呈急性卡他性-出血性炎变化。

心：心肌纤维发生广泛的急性变性，肌间红细胞渗出形成出血灶，在小血管周围有多量淋巴细胞、巨噬细胞浸润、增生。血管壁发生纤维素样坏死，内皮细胞肿胀。

脾：白髓淋巴细胞和网状细胞增生，白髓体积增大。红髓中见较多的含铁细胞，髓索中淋巴细胞和网状细胞增多，并见红细胞渗出。小血管壁受损并发生透明变性。

二维码 24-22

淋巴结：皮质部淋巴细胞和网状细胞明显坏死，淋巴小结体积缩小、数量减少、发生中心不明显。在副皮区和髓质的髓索，淋巴细胞和网状细胞明显增生，同时也有坏死变化，髓质窦内充满活化增生和脱落的巨噬细胞。在淋巴结的皮质和髓质均见充血、水肿和出血的变化（二维码 24-22）。

脑：脑组织呈非化脓性脑炎景象。在大脑、嗅球、海马、丘脑、尾状核、豆状核、中脑、脑桥、延脑、小脑各部均有明显的变化。脑血管周隙增宽，并有较多淋巴细胞及少量巨噬细胞形成的管套，有的血管壁发生纤维素样坏死，有些小血管周围见红细胞渗出。脑组织各部分的神经细胞发生一定程度的变性和坏死，其中延脑迷走神经核的运动细胞和小脑浦肯野细胞最明显。脑组织中胶质细胞弥漫性增生，并围绕在坏死神经细胞周围呈现卫星现象，或进入到神经细胞内表现为噬神经元现象，也可见到胶质细胞局灶性增生形成胶质小结。软脑膜充血、水肿、增厚，并见淋巴细胞、巨噬细胞浸润。病变严重时，脑膜的网状组织和血管坏死，并见血浆蛋白渗出，形成均质红染物质。

（王凤龙）

## 第十节　流行性乙型脑炎

流行性乙型脑炎（epidemic encephalitis B）也称日本脑炎（Japanese encephalitis），简称乙脑，是一种由日本脑炎病毒（Japanese encephalitis virus）引起的多种动物与人共患的急性传染病。其病理特征是患马发生典型的非化脓性脑炎，公猪见睾丸炎，妊娠猪发生子宫内膜炎，并导致早产或死胎。

（一）猪流行性乙型脑炎

成年病猪的病理变化主要在生殖器官，虽然也有非化脓性脑炎，但程度相对较轻。

**1. 公猪**　剖检可见一侧或两侧睾丸程度不等的肿大，严重病例可肿大 1 倍左右，且两侧睾丸肿大程度往往不一致。切开时可见鞘膜与白膜之间常有大量积液，睾丸实质充血，切面上有大小不等的灰黄色坏死灶，其外围可有出血。慢性病例则见睾丸萎缩、硬化，阴囊与睾丸实质多见粘连，且实质大部分纤维化。附睾病变或与睾丸的类似，有时缺如。镜检可见坏死性睾丸炎。初期，曲细精管上皮细胞和精子有程度不等的变性、坏死，局部间质充血、出血、水肿和单核细胞浸润。随着病程的发展，曲细精管上皮细胞完全坏死，管腔中充满细胞破碎的崩解物，但精管轮廓仍然存在。更为严重的病例，曲细精管完全破坏失去管状结构，彼此融合为大片的坏死灶。炎症可不断向周围蔓延。在慢性恢复期病例，睾丸中的小坏死灶可被溶解吸收，较大的坏死灶则逐渐被结缔组织取代，导致睾丸弥漫性纤维化。

**2. 母猪**　剖检可见流产的子宫黏膜显著充血、出血和水肿，黏膜表面附着黏稠的分泌物，子宫黏膜、肌层水肿。胎盘充血、水肿。镜检可见子宫黏膜因充血、水肿而明显增厚，上皮排列紊乱，残缺不全。子宫腺体排列疏松，腺腔内充满脱落的上皮细胞。腺体间有单核细胞浸润。

死胎大小相差悬殊，小的只有拇指头大，呈黑褐色，质地干硬；中等大小者呈木乃伊状，呈茶褐色或暗褐色，皮下有胶样浸润；而发育到正常大小的死胎，往往由于脑内积水而头部肿大，体躯后部皮下有弥漫性水肿，浆膜腔积液。全身肌肉色淡似煮熟样。实质器官变性、出血。血液稀薄，凝固不良，呈暗红色粥状。脑膜充血，出血。

出生时尚存活的病仔猪，可表现神经症状，如震颤、搐搦等。常有比较明显的脑内积水或水肿，蛛网膜下腔和脑室内有多量清亮的脑脊液，大脑皮层受压萎缩而变成皱褶的薄膜状，中枢神经系统的其他部位也发育不全。非脑内水肿的病例，脑外观无明显变化。可见皮下水肿、浆膜腔积水，浆膜上有出血点，肝、脾等器官常见多发性坏死灶。镜检，非脑内水肿病例的脑组织呈现非化脓性脑炎的病理变化，见神经细胞变性、坏死，胶质细胞灶状增生，血管周围炎性细胞浸润等。研究表明，上述变化与实验性脑内接种病毒而未给初乳的仔猪所表现的病变相似，表明日本乙型脑炎病毒对胎儿和出生后的仔猪同样具有嗜神经性。

### （二）马流行性乙型脑炎

[剖检病变] 由于病马发病急，病程短，死亡快，故尸体消瘦多不明显。眼眶、颅顶、肩胛及髋结节等骨骼突出部位的皮肤常常有外伤或褥疮。损伤局部被毛脱落，皮肤红肿甚至形成坏死干痂或继发化脓。倒卧侧的眼球可因摩擦而发炎、肿胀。由于吞咽困难，口腔内常有未经咀嚼的饲草或草团。皮下组织因机体脱水而干燥。中枢神经系统可见脑脊髓液含量增加，呈无色或淡黄色透明，有时稍混浊。软脑膜与硬脑膜血管扩张充血，偶有出血斑点。脑组织水肿使脑回变平，脑沟变浅，切面可见灰质及白质中的血管充血，有些还见散在的针尖大小的出血点。少数病例在大脑皮层、纹状体、丘脑、中脑等部有粟粒大小的液化性坏死灶。脉络丛高度充血、水肿，呈暗紫色。脊髓软膜血管扩张充血。有的病例腰段脊髓出现圆形黄白色的小坏死灶。

[镜检病变] 主要表现为典型的非化脓性脑炎病变，包括血液循环障碍、神经细胞变性和坏死、神经胶质细胞的增生及脑软化灶的形成等变化。

血液循环障碍：脑、脊髓膜及脑组织中的血管，尤其是小静脉及毛细血管高度扩张、充血。血管内皮细胞肿胀、脱落。在较大的血管，平滑肌和血管外膜细胞因水肿而排列疏松，其中有少量淋巴细胞与单核细胞浸润。血管周围的淋巴间隙增宽，其中有程度不等的出血、浆液渗出和炎性细胞浸润。出血多见于中脑和海马角。血管周围的炎性细胞浸润现象明显，分布广泛，从大脑、小脑软膜到脑脊髓的灰、白质内的小血管，均可见到，但细胞浸润的程度差异较大，轻者寥寥可数，重者可达数层或十数层之多，密集地排列在血管周围，形成管套（二维码24-23），其细胞成分以淋巴细胞为主，其次为单核细胞，偶有浆细胞，个别急性死亡的病例，往往还夹杂少量中性粒细胞。

二维码24-23

神经细胞变性和坏死：这是马流行性乙型脑炎最突出的变化，也说明病毒具有很强的嗜神经组织特性。神经组织受害范围广泛，从大脑皮层到脊髓灰质的神经细胞均有程度不等的病变。神经细胞的变性、坏死可表现为以下几种形式：细胞体积肿大、变圆，染色变淡；尼氏小体部分或全部溶解消失，残留的尼氏小体常排列在细胞的周边。核偏于一侧，肿大，染色质减少，核内出现空泡，有的仅残留一个肿大的核仁，漂浮于水肿液之中。严重时可进一步发生细胞坏死、溶解，其结构完全消失，这种变化多见于大脑皮层的锥体细胞、脊髓腹角的运动神经细胞和小脑内的浦肯野细胞，后者大量溶解、消失，这是本病比较明显的变化。也有些受侵神经细胞体积缩小，胞质与胞核均浓染，呈明显固缩性变化，进而胞质凝固，胞膜与胞核结构消失，融合成为均质红染无结构的坏死物。这种变化以纹状体、丘脑、中脑和延脑等处为多见。

神经胶质细胞增生：这种变化常在疾病的早期即可出现。分布范围很广，从大脑皮质到脊髓均可见到。增生的胶质细胞多见于神经组织变性、坏死部，可表现为神经细胞的卫星现象、噬神经元现象和胶质细胞结节的形成。此外，胶质细胞也可呈弥漫性增生。

液化性坏死灶（软化灶）：剖检所见的坏死灶，镜检表现为受损的神经细胞和神经纤维、胶质细胞和胶质纤维均发生坏死液化，成为无结构的同质状或网状物，随着崩解产物被吸收，病灶局部染色变浅，质地疏松呈筛孔状。脑内液化性坏死灶的形态，主要有两种表现形式：一种是病灶范围较大，边缘不整，染色淡，病灶内浸润的细胞较少，主要是泡沫样细胞，以及少量星状胶质细胞和个别中性粒细胞。另一种坏死灶的范围较小，边缘整齐，圆形或椭圆形，坏死灶内浸润的细胞较多，主要为星状胶质细胞，泡沫样细胞较少。第一种坏死灶一般发生在死前不久，因而细胞浸润少，区域较大，以组织崩解为主。而第二种坏死灶则发生较久，由于修复过程，使坏死灶外形整齐，区域缩小，细胞增殖较多。这两种表现形式实际上是同一病理过程的不同发展阶段。

其他器官，如心、肝、肾等实质性器官见出血、变性；肺淤血、水肿、间质明显增宽，可见多少不等的淋巴细胞浸润；胃肠道淤血或呈轻度卡他性炎。

（贾宁）

## 第十一节　口　蹄　疫

口蹄疫（foot and mouth disease，FMD）是由口蹄疫病毒（Foot and mouth disease virus，FMDV）引起的偶蹄动物的一种重要传染病，家畜中以牛、猪、绵羊、山羊易感。其病理特征是患病动物口腔黏膜以及蹄部和乳房皮肤等处发生水疱和溃烂。

临床上根据病型不同分为良性口蹄疫和恶性口蹄疫。

**1. 良性口蹄疫**　是最多见的一种病型，病死率低，主要在皮肤黏膜和少毛与无毛部的皮肤上形成水疱、烂斑等口蹄疮病变。口蹄疮的大小和位置，依动物的种类、机体抵抗力和病毒毒力的不同而异。

二维码 24-24
二维码 24-25

（1）牛口蹄疫：水疱主要位于唇内面、齿龈、颊、舌和腭，有时也见于鼻腔外口、鼻镜、食管和瘤胃。无毛部皮肤以乳头、蹄冠、蹄踵、趾间等处最为多见，肛门、阴囊和会阴部次之。水疱可达黄豆大、蚕豆大乃至核桃大，水疱液初呈淡黄色透明，后因水疱液内含有红细胞和白细胞而呈粉红色或灰白色。水疱破裂后，形成鲜红色或暗红色边缘整齐的烂斑（二维码24-24、二维码24-25、二维码24-26）。有的烂斑表面被覆淡黄色渗出物，干涸后形成黄褐色痂皮，经过5~10 d烂斑即被新生的上皮覆盖而愈合。如水疱破裂后继发细菌感染，病变可向深部组织发展而形成溃疡，在蹄部则可继发化脓性炎或腐败性炎，严重者造成蹄壳脱落。口蹄疫的特征性水疱病变，也见于牛瘤胃黏膜肉柱沿线的无绒毛处，形成黄豆大至蚕豆大的水疱，一般略呈圆形。水疱破溃后，形成周边隆起、边缘不齐、中央凹陷、呈红黄色的糜烂或溃疡，部分被覆黄色黏液样物，有的形成黑褐色痂皮。除肉柱沿线外，瘤胃的其他部位有时也可见水疱和溃疡。过去认为瘤胃黏膜的溃疡是恶性口蹄疫的特征，后来证实良性口蹄疫同样也能见到。皱胃和肠道黏膜仅呈现轻度炎症和出血斑点。

二维码 24-26

二维码 24-27

二维码 24-28

（2）猪口蹄疫：水疱主要发生在蹄冠、蹄踵和蹄叉等部位（二维码24-27），形成米粒大至蚕豆大水疱，水疱破裂形成糜烂，如无继发感染，病灶经1周左右即可痊愈。如继发感染细菌而侵害蹄叶，也可导致蹄壳脱落。猪的鼻镜（二维码24-28）、乳房也常发生病变，但在口腔多无典型变化，有时于唇、舌、鼻、齿龈和腭偶见有小水疱或烂斑。仔猪很少发生水疱病变，多半呈急性心肌炎而死亡。

（3）羊口蹄疫：绵羊和山羊的蹄底部和趾间可见到小水疱，常继发细菌感染导致蹄匣脱落。绵羊除在蹄部形成水疱病变外，母羊还常伴发流产。山羊的水疱病变多发生于硬腭和舌面，往往被忽视，但唇、颊常发生肿胀，甚至发展为蜂窝织炎。

不同动物口蹄疫的组织病理学变化基本相似，主要表现为皮肤和皮肤型黏膜的棘细胞肿大、变圆而排列疏松，细胞间有浆液性浸出物积聚，以后随病程发展，细胞彼此脱离，同时高度肿大呈球形，即发生气球样变。棘细胞层以上的颗粒层、透明层和角化层的细胞也变性肿胀，但细胞间连接尚未破坏，相互间连接呈细网状，故称为网状变性。气球样变和网状变性的细胞在蛋白酶作用下发生坏死、液化，形成早期的微细水疱，小水疱进一步融合形成肉眼可见的大水疱。水疱内容物内混有坏死的上皮细胞、白细胞和少量红细胞。此外，在变性的上皮细胞内还偶见折光性很强的嗜酸性包涵体小颗粒。

良性口蹄疫转归较好，水疱破溃后遗留的糜烂面经基底层细胞再生而修复。如病变部继发细菌感染，可导致脓毒败血症而致动物死亡。除在感染局部见化脓性炎灶外，还可在肺、蹄深层、骨髓、关节及乳腺等组织见转移性化脓灶等病变。

**2. 恶性口蹄疫** 此病型多见于机体抵抗力弱或病毒致病力强所致的特急性病例，也可因良性病例恶化而引起。病死率可达20%～50%。主要病变是变质性心肌炎和变质性骨骼肌炎。

在败血症基础上心肌和骨骼肌呈明显病变，其中成年动物骨骼肌病变严重，而幼龄动物则心肌病变明显。病变心肌呈灰白色或灰黄色，在室中隔、心房、心室肌的红褐色背景上，散在灰白色或灰黄色条纹状和斑点样病灶，状似虎皮斑纹，故称为"虎斑心"（tiger spot heart）。镜检，心肌纤维肿胀，呈明显的颗粒变性与脂肪变性，严重时见蜡样坏死。病程稍久的病例，在变性肌纤维的间质内，可见不同程度的巨噬细胞、淋巴细胞浸润；病程长时还见浆细胞和成纤维细胞增生，以至形成局灶性纤维性硬化和钙盐沉着。心脏中小型静脉周围有淋巴细胞、巨噬细胞浸润。小血管内皮肿胀、增生与脱落，血管壁纤维素样变，管腔内有透明血栓形成。

骨骼肌的病变多见于股部、肩胛部、臀部和颈部的肌肉，病变与心肌变化类似，即在肌肉切面可见有灰白色或灰黄色条纹和斑点。镜检，见肌纤维变性坏死，有时也可见钙盐沉着，但炎性细胞浸润通常较心肌为轻。

肝、肾实质变性，伴发局灶性坏死。镜检，肝细胞呈细胞水肿，偶有脂肪变性，窦状隙和中央静脉淤血，肝小叶中央部见凝固性坏死，周边部则见空泡变性。肾充血，肾小囊内有浆液性渗出物，肾小管上皮细胞颗粒变性，肾髓质内见局灶性坏死灶。

脑软膜充血、水肿，脑实质水肿。脑干与脊髓的灰质与白质常散发点状出血。镜检，神经细胞变性、尼氏小体溶解，神经细胞周围水肿，血管周围有淋巴细胞和胶质细胞增生，但细胞浓缩与噬神经元现象较少见。上述变化以脊髓（特别是腰段）、四叠体、海马回、尾状核及丘脑最明显，也可波及大脑皮层、延髓与小脑。神经节细胞空泡变性，尼氏小体溶解，有的细胞浓缩，其周围水肿，并见卫星细胞与淋巴细胞增生。

跗关节、腕关节的软骨面坏死溶解，形成糜烂或溃疡性缺损，其大小不等，周界不整，慢性时见肉芽组织增生。肾上腺皮质与髓质细胞萎缩、变性，髓质的嗜铬细胞消失，代之以增生的淋巴细胞和结缔组织。乳腺见浆液性炎。

恶性口蹄疫的口蹄疮变化常不明显。

**3. 并发症** 口蹄疫的并发症多为患部组织出现细菌性化脓性炎，可表现为化脓性皮炎或部分蹄壳的剥离、腱鞘炎、乳腺炎和胃肠炎等。病程延长者可出现心肌病、内分泌疾病（胰腺、肾上腺疾患）和不孕症。动物往往因生产性能低下而被淘汰。

（高丰、贺文琦）

## 第十二节　牛病毒性腹泻/黏膜病

牛病毒性腹泻/黏膜病（bovine viral diarrhea /mucosal disease，BVD/MD）是由牛病毒性腹泻病毒（Bovine viral diarrhea virus）引起牛的一种多呈亚临床经过或严重致死性的传染病。主要病理特征是消化道黏膜发生炎症、糜烂及肠壁淋巴组织坏死，腹泻、消瘦及外周血白细胞减少。

[剖检病变]　除尸体消瘦和脱水外，最明显的病变见于消化道黏膜。整个口腔黏膜，包括唇、颊、舌、齿龈、软腭和硬腭可见糜烂灶，咽部黏膜也有类似病变。食管黏膜的糜烂较严重，表现为大部分黏膜上皮脱落，最具特征性的病变是食管黏膜糜烂斑往往呈纵行排列。瘤胃黏膜出血、糜烂，瓣胃的瓣叶黏膜也见糜烂。皱胃黏膜炎性水肿，在胃底部皱襞中有多发性圆形糜烂区，边缘隆起，有时糜烂灶中有一红色出血区。小肠黏膜潮红、肿胀和出血，呈急性卡他性炎变化，尤以空肠和回肠较为严重。集合淋巴小结出血、坏死，形成局灶性糜烂，有时其表面覆有黏稠的红色黏液。盲肠、结肠和直肠黏膜常受侵害，病变从黏膜的卡他性炎、出血性炎发展为坏死性炎和溃疡。消化道所属淋巴结肿胀、充血、出血和水肿。颈部和咽背淋巴结也肿大，呈急性淋巴结炎变化。肝脂肪变性，部分病例的胆囊黏膜显示出血、水肿和糜烂，偶见继发性肺炎。鼻黏膜充血、出血及发生糜烂，约有10%病例伴发角膜混浊，但多为单侧性和暂时性。蹄冠部充血、肿胀，趾间可见糜烂和溃疡。全身皮下组织、阴道黏膜及心内外膜出血。

[镜检病变]　口腔、食管和前胃黏膜病变基本相同。主要是黏膜上皮细胞的空泡变性或气球样变乃至坏死、脱落和溃疡形成，固有层充血、出血和水肿，有数量不等的淋巴细胞、浆细胞及中性粒细胞浸润。皱胃除溃疡部黏膜缺损外，其余部分黏膜均完整无损，但胃腺呈现萎缩和囊肿样扩张。囊肿样腺体的壁细胞有的变性，有的肥大与增生。黏膜下层水肿、出血和中性粒细胞浸润。小肠下段肠管病变严重，开始为急性卡他性炎，以充血、出血、水肿和白细胞浸润为特征；继而则发展为纤维素性-坏死性肠炎，表现肠黏膜上皮细胞坏死、脱落，伴有纤维素渗出和溃疡形成；固有层肠腺扩张，腺上皮细胞肥大或增生，腺腔内蓄积细胞碎屑、白细胞与黏液；固有层毛细血管充血、出血、水肿，并见白细胞浸润（二维码24-29）。肠壁淋巴小结生发中心坏死。淋巴结和脾除表现充血、出血和水肿外，最为突出的变化是淋巴小结和脾白髓的淋巴细胞明显减少，生发中心坏死。髓索或脾索的浆细胞与嗜酸性粒细胞增多。肝表现肝细胞变性、坏死，狄氏隙显现（肝水肿），在汇管区、胆管周围以及肝小叶内可见由淋巴细胞和嗜酸性粒细胞组成的细胞性结节。胆管增生、肥大。肾表现肾小管上皮细胞变性、坏死，管腔内偶见尿管型，间质有轻度淋巴细胞灶状浸润。肺在支气管和血管周围有淋巴细胞、嗜酸性粒细胞、偶见浆细胞与巨噬细胞浸润。发育不全的小脑呈现浦肯野细胞和颗粒层细胞减少，小脑皮质有钙盐沉着及血管周围胶质细胞增生。

二维码24-29

（高丰、贺文琦）

## 第十三节　牛传染性鼻气管炎

牛传染性鼻气管炎（infectious bovine rhinotracheitis，IBR）又称为牛传染性坏死性鼻炎（infectious bovine necrotic rhinotracheitis）或"红鼻病"（rednose disease），是牛疱疹病毒1型（Bovine heresvirus 1）所导致的一种急性传染病，还可引起脓疱性阴道炎（或称交合疹）、结膜角膜炎、脑膜脑炎、流产等疾病。主要病理特征为呼吸道黏膜发炎、水肿、出血、坏死和形成糜烂。

根据病毒的入侵和感染部位不同,本病可分为呼吸道型、生殖道型、结膜型、流产型和脑膜脑炎型。

**1. 呼吸道型**　是最重要的一种类型。犊牛、特别是密集饲养牛群中的犊牛对本病异常敏感,多发生于长途运输或从牧场转入舍饲之后。常见发热、厌食、鼻腔流出黏液和脓性偶见带血的鼻漏。患牛咳嗽,呼吸困难,鼻黏膜高度充血呈红色,故俗称"红鼻病"。

[剖检病变]　无并发症的病例,仅见浆液性鼻炎,伴发鼻腔黏膜充血、水肿。但大多数病例,因伴发细菌感染,病变则较严重并常扩展到鼻旁窦、咽喉、气管和大支气管,表现为黏膜的卡他性炎,鼻翼和鼻镜部坏死。鼻旁窦黏膜高度充血,散布点状出血,窦内积留大量卡他性-脓性渗出物。有些病例,在窦腔内尚见纤维素性伪膜,撕去伪膜遗留糜烂区。纤维素性炎或化脓性炎还常蔓延到咽喉、气管,伴发咽喉部水肿,气管黏膜高度充血与出血,被覆黏液-脓性渗出物。在支气管黏膜与软骨环之间因蓄积水肿液,有时可使气管壁增厚达 2 cm 以上,管腔变窄。有时大支气管壁也呈严重水肿。患牛常因鼻腔、鼻旁窦积留的炎性渗出物蔓延而导致气管炎、支气管炎或纤维素性肺炎。

[镜检病变]　鼻腔黏膜上皮细胞显示空泡变性乃至坏死,黏膜面覆有纤维素性-坏死性伪膜,黏膜固有层小静脉和毛细血管充血,有数量不等的中性粒细胞与单核细胞浸润。在受损的上皮细胞核内可见嗜酸性包涵体。支气管黏膜上皮细胞和肺泡上皮细胞有时也可见包涵体。

**2. 结膜型**　由于病毒对黏膜具有亲嗜性,常引起角膜炎和结膜炎。这种病型的牛一般缺乏明显的全身反应。表现结膜下水肿,结膜上形成灰色坏死膜,呈颗粒状外观;角膜则呈轻度的云雾状。眼、鼻流出浆液性-脓性分泌物。此种病型有时也可与呼吸道型同时发生。

**3. 生殖道型**　患病母牛外阴肿胀,会阴部被毛染有血样渗出物。外阴、阴道黏膜潮红肿胀,并有水疱或脓疱形成,颜色为水样透明到橙红色。大量的水疱或脓疱使阴道前庭和阴道壁呈颗粒状外观,阴道底部聚集黏液样或黏液性-脓性渗出物。有些严重的病例,水疱或脓疱密集,相互融合在一起,形成一层淡黄色的坏死膜,当擦拭或自然脱落后遗留溃疡灶。镜检,生殖道受损黏膜上皮细胞坏死,黏膜固有层见炎性反应,黏膜上皮细胞核内可见包涵体。

公牛感染后,阴茎和包皮见类似于母牛外阴和阴道的病变,受侵组织也形成脓疱而呈颗粒状外观,但多在两周内痊愈。有的病牛伴发睾丸炎。

**4. 流产型**　死胎一般在死后 24～36 h 被排出,常见严重的死后自溶。流产胎儿的胎衣通常表现正常。胎儿的皮肤水肿,浆膜腔积有浆液性渗出物,浆膜下出血。肝、肾、脾和淋巴结散布坏死灶,并有大量白细胞浸润。流产胎儿坏死的脾组织中可见多核巨细胞(二维码 24-30)。在各组织病灶边缘的细胞中可发现核内包涵体。

二维码 24-30

**5. 脑膜脑炎型**　本型只发生于犊牛,发病率低,但病死率高达 50% 以上。剖检脑部无明显的眼观病变。镜检,呈非化脓性脑膜脑炎变化,特点是神经元坏死,星形胶质细胞和变性的神经元出现核内包涵体,血管周围见淋巴细胞性管套,软脑膜有单核细胞浸润。

(高丰、贺文琦)

## 第十四节　牛海绵状脑病

牛海绵状脑病(bovine spongiform encephalopathy,BSE)俗称"疯牛病"(mad cow disease),是牛的一种慢性致死性传染病。BSE 的组织病理学变化和临床症状与人的库鲁病(Kuru disease)、克-雅二氏病(Creutzfeldt-Jacob disease)以及绵羊痒病相似,这类疾病与朊病毒(Prion)感染有关,故被统称为朊病毒病(prion disease)。本病的特征是病牛精神失常、共济失调、感觉过敏和中枢神经系统灰质空泡化。

本病的病变主要集中于中枢神经系统，但剖检病变不明显。

[镜检病变] 以脑干灰质的空泡化为特征（二维码 24-31、二维码 24-32、二维码 24-33），其空泡样变的神经元呈双侧对称分布；脑组织中淀粉样核心周围有海绵样变性形成的"花瓣"，组成雏菊花样病理斑。构成神经纤维网的神经元突起内有许多小囊状空泡（脑海绵样变），神经元胞体膨胀，内有较大的空泡，同时伴有脑神经元数目减少。空泡样变主要分布于延髓、中脑部中央灰质区、丘脑、下丘脑侧脑室、间脑。而小脑、海马区、大脑皮质、基核的空泡样变性比较轻微。大脑出现淀粉样变，淀粉样颗粒经免疫组化染色证明为 SAF。病牛无炎症反应和免疫反应。

电镜观察：痒病相关纤维蛋白（SAF）是 PrP 的衍生物，可用电镜进行检查。

### [附] 绵羊痒病

绵羊痒病（scrapie）是绵羊的一种缓慢发展的、致死性中枢神经系统变性疾病。其病理特征是共济失调、痉挛、麻痹、衰弱和严重的皮肤瘙痒，病羊 100% 死亡。本病可作为可传染性海绵状脑病（transmissible spongiform encephalopathy, TSE）的原型。

本病主要发生于 3~5 岁的绵羊，而 1.5 岁以下的幼龄绵羊则罕见，可见本病具有较长的潜伏期。病变主要限于中枢神经系统。尸体消瘦，剖检仅见摩擦和啃咬引起的皮肤创伤，内脏常无肉眼可见病变。组织病理学检查，患畜脑干和脊髓呈现的典型病变为中枢神经组织空泡变性，广泛的星形胶质细胞增生和肥大，无炎症反应，两侧呈现对称性的退行性变化，即神经元内出现一个或多个空泡，空泡呈圆形或卵圆形，界限明显（二维码 24-34、二维码 24-35）。神经基质空泡化而呈现海绵状疏松，基质纤维分解形成许多小孔。神经元空泡化主要见于延髓、脑桥、中脑、脊髓，大脑通常不受侵害。健康羊偶尔也可见空泡，但数量较少，每个视野一般不超过 1 个，患痒病的则较多。

（赵德明）

二维码 24-31

二维码 24-32

二维码 24-33

二维码 24-34

二维码 24-35

## 第十五节 蓝 舌 病

蓝舌病（bluetongue，BT）是由库蠓属蚊虫传播的一种反刍动物的非接触性传染病，病原是蓝舌病病毒（Bluetongue virus，BTV）。急性病例临床特征是发热、白细胞减少，以及鼻和消化道黏膜炎症、出血和/或坏死。慢性病例表现为真皮炎、趾间和黏膜表面水疱与糜烂。病理特征为弥散性血管内凝血、微血栓形成、多组织缺血性坏死、出血性素质。

### （一）绵羊蓝舌病

[剖检病变] 急性病例口腔和鼻腔黏膜充血，出现流涎及鼻漏。眼睑和结膜充血和水肿，唇、耳、下颌间水肿。嘴唇和齿龈可出现局灶性出血，舌水肿、淤血或发绀，故称为蓝舌病。舌边缘出现糜烂与溃疡，舌面黏膜大部分脱落。表皮脱落和溃疡也发生于颊黏膜、硬腭以及齿龈。蹄冠、蹄踵、蹄叉间充血，蹄冠肿胀，蹄叶斑点状出血明显。这些出血以棕色线条的形式持续保留在蹄壳内，随着蹄壳的生长，此线条也随之延伸。皮下、肌间浆液性或血样水肿。浅表淋巴结肿大、多汁。咽部、喉部水肿，点状或斑状出血。整个尸体可见局灶性或弥漫性肌肉变性的灰白色条纹、出血点或出血斑。证病性病变是肺动脉基底部血管中膜局部点状或斑状 [1 cm×（2~3）cm] 出血，从肺动脉的内膜和外膜表面均可见到。在心的主动脉基底部、心内膜和心外膜有时也见点状出血，心室乳头肌的深部和心肌的其他部位可能有坏死灶。在严重

病例，由于肺微血管受损和心力衰竭，肺出现紫红色外观，小叶间质明显水肿。咽或食道肌肉发生变性的动物生前出现吞咽困难或食物逆流（外喷），剖检可见异物性肺炎。

在后期病例中，瘤胃乳头与肉柱、网胃皱襞黏膜见溃疡、充血或星状瘢痕形成。皱胃黏膜点状出血，幽门浆膜下充血。肠黏膜淤血，大肠黏膜偶见出血。胆囊黏膜也有点状出血。肾常淤血，膀胱、尿道、阴门或阴茎包皮有点状出血。

妊娠羊出现流产、产死仔或弱仔或产出各种先天性缺陷胎羊，这取决于感染时的胎龄，如在妊娠初期感染BTV，可引起胎儿的积水性无脑畸形。

[镜检病变] 急性病例组织受损处有微血栓形成、水肿和出血。在皮肤和皮肤型黏膜中，真皮乳头毛细血管受损，表皮细胞发生水泡变性和坏死。在无并发症的慢性病例，皮肤和皮肤型黏膜组织中有局灶性中性粒细胞和单核细胞浸润。如有溃疡形成，则见大量中性粒细胞浸润。

### （二）牛蓝舌病

在本病的地方流行性地区，牛多呈隐性感染，病死率低，且常见继发感染。牛实验性感染BTV经6~8 d的潜伏期后，可见发热、食欲丧失及白细胞减少，乳牛可能出现产乳量下降。黏膜和少毛处的皮肤发红，尤其是乳房和乳头最明显。口唇、结膜水肿，流涎。病情发展几天之后，黏膜有较剧烈的充血和淤血。齿龈、舌面或颊黏膜出现溃疡，以齿龈部的溃疡最为常见。鼻镜上皮细胞可发生坏死。有些牛出现肌肉强直和蹄叶炎。严重病例蹄壳脱落。其他皮肤受损处也可见坏死上皮细胞的结痂、脱落或龟裂，但皮肤的糜烂性或溃疡性病变容易愈合。在急性期，受损组织的小血管内可查到病毒性抗原和血栓形成。

感染蓝舌病的母牛可产出齿龈过厚、大舌头、上颌骨异常、侏儒，或呈转圈和四肢挛缩表现的异常犊牛。有时犊牛出现脑的空洞畸形、积水性无脑畸形以及关节弯曲。

（简子健）

## 第十六节 绵羊进行性肺炎

绵羊进行性肺炎（ovine progressive pneumonia，OPP）又称绵羊梅迪/维斯纳病（Maedi/Visna disease，MVD），是梅迪/维斯纳病毒（Maedi/Visna virus，MVV）引起绵羊的一种慢性进行性传染病。临床特征为消瘦、呼吸困难、跛行、麻痹、乳房硬化、新生羔羊体重下降。病理特征为脱髓鞘性脑膜脑脊髓炎、淋巴细胞性肺炎、关节炎与乳腺炎等。

MVV的主要靶器官是肺、乳腺、脑、关节以及器官内血管，均表现为淋巴细胞性间质性炎症。

（1）肺：

[剖检病变] 仅限于肺和肺门、纵隔淋巴结（二维码24-36）。肺膨隆，均匀增大，质量显著增加，从正常300 g左右增至800~1 800 g。在无并发其他肺炎的病例中，肺呈杂斑状的灰色至棕灰色，肺胸膜表面光滑，富有光泽。在肺尖叶的腹面区有晶石样病灶，在看似无病变区的淡棕色背景上有不规则灰白色斑（二维码24-37）。肺病灶增大时呈网状分布。在严重的区域，有出血性灰白色硬变。依据病变融合程度的不同，肺质地从柔软的橡皮状（气肿型）至中等硬度（实变型）。肺切面湿润，但不流出液体。当并发支气管肺炎时，肺尖叶腹面呈典型的实变区，气道内充满脓液。严重时，支气管淋巴结和纵隔淋巴结肿大，达正常的2~3倍，有大小不等的单发性或多发性脓肿形成与粘连，淋巴结柔软、呈灰白色，切面皮质区增厚。

二维码24-36

二维码24-37

[镜检病变] ①血管、支气管及细支气管周围，见散在的淋巴滤泡增生，有的有明显的生发中心（二维码 24-38）。②平滑肌增生，尤其是终末细支气管和肺泡管内最为明显，也可蔓延至邻近的肺泡壁（二维码 24-39）。肺泡隔因淋巴细胞和巨噬细胞浸润而增厚（二维码 24-40）。③间质纤维化不明显或缺乏。④部分肺泡上皮立方状化生。⑤肺泡腔内渗出物稀少。在无并发症的 MVV 性肺炎中，肺泡中可见以肺泡巨噬细胞为主的炎性细胞和少量碎屑，有时可见多核巨噬细胞。

二维码 24-38

(2) 脑：无明显剖检病变。个别病例可见脑膜轻度充血，软脑膜增厚。

[镜检病变] 见散在性脱髓鞘性脑脊髓白质炎，轻度至重度单核细胞性脉络膜脑膜脑脊髓炎，伴发血管周围管套和神经胶质增生。软脑膜炎极为常见，在感染后 1~2 周即可出现，可持续 6~7 年。初期病变主要位于脑室系统和脊髓中央管的室管膜下的灰质和白质，见淋巴细胞、浆细胞、巨噬细胞浸润。除明显坏死区外，在炎症区内的神经元完好，但通过病毒抗原定位可显示星形胶质细胞、少突胶质细胞以及小胶质细胞含有病毒。脊髓中有髓神经纤维的病变为散在性，因髓鞘脱失而形成的空斑具有特征性。脊髓背索和外侧索最常发生对称性受损。严重的病灶可发生软化，空斑内出现大量小胶质细胞和星形胶质细胞。脊髓神经根部偶可发生炎性变化，但外周神经的炎症极为罕见。

二维码 24-39

(3) 乳腺：MVV 感染母羊经常出现双侧乳腺炎。乳房病变出现较早，发病率高。临床表现为泌乳量减少，断乳前羔羊生长缓慢，断乳体重降低，死亡率高。双侧乳房进行性萎缩和硬化。在实验病例中，母羊的乳房组织内很快出现 MVV，MVV 可在乳腺细胞内复制，随着感染的持续，乳腺病变加重。

二维码 24-40

[镜检病变] 乳腺间质、小叶间乳导管周围出现局灶性或弥漫性淋巴细胞浸润，并可形成生发中心明显的淋巴滤泡，压迫乳导管，使导管管腔变窄甚至闭塞。淋巴细胞浸润也见于小叶内导管周围、小叶内间质、腺泡上皮间和腺泡腔内、导管腔内。浸润的细胞中还有少量浆细胞，罕见中性粒细胞。在 MVV 感染后期，乳腺内浸润的炎性细胞和 MVV 的直接破坏作用使乳腺腺泡与导管上皮细胞变性、脱落，但很少发生纤维化。乳房上淋巴结的组织学病变与纵隔淋巴结相似。

(4) 关节与滑膜：在自然感染的慢性病例中，多发性关节炎引起严重跛行，尤其是腕关节、跗关节，表现为关节肿大、变形。用 MVV 弱毒株实验性感染羊的腕关节时，发现淋巴细胞增生性滑膜炎。眼观关节不肿大、关节液正常。

[镜检病变] 自然病例病变骨关节变形，滑膜有淋巴细胞增生，软骨表面有血管翳和软骨侵蚀斑形成。人工感染病例轻度感染时，滑膜细胞不增生，在滑膜下层有弥散性或密集的淋巴细胞浸润，有时使滑膜隆起，密集的淋巴细胞浸润灶呈滤泡状，无生发中心。严重感染时，滑膜细胞可明显增生到 5 层细胞以上，形成粗短绒毛，绒毛充血、出血，绒毛内淋巴细胞密集浸润呈滤泡状。淋巴细胞排列呈短索状、小灶性或弥散性侵入滑膜间质，甚至深入关节囊纤维层，但不侵害关节软骨。

(5) 其他组织器官：MVV 感染母羊的卵巢可出现不同程度的卵泡炎。在成熟卵泡的卵泡液中有局灶性或弥散性淋巴细胞、中性粒细胞浸润。卵泡壁颗粒细胞层破坏，并有淋巴细胞、中性粒细胞通过卵泡膜渗出到卵泡液中。在 MVV 感染的公羊中，可见慢性间质性睾丸炎。MVV 可在睾丸组织的血管内皮细胞和睾丸上皮细胞内复制，引起曲精小管基膜和精细胞间淋巴细胞、巨噬细胞浸润，使睾丸体积变小、硬度增加。

（简子健）

## 第十七节　绵羊肺腺瘤病

绵羊肺腺瘤病（sheep pulmonary adenomatosis，SPA）又称驱赶病（Jaagsiekte）、绵羊肺腺癌（ovine pulmonary adenocarcinoma），是绵羊自然发生的一种传染性较低的腺癌病，病原为绵羊驱赶病反转录病毒（Jaagsiekte sheep retrovirus，JSRV）。临床特点为咳嗽、呼吸困难、伴发呼吸湿啰音，无运动耐力，经常流出一种水样鼻漏。病理特征为起源于Ⅱ型肺泡上皮和克拉拉细胞（Clara cell，即无纤毛细支气管上皮细胞）的腺瘤。

二维码 24-41

[剖检病变] 绵羊自然病例与实验病例的大体病变相似。剖检病变局限在肺，但偶尔也侵犯胸腔内的淋巴结。病变分为典型和非典型两种。典型病例在低头或做小推车实验时（wheel-barrow test）可从鼻孔流出大量稀薄的液体（二维码 24-41），病羊气管内充满白色带气泡的液体（二维码 24-42）。肿瘤病变明显出现在所有肺叶的前下部，最初为散在的灰白色小结节，周边有时出现气肿区。出现临床症状的绵羊有大量灰白色坚实的结节和融合性病变，病变严重时几乎波及整个肺组织，肺体积增大，质量增加，质地变实（二维码 24-43）。肿瘤切面湿润，轻轻按压可见泡沫状液体流出。严重病变的中心失去其柔韧性，且开始出现纤维化。在非典型病变中，早期和晚期肿瘤都有较多的结节，质地硬实，周界清晰，切面干燥，通常位于膈叶。有些病例可能并发支气管肺炎、寄生虫性肺炎、慢性进行性肺炎或发生这些疾病的混合感染。

二维码 24-42

二维码 24-43

[镜检病变] 是以终末细支气管、肺泡管和肺泡增生为特征的一种混合型腺癌（mixed adenocarcinoma），由排列在肺泡壁上的立方状或柱状细胞多发性增生和突出于肺泡腔的乳头状增生所组成（二维码 24-44）。在肺泡和终末细支气管常有数个上皮细胞肿瘤性增生灶。肿瘤细胞起源于Ⅱ型肺泡上皮细胞和克拉拉细胞，后者是细支气管和终末细支气管黏膜中的一种无纤毛的柱状分泌细胞，大多数呈乳头状增生，也呈腺泡状或偶尔为实心状。在局灶性肿瘤周围的肺泡腔内可发现大量脱落的肿瘤性上皮细胞和巨噬细胞（二维码 24-45）。肿瘤一般表现出一种良性组织学变化，核分裂象少，在有的病例发现胸腔内淋巴结的转移灶。但在以色列绵羊中，据报道有 50% 的病例发现肿瘤转移。非典型病例的组织学病变与典型的基本相同，但是肿瘤的间质有严重的单核细胞浸润和结缔组织增生。

二维码 24-44

二维码 24-45

电镜观察：肿瘤起源于肺泡Ⅱ型上皮细胞和克拉拉细胞。SPA 肿瘤细胞保持着起源部位细胞的微绒毛和细胞间桥粒。立方状细胞内通常有Ⅱ型上皮细胞特征性的板层状小体（二维码 24-46），而柱状细胞内含有克拉拉细胞所共有的分泌颗粒和糖原。

（简子健）

二维码 24-46

## 第十八节　羊传染性脓疱

羊传染性脓疱（contagious ecthyma）又称羊传染性脓疱性皮炎，俗称羊口疮，是由传染性脓疱病病毒（Contagious ecthyma virus）引起人兽共患的接触性传染病。其病理特征是在口腔黏膜、唇、鼻部等处皮肤形成丘疹、水疱、脓疱、溃疡和厚痂。

病变通常开始于唇部，沿唇边缘蔓延至口鼻部。有时最早的病变发生于眼周围的面部。重症病例，病变还可见于齿龈、齿板、硬腭、舌和颊等部位。

[剖检病变] 初期皮肤出现红色斑点，很快转变为结节状丘疹，再经短暂的水疱期而形成脓疱。脓疱破裂后形成灰褐色、质硬、隆突的痂，痂较周围皮肤高 2~4 mm。良性经过时，硬痂逐渐增厚、干燥，1~2 周后自行脱落，局部损伤经再生而修复。重症病例，病变部可以

扩大且相互融合，形成大面积硬痂，波及整个口唇及其周围与颜面、眼睑等部位，其表面干燥并具有龟裂（二维码 24-47）。如继发感染化脓菌或坏死杆菌，则可招致化脓或深部组织的坏死。口腔黏膜的病变为出现水疱、脓疱，其周围有红晕围绕，它们破裂后形成深浅不一的糜烂。病变蔓延至食管和瘤胃极少见。蹄的病变较唇的少见，在蹄冠、趾间隙和蹄球部发生水疱、脓疱，破裂后形成溃疡。重症例病变可蔓延至系部和球节的皮肤。由病羊羔传染时，母羊乳头部皮肤也可发生同样的病变。

二维码 24-47

[镜检病变] 见棘细胞层外层的细胞肿胀和水泡变性、网状变性，表皮细胞明显增生，表皮内小脓肿形成和鳞片痂集聚（二维码 24-48）。通常在感染后 30 h 由于颗粒层和棘细胞层外层的细胞肿胀而导致局部表皮增厚（假棘皮病），其胞质嗜碱性。至感染后 72 h，上述细胞发生明显的水泡变性，胞核浓缩，变性细胞还保持联系而形成网状，即导致网状变性。表皮细胞的增生很明显，基底层细胞的有丝分裂象很多，表皮显著增厚，增生的基底层细胞向下生长入真皮，形成长嵴状。内层的棘细胞发生水泡变性，严重时呈气球样变，进而破裂形成水疱，水疱可扩大、融合；随着中性粒细胞的浸润和坏死，水疱转变为脓疱。在变性的表皮细胞内可见嗜酸性胞质包涵体，其持续时间为 3 d 或 4 d。真皮的病变为充血、水肿和血管周围单核细胞浸润，同时见中性粒细胞渗出并游走进入表皮。脓疱增大、破裂，局部形成由角化细胞、不全角化细胞、炎性渗出液、坏死的中性粒细胞、坏死细胞碎屑和细菌集落等组成的痂。

二维码 24-48

（高丰、贺文琦）

## 第十九节　小反刍兽疫

小反刍兽疫（peste des petits ruminants，PPR）又称羊瘟，是由小反刍兽疫病毒（Peste des petits ruminants virus，PPRV）引起小反刍动物的一种急性接触性传染病，山羊和绵羊易感，而山羊发病率和病死率高。该病于 1942 年首先发生于西非科特迪瓦，现主要流行于非洲西部、阿拉伯半岛、中东国家和亚洲部分地区。2007 年，我国首次于西藏发生小反刍兽疫疫情，2014 年在全国多地流行。本病以发热、眼鼻分泌物增加、口鼻黏膜糜烂坏死、肠炎和肺炎为主要病理特征。

[剖检病变] 口腔黏膜、齿龈、眼睑结膜和直肠黏膜潮红，继而发展为黏膜广泛性损伤，形成灰白色坏死灶。初为白色点状，后汇合成片，其表面被覆一层由浆液性渗出和脱落上皮碎屑构成的黄色伪膜，刮去伪膜和坏死物可见红色的糜烂区。发病初期多在下齿龈周围出现小面积坏死，严重病例迅速蔓延到唇、齿垫、腭、颊、舌、咽、喉和食道上 1/3 处。舌、咽、喉和食道呈条状坏死或糜烂（二维码 24-49）。后期在口、鼻周围和下颌出现结节和脓疱。

二维码 24-49

瘤胃、网胃、瓣胃很少有损伤，皱胃则常见出血、坏死和糜烂病灶。小肠有少量的出血条纹，大肠皱褶可见小的红色出血点，回肠、盲肠、盲结肠结合部和直肠表面严重出血、坏死、糜烂和溃疡，特别在结直肠结合部出现特征性的线状、条带状或呈斑马纹样出血（二维码 24-50）。

二维码 24-50

淋巴结肿大质软，肠系膜淋巴结最为明显。脾肿大，质软，切面呈红色，且有坏死性病变。扁桃体肿大，出血。

鼻腔黏膜、鼻甲骨、喉和气管等处有出血点。肺和支气管黏膜表面有出血点，呼吸道黏膜坏死、增厚。气管内可见大量泡沫状血样液体。常继发感染巴氏杆菌，肺呈暗红色或紫色区域，触摸质地变实、坚硬呈肝样变，切面有黄色液体渗出，有的病例切面可见多灶性化脓灶，主要见于肺尖叶和心叶。肺表面有纤维素样物质，肺与胸壁粘连。同时可见肺气肿和胸腔积水。

肝色泽苍白，质脆易碎。有的病例切面可见灰白色小坏死灶。

[镜检病变] 口腔、唇、舌、腭黏膜上皮细胞空泡变性、坏死和崩解。一些变性严重的上皮细胞高度肿大，出现胞质内或核内嗜酸性包涵体，黏膜固有层巨噬细胞和淋巴细胞浸润。

小肠绒毛减少并变短。黏膜层水肿，黏膜上皮细胞变性、坏死，固有层轻度至中度巨噬细胞和浆细胞浸润，中度至重度充血。杯状细胞显见，充满黏液。集合淋巴小结结构破坏，淋巴细胞减少。黏膜下层水肿。大肠充血、出血，黏膜层和黏膜下层巨噬细胞浸润。腺上皮细胞变性、坏死，尤其十二指肠、空肠和回肠明显。

肠系膜淋巴结皮质淋巴细胞坏死，坏死区域细胞稀少且多见核碎片，其中缺乏成熟的淋巴细胞，网状细胞显见。髓质充血，水肿，炎性细胞浸润。其他淋巴结和脾病变较肠系膜淋巴结较轻微。扁桃体可见严重出血。

肺部呈卡他性或间质性肺炎变化。肺泡腔可见较大的巨噬细胞和大小不一可含几个到50多个核的合胞体细胞，一些合胞体细胞胞质和核内见嗜酸性包涵体。肺泡上皮细胞增生，使肺泡隔增厚。支气管和细支气管上皮细胞变性、坏死、脱落，有时可见上皮细胞呈鳞状化生。管腔内充满渗出液、脱落的上皮细胞和巨噬细胞，有的病例上皮细胞胞质内有嗜酸性包涵体。继发细菌感染的病例，可见浆液、纤维素和大量中性粒细胞渗出。

肝细胞发生凝固性坏死，坏死细胞核浓缩或核破碎。汇管区胆管上皮细胞增生。

肾近曲小管上皮细胞变性肿胀，使管腔变狭窄或闭塞。

（刘永宏）

## 第二十节 新 城 疫

新城疫（Newcastle disease，ND）是由新城疫病毒（Newcastle disease virus，NDV）引起禽类的一种急性、高度接触性传染病。该病发病急，病死率高，是严重危害养鸡业的重要疾病。其病理特征是淋巴组织坏死、固膜性肠炎和非化脓性脑膜脑炎。

由于NDV的毒力、禽个体敏感性和免疫状况不同，临床症状和病理变化也有差异。一般将ND分为5个病型，即速发嗜内脏型新城疫（velogenic viscerotropic newcastle disease，VVND，又称Doyle型）、速发嗜脑肺型新城疫（velogenic pneumoencephatropic newcastle disease，VPND，又称Beach型）、中发型新城疫（mesogenic newcastle disease，MND，又称Beaudette型）、缓发型新城疫（lentogenic newcastle disease，LND，又称Hitchner型）以及缓发嗜肠型新城疫（lentogenic enterotropic newcastle disease，LEND）。其中，前两种是由强毒株引起的，第三种是由中等毒力毒株引起的，而后两种则是由低毒力毒株引起的。我国发生的ND主要以速发嗜内脏型新城疫为主，有时也可见到速发嗜脑肺型新城疫。根据流行病学、临床症状及病理变化特点，可将速发嗜内脏型新城疫和速发嗜脑肺型新城疫分为典型新城疫和非典型新城疫两种。

### （一）典型新城疫

**1. 速发嗜内脏型新城疫** 该型主要呈现败血症、胃肠道卡他性炎或出血性-坏死性炎、后期的非化脓性脑炎等病理变化，以全身泛发性出血、腺胃乳头出血和肠道的局灶性坏死性炎最具特征。

[剖检病变]

口腔和咽喉：口腔中常有多量黏液，黏膜上出现芝麻至粟粒大小的稍干燥、隆起的黄白色坏死灶，这是由于病变部黏液腺坏死，并与渗出的纤维素相凝结而成的。该变化多见于全身症状及病变显著的病鸡。

食管和嗉囊：食管黏液腺分泌亢进，其黏膜上附着多少不一的无色透明的黏液。嗉囊扩张，其内充满酸败的液体及食物。

腺胃和肌胃：主要呈现出血性炎和坏死性炎的变化，是消化道病变最显著的部位之一。腺胃黏膜上附着多量透明的或脓样黏液。胃腺肿胀，呈丘状隆突，胃腺排泄孔中常见脓栓样物。在多数病例的腺胃乳头周围，有鲜红色或暗红色出血点和出血斑，有的在出血斑的中心有针尖大小的坏死灶（二维码24-51）。食道与腺胃交界处以及腺胃与肌胃交界处，常见出血条带和出血斑点。肌胃角质层下也常见红色斑状、线状或点状的充血和出血。

小肠：主要呈现卡他性-出血性炎和局灶性纤维素性-坏死性炎的变化。早期可见肠黏膜充血肿胀，其上有浆液或黏液覆盖。淋巴滤泡肿胀并向黏膜面突出。随后小肠明显出血，尤以十二指肠最严重，肠黏膜面出现大小不一的出血斑点。继而在十二指肠后端以及空回肠出现大小不一、数量不等的坏死灶（二维码24-52）。坏死灶表面因覆盖坏死物、漏出的血液和纤维素而显著隆起，呈岛屿状，与周围组织界限明显。坏死灶多发生在出血灶和肿胀的淋巴滤泡部位，向下发展可达黏膜下层乃至肌层，以致在肠浆膜面即可看到坏死灶。若用刀刮除坏死灶表面病理产物，则暴露出其下的灰黄色的溃疡面。溃疡周围有一红色炎性反应带。

盲肠：病理变化也很显著。除卡他性-出血性炎外，也可见到局灶性纤维素-坏死性炎的变化。坏死灶大小不一，小如针尖，大到黄豆或蚕豆大小。盲肠扁桃体也肿大、出血和坏死。

直肠和泄殖腔：多呈现卡他性炎的变化。黏膜充血和出血，其上有浆液或黏膜覆盖。严重病例的黏膜上可见到多个粟粒大小的坏死灶。

本型上述肠道病变的程度，多取决于病程的长短，若疾病为最急性经过，则病变轻微；若病程延长，则肠道病变显著而具特征性（二维码24-53）。

其他脏器：肝变化不明显，仅见轻度充血肿大，色彩斑驳，被膜下偶见针尖大小的坏死灶。胰、脾、法氏囊、肾上腺、甲状腺、卵巢及睾丸等均见不同程度的充血、出血、变性和坏死的变化。心、肺、肾、脑膜、子宫也可见充血、出血和水肿的变化。

[镜检病变]

腺胃：腺胃黏膜上皮细胞变性、坏死或脱落，固有膜及黏膜下层充血、出血，淋巴细胞浸润及浆液渗出，腺体细胞变性或坏死。腺管中分泌物蓄积，管腔扩张，其内充满坏死细胞或碎屑。

肌胃：角质层下可见局灶性淋巴细胞浸润和浆液渗出，也有大小不一的出血灶。

肠：黏膜上皮细胞变性或坏死脱落，腺上皮细胞变性、坏死，固有层中有大量淋巴细胞浸润和浆液渗出。各段肠管均可见到处于不同发展时期的坏死灶。较大的坏死灶大多是在肠壁深部的集合淋巴滤泡变性坏死的基础上发生的。病变早期，淋巴滤泡中的淋巴细胞大多变性肿大，随后坏死崩解，使整个淋巴滤泡失去原有形态结构，随着炎症向周围蔓延，周围组织相继发生坏死，坏死的淋巴滤泡则与周围的坏死组织融为一体，形成一个坏死灶（二维码24-54）。由于坏死部的小动脉和小静脉壁发生纤维素样坏死，可继发血栓形成和血管破裂，同时血管内皮细胞也遭到破坏，从而引起该部的严重出血与血浆浸润，导致坏死组织中出现大量红细胞、血浆凝结物和纤维素，形成肉眼所见的较早期的出血性坏死灶。随着疾病的发展，坏死向黏膜层、黏膜下层和肌层发展，坏死范围扩大，坏死灶中漏出的红细胞相继崩解，血红蛋白弥散，坏死灶表面被数量不等的细菌团块、脱落坏死的上皮细胞、崩解的白细胞、大量的纤维素和黏液覆盖。坏死灶周围血管扩张充血，并有多量淋巴细胞浸润。这样形成肉眼所见略高出于黏膜表面的呈岛屿状的灰黄色坏死灶。

肝：肝细胞水肿，肝实质内可见到微小的由肝细胞坏死崩解所形成的坏死灶。

脾：呈现局灶性坏死和浆液性-纤维素性渗出两种病理变化。局灶性坏死始发于鞘动脉外周的网状组织中，以后波及邻近的淋巴组织，引起淋巴细胞变性、坏死和数量减少。坏死灶中心的鞘动脉内皮细胞肿胀、坏死或脱落，外壁细胞排列疏松，严重时管壁一部分或全部发生纤维素样坏死。坏死灶周围可见浆液及纤维素渗出。疾病严重时，坏死灶相互融合形成更大范围的坏死区。

胸腺及法氏囊：两者变化基本相同，即淋巴细胞呈现变性、坏死变化。血管扩张、充血和出血，浆液渗出。胸腺小体和法氏囊的淋巴小结坏死崩解，间质中淋巴细胞浸润。

脑脊髓：常见脑炎及脑膜脑炎的变化，病变多出现在延脑、小脑及脊髓，有时出现在大脑。病变部脑膜血管扩张充血、浆液渗出及淋巴细胞浸润，有时见脑组织广泛性水肿。病程延长时，可见脑实质中神经细胞变性、坏死，胶质细胞增生，血管周围淋巴细胞、巨噬细胞浸润并形成管套。

心及血管：全身各处血管扩张充血和出血，血管内皮细胞变性、肿胀或坏死，部分小动脉和小静脉壁变性水肿，毛细血管常有透明血栓。心肌细胞变性、肿胀，心肌纤维间常见淋巴细胞浸润和浆液渗出。

**2. 速发嗜脑肺型新城疫** 本型也是由强毒株引起的，病毒主要侵害呼吸系统和神经系统，呈现肺炎、脑炎及脑膜炎的变化（二维码24-55），而消化道及其他系统变化不明显。

二维码24-55

病鸡鼻腔、喉和气管内常有浆液或黏液渗出，气管黏膜有时出血。多数病例有气囊炎的变化，表现为气囊增厚，气囊上皮变性、肿胀，基质结缔组织水肿，并有大量淋巴细胞、巨噬细胞浸润。气囊中有浆液及纤维素渗出，有的渗出物呈干酪样。肺因含血量增多及液体渗出而膨大并呈暗红色，后期可发展为支气管性肺炎。脑膜充血和出血，脑实质呈现非化脓性脑炎的变化，表现为神经细胞变性、坏死，胶质细胞增生，有噬神经元现象和卫星现象，血管周围有淋巴细胞、巨噬细胞性管套形成。

### （二）非典型新城疫

非典型新城疫多由强毒力型NDV引起，主要发生于已进行了ND免疫接种，但一些个体的抗体水平仍处于临界保护水平以下的鸡群。以发病率不高、临床症状不明显、病理变化不典型、病死率较低、产蛋率急剧下降为主要特征。非典型新城疫可发生于任何年龄的鸡，但雏鸡更易发生。雏鸡或幼龄鸡发生非典型ND时，常并发其他疾病（如传染性法氏囊病）或诱发其他疾病（如大肠杆菌病），使病变具有多样性。

**1. 雏鸡** 剖检病变主要是上呼吸道呈现卡他性炎变化，表现为鼻腔、喉头和气管黏膜充血、水肿，有大量黏液，有的气管呈现环状出血。胃肠道变化不明显，仅见腺胃乳头水肿。脑膜充血，有少量出血点，血管扩张充血。肺充血肿胀。

**2. 青年鸡** 剖检病变为喉头、气管黏膜显著充血、出血，部分病鸡的腺胃黏膜有少量出血点。小肠呈现卡他性炎的变化，其黏膜充血肿胀，并覆盖较多的黏液，有的肠黏膜轻度出血。有的病鸡呼吸道症状不明显而神经症状则较为突出。镜检见其脑膜及脑实质血管明显扩张充血。脑实质有少量出血点，神经细胞变性肿胀，部分坏死。有的可见到淋巴细胞、巨噬细胞浸润和胶质细胞增生。

**3. 成年鸡** 剖检见喉头、气管黏膜充血、出血，盲肠扁桃体肿胀出血，盲肠、直肠及泄殖腔黏膜充血、出血，个别的腺胃有少量出血点，肠道中有坏死灶。脑膜及脑实质充血、出血。

（马国文）

## 第二十一节 鸭 瘟

鸭瘟（duck plague）又称鸭病毒性肠炎（duck virus enteritis），是由鸭瘟病毒（Duck plague virus）（学名鸭疱疹病毒1型，Anatid herpesvirus 1）引起鸭和鹅的一种急性败血性传染病。主要病理特征为头颈部肿大，两足发软，食管和泄殖腔黏膜淤血、出血、坏死和固膜性炎，肝出血与坏死。因头颈肿大，故俗称"大头瘟"。

因病程短促，病鸭尸体通常营养良好。

（1）头颈部：头颈部肿大，该部皮肤见有数量不等的出血斑点，其皮下组织蓄积大量的淡黄色胶冻样浸润物。眼睑肿胀、闭合，眼角可见浆液性或脓性渗出物。当浆液性渗出物很多时，可见眼周羽毛湿润，转为脓性渗出物时，则在眼周黏附有黄绿色黏稠脓液。眼结膜大多充血、水肿以及点状出血。鼻腔同样见浆液或黏稠脓液蓄积和鼻周围为渗出物所污染。

（2）消化道：消化道黏膜的病变具有特征性。口腔、咽部和食管黏膜点状出血，黏膜上有灰黄色伪膜覆盖，伪膜剥离后呈现溃疡病灶。食管与腺胃交界处黏膜也见出血或坏死病变。肌胃角质膜下层组织充血或出血。

肠道呈急性出血性-卡他性炎或出血性-坏死性炎。小肠前段黏膜充血、出血，且见环状带（annular brands，系淋巴小结，空肠前后各一个，回肠有两个）出血，并见针头大、灰黄色坏死灶。盲肠和直肠黏膜出血，散在有针头大至粟粒大的坏死灶。镜检，病变最初为黏膜固有层和黏膜下层的毛细血管损伤和出血，许多出血病灶相互融合而成大片的出血区域，在此基础上伴发组织水肿和固膜性炎，坏死的黏膜组织与纤维素性渗出物牢固附着于黏膜表面，病灶部位明显地高于周围无病变的肠黏膜。

泄殖腔黏膜弥漫性充血、出血，散在有大小不等的坏死灶，坏死灶常形成灰黄色糠麸状或灰绿色鳞片状的伪膜或结痂，其中有沙粒样矿物质沉着。

（3）肝、胆：肝肿大、质脆，土黄色或红褐色相间。表面和切面散在大小不等、分布不规则的灰白色或灰黄色坏死灶，有些坏死灶中央有出血点，有的周围呈环状出血。胆囊肿胀，蓄积大量浓稠胆汁，胆囊黏膜面见有点状或斑状出血。镜检，肝除出血外，肝细胞坏死明显，许多肝细胞核碎裂或溶解，肝细胞索结构紊乱，严重者肝小叶原有结构丧失。

（4）脾：脾轻度肿大，被膜下出现细小的灰白色或灰黄色坏死灶，有时伴有出血，外观色彩斑驳，切面结构模糊。镜检，红髓充血、出血，白髓出现大小不等的坏死灶，中央动脉内皮细胞肿胀，管壁玻璃样变。

（5）肾、心、肺、脑：淤血或出血，有时见细小的坏死灶，肺还可见水肿。

（6）法氏囊：雏鸭的法氏囊肿大，呈深红色，黏膜充血、出血，并有针尖大的灰黄色坏死灶，囊腔内充有大量乳白色渗出物。

（7）生殖系统：蛋鸭已成熟的卵泡变形，卵黄色泽变淡，可见卵泡出血、破裂。有些卵泡滞留于输卵管内，或落入腹腔，导致卵黄性腹膜炎。公鸭阴茎常垂脱，睾丸出血。

此外，皮下有广泛出血和淡黄色胶冻样渗出物浸润。

用姬姆萨染色或富尔根染色（Fuelgen staining）镜检，在消化道坏死灶周边的上皮细胞、肝细胞与星状细胞、血管内皮细胞和网状内皮细胞的胞核内可见包涵体。

鹅感染鸭病毒性肠炎病毒时，其病理变化与鸭相似，主要为咽喉和食管黏膜出血、坏死和固膜性炎。肠黏膜广泛出血和水肿，固膜性炎灶多见于盲肠、直肠和泄殖腔，大小很不一致，表面为污绿色或污褐色。肝出现与鸭相似的坏死病变，但少数病例仅见轻度淤血。其他器官的病变比较轻微。

（彭西）

## 第二十二节 鸭病毒性肝炎

鸭病毒性肝炎（duck virus hepatitis）是雏鸭的一种高度致死性和高度传染性的病毒性疾病。本病在世界各地的鸭群中流行广泛，传播迅速，主要见于3周龄以内的雏鸭，发病率和病死率都很高。病理特征为出血性-坏死性肝炎和非化脓性脑炎。

本病的病原为鸭肝炎病毒（Duck hepatitis virus，DHV），有3种不同的血清型，分别为DHV-1、2、3型。其中DHV-1是微RNA病毒科（Pivornaviridae）、肠病毒属（*Enterovirus*）的成员，现称为甲型鸭肝炎病毒1型（Duck hepatitis A virus type 1，DHAV-1）；DHV-2、3是星状病毒科（Astroviridae）、禽星状病毒属（*Avastrovirus*）的成员。DHV-3引起的鸭肝炎主要流行于美国，DHV-2仅流行于英国，DHAV-1是我国流行的鸭肝炎的主要病原。

**1. DHAV-1型引起的鸭病毒性肝炎** 侵害的脏器主要为肝、肾、胰、脾、法氏囊和神经系统等。其中以出血性-坏死性肝炎、非化脓性脑炎、坏死性法氏囊炎以及胰坏死等病变最为突出。

（1）肝：呈现出血性-坏死性炎。

[剖检病变] 肝肿大，边缘钝圆，质地柔软，色泽斑驳，表面见有淡红色或深红色的出血斑点和灰白色或灰黄色的坏死灶。胆囊胀大，囊内充有多量黏稠绿色或褐色的胆汁，胆囊黏膜淤血。

[镜检病变] 肝组织出血，肝细胞发生变性和坏死，坏死呈灶状或弥漫性分布，坏死组织周围和肝细胞索之间淋巴细胞浸润；汇管区卵圆细胞和小胆管增生，淋巴细胞浸润，一些病例还见纤维结缔组织不同程度增生。组织化学染色显示：肝糖原减少，网状纤维支架断裂和部分崩解，含铁血黄素沉着。

电镜观察：肝细胞内可看到直径为30 nm的病毒颗粒DHV-1。肝细胞线粒体和粗面内质网空泡化，见有大量初级、次级溶酶体和吞噬泡。

（2）胰：坏死和出血。

[剖检病变] 见有灰白色坏死灶呈散在性分布，且有出血点或出血斑。

[镜检病变] 胰灶状坏死和出血，胰导管扩张，管内充有多量淡红色物质。

（3）肾：急性肾小球肾炎。

[剖检病变] 肾肿大，呈暗红色。

[镜检病变] 肾小球淤血和出血，肾小管上皮细胞肿胀，出现脂肪变性、空泡变性或颗粒变性，并见胞核固缩或碎裂。间质淤血和出血。

（4）脾：坏死性炎。

[剖检病变] 肿大，暗红色淤血、出血灶与坏死病灶交错分布呈斑驳状。

[镜检病变] 脾红髓区淤血或出血，白髓区淋巴滤泡坏死，网状细胞和纤维结缔组织增生。

（5）法氏囊：法氏囊上皮皱缩和脱落，淋巴小结髓质区淋巴细胞坏死、数量减少，结构疏松；间质出血与纤维组织增生。疾病经过稍长的病例，淋巴小结数量减少，纤维结缔组织显著增生。

（6）脑：呈非化脓性脑炎。

[剖检病变] 脑膜血管扩张充血，或伴有出血。

[镜检病变] 脑膜和脑内血管扩张，淋巴细胞围绕血管形成管套，并见有出血灶，神经细胞变性和坏死，胶质细胞灶性增生或弥漫性增生。

除上述变化外，还见肺淤血和出血；腺胃空虚，黏膜出血或有轻度糜烂；骨骼肌偶有出血等。

**2. DHV-2 型引起的鸭病毒性肝炎** 此型病毒只感染雏鸭，多为散发。病毒经由口腔和泄殖腔进入鸭体内而发病，并于 1~4 d 死亡。因病程短促，患鸭通常不见消瘦。临床上出现角弓反张、抽搐等神经症状。成年鸭对本型肝炎有一定的抵抗力。

[剖检病变] 肝肿大和弥漫性坏死，小胆管显著增生。脾肿大，散在有小的坏死灶，外观似"西米脾"景象。肾肿大，色苍白，其表面血管扩张淤血，肾组织内蓄积大量尿酸盐。消化道空虚，有时肠黏膜淤血、出血。偶见心冠脂肪出血。

**3. DHV-3 型引起的鸭病毒性肝炎** 只见于雏鸭，病毒致病力较低。鸭感染后死亡率常低于 30%。病理变化与 1 型病毒引起的肝炎相似。

**4. 新型鸭肝炎病毒引起的鸭肝炎** 在我国北京、广西等地发现了一种新型鸭肝炎病毒（new serotype DHV，N-DHV），人工感染可引起典型的鸭肝炎病变。

该病主要侵害肝、胰、脾和肾等组织。早期以出血性-坏死性变化为主，如肝的出血性-坏死性炎、胰的局灶性坏死、肾严重的肾小管坏死和脾的坏死性炎。后期则以增生性反应为主，如肝的增生性炎、脾的脾小体增生等。

（彭西）

## 第二十三节 小 鹅 瘟

小鹅瘟（gosling plague）是由鹅细小病毒（Goose parvovirus）引起的小鹅和番鸭的一种急性或亚急性败血性传染病。病理特征是小肠发生急性卡他性或纤维素性-坏死性炎症。成年鹅感染后通常不呈现症状，但可经卵传至下一代。

[剖检病变] 最急性病例除肠道有急性卡他性炎症外，其他器官病变不明显。

急性病例见于 15 日龄左右的小鹅，出现典型的败血症，皮肤潮红，小肠膨胀，含有卡他性渗出物。病变以渗出性肠炎和肝、肾、心等实质脏器变性为主。

二维码 24-56

病程较长的病例，全身脱水，皮下组织充血呈紫红色（二维码 24-56）。泄殖腔扩张松弛，可视黏膜呈棕褐色，结膜干燥。口腔、舌和咽喉黏膜可有纤维素性伪膜。特征性病变是在空肠、回肠肠腔内，存在由坏死肠黏膜和渗出的纤维素形成的栓子，或由伪膜包裹肠内容物形成的阻塞物，使该肠段体积膨大 2~3 倍，膨大节段可有 2~3 个（二维码 24-57）。剖开肠段，可见淡灰白色或淡黄色的栓子物将肠管完全堵满，栓子中心为深褐色干燥的肠内容物，外面包有灰白色纤维素性渗出物。有的病例则在小肠内形成扁平长带状的纤维素性凝固物。肠内栓子与肠壁是完全分离的。肠壁变薄，内壁平整，呈现淡红或苍白色，不形成溃疡。有的肠黏膜表面附着散在的纤维素凝块，不形成栓子或长带状凝固物。腹水大量积聚。有肝周炎，肝肿大、充血、出血。胰肿大，偶有灰白色坏死灶。脾多不肿大，呈暗红色，在少数脾切面见有少量灰白色坏死点。肾稍肿大，呈暗红色或紫红色。心变圆，心房扩张，心壁松弛，心肌晦暗无光泽，可见浆液性-纤维素性心包炎。

二维码 24-57

[镜检病变] 急性病例发生空肠和回肠的卡他性肠炎。

病程较长的病例在空肠和回肠的肠道膨大部呈典型的纤维素性-坏死性肠炎变化。肠黏膜绒毛肿胀变性和坏死，细胞崩解。黏膜层血管渗出的纤维素与坏死物质凝固在一起，和原组织分离。肠壁残存的固有层水肿，淋巴细胞、单核细胞浸润，其中杂有少数异嗜性粒细胞（二维码 24-58）。炎症可深达肌层，平滑肌纤维水泡变性或蜡样坏死。十二指肠和大肠仅呈现急性卡他性炎症。

二维码 24-58

心肌纤维有不同程度的颗粒变性与脂肪变性，很多心肌纤维坏死断裂，间质血管充血并有小出血区，心肌纤维间有淋巴细胞和单核细胞弥漫性浸润。

肝细胞发生严重颗粒变性、水泡变性和程度不同的脂肪变性，肝实质中出现凝固性坏死灶，并有淋巴细胞和单核细胞浸润。

肾小球充血、肿胀，内皮增生。肾小管上皮细胞颗粒变性，有的肾实质中有小坏死灶。间质中炎性细胞呈弥漫性浸润。

脑膜和脑实质见小血管充血及小出血灶，神经细胞变性，严重病例出现软化灶和神经胶质细胞增生，部分病例出现轻度血管周围管套现象，呈现非化脓性脑炎的变化。

（许益民）

## 第二十四节　马立克病

马立克病（Marek's disease，MD）是由马立克病病毒（Marek's disease virus，MDV）引起禽的一种传染病。其病理特征是患禽全身淋巴组织增生而形成多形态淋巴细胞瘤。

依据肿瘤形成部位可将本病分为神经型、内脏型、眼型和皮肤型四种类型。

[剖检病变]　MD 在全身各器官组织几乎都可出现淋巴细胞性肿瘤。内脏器官发生病变时主要表现为淋巴样细胞增生、浸润。若淋巴样细胞呈弥散性浸润时，器官组织体积显著增大，严重时其实质可部分甚至完全被肿瘤组织所替代；如果呈局灶性增生时，眼观呈灰白结节状，质地坚实，切面平滑。受损器官组织依次为：性腺、肝、脾、肺、心、肠系膜、肾、肾上腺、腺胃、肠道、虹膜、骨骼肌、皮肤和神经组织等。

性腺：尤其卵巢是最常受侵害的器官之一，主要表现为：卵巢出现质软、均质、有光泽的灰白区，或见花椰菜状或脑回样的肿瘤，卵巢结构消失。性成熟的卵巢可见孤立的肿瘤肿块。睾丸病变严重时可形成大的肿瘤，多为单侧性。

肝：体积增大，其表面或实质内常见灰白色、大小不等的肿瘤结节，有时形成孤立、粗大、隆起的肿块。切面灰白色、平整有光泽，肝小叶结构消失。

脾：体积肿大，其表面和切面可见粟粒大、呈灰白色、均质的结节状病灶，严重时脾组织可被大小不等的肿瘤组织所替代。

肺：散在大小不等的灰白色肿瘤病灶，呈弥漫性或局灶性分布，严重时大部分肺组织被增生的肿瘤组织所替代。病变部肺组织较坚实，切面均质。

心：在心外膜下、冠状沟、心肌纤维间可见单个或多发的灰白色肿瘤结节，有脂肪样光泽，或弥漫性增生，心肌苍白（二维码 24-59）。

肾：病变轻时，肾肿大，表面和切面有大小不等的结节状肿瘤。严重时，肾实质几乎全部被肿瘤组织所替代。

肾上腺：瘤细胞多为局灶性增生，在其表面和切面皮质部可见结节状肿瘤病灶。

胃肠：腺胃壁增厚、质硬，浆膜下或胃壁切面上有大小不等的白色肿瘤，腺胃乳头肿大。肌胃一般无变化或变化轻微。肠壁因肿瘤细胞浸润而增厚，肠壁淋巴小结肿大。

法氏囊：无论是神经型，还是内脏型病例，常见法氏囊萎缩，其皱褶大小、厚薄不均，或呈弥漫性增厚。偶尔法氏囊肿大，其中可见肿瘤结节。

胸腺：严重时可全部被肿瘤组织所替代。

骨骼肌：肿瘤最常见于胸肌，病变部肌肉出现灰白色条纹状或结节状肿瘤，受侵害的肌纤维失去光泽，呈橙黄色或灰白色。

皮肤：病变早期羽毛囊肿大，中后期可见以羽毛囊为中心呈半球状隆起的皮肤肿瘤，其直

二维码 24-59

径可达 3~5 mm 或更大，除毛后观察更加明显。有些病例可见鳞片状棕色硬痂。

虹膜：可见于发病后期，瞳孔边缘不整齐，虹膜色素呈环状或斑点状消失，呈鱼眼样。

神经：特别是神经型 MD 在周围神经常见明显变化，最常侵害的周围神经有腰荐神经丛、坐骨神经、臂神经丛、颈部迷走神经、腰腹迷走神经和肋间神经。腰荐神经丛和臂神经丛，病变多为单侧性，受侵害神经呈局灶性或弥漫性细胞增生而变粗，可达正常的 2~3 倍或更大，灰色或微带黄色，若伴随水肿，则呈白色（二维码 24-60）。如病变侵及背根神经节，可延伸到其邻近的脊髓，呈结节状，质地坚实、有光泽。

二维码 24-60

二维码 24-61

[镜检病变] 虽然 MD 各器官组织肿瘤病变的表现形式不尽相同，但其组织病理学变化基本一致。主要特点是：肿瘤组织均由瘤化的淋巴细胞、成淋巴细胞、浆细胞、网状细胞以及 MD 细胞等组成。MD 细胞是 MD 病灶中常见的一种特殊细胞，该细胞体积较大，胞质内常有空泡，并呈强嗜碱性和嗜派洛宁性着色，是一种变性的幼稚（胚）型淋巴细胞，即成淋巴细胞（二维码 24-61）。

性腺：未成熟卵巢的皮质和髓质，见有局灶性或弥漫性网状细胞和淋巴样细胞增生、浸润，核分裂象显现，严重病例初级卵泡均为多形态淋巴细胞所替代。睾丸白膜或白膜下见有灶性淋巴细胞浸润，曲细精管之间可见淋巴细胞、网状细胞浸润。严重病例部分曲细精管由于受压迫而发生萎缩，甚至消失。

肝、肾、脾：肝小叶间结缔组织中，尤其是在小血管周围有多量细胞增生团块，并向小叶内呈浸润性扩展，小病灶扩大和融合为大病灶。肾小管间及血管周围瘤细胞增生、浸润，形成细胞团块，增生严重时，肾实质全部被瘤细胞所取代。脾鞘动脉周围可见网状细胞和淋巴样细胞增生并呈弥漫性扩散。

胸腺：胸腺皮质和髓质萎缩，血管周围间质中可见淋巴样细胞浸润。

法氏囊：淋巴滤泡萎缩，皮质细胞数量减少或消失，髓质细胞不同程度的坏死、液化，形成囊腔，可见残存的网状细胞。最显著的变化是淋巴滤泡间出现淋巴样细胞或淋巴细胞肿块。

消化道：腺胃、肌胃和肠管的各层间均可见淋巴样细胞增生、浸润，并见核分裂象，胃肠壁黏膜明显增厚。

心：在心肌纤维间可见局灶性或弥漫性淋巴样细胞浸润，严重病例大部分心肌可被淋巴样细胞所替代。心外膜下散在淋巴样细胞。

肺：肺泡间隔及支气管周围呈现弥漫性或局灶性肿瘤细胞浸润。

皮肤：皮肤病变多呈炎性反应。从真皮到皮下有密集的淋巴细胞（大、中、小）、浆细胞、网状细胞增生、浸润，也可见 MD 细胞，而且呈现核分裂象。有时围绕羽毛囊见有大量多形性淋巴样细胞集聚。表皮上皮细胞常发生变性和脱落，甚至形成溃疡，于胞质和胞核内可见嗜酸性包涵体。

骨骼肌：血管周围有淋巴样细胞浸润。严重病例肌纤维大面积被增生的淋巴样细胞所替代，增生病灶中的肌纤维可发生透明变性。

眼：视神经通常无明显变化，或神经纤维间可见轻微淋巴样细胞增生、浸润，并见核分裂象。巩膜、睫状肌、脉络膜等可见大、中、小淋巴细胞及浆细胞浸润。眼肌，尤其是睫状肌和外直肌也可见单核细胞浸润。虹膜色素颗粒减量或消失，并见单核细胞浸润。

周围神经：根据病变的特点可将周围神经的病变分为以下三型，但同一病鸡的不同神经，可同时出现不同型的病变。

A 型：在神经干或神经丛的神经纤维间，可见大量密集的淋巴瘤细胞增生、浸润，主要以中、小淋巴细胞为主，还有浆细胞、成淋巴细胞、少量网状细胞和 MD 细胞，有时可见脱髓鞘现象，但轴突一般无变化，也未见水肿。此型最常见于急性死亡病例。

B 型：神经纤维间水肿是本型的最突出特征，水肿液将神经纤维分离，并在其中散有中、小淋巴细胞及浆细胞，同时可见网状细胞及 MD 细胞，但其数量较 A 型稀少。有时可伴有脱髓鞘现象，施万细胞增生，并有纤维化倾向。此型多见于病程较长的病例。

C 型：神经纤维有极轻微水肿，散在有少量小淋巴细胞和浆细胞，此型主要见于无临床症状的病例。

中枢神经：脑组织呈现病毒性脑膜脑炎病变。最突出的变化为血管周围形成多发性淋巴细胞性管套，血管内皮细胞增生。另外，可见小胶质细胞增生结节。脊髓可见灶性细胞浸润，在白质或偶尔于灰质中可见灶性细胞集聚。中枢神经的变化随病程的延长而越见明显。

（郑世民）

## 第二十五节　禽白血病

禽白血病（avian leukosis）是由禽白血病/肉瘤病毒群（Avian leukosis/sarcoma group）中的病毒引起的禽类多种肿瘤性疾病的总称。在自然条件下，以淋巴细胞性白血病最为常见，其病理特征是：肿瘤首先发生于法氏囊，然后转移到肝、脾等内脏器官，故肿瘤细胞形态基本一致。其他还有成红细胞性白血病、成髓细胞性白血病、骨髓细胞瘤病等，大多数肿瘤侵害造血系统。

**1. 淋巴细胞性白血病**（lymphoid leukosis，LL）　也称淋巴细胞增生病或淋巴肉瘤，是禽白血病/肉瘤群中最常见的肿瘤病。淋巴细胞性白血病的潜伏期长，一般在 16 周龄以后发病。病毒的靶器官是法氏囊，使囊依赖淋巴细胞发生肿瘤性转化，形成法氏囊的肿瘤，然后瘤细胞离开滤泡进入血流，转移到其他器官，形成多发性转移瘤病灶。

［剖检病变］　所有 LL 病鸡法氏囊均肿大。肿瘤常见于肝和脾，肿瘤的大小和数量差异大，可为结节状、粟粒状或弥散状。肾、肺、性腺、心、骨髓等也可受害。结节状肿瘤从针尖到鸡蛋大小，单个或数个分布，一般呈球形。粟粒状肿瘤多见于肝，通常为直径不到 2 mm 的小结节，均匀分布在器官实质中。弥散性肿瘤使器官肿大几倍至几十倍，呈浅灰白色，质脆。

［镜检病变］　大多数淋巴瘤均为多中心局部病灶的融合结节，肿瘤细胞增生扩张呈膨胀性生长，将组织细胞挤压，而不是浸润其间。肿瘤主要由成淋巴细胞恶变而成，大小略有差异，但基本形态比较一致，均处于相同的原始发育状态（二维码 24-62、二维码 24-63）。细胞膜不清晰，细胞质嗜碱性，细胞核空泡状，染色质聚集成块，核内有较明显的嗜伊红染的核仁。细胞质含有丰富的核糖核酸，甲基绿-派若宁染色呈红色。

二维码 24-62

法氏囊的变化随时间而异，开始只是个别滤泡改变，进一步受侵害的滤泡显著肿大，其中均是形态一致的、胞质嗜碱性的成淋巴细胞，皮质和髓质的界限消失，最后法氏囊出现肉眼可见的肿瘤。因此，法氏囊的淋巴滤泡由于大量成淋巴细胞增生而显著肿大，此为本病的特征性病变。

**2. 成红细胞性白血病**（erythroblastosis，EB）　有两种，即增生型和贫血型。自然病例很少见。一般呈散发，多见于成年鸡。

二维码 24-63

［剖检病变］　病死鸡常呈全身性贫血。皮下、肌肉及内脏多见小出血点，肝和脾可见血栓形成、梗死或破裂。肺膜下水肿，心包腔积水，有腹水。

增生型病例的典型病变为肝、脾弥散性肿大，病变器官常呈樱桃红色到暗红色，质软；肝呈灶状杂色斑（由围绕中央静脉的肝实质退行性变所致）；骨髓增生，质地软或呈水样。

贫血型病例的特征性病变是全身贫血，血液色泽变淡，内脏器官萎缩，脾最明显，骨髓灰白色，胶冻样，骨髓间隙增大，很像发生纤维性营养不良的海绵样骨。

［镜检病变］　病变早期，骨髓血窦内见有恶性原红细胞而缺乏成熟的红细胞；晚期，骨髓

内被形态一致的原红细胞所充斥，可见活跃的骨髓生成小岛，脂肪则减少或消失。

增生型病例的肝、脾和骨髓的血窦及毛细血管扩张，积聚大量成红细胞，器官实质细胞萎缩，尤其是肝，围绕中央静脉的肝细胞由于局部缺氧而发生坏死。

贫血型病例，肝中常见小淋巴细胞及粒细胞聚集，有灶状成红细胞生成活跃区。此类细胞形态不规则，见有突起，核大，染色质极细，有1~2个核仁，胞质丰富，嗜碱性，核周围见空晕，并见空泡和微细颗粒。

**3. 成髓细胞性白血病**（myeloblastosis，MB） 散发于成年鸡，偶见于仔鸡。成髓细胞性白血病病毒首先侵害骨髓，病毒基因使正常骨髓细胞始终停滞在幼稚不分化的阶段，进而转化为瘤细胞。初期，在骨髓的窦状隙外区出现多发性瘤性成髓细胞增生灶，然后瘤细胞进入窦状隙，随血液循环引起全身性白血病变化。

[剖检病变] 常表现为贫血症，实质器官肿大，骨髓质地较硬实，色灰红到灰白，后期肝、脾、肾可成灰白色。

[镜检病变] 实质器官的血管内外聚集成髓细胞和数量不等的早幼髓细胞。肝小叶及汇管区静脉血管外见成髓细胞广泛增生及浸润灶，实质细胞被瘤细胞取代。

**4. 骨髓细胞瘤病**（myelocytomatosis，MCT） 又称髓细胞瘤病，其病毒的靶器官是骨髓组织。病毒基因作用于骨髓组织，生成大量分化低的不成熟的骨髓瘤细胞，瘤细胞在骨髓中增殖很快，并形成肿瘤，肿瘤可浸润和破坏骨质，向骨膜外生长，在此基础上发生肿瘤的蔓延和转移。研究发现，J-亚群禽白血病病毒可引起典型的髓细胞瘤病变。

二维码 24-64

[剖检病变] 典型病变发生在骨面、骨膜及靠近软骨的部分，并突破骨膜向外生长，在此基础上可转移到体内任何组织。肿瘤常发生于肋骨和软骨连接处、胸骨后部、下颌骨及鼻软骨。瘤体无光泽，呈黄白色，质软、脆或奶酪样，呈弥漫状或结节状（二维码24-64）。

二维码 24-65

[镜检病变] 肿瘤由形态一致的骨髓细胞团块组成，基质极少。肿瘤细胞与正常骨髓中的骨髓细胞相似，核大，有空泡，常位于细胞一侧，并有明显的核仁，胞质中集有多量球状嗜酸性颗粒（二维码24-65）。肝中的肿瘤细胞积聚在肝窦中或侵入肝索内。肿瘤性骨髓细胞的主要特征是集结成堆，在实质器官中呈浸润性生长。

（张书霞）

## 第二十六节　禽网状内皮组织增生病

禽网状内皮组织增生病（avian reticuloendotheliosis）是由网状内皮组织增生病病毒（Reticuloendotheliosis virus，REV）引起的一种传染病。其病理特征是发育障碍、形成急性网状细胞瘤、淋巴及其他一些组织发生慢性肿瘤。

**1. 急性网状细胞瘤形成** 由复制缺陷型 REV-T 株所致，潜伏期 3 d 左右，病死多发生在感染后 6~21 d，接种新生鸡或火鸡后因发病急很少见到临床症状，病死率高达100%。

[剖检病变] 感染鸡可在肝、脾、肾、肺、心、胰、性腺、腺胃、肌肉等组织器官，形成白色肿瘤性结节或器官呈弥漫性肿大。

[镜检病变] 肿瘤病灶由大型空泡状的网状细胞组成，可能是由单核细胞或原始间叶细胞转变而来。瘤细胞轮廓不清，胞质轻度嗜酸性，胞核淡染，可见分裂象或嗜酸性明显的核仁。肝内瘤细胞围绕汇管区血管、胆管或窦状间隙内形成结节，因瘤组织压迫常引起相邻组织的坏死。心、脾、法氏囊内也可见这种增生的网状细胞。血液中异嗜性粒细胞减少，淋巴细胞增多。

**2. 发育障碍综合征**（runting disease syndrome） 是由非缺陷型 REV 株感染所致，一般不出现肿瘤病变。包括发育阻碍、胸腺和法氏囊萎缩、末梢神经增粗、羽毛异常、腺胃炎、肠炎、贫血、肝和脾坏死以及细胞和体液免疫反应降低。病禽发育迟缓、消瘦，但是饲料消耗不减少。一些鸡由于 REV 早期感染后导致羽毛形成细胞坏死，羽毛生长异常，翼羽的羽支可黏附到局部的毛干上。

外周神经由于成熟的或未成熟的淋巴细胞以及浆细胞浸润而肿胀，但是病禽很少跛行或瘫痪。体液和细胞免疫反应降低。尚不清楚末梢神经的增生性病变是肿瘤性的还是炎性的。

**3. 慢性肿瘤形成**　非缺陷型 REV 感染还可导致禽类的慢性肿瘤（即淋巴肉瘤）形成，主要包括两种类型。

第一类：特点是潜伏期较长（17～43 周），多发部位为肝和法氏囊，其次为脾、性腺、肾、肠道、肠系膜和胸腺。现已证实，淋巴肉瘤表面有特定的 B 细胞抗原而无 T 细胞抗原，说明瘤细胞是来源于 B 淋巴细胞。此外，非缺陷性 REV 的感染经较长的潜伏期后，有时还可导致黏液肉瘤、纤维肉瘤、肾腺癌及神经肿胀等病变。

第二类：特点是潜伏期较短，一般在非缺陷 REV 株感染后 3～10 周，在心、肝、脾、胸腺等器官及外周神经出现淋巴肉瘤，但法氏囊不出现变化。外周神经因形成淋巴肉瘤而肿胀，和马立克病的病变相似，但没有多形性的肿瘤性淋巴细胞浸润。

（罗军荣）

## 第二十七节　鸡传染性法氏囊病

传染性法氏囊病（infectious bursal disease，IBD）是由传染性法氏囊病病毒（Infectious bursal disease virus，IBDV）引起鸡的一种急性、高度接触性传染病。病变特征是胸肌、腿肌出血，法氏囊出血性坏死性炎症，肾变性、肿大并有尿酸盐沉积。幼鸡感染后可引起严重的免疫抑制。

[剖检病变]　全身脱水，胸、腿、翅部肌肉发暗，有条纹状或斑点状出血（二维码 24-66）。法氏囊的病变具有证病意义，早期见法氏囊体积增大，质量增加，法氏囊浆膜面呈淡黄色胶冻样水肿，或因充血、出血呈鲜红色或暗红色。切开法氏囊，黏膜表面附有黏液或见出血，黏膜潮红肿胀，散在点状出血。严重病例整个法氏囊呈紫红色肿胀，如紫葡萄样，切开时见黏膜肿胀，呈弥漫性出血（二维码 24-67）。有的病例在法氏囊黏膜皱褶表面见粟粒大、黄白色坏死灶，囊腔内有多量黄白色奶油状或干酪样物质（二维码 24-68）。发病后期则见法氏囊萎缩，质量减轻，呈灰白色。脾、胸腺轻度肿大或不肿大，偶见点状出血。肾变性肿大，并因尿酸盐沉积使表面呈花斑样。此外，腺胃和肌胃交界处常见不规则的暗红色出血斑点。心外膜也常见斑点状出血。盲肠扁桃体肿大、出血。

二维码 24-66

二维码 24-67

二维码 24-68

[镜检病变]　病变主要表现在淋巴组织，如法氏囊、胸腺、脾和盲肠扁桃体，但以法氏囊的病变最严重。感染初期（1～2 d），可见法氏囊黏膜上皮细胞变性、坏死，部分淋巴滤泡的髓质区出现以核浓缩为特征的淋巴细胞变性、坏死，且有一定数量的异嗜性粒细胞浸润，滤泡间质出血（二维码 24-69）。随着病程的发展，大多数淋巴滤泡的淋巴细胞坏死、崩解。重症病例淋巴滤泡内淋巴细胞坏死消失、空腔化，多数病变滤泡的髓质区，网状细胞和未分化的上皮细胞增生，并形成腺管状结构。滤泡间充血、出血、异嗜性粒细胞浸润。后期（7～10 d）法氏囊实质严重萎缩，淋巴滤泡消失，残留的淋巴滤泡内几乎不见淋巴细胞，只见增生的网状细胞和未分化的上皮细胞，滤泡间结缔组织大量增生。黏膜上皮细胞大量增殖，皱褶样内陷。重症病例的淋巴滤泡因坏死或空腔化而不能恢复，轻者可以部分恢复。新形成的淋巴滤泡体积增大，淋巴细胞密布滤泡边缘。

二维码 24-69

胸腺于感染后 1~2 d 可见胸腺髓质区个别淋巴细胞核固缩，3~7 d 皮质区出现散在的淋巴细胞坏死，但髓质区可见多量淋巴细胞坏死灶，并见异嗜性粒细胞浸润、出血。后期（7~10 d）淋巴细胞坏死程度减轻，并见有网状细胞增生。脾淋巴滤泡和动脉周围淋巴细胞鞘出现淋巴细胞坏死崩解，鞘动脉周围网状内皮细胞增生，脾病变能很快修复。盲肠扁桃体淋巴滤泡内淋巴细胞坏死、崩解，滤泡内网状细胞增生，淋巴滤泡数量减少或萎缩。哈德腺内淋巴细胞坏死崩解，淋巴细胞及浆细胞数量显著减少。肾小管上皮细胞变性、坏死，间质淋巴细胞浸润，肾组织常见尿酸盐沉积。

电镜观察：雏鸡感染后 1~2 d，法氏囊淋巴细胞的核染色质边集，核膜溶解或破裂。线粒体肿胀，嵴溶解断裂，粗面内质网扩张。有的淋巴细胞胞质内出现晶格状排列的病毒。3~7 d，淋巴细胞和巨噬细胞的胞质内见大量晶格状排列的病毒。

（刘思当）

## 第二十八节　禽脑脊髓炎

禽脑脊髓炎（avian encephalomyelitis，AE）是由禽脑脊髓炎病毒（Avian encephalomyelitis virus，AEV）引起的主要侵害雏鸡中枢神经系统的一种传染病。其病理特征为非化脓性脑脊髓炎。

[剖检病变]　部分病例脑组织柔软，或有不同程度的充血、水肿，个别病例在大脑、中脑或小脑脑膜下有点状出血。生前发生瘫痪或麻痹的病鸡，可见消瘦，腿部骨骼异常，肌肉萎缩，脚爪弯曲。16 日龄鸡胚经卵黄囊攻毒后，鸡胚发育受阻，体长、体重变小，脑组织水肿、柔软明显（二维码 24-70）。

二维码 24-70

[镜检病变]　中枢神经系统呈弥漫性非化脓性脑脊髓炎。主要表现为神经元变性、神经胶质细胞增生和血管周围管套形成。发生变性的神经元胞体肿大、淡染或浓缩。有的核周围尼氏小体（即粗面内质网）溶解，胞核淡染、消失或存在于细胞边缘，胞核周围或细胞中央染色变浅甚至出现空白，边缘表现致密深染，即中央染色质溶解。这种变化在大脑、中脑、延脑和脊髓非常普遍，尤以中脑的圆形核、卵圆核中的神经元，以及延脑和脊髓的大型神经元最为明显。严重变性的神经元及其周围组织可发生坏死、液化，形成大小不等的软化灶。小脑浦肯野细胞变性、坏死、数量减少（二维码 24-71）。

二维码 24-71

在坏死神经元或神经组织周围，见神经胶质细胞的局灶性或弥漫性增生，构成噬神经元现象或形成胶质细胞结节。此类细胞早期主要是具有吞噬能力的小胶质细胞，后期则以星形胶质细胞为主，参与修复和填充组织缺损。

中枢神经系统小血管周围可见以淋巴细胞为主的管套形成。免疫组化染色证明淋巴细胞中主要是细胞毒性 T 淋巴细胞，此外也有少量浆细胞和巨噬细胞。少则一两层，多则几层甚至十几层，形成的管套严重时可压迫血管使之狭窄或闭塞。

此外尚可见脑部小血管扩张充血，小血管周围间隙增宽和神经元外围水肿、脑膜炎和脊髓膜炎，有些病例还见室管膜炎，表现为局部室管膜上皮细胞增生、坏死和淋巴细胞浸润，并常侵害周围的脑组织。

AE 病鸡内脏器官的病理变化主要是淋巴细胞增生。如腺胃和十二指肠肌层、肝、胰、肾、心等器官，可见淋巴细胞呈局灶性增生，而腺胃、十二指肠组织中原有的淋巴滤泡体积增大。

电镜观察：病变神经元核内染色质边集；线粒体高度扩张，嵴断裂或消失，甚至整个线粒体发生崩解；粗面内质网发生囊泡变，特别在近核处都溶解、消失，有时仅见残存的片断，这与光镜下所见的病变相一致。

（马学恩）

## 第二十九节　禽流感

禽流行性感冒（avian influenza）简称禽流感，是由禽流感病毒（Avian influenza virus，AIV）引起的一种人兽共患传染病。根据病毒致病性的不同，又可分为高致病性、低致病性和非致病性禽流感三类。世界动物卫生组织（OIE）已正式将由 A 型流感病毒的强毒株引起的禽流感称为高致病性禽流感（highly pathogenic avian influenza，HPAI）。病毒侵犯鸡的呼吸系统、神经系统和其他器官，主要病理特征是多器官出血、变性坏死和炎症。

二维码 24-72

由于禽流感病毒毒株致病力、禽感染年龄、继发感染、饲养管理的不同，病禽生前的临床症状和病理变化有明显差异。水禽对禽流感病毒较不敏感，但近年来发现鸭、鹅感染 H5 高致病性禽流感病毒，也表现为窦炎、腹泻和病死率增加。

二维码 24-73

［剖检病变］　高致病性禽流感病毒感染时，最急性病程常无明显剖检病变。如病程稍长，则剖检病变严重。皮肤、肉冠、肉髯出现白色坏死区；头部、颈部、腿部皮下黄色胶样浸润、出血（二维码 24-72、二维码 24-73）；胫趾关节肿胀、出血，腿部肌肉出血；胸、腹部脂肪有紫红色出血斑。脏器病变主要有心包积水，心外膜有点状或条纹状坏死；腺胃乳头水肿、出血，肌胃角质层下出血，肌胃与腺胃交界处呈带状或环状出血（二维码 24-74）；十二指肠、直肠、盲肠扁桃体、泄殖腔有充血、出血（二维码 24-75）；气囊混浊增厚，附有黄白色干酪样物（二维码 24-76）；呼吸道有大量炎性分泌物；腹腔、输卵管表面被覆纤维素渗出物，也常见纤维素性心包炎；肺发生实变，有时见黄白色病灶；窦腔扩张，内有渗出物。由于毒株不同，除了共有的病变外，还可引起一些不同的病变：如有的毒株引起多发性坏死灶，有的毒株引起明显的胰腺坏死（二维码 24-77），有的毒株引起心肌炎。有的毒株还可引起淋巴组织发生坏死，如脾外表呈斑驳状。

二维码 24-74

二维码 24-75

［镜检病变］　组织病理学变化以充血、出血、坏死、血管周围形成淋巴细胞管套为特征。变性坏死多发生在肝、胰、心、骨骼肌以及淋巴组织。胰可见腺泡细胞发生广泛性坏死，心发生进行性心肌坏死和心肌炎，骨骼肌的炎症以外眼肌、肢体肌肉最为严重。脾、胸腺、法氏囊以及肠道和肺的淋巴滤泡发生坏死。肺通常为间质性肺炎。大、小脑可见血管套、神经细胞变性、神经胶质细胞增生明显。各脏器浸润的炎性细胞主要为淋巴细胞，其次为巨噬细胞和异嗜性粒细胞。

二维码 24-76

（罗军荣）

## 第三十节　传染性支气管炎

传染性支气管炎（infectious bronchitis，AIB）是由传染性支气管炎病毒（Infectious bronchitis virus，IBV）引起鸡的一种急性、高度接触传染性呼吸道疾病。其临床特点是咳嗽、打喷嚏和气管啰音，蛋鸡产蛋量减少和蛋品质下降；病理特征是气管炎和支气管炎，某些毒株尚引起间质性肾炎和尿酸盐沉积。

二维码 24-77

［剖检病变］　病鸡的鼻腔、气管和支气管黏膜发生浆液-卡他性炎症，黏膜表面有浆液性、卡他性或干酪样的渗出物，黏膜充血、肿胀（二维码 24-78），在死亡雏鸡的气管后段和支气管内，常可见到干酪样的栓子。在呼吸道的变化中，下呼吸道黏膜病变较为严重，肺切面见支

二维码 24-78

二维码24-79

气管壁显著增厚，管腔狭窄或堵塞。气囊常表现为纤维素性炎症，气囊壁混浊，其中常含有黄色干酪样渗出物。有时眶下窦因渗出物积聚而肿胀。肾病变型毒株感染时肾肿大、色变淡，肾小管和输尿管因尿酸盐沉积而扩张，肾表面及切面见白色网格状花纹（花斑肾病变）（二维码24-79），有时输尿管扩张，内含尿酸盐或由尿酸盐形成的结石。卵泡充血、出血、变形或破裂。输卵管短缩，黏膜增厚，后期输卵管萎缩，常见粗细不均，呈局部性狭窄和膨大，有时形成气球样囊泡（二维码24-80）。雏鸡发病常造成输卵管发育不全。

二维码24-80

［镜检病变］病鸡支气管、气管黏膜充血、出血、水肿，支气管内有坏死脱落的上皮细胞及炎性渗出物。黏膜上皮细胞可见纤毛缺损，上皮细胞变性、坏死、脱落，黏膜固有层有淋巴细胞和少量异嗜性粒细胞浸润。用荧光抗体技术检查，可在变性的上皮细胞胞质内显示抗原。黏膜下层也见充血、出血和水肿；如果感染气囊，则见气囊壁水肿，间皮细胞脱落及纤维素渗出。后期，出现许多异嗜性粒细胞，并见淋巴细胞结节状浸润、成纤维细胞增生。输卵管黏膜上皮细胞变为矮柱状，分泌细胞明显减少。子宫部腺细胞变性、坏死，黏膜固有层充血、水肿，并见淋巴细胞、浆细胞和异嗜性粒细胞浸润。

肾主要表现间质性肾炎、肾小管上皮细胞变性坏死及肾小管尿酸盐沉积。初期，可见肾小管上皮细胞颗粒变性和空泡变性，远曲肾小管和集合管扩张，间质有淋巴细胞和异嗜性粒细胞浸润。中期，间质的炎性细胞主要为淋巴细胞、浆细胞和巨噬细胞，肾小管上皮细胞变性、坏死脱落，管腔中尿酸盐沉积。后期，肾间质见淋巴小结形成及成纤维细胞增生。

在实验性感染的成年鸡，可见输尿管上皮细胞纤毛变短或缺失，腺体扩张，固有层水肿，淋巴细胞、单核细胞、浆细胞、异嗜性粒细胞浸润以及纤维组织增生。

（刘思当）

## 第三十一节　传染性喉气管炎

传染性喉气管炎（infectious laryngotracheitis，ILT）是由传染性喉气管炎病毒（Infectious laryngotracheitis viru，ILTV）引起的鸡的一种急性呼吸道传染病，其病理特征是呼吸困难、咳嗽和咳出含有血液的黏液，喉头及气管黏膜发生出血性-坏死性炎症。

二维码24-81

［剖检病变］病变见于结膜和整个呼吸道，但以喉部与气管中上部最为明显。气管和喉头的病变轻则表现卡他性炎症，气管和喉头表面仅见多量黏液，重则出现出血性、纤维素性-坏死性炎症，即在气管内形成凝血块，或在血液中混杂着黏液、纤维素和坏死组织。有的黏膜表面覆以暗红色纤维素性伪膜，有时含血的纤维素性干酪样物充满整个喉、气管腔（二维码24-81）。炎症可向下扩展到肺和气囊。有的病鸡病变主要位于眼结膜（结膜炎型），但多数与喉气管病变合并发生。结膜炎分浆液性炎和纤维素性炎，前者眼流泪，结膜充血、水肿，有时见结膜点状出血；后者结膜囊内有许多纤维素性干酪样物，眼睑粘连，角膜混浊。

［镜检病变］随病程及病情的不同而异。喉、气管黏膜呈卡他性、纤维素性或出血性-坏死性炎症。黏膜的早期病变为杯状细胞消失和炎性细胞浸润。随病程的发展，黏膜上皮细胞肿胀，纤毛丧失并出现水肿。随后，黏膜上皮细胞常形成合胞体，并见严重的坏死、脱落，上皮细胞核内可见嗜酸性或嗜碱性的包涵体，核内包涵体一般只在感染早期（1～5 d）存在。在眼结膜上皮细胞核内同样可检出核内包涵体。喉气管黏膜固有层和黏膜下层严重出血，并见大量淋巴细胞、异嗜性粒细胞、单核细胞和浆细胞浸润。

（刘思当）

## 第三十二节　鸡包涵体肝炎

鸡包涵体肝炎（inclusion body hepatitis，IBH）是由禽腺病毒（Aviadenovirus）引起的一种急性传染病。其病理特征是急性变质性肝炎和肝细胞核内包涵体形成。

[剖检病变]　病鸡的鸡冠、肉髯和可视黏膜苍白黄染。皮下、胸肌、腿部肌肉、心外膜、肠道的浆膜可见点状或斑状出血。最显著的变化是肝肿大，呈土黄色至黄褐色，质地脆弱，没有光泽，被膜下散在出血点或出血斑，并有针尖大黄白色坏死灶（二维码24-82）。脾轻度肿大，被膜下可见轮廓不清晰的褪色斑。肾肿大，呈土黄色，质软易碎，被膜下散在出血点。胸腺水肿。法氏囊水肿，黏膜皱襞苍白。长骨骨髓色淡呈桃红色，骨髓稀薄不成形。

二维码24-82

[镜检病变]　肝的变化具有证病意义，表现为肝充血、出血，肝细胞发生水泡变性、气球样变或嗜酸性变，以及散在的凝固性坏死。后者表现为肝细胞核溶解消失，胞质浓缩成均质红染的圆形小体，即所谓嗜酸性小体。有人认为发生嗜酸性变的肝细胞实质是凋亡的肝细胞。同时见肝细胞呈灶状坏死，该部肝细胞坏死溶解，坏死灶内有多少不等的浆液性-纤维素渗出，淋巴细胞及少量异嗜性粒细胞浸润。在坏死灶的边缘高度变性的肝细胞内可见嗜酸性核内包涵体，偶见嗜碱性核内包涵体。此外，在枯否细胞内也可发现嗜酸性核内包涵体。HE染色时，嗜酸性核内包涵体呈圆形均质红染，轮廓境界清楚，周围有一透明环。存有包涵体的细胞核明显变大，核膜增厚或残缺不全，染色质边集。

脾白髓中央动脉周围淋巴细胞坏死，数量减少，鞘动脉周围网状细胞显著增生。胸腺淤血、水肿，皮质部淋巴细胞散在性坏死、疏松，髓质部出血，胸腺小体溶解。网状细胞活化、增生。法氏囊水肿，淋巴滤泡减数，排列疏松，滤泡内淋巴细胞减少，网状细胞增生。骨髓红髓内各类造血细胞均显著减少，脂肪组织增生。肾小管上皮细胞普遍发生水泡变性、脂肪变性，部分已坏死；间质淤血，淋巴细胞呈灶状浸润。脑淤血、水肿，神经元呈不同程度的变质性变化。

（马学恩）

## 第三十三节　马传染性贫血

马传染性贫血（equine infectious anemia，EIA）简称马传贫，是由马传贫病毒（Equine infectious anemia virus，EIAV）引起的马属动物的一种传染病。其病理特征是骨髓细胞坏死、单核-巨噬细胞与淋巴组织的损伤及增生。

根据临床和病变特点，马传贫可分为急性型、亚急性型和慢性型。

**1. 急性型**　主要表现为贫血、出血、骨髓组织严重损伤和败血症。

尸僵不全，血液稀薄，可视黏膜苍白、黄染，四肢和胸腹等部位皮下水肿，呈胶样浸润，体腔积有黄色透明液体。在眼结膜、瞬膜、鼻黏膜、唇、舌系带两侧、肛门、阴道黏膜、肠浆膜、肠系膜、心外膜和心内膜、淋巴结及其他器官浆膜，均可见出血点或出血斑，严重时出血斑点密集成片。

二维码24-83

骨髓：眼观，红髓区色污红，质地稀软。镜检，见骨髓细胞密度降低，红细胞系、粒细胞系和巨核细胞系细胞均出现明显的坏死、崩解和消失（二维码24-83）。残存的处在不同发育期的各类细胞成分比例具有明显变化，各系细胞中处于发育后期的中晚幼细胞损伤严重，减少多，而发育早期的母细胞损伤较轻，其数量相对较多，其中偶见分裂象（二维码24-84）。此外，骨髓组织中也见单核细胞增生，在一些小动脉外围还偶见淋巴细胞增生，有的小血管内皮

二维码24-84

细胞变性、脱落并发生出血。

脾：呈急性炎性脾肿。眼观，脾高度肿大，可达正常2～4倍或更大，被膜紧张，边缘钝圆，质地柔软，表面密布出血点；切面含血量多，呈暗红色，有时见紫黑色的出血斑，白髓减少。镜检，见脾组织含血量明显增多，红髓中充满大量红细胞，而淋巴细胞、网状细胞、巨噬细胞及吞铁细胞减少。白髓体积缩小甚至消失，在中央动脉附近仅见少量排列疏松的淋巴细胞，而大部分淋巴细胞已坏死、崩解和消失（二维码24-85）。被膜和小梁中的平滑肌细胞和结缔组织变性坏死，其结构变疏松。

二维码24-85

淋巴结：呈全身性急性淋巴结炎的变化，其中腹腔淋巴结的炎症最明显，胸腔淋巴结次之，而体表淋巴结较轻。眼观，淋巴结呈不同程度的肿大，灰白色或暗红色，质软，切面湿润多汁，有时见出血灶。镜检，淋巴小结的淋巴细胞发生明显的坏死、崩解和消失，淋巴细胞排列疏松，生发中心不明显，严重时，淋巴结各区域发生弥漫性坏死，淋巴组织失去固有形象（二维码24-86）。同时，见淋巴结的明显出血、水肿，有时还可见原淋巴细胞和巨噬细胞增生，以及巨噬细胞吞噬红细胞和变性坏死淋巴细胞的现象。

二维码24-86

肝：眼观，肝中度肿大，表面和切面形成灰黄色和暗红色的纹理，呈"槟榔肝"形象。镜检，中央静脉及其周围的窦状隙扩张、充满红细胞，窦壁细胞活化、增生变圆，并脱落进入窦状隙，形成大小不等的细胞，其中的巨噬细胞吞噬红细胞或含铁血黄素颗粒，用普鲁士蓝染色呈蓝色，即铁反应阳性（二维码24-87）。肝细胞颗粒变性、水泡变性和脂肪变性，严重时坏死、溶解。在汇管区常见淋巴细胞和巨噬细胞的浸润和增生。

二维码24-87

肾：眼观，肿大，色泽苍白，质地较软，表面散在多量出血点，切面见皮髓部、肾盂黏膜有许多出血点。镜检，有的肾小球充血肿大，肾小囊内有蛋白和红细胞渗出，有的肾小球毛细血管基底膜增厚或见透明血栓形成，其中含血量减少。肾小管上皮细胞变性、坏死，尤其在皮质部近曲小管上皮细胞坏死崩解明显，严重时仅留细胞残迹和肾小管基底膜，管腔内常见均质、红染的物质，在近直小管和集合管出现尿管型。髓质部淤血、出血，间质小动脉周围有淋巴细胞浸润和增生。

心：眼观，心扩张，心腔内积有多量血液，心外膜和心内膜有出血点，心肌呈灰红色或灰黄色，质软脆弱，其中有时见出血点。镜检，心肌细胞普遍发生颗粒变性和水泡变性，有些区域心肌细胞坏死、断裂、溶解。肌间淤血、水肿、出血，一些小动脉周围有淋巴细胞浸润。

肺：眼观，膨胀，色灰红或紫红，表面见大量大小不等的出血点，切面湿润，在支气管内有灰白色泡沫状液体。镜检，肺泡壁毛细血管扩张充血，肺泡内浆液渗出。间质细支气管和小血管周围淋巴细胞浸润和增生。有时，支气管上皮细胞变性、坏死、脱落，管腔变狭窄。

神经组织：主要表现为急性脉络丛炎，以及轻度的脑膜脑炎和室管膜炎。眼观可见软脑膜充血，脑脊液增多，少数病例在脑膜及脑实质有出血点。镜检，神经细胞变性，甚至坏死溶解，胶质细胞增生，并出现卫星现象和噬神经元现象。坐骨神经变性肿胀以及髓鞘脱失。

肾上腺：眼观，肿大，表面有出血点，切面混浊，灰黄色。镜检，皮髓部各层细胞均变性肿大，严重时出现坏死，甚至形成坏死灶，在被膜下和间质中常有散在或小灶状淋巴细胞浸润。

垂体：见不同程度的水肿、变性和坏死，其间常有淋巴细胞浸润和增生。

胰：可见不同程度的水肿和细胞变性。

胸腺：眼观见水肿、出血和实质萎缩。镜检，胸腺细胞坏死，小叶结构紊乱。

睾丸：曲细精管上皮细胞、各级精细胞及支柱细胞变性。间质水肿、出血。

消化道：病变轻微，有时可见胃肠黏膜上皮变性脱落，有的病例可见肌层有出血灶。

**2. 亚急性型** 病变特征是高度贫血，较明显的败血症，以及较显著的淋巴细胞和巨噬细胞系统的损伤和增生性变化。

尸体消瘦，皮下脂肪萎缩消失呈胶冻样，血液稀薄如水，色淡红，可视黏膜苍白并伴有不同程度的黄染，多数黏膜、浆膜和各脏器均可见数量不等的出血点或出血斑。

骨髓：长骨纵断面红骨髓体积稍大。镜检，骨髓固有细胞的变性和坏死与急性型相似，但出现淋巴细胞、单核细胞的明显增生现象，其细胞密度较急性型增加，在增生的细胞中偶见浆细胞。

脾：呈增生性脾炎。眼观，脾肿大，色青紫，质地较硬，切面含血量少，白髓明显且呈颗粒状隆起。镜检，白髓原有淋巴细胞坏死，同时出现淋巴细胞的明显增生，并形成新的淋巴小结，有的可相互融合使白髓扩大。红髓中也见淋巴细胞和一定数量浆细胞、巨噬细胞增生。吞铁细胞较急性型多，但仍较正常时偏少。

淋巴结：呈增生性淋巴结炎。眼观，全身淋巴结高度肿大，其中以腹腔淋巴结和前纵隔淋巴结肿大最明显（二维码24-88），淋巴结质地硬实，切面灰白色，皮髓界限不明显，并见颗粒状隆起。镜检，见淋巴小结的淋巴细胞既有坏死，又有明显增生，使淋巴小结增大、增多，副皮质区和髓索增宽，也可见一定数量的浆细胞和巨噬细胞的增生，后者可吞噬变性坏死的淋巴细胞和病变的红细胞（二维码24-89），在被膜和小梁也可见多量的淋巴细胞浸润，偶见髓外化生现象。此外，毛细胞管扩张充血，有时出现浆液和红细胞渗出。

二维码 24-88

肾：眼观，肿大，呈土黄色。镜检，肾小球毛细血管基底膜增厚，内皮细胞和系膜细胞增生，肾小球体积增大，肾小囊腔狭窄。肾小管上皮细胞变性，间质淋巴细胞浸润和增生，尤其在小动脉周围明显。

其他器官的变质性变化与急性型类似或稍轻，而淋巴细胞和巨噬细胞的增生较明显。

二维码 24-89

**3. 慢性型** 病变特征为消瘦、贫血，及各组织器官淋巴细胞和结缔组织不同程度增生，而变性坏死不明显。

尸体消瘦，血液稀薄，可视黏膜黄染，浆膜腔积液，舌下黏膜、眼结膜、阴道黏膜、回肠浆膜、心外膜、肺等部位有鲜红色、暗红色或铁锈色的新旧出血点。

骨髓：眼观，长骨纵断面红髓区扩大，黄髓中有时出现点状红髓。镜检，骨髓细胞有不同程度的变性，细胞密度较亚急型增加，小动脉周围和红黄骨髓交界处尤其明显，也见较多浆细胞和少量单核细胞增生。红细胞系、粒细胞系和巨核细胞系的细胞出现不同程度的再生过程。

脾：呈增生性脾炎变化。眼观，脾轻度肿大，质地硬实，切面白髓形象明显。镜检，中央动脉周围和红髓中淋巴细胞大量增生，形成淋巴细胞集团和新的淋巴小结，使白髓区扩大，而红髓区缩小，红白髓区界限不清。网状细胞活化增生，吞铁细胞仍较少。在白髓的淋巴细胞也有不同程度的坏死，坏死的淋巴组织可被胶原纤维取代使脾发生纤维化。

淋巴结：眼观，呈慢性淋巴结炎形象。镜检，皮质、髓质淋巴细胞大量增生，淋巴小结增大，生发中心明显，髓索增宽，皮髓界限不清，在增生的细胞中淋巴细胞、浆细胞的数量明显增多（二维码24-90）。同时，也见淋巴细胞不同程度的变性和坏死。有的淋巴结结缔组织增生，使淋巴结因纤维化而萎缩变硬。

二维码 24-90

肝：眼观，稍肿大或不肿大，呈暗红褐色，有些病例表面和切面肝小叶周边呈灰白色网格状（格子肝）。镜检，肝小叶中央静脉呈不同程度淤血，其附近的肝细胞萎缩，边缘部肝细胞变性。窦壁细胞活化、增生和脱落，窦状隙内出现较多吞铁细胞和淋巴细胞，这些细胞多时甚至密集成团，形成"窝状集团"（二维码24-91）。汇管区内见大量淋巴细胞的浸润和增生。

二维码 24-91

心：眼观，心扩张，冠状沟和纵沟脂肪萎缩消失呈胶冻样，在心内外膜和心肌切面可见形态不一的灰白色斑纹。镜检，心肌纤维变性，其中一些发生坏死，坏死的心肌纤维被胶原纤维取代而发生非细胞性硬化。心肌间和小动脉周围见淋巴细胞浸润和增生。

肾：呈慢性肾小球肾炎变化。眼观，病变不明显。镜检，部分肾小球毛细血管内皮细胞和系膜细胞增生，毛细血管基底膜增厚，肾小球体积增大使肾小囊囊腔狭窄或闭塞。部分肾小球被结缔组织取代而发生纤维化，其相应肾小管萎缩，甚至被结缔组织取代。还有一些肾小球和肾小管发生代偿性肥大。间质淋巴细胞和结缔组织增生。

睾丸、肾上腺、垂体等组织器官见不同程度的损伤和修复性变化，间质多出现不同程度的淋巴细胞浸润和增生。

消化道病变不明显。

（王凤龙）

## 第三十四节　兔出血症

兔出血症（rabbit hemorrhagic disease，RHD）是由兔出血症病毒（Rabbit hemorrhagic disease virus，RHDV）引起的一种具有高度传染性的急性败血性传染病。病毒的主要靶细胞是肝细胞和血管内皮细胞，病理特征是弥漫性坏死性肝炎和组织器官的多发性出血。

[剖检病变]　兔尸常呈角弓反张姿态，尸体不消瘦，可视黏膜和皮肤发绀，皮下静脉淤血怒张，血液浓稠呈暗紫色。全身多数组织、器官均呈不同程度的淤血、水肿和出血，后者呈新鲜出血点或出血斑。气管黏膜淤血、出血，严重时呈弥漫性暗红色。肺淤血、水肿、气肿和出血，肺膨隆呈多色性，边缘可见多发性小灶状萎陷区。心扩张，心肌松弛，心腔内充满暗红色凝固不良的血液。肝明显肿大，色黄，晦暗无光泽，质地脆软。肾肿大呈暗紫色，切面皮、髓交界处淤血严重。脾肿大，边缘钝圆，含血量增多，切面白髓形象不清晰。淋巴结肿大、出血、切面多汁，以咽背淋巴结、前纵隔淋巴结和肝门淋巴结病变明显。胸腺、肾上腺淤血、出血、肿大。睾丸淤血，质地变软。胃黏膜表面附着大量黏液，有时见小出血点。浆膜腔见数量不等的浆液-纤维素性渗出物。部分病例脑膜和脑实质发生淤血、出血。

[镜检病变]

肝：呈弥漫性坏死性肝炎的病理变化。肝细胞普遍发生水泡变性、气球样变、嗜酸性变以及坏死或凋亡。发生嗜酸性变时，单个肝细胞胞核破碎或浓缩，以至溶解消失，胞质嗜伊红浓染，进而浓缩成圆形或类圆形均质的"嗜酸性小体"。后者与周围肝细胞分离。这种嗜酸性小体是肝细胞凋亡的表现形式。高度水泡变性或气球样变的肝细胞也可呈小灶状溶解坏死，局部仅残留网状支架、少量蛋白性物质和网状细胞。部分变性肝细胞内可见均质红染（HE染色）的嗜酸性核内包涵体，多数包涵体充满胞核，与核膜之间有一狭窄的透明环，核膜多残缺不全或已溶解消失，包涵体可游离于胞质内。凡核内出现包涵体的肝细胞均高度肿大，胞核也肿大。此外，可见肝窦状隙内皮细胞、枯否细胞也发生变性、坏死，窦状隙内微血栓形成；汇管区和肝细胞坏死区有淋巴细胞和单核细胞浸润。

肺：见不同程度的淤血、出血、广泛性微血栓形成。支气管壁淋巴滤泡增大，边缘部见淋巴细胞散在性坏死。

气管：黏膜固有层严重淤血、水肿，有时可见出血和少量淋巴细胞浸润。

肾：肾小球毛细血管内皮细胞变性、肿胀、脱落，基底膜疏松、增厚，管腔内血液淤滞和广泛的微血栓形成。有些肾小囊内蓄积浆液及红细胞，呈现浆液渗漏及出血。肾小管上皮细胞见颗粒变性和水泡变性，部分坏死、脱落，有的管腔内充满透明滴状物和絮片状粉红染物质。直细尿管和集合管内有大量尿管型堵塞管腔。

心：心肌纤维呈颗粒变性、水泡变性。间质毛细血管扩张、淤血，还可见小灶状出血和微血栓形成。

脑：脑膜淤血，部分病例软脑膜出血。脑实质内毛细血管扩张、淤血，广泛的微血栓形成及小灶状出血，偶见室管膜炎。

脾：高度充血，多数病例见白髓出血。脾窦窦壁及脾髓网状纤维发生纤维素样变，呈疏松状粉红染。在银染标本上，可见网状纤维疏松，嗜银性减弱，有的断裂。白髓体积缩小，胸腺依赖区淋巴细胞呈散在性坏死。被膜和小梁平滑肌变性，疏松淡染。

淋巴结：见充血、出血及深层皮质区淋巴细胞散在性坏死。髓索和淋巴小结生发中心表现为网状细胞、淋巴细胞坏死和成淋巴细胞、原浆细胞增生。淋巴窦扩张呈窦卡他现象，其中可见大量巨噬细胞吞噬变性、坏死的淋巴细胞和红细胞。

胸腺：严重淤血、水肿，多数病例可见出血。皮质部淋巴细胞散在坏死，排列稀疏，可见大量巨噬细胞吞噬变性、坏死的淋巴细胞。皮髓交界处网状细胞坏死溶解，少量淋巴细胞坏死。

肾上腺：淤血，多数病例见小灶状出血。皮质部腺上皮细胞普遍发生水泡变性乃至气球样变，束状带部分细胞发生凝固性坏死。

睾丸：淤血、水肿，曲细精管各级生精细胞和支持细胞均呈不同程度的变性，精子变性、坏死。

胃肠道：黏膜淤血，个别病例出血。腺上皮黏液分泌亢进，黏膜上皮变性、脱落。

（马学恩）

## 第三十五节 水貂阿留申病

水貂阿留申病（Aleutian disease of mink）是由阿留申病病毒（Aleutian disease virus，ADV）引起的一种慢性病毒性传染病。其主要病理特征是持续性病毒血症及由此引发的浆细胞增多、血清中γ球蛋白含量升高、免疫复合物型肾小球肾炎等。

［剖检病变］ 自然感染或人工感染病例，尸体多消瘦，可视黏膜苍白、轻度黄染。有时在齿龈、硬腭或颊部黏膜见出血性小溃疡，溃疡面覆盖纤维素性伪膜。肾肿大，被膜易剥离，呈土黄色，散在针尖大至粟粒大出血点和灰白色小病灶，切面皮质增厚，皮、髓界限稍显模糊。病程长时肾体积往往缩小，色灰黄，表面凸凹不平，被膜易粘连。肝肿大，呈暗红色或槟榔肝形象。脾肿大，质地硬实，切面白髓形象鲜明。淋巴结普遍增大，呈灰白色，以前纵隔淋巴结、胃淋巴结及盆腔淋巴结肿大明显。骨髓色泽晦暗不鲜。胸腺体积缩小，表面可见小出血点。胆囊充盈胆汁或空虚，囊壁肥厚，黏膜粗糙。心脏扩张，心肌质软，色彩不一。肺淤血、出血。睾丸及附睾体积缩小、质软。

［镜检病变］

骨髓：淋巴细胞灶状增生、浆细胞增多、巨核细胞变性、红细胞系的细胞数量减少。骨髓组织中出现淋巴细胞集团。细胞集团外围或血细胞之间，分散存在许多浆细胞。巨核细胞见核浓缩、崩解，少数胞核淡染、核内出现空泡，并逐渐发生核溶解，进而胞质也淡染溶解。红细胞系的细胞排列稀疏，晚幼红细胞数较少。

胸腺：胸腺细胞、胸腺上皮细胞和胸腺小体发生萎缩、变性甚至坏死。皮质变薄，细胞层数减少，皮质淋巴细胞发生小灶状坏死，皮质内巨噬细胞吞噬淋巴细胞现象十分明显。严重的病例，髓质细胞数减少。网状细胞和淋巴细胞变性，胸腺小体数量减少、体积缩小。

脾：白髓数量减少，体积增大或大小相差悬殊，体况差的病貂生发中心消失，仅在中央动脉周围有几层小淋巴细胞环绕。有些病貂生发中心明显，鞘动脉周围网状细胞明显增生，脾索和小梁边缘可见原浆细胞灶状增生。小梁增粗增多。

淋巴结：浅层皮质淋巴小结体积增大、排列密集。深层皮质范围缩小，小淋巴细胞减少，大、中淋巴细胞和浆细胞增多。髓索内浆细胞数量增多。此外，还见巨噬细胞吞噬红细胞现象。肠壁淋巴滤泡生发中心扩大,浆细胞增多。

血管:据报道约有28%的病例发生小动脉炎,最常见于冠状动脉及其分支,以及肝、脑、肾、胃肠、脾和淋巴结的小动脉。特点是动脉中膜发生纤维素样变或玻璃样变,外膜有淋巴细胞、浆细胞浸润,严重的可见管腔变窄或闭塞。

肾:见肾小球肾炎、间质性肾炎和肾小管严重损伤。肾小球大小不等,有的毛细血管基底膜不均匀增厚而在断面呈"铂金耳环样变"。肾小管上皮细胞呈颗粒变性和脂肪变性。在肾小管之间和间质血管周围有数量不等的淋巴细胞、浆细胞浸润与增生,严重时增生细胞连成一片,其中肾小管因受压迫而使管腔变小。间质小动脉壁普遍增厚,内皮肿胀,偶见中膜局部平滑肌细胞核消失而呈均质红染。病貂肾网状纤维断裂、排列紊乱(二维码24-92)。荧光抗体技术证明在小动脉壁和肾小球毛细血管基底膜上有免疫复合物沉积。

二维码24-92

肝:肝细胞见颗粒变性或脂肪变性。窦状隙扩张,窦壁细胞活化增生,窦状隙内淋巴细胞、巨噬细胞增多,做普鲁士蓝反应证明,含有较多的吞铁细胞。汇管区胆管及血管周围有数量不等的淋巴细胞、浆细胞浸润。小叶间胆管扩张,黏膜上皮细胞变性、增生。

胆囊:黏膜上皮变性脱落,黏膜固有层、肌层与外膜可见淋巴细胞、浆细胞浸润。

心:心肌纤维变性、断裂或溶解,肌纤维间淤血、水肿,小动脉外围淋巴细胞、浆细胞浸润。

肺:见淤血和局部肺泡性肺气肿,小动脉、小支气管周围淋巴细胞、浆细胞浸润。

脑:见非化脓性脑膜脑炎、室管膜炎、神经细胞变性或软化灶形成等变化。脑脉络丛炎灶中有大量浆细胞浸润。

卵巢:生长卵泡数减少,基本不见成熟卵泡;卵细胞核淡染、核膜断裂。卵泡细胞多崩解消失。间质水肿并有淋巴细胞、浆细胞浸润。

睾丸和附睾:睾丸曲细精管管腔内生精细胞显著减少,有的只剩一两层细胞,且排列散乱;精母细胞明显减少,很少见到分裂象,精子细胞罕见,基本上见不到成熟的精子。间质血管周围和附睾管周围见淋巴细胞、浆细胞呈灶状或弥漫性浸润,在附睾管严重受损的水貂血清中曾检测到抗精子抗体。

(马学恩)

## 第三十六节 犬 瘟 热

犬瘟热(canine distemper)是由犬瘟热病毒(Canine distemper virus,CDV)引起犬科等动物的一种急性败血性传染病。其病理特征是上呼吸道、肺和胃肠道的卡他性炎,非化脓性脑膜脑脊髓炎,感染细胞的胞质与核内包涵体形成。除犬科动物外,鼬科、浣熊科动物、虎和大熊猫等也可感染发病。

[剖检病变] 病犬尸体消瘦,见卡他性或卡他性-化脓性结膜炎、溃疡性角膜炎乃至化脓性全眼球炎。股内侧、腹部、耳壳和包皮等部位皮肤,常发生水疱性或脓疱性皮肤炎,干涸后形成褐色干痂。少数病例,可见脚底肉趾皮肤增厚变硬,形成硬脚掌病。鼻、喉、气管和支气管黏膜表现充血、肿胀,被覆有卡他性或脓性渗出物。肺常在尖叶、心叶和膈叶前缘形成大小不等呈红褐色的支气管肺炎病灶,病灶有时布满整个肺叶,此时常伴发纤维素性胸膜炎。炎灶断面的小支气管内有栓子样黏液性渗出物。肝无特征病变。脾肿大、淤血。胃肠道黏膜除见卡他性炎病变外,还常有黏膜糜烂和溃疡病灶,肠黏膜孤立和集合淋巴小结肿大,并偶发重剧出血性肠炎。尿道黏膜,特别是肾盂和膀胱黏膜表现淤血。脑膜淤血和水肿。

[镜检病变] 皮肤,尤其是腹部皮炎处的生发层表现淤血和偶见有淋巴细胞浸润。在皮肤

表层的上皮细胞，均可能见有胞质和核内包涵体。病犬脚掌部上皮增生、变厚所致的所谓硬脚掌病变。

鼻与咽喉黏膜上皮细胞可见特征性的胞质或核内包涵体。HE 染色，包涵体呈嗜酸性着染，其直径为 5~20 μm，呈均质红染、轮廓清晰的圆形或卵圆形。胞质包涵体常位于与核相邻的空泡内。核内包涵体形态与胞质内相似，核稍肿大，染色质边集。

小支气管及其相邻肺泡腔内，积有大量中性粒细胞、黏液和脱落、崩解的细胞碎片，在早期病灶的渗出物中，还见有红细胞和巨噬细胞，后者多半沿肺泡壁积聚或充填整个肺泡腔。见有巨噬细胞积聚的某些病例，还在支气管、肺泡隔和肺泡内有多核巨细胞形成，这种多核巨细胞性肺炎与人和猴麻疹时的巨细胞性肺炎相似。在肺炎病灶的巨噬细胞、细支气管和支气管黏膜上皮和多核巨细胞内可以发现胞质包涵体，但核内包涵体少见。

在胃肠黏膜上皮内，也见有胞质和核内包涵体。

肝的胆管上皮内，也见有包涵体。脾白髓内的淋巴细胞坏死。

尿路黏膜上皮细胞内可见核内和胞质包涵体（二维码 24-93）。

二维码 24-93

脑部见非化脓性脑膜脑脊髓炎。病变主要位于小脑脚（小脑中脚、小脑前脚、绳状体）、前髓帆、小脑有髓神经束和脊髓白柱；大脑皮质下白质一般不受侵害。病变特征为病灶有鲜明的界限，特别是在上述的有髓神经纤维束部。用 Weil 法染色后低倍镜检，可见许多具鲜明界限的大小不等的空泡，似海绵样。同时，还见有小胶质细胞和星形胶质细胞增生，血管周隙有淋巴细胞积聚。在白质的坏死灶周围偶见格子细胞聚集。许多部位的渗出液中见原浆性星形细胞或原浆细胞，在原浆细胞和一些小胶质细胞内有核内包涵体。

大脑的病变与小脑相似，但毛细血管数量增多，这可能是由于毛细血管增生，也可能是由于血管扩张、淤血而其周围实质破坏致使血管更为显露所致。

脑组织内神经元的变化远不如有髓神经纤维束的病变明显而经常，但也可见核固缩、染色质溶解、神经胶质细胞增生和噬神经元现象等变化，在神经元内很少见有胞质和核内包涵体，在大脑和小脑皮质、脑桥和髓质核内可见神经元坏死，多数病例还可见以淋巴细胞浸润为特征的软脑膜炎。

视网膜充血、水肿，有淋巴细胞性血管套、神经节细胞变性和胶质细胞增生，并见以脱髓鞘和胶质细胞增生为特征的视神经炎，在视网膜和视神经的胶质细胞内有核内包涵体。视网膜萎缩，视网膜的色素上皮表现肿胀和增生。

（高丰、贺文琦）

## 第三十七节　犬细小病毒病

犬细小病毒病（canine parvovirus disease）是由犬细小病毒（Canine parvovirus，CPV）引起以犬频繁呕吐、出血性腹泻和迅速脱水为主要症状的一种高死亡率的传染病。各种年龄、性别和品种的犬均易感染，其中以 3~6 月龄的幼犬最易感，感染幼犬的病死率高达 50%~100%。其病理特征是卡他性-出血性肠炎或急性心肌炎。

根据临床症状和病变，将本病分为急性肠炎型和心肌炎型两种类型。

**1. 急性肠炎型**

[剖检病变] 病死犬消瘦，脱水，皮下脂肪减少变薄，腹腔积液。从十二指肠至回肠、盲肠交界处的浆膜面出现中等程度的出血斑，空肠和回肠浆膜出血斑最严重。肠黏膜严重脱落，绒毛萎缩；有的病例病变侵及黏膜下层和肌层。小肠扩张，轻症者肠内充满黄色清亮的液体，严重病例空肠内容物呈红色，回肠内容物为黑棕色。部分病例肠黏膜面附着有丝状的纤维素渗

出物。个别病例的胃黏膜上亦见有出血斑点或溃疡面。胸腺明显萎缩，体积缩小。

［镜检病变］　从胃幽门到直肠整个肠道黏膜层隐窝上皮细胞发生变性、坏死和增生。空肠和回肠损伤最严重，在很多隐窝内的损伤呈局灶性，隐窝扩张，腔内含有细胞碎片，残存的隐窝上皮细胞变扁平，上皮细胞核内可见嗜酸性或嗜碱性包涵体。肠绒毛萎缩和变形明显。偶见十二指肠杯状细胞化生和淋巴集结中淋巴细胞减少。

**2. 心肌炎型**

［剖检病变］　心脏横径增宽，心脏扩张，心外膜或心内膜上有黄白色或灰白色坏死灶，并常见出血斑点。肺淤血、水肿或局灶实变，肺浆膜可见出血斑点。肝外表发白，并呈树丛状脉管充血。

［镜检病变］　心肌细胞变细、变长，局部断裂、崩解，间质水肿。有时出现局灶性出血，并可见大小不等的坏死灶。病灶内有见淋巴细胞、巨噬细胞等炎性细胞的渗出，多数心肌细胞胞核内可见嗜酸性或嗜碱性包涵体。心肌毛细血管扩张、充血。

脾和淋巴结中淋巴细胞数量减少。其他各器官可见不同程度的充血、出血以及炎性细胞浸润。

（王金玲）

## 第三十八节　犬传染性肝炎

犬传染性肝炎（infectious canine hepatitis，ICH）是由犬传染性肝炎病毒（Infectious canine hepatitis virus，ICHV）引起犬的一种急性高度接触性传染病。病理特征为出血性胃肠炎、坏死性肝炎和肝细胞及血管内皮细胞出现核内包涵体。

淋巴结：剖检，支气管淋巴结、下颌淋巴结、腋下淋巴结、膝后淋巴结和肠系膜淋巴结肿大，呈黑红色，切面隆起，实质出血。镜检，淋巴结水肿、出血，淋巴细胞坏死和减少。

肝：剖检，肝肿大，呈黑红色，干燥而脆，肝表面可见细小的灰白色坏死灶。胆囊明显肿大，胆囊壁水肿、增厚。镜检，见窦状隙、中央静脉和叶下静脉扩张淤血，肝小叶内出现较小的肝细胞凝固性坏死灶，肝细胞核内可见体积较大的嗜碱性包涵体。

眼：剖检，角膜混浊，常发生于单侧或双侧眼睛。镜检，虹膜和睫状体淤血、水肿，偶见出血。虹膜血管周围有明显的幼稚的或成熟的浆细胞聚集；在环形动脉附近的虹膜根部浆细胞浸润最密集；虹膜血管，特别是小血管内皮细胞肿胀和水肿。在虹膜和睫状体小血管腔内偶见微血栓部分堵塞血管。非肉芽肿性的眼色素层炎，前色素层内可见浆细胞浸润。

角膜水肿，间质结缔组织呈层状分离，中性粒细胞、淋巴细胞和少量巨噬细胞浸润。角膜内皮因水肿而相互分离。角膜固有质前弹性膜下偶见小灶状核固缩病灶，后弹性膜下角膜水肿，角化的沉淀物黏附在肿胀的内皮细胞上，形成月牙形的炎灶，炎灶内以中性粒细胞浸润为主以及核破裂和核溶解产物。有的区域角膜内皮脱落，残存的角膜内皮肿胀，常呈扭曲的气球状或角锥状。在角膜内皮细胞内可见核内包涵体。严重病例，角化的沉淀物形成伪膜黏附在肿胀的角膜内皮表面，后弹性膜和角膜内皮之间可形成明显的炎症带，其内有大量的中性粒细胞浸润和细胞坏死碎片。

胃肠：黏膜淤血、出血。空肠与回肠病变严重，肠壁增厚，肠腔狭窄，黏膜有皱襞形成，肠腔内可见血样内容物。

神经系统：剖检，大脑轻度肿大，切面可见较多出血点，脑干和丘脑有弥漫性出血斑点。镜检，大脑淤血，血管内皮细胞肿胀，相邻的神经纤维网融合区出血和轻度的海绵状水肿，神经细胞肿大，核浓缩。脑血管内皮细胞内可见体积较大的嗜碱性核内病毒包涵体。

肾：呈间质性肾炎变化，肾小管间质有数量不等的淋巴细胞和浆细胞浸润，有的在肾小球血管丛的内皮细胞中可见嗜碱性核内包涵体。膀胱黏膜和浆膜下可见出血点。

扁桃体：明显肿大、出血和淋巴细胞坏死，扁桃体上皮细胞内可见核内包涵体。

肺：肺可见数量较多面积较大的出血斑点，胸膜壁层可见大量出血斑点。

其他组织：胸腺萎缩、水肿和出血；脾眼观正常，镜检血管发生纤维素样变性，在血管内皮细胞可见体积大的嗜碱性核内包涵体。骨髓髓细胞系、红细胞系和巨核细胞系的细胞数量减少，可见吞噬红细胞现象。在肺、肝、肾、胸腺和脾中的小血管内可见微血栓。

（王金玲）

## [附] 戊型肝炎

戊型肝炎（hepatitis E，HE）是由戊型肝炎病毒（Hepatitis E virus，HEV）引起人及多种动物的一种急性接触性传染病。在美国、日本和许多国家分离到的猪 HEV 与人的 HEV 高度同源，证实本病是一种人兽共患病，具有重要的公共卫生意义。

人类戊型肝炎表现为临床型和亚临床型；而动物则多表现为亚临床型，肝的病理损害一般不严重。

[剖检病变] 急性感染早期肝体积增大，表面呈颗粒状，病变部色泽变淡，质度变脆。有的病例见胆管扩张，胆汁淤积，胆囊扩张，胆汁浓稠。转为慢性的病例肝主要呈现变质性、坏死性肝炎及肝硬化的变化。肝体积明显增大，表面凹凸不平，色泽斑驳，肝多数区域质地坚硬，切面色灰白或黄白。胆囊扩张，胆囊壁明显增厚。

[镜检病变] 感染早期见肝细胞肿胀，呈气球样变，严重变性时肝细胞核常被挤压到一侧，窦状隙变窄。病程稍久可见肝细胞的渐进性坏死，坏死始于肝小叶中央，逐渐向周边蔓延，坏死的肝细胞体积缩小、胞质嗜酸性增强、胞核浓缩深染或溶解消失。汇管区可见巨噬细胞、淋巴细胞浸润。有时在变性肝细胞及枯否细胞内可见棕色色素沉积。毛细胆管及小胆管内见大小不等的胆汁团块。发展到严重阶段，肝组织大部分被破坏，形成多个大面积嗜伊红红染的坏死区，有时仅见肝细胞的轮廓，而细胞核消失。

（马国文）

# 第二十五章 寄生虫病病理

**内容提要** 一些寄生虫病的特征性病理变化具有病理诊断意义。例如，牛泰勒虫病的泰勒虫性结节形成、局部组织坏死、贫血和出血，球虫病时球虫寄生部位发生卡他性-出血性肠炎或脱屑性-增生性胆管炎，猪弓形虫病的后肢内侧皮肤毛囊出血、多器官坏死以及弓形虫性"假包囊"形成，日本分体吸虫病的多器官形成虫卵结节和晚期肝硬化，东毕吸虫病的肝门静脉和肠系膜静脉等处形成虫体结节和引发相应损伤。

## 第一节 牛泰勒虫病

牛泰勒虫病（theileriasis of cattle）是由寄生在牛、牦牛的红细胞、淋巴细胞、巨噬细胞内的泰勒虫所引起的一种原虫病。其病理特征是泰勒虫性结节形成、局部组织坏死、贫血和出血。

本病在我国主要是由环形泰勒虫（*Theileria annulata*）所引起，其次可由瑟氏泰勒虫（*T. sergenti*）以及中华泰勒虫（*T. sinensis*）所导致。牛是中间宿主，泰勒虫在牛体内进行无性繁殖；蜱（如残缘璃眼蜱、青海血蜱）是终末宿主，泰勒虫在蜱体内进行有性繁殖。

**1. 泰勒虫性结节的形成** 泰勒虫性结节主要见于淋巴结、脾、肝、肾等组织器官。早期是一种细胞性结节，只能在镜检时见到，它是由增生的巨噬细胞和淋巴细胞组成的，其胞质内可见圆形或椭圆形的泰勒虫的裂殖体。随着虫体增大，受侵细胞的体积也逐渐增大，胞核被挤向一侧；以后胞核可消失，整个细胞变为充盈虫体的球状物，直至细胞破裂。细胞性结节逐渐增大，成为肉眼可见的针尖大、帽针头大或粟粒大、灰白色的结节。由于虫体不断分裂增殖和毒性产物的增多，结节中巨噬细胞、淋巴细胞和局部组织细胞的坏死、崩解也更加明显，加之还发生充血、出血和渗出，因此结节转变为坏死性-出血性结节，眼观呈红色。镜检见局部组织坏死和出血，有些结节中仍能见到石榴体出现于一些巨噬细胞和淋巴细胞内或虫体游离于细胞之外；有些结节中因虫体已结束其在巨噬细胞和淋巴细胞内的裂殖过程，故石榴体消失不见，只能看到坏死、出血和炎性渗出的变化。在疾病的后期，上述坏死性-出血性结节可进一步发生纤维化，从而变成纤维性结节。

**2. 主要受侵器官的病变** 死于泰勒虫病的牛消瘦，结膜苍白或黄染，血液凝固不良，体表淋巴结肿大、出血，皮肤、皮下、肌间、肌膜、浆膜、消化道黏膜、心内膜和心外膜以及实质器官等处均见大量出血斑点。

（1）淋巴结：明显肿大，其中以体表的肩前淋巴结和腹股沟淋巴结，腹腔的脾、肝、肾和皱胃淋巴结的病变最明显。体积可比正常时大3～5倍，被膜紧张，被膜下可见大小不等的暗红色病灶；切面隆起，除见暗红色病灶外，还有灰白色结节与灰黄色坏死灶，其外围有时见一暗红色带。淋巴结周围组织呈胶样浸润并有斑点状出血。镜检见虫体首先侵袭淋巴窦的巨噬细胞，进而波及邻近的淋巴组织，引起细胞增殖，形成以增生为主的细胞性结节，通常可见位于巨噬细胞和淋巴细胞胞质内的石榴体。当淋巴结受侵较轻时，仅见少量或个别结节性病变，结节以外的淋巴组织无明显改变；如果淋巴结广泛受侵，则见细胞性结节和坏死-出血性结节交错存在，结节性病灶之间淋巴窦扩张，窦内充盈浆液、红细胞和巨噬细胞，淋巴组织充血、出血。

（2）脾：呈急性炎性脾肿形象，体积明显肿大，严重者可达正常的2～4倍，脾边缘钝圆，被膜紧张，见散在出血斑点；切面隆起呈紫红色，脾髓质软而富有血液。镜检见脾髓内红细胞密布，白髓数量减少，淋巴细胞坏死、崩解，红髓中可见大小不一的坏死性-出血性病灶，病灶内有时在残留的巨噬细胞和淋巴细胞内可以见到石榴体（二维码25-1）。小梁和被膜中也见出血和炎性浸润。

二维码25-1

（3）肝：淤血、肿大，表面和切面可见散在分布的针尖至粟粒大小的灰白色结节，高粱米或更大些的暗红色病灶。一般在前驱期扑杀的牛，肝内主要是灰白色结节，明显期死亡的牛则主要见暗红色病灶。镜检灰白色结节为细胞性结节，是由窦状隙内皮细胞和枯否细胞分裂增殖而形成的细胞集团，其胞质内通常可见石榴体。随着细胞的增生，结节逐渐增大，局部肝细胞崩解消失。暗红色病灶是细胞性结节继发坏死、出血和渗出的结果，即坏死性-出血性结节。有时也可见到处于细胞性结节和坏死性结节之间的过渡型病灶。此外，肝细胞普遍发生颗粒变性和脂肪变性，肝淤血，尤其是小叶中央部更明显。

（4）肾：体积增大，色彩变淡，有出血点；表面和切面可见散在的灰白色细胞性结节或暗红色坏死-出血性结节。镜检见肾小管间淋巴细胞、网状细胞增生形成细胞性结节，局部肾小管和肾小球逐渐坏死、消失。细胞性结节可转变为坏死性-出血性结节。肾小管上皮细胞普遍发生颗粒变性和脂肪变性。

（5）肺：表面和切面上散在粟粒大的暗红色病灶，有些病灶周围环绕一狭窄的气肿区。镜检见肺泡间隔增宽，其中巨噬细胞聚集，有些已变性、坏死，有时在巨噬细胞胞质内可见到石榴体；毛细血管充血，内皮细胞变性、坏死引发出血；肺泡腔内有浆液、纤维素、白细胞、红细胞和脱落的肺泡上皮细胞，呈现小灶性出血性肺炎的景象。炎灶外围的肺组织见肺泡性肺气肿。

（6）膀胱：黏膜有时可见结节性病变。镜检见病变所在部上皮脱落，固有层中为大量巨噬细胞集聚所形成的细胞性结节。

（7）皱胃：黏膜面可见散在分布的灰白色结节、中央部出血的结节和暗红色的小溃疡灶。一般死于前驱期的病牛，黏膜皱襞上散在着多数针尖至粟粒大、灰白色结节。死于明显期的病牛，其胃黏膜面除见少数灰白色结节和中央部出血呈红色的结节外，突出的病变是密发大量小溃疡灶。溃疡为针头至高粱米大，圆形或不正圆形，中央凹下呈暗红色或褐红色，边缘黏膜稍隆起并有细窄的炎性反应带（二维码25-2）。有时见少数溃疡已修复。镜检见黏膜固有层巨噬细胞和淋巴细胞增生，其胞质内可见石榴体。随着结节内细胞坏死、出血、被覆黏膜上皮坏死崩解，局部形成溃疡。溃疡底一般不超过黏膜肌层，溃疡周围黏膜见充血、出血和白细胞浸润。溃疡周围的胃黏膜有时见卡他性炎。

二维码25-2

（8）小肠和大肠：黏膜见大量出血点，有时小肠黏膜也见少量结节性病变。

（9）胰腺：见散在的灰白色细胞性结节或暗红色坏死性-出血性结节。

（马学恩）

## 第二节 球虫病

球虫病（coccidiosis）是由球虫引起的多种动物的一种常见原虫病。家畜、野兽、禽类、爬虫类、两栖类、鱼类、某些昆虫和人均可感染。家养动物中马、牛、羊、猪、骆驼、犬、兔、鸡、鸭、鹅等都可作为球虫的宿主，本病对鸡、兔、牛的危害较为严重，常引起幼龄动物大批死亡。其病理特征为寄生部位（如肠道或肝）发生损伤，表现为卡他性-出血性肠炎或脱屑性-增生性胆管炎。

（一）鸡球虫病

鸡球虫病分布广、发病率高、危害大，是造成现代养鸡业经济损失的重要疾病之一。本病主要危害3月龄以内的雏鸡，感染率高达80%以上，死亡率可达20%~50%。

本病的病原主要有柔嫩艾美耳球虫（*Eimeria tenella*）、堆型艾美耳球虫（*E. acervulina*）、巨型艾美耳球虫（*E. maxima*）、毒害艾美耳球虫（*E. necatrix*）、和缓艾美耳球虫（*E. mitis*）、早熟艾美耳球虫（*E. praecox*）、布氏艾美耳球虫（*E. brunetti*）7种。

艾美耳属球虫的生活史包括裂殖生殖、配子生殖和孢子生殖3个阶段。前两个阶段是在宿主的上皮细胞内完成的，后一个阶段是在外周环境中完成的。在这三个发育阶段中，孢子生殖和裂殖生殖是无性生殖，配子生殖是有性生殖。

不同类型球虫的致病力、寄生部位及病理变化等都有一些差异。

**1. 柔嫩艾美耳球虫病** 柔嫩艾美耳球虫是鸡球虫病的主要病原，致病力最强。它只侵害盲肠及其附近组织，故其引起的疾病也称为盲肠球虫病。急性经过者表现为急性出血性盲肠炎。盲肠显著肿大，肠腔内充满混有血液的内容物或干酪样凝块，黏膜上散布大小不等的出血灶（二维码25-3），后期盲肠壁由于水肿、细胞浸润及出现的瘢痕组织而增厚。

二维码25-3

雏鸡感染柔嫩艾美耳球虫后，第2天第1代裂殖体即在盲肠黏膜的上皮内形成，引起上皮轻度损伤和少量出血，可见盲肠黏膜充血、发生炎症。第4~7天是病变最严重并具有特征性的阶段。裂殖子侵入隐窝上皮细胞内生成第2代裂殖体，感染细胞肿胀、微绒毛丧失，裂殖子可移行到固有膜和黏膜下层，引起这些部位组织坏死与出血，表现为中、后段盲肠黏膜深层严重出血，大量黏膜上皮脱落，严重者可见整个黏膜几乎完全脱落，肠腺破坏，其表面被覆大量变性、坏死、脱落的上皮细胞和红细胞（二维码25-4）。黏膜下层显著充血、水肿及淋巴细胞与异嗜性粒细胞浸润，浆膜下小血管充血或出血。肠腔常充满由溶解的红细胞、纤维蛋白、卵囊、细菌菌落、炎性细胞和坏死脱落的黏膜上皮细胞组成的肠内容物。感染后第9天，损伤的盲肠黏膜上皮开始再生，损伤较轻者，再生的黏膜上皮与固有膜可形成正常的绒毛突起；损伤严重者，再生的黏膜上皮呈平坦的一层，不形成绒毛突起。第12天后，只有很少的配子体和卵囊存在。第21天后盲肠基本恢复正常。

二维码25-4

**2. 毒害艾美耳球虫病** 毒害艾美耳球虫也是鸡球虫病的重要病原，致病力较强。它主要侵害小肠中段，急性型引起严重的卡他性-出血性肠炎；慢性型引起小肠结缔组织增生。剖检，小肠显著肿胀增粗，为正常的两倍以上，肠壁变厚，肿胀。小肠黏膜上有粟粒大小的出血点和灰白色坏死灶，在浆膜面即可见（二维码25-5）。肠内有大量血液和干酪样坏死物。实验感染后第4天小肠黏膜裂殖体繁殖的部位出现淡白色小斑点。第5~6天黏膜严重出血，黏膜上有许多小出血点，肠管显著肿大，管壁增厚呈暗红色。第1代裂殖体与裂殖子感染隐窝上皮细胞。第2代大裂殖体在黏膜深部形成特征性巢，并引起黏膜出血、坏死，异嗜性粒细胞、淋巴细胞与巨噬细胞浸润。

二维码25-5

**3. 巨型艾美耳球虫病** 巨型艾美耳球虫致病力中等，引起小肠中段（从十二指肠肠袢到卵黄蒂）肠管扩张，肠壁增厚；内容物黏稠，呈淡灰色、淡褐色或淡红色。不寄生于直肠和盲肠。这种球虫的有性繁殖体主要在绒毛固有层，不侵入黏膜深部和黏膜下层，不会引起肠出血。病灶直径为 0.8～1 mm，色灰白，呈环状，中部充血。形成的原因是因寄生于绒毛固有层内的有性繁殖体压迫固有层内血管，阻碍血流所造成的。其小配子体与卵囊在各种球虫中最大，有诊断价值。

**4. 堆型艾美耳球虫病** 堆型艾美耳球虫致病力不强，多侵害十二指肠的前段，病变不如毒害艾美球虫病明显。卵囊以集团形式在肠黏膜上形成沙堆状白色斑点或条纹，重症时肠黏膜一片灰白色。大量球虫使上皮层破坏，致使绒毛变短、增厚与融合，固有层内淋巴细胞与巨噬细胞增数。病变部位含有裂殖体、配子和发育中的卵囊。镜检可在小肠病变部位的涂片中观察到大量卵囊。

**5. 其他球虫病** 布氏艾美耳球虫引起小肠后段与直肠黏膜呈针帽或较大的出血斑，严重时黏膜表面伪膜形成干酪样肠栓。剖检类似坏死性肠炎，镜检可见坏死物中有大量球虫，球虫繁殖引起上皮坏死、脱落与炎症。早熟艾美耳球虫及和缓艾美耳球虫致病力小，主要限于小肠黏膜绒毛的上皮层，大量球虫可见于上皮层内，病变轻微。

（二）兔球虫病

兔球虫病是由艾美耳属的多种球虫（目前我国已发现 11 种）寄生于兔的小肠或胆管上皮细胞内引起的家兔常见的一种寄生性原虫病，对养兔业的危害极大。各种品种的家兔都有易感性，断乳到 5 月龄的兔对球虫最易感，其感染率高达 100%，患病幼兔死亡率可达 40%～80%，耐过的病兔长期不能康复，生长发育受到严重影响，一般体重可减轻 12%～27%，给养兔业造成巨大的经济损失。

**1. 肝球虫病** 斯氏艾美耳球虫（$E.\ stiedai$）寄生于胆管上皮细胞引起兔肝球虫病。球虫的子孢子穿入肠黏膜后经门静脉或淋巴进入肝，再穿入胆管，在胆管上皮细胞内繁殖。也有人认为子孢子首先在肠系膜淋巴结内裂殖生殖，然后经门静脉进入肝，再侵入胆管上皮。

剖检时见肝显著肿大，肝表面及实质内散布大小不一的灰白或淡黄色结节或条索，在其脓样或干酪样内容物中有大量球虫卵囊（二维码 25-6）。初期，胆管呈脱屑-卡他性胆管炎，稍后胆管上皮增生，呈乳头状突起，有时甚至呈腺瘤样结构，即呈增生性胆管炎景象。由于胆管上皮增生与炎性渗出物蓄积，管腔高度扩大。在慢性病例，胆管壁及肝小叶间有大量结缔组织增生并可引起肝硬化。在增生的胆管上皮细胞及管腔内容物中，可检出卵囊、裂殖体、配子体等。

二维码 25-6

**2. 肠球虫病** 因球虫种类不同，肠道病变也有差异。大型艾美耳球虫（$E.\ magna$）是致病力最强的一种，侵犯小肠及大肠，见十二指肠壁增厚，内腔扩张，小肠内充满气体和大量微红色黏液，肠黏膜充血并有出血点，呈出血性卡他性炎。中型艾美耳球虫（$E.\ media$）致病力中等，侵犯空肠及十二指肠，肠黏膜上散布许多细小的灰白色病灶。穿孔艾美耳球虫（$E.\ perforans$）致病力较弱，侵犯整段小肠黏膜上皮细胞；小肠艾美耳球虫（$E.\ intestinalis$）常侵犯小肠后段；无残艾美耳球虫（$E.\ irresidua$）和梨形艾美耳球虫（$E.\ piriforrnis$）寄生于小肠；盲肠艾美耳球虫（$E.\ coecicola$）寄生于回肠下段和盲肠。采取黏膜上的灰白或黄白色病灶做涂片镜检，可发现大量球虫卵囊。镜检见肠黏膜上皮细胞坏死脱落，固有层及黏膜下层有炎性浸润。病程较长者，黏膜上皮细胞脱落的部位见上皮再生，并使绒毛体积增大呈长乳头状或复叶状。

此外，有时在同一病兔体内可见上述两种类型的混合性球虫病。

（三）牛球虫病

牛球虫病以出血性肠炎为特征，主要发生于犊牛。各种品种的牛都有易感性，但以 3 周龄至6月龄的犊牛发病率和病死率最高，老龄牛多为带虫者。

文献上记载的牛球虫病病原有10余种，其中以邱氏艾美耳球虫（*E. zurnii*）、牛艾美耳球虫（*E. bovis*）和奥博艾美耳球虫（*E. auburnensis*）的致病性最强。在北方地区常见的种类是邱氏艾美耳球虫和牛艾美耳球虫。

邱氏艾美耳球虫寄生于整个大肠和小肠，牛艾美耳球虫寄生于小肠和大肠，奥博艾美耳球虫寄生于小肠中部和后1/3处。这3种球虫均可对牛产生严重的损害。剖检，尸体极度消瘦，可视黏膜苍白，肛门敞开，外翻，后肢和肛门周围为血粪污染。肠道广泛性的卡他性炎症或出血性炎症，小肠后段、盲肠和结肠内充满半凝固的血样内容物，肠黏膜肿胀、增厚，或糜烂坏死；淋巴滤泡肿大突出，有白色或灰色小病灶和溃疡，其表面有凝乳状薄膜覆盖。直肠内容物呈褐色，恶臭，有纤维素性薄膜和黏膜碎片。肠系膜淋巴结肿大和发生炎症。

（郑明学）

## 第三节　弓形虫病

弓形虫病（toxoplasmosis）是由刚第弓形虫（*Toxoplasma gondii*）引起的一种人兽共患的原虫病。哺乳动物、鸟类和人都是刚第弓形虫的中间宿主，其中猫科动物既可作为中间宿主，又可作为终末宿主。猪弓形虫病较常见，其病理特征为后肢内侧皮肤毛囊出血、多器官坏死以及弓形虫性"假包囊"的形成。

[剖检病变]

耳翼、肢端、腹下及臀部皮肤呈紫蓝色，特征性的病变是后肢内侧皮肤毛囊出血，动物死后鼻孔周围及鼻腔内常见白色泡沫状液体。浆膜腔常有多量橙黄色清亮的渗出液，以胸腔、腹腔及心包腔内尤为显著。

喉头、气管充血，充满白色泡沫状液体。肺微隆，色紫红，表面湿润有光泽，被膜与小叶间质因显著水肿而增厚。在被膜下可见大量针尖到粟粒大的灰白色坏死灶，切面流出较多泡沫状液体。

心表现为右心扩张，心腔内积有血凝块，心冠脂肪呈胶冻样浸润。

肝肿大、变性，表面可见针尖大到粟粒大的灰黄色或灰白色坏死灶。

脾肿大，色暗紫，切面结构模糊，少数病例可在被膜下见到出血性梗死灶。

肾变性，部分病例在被膜下可见散在的粟粒大至黄豆大的白色坏死灶。

胃底部黏膜充血、出血或浅表溃疡。肠黏膜充血或呈卡他性炎变化。

淋巴结的损害以肝、胃、肺等内脏淋巴结和腹股沟淋巴结较显著，肿大，可达正常的2~3倍，有范围不等的坏死区。

[镜检病变]

肺：肺小叶间质和浆膜下由于水肿而显著增厚，有时可见圆形或椭圆形的弓形虫位于巨噬细胞胞质内或游离于组织中。细支气管黏膜层病变较轻，但黏膜下层及外膜则由于白细胞和水肿液浸润而变厚，并出现管套现象，浸润的炎性细胞主要是淋巴细胞、巨噬细胞及中性粒细胞。

肺泡隔增厚，可见毛细血管充血、水肿与白细胞浸润。肺泡上皮细胞增生和肿胀，数个虫体可在巨噬细胞胞质内形成"假包囊"。

肺泡腔内有数量不等的浆液、纤维素、白细胞和脱落的肺泡上皮。在渗出液和脱落上皮细胞中还可见到虫体。部分病例因肺泡间隔的组织坏死，腔内渗出的细胞崩解，坏死组织与纤维蛋白等融合形成结构模糊的小坏死灶，累及一个至数个肺泡范围（二维码25-7）。

二维码25-7

肝：在肝小叶内可见到小的坏死灶或结节，呈散在分布。病灶内肝细胞碎裂溶解或见凝固性坏死。有的病灶因肝细胞溶解消失而成为仅见红细胞的出血性坏死溶解灶。病程较长者可见坏死灶内网状细胞增生与白细胞浸润而形成的结节性病灶。病灶周围易见原虫。

脾：白髓中央动脉周围淋巴细胞显著减少，其周缘带或整个淋巴组织发生凝固性坏死；中央动脉的内皮细胞和平滑肌纤维肿胀，管腔变窄。红髓的网状细胞增生、肿胀，有较多褐色的色素颗粒沉积；红髓中还可见大小不等的坏死灶。

心：心肌纤维颗粒变性，肌间水肿与淋巴细胞浸润。

肾：部分病例可见肾小球膨大，毛细血管内皮细胞及肾小囊上皮细胞肿胀、增生。肾小管上皮细胞变性或坏死，管腔中可见尿管型。

肾上腺被膜水肿或点状出血。皮质细胞变性，窦状隙内有少数白细胞以及大小不等的圆形透明蛋白滴。束状带中可见小的坏死灶，其周缘部易见虫体，甚至可见细胞内形成"假包囊"。

小肠：黏膜上皮变性与剥落，固有膜及黏膜下层炎性水肿，集合淋巴滤泡肿大。在肠系膜淋巴结中虫体检出率较大。

淋巴结：常见坏死性淋巴结炎，特别是以腹股沟淋巴结、肝门和肺门淋巴结的损害为显著。坏死组织多见于淋巴窦附近，常成片甚至几乎波及整个淋巴结，以致残存的淋巴滤泡似孤岛状，被结构模糊的红染坏死组织所包绕（二维码25-8）。弓形虫游离于病变组织中，或出现于巨噬细胞内。慢性病例中，坏死灶可被钙化。

二维码25-8

脑：大脑、小脑呈现化脓性脑炎病变。部分病例在灰质深层可见到小的坏死灶或结节，病灶内有游离的弓形虫或在神经元内形成"假包囊"。

胎盘：呈局灶性坏死，常伴随有钙化。在滋养层中可见虫体。

（宁章勇）

## 第四节  分体吸虫病

分体吸虫病（schistosomiasis）是由分体科（Schistosomatidae）的各种吸虫（日本分体吸虫、东毕吸虫、毛毕吸虫）寄生于动物和人的血管中引起的吸虫病。本节重点介绍日本分体吸虫病和东毕吸虫病。

### （一）日本分体吸虫病

日本分体吸虫病（schistosomiasis japonica）又称为日本血吸虫病，简称血吸虫病，是由日本分体吸虫（*Schistosoma japonicum*）寄生于人和动物门静脉系统的小血管内所引起，是严重的人兽共患病，广泛分布于我国长江流域的十余个省（市、自治区）。其病理特征是多器官虫卵结节形成以及晚期肝硬化。

［剖检病变］

肝：本病特征性病变之一是肝的损害。急性病例可见肝轻度肿大，表面及切面可见多个大小不等的灰黄色的急性虫卵结节。慢性病例可见灰白色慢性虫卵结节及肝纤维化，重度感染病例常因肝严重纤维化而变小、变硬，肝表面不平整，可见结缔组织下陷形成的沟纹，切面门静脉分支周围大量纤维组织增生，可见灰白色的网状花纹与疤痕。

脾：早期脾肿大，但不明显，晚期脾显著肿大，被膜增厚，质地变硬，切面上见白髓萎缩，小梁明显，常见棕黄色含铁小结（siderotic nodule）。

肺：少数病例表面散在或密布灰白色虫卵结节，有的表现为黄绿色小脓灶，其周围常有炎性充血出血反应。肺内虫卵的来源一般认为是肝内门静脉分支严重阻塞而发生门-腔静脉交通支开放，使肝来源的虫卵到达肺组织沉积。

脑：脑内有时可见急性期和慢性期的虫卵结节形成及胶质细胞结节。虫卵可能来源于肺部，虫卵经肺静脉到达左心后，再经动脉血到达脑部。

胰：较少发现病变，有的病例在胰内散布黄褐色和灰白色的虫卵结节。

肠：小肠增粗，肠壁增厚，黏膜红肿，浆膜面和黏膜下均可见虫卵结节，病灶中央可发生坏死形成溃疡。慢性病例常见肠黏膜显著增厚，突入肠腔，形成皱襞或息肉。大肠回盲瓣红肿，呈息肉状隆起，可导致回盲口狭窄。大肠各段肠腔变窄，肠管变硬，肠壁因炎性肿胀与纤维组织增生而显著肥厚，黏膜有充血、出血、糜烂现象。

胃：偶见牛瘤胃浆膜面有大小不等的赘生物，切面色灰白，质硬，其中有致密的黄褐色虫卵形成的小斑点。网胃和瓣胃无明显变化。皱胃，仅在犊牛可发现与瘤胃类似的病变。

[镜检病变]

肝：剖检所见灰黄色结节为急性虫卵结节，而灰白色的结节则为慢性虫卵结节。急性虫卵结节中有数量不等的成熟虫卵，卵壳外见嗜酸性放射状抗原-抗体复合物附着。虫卵周围的组织中，有较多嗜酸性粒细胞及浆细胞、淋巴细胞、巨噬细胞浸润（二维码25-9）。随着病程的发展，虫卵中的毛蚴死亡，虫卵逐渐发生钙化，嗜酸性粒细胞显著减少，而巨噬细胞、淋巴细胞等则相对增加。可见钙化的虫卵周围，包绕有上皮样细胞、多核巨细胞、淋巴细胞和成纤维细胞，此即为慢性虫卵结节。这种结节的形态与结核结节有一定相似性（二维码25-10）。后期，上皮样细胞转变为成纤维细胞，使结节发生纤维化。

二维码25-9

二维码25-10

虫卵结节多出现在小叶间汇管区或肝小叶周边。肝小叶间结缔组织增生，导致肝细胞萎缩、变性和坏死，最终引起肝硬化。枯否细胞内常含暗褐色的血吸虫色素颗粒。

肠：小肠黏膜与浆膜下的虫卵结节与肝内的相似。黏膜上皮细胞变性、坏死或脱落，肠腺增生，固有层见虫卵沉积和嗜酸性粒细胞、淋巴细胞及巨噬细胞浸润。在黏膜和黏膜下层的小静脉中有时可见血吸虫成虫。大肠腺上皮增生明显，固有层充血、出血。黏膜与黏膜下层中有大量虫卵结节沉积，炎性细胞浸润，同时大量纤维结缔组织增生而使大肠显著增厚。

肺：肺泡壁充血、出血，有多量暗褐色色素颗粒沉积及嗜酸性粒细胞、淋巴细胞、巨噬细胞浸润。

脾：脾窦扩张充血，窦内皮细胞及网状细胞增生，窦壁结缔组织增生变宽。白髓体积缩小，数量减少，单核-巨噬细胞内有血吸虫色素沉着；或见有铁质及钙盐沉着和结缔组织增生的陈旧出血灶。脾内偶见虫卵结节。

## （二）东毕吸虫病

东毕吸虫病（ornithobilharziasis）是由分体科东毕属的土耳其斯坦东毕吸虫（*Ornithobilharzia turkestanicum*）、程式东毕吸虫（*O. cheni*）等6个虫种寄生于肠系膜静脉和肝门静脉内所引起的一种分体吸虫病。其病理特征为肝、肠、肠系膜、淋巴结等组织器官形成虫卵结节和造成相应损伤。该病在我国分布广泛，给畜牧业带来一定经济损失。同时，东毕吸虫的尾蚴可使人患尾蚴性皮炎（也称稻田皮炎），故本病是一种重要的人兽共患寄生虫病。

东毕吸虫病多取慢性经过，患病动物表现为营养不良，体质日渐消瘦，贫血和腹泻，粪便常混有黏液和脱落的黏膜和血丝。可视黏膜苍白，颌下和腹下部出现水肿，成年患病动物体弱无力，使役时易出汗，雌性动物不发情、不妊娠或流产。幼年动物生长缓慢，发育不良。突然感染大量尾蚴或新引进动物感染会引起急性发作，表现为体温上升到40℃以上、食欲减退、精神沉郁、呼吸促迫、腹泻、消瘦，直至死亡。

剖检可见消瘦、贫血、皮下脂肪很少，腹腔内有大量混浊的液体。心冠脂肪及肠和肠系膜脂肪呈胶冻样。小肠壁肥厚，黏膜上有出血点或坏死灶，肠系膜淋巴结水肿。在肝静脉血管内壁和肝、脾、肠壁、淋巴结等器官内形成虫体结节，以肝门静脉和肠系膜静脉为最明显，根据其结构特点可分为早期和晚期两种：早期虫体结节中央见一至数条虫体或其残骸，周围有淋巴细胞、中性粒细胞和嗜酸性粒细胞浸润，随后巨噬细胞、异物多核巨细胞出现，并对虫体残骸进行吞噬；晚期虫体结节完全被纤维组织所取代。

主要脏器的病变如下。

(1) 肝：呈现肿大，后期萎缩、硬化，表面凸凹不平，质硬，被膜增厚，其下散在大小不等的灰白色虫体结节。在肝静脉的内皮上有散在和密集的粟粒大至高粱米粒大、灰白或灰黄色、质地坚硬的结节，并稍突出于腔内。镜检，结节由大量淋巴细胞、单核细胞、浆细胞及嗜酸性粒细胞组成，其外围有新生的肉芽组织。实质肝细胞呈局灶性坏死、点状坏死或广泛性坏死，再生的肝细胞肿胀、胞质嗜碱性、胞核增大、呈圆形，核膜薄、染色不均，星状细胞和巨噬细胞内含有褐色的色素颗粒，铁反应为阳性。

(2) 肠系膜：在肠系膜静脉内有成虫寄生，浆膜、大网膜上有密集或散在的灰白色虫体结节，以十二指肠段较为严重。有时浆膜面有点状出血。镜检可见到虫体结节特征病变。

(3) 小肠：十二指肠肠管增粗、肠壁增厚，浆膜面可见凸凹不平呈高粱米粒大的虫体结节，黏膜肿胀充血，形成皱褶，散布浅在溃疡。镜检，黏膜上皮变性、脱落或坏死，杯状细胞增生、肿胀。固有层内毛细血管增生、充血。炎性细胞增多，以嗜酸性粒细胞为主，肠腺大量增生。黏膜下层血管内见有虫体，并有淋巴细胞浸润。

(4) 大肠：大肠病变是全部肠管中最为严重的。肠黏膜充血、出血、糜烂与溃疡。镜检，黏膜上皮增生、变性、坏死、脱落，炎性细胞浸润。黏膜下层和肌层与小肠变化相似。

(5) 胃：皱胃病变明显，黏膜充血、出血，散在线状浅溃疡。镜检见黏膜上皮细胞变性、坏死、脱落。胃壁血管内可检出虫体。

(6) 胰：呈轻度肿大，色灰白，表面血管扩张，充血。镜检，间质纤维结缔组织增生，并有嗜酸性粒细胞浸润。间质血管内可检出虫体。

(7) 淋巴结：淋巴结肿大，质地较软，外观呈黄白色或灰白色，切面外翻，有大量浆液流出，切面也呈黄白色或灰白色。镜检，被膜和小梁结缔组织增生，纤维素样变，基质内有多量红细胞和均质红染血浆蛋白渗出。在小梁血管内和输入淋巴管内可检出虫体，有时在皮质和髓质内见有虫体结节。窦内网织细胞肿胀、增生，浆细胞、巨噬细胞增多。

(8) 脾：表面散在灰白色虫体结节，切开时皮质和髓质有粟粒大至高粱米粒大灰白色虫体结节。镜检，被膜的胶原纤维肿胀，嗜伊红性，被膜和小梁的平滑肌轻度变性，网状纤维增生，虫体结节呈细胞性结节或肉芽组织性结节。

(9) 肾：肾表面散布灰白色虫体结节。镜检以肾小球肾炎病变为主。

(10) 心：心包腔内有较大量的淡黄色稍混浊的液体，冠状血管扩张，心外膜可见灰黄色、粟粒大虫体结节。心内膜变化不明显，心肌纤维水肿。镜检，心内膜胶原纤维肿胀，并有不同程度的纤维素样变。外膜增生，并有玻璃样变。虫体结节为细胞性结节或肉芽组织性结节。

(11) 肺：肺表面或切面均散在灰白色虫体结节，伴有局灶性出血性炎症。镜检，肺泡隔毛细血管扩张充血，有较多嗜酸性粒细胞、淋巴细胞浸润，并有大量褐色素沉着。肺静脉血管内可见虫体，肺泡隔内可见虫体结节。

(罗军荣)

# 第二十六章 营养与代谢性疾病病理

**内容提要** 营养与代谢性疾病是畜禽养殖生产中常见的一类群发性疾病。幼龄畜禽钙、磷缺乏，引起成骨过程延迟而发生佝偻病；成年畜禽钙、磷缺乏，由于溶骨过程加强而导致骨质疏松症；当骨骼脱钙被纤维组织或类骨组织取代后可发生纤维性骨营养不良。硒与维生素E缺乏，可引起多种仔畜的白肌病、肝坏死，鸡发生渗出性素质、胰腺纤维性萎缩、骨骼肌病变。维生素A及胡萝卜素缺乏，导致畜禽皮肤、黏膜上皮角化和生长发育受阻。

## 第一节 钙与磷缺乏症

钙和磷是动物生长发育和维持骨骼正常硬度所必需的两种矿物质元素。在不同的生长阶段和生产期，动物对钙、磷的需要量也不相同。成年动物不断摄入和排出钙、磷，二者处于动态平衡并保持体内钙、磷含量恒定，而幼龄动物因生长需要，钙、磷的摄入量大于排出量，二者呈正平衡。

钙、磷是体内含量最多的无机盐，约有90%的钙和85%的磷以羟磷灰石[$Ca_{10}(PO_4)_6(OH)_2$]（骨盐）的形式沉积于骨组织中，以维持骨骼的正常硬度，仅有一小部分钙、磷存在于体液及软组织中。血钙主要以游离钙（$Ca^{2+}$）和结合钙（与血浆蛋白结合）两种形式存在于血浆中；血磷是指血浆中的无机磷，以磷酸盐（$H_2PO_4^-$、$HPO_4^{2-}$）的形式存在于血浆中。在正常情况下，血中的钙、磷与骨中的钙、磷维持动态平衡，即不断地成骨和溶骨，以维持血中钙、磷的恒定。反之，血中钙、磷含量的高低又直接影响骨的钙化与溶解，并受1,25-二羟维生素$D_3$、甲状旁腺素及降钙素等的调节与控制。一旦发生钙、磷缺乏、吸收障碍或比例失调以及维生素D缺乏，便可引起钙、磷代谢障碍，体内钙、磷含量减少和血液钙、磷含量改变，则易引发幼龄动物的佝偻病（rickets）和成年动物的骨软症（osteomalacia）。

### （一）缺钙性佝偻病和软骨症

**1. 禽类钙缺乏症**

（1）雏鸡钙缺乏症。

[剖检病变] 雏鸡喙变软；龙骨弯曲变形，严重者呈S形；胸腔扁平狭小，肋骨增粗变圆，色乳白，质软弯曲呈V形或波浪状，对折不断，肋间隙变窄；肱骨、桡尺骨、锁骨、股骨、胫骨和跖骨等长骨质软易弯。甲状旁腺肿大。

［镜检病变］ 长骨骺生长板的增生带显著增宽，与肥大带交接处呈不规则锯齿状。干骺端海绵骨骨小梁稀疏，类骨组织和结缔组织大量增生，前者形成类骨小梁和包绕骨小梁，后者填充和取代骨小梁之间的原始骨髓腔（二维码 26-1、二维码 26-2）。成骨细胞增多，破骨细胞丰富，散在或成团分布于骨小梁周围和增生的结缔组织中。骨干密质骨疏松，厚薄不一，哈佛管（Haversian canal）（也称中央管）管腔扩张，管周类骨组织增生；同心圆排列的哈佛骨板（Haversian lamella）（由呈同心圆排列的哈佛骨板围绕哈佛管构成密骨质纵行的哈佛系统）明显变薄、断裂、消失，其间结缔组织增生（二维码 26-3）。

二维码 26-1

（2）成年鸡钙缺乏症：主要见于产蛋鸡，表现为笼养产蛋鸡疲劳症（cage layer fatigue，CLF）。特征是产蛋量下降，蛋壳变薄或产软壳蛋。骨骼变薄甚至出现自发性骨折，尤以椎骨、胫骨及股骨较为常见。

二维码 26-2

［剖检病变］ 骨组织骨质疏松，脆性增加，易断裂或发生骨折。骨折常见于腿骨、翅骨和椎骨，断端周围积有血凝块。在胸骨和椎骨的结合部位，肋骨特征性向内卷曲或肋骨因与胸骨连接处的细小骨折而内折呈"乙"字形弯曲。也有报道，椎段肋骨与胸段肋骨结合处见有结节形成呈串珠样排列。瘫痪病鸡剖检时常常发现第 4 或第 5 胸椎骨折且压迫脊髓，即 CLF 病鸡出现瘫痪症状的根本原因。甲状旁腺肿大，显著者可达 2~3 粒芝麻大小。

二维码 26-3

［剖检病变］ 长骨皮质骨变薄，骨吸收区增大，出现大小不等、边界凸凹不平的吸收腔，即 Howship 陷窝（被吸收的骨质表面形成的凹陷）。腔边缘有许多破骨细胞附着，腔中心被富含血管的结缔组织占据。吸收腔内表面和骨髓腔面出现较多量的骨样组织层。哈佛管腔扩大 0.5~1.5 倍，变形，管壁边界不规则，分布有破骨细胞。多数骨陷窝变阔，骨细胞皱缩成深蓝色团块，偏于骨隐窝一侧。

髓质骨数量减少，被类骨组织取代。骨小梁短细，相互间连接减少，多以碎片散在，小梁间隙增大。骨细胞固缩，许多骨陷窝变圆或椭圆，呈空泡状。成骨细胞和破骨细胞活性增强。破骨细胞常附着于骨小梁边缘或附近，相互交接包围骨小梁。

甲状旁腺出现以明亮的主细胞（chief cell）为主的淡染区。该种细胞明显肥大，核偏于细胞一侧，胞质大部分透明不着色。此区内毛细血管纵横交织成网，主细胞排列紧密，形成片状或条索状滤泡，位于网眼内。胞质透明侧紧接毛细血管，细胞间结缔组织极少。

（3）鸭钙缺乏症。

［剖检病变］ 见胸腔狭小，肋骨质软易弯，大多数病例于右侧或/和左侧肋骨骨干内表面出现绿豆大小、灰白色、半球状突起的佝偻病串珠（二维码 26-4）。脊椎骨质变软，增粗弯曲，以胸腰段最为明显。

二维码 26-4

［镜检病变］ 与鸡钙缺乏症相似。

**2. 猪钙缺乏症**

（1）仔猪钙缺乏症。

［剖检病变］ 额骨、下颌骨质地变软，厚度增加。肋骨骨膜增厚，骨干柔软易回折，胸骨端膨大排列成行似串珠状。肩胛骨、胸腰椎骨质地变软，用刀易切断，腰椎横突质地如纸样。长骨质地变软，皮质变薄间或孔隙增多，骺板不同程度地增宽，其下出现分裂缝，且有出血带。甲状腺和甲状旁腺体积增大，色泽较红。

［镜检病变］ 骨组织的变化特点为类骨组织和纤维组织大量增生。甲状腺滤泡上皮细胞增生呈复层并突入泡腔内，滤泡间新生滤泡明显，滤泡旁细胞增多。甲状旁腺实质细胞增多，主细胞色淡，透明细胞数量增多，体积增大。

电镜观察：甲状旁腺主细胞体积增大，核形状不规则，粗面内质网粗大，高尔基复合体扩张而不规则，胞质内游离核糖体增多，散在有大小不等之囊泡，部分囊泡内含有轻度电子密度物，细胞质膜多而不规则。骨骼骨小梁边缘新形成的类骨组织质地不均匀，仅有少量不成熟的纤维组织,且排列不整,其间有小的基质囊泡和蛋白颗粒团,成骨细胞线粒体膨大,其内无致密颗粒。

(2) 成年猪钙缺乏症:本病表现为纤维性骨营养不良。有时可表现为以形成肿块为特征的肥厚性疏松性病型,高度膨大的颜面骨部分变成一种灰红色的可以切割的组织块,只在一些地方被一菲薄的可以压陷的皮层所包围,其中有散在岛屿状骨片,有时还含有囊肿。鼻腔和上颌窦或多或少被一种纤维性组织所塞满,硬腭常向口腔拱出。在典型的纤维性骨营养不良病例,骨组织出现大量的多核破骨细胞以及薄片样组织消失,镜检时能发现头骨广泛地被破坏,骨样组织的骨小梁零乱地排列,通过钙化组织被吸收后所造成的间隙被纤维性结缔组织所填充,且在纤维细胞的基质中,可有大量散乱的破骨细胞及破骨细胞性巨细胞。

### (二) 缺磷性佝偻病和软骨症

**1. 禽类磷缺乏症**

(1) 鸡磷缺乏症。

[剖检病变] 肋骨扁平质软但不弯曲,肋骨头(肋骨近端)梭形肿大呈串珠状,色灰白。其余变化与钙缺乏相似。

[镜检病变] 长骨的突出变化表现为骺生长板之肥大带明显增宽,与增生带交接处平整。干骺端海绵骨骨小梁减少,类骨组织不同程度地增生,包绕骨小梁。

(2) 鸭磷缺乏症。

二维码 26-5

[剖检病变] 上颌骨极度柔软似橡皮,对折不断(二维码 26-5)。剖开胸腔,肋骨自然外翻,质地柔软、中部弯曲突入胸腔(二维码 26-6),用力难以使其恢复原状。脊柱质地轻度变软、弯曲,严重者呈 S 状。肱骨、桡尺骨、锁骨、股骨、胫骨、跖骨等长骨质软易弯曲。胫骨多见弯曲呈弓形或半圆形(二维码 26-7),骨干增粗同骨骺两端,中部可见骨折处球形膨大,质硬,色灰白,切面上骨髓腔明显缩小或消失。

[镜检病变] 病理组织学变化与鸡磷缺乏症相似,但程度较轻。

**2. 猪磷缺乏症**

二维码 26-6

[剖检病变] 仔猪骨骼质地柔软程度随病程长短而有所不同。严重者骨质很软,骨骺稍膨大,骺板显著增厚,肋骨上的骨珠多而明显,腰椎横突极薄而软。轻者骨质稍硬,骺板宽度变化不大,其余变化与仔猪钙缺乏近似。

[镜检病变] 骨组织变化的特点是类骨组织增生比纤维组织明显。长骨骺板下形成的骨小梁粗大,其中心为钙化的小梁,周围为类骨组织包绕,骨髓腔变小。重者骺板增宽显著,稍轻者则不明显。骨髓腔内髓细胞数量明显比正常少,骨小梁上的骨细胞幼稚,体积大而圆,核大淡染,胞质丰富。胸腺随病程而表现为萎缩或皮质变薄,其他脏器无明显变化。

二维码 26-7

成年猪磷缺乏症表现为骨软症。在症状明显的病例,管状骨髓腔扩张,皮层变薄呈海绵状,易碎而柔软,可用刀切割;哈佛管的皮层界限不清。扁骨和短骨易碎或可以弯曲,由于骨髓腔扩张致使海绵状纹理显得更加清晰,或者局部融合成较大的空隙。管状骨或扁骨由于脱钙出现未钙化的骨基质增加,导致骨骼柔软、变形弯曲、骨痂形成及局灶性增生。

### (三) 纤维性骨营养不良

纤维性骨营养不良(fibrous osteodystrophy)是一种营养不良性骨病,其病因与低钙高磷饲料有关。本病多见于马属动物和猪。猪纤维性骨营养不良已在猪钙缺乏症中叙述。以下介绍马纤维性骨营养不良的病变。

[剖检病变] 全身骨骼表现为程度不同的骨质疏松、肿胀和变形,骨膜增厚且不易剥离,切面疏松状尤为明显,骨质质量减轻,硬度降低。但不同部位其病变特点存在差异。

头骨肿胀，因面骨和鼻骨对称性肿胀而呈"河马头"样。下颌骨呈梭形肿胀，下颌间隙变窄，臼齿深埋。

颈椎、胸椎、腰椎和荐椎骨体肿大，骨质疏松，表面粗糙、凹凸不平。

肋骨与肋软骨交界处呈串珠状肿大。肋骨易骨折，愈合后常呈球状突起。

四肢骨肿胀和骨质疏松，且与肌腱附着部因牵拉而使局部变形。横断面见骨髓腔扩张，骨干密质骨变薄，骨膜增厚。

[镜检病变] 密质骨哈佛管和伏克曼管（Volkmann canal）（始于骨外膜垂直于骨面的血管、神经的通路，也称穿通管）扩张，周围骨板中的骨细胞肿胀、变性和坏死，钙质脱出后呈远心性向外扩展，骨质同时受到破坏，并被血管周围增生的结缔组织取代。松质骨骨小梁变细，骨髓腔因结缔组织增生而变窄或被取代（二维码 26-8）。

二维码 26-8

## 第二节 硒-维生素 E 缺乏症

硒-维生素 E 缺乏症（selenium-vitamin E deficiency）是发生于多种动物的一种营养代谢性疾病。多发生于幼龄动物，临床症状和剖检病变明显，常造成大批死亡。

世界很多国家和地区都广泛分布有低硒的土壤。我国东北、西北、西南、江浙等 14 个省（市、自治区）属于低硒地带，这些地区的牧草含硒量常偏低。由于硒在生物学功能上与维生素 E 有协同作用，故以往研究多针对畜禽硒与维生素 E 的合并缺乏。迄今已发现约有 40 种动物患硒与维生素 E 缺乏症，其最主要的疾病有幼畜的肌营养不良（白肌病）、猪的营养性肝病、仔猪桑葚心病、雏鸡的渗出性素质、胰腺萎缩与营养性脑软化等。

### （一）仔猪硒-维生素 E 缺乏症

病变主要表现为营养性肝病（nutritional hepatosis）和营养性肌病（如白肌病、桑葚心病）。

**1. 营养性肝病**

[剖检病变] 肝肿大，淤血、出血，表面及切面见有灰黄色或灰白色的坏死灶。包膜上可见纤维素附着。胆囊壁因水肿而显著增厚。

[镜检病变] 肝细胞呈颗粒变性、脂肪变性和凝固性坏死。坏死一般多位于肝小叶中央区，随后累及中间区、周边区以至整个肝小叶。坏死的肝细胞溶解消失后，由漏出的红细胞填充，故小叶内呈现不同程度的出血，并可见巨噬细胞、嗜酸性粒细胞、中性粒细胞、浆细胞和淋巴细胞等浸润。病程较长者可见小叶间质结缔组织和小胆管增生。

电镜观察：肝糖原、微体、溶酶体、粗面与滑面内质网减少，核蛋白体脱落。线粒体肿胀，嵴断裂、溶解和出现空泡。细胞膜结构模糊。

**2. 桑葚心病**（mulberry heart disease）

[剖检病变] 心腔扩张，心肌混浊，色苍白或紫红；多数病例可见灰黄色的坏死条纹或灰白色的结缔组织疤痕；病变以左心室外膜下肌层最显著。有时因心外膜、心内膜和心肌见大范围的斑点状或条纹状出血，使心脏呈桑葚状外观。

[镜检病变] 心房病变较心室严重且发病较早，左心室又比室中隔和右心室为显著。心肌纤维呈现颗粒变性、空泡变性、凝固性坏死和溶解。少数病例的坏死肌纤维上有钙盐沉着。坏死灶内由于肌纤维溶解消失而残留间质，形成空架，或在坏死灶内有大量的巨噬细胞出现以清除残留的肌浆碎屑。心肌的间质，特别是心房部常见结缔组织疏松水肿，毛细血管及小动脉受损，红细胞漏出于组织中，且常见小动脉发生纤维素样变及血栓形成。病程较长的病例，坏死灶内有大量增生的成纤维细胞和胶原纤维。

**3. 白肌病**（white muscle disease）

［剖检病变］ 肌肉多呈对称性损害，病变以颈部和肩胛部肌肉以及后躯的半膜肌、半腱肌、内收肌、股二头肌、臀中肌和腰肌等最明显。患病肌纤维苍白、混浊，甚至呈鱼肉状，并可见灰黄色或灰白色的坏死条纹。部分病例皮下有多量浆液渗出。

［镜检病变］ 肌纤维呈不同程度的变性、坏死，坏死肌纤维呈不均匀肿胀，肌浆呈均质状或破裂成团块与碎屑。部分病例有钙盐沉着。在水肿的间质及坏死的肌纤维内可见弥漫性的巨噬细胞、嗜酸性粒细胞、中性粒细胞、淋巴细胞与浆细胞浸润。病程较长时，肌纤维再生现象明显，新生的成肌细胞核成串状排列或在断端集聚成花蕾状；同时间质中成纤维细胞与毛细血管大量增生，以取代坏死的肌纤维并逐渐形成疤痕。

### （二）羔羊硒-维生素E缺乏症

又称白肌病、营养性肌营养不良（nutritional muscular dystrophy）或僵羊病（stiff lamb disease）。羔羊白肌病是一种急性或亚急性代谢病，1～6周龄羔羊多发，以骨骼肌和心肌发生变性、坏死和肌间结缔组织增生为特征。

［剖检病变］ 病变主要限于骨骼肌与心肌。骨骼肌呈对称性受损，以背最长肌、腰肌、股二头肌及半腱肌等最明显。患病肌肉呈灰白色乃至白色，坏死肌纤维束呈线形的白色条纹，也可出现出血点、出血斑及水肿。心肌的病变一般以右心室较严重。心室壁变薄，心肌色淡，心内膜和外膜下有淡黄色浑浊的坏死条纹或灰白色的斑块。

二维码 26-9

［镜检病变］ 初期肌纤维肿胀，横纹消失，以后断裂、坏死与溶解，并可见肌纤维溶解消失后留下不同程度塌陷的基质网架所构成的"肌溶灶"（二维码26-9）。肌间结缔组织增生，毛细血管充血，肌纤维间和肌纤维内有巨噬细胞、淋巴细胞及中性粒细胞浸润；最后肌纤维可完全或大部分被增生的肉芽组织取代，在残余的肌纤维中可见再生现象，残留的坏死肌纤维碎块上常见有钙盐沉着（二维码26-10）。

### （三）犊牛硒-维生素E缺乏症

二维码 26-10

多发于4～6周龄的肉牛。

［剖检病变］ 骨骼肌与心肌有显著坏死与钙化病变。当心广泛受损时，肋间肌与膈肌也经常受损害，但其他部位的骨骼肌受损较轻。犊牛心的病变，通常左心室比右心室严重，表现心扩张，心外膜和心内膜下肌层有淡黄白色坏死斑点、条纹或片状的病灶，尤以心壁外层的病变最为显著。乳头肌的坏死、钙化部位呈奶油白色。骨骼肌受损最严重的部位为腿部和肩部肌肉，病变为两侧对称性。病变肌肉呈苍白色，存有不规则的混浊、黄色到乳白色的病灶。受损最严重的肌肉，常有一种黄白色条带形的外貌，有时可见出血条纹和局部水肿。

［镜检病变］ 心肌病变可波及整个肌层或部分肌束。心肌的基本变化是肌纤维的变性、坏死、钙化、结缔组织增生及肌纤维再生等变化。骨骼肌纤维的病变是呈不均匀的肿胀、均质化和崩解；部分肌纤维变细；坏死和变性的肌纤维常见钙化。在变性、坏死肌纤维被清除的同时常伴有纤维结缔组织增生与肌纤维的再生。

### （四）鸡硒-维生素E缺乏症

二维码 26-11

**1. 渗出性素质**（exudative diathesis） 是雏鸡硒-维生素E缺乏症的特征性病变之一。

［剖检病变］ 渗出开始时在胸部，以后发展至全身。在胸腹部、大腿内侧、颈部、背部皮下充血、出血，蓄积大量黄色、淡绿色或蓝绿色胶冻样水肿液（二维码26-11），往往混有灰白色蛋白凝块，并常伴有腹壁水肿和充血、出血。后期水肿液吸收，皮下发生粘连。

［镜检病变］ 皮下组织和骨骼肌间质结缔组织水肿，胶原纤维解离、断裂，呈乱发状漂浮

于水肿液中，并有数量不等的巨噬细胞和异嗜性粒细胞浸润。小静脉和毛细血管扩张充血、出血和血栓形成（二维码 26-12）。小动脉壁多呈纤维素样坏死，血管壁及其周围有多量的白细胞浸润，甚至形成管套。其他病变器官均有较轻微的充血，偶见出血。

电镜观察：骨骼肌间质血管内皮细胞线粒体损伤，并出现纤维蛋白性血栓附着的内皮破损区。

二维码 26-12

**2. 胰萎缩与纤维化**（pancreatic atrophy and fibrosis） 胰是雏鸡硒缺乏症的靶器官，其严重的胰萎缩与纤维化病变对本病具有证病性意义。

[剖检病变] 胰萎缩变细，严重者呈线状（二维码 26-13），苍白质实，质量减轻。

[镜检病变] 外分泌部胰腺泡细胞发生空泡化（二维码 26-14），或呈急性变性和凝固性坏死（二维码 26-15），后期结缔组织广泛增生纤维化，残存腺泡萎缩（二维码 26-16）。

电镜观察：腺泡细胞粗面内质网脱颗粒、扩张呈大小不等的囊泡，内含膜碎片。线粒体肿胀或见内外膜破损，嵴断裂，结构模糊（二维码 26-17）。胞质出现自吞噬泡，内吞有内质网片段、破损的线粒体等。

二维码 26-13

**3. 骨骼肌病变**

[剖检病变] 以胸部和腿部最明显，表现混浊、苍白、水肿、出血及出现灰白色坏死条纹。后期可见胸肌萎缩。

[镜检病变] 肌纤维因凝固性坏死而呈竹节状，纵纹及横纹消失，肌浆呈均质状，肌纤维断裂、溶解，核固缩、碎裂和消失（二维码 26-18）。

电镜观察：肌纤维呈透明变性和颗粒变性。透明化的肌纤维，初期变化为肌浆和肌原纤维密度增加，肌浆网扩张，肌膜下形成液泡与线粒体膜破裂；后期肌原纤维崩解、溶解，肌浆膜破裂；颗粒变性之肌纤维，肌浆密度降低，线粒体明显肿胀变形以及出现许多肌原纤维溶解灶，最终融合导致整个肌纤维溶解。

二维码 26-14

二维码 26-15

**4. 雏鸡营养性脑软化**（nutritional encephalomalacia） 见于鸡维生素 E 缺乏症，发生于小脑。

[剖检病变] 小脑肿胀，质软，甚至不成形；软脑膜充血，表面散在有出血点。

[镜检病变] 特征性变化为脑组织呈现程度不同的坏死变化，可形成软化灶。

**5. 淋巴免疫器官病变** 胸腺、脾、腔上囊和盲肠扁桃体等的淋巴细胞有不同程度的减少，或有局灶性或弥漫性坏死。

二维码 26-16

### （五）雏鸭硒-维生素 E 缺乏症

雏鸭患硒缺乏症时，皮下的胶样浸润不如雏鸡那样明显。心肌、肌胃、骨骼肌及肠壁肌肉均可见典型的肌坏死。

（1）肌胃：平滑肌组织变性、坏死是雏鸭最明显的变化。肌胃壁肌层内可见灰白色坏死灶。

[镜检病变] 病变平滑肌纤维融合与均质透明，肌浆嗜酸性增强，胞核固缩致密。肌束之间的结缔组织水肿、充血和异嗜性粒细胞浸润。透明化的肌纤维肌浆内散在有细小的嗜碱性颗粒。随后肌纤维发生坏死，崩解断裂成团块状，并有钙盐沉着。坏死区有大量巨噬细胞浸润。在慢性病例，出现结缔组织增生。

电镜观察：病变轻者平滑肌纤维的线粒体膜破裂，肌浆网扩张。病变重时见肌原纤维溶解消失及肌细胞膜破裂。平滑肌坏死区有大量巨噬细胞浸润，吞噬坏死肌纤维的肌浆碎片。

二维码 26-17

二维码 26-18

（2）骨骼肌。

[剖检病变] 缺硒病鸭骨骼肌普遍色淡不均匀，灰白或苍白半透明，或红（出血）白相间，有明显的白色条状坏死灶。肌肉损害往往是两侧对称性的，最常见于腿部肌肉。

[镜检病变] 病变肌纤维肿胀，呈颗粒变性和空泡变性，间质水肿。随病变发展，肌浆嗜伊红性增强，横纹消失而发生透明变性或肌浆崩解成团块状。在变性的肌纤维内出现散在的细小致密的嗜碱性颗粒。肌纤维坏死崩解后，有大量淋巴细胞、巨噬细胞、成纤维细胞及异嗜性粒细胞浸润聚集。病变后期肌纤维出现再生现象。

电镜观察：肌纤维的变化表现为肌原纤维局部乃至弥漫性溶解，还见明显的线粒体变化，包括肿胀、基质致密、嵴断裂以及出现粗大的膜碎片。变性肌纤维外膜尚存，肌纤维内有巨噬细胞浸润，吞噬和清除肌浆碎片。病变肌纤维的再生始于肌膜下的卫星细胞，卫星细胞转变为成肌细胞，相互融合形成肌管，肌管横贯于整个变性肌纤维，其内出现原纤维和肌节。

(3) 其他器官：胸腺、脾和腔上囊的变化与雏鸡相似，但通常有局灶性或弥漫性坏死，淋巴组织萎缩。肝病变较雏鸡严重，表现肿大、淤血并出现淡黄色花斑，镜检可见严重的脂肪变性。

## 第三节　维生素 A 缺乏症

维生素 A 在动物营养中具有十分重要的作用，对于维持正常发育、正常视觉、上皮组织完整性和神经系统机能是不可缺少的；另外，也与动物的免疫功能和抗病能力紧密相关。维生素 A 只存在于动物性饲料内，植物性饲料中则以维生素 A 的前体——胡萝卜素（维生素 A 原）的形式存在，在肠壁吸收后，于肝内转变为维生素 A。

由于维生素 A 及胡萝卜素缺乏所致的皮肤、黏膜上皮角化、生长发育受阻并以干眼病和夜盲症为特征的疾病称为维生素 A 缺乏症（hypovitaminosis A）。最常见于禽类，病理损害涉及的器官、组织广泛。

(1) 眼部：单侧或双侧眼睑肿胀黏合，拨开眼睑见眼眶内蓄积白色干酪样物质，挤压时可从眼眶内掉出，呈不规则的片状；严重病例可见干酪样物质大量堆积，压迫眼球偏向一侧，干酪样物质与眼球接触处可见眼球表面有形状不规则的溃疡灶。

(2) 呼吸道：早期阶段，鼻甲内充满浆液性-黏液性物，轻微施加压力便会从病变结节和腭裂中排出来，鼻前庭逐渐被堵塞并溢流进鼻旁窦。由于窦中充满渗出液而引起一侧或两侧的面部肿胀，炎性产物消除后黏膜变得菲薄、粗糙和干燥。呼吸道黏膜及其腺体发生萎缩和变性，其后原有的上皮角化为复层鳞状上皮。有文献报道，缺乏维生素 A 的鸡上腭裂内也有与眼眶内一样的淡黄色豆腐渣样干酪物质。

气管和支气管病变相似。黏膜表面附有一层干燥、无光和不光滑的薄膜，有时前部气管黏膜上可见结节状病变，或气管和支气管黏膜表面有伪膜以及小脓疱、坏死和溃疡等变化。

镜检，呼吸道黏膜柱状纤毛上皮萎缩和脱落，这是维生素 A 缺乏症最早出现的组织病理学变化。纤毛上皮萎缩变性后形成一层伪膜呈簇状悬吊于基底膜上，随后脱落。同时，新生的圆柱形或多角形细胞单个或成对地形成，并在上皮下呈岛屿状。这些新生细胞不断增生，细胞核变大，细胞界限不甚清楚，最后被覆于鼻腔及其与之相通的窦、气管、支气管和黏膜下腺的柱状纤毛上皮转变成复层鳞状角化上皮。舌、腭和食管的腺体病变与呼吸道的相似。

(3) 消化道：病变首先出现于咽部，并局限于黏液腺及其导管，表现为上皮角化，堵塞导管，引起导管扩张且充满分泌物和坏死物。最具特征性的变化是：口腔、咽部和食管黏膜上出现许多白色的小结节，其直径为 2 mm 左右，有时会波及嗉囊。这种病变随病程发展，病灶增大，有时相互融合，突起于黏膜表面形成伪膜。由于黏膜被破坏，常继发病毒和细菌感染。

(4) 骨骼：患病雏鸡和雏鸭长骨骺软骨生长发育受阻，血管分布不规则且数量减少，骺生长板之增生带分界不清，成熟软骨细胞未被钙化基质包围且位于骺软骨的干骺端一侧。骺软骨中因成熟与未成熟细胞交替排列形成一条纵行条纹。骨内膜的成骨细胞减少，导致骨生长阻滞及骨皮质变薄。椎骨受损时引起中枢神经系统受压。

（5）免疫器官：患病鸡免疫器官的病变程度依次为腔上囊＞胸腺＞脾＞盲肠扁桃体。腔上囊淋巴滤泡变小且大小不均，皮质变薄，淋巴细胞减少；间质结缔组织增生。黏膜上皮化生为复层鳞状上皮并且发生角化，腔内积有脱落的上皮细胞和坏死物质。胸腺小叶皮质变薄，淋巴细胞减少，髓质疏松或空虚。脾白髓体积缩小，中央动脉周围鞘及脾索中淋巴细胞减少。盲肠扁桃体生发中心减少，体积缩小，弥散性淋巴组织中网状细胞增生，淋巴细胞减少。

（6）泌尿生殖道：维生素 A 缺乏可使集合管和输尿管上皮发生角化和鳞状上皮化生，造成肾损伤和尿酸盐沉着。肾体积明显肿大，色变淡，表面有灰白色网状花纹（二维码 26-19）；输尿管增粗扩张，常见白色石灰样尿酸盐蓄积；在肾和输尿管尿酸盐沉积的同时，心、肝、脾以及体腔浆膜表面也见尿酸盐沉着，呈典型的内脏型痛风变化。维生素 A 缺乏引起的痛风，幼龄鸡一般较成年鸡严重。

二维码 26-19

肾实质内呈现以尿酸盐沉积形成痛风石（tophi）为特征的肾炎-肾病综合征变化。痛风石实际上是一种特殊肉芽肿，以整个管腔乃至几个管腔范围为基础，病灶中央为红染物质和呈放射状的尿酸盐结晶，周围是吞噬细胞、成纤维细胞及多核巨细胞（二维码 26-20）。除痛风石外，肾小管之间的间质及少数肾小球内也可出现尿酸盐沉积灶。肾小管上皮细胞肿胀、变性、坏死、脱落，管腔扩张，见有管型或尿酸盐结晶。输尿管及其分支扩张，黏膜上皮变性坏死、脱落或增生，腔内可见痛风石或轮层状结石形成，结石表面有一层嗜酸性尿酸盐物质。其他脏器或组织如肺、心肌、脾、腺胃、肠道等也可见放射状尿酸盐沉积灶，其形态类似于肾中形成的痛风石。

二维码 26-20

（彭西）

# 第二十七章

# 中毒性疾病病理

**内容提要** 棉酚中毒属于饲料源性中毒性疾病，猪棉酚中毒引起心肌细胞变性坏死、肝小叶中央变性坏死和全身性水肿。疯草中毒属于植物源性中毒性疾病，导致神经组织和其他组织器官细胞发生空泡变性。黄曲霉毒素中毒、霉玉米中毒、玉米赤霉烯酮中毒、麦角中毒是真菌源性中毒性疾病，黄曲霉毒素 $B_1$ 主要损伤肝，马霉玉米中毒引起脑白质软化，玉米赤霉烯酮引起母猪生殖紊乱，猪麦角中毒引起心肌、肝等器官坏死及神经组织损伤。汞、镉、铅、钼、铜等重金属中毒，可引起不同组织器官的充血、出血、水肿、溃疡、变性、坏死或炎症等病变。

## 第一节 棉酚中毒

棉酚中毒（gossypol poisoning）是由棉花叶、棉籽和棉籽饼粕中的棉酚类物质引起动物的一种中毒病。动物中毒后以出血性胃肠炎，全身性水肿，血红蛋白尿，心肌细胞变性、坏死，肝小叶中央坏死等实质器官变质为特征。棉酚也可致人中毒引起不孕不育和低血钾症。

[剖检病变] 动物中毒后表现全身性水肿，血液稀薄，下颌、颈部及胸腹部皮下组织有胶冻样浸润；胸腔、腹腔、心包腔蓄积大量红色半透明液体，内含富有弹性的絮状物。淋巴结肿大、出血。胃肠道黏膜充血、出血和水肿，猪肠黏膜见溃疡灶。心扩张，心肌松软，心内膜、心外膜散布出血点，心肌颜色变淡。肝淤血、肿大、质脆，色灰黄或土黄，有时伴有坏死，表现为中毒性肝营养不良的特征。胆囊肿大，有出血点。肺淤血、出血和水肿，间质增宽，切面可见大小不等的空腔，内有多量泡沫状液体流出。肾肿大，实质变性，被膜下散布出血点。膀胱壁水肿，黏膜出血。约有 1/3 病猪骨骼肌出现"白肌肉"现象，色泽苍白。少数病例伴发黄疸。鸡胆囊和胰腺增大，肝、脾、肠黏膜上有蜡质样色素沉着。

[镜检病变] 病变主要出现在肝和心肌。

肝：肝细胞呈退行性变化，病变部位多见于肝小叶中央，肝细胞颗粒变性明显。肝细胞坏死后的空隙中充满血液，在坏死和正常的肝细胞之间，有时可见到由脂肪变性的肝细胞所构成的狭窄细胞带。肝小叶间质增生。关于肝小叶中央坏死的发生机理，一般认为是急性心力衰竭造成的缺氧和棉酚的直接毒性共同作用所致。有的病例以肝小叶边缘肝细胞颗粒变性、水泡变性和脂肪变性较明显（二维码 27-1），主要是棉酚直接毒性作用导致。

心肌：病变主要为变性和坏死，有的心肌纤维中出现大空泡，有的心肌纤维则萎缩，使心肌纤维排列紊乱。病程较长时，代偿性肥大的心肌纤维和变性的心肌纤维夹杂在一起。肥大的

二维码 27-1

心肌纤维粗大，胞核增大，数量增多。有的病例在心肌纤维坏死部位可见由大量毛细血管、成纤维细胞、巨噬细胞和中性粒细胞组成的普通肉芽组织（二维码27-2）。

肺：肺泡隔毛细血管扩张，充满红细胞，支气管黏膜上皮细胞变性。间质增厚，且有出血变化。

肾：肾小管上皮细胞肿胀，甚至坏死消失。肾小球体积增大，形态不规则，肾球囊壁细胞肿胀。间质血管和肾小球毛细血管扩张充满红细胞。

脑：神经细胞水肿、变性、坏死。

肠：黏膜上皮细胞变性、坏死，脱落明显。固有层充血、出血。肌层结构疏松、水肿。

此外，棉酚尚可损伤生殖系统，表现为雄性动物曲细精管生精上皮排列稀疏，萎缩消失，精子细胞和精母细胞胞核模糊或自溶，精子数减少或无精子，精子结构破坏，可见多头、多尾等畸形精子。母鸡卵巢退化，停止产卵。

二维码27-2

（刘永宏）

## 第二节　疯草中毒

疯草（locoweed）包括豆科植物中棘豆属（*Oxytropis*）和黄芪属（*Astragalus*）的一些有毒植物，其亲缘关系和外部形态十分相近，对动物有相似的毒害作用，均可引起以神经系统功能紊乱为主的慢性中毒，病理特征为神经组织和其他许多器官的细胞发生空泡变性。临床表现主要为运动障碍、衰竭和生殖障碍。

由疯草引起的中毒称为疯草中毒（locoweed poisoning）或疯草病（locodisease），可发生于羊、牛、马、骡、驴、猪、鸡等多种动物，其中以绵羊、山羊、马最敏感，尤其是引进和改良的马、绵羊、山羊。

[剖检病变]　没有特异性。多数动物消瘦，皮下脂肪匮乏，偶见皮下结缔组织呈胶冻样浸润。口腔及咽部有溃疡。心肌质软，心内膜有出血点或出血斑。肝呈土黄色，周围往往有胶冻状物附着。个别淋巴结切面有出血。肾轻度水肿，膀胱空虚。脑膜充血，脑组织轻度水肿。雌性动物子宫内膜水肿、出血，有时子宫内膜与子叶发生腐败、有恶臭味，常引发流产。流产胎儿全身皮下水肿、出血，尤以头部最为明显；胎儿心肥大，右心室扩张；肺体积膨大呈紫红色，质地坚韧，表面光滑，切面流出大量带泡沫的液体；淋巴结肿大，质软，切面多汁；骨骼脆弱；腹腔积水。

[镜检病变]　特征性变化为细胞胞质的空泡变性，尤其是神经细胞病变明显。大脑、小脑、延脑和脊髓中的神经细胞肿大，胞质中有大量大小不等的空泡，呈网织状；胞核溶解、消失或残留核影，核仁碎裂或消失（二维码27-3）。神经胶质细胞增生，有明显的卫星化和噬神经元现象。脑膜和脑实质毛细血管扩张充血，内皮细胞肿胀。肝、肾多为空泡变性和颗粒变性（二维码27-4），少数病例肝见水肿或坏死。心肌纤维肿胀断裂，横纹不清或消失，肌浆中有多量的红色细小颗粒；部分肌浆均质红染，呈凝固状坏死；有时可观察到心肌纤维空泡变性。肾上腺皮质部细胞肿大，胞质出现大小不一的空泡，尤其是球状带细胞中的空泡大而明显；髓质部细胞大多发生肿胀。胰腺泡细胞、淋巴结中淋巴细胞可出现明显的空泡变性。胎盘上皮细胞、卵泡细胞出现不同程度的空泡变性。公羊睾丸的曲细精管上皮细胞出现空泡变性，排列紊乱，数量减少。血涂片中可见淋巴细胞空泡变性。胃肠和骨骼肌无明显病变。

二维码27-3

二维码27-4

电镜观察：主要表现为神经细胞及胶质细胞的广泛性空泡化，神经细胞轴突肿胀，微管和微丝减少或消失，髓鞘水肿。少数线粒体肿胀、变性，嵴稀疏或消失，呈空泡状。粗面内质网扩张并脱颗粒，电子密度增加。肝细胞内出现空泡。肾小管上皮细胞含有空泡，且溶酶体密度增加。卵泡细胞与黄体细胞核极不规则，有的呈锯齿状，有的内核膜增厚并多处断裂，核仁有小空泡；胞质内出现大量圆形空泡；线粒体肿胀、嵴消失，呈明显的空泡化。精子头部、细胞核、顶体部分及尾部中段线粒体严重空泡变性，线粒体嵴膜扩张、形成空腔。

(杨明琦)

## 第三节 黄曲霉毒素中毒

黄曲霉毒素中毒（aflatoxicosis）是由黄曲霉毒素（aflatoxin）引起的动物中毒病，其病理特征为明显的中毒性肝炎，慢性中毒可诱发原发性肝癌。

黄曲霉毒素主要由黄曲霉（*Aspergillus flavus*）和寄生曲霉（*A. parasiticus*）产生，此外青霉、毛霉、镰孢霉、根霉中的某些菌株也能产生。黄曲霉在自然界广泛存在，大多数不产毒，只有其中一部分产毒素，其最佳的生长基质是花生、玉米、黄豆、棉籽等，在温度24~30 ℃、相对湿度70%~80%的条件下生长良好并产生毒素。

黄曲霉毒素可引起各种动物中毒，但易感性存在差异，鸡、鸭、鸽、兔、猪、犬、牛等动物均敏感，一般幼龄和雄性动物敏感性较强。临床上猪和鸭发生中毒的最多，其次为犊牛。

**1. 仔猪黄曲霉毒素中毒**

（1）急性病例。

［剖检病变］ 病猪耳、腹下以及四肢内侧皮肤常见出血斑，全身黄疸。腹腔往往积有不同程度的腹水，浆膜上有大面积出血斑点。肝为急性中毒性肝炎变化，表现为肿大，呈苍白色或淡黄色至砖红色，质地较脆，表面偶有出血斑点，切面结构模糊不清。胆囊壁水肿增厚，胆汁少且为油状。脾常不肿大，切面白髓增大。胰水肿，尤其表现在小叶间质。肾稍肿，色泽苍白，有轻重不等的黄染现象，有时可见出血点。结肠襻系膜常发生明显水肿，肠壁各层组织水肿增厚。肠道黏膜出血性炎症，严重病例可见肠内有游离的血块，粪便中混有大量血液，呈煤焦油状，有的甚至便血。心包腔积液，液体呈淡黄色或茶黄色，心内外膜常有出血点或出血斑。肺偶发淤血及水肿。脑膜和脑实质充血，出血和水肿。全身淋巴结肿大，呈急性淋巴结炎变化。

［镜检病变］ 病变主要见于肝，表现为中毒性肝炎，肝细胞发生严重的细胞水肿、脂肪变性，甚至肝细胞小叶中央区发生凝固性坏死和出血。毛细胆管内含有胆栓。小叶间质可见淋巴细胞、浆细胞和单核细胞浸润。

（2）亚急性和慢性病例。

［剖检病变］ 肝往往呈橘黄色或棕色，质地坚实，体积正常或稍肿，随病程延长发生结节性肝硬化。

［镜检病变］ 肝细胞呈细胞水肿、脂肪变性，严重时发生肝细胞灶状坏死和消失。肝小叶内和间质淋巴细胞、浆细胞、单核细胞浸润。肝内结缔组织和胆管增生，并形成不规则的假小叶和再生性肝小叶结节。慢性中毒病猪可诱发肝细胞性肝癌或胆管性肝癌。

**2. 家禽黄曲霉毒素中毒** 家禽中雏鸡和雏鸭一般都为急性中毒，雏鸭中毒表现更为明显。

［剖检病变］ 肝肿大，色彩变淡，伴有出血斑点，胆囊扩张，肾苍白肿大，胰有出血点。亚急性和慢性中毒时，肝变硬，呈棕黄色，表面粗糙，呈颗粒状。病程长的可显现结节性肝硬化。

［镜检病变］ 肝细胞呈细胞水肿和散发性坏死；肝中卵圆细胞和胆管上皮增生。在肝小叶内还可见到淋巴细胞广泛浸润，有的形成淋巴细胞增生性结节。小叶间结缔组织也增生。慢性中毒的病例易诱发原发性肝癌，多是胆管性肝癌。

(宁章勇)

# 第四节 镰刀菌毒素中毒

镰刀菌属（Fusarium）的多种病原菌所产生的毒素，污染饲草、饲料并被动物摄入一定量后引起的中毒性疾病，统称为镰刀菌毒素中毒（fusariotoxicosis）。

## （一）马霉玉米中毒

马霉玉米中毒（mouldy corn poisoning of horse）是马属动物食入霉玉米中的镰刀菌毒素所引起的中毒性疾病，其中主要为串珠镰刀菌毒素。患病动物表现神经症状，如兴奋或沉郁。主要病理特征为脑白质软化，故本病又称为马脑白质软化症（equine leucoencephalomalacia）。

从霉玉米中分离出的镰刀菌主要是串珠镰刀菌（Fusarium moniliforme）和禾谷镰刀菌（Fusanum graminearum）。其毒素耐热性很强，培养物120 ℃加热30 min方可灭活。毒素中的呋莫毒素对动物脑白质有选择性毒害作用，主要损害神经髓鞘。日粮中含量超过10～25 mg/kg时，即可引发该病。

[剖检病变] 主要集中于中枢神经系统。大脑皮层水肿，脑回变平。脑白质中存在大小不等的液化性坏死灶，可达鸡蛋大，坏死灶表面的脑膜常有明显的水肿和出血点。硬膜下腔积有淡黄色透明或红色液体，严重病例可见血凝块，脑软膜充血和出血，蛛网膜下腔、侧脑室和脊髓中央管积液。胃肠道黏膜及肠系膜充血、出血，甚至胃肠黏膜脱落，形成溃疡。

[镜检病变] 脑组织出血、水肿，神经纤维间的间隙增宽，胶质细胞增生。脑内血管周围间隙扩张，积有水肿液和红细胞（形成环状出血）。血管内皮增生，水肿液侵入周围脑组织，使其液化为海绵状结构。坏死灶内血管尚存，但缺乏炎性细胞反应。软化灶周围胶质细胞增生形成胶质结节。脑内各部的神经元变性，可见到卫星现象和噬神经元现象。脊髓灰质可见小的凝固性或液化性坏死灶。

消化道见急性卡他性肠炎，黏膜充血，黏液分泌亢进，黏膜固有层和黏膜下层有淋巴细胞和嗜酸性粒细胞浸润。肝淤血，小叶周边脂肪变性。肾小囊扩张、积液和出血，肾小管上皮细胞颗粒变性和水泡变性。心内外膜出血，心肌颗粒变性，肺轻度气肿、充血和水肿。脾白髓萎缩，红髓内淤血。膀胱黏膜有出血点。

（宁章勇）

## （二）猪玉米赤霉烯酮中毒

猪玉米赤霉烯酮中毒（zearalenone poisoning of pig）是猪大量食入饲料中污染的禾谷镰刀菌等真菌产生的毒素后，所导致的一种中毒性疾病。病理特征为母猪生殖紊乱。

禾谷镰刀菌（Fusarium graminearum）、串珠镰刀菌（F. moniliforme）、三线镰刀菌（F. tricinctum）、茄病镰刀菌（F. solani）等均能产生具有雌激素样作用的霉菌毒素——玉米赤霉烯酮（zearalenone）（又称$F_2$毒素）。

**1. 成年母猪** 玉米赤霉烯酮对性成熟母猪具有促黄体作用。发情中期母猪，饲喂含3～10 mg/kg赤霉烯酮的玉米，则可引起休情。饲喂高浓度赤霉烯酮日粮的母猪，其每胎产仔量减少。交配后7～10 d，给妊娠母猪每千克体重1 mg饲喂玉米赤霉烯酮（约相当于饲料中含量为6 mg/kg）导致11 d囊胚轻度退化，13 d囊胚进一步退化，个别胚胎存活时间不超过21 d。在这一时期，玉米赤霉烯酮不引起子宫内膜上皮的高度和子宫内膜腺上皮分泌囊的形态变化，这可能与雌激素过多有关。饲喂含有22.1 mg/kg玉米赤霉烯酮的日粮，引起种母猪卵巢质量减轻，存活胚胎数减少，分娩死仔数增多，流产次数上升。

**2. 后备母猪** 用含1～5 mg/kg玉米赤霉烯酮的日粮饲喂初情期前的后备母猪，可引起外阴阴道炎，其特征为外阴和阴道充血和肿胀（二维码 27-5），早期性乳房发育。常发生里急后重，偶尔导致直肠脱垂。

二维码 27-5

**3. 仔猪** 摄入含有赤霉烯酮饲料的母猪，其乳中含有玉米赤霉烯酮及其代谢物——α-玉米赤霉烯酮和 β-玉米赤霉烯酮，它们会对仔猪产生雌激素样作用，引起的损伤包括卵巢和子宫肥大，卵巢中出现成熟卵泡，子宫内膜腺体增生和阴道上皮增生，外阴和乳头肿胀，会阴部、下腹和脐水肿，经常伴有乳头渗出性结痂炎症和坏死等变化。

**4. 育肥母猪** 表现为发情样症状：外阴肿胀，乳腺增生肥大。曾见 2 月龄母猪子宫脱出，严重者排尿困难。会阴部水肿发痒，常在猪圈墙壁蹭痒、导致出血。

**5. 公猪** 包皮水肿，睾丸变小，青年公猪性欲降低。但成年公猪似乎不受高浓度玉米赤霉烯酮的影响。

（许益民）

## 第五节　猪麦角中毒

猪麦角中毒（ergotism in pigs）是由于猪进食了含有麦角菌的饲料引起的一种真菌毒素中毒。其病理特征为心肌、肝等器官出现坏死，神经组织发生损伤等。

麦角菌（*Claviceps purpurea*）是属于子囊菌纲赤壳菌目麦角菌科麦角菌属（*Claviceps*）的一种真菌。其菌核也称为麦角（ergot）（二维码 27-6），毒性成分主要是多种生物碱、麦角胺（ergotamine）和麦角新碱（ergometrine）。

二维码 27-6

动物食入数量较多的被麦角菌污染的牧草和饲料（特别是受污染的谷物饲料、颗粒饲料）可引起中毒，以猪麦角中毒较为多见。

**1. 急性麦角中毒** 急性中毒死猪，血液凝固不良，尸僵程度中等。

心病变明显。心包积液多少不一。左右心室心肌出现局部或大面积的灰黄色病变区，病变区含有白色条纹（二维码 27-7）。心内膜和心肌出血。心肌松弛，心室含有大量积血。有些心耳内有积血和纤维素黏附在内膜上。镜检，肌纤维排列稀疏，其间隙增大，有时出现单核细胞浸润。肌纤维的体积萎缩、粗细不一、断裂。肌浆中出现细小颗粒（二维码 27-8）。多数病例的肌纤维局部溶解，出现长的大空泡。心内膜下和心肌中的传导纤维细胞质溶解，胞质呈网状结构。

二维码 27-7

肺血管出现栓塞。多数死猪肺的尖叶、心叶和膈叶前部淤血、水肿、色紫红，有些病例的膈叶中部出现深紫色出血斑。支气管淋巴结、纵隔淋巴结淤血、水肿，色紫红。镜检，气管上皮细胞脱落，管腔中有纤维蛋白渗出。大小血管中都有纤维素团块。小叶间水肿，距离增宽，其中含有少量纤维素。肺泡隔毛细血管充血，肺泡内出血，或含有纤维素性渗出物、脱落的上皮细胞和少量炎性细胞。支气管淋巴结的包膜和小梁血管扩张、淤血。淋巴小结内细胞数目减少，部分细胞发生核浓缩或核碎裂。淋巴结间质水肿增宽，髓质网状细胞坏死。

二维码 27-8

脾肉眼观察正常。镜检，脾小体内淋巴细胞数量减少，淋巴细胞核浓缩，核分裂象多见。红髓的网状细胞坏死消失，结构紊乱。

肝淤血、肿大，质地较脆，色紫黑。镜检，中央静脉及其周围的肝静脉窦严重淤血或出血。肝小叶中央带、中间带的肝索萎缩、溶解、消失，或含有胆色素颗粒。肝小叶周边肝细胞发生细胞水肿或脂肪变性。肝窦中可见含铁血黄素，枯否细胞肿胀。

肾淤血，有的存在呈灰色的梗死区。肾小管、集合管的上皮细胞严重变性或坏死。膀胱黏膜淤血呈紫色。

胃底黏膜充血、弥漫性出血或有溃疡。有些病例十二指肠出血，回肠末段淤血，结肠出血。

脑膜淤血，大脑出现胶质细胞卫星现象。

急性中毒时也可见皮肤坏疽和其他脏器实质细胞的急性坏死。

**2. 慢性麦角中毒** 特征是皮肤坏疽。在末梢部位，特别是后肢下部、尾部和耳部的皮肤红肿，以后变为蓝黑色，干燥、分离、脱落。内脏器官存在不同程度的病变。

育肥猪皮肤坏死：在中毒猪中，少数猪在 10 d 以后，可见吻突、耳尖、四肢末梢皮肤坏死变为紫黑色。内脏也存在病变。生长不良或者死亡。

妊娠母猪发生流产、死胎或产后无乳；母猪所生仔猪存活率低，容易死亡；急性中毒期耐过的架子猪，生长减慢，症状不明显，但遇到强烈刺激仍会突发死亡。

（许益民）

## 第六节　重金属中毒

重金属是指密度大于或等于 5.0 的大约 45 种金属，如汞、镉、铅、钼、铜等。砷和硒是非金属，但它们的毒性及某些化学性质与重金属相似，所以也将砷和硒中毒列入重金属中毒范围内。

在自然界中能够引起动物中毒的重金属元素很多，可以说任何一种重金属在动物体内严重超量时，都会引起中毒的症状。本节介绍动物常见的几种重金属中毒。

### （一）汞中毒

汞中毒（mercury poisoning）是指进入体内的汞制剂引起的以消化、泌尿、呼吸和神经系统症状为主的中毒性疾病。汞制剂通过消化道、呼吸道和皮肤侵入，经肾脏、肠道和唾液腺排泄。各种动物对汞制剂的敏感性差异较大，以牛、羊最易中毒，家禽和马属动物次之，猪耐受性最强。

根据不同侵入途径，病理变化可表现为胃肠黏膜充血、出血、水肿、溃疡；呼吸道黏膜充血、出血、支气管炎，甚至肺充血、出血、水肿，并伴有胸膜炎；皮肤潮红、肿胀、出血、溃烂，皮下出血或胶样浸润。急性汞中毒基本病变在各实质器官，特别是肾肿大、出血和浆液渗出，肾小管上皮细胞颗粒变性、坏死、脱落，形成细胞管型和颗粒管型。慢性汞中毒主要病变在神经系统，脑及脑膜有不同程度出血和水肿。

### （二）镉中毒

镉中毒（cadmium poisoning）是指动物长期摄入大量镉后引起的以生长发育缓慢、肝和肾损害、贫血以及骨骼变化为主要特征的一种中毒病。镉不是动物体的必需元素。动物饲料中的镉来源于工农业生产造成的环境污染，植物可吸收和蓄积多量的镉。镉可通过胃肠道、呼吸道，甚至皮肤吸收。常见于放牧的牛、羊和马等。

病理变化表现为全身多器官小血管壁变厚，甚至发生玻璃样变。肺表现严重的支气管和血管周围炎，弥漫性肺泡间质炎和结缔组织增生。肝细胞变性、坏死，胞质溶解呈细网状，严重时完全崩解，肝血窦内皮细胞变性、肿胀。肾表现为典型的中毒性肾病，并有亚急性肾小球肾炎和间质性肾炎变化。小脑浦肯野细胞和大脑神经细胞变性。心肌细胞变性，有时出现局灶性坏死。睾丸曲细精管上皮变性、坏死，精子畸形。

### （三）铅中毒

铅中毒（lead poisoning）是指动物摄入过量的铅化合物或金属铅所引起的以神经机能紊乱（铅脑病）和胃肠炎症状为特征的一种中毒病。各种动物均可发生，反刍动物最易感，特别是幼龄和妊娠动物，猪和鸡对铅耐受性大。

病理变化表现为脑脊液增多、压力升高，脑软膜充血、出血，脑回变平、水肿。脑实质毛细血管充血，血管内皮细胞肿胀、增生。脑皮质神经细胞变性和灶性坏死，胶质细胞增生。外周神经纤维发生节段性脱髓鞘、肿胀、断裂或溶解，施万细胞轻度增生。肾肿大，质脆，呈黄褐色。肾上皮细胞有核内包含物，肾小管上皮细胞颗粒变性、坏死，坏死脱落的上皮细胞堵塞管腔，严重时肾小球硬化。肝脂肪变性，偶尔有核内包含物。骨皮质变薄，骨密度降低，骨质疏松，有的在骨骺端发现致密的铅线。

### （四）砷中毒

砷中毒（arsenic poisoning）是由于动物摄入过量的有机或无机砷化合物而发生的一种中毒病。临床上以消化系统功能紊乱、实质脏器和神经系统损害为特征。

急性砷中毒的剖检变化主要在胃肠道，胃、小肠和盲肠黏膜充血、出血、水肿和溃疡，甚至发生皱胃穿孔，胃内容物有蒜臭味。心、肝、肾等实质器官肿大、充血和脂肪变性，肾小管上皮细胞变性和坏死。心内外膜、胸膜和膀胱黏膜有点状或弥漫性出血。

慢性砷中毒时，除有肝、肾的中毒变化外，还可见全身性水肿及外周神经纤维变性、髓鞘脱失、施万细胞增生等外周神经炎的变化。

### （五）铜中毒

铜中毒（copper poisoning）是由于动物一次摄入大剂量含铜化合物，或长期食入含铜过量的饲料或饮水，或因肝细胞损伤，铜在肝等组织中大量蓄积，而突然释放进入血液循环所引起的一种中毒性疾病。患病动物主要表现为腹痛、腹泻、肝功能异常和溶血等症状。

羊急性铜中毒时胃肠炎的病变明显，表现为胃和十二指肠充血、出血和溃疡。胸腹有红色积液。膀胱出血，内有红色或褐色尿液。慢性铜中毒时，胸腹内积有大量淡黄色积水。以全身性黄疸和溶血性贫血为特征。肝色黄、质脆，有坏死灶。窦状隙扩张，肝细胞空泡化、坏死溶解，肝小叶中央坏死明显。有的肝小叶弥散性坏死，或肝小叶周边严重脂变。肝和脾内有大量含铁血黄素堆积。脾肿大，弥漫性淤血、出血。肾肿大，呈古铜色，被膜散在出血斑点，切面有金属光泽，肾小管上皮细胞变性、肿胀，肾小球萎缩。鹅铜中毒表现为腺胃和肌胃的溃疡和坏死。

### （六）硒中毒

硒中毒（selenium poisoning）是由于动物采食了含硒过多的饲料或注射过量的硒制剂而引发的急性或慢性中毒。急性中毒主要表现为呼吸困难、神经症状和失明，慢性者表现为消瘦、跛行和脱毛。

急性硒中毒时病变表现为肺充血、水肿，胸腔积液。肝充血、肝细胞坏死。心外膜有出血点，心肌纤维变性和坏死。亚急性硒中毒见肝变性、坏死、硬化；脾肿大，灶状出血；常有腹水；脑充血、出血和水肿。慢性硒中毒主要表现为营养不良和贫血，腹腔有大量淡红色液体。心肌萎缩、心扩张。肝硬化和萎缩，肾小球肾炎，蹄变形。猪的硒中毒往往表现为脊髓的渐进性坏死，脊髓中央灰质部的神经细胞肿胀、变性，甚至溶解，白质区的神经纤维髓鞘肿胀和脱落，形成典型的脱髓鞘现象。

### （七）钼中毒

钼中毒（molydenum poisoning）是指动物摄入含钼过高的饮水或饲料，引起以持续性腹泻和被毛褪色为特征的中毒病。

牛、羊全身性脂肪萎缩、消失，呈胶冻样。内脏器官色淡。肠黏膜受损。骨质疏松，骨密度降低，哈佛管扩张，骨小梁排列紊乱；肋骨呈念珠状，关节肿大。羔羊大脑白质液化，神经元变性和神经纤维脱髓鞘。

（刘永宏）

# 参 考 文 献

巴西门仓，1991. 家畜病理生理学［M］. 呼和浩特：内蒙古人民出版社.
毕丁仁，王桂枝，1998. 动物霉形体及研究方法［M］. 北京：中国农业出版社.
蔡宝祥，2001. 家畜传染病学［M］. 4版. 北京：中国农业出版社.
陈怀涛，许乐仁，2005. 兽医病理学［M］. 北京：中国农业出版社.
陈怀涛，赵德明，2013. 兽医病理学［M］. 2版. 北京：中国农业出版社.
陈怀涛，2012. 兽医病理学原色图谱［M］. 北京：中国农业大学出版社.
陈万芳，1996. 家畜病理生理学［M］. 2版. 北京：中国农业出版社.
陈玉汉，陈灼淮，肖振德，1985. 家畜家禽肿瘤学［M］. 广州：广东科技出版社.
陈主初，2002. 病理生理学［M］. 北京：人民卫生出版社.
仇华吉，童光志，2000. 猪生殖-呼吸道综合征［M］. 长春：吉林科学技术出版社.
崔恒敏，2007. 家禽营养代谢疾病病理学［M］. 2版. 成都：四川科学技术出版社.
邓定华，1993. 人兽共患病学［M］. 北京：蓝天出版社.
邓普辉，1997. 动物细胞病理学［M］. 北京：中国农业出版社.
邓普辉，2012. 动物疾病病理学［M］. 乌鲁木齐：新疆人民卫生出版社.
丁伯良，1996. 动物中毒病理学［M］. 北京：中国农业出版社.
范国雄，1991. 实验动物病理学［M］. 北京：北京农业大学出版社.
方福德，杨焕明，张德昌，等，1999. 分子生物学前沿技术［M］. 北京：北京医科大学 中国协和医科大学联合出版社.
费恩阁，李德昌，丁壮，2004. 动物疫病学［M］. 北京：中国农业出版社.
甘孟侯，杨汉春，2005. 中国猪病学［M］. 北京：中国农业出版社.
甘孟侯，1999. 中国禽病学［M］. 北京：中国农业出版社.
高丰，贺文琦，2008. 动物病理解剖学［M］. 北京：科学出版社.
宫恩聪，1999. 病理学［M］. 北京：北京医科大学出版社.
贺普霄，1999. 家畜营养代谢病［M］. 北京：中国农业出版社.
黄玉芳，2003. 病理学［M］. 北京：中国中医药出版社.
金惠铭，卢建，殷莲华，2002. 细胞分子病理生理学［M］. 郑州：郑州大学出版社.
金惠铭，王建枝，2008. 病理生理学［M］. 7版. 北京：人民卫生出版社.
李甘地，2003. 病理学［M］. 北京：人民卫生出版社.
李凯伦，李鹏，王萍，2006. 牛羊疫病免疫诊断技术［M］. 北京：中国农业大学出版社.
李普霖，1994. 动物病理学［M］. 长春：吉林科学技术出版社.
李玉林，2002. 分子病理学［M］. 北京：人民卫生出版社.
李玉林，2008. 病理学［M］. 7版. 北京：人民卫生出版社.
凌启波，1989. 实用病理特殊染色和组化技术［M］. 广州：广东高等教育出版社.
刘景升，1999. 细胞信息与调控［M］. 北京：北京医科大学 中国协和医科大学联合出版社.
刘兴友，2011. 家禽免疫抑制病［M］. 北京：中国农业出版社.
陆承平，2013. 兽医微生物学［M］. 5版. 北京：中国农业出版社.
马国文，2009. 禽病学［M］. 2版. 长春：长春出版社.
内蒙古农牧学院，1963. 家畜病理解剖学［M］. 北京：农业出版社.
潘耀谦，简子健，陈创夫，1996. 畜禽病理学［M］. 长春：吉林科学技术出版社.
秦礼让，毛鸿甫，1992. 家畜系统病理解剖学［M］. 农业出版社.
史景良，陈意生，卞修武，2005. 超微病理学［M］. 北京：化学工业出版社.

史志诚,1997.中国草地重要有毒植物[M].北京:中国农业出版社.
宋继蔼,1999.病理学[M].北京:科学出版社.
孙伟民,王惠琴,1999.细胞因子研究方法学[M].北京:人民卫生出版社.
孙锡斌,程国富,徐有生,2004.动物检验检疫彩色图谱[M].北京:中国农业出版社.
索勋,1998.鸡球虫病学[M].北京:中国农业大学出版社.
唐朝枢,2009.病理生理学[M].2版.北京:北京大学医学出版社.
汪伯云,李玉松,黄高升,等,2004.病理学技术[M].北京:人民卫生出版社.
汪明,2003.兽医寄生虫学[M].3版.北京:中国农业出版社.
汪明,2013.兽医大辞典[M].2版.北京:中国农业出版社.
王凤龙,2006.动物病理及检验技术[M].呼和浩特:内蒙古大学出版社.
王建辰,曹光荣,2002.羊病学[M].北京:中国农业出版社.
王廼浔,金惠铭,2008.人体病理生理学[M].3版.北京:人民卫生出版社.
王树人,2004.病理生理学[M].成都:四川大学出版社.
王小龙,1995.兽医临床病理学[M].北京:中国农业出版社.
吴其夏,余应年,卢建,2003.病理生理学[M].2版.北京:中国协和医科大学出版社.
吴清民,2002.兽医传染病学[M].北京:中国农业大学出版社.
武忠弼,2003.超微病理诊断学[M].上海:上海科学技术出版社.
肖献忠,2003.病理生理学[M].北京:高等教育出版社.
谢元林,常伟宏,喻友军,2007.实用人兽共患传染病学[M].北京:科学技术文献出版社.
宣长和,仁凤兰,孙福先,1998.猪病学[M].北京:中国农业科学技术出版社.
杨贵贞,1980.医用免疫学[M].长春:吉林人民出版社.
杨鸣琦,2010.兽医病理生理学[M].北京:科学出版社.
杨志强,1998.微量元素与动物疾病[M].北京:中国农业科学技术出版社.
姚龙涛,2000.猪病毒病[M].上海:上海科技出版社.
伊恩·蒂萨德,2011.兽医免疫学[M].8版.张改平,崔保安,周恩民,主译,北京:中国农业出版社.
殷震,刘景华,1997.动物病毒学[M].2版.北京:科学出版社.
于恩庶,徐秉锟,1988.中国人兽共患病学[M].福州:福建科学技术出版社.
余传霖,熊思东,2001.分子免疫学[M].上海:复旦大学出版社 上海医科大学出版社.
詹启敏,2005.分子肿瘤学[M].北京:人民卫生出版社.
张海鹏,吴立玲,2009.病理生理学[M].北京:高等教育出版社.
张荣臻,1982.马传染性贫血的病理学研究[M].呼和浩特:内蒙古人民出版社.
张书霞,2011.兽医病理生理学[M].4版.北京:中国农业出版社.
赵德明,2011.传染性海绵状脑病[M].北京:中国农业出版社.
赵德明,2012.兽医病理学[M].3版.北京:中国农业大学出版社.
赵振华,2006.家畜白血病[M].北京:中国农业出版社.
郑明学,2008.兽医临床病理解剖学[M].北京:中国农业大学出版社.
郑世民,2009.动物病理学[M].北京:高等教育出版社.
中国农业科学院哈尔滨兽医研究所,1998.兽医微生物学[M].北京:中国农业出版社.
中国农业科学院哈尔滨兽医研究所,1999.动物传染病学[M].北京:中国农业出版社.
朱坤熹,2000.兽医病理解剖学[M].2版.北京:中国农业出版社.
В.п.希施柯夫,Н.А.那列托夫,1986.农畜病理解剖学[M].陈可毅,译.长沙:湖南科学技术出版社.
B.W.卡尔尼克,1999.禽病学[M].10版.高福,苏敬良,主译.北京:中国农业出版社.
E.H.科尔斯,1989.兽医临诊病理学[M].朱坤熹,秦礼让,译.上海:上海科学技术出版社.
Cheville N F,1999. Introduction to veterinary pathology[M].2nd ed. Amse:Iowa state university press.
Druby R A B,Wallington E A,1980. Carleton's histological technique[M].5th ed. Oxford:Oxford university press.
Jones T C,Hunt R D,King N W,1997. Veterinary pathology[M].6th ed. Philadelphia:Lippincott Williams

& Wilkins.

Jubb K V F, 1993. Pathology of domestic animals [M]. 4th ed. New York: Academic press.

Kaufnan C E, Mckee P A, 2002. Essentials of pathophysiology [M]. 北京: 中国协和医科大学出版社.

McGavin M D, Zachary J F, 2007. Pathologic basis of veterinary disease [M]. 4th ed. Mosby: Elsevier.

Myers M J, Murtaugh P M, 1995. Cytokines in animal health and disease [M]. New York: Marcel Dekker Inc.

Robbins S L, 1981. Basic pathology [M]. 3rd ed. Philadelphia: W. B. Saunders company.

Schijns V E C J, Horzinek M C, 1997. Cytokines in veterinary medicine [M]. New York: C. A. B international.

Tizard I R, 2000. Veterinary immunology, an introduction [M]. 6th edition. Philadelphia: W. B. Saunders company.

Underwood J C E, 1999. General and systematic pathology [M]. 2nd ed. 北京: 科学出版社.

图书在版编目（CIP）数据

兽医病理学/马学恩，王凤龙主编．—北京：中国农业出版社，2019.12（2024.12重印）

普通高等教育农业农村部"十三五"规划教材　全国高等农林院校"十三五"规划教材　全国高等农业院校优秀教材

ISBN 978-7-109-26286-7

Ⅰ.①兽… Ⅱ.①马… ②王… Ⅲ.①兽医学—病理学—高等学校—教材　Ⅳ.①S852.3

中国版本图书馆CIP数据核字（2019）第290719号

---

中国农业出版社出版

地址：北京市朝阳区麦子店街18号楼
邮编：100125
责任编辑：王晓荣
版式设计：杜　然　　责任校对：吴丽婷
印刷：中农印务有限公司
版次：2019年12月第1版
印次：2024年12月北京第5次印刷
发行：新华书店北京发行所
开本：889mm×1194mm　1/16
印张：23.75
字数：630千字
定价：68.80元

---

**版权所有·侵权必究**
凡购买本社图书，如有印装质量问题，我社负责调换。
服务电话：010-59195115　010-59194918